Educational Producer For Your Success

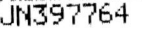

해 양 수 산 부 주 관

선박안전 관리사

제 2 판

김봉호 | 이영표 편저

선택과목 | 산업안전관리 수록

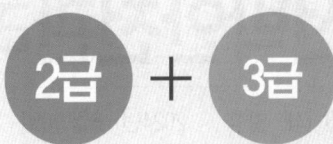

2급 + 3급

[최단기간 합격을 위한 최선의 선택]
- 과목별 이론 요약 + 적중예상문제 + 상세한 해설 수록!
- 각 출제 포인트별로 핵심만 엄선!

에듀피디 동영상강의 www.edupd.com

선박안전관리사 2급·3급

선박안전관리사

1판 1쇄 발행   2024년 6월 10일
2판 1쇄 발행   2026년 1월 14일

편저자   김봉호, 이영표
발행처   에듀피디
등 록   제300-2005-146
주 소   서울 종로구 대학로 45 임호빌딩 2층 (연건동)

전 화   1600-6690
팩 스   02)747-3113

※ 이 책은 저작권법에 따라 보호받는 저작물이므로 무단전재와 무단복제를 금지하며 책 내용의 전부 또는 일부를 이용하려면 반드시 저작권자와 에듀피디의 서면 동의를 받아야 합니다.

INTRO

01 선박안전관리사 국가자격시험

선박의 안전운항을 위해 안전관리체계 확립을 도모하고 전문성을 강화하기 위해서 「해상교통안전법」 개정에 따라 새로 도입된 제도의 국가전문자격시험입니다.

02 선박안전관리란?

「해상교통안전법」 개정에 따라 선박안전관리사 국가전문자격시험에 합격하여 선박안전관리사 자격을 취득한 자

03 선박안전관리사의 업무

❶ 선박과 사업장에 대한 안전관리체제의 수립 · 시행 및 개선 · 지도
❷ 선박에 대한 안전관리 점검 · 개선 및 지도 · 조언
❸ 선박과 사업장 종사자의 안전을 위한 교육 및 점검
❹ 선박과 사업장에 대한 작업환경의 점검 및 개선
❺ 해양사고 예방 및 재발방지에 관한 지도 · 조언
❻ 여객관리 및 화물관리에 관한 업무
❼ 선박안전 · 보안기술의 연구개발 및 해상교통안전진단에 관한 참여 · 조언
❽ 그 밖에 해사안전관리 및 보안관리에 필요한 업무

04 '선박안전관리사' 자격제도 도입 목적 및 활용 분야는?

선박이 대형화, 친환경 · 첨단화 됨에 따라 해사분야 안전관리를 체계적 · 전문적으로 하기 위하여 선박안전관리사 자격제도를 도입하였습니다.
선박 · 사업장 안전관리체제를 수립 · 시행하여야 하는 선박소유자* (안전관리대행업자 포함)는 2024년 1월 5일부터 선박 · 사업장 안전관리 업무를 수행하기 위하여 선박안전관리사 자격증을 가진 사람 중 안전관리(책임)자를 선임하여야 합니다.(「해상교통안전법」 제47조)
 * 적용대상 선박(해상교통안전법 제46조) : 국제항해 여객선, 총톤수 500톤 이상 화물선, 100톤 이상 위험물 운반선, 평수구역 밖을 운항하는 예인선(총톤수 2천톤 이상 부선, 길이 100m 이상 부선 · 구조물 등을 끌거나 미는 선박 등) 및 수면비행선박 등

INTRO

05 선임기준

	과 거	변 경
외 항	안전관리책임자 : 해기사 2급 안전관리자 : 해기사 3급	선박안전관리사 1급(또는 2급+12년) 선박안전관리사 2급(또는 3급+6년)
내 항	안전관리책임자 · 안전관리자 : 해기사 4급	선박안전관리사 2급(또는 3급+6년) 선박안전관리사 3급

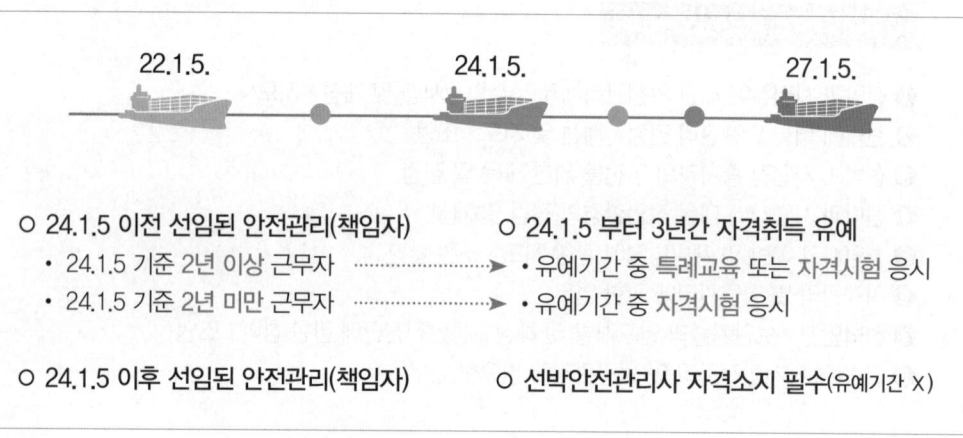

○ 24.1.5 이전 선임된 안전관리(책임자)
- 24.1.5 기준 2년 이상 근무자 ·········▶
- 24.1.5 기준 2년 미만 근무자 ·········▶

○ 24.1.5 부터 3년간 자격취득 유예
- 유예기간 중 특례교육 또는 자격시험 응시
- 유예기간 중 자격시험 응시

○ 24.1.5 이후 선임된 안전관리(책임자)   ○ 선박안전관리사 자격소지 필수(유예기간 X)

06 선박안전관리사 자격시험   등급 및 응시기준

선박안전관리사는 1~3급으로 구분하고, 1~2급은 경력에 따라 응시자격을 제한하며 3급은 응시자격에 제한이 없습니다.
- 1~2급의 경우에는 해기사 면허 또는 선박안전관리사 자격을 취득한 후 일정기간 선박안전 관련 직무분야 실무경력을 요구합니다.

INTRO

등급	자격시험 응시자격
1	다음 각 호의 어느 하나에 해당하는 사람 ❶ 2급 선박안전관리사 자격을 취득한 후 선박안전 관련 직무분야 4년 이상 실무에 종사한 자 ❷ 2급 항해사·기관사·운항사 이상의 면허를 받은 후 선박안전 관련 직무분야 5년 이상 실무에 종사한 자
2	다음 각 호의 어느 하나에 해당하는 사람 ❶ 3급 선박안전관리사 자격을 취득한 후 선박안전 관련 직무분야 2년 이상 실무에 종사한 자 ❷ 3급 항해사·기관사·운항사 이상의 면허를 받은 후 선박안전 관련 직무분야 3년 이상 실무에 종사한 자
3	제한 없음

※ '선박안전 관련 직무분야'란 선박운항, 선박검사, 선박안전·보안관리, 조선, 해양수산행정에 관한 업무분야를 말하며, '실무에 종사한 경력'에는 승선경력 포함(유급휴가 포함), 자세한 사항은 한국해양수산연수원 홈페이지에서 '선박안전관리사 자격시험 실시계획 공고' 참조

07 선박안전관리사 자격시험 시험방식 및 합격자 기준

1급
- **필기** 객관식 4지 택일형 및 주관식
- **면접** 구술형

2급
- **필기** 객관식 4지 택일형
- **면접** 구술형

3급
- **필기** 객관식 4지 택일형
- **면접** 없음

필기시험 면제	2급 이상의 자격시험 필기시험에 합격한 사람 중 필기시험에 합격한 날부터 4년이 지나지 아니한 사람

INTRO

08 선박안전관리사 자격시험 | 시험과목 및 합격기준

선박관계법규	해사안전관리론	해사안전경영론	선박자원관리론	+	선택과목
• 국내법 8종 • 국제협약 6종	• 항만국통제 • 안전관리 • 해양사고분석	• 안전정보 • 안전조직 • 안전경영정책	• 인적자원관리 • 의사소통 • 선박기기		• 항해 • 기관 • 산업안전관리

면제과목
- 3급 이상 항해사(상선) : 항해(항해, 상선전문)
- 3급 이상 기관사 : 기관(기관1, 직무일반)
- 산업안전기사 및 산업안전지도사 : 산업안전관리
  (산업안전관련법령, 안전 및 비상대응 관련사항)

면제방법
- 원서접수 시 응시원서에 면제사유 기재 및 관련 서류 첨부

필기시험 합격기준
- 모든 과목 100점을 만점으로 하고, 모든 과목의 점수가 40점 이상
- 전과목 평균 60점 이상

면접시험 합격기준
- 100점을 만점으로 하고 면접 점수가 60점 이상

목차

제1과목　선박관계법규

제1편　국내법

제1장 선박의 입항 및 출항 등에 관한 법률 · 014
제2장 선원법 · 030
제3장 선박직원법 · 049
제4장 선박안전법 · 058
제5장 해양사고의 조사 및 심판에 관한 법률 · 075
제6장 해운법 · 088
제7장 해사안전기본법 및 해상교통안전법 · 096
제8장 국제항해선박 및 항만시설의 보안에 관한 법률 · 114

제2편　국제협약

제1장 해상에서의 인명 안전을 위한 국제협약(SOLAS) · 130
제2장 선박으로부터의 오염방지를 위한 국제협약(MARPOL) · 138
제3장 선원의 훈련, 자격증명 및 당직근무의 기준에 관한 국제협약(STCW) · · · · · · · · 146
제4장 국제 만재흘수선 협약(LOADLINES) · 151
제5장 선박톤수 측정에 관한 국제협약(TONNAGE) · 156
제6장 해사노동협약(MLC) · 159

제2과목　해사안전관리론

제1장 선박검사 및 등록 · 166
제2장 국제해사기구와 주요 안전제도 · 173
제3장 항만국통제제도 및 해사안전감독 · 179
제4장 비상대응 및 응급처치 · 206
제5장 해양사고 조사 및 심판 · 235
제6장 해양관할권 및 항행권 · 242

목차

| 제3과목 | 해사안전경영론 |

제1장 안전·보건의 개요 ··· 250
제2장 안전·보건 경영시스템 ·· 264
제3장 위험성 평가 ·· 280
제4장 안전·보건 관리체제 ·· 293

| 제4과목 | 선박자원관리론 |

제1편 인적자원관리

제1장 인적자원관리 ··· 318
제2장 과업 및 업무량 관리 적응능력 ·· 327
제3장 의사소통 ··· 341
제4장 의사결정기술 ··· 344

제2편 물적자원관리

제1장 선박기기 ··· 360
제2장 선박구조 ··· 367
제3장 선박관리시스템 ··· 376

| 선택과목 | 산업안전관리 |

제1장 안전의 의의 ·· 392
제2장 재해의 구분 ·· 394
제3장 사고이론 ··· 396

목차

제4장 안전검사 …………………………………………………………………………… 400
제5장 안전성 사전평가 및 관리계획 ………………………………………………… 404
제6장 재해조사 및 예방 ………………………………………………………………… 407
제7장 재해통계와 재해비용 …………………………………………………………… 419
제8장 안전점검 …………………………………………………………………………… 425
제9장 안전진단 …………………………………………………………………………… 429
제10장 안전활동 및 무재해운동 ……………………………………………………… 431
제11장 안전심리와 사고 ………………………………………………………………… 440
제12장 산업안전교육 …………………………………………………………………… 450
제13장 생산성과 안전성 ………………………………………………………………… 452
제14장 안전표지 ………………………………………………………………………… 453
제15장 방호장치 ………………………………………………………………………… 457
제16장 보호구 …………………………………………………………………………… 459
제17장 작업기준 ………………………………………………………………………… 461
제18장 인간과 기계의 시스템 ………………………………………………………… 464

부록 최신기출복원문제

01. 2023년 선박관계법규 기출복원문제 ……………………………………………… 488
02. 2023년 해사안전관리론 기출복원문제 …………………………………………… 494
03. 2023년 해사안전경영론 기출복원문제 …………………………………………… 502
04. 2023년 선박자원관리론 기출복원문제 …………………………………………… 507
05. 2024년 선박관계법규 기출복원문제 ……………………………………………… 512
06. 2024년 해사안전관리론 기출복원문제 …………………………………………… 518
07. 2024년 해사안전경영론 기출복원문제 …………………………………………… 524
08. 2024년 선박자원관리론 기출복원문제 …………………………………………… 531

온라인 교육의 명품브랜드 www.edupd.com

선박안전관리사
2급 · 3급
시 험 대 비

선박안전관리사 2급·3급 시험대비

과목 1
선박관계
법규

◆ 제1편 국내법

　제1장 선박의 입항 및 출항 등에 관한 법률
　제2장 선원법
　제3장 선박직원법
　제4장 선박안전법
　제5장 해양사고의 조사 및 심판에 관한 법률
　제6장 해운법
　제7장 해사안전기본법 및 해상교통안전법
　제8장 국제항해선박 및 항만시설의 보안에 관한 법률

◆ 제2편 국제협약

　제1장 해상에서의 인명 안전을 위한 국제협약(SOLAS)
　제2장 선박으로부터의 오염방지를 위한 국제협약(MARPOL)
　제3장 선원의 훈련, 자격증명 및 당직근무의 기준에 관한 국제협약(STCW)
　제4장 국제 만재흘수선 협약(LOADLINES)
　제5장 선박톤수 측정에 관한 국제협약(TONNAGE)
　제6장 해사노동협약(MLC)

온라인 교육의 명품브랜드 www.edupd.com

선박안전관리사
2급 · 3급
시 험 대 비

선박안전관리사 2급·3급 시험대비

제 1 편
국내법

제1장 선박의 입항 및 출항 등에 관한 법률
제2장 선원법
제3장 선박직원법
제4장 선박안전법
제5장 해양사고의 조사 및 심판에 관한 법률
제6장 해운법
제7장 해사안전기본법 및 해상교통안전법
제8장 국제항해선박 및 항만시설의 보안에 관한 법률

CHAPTER 1 선박의 입항 및 출항 등에 관한 법률

제1과목 선박관계법규

[시행 2024. 10. 22.]

01 총칙

1 목적

무역항의 수상구역 등에서 선박의 입항·출항에 대한 지원과 선박운항의 안전 및 질서 유지에 필요한 사항을 규정함을 목적으로 한다.

2 용어 정의

무역항	국민경제와 공공의 이해에 밀접한 관계가 있고, 주로 외항선이 입항·출항하는 항만 [항만법 제2조 제2호]
무역항의 수상구역등	① 무역항의 수상구역 ② 항로, 정박지, 소형선 정박지, 선회장 등 수역시설 중 수상구역 밖의 수역시설로서 관리청이 지정·고시한 것
관리청	무역항의 수상구역 등에서 선박의 입항 및 출항 등에 관한 행정업무를 수행하는 다음의 행정관청 ① 국가관리무역항: 해양수산부장관 ② 지방관리무역항: 시·도지사 (특,광,특,특, 도지사)
선박	① 기선: 기관을 사용하여 추진하는 선박과 수면비행선박 ② 범선: 돛을 사용하여 추진하는 선박 ③ 부선: 자력항행능력이 없어 다른 선박에 의하여 끌리거나 밀려서 항행되는 선박
예선	선박안전법에 따른 예인선 중 무역항에 출입하거나 이동하는 선박을 끌어당기거나 밀어서 이안·접안·계류를 보조하는 선박
우선피항선	주로 무역항의 수상구역에서 운항하는 선박으로서 다른 선박의 진로를 피하여야 하는 다음의 선박을 말한다. ① 부선 [예인선이 부선을 끌거나 밀고 있는 예인선 및 부선을 포함하되, 예인선에 결합되어 운항하는 압항부선은 제외한다] ② 주로 노와 삿대로 운전하는 선박 ③ 예선 ④ 항만운송관련사업을 등록한 자가 소유한 선박 ⑤ 해양환경관리업을 등록한 자가 소유한 선박 또는 해양폐기물관리업을 등록한 자가 소유한 선박 (폐기물해양배출업으로 등록한 선박은 제외) ⑥ 기타 총톤수 20톤 미만의 선박

정박	선박이 해상에서 닻을 바다 밑바닥에 내려놓고 운항을 멈추는 것
정박지	선박이 정박할 수 있는 장소
정류	선박이 해상에서 일시적으로 운항을 멈추는 것
계류	선박을 다른 시설에 붙들어 매어 놓는 것
계선	선박이 운항을 중지하고 정박하거나 계류하는 것
항로	선박의 출입 통로로 이용하기 위하여 지정·고시한 수로
위험물	화재·폭발 등의 위험이 있거나 인체 또는 해양환경에 해를 끼치는 물질로서 해양수산부령으로 정하는 것[다만, 선박의 항행 또는 인명의 안전을 유지하기 위하여 해당 선박에서 사용하는 위험물은 제외]
위험물취급자	위험물운송선박의 선장 및 위험물을 취급하는 사람

02 입항·출항 및 정박

1 출입 신고

(1) 신고의무

무역항의 수상구역 등에 출입하려는 선박의 선장은 대통령령으로 정하는 바에 따라 관리청에 신고하여야 한다.

(2) 신고대상 제외

① 총톤수 5톤 미만의 선박
② 해양사고구조에 사용되는 선박
③ 수상레저기구 중 국내항 간을 운항하는 모터보트 및 동력요트
④ 어선안전조업 및 어선원의 안전·보건증진 등에 관한 법률에 따른 출입항 신고대상이 되는 어선
⑤ 관공선, 군함, 해양경찰함정 등 공공의 목적으로 운영하는 선박
⑥ 도선선, 예선 등 선박의 출입을 지원하는 선박
⑦ 연안수역을 항행하는 정기여객선(내항 정기 여객운송사업에 종사하는 선박)으로서 경유항에 출입하는 선박
⑧ 피난을 위하여 긴급히 출항하여야 하는 선박
⑨ 그 밖에 지방해양수산청장이나 시·도지사가 필요하다고 인정하여 출입신고를 면제한 선박

(3) 허가대상

전시·사변이나 그에 준하는 국가비상사태 또는 국가안전보장에 필요한 경우에는 선장은 관리청의 허가를 받아야 한다.
① 외국 국적의 선박으로서 무역항을 출항한 후 바로 다음 기항 예정지가 북한인 선박
② 외국 국적의 선박으로서 북한에 기항한 후 1년 이내에 무역항에 최초로 입항하는 선박

③ 항만시설 내 무단으로 출입하는 행위를 한 외국인 선원이 승무하였던 국제항해선박으로서 해양수산부장관이 국가안전보장을 위하여 무역항 출입에 특별한 관리가 필요하다고 인정하는 선박
④ 전시·사변이나 이에 준하는 국가비상사태 또는 국가안전보장에 필요한 경우로서 관계 중앙행정기관의 장이나 국가보안기관의 장이 무역항 출입에 특별한 관리가 필요하다고 인정하는 선박

2 정박지의 사용

(1) 정박구역 또는 정박지 지정·고시

관리청은 무역항의 수상구역 등에 정박하는 선박의 종류·톤수·흘수 또는 적재물의 종류에 따른 정박구역 또는 정박지를 지정·고시할 수 있다.

(2) 선박의 정박의무

① **원칙** : 무역항의 수상구역 등에 정박하려는 선박(우선피항선은 제외한다)은 정박구역 또는 정박지에 정박하여야 한다.
② **예외** : 정박구역 또는 정박지가 아닌 곳에 정박가능 [선장은 즉시 관리청에 신고]

> ㉠ 해양사고를 피하기 위한 경우
> ㉡ 선박의 고장이나 그 밖의 사유로 선박을 조종할 수 없는 경우
> ㉢ 인명을 구조하거나 급박한 위험이 있는 선박을 구조하는 경우
> ㉣ 해양오염 등의 발생 또는 확산을 방지하기 위한 경우
> ㉤ 그 밖에 선박의 안전운항을 위하여 지방해양수산청장 또는 시·도지사가 필요하다고 인정하는 경우

③ 우선피항선은 다른 선박의 항행에 방해가 될 우려가 있는 장소에 정박하거나 정류하여서는 아니 된다.

3 정박의 제한 및 방법

(1) 정박의 제한

선박은 무역항의 수상구역 등에서 다음의 장소에는 정박하거나 정류하지 못한다.
① 부두·잔교·안벽·계선부표·돌핀 및 선거의 부근 수역
② 하천, 운하 및 그 밖의 좁은 수로와 계류장 입구의 부근 수역

(2) 예외

다음의 경우에는 (1)의 장소에 정박하거나 정류할 수 있다.
① 해양사고를 피하기 위한 경우
② 선박의 고장이나 그 밖의 사유로 선박을 조종할 수 없는 경우
③ 인명을 구조하거나 급박한 위험이 있는 선박을 구조하는 경우
④ 허가를 받은 공사 또는 작업에 사용하는 경우

(3) 정박의 방법

① 무역항의 수상구역 등에 정박하는 선박은 지체 없이 예비용 닻을 내릴 수 있도록 닻 고정장치를 해제하고, 동력선은 즉시 운항할 수 있도록 기관의 상태를 유지하는 등 안전에 필요한 조치를 하여야 한다.
② 관리청은 정박하는 선박의 안전을 위하여 필요하다고 인정하는 경우에는 무역항의 수상구역 등에 정박하는 선박에 대하여 정박 장소 또는 방법을 변경할 것을 명할 수 있다.

4 선박의 계선 신고

(1) 신고대상 및 신고의무

총톤수 20톤 이상의 선박을 무역항의 수상구역 등에 계선하려는 자는 관리청에 신고하여야 한다.

(2) 계선장소

선박을 계선하려는 자는 관리청이 지정한 장소에 그 선박을 계선하여야 한다.

(3) 관리청의 안전조치

관리청은 계선 중인 선박의 안전을 위하여 필요하다고 인정하는 경우에는 그 선박의 소유자나 임차인에게 안전 유지에 필요한 인원의 선원을 승선시킬 것을 명할 수 있다.

5 선박의 이동명령 및 선박교통의 제한

(1) 선박의 이동명령

관리청은 다음의 경우에는 무역항의 수상구역 등에 있는 선박에 대하여 관리청이 정하는 장소로 이동할 것을 명할 수 있다.
① 무역항을 효율적으로 운영하기 위하여 필요하다고 판단되는 경우
② 전시·사변이나 그에 준하는 국가비상사태 또는 국가안전보장을 위하여 필요하다고 판단되는 경우

(2) 선박교통의 제한

① 관리청은 무역항의 수상구역 등에서 선박교통의 안전을 위하여 필요하다고 인정하는 경우에는 항로 또는 구역을 지정하여 선박교통을 제한하거나 금지할 수 있다.
② 관리청이 항로 또는 구역을 지정한 경우에는 항로 또는 구역의 위치, 제한·금지 기간을 정하여 공고하여야 한다.

6 선박의 피항명령 등

(1) 피항명령

관리청은 자연재난이 발생하거나 발생할 우려가 있는 경우 무역항의 수상구역 등에 있는 선박에 대하여 다른 구역으로 피항할 것을 선박소유자 또는 선장에게 명할 수 있다.

(2) 선박대피협의체

관리청은 접안 또는 정박 금지구역의 설정 등 피항명령에 필요한 사항을 협의하기 위하여 협의체를 구성하여 운영할 수 있다.

① 협의체의 구성
  ㉠ 해운법에 따른 해운업자
  ㉡ 관리청이 필요하다고 인정하는 자

② 협의사항
  ㉠ 접안 또는 정박 금지구역의 설정
  ㉡ 선박 대피의 개시 및 완료 시점
  ㉢ 항만 운영의 중단 및 재개 시점
  ㉣ 그 밖에 선박 대피에 필요한 사항

03 항로 및 항법

1 항로 지정 및 준수

(1) 항로 지정

관리청은 무역항의 수상구역 등에서 선박교통의 안전을 위하여 필요한 경우에는 무역항과 무역항의 수상구역 밖의 수로를 항로로 지정·고시할 수 있다.

(2) 항로 준수의무

① 준수대상
  우선피항선 외의 선박은 무역항의 수상구역 등에 출입 또는 통과하는 경우에는 지정·고시된 항로를 따라 항행하여야 한다.

② 준수 예외
  ㉠ 해양사고를 피하기 위한 경우

ⓒ 선박의 고장이나 그 밖의 사유로 선박을 조종할 수 없는 경우
ⓓ 인명을 구조하거나 급박한 위험이 있는 선박을 구조하는 경우
ⓔ 해양오염 등의 발생 또는 확산을 방지하기 위한 경우
ⓕ 그 밖에 선박의 안전운항을 위하여 지방해양수산청장 또는 시·도지사가 필요하다고 인정하는 경우

2 항로에서의 정박 등 금지

(1) 금지사항
① 항로에 선박을 정박 또는 정류시키는 행위
② 예인되는 선박 또는 부유물을 방치하는 행위

(2) 항로 내 정박 등 가능
① 해양사고를 피하기 위한 경우
② 선박의 고장이나 그 밖의 사유로 선박을 조종할 수 없는 경우
③ 인명을 구조하거나 급박한 위험이 있는 선박을 구조하는 경우
④ 허가를 받은 공사 또는 작업에 사용하는 경우

3 항로에서의 항법

(1) 항법의 기본원칙
① 항로 밖에서 항로에 들어오거나 항로에서 항로 밖으로 나가는 선박은 항로를 항행하는 다른 선박의 진로를 피하여 항행할 것
② 항로에서 다른 선박과 나란히 항행하지 아니할 것
③ 항로에서 다른 선박과 마주칠 우려가 있는 경우에는 오른쪽으로 항행할 것
④ 항로에서 다른 선박을 추월하지 아니할 것. 다만, 추월하려는 선박을 눈으로 볼 수 있고 안전하게 추월할 수 있다고 판단되는 경우에는 추월할 것
⑤ 위험물운송선박 또는 흘수제약선의 진로를 방해하지 아니할 것
⑥ 범선은 항로에서 지그재그(zigzag)로 항행하지 아니할 것

(2) 방파제 부근에서의 항법
무역항의 수상구역 등에 입항하는 선박이 방파제 입구 등에서 출항하는 선박과 마주칠 우려가 있는 경우에는 방파제 밖에서 출항하는 선박의 진로를 피하여야 한다.

(3) 부두 등 부근에서의 항법
① **부두 등** : 무역항의 수상구역 등에서 해안으로 길게 뻗어 나온 육지 부분, 부두, 방파제 등 인공시설물의 튀어나온 부분 또는 정박 중인 선박

② **항법** : 부두 등을 오른쪽 뱃전에 두고 항행할 때에는 부두 등에 접근하여 항행하고, 부두 등을 왼쪽 뱃전에 두고 항행할 때에는 멀리 떨어져서 항행하여야 한다.

(4) 예인선, 범선의 항법

① 예인선
  ㉠ 예인선의 선수로부터 피예인선의 선미까지의 길이는 200미터를 초과하지 아니할 것
    (다만, 다른 선박의 출입을 보조하는 경우에는 그러하지 아니하다.)
  ㉡ 예인선은 한꺼번에 3척 이상의 피예인선을 끌지 아니할 것
② 범선 : 돛을 줄이거나 예인선이 범선을 끌고 가게 하여야 한다.

(5) 진로방해의 금지

① 우선피항선은 무역항의 수상구역 등이나 무역항의 수상구역 부근에서 다른 선박의 진로를 방해하여서는 아니 된다.
② 공사 등의 허가를 받은 선박과 선박경기 등의 행사를 허가받은 선박은 무역항의 수상구역 등에서 다른 선박의 진로를 방해하여서는 아니 된다.

(6) 속력 등의 제한

① 선박이 무역항의 수상구역 등이나 무역항의 수상구역 부근을 항행할 때에는 다른 선박에 위험을 주지 아니할 정도의 속력으로 항행하여야 한다.
② 해양경찰청장은 관리청에 무역항의 수상구역 등에서의 선박항행 최고속력을 지정할 것을 요청할 수 있다.
③ 관리청은 요청을 받은 경우 특별한 사유가 없으면 무역항의 수상구역 등에서 선박 항행 최고속력을 지정·고시하여야 한다. 이 경우 선박은 고시된 항행 최고속력의 범위에서 항행하여야 한다.

(7) 항행 선박 간의 거리

무역항의 수상구역 등에서 2척 이상의 선박이 항행할 때에는 서로 충돌을 예방할 수 있는 상당한 거리를 유지하여야 한다.

04 위험물의 관리

1 위험물의 반입

(1) 신고의무

① 위험물을 무역항의 수상구역 등으로 들여오려는 자는 관리청에 신고하여야 한다.
② 관리청은 신고를 받은 경우 그 내용을 검토하여 이 법에 적합하면 신고를 수리하여야 한다.

(2) 안전조치 명령

관리청은 무역항 및 무역항의 수상구역 등의 안전, 오염방지 및 저장능력을 고려하여 반입 위험물의 종류 및 수량을 제한하거나 안전에 필요한 조치를 할 것을 명할 수 있다.

(3) 위험물 통지

다음에 해당하는 자는 반입신고를 하려는 자에게 위험물을 통지하여야 한다.
① 해운법에 따라 해상화물운송사업을 등록한 자
② 물류정책기본법에 따라 국제물류주선업을 등록한 자
③ 해운법에 따라 해운대리점업을 등록한 자
④ 관세법에 따른 수출·수입 신고대상 물품의 화주

(4) 위험물운송선박의 정박 등

위험물운송선박은 관리청이 지정한 장소가 아닌 곳에 정박하거나 정류하여서는 아니 된다.

2 위험물의 하역

(1) 승인사항

무역항의 수상구역 등에서 위험물을 하역하려는 자는 대통령령으로 정하는 바에 따라 자체안전관리계획을 수립하여 관리청의 승인을 받아야 한다.

(2) 자체안전관리계획 포함사항

① 최고경영책임자의 안전 및 환경보호 방침에 관한 사항
② 위험물 취급 안전관리 전담조직의 운영 및 업무에 관한 사항
③ 위험물 안전관리자의 선임 및 임무에 관한 사항
④ 위험물 하역시설(급유선을 포함한다)의 명칭, 규격, 수량 등의 명세에 관한 사항
⑤ 위험물취급자에 대한 안전교육 및 훈련에 관한 사항
⑥ 소방시설, 안전장비 및 오염방제장비 등 안전시설에 관한 사항
⑦ 위험물 취급 작업기준 및 안전작업 요령에 관한 사항
⑧ 부두 및 선박에 대한 안전점검계획 및 안전점검의 실시에 관한 사항
⑨ 종합적인 비상대응훈련의 내용 및 실시 방법에 관한 사항
⑩ 비상사태 발생 시 지휘체계 및 비상조치계획에 관한 사항
⑪ 불안전 요소 발견 시 보고체계 및 처리 방법에 관한 사항
⑫ 그 밖에 위험물 취급의 안전을 위하여 필요하다고 인정하여 관리청이 고시하는 사항

(3) 자체안전관리계획의 유효기간 등

① **유효기간** : 자체안전관리계획의 승인 또는 변경승인을 받은 날부터 5년으로 한다.
② **갱신신청** : 유효기간 만료일 3개월 전부터 1개월 전까지 갱신을 신청할 수 있다.

(4) 하역의 제한

① 관리청은 기상 악화 등 불가피한 사유로 무역항의 수상구역 등에서 위험물을 하역하는 것이 부적당하다고 인정하는 경우에는 승인을 받은 자에 대하여 하역을 금지 또는 중지하게 하거나 무역항의 수상구역 등 외의 장소를 지정하여 하역하게 할 수 있다.
② 무역항의 수상구역등이 아닌 장소로서 해양수산부령으로 정하는 장소에서 위험물을 하역하려는 자는 무역항의 수상구역 등에 있는 자로 본다.

3 위험물 취급 시의 안전조치 등

(1) 안전조치 내용

무역항의 수상구역 등에서 위험물취급자는 다음의 안전조치를 하여야 한다.
① 위험물 안전관리자의 확보 및 배치
② 위험물 운송선박의 부두 이안·접안 시 위험물 안전관리자의 현장 배치
③ 위험물의 특성에 맞는 소화장비의 비치
④ 위험표지 및 출입통제시설의 설치
⑤ 선박과 육상 간의 통신수단 확보
⑥ 작업자에 대한 안전교육과 그 밖에 해양수산부령으로 정하는 안전에 필요한 조치

(2) 안전관리 교육

① 위험물 안전관리자는 안전관리에 관한 교육을 받아야 한다.
② 위험물취급자는 위험물 안전관리자를 고용한 때에는 그 해당자에게 안전관리에 관한 교육을 받게 하여야 한다. 이 경우 위험물취급자는 교육에 드는 경비를 부담하여야 한다.

(3) 위험물 관련 자료제출의 요청

① 관리청은 위험물의 관리를 위하여 필요하다고 인정할 때에는 관계 행정기관의 장에게 위험물 및 위험물을 수입하는 선박의 국내 입항일 등 필요한 자료의 제출을 요청할 수 있다.
② 요청을 받은 관계 행정기관의 장은 특별한 사유가 없으면 그 요청에 따라야 한다.

4 선박수리의 허가 등

(1) 허가 대상

선장은 무역항의 수상구역 등에서 다음의 선박을 불꽃이나 열이 발생하는 용접 등의 방법으로 수리하려는 경우 관리청의 허가를 받아야 한다.
① **위험물운송선박** : 위험물을 저장·운송하는 선박과 위험물을 하역한 후에도 인화성 물질 또는 폭발성 가스가 남아 있어 화재 또는 폭발의 위험이 있는 선박
② **총톤수 20톤 이상의 선박(위험물운송선박은 제외)** : 기관실, 연료탱크, 그 밖에 위험구역에서 수리작업을 하는 경우에만 허가를 받아야 한다.

(2) 허가 제외사유

관리청은 다음의 어느 하나에 해당하는 경우를 제외하고는 허가하여야 한다.
① 화재·폭발 등을 일으킬 우려가 있는 방식으로 수리하려는 경우
② 용접공 등 수리작업을 할 사람의 자격이 부적절한 경우
③ 화재·폭발 등의 사고 예방에 필요한 조치가 미흡한 것으로 판단되는 경우
④ 선박수리로 인하여 인근의 선박 및 항만시설의 안전에 지장을 초래할 우려가 있다고 판단되는 경우
⑤ 수리장소 및 수리시기 등이 항만운영에 지장을 줄 우려가 있다고 판단되는 경우
⑥ 위험물운송선박의 경우 수리하려는 구역에 인화성 물질 또는 폭발성 가스가 없다는 것을 증명하지 못하는 경우

(3) 신고사항

총톤수 20톤 이상의 선박을 위험구역 밖에서 불꽃이나 열이 발생하는 용접 등의 방법으로 수리하려는 경우에 그 선박의 선장은 관리청에 신고하여야 한다.

(4) 기타 사항

① 선박을 수리하려는 자는 그 선박을 관리청이 지정한 장소에 정박하거나 계류하여야 한다.
② 관리청은 수리 중인 선박의 안전을 위하여 필요하다고 인정하는 경우에는 그 선박의 소유자나 임차인에게 안전에 필요한 조치를 할 것을 명할 수 있다.

05 수로의 보전

1 폐기물의 투기 금지 등

(1) 투기금지

누구든지 무역항의 수상구역 등이나 무역항의 수상구역 밖 10킬로미터 이내의 수면에 선박의 안전운항을 해칠 우려가 있는 흙·돌·나무·어구 등 폐기물을 버려서는 아니 된다.

(2) 방지시설 설치의무

석탄·돌·벽돌 등 흩어지기 쉬운 물건을 하역하는 자는 그 물건이 수면에 떨어지는 것을 방지하기 위하여 대통령령으로 정하는 바에 따라 필요한 조치를 하여야 한다.
① 덮개를 사용하거나 물건의 추락방지시설 설치
② 수면에 떨어진 물건이 떠돌아다니거나 흩어지는 것을 방지하기 위한 시설 설치

(3) 위반시 제거명령

관리청은 폐기물을 버리거나 흩어지기 쉬운 물건을 수면에 떨어뜨린 자에게 그 폐기물 또는 물건을 제거할 것을 명할 수 있다.

2 해양사고 등이 발생한 경우의 조치

(1) 위험예방조치의무

① 무역항의 수상구역 등이나 무역항의 수상구역 부근에서 해양사고·화재 등의 재난으로 인하여 다른 선박의 항행이나 무역항의 안전을 해칠 우려가 있는 조난선의 선장은 즉시 항로표지를 설치하는 등 필요한 조치를 하여야 한다.
② 조난선의 선장이 조치를 할 수 없을 때에는 해양수산부장관에게 필요한 조치를 요청할 수 있다.

(2) 위험예방조치비용

① 해양수산부장관이 조치를 하였을 때에는 그 선박의 소유자 또는 임차인은 그 조치에 들어간 비용을 해양수산부장관에게 납부하여야 한다.
② 항로표지의 설치 등 위험 예방조치가 종료된 날부터 5일 이내에 지방해양수산청장 또는 시·도지사에게 납부하여야 한다.

3 장애물의 제거

(1) 제거명령

① 관리청은 무역항의 수상구역 등이나 무역항의 수상구역 부근에서 선박의 항행을 방해하거나 방해할 우려가 있는 장애물을 발견한 경우에는 그 장애물의 소유자 또는 점유자에게 제거를 명할 수 있다.
② 관리청은 명령을 이행하지 아니하는 경우에는 대집행을 할 수 있다.

(2) 관리청의 직접 제거조치

관리청은 다음에 해당하는 경우로서 대집행절차에 따르면 그 목적을 달성하기 곤란한 경우에는 그 절차를 거치지 아니하고 장애물을 제거하는 등 필요한 조치를 할 수 있다.
① 장애물의 소유자 또는 점유자를 알 수 없는 경우
② 수역시설을 반복적, 상습적으로 불법 점용하는 경우
③ 그 밖에 선박의 항행을 방해하거나 방해할 우려가 있어 신속하게 장애물을 제거하여야 할 필요가 있는 경우

(3) 장애물 제거비용 및 처리

① 장애물 제거비용은 그 물건의 소유자 또는 점유자가 부담하되, 소유자 또는 점유자를 알 수 없는 경우에는 그 물건을 처분하여 비용에 충당한다.

② 관리청은 제거된 장애물을 보관 및 처리하여야 한다. 이 경우 전문지식이 필요하거나 그 밖에 특수한 사정이 있어 직접 처리하기에 적당하지 아니하다고 인정할 때에는 한국자산관리공사에게 장애물의 처리를 대행하도록 할 수 있다.

4 관리청의 허가사항

(1) 공사 등의 허가
① 사람이나 장비를 수중에 투입하는 공사 또는 작업
② 항만법에 따른 항만시설 외의 시설물 또는 인공구조물을 신축·개축하거나 변경·제거하는 공사 또는 작업
③ 그 밖에 무역항의 안전을 위하여 해양수산부령으로 정하는 공사 또는 작업

(2) 선박경기 등 행사의 허가

① **허가대상**
  ㉠ 요트, 모터보트 등을 이용한 선박경기
  ㉡ 해양폐기물 수거 등 해양환경 정화활동
  ㉢ 해상퍼레이드 등 축제 행사
  ㉣ 선박을 이용한 불꽃놀이 행사
  ㉤ 그 밖에 선박교통의 안전에 지장을 줄 우려가 있는 행사

② **허가 제외사유**
  ㉠ 행사로 인하여 선박의 충돌·좌초·침몰 등 안전사고가 생길 우려가 있다고 판단되는 경우
  ㉡ 행사의 장소와 시간 등이 항만운영에 지장을 줄 우려가 있는 경우
  ㉢ 다른 선박의 출입 등 항행에 방해가 될 우려가 있다고 판단되는 경우
  ㉣ 다른 선박이 화물을 싣고 내리거나 보존하는 데에 지장을 줄 우려가 있다고 판단되는 경우

③ **통보** : 관리청은 허가를 하였을 때에는 해양경찰청장에게 그 사실을 통보하여야 한다.

(3) 부유물에 대한 허가

① **허가대상**
  ㉠ 부유물을 수상에 띄워 놓으려는 자
  ㉡ 부유물을 선박 등 다른 시설에 붙들어 매거나 운반하려는 자

② **안전조치명령** : 관리청은 허가를 할 때에는 선박교통의 안전에 필요한 조치를 명할 수 있다.

실전예상문제

01 다음 중 선박의 입항 및 출항 등에 관한 법률상 우선피항선에 해당하지 않는 것은?

① 예선
② 주로 노와 삿대로 운전하는 선박
③ 총톤수 20톤 이상의 선박
④ 항만운송관련사업을 등록한 자가 소유한 선박

해설 우선피항선은 주로 무역항의 수상구역에서 운항하는 선박으로서 다른 선박의 진로를 피하여야 하는 다음의 선박을 말한다.
① 부선
② 주로 노와 삿대로 운전하는 선박
③ 예선
④ 항만운송관련사업을 등록한 자가 소유한 선박
⑤ 해양환경관리업을 등록한 자가 소유한 선박 또는 해양폐기물관리업을 등록한 자가 소유한 선박(폐기물해양배출업으로 등록한 선박은 제외)
⑥ 기타 총톤수 20톤 미만의 선박

02 선박의 입항 및 출항 등에 관한 법률상 용어정의에 관한 다음 설명에 해당하는 것은?

> 선박안전법에 따른 예인선 중 무역항에 출입하거나 이동하는 선박을 끌어당기거나 밀어서 이안·접안·계류를 보조하는 선박

① 예선　　② 기선
③ 범선　　④ 부선

해설 ① 예선에 관한 설명이다. ② 기선은 기관을 사용하여 추진하는 선박과 수면비행선박이고, ③ 범선은 돛을 사용하여 추진하는 선박이며, ④ 부선은 자력항행능력이 없어 다른 선박에 의하여 끌리거나 밀려서 항행되는 선박을 말한다.

03 다음 중 선박의 입항 및 출항 등에 관한 법률상 출입신고를 아니할 수 있는 선박에 해당하지 않는 것은?

① 해양사고구조에 사용되는 선박
② 총톤수 20톤 미만의 선박
③ 도선선, 예선 등 선박의 출입을 지원하는 선박
④ 수상레저기구 중 국내항 간을 운항하는 모터보트 및 동력요트

해설 ② 총톤수 5톤 미만의 선박이 신고하지 아니할 수 있는 선박이다.

> **출입신고대상 제외**
> ① 총톤수 5톤 미만의 선박
> ② 해양사고구조에 사용되는 선박
> ③ 수상레저기구 중 국내항 간을 운항하는 모터보트 및 동력요트
> ④ 어선안전조업 및 어선원의 안전·보건증진 등에 관한 법률에 따른 출입항 신고대상이 되는 어선
> ⑤ 관공선, 군함, 해양경찰함정 등 공공의 목적으로 운영하는 선박
> ⑥ 도선선, 예선 등 선박의 출입을 지원하는 선박
> ⑦ 연안수역을 항행하는 정기여객선(내항 정기 여객운송사업에 종사하는 선박)으로서 경유항에 출입하는 선박
> ⑧ 피난을 위하여 긴급히 출항하여야 하는 선박
> ⑨ 그 밖에 지방해양수산청장이나 시·도지사가 필요하다고 인정하여 출입 신고를 면제한 선박

04 다음 중 선박의 입항 및 출항 등에 관한 법률상 정박구역 또는 정박지가 아닌 곳에 정박이 가능한 경우에 해당하지 않는 것은?

① 해양사고를 피하기 위한 경우
② 해양오염 등의 발생 또는 확산을 방지하기 위한 경우
③ 인명을 구조하거나 급박한 위험이 있는 선박을 구조하는 경우
④ 선박의 고장 등이 발생하였으나 선박을 조종할 수 있는 경우

정답　01. ③　02. ①　03. ②　04. ④

해설 정박구역 또는 정박지가 아닌 곳에 정박이 가능한 경우는 다음과 같다.

㉠ 해양사고를 피하기 위한 경우
㉡ 선박의 고장이나 그 밖의 사유로 선박을 조종할 수 없는 경우
㉢ 인명을 구조하거나 급박한 위험이 있는 선박을 구조하는 경우
㉣ 해양오염 등의 발생 또는 확산을 방지하기 위한 경우
㉤ 그 밖에 선박의 안전운항을 위하여 지방해양수산청장 또는 시·도지사가 필요하다고 인정하는 경우

05 다음 중 선박의 입항 및 출항 등에 관한 법률상 선박의 계선에 관한 설명으로 틀린 것은?

① 계선이란 선박이 운항을 중지하고 정박하거나 계류하는 것을 말한다.
② 선박을 계선하려는 자는 관리청이 지정한 장소에 그 선박을 계선하여야 한다.
③ 총톤수 20톤 이상의 선박을 수상구역 등에 계선하려는 자는 관리청의 허가를 받아야 한다.
④ 관리청은 계선 중인 선박의 안전을 위하여 그 선박의 소유자나 임차인에게 안전 유지에 필요한 인원의 선원을 승선시킬 것을 명할 수 있다.

해설 ③ 총톤수 20톤 이상의 선박을 무역항의 수상구역 등에 계선하려는 자는 해양수산부령으로 정하는 바에 따라 관리청에 신고하여야 한다.

06 선박의 입항 및 출항 등에 관한 법률상 항로에 관한 다음 설명 중 틀린 것은?

① 항로란 선박의 출입 통로로 이용하기 위하여 관리청이 지정·고시한 수로를 말한다.
② 우선피항선 등 모든 선박은 무역항의 수상구역 등에 출입 또는 통과하는 경우에는 지정·고시된 항로를 따라 항행하여야 한다.
③ 항로에서 예인되는 선박 또는 부유물을 방치하는 행위는 금지된다.
④ 허가를 받은 공사 또는 작업에 사용하는 경우에는 항로에서 정박 등이 가능하다.

해설 ② 우선피항선 외의 선박은 무역항의 수상구역 등에 출입 또는 통과하는 경우에는 지정·고시된 항로를 따라 항행하여야 한다.

07 선박의 입항 및 출항 등에 관한 법률상 항로에서의 항법에 관한 다음 설명 중 틀린 것은?

① 항로에서 다른 선박과 나란히 항행하지 아니하여야 한다.
② 항로에서 다른 선박을 추월하지 아니하여야 한다.
③ 위험물운송선박 또는 흘수제약선의 진로를 방해하지 아니하여야 한다.
④ 항로에서 다른 선박과 마주칠 우려가 있는 경우에는 왼쪽으로 항행하여야 한다.

해설 ④ 항로에서 다른 선박과 마주칠 우려가 있는 경우에는 오른쪽으로 항행하여야 한다.

08 선박의 입항 및 출항 등에 관한 법률상 항로에서 예인선의 항법에 관한 다음 설명 중 (   )에 들어갈 내용으로 옳은 것은?

> 예인선은 다른 선박의 출입을 보조하는 경우 외에는 예인선의 선수로부터 피예인선의 선미까지의 길이는 (   )미터를 초과하지 아니하여야 하고, 한꺼번에 (   )척 이상의 피예인선을 끌지 아니하여야 한다.

① 50, 1 ② 100, 2
③ 200, 3 ④ 300, 5

해설 ③ 예인선은 다른 선박의 출입을 보조하는 경우 외에는 예인선의 선수로부터 피예인선의 선미까지의 길이는 200미터를 초과하지 아니하여야 하고, 한꺼번에 3척 이상의 피예인선을 끌지 아니하여야 한다.

09 선박의 입항 및 출항 등에 관한 법률상 각 항법에 관한 다음 설명 중 옳은 것은?
① 범선은 돛을 줄이거나 예인선이 범선을 끌고 가게 하여야 한다.
② 부두 등을 오른쪽 뱃전에 두고 항행할 때에는 멀리 떨어져서 항행하여야 한다.
③ 부두 등을 왼쪽 뱃전에 두고 항행할 때에는 부두 등에 접근하여 항행하여야 한다.
④ 수상구역 등에 입항하는 선박과 방파제 입구 등에서 출항하는 선박이 마주칠 우려가 있는 경우에는 입항하는 선박의 진로를 피하여야 한다.

해설 ② 부두 등을 오른쪽 뱃전에 두고 항행할 때에는 부두 등에 접근하여 항행하여야 한다.
③ 부두 등을 왼쪽 뱃전에 두고 항행할 때에는 멀리 떨어져서 항행하여야 한다.
④ 무역항의 수상구역 등에 입항하는 선박이 방파제 입구 등에서 출항하는 선박과 마주칠 우려가 있는 경우에는 방파제 밖에서 출항하는 선박의 진로를 피하여야 한다.

10 선박의 입항 및 출항 등에 관한 법률상 위험물의 반입 및 하역에 관한 다음 설명 중 틀린 것은?
① 위험물을 무역항의 수상구역 등으로 들여오려는 자는 관리청에 신고하여야 한다.
② 무역항의 수상구역 등에서 위험물을 하역하려는 자는 자체안전관리계획을 수립하여 관리청의 승인을 받아야 한다.
③ 자체안전관리계획의 유효기간은 승인 또는 변경 승인을 받은 날부터 10년으로 한다.
④ 자체안전관리계획에는 위험물 안전관리자의 선임 및 임무에 관한 사항을 포함한다.

해설 ③ 자체안전관리계획의 유효기간은 승인 또는 변경 승인을 받은 날부터 5년으로 한다. 유효기간 만료일 3개월 전부터 1개월 전까지 갱신을 신청할 수 있다.

11 선박의 입항 및 출항 등에 관한 법률상 위험물 안전관리자의 안전관리교육에 관한 다음 설명 중 (   )에 들어갈 내용으로 옳은 것은?

위험물취급자는 위험물 안전관리자를 고용한 때에는 그 해당자에게 안전관리에 관한 교육을 받게 하여야 한다. 이 경우 (   )는 교육에 드는 경비를 부담하여야 한다.

① 관리청
② 위험물 안전관리자
③ 관계 행정기관의 장
④ 위험물취급자

해설 위험물취급자는 위험물 안전관리자를 고용한 때에는 그 해당자에게 안전관리에 관한 교육을 받게 하여야 한다. 이 경우 위험물취급자는 교육에 드는 경비를 부담하여야 한다.

12 다음 중 선박의 입항 및 출항 등에 관한 법률상 수상구역 등에서 불꽃이나 열이 발생하는 용접 등의 방법으로 수리하려는 경우 관리청의 허가를 받아야 하는 선박에 해당하는 것은?
① 위험물운송선박과 총톤수 10톤 이상의 선박
② 위험물운송선박과 총톤수 20톤 이상의 선박
③ 위험물운송선박과 총톤수 30톤 이상의 선박
④ 위험물운송선박과 총톤수 50톤 이상의 선박

해설 ② 무역항의 수상구역 등에서 위험물운송선박과 총톤수 20톤 이상의 선박(기관실, 연료탱크, 그 밖에 위험구역에서 수리작업을 하는 경우)을 불꽃이나 열이 발생하는 용접 등의 방법으로 수리하려는 경우 선장은 관리청의 허가를 받아야 한다.

13 다음 중 선박의 입항 및 출항 등에 관한 법률상 수상구역 등이나 무역항의 수상구역 밖의 수면에 폐기물 투하가 금지되는 거리는?
① 5킬로미터 이내
② 10킬로미터 이내
③ 30킬로미터 이내
④ 50킬로미터 이내

정답 09. ① 10. ③ 11. ④ 12. ② 13. ②

해설 ② 누구든지 무역항의 수상구역 등이나 무역항의 수상구역 밖 10킬로미터 이내의 수면에 선박의 안전운항을 해칠 우려가 있는 흙·돌·나무·어구(漁具) 등 폐기물을 버려서는 아니 된다.

14 다음 중 선박의 입항 및 출항 등에 관한 법률상 관리청의 허가대상에 해당하지 않는 것은?

① 사람이나 장비를 수중(水中)에 투입하는 공사 또는 작업하는 경우
② 해양폐기물 수거 등 해양환경 정화활동을 하는 경우
③ 부유물을 선박 등 다른 시설에 붙들어 매거나 운반하려는 경우
④ 총톤수 20톤 이상의 선박을 위험구역 밖에서 불꽃이나 열이 발생하는 용접 등의 방법으로 수리하려는 경우

해설 ④ 총톤수 20톤 이상의 선박을 위험구역 밖에서 불꽃이나 열이 발생하는 용접 등의 방법으로 수리하려는 경우에 그 선박의 선장은 관리청에 신고하여야 한다.

14. ④

CHAPTER 2 선원법

[시행 2026. 3. 17.]

01 총칙

1 목적

선원의 직무, 복무, 근로조건의 기준, 직업안정, 복지 및 교육훈련에 관한 사항 등을 정함으로써 선내 질서를 유지하고, 선원의 기본적 생활을 보장·향상시키며 선원의 자질 향상을 도모함을 목적으로 한다.

2 용어 정의

(1) 선박소유자

선주, 선주로부터 선박의 운항에 대한 책임을 위탁받고 이 법에 따른 선박소유자의 권리 및 책임과 의무를 인수하기로 동의한 선박관리업자, 대리인, 선체용선자 등을 말한다.

(2) 선원

① **의의** : 선원법이 적용되는 선박에서 근로를 제공하기 위하여 고용된 사람으로서 선장과 해원을 말한다.

> 💡 **선원이 아닌 경우**
> 1. 선박검사원
> 2. 도선사
> 3. 실습선원
> 4. 선박의 수리를 위하여 선박에 승선하는 기술자 및 작업원
> 5. 항만운송사업 또는 항만운송관련사업을 위하여 고용하는 근로자
> 6. 선박에서의 공연 등을 위하여 일시적으로 승선하는 연예인
> 7. 기타 해양수산부장관이 정하여 고시하는 사람

② **선장** : 해원을 지휘·감독하며 선박의 운항관리에 관하여 책임을 지는 선원
③ **해원** : 선박에서 근무하는 선장이 아닌 선원
  ㉠ 직원 : 항해사, 기관장, 기관사, 전자기관사, 통신장, 통신사, 운항장 및 운항사 등
  ㉡ 부원 : 직원이 아닌 해원

> **유능부원**
> 갑판부 또는 기관부의 항해당직을 담당하는 부원 중 해양수산부령으로 정하는 자격요건을 갖춘 부원

ⓒ 예비원 : 선박에서 근무하는 선원으로서 현재 승무 중이 아닌 선원

(3) 실습선원
해기사 실습생을 포함하여 선원이 될 목적으로 선박에 승선하여 실습하는 사람으로서 선원법 중 선원에 관한 규정을 적용한다.

(4) 선원근로계약
선원은 승선하여 선박소유자에게 근로를 제공하고 선박소유자는 근로에 대하여 임금을 지급하는 것을 목적으로 체결된 계약

(5) 임금
① **의의** : 선박소유자가 근로의 대가로 선원에게 임금, 봉급, 그 밖에 어떠한 명칭으로든 지급하는 모든 금전
② **통상임금** : 선원에게 정기적·일률적으로 일정한 근로 또는 총근로에 대하여 지급하기로 정하여진 시간급금액, 일급금액, 주급금액, 월급금액 또는 도급금액을 말한다.
③ **승선평균임금** : 산정하여야 할 사유가 발생한 날 이전 승선기간(3개월을 초과하는 경우에는 최근 3개월로 한다)에 그 선원에게 지급된 임금 총액을 그 승선기간의 총일수로 나눈 금액을 말한다. 다만, 이 금액이 통상임금보다 적은 경우에는 통상임금을 승선평균임금으로 본다.
④ **월 고정급** : 어선소유자가 어선원에게 매월 일정한 금액을 임금으로 지급하는 것
⑤ **생산수당** : 어선소유자가 어선원에게 지급하는 임금으로 월 고정급 외에 단체협약, 취업규칙 또는 선원근로계약에서 정하는 바에 따라 어획금액이나 어획량을 기준으로 지급하는 금액
⑥ **비율급** : 어선소유자가 어선원에게 지급하는 임금으로서, 어획금액에서 대통령령으로 정하는 공동경비를 뺀 나머지 금액을 단체협약, 취업규칙 또는 선원근로계약에서 정하는 분배방법에 따라 배정한 금액을 말한다.

(6) 시간
① **근로시간** : 선박을 위하여 선원이 근로하도록 요구되는 시간
② **휴식시간** : 근로시간 외의 시간(근로 중 잠시 쉬는 시간은 제외한다)

(7) 항해선
내해, 항만구역 내의 수역 또는 이에 근접한 수역 등으로서 영해 내의 수역만을 항해하는 선박 외의 선박

(8) 해양항만관청
해양수산부장관 및 대통령령으로 정하는 해양수산부 소속 기관의 장을 말한다.

(9) 증서 등

① **선원신분증명서** : 국제노동기구의 「2003년 선원신분증명서에 관한 협약 제185호」에 따라 발급하는 선원의 신분을 증명하기 위한 문서
② **선원수첩** : 선원의 승무경력, 자격증명, 근로계약 등의 내용을 수록한 문서
③ **해사노동적합증서** : 선원의 근로기준 및 생활 기준에 대한 검사 결과 이 법과 해사노동협약에 따른 인증기준에 적합하다는 것을 증명하는 문서
④ **해사노동적합선언서** : 해사노동협약을 이행하는 국내기준을 수록하고 그 기준을 준수하기 위하여 선박소유자가 채택한 조치사항이 이 법과 해사노동협약의 인증기준에 적합하다는 것을 승인하는 문서

3 적용 범위

(1) 적용대상

① 선박법에 따른 대한민국 선박(어선을 포함한다),
② 대한민국 국적을 취득할 것을 조건으로 용선한 외국선박,
③ 국내 항과 국내 항 사이만을 항해하는 외국선박에 승무하는 선원과 그 선박의 선박소유자에 대하여 적용한다.
※ 실습선원은 선원법 중 선원에 관한 규정을 적용한다.

(2) 적용제외

다음의 선박에 승무하는 선원과 선박소유자에게는 이 법을 적용하지 아니한다.
① 총톤수 5톤 미만의 선박으로서 항해선이 아닌 선박
② 호수, 강 또는 항내만을 항행하는 선박(예선은 제외한다)
③ 총톤수 20톤 미만인 어선으로서 해양수산부령으로 정하는 선박

> 💡 평수구역, 연해구역 또는 근해구역에서 어로작업에 종사하는 총톤수 20톤 미만의 어선(운반선을 포함)을 말한다.

④ 선박법에 따른 부선(해상화물운송사업을 하기 위하여 등록한 부선은 제외)

4 기타

(1) 선원노동위원회

노동위원회법에 따른 특별노동위원회로서 해양수산부장관 소속으로 선원노동위원회를 둔다.

(2) 선원의 날

① 선원 경제활동의 중요성을 국민에게 알리고, 선원의 긍지와 자부심을 고취하기 위하여 매년 6월 셋째 주 금요일을 선원의 날로 정한다.
② 국가와 지방자치단체는 선원의 날의 취지에 적합한 기념행사를 개최할 수 있다.

02 선내 질서의 유지

1 해원의 징계

(1) 징계사유
① 상급자의 직무상 명령에 따르지 아니하였을 경우
② 선장의 허가 없이 선박을 떠났을 경우
③ 선장의 허가 없이 흉기나 마약류를 선박에 들여왔을 경우
④ 선내에서 싸움, 폭행, 음주, 소란행위를 하거나 고의로 시설물을 파손하였을 경우
⑤ 직무를 게을리하거나 다른 해원의 직무수행을 방해하였을 경우
⑥ 정당한 사유 없이 선장이 지정한 시간까지 선박에 승선하지 아니하였을 경우
⑦ 그 밖에 선내 질서를 어지럽히는 행위로서 단체협약, 취업규칙 또는 선원근로계약에서 금지하는 행위를 하였을 경우

(2) 징계종류
① 징계는 훈계, 상륙금지 및 하선으로 한다.
② 상륙금지는 정박 중에 10일 이내로 하고, 하선의 징계는 해원이 폭력행위 등으로 선내 질서를 어지럽히거나 고의로 선박 운항에 현저한 지장을 준 행위가 명백한 경우에만 하여야 한다.

(3) 징계절차
선장은 해원을 징계할 경우에는 미리 5명(해원 수가 10명 이내인 경우에는 3명) 이상의 해원으로 구성되는 징계위원회의 의결을 거쳐야 한다.

2 금지행위

(1) 쟁의행위의 제한
선원은 다음에 해당하는 경우에는 선원근로관계에 관한 쟁의행위를 하여서는 아니 된다.
① 선박이 외국 항에 있는 경우
② 여객선이 승객을 태우고 항해 중인 경우
③ 위험물 운송을 전용으로 하는 선박이 항해 중인 경우(위험물의 종류별로 해양수산부령으로 정하는 경우)
④ 선장 등이 선박의 조종을 지휘하여 항해 중인 경우
⑤ 어선이 어장에서 어구를 내릴 때부터 냉동처리 등을 마칠 때까지의 일련의 어획작업 중인 경우
⑥ 그 밖에 쟁의행위로 인명이나 선박의 안전에 현저한 위해를 줄 우려가 있는 경우

(2) 강제 근로의 금지

선박소유자 및 선원은 폭행, 협박, 감금, 그 밖의 정신상 또는 신체상의 자유를 부당하게 구속하는 수단으로써 선원의 자유의사에 어긋나는 근로를 강요하지 못한다.

(3) 선내 괴롭힘의 금지

① 선박소유자 또는 선원은 선내에서의 지위 또는 관계 등의 우위를 이용하여 업무상 적정범위를 넘어 다른 선원에게 신체적·정신적 고통을 주거나 근무환경을 악화시키는 행위(선내 괴롭힘)를 하여서는 아니 된다.
② 누구든지 선내 괴롭힘 발생 사실을 알게 된 경우 그 사실을 선박소유자에게 신고할 수 있다.
③ 선박소유자는 지체 없이 당사자 등을 대상으로 그 사실 확인을 위하여 객관적으로 조사를 실시하여야 한다.
④ 선박소유자는 조사 기간 동안 해당 피해 선원 등에 대하여 근무장소의 변경, 유급휴가 명령 등 적절한 조치를 하여야 한다.
⑤ 선박소유자는 조사 결과 선내 괴롭힘 발생 사실이 확인된 때에는 지체 없이 행위자에 대하여 징계, 근무장소의 변경 등 필요한 조치를 하고, 피해선원이 요청하면 근무장소의 변경, 배치전환, 유급휴가 명령 등 적절한 조치를 하여야 한다.
⑥ 선박소유자는 선내 괴롭힘 발생 사실을 신고한 선원 및 피해 선원 등에게 해고나 그 밖의 불리한 처우를 하여서는 아니 된다.

03 선원근로계약

1 선원근로계약 체결 등

(1) 선원근로계약서의 작성 및 신고

① 선원과 선원근로계약을 체결한 선박소유자는 해양수산부령으로 정하는 사항을 적은 선원근로계약서 2부를 작성하여 1부는 보관하고 1부는 선원에게 주어야 하며, 그 선원이 승선하기 전 또는 승선을 위하여 출국하기 전에 해양항만관청에 신고하여야 한다.
② 선박소유자가 취업규칙을 작성하여 신고한 경우에는 그 취업규칙에 따라 작성한 선원근로계약은 신고한 것으로 본다.

(2) 선원근로계약의 존속

① 선원근로계약이 선박의 항해 중에 종료할 경우에는 그 계약은 선박이 다음 항구에 입항하여 그 항구에서 부릴 화물을 모두 부리거나 내릴 여객이 다 내릴 때까지 존속하는 것으로 본다.
② 선박소유자는 승선·하선 교대에 적당하지 아니한 항구에서 선원근로계약이 종료할 경우에는 30일을 넘지 아니하는 범위에서 승선·하선 교대에 적당한 항구에 도착하여 그 항구에서 부릴 화물을 모두 부리거나 내릴 여객이 다 내릴 때까지 선원근로계약을 존속시킬 수 있다.

(3) 근로조건

① **명시** : 선박소유자는 임금, 근로시간 및 그 밖의 근로조건을 구체적으로 밝혀야 한다.
② **근로조건의 위반** : 선원은 선원근로계약을 해지하고, 손해배상을 청구할 수 있다.
③ **선원법 위반의 계약** : 선원법에서 정한 기준에 미치지 못하는 근로조건을 정한 선원근로계약은 그 부분만 무효로 한다. 이 경우 그 무효 부분은 선원법에서 정한 기준에 따른다.

2 선원근로계약의 해지

(1) 선원근로계약의 해지 등의 제한

① 선박소유자는 정당한 사유 없이 선원근로계약을 해지하거나 휴직, 정직, 감봉 및 그 밖의 징벌을 하지 못한다.
② 선박소유자는 다음의 기간 동안은 선원근로계약을 해지하지 못한다.
  ㉠ 직무상 부상의 치료 또는 질병의 요양을 위하여 직무에 종사하지 아니한 기간과 그 후 30일
  ㉡ 산전·산후의 여성선원이 근로기준법에 따라 작업에 종사하지 아니한 기간과 그 후 30일

> 💡 **해지 가능(예외)**
> 1. 천재지변 등으로 사업을 계속할 수 없는 경우로서 선원노동위원회의 인정을 받았을 때
> 2. 선박소유자가 일시보상을 하였을 때

(2) 선원근로계약 해지의 예고

① **선박소유자 예고** : 선박소유자는 선원근로계약을 해지하려면 30일 이상의 예고기간을 두고 서면으로 그 선원에게 알려야 하며, 알리지 아니하였을 때에는 30일분 이상의 통상임금을 지급하여야 한다.

> 💡 **예고하지 아니하는 경우(예외)**
> 1. 선박소유자가 천재지변, 선박의 침몰·멸실 또는 그 밖의 부득이한 사유로 사업을 계속할 수 없는 경우로서 선원노동위원회의 인정을 받은 경우
> 2. 선원이 정당한 사유 없이 하선한 경우
> 3. 선원이 하선 징계를 받은 경우

② **선원의 예고** : 선원은 선원근로계약을 해지하려면 30일의 범위에서 단체협약, 취업규칙 또는 선원근로계약에서 정한 예고기간을 두고 선박소유자에게 알려야 한다.

3 선원수첩 등

(1) 선원수첩

① 선원이 되려는 사람은 대통령령으로 정하는 바에 따라 해양항만관청으로부터 선원수첩을 발급받아야 한다.
② 선원은 승선하고 있는 동안에는 선원수첩이나 신원보증서를 선장에게 제출하여 선장이 보관하게 하여야 하고, 승선을 위하여 여행하거나 선박을 떠날 때에는 선원 자신이 지녀야 한다.

(2) 선원수첩의 실효

① 선원수첩을 발급한 날 또는 하선한 날부터 5년(군 복무기간 등 해양수산부장관이 인정하는 기간은 제외한다) 이내에 승선하지 아니한 선원의 선원수첩
② 사망한 선원의 선원수첩
③ 선원수첩을 재발급한 경우 종전의 선원수첩

(3) 선원신분증명서

① 외국 항을 출입하는 선박에 승선할 선원(대한민국 국민인 선원만 해당한다)은 해양항만관청으로부터 선원신분증명서를 발급받아야 한다.
② 선박에 승선하는 외국인으로서 출입국관리법 시행령에 따른 영주의 자격을 가진 사람과 외국선박에 승선하는 대한민국 국민인 선원은 선원신분증명서를 발급받을 수 있다.
③ 선원신분증명서의 유효기간은 발급일부터 10년으로 한다.

4 임금 및 퇴직금

(1) 임금의 지급

① 임금은 통화(通貨)로 직접 선원에게 그 전액을 지급하여야 한다.
② 임금은 매월 1회 이상 일정한 날짜를 정하여 지급하여야 한다.

(2) 퇴직금제도

① 선박소유자는 계속근로기간이 1년 이상인 선원이 퇴직하는 경우에는 계속근로기간 1년에 대하여 승선평균임금의 30일분에 상당하는 금액을 퇴직금으로 지급하는 제도를 마련하여야 한다.
② 선박소유자는 계속근로기간이 6개월 이상 1년 미만인 선원으로서 선원근로계약의 기간이 끝나거나 선원에게 책임이 없는 사유로 선원근로계약이 해지되어 퇴직하는 선원에게 승선평균임금의 20일분에 상당하는 금액을 퇴직금으로 지급하여야 한다.

(3) 금품 청산

선박소유자는 선원이 사망 또는 퇴직한 경우에는 그 지급 사유가 발생한 때부터 14일 이내에 임금, 보상금, 수당, 그 밖에 일체의 금품을 지급하여야 한다. 다만, 특별한 사정이 있을 경우에는 당사자 사이의 합의에 의하여 기일을 연장할 수 있다.

04 근로시간 및 승무정원 등

1 적용제외 선박

(1) 제외대상
다음에 해당하는 선박(예선은 제외한다)은 이 장의 규정을 적용하지 아니한다.
① 범선으로서 항해선이 아닌 것
② 어획물 운반선을 제외한 어선
③ 총톤수 500톤 미만의 선박으로서 항해선이 아닌 것
④ 평수구역을 그 항해구역으로 하는 선박

(2) 기준
해양수산부장관은 필요하다고 인정하면 (1)의 어느 하나에 해당하는 선박에 대하여 적용할 선원의 근로시간 및 승무정원에 관한 기준을 따로 정할 수 있다.

2 근로시간 및 휴식시간

(1) 근로시간
① 근로시간은 1일 8시간, 1주간 40시간으로 한다. 다만, 선박소유자와 선원 간에 합의하여 1주간 16시간을 한도로 근로시간을 연장(시간외 근로)할 수 있다.
② 선박소유자는 항해당직근무를 하는 선원에게 1주간에 16시간의 범위에서, 그 밖의 선원에게는 1주간에 4시간의 범위에서 시간외근로를 명할 수 있다.

(2) 휴식시간
① 선박소유자는 선원에게 24시간에 10시간 이상의 휴식시간과 1주간에 77시간 이상의 휴식시간을 주어야 한다.
② 휴식시간은 한 차례만 분할할 수 있으며, 분할된 휴식시간 중 하나는 최소 6시간 이상 연속되어야 하고 연속적인 휴식시간 사이의 간격은 14시간을 초과하여서는 아니 된다.
③ 선박소유자는 선박이 정박 중일 때에는 선원에게 1주간에 1일 이상의 휴일을 주어야 한다.
④ 해양항만관청은 입항·출항 빈도, 선원의 업무특성 등을 고려하여 불가피하다고 인정할 경우에는 당직선원이나 단기 항해에 종사하는 선박에 승무하는 선원에 대하여 근로시간의 기준, 휴식시간의 분할과 부여간격에 관한 기준을 달리 정하는 단체협약을 승인할 수 있다.

(3) 시간외근로 등 명령
① **사유** : 선박소유자는 다음의 경우 근로시간을 초과하여 선원에게 시간외근로를 명하거나 휴식시간에도 불구하고 필요한 작업을 하게 할 수 있다.

　　　㉠ 인명, 선박 또는 화물의 안전을 도모하거나,
　　　㉡ 해양 오염 또는 해상보안을 확보하거나,
　　　㉢ 인명이나 다른 선박을 구조하기 위하여 긴급한 경우 등 부득이한 사유가 있을 때
　② **보상휴식** : 휴식시간에도 불구하고 필요한 작업을 한 선원 등에게 작업시간에 상응한 보상휴식을 주어야 한다.

(4) 소년선원의 근로시간 등

① 18세 미만인 소년선원의 근로시간은 1일 8시간, 1주간 40시간을 초과하지 아니할 것
② 18세 미만인 소년선원에 대해서는 다음의 기준에 따른 휴식시간을 줄 것
　㉠ 1일 1시간 이상의 식사를 위한 휴식시간
　㉡ 매 2시간 연속 근로 후 즉시 15분 이상의 휴식시간

(5) 실습선원의 실습시간 및 휴식시간 등

① **실습시간** : 1일 8시간, 1주간 40시간 이내로 한다. 다만, 항해당직훈련을 목적으로 하는 경우에는 1주간에 16시간 이내에서 연장할 수 있다.
② **휴식시간** : 임의의 24시간 중 한 차례의 휴식시간은 8시간 이상 연속되어야 한다.
③ **휴일** : 실습선원에게 1주간에 최소 1일 이상의 휴일을 주어야 한다.

(6) 시간외근로수당

선박소유자는 다음에 해당하는 선원에게 시간외근로나 휴일근로에 대하여 통상임금의 100분의 150에 상당하는 금액 이상을 시간외근로수당으로 지급하여야 한다.

> ① 시간외근로를 한 선원(보상휴식을 받은 선원은 제외)
> ② 휴일에 근로를 한 선원

3 자격요건을 갖춘 선원의 승무

(1) 항해당직 부원

선박의 선박소유자는 자격요건을 갖춘 선원을 갑판부나 기관부의 항해당직 부원으로 승무시켜야 한다.
① **대상 선박** : 총톤수 500톤 이상 또는 주기관 추진력 750킬로와트 이상의 선박(평수구역을 항행구역으로 하는 선박, 예선 및 수면비행선박은 제외)
② **자격요건** : 16세 이상인 사람으로서 다음에 해당하는 사람으로 한다.

> ㉠ 총톤수 200톤 이상의 선박에서 갑판부 또는 기관부의 부원으로서 1년 이상 승무한 경력이 있을 것
> ㉡ 갑판부 또는 기관부의 부원으로서 2월 이상 승무한 경력을 가지고 당직부원교육과정을 이수했을 것
> ㉢ 선박직원법 시행령상 대학 등의 학과를 2년 이상 이수한 자로서 상선교육과정을 이수한 자는 상선면허를 위한 승무경력 2년, 어선교육과정을 이수한 자는 어선면허를 위한 승무경력 2년이 있을 것

③ 총톤수 500톤 이상으로 1일 항해시간이 16시간 이상인 선박의 선박소유자는 자격요건을 갖춘 선원 3명 이상을 갑판부의 항해당직 부원으로 승무시켜야 한다.

(2) 위험화물적재선박

산적액체화물을 수송하기 위하여 사용되는 위험화물적재선박[평수구역을 항행구역으로 하는 선박을 제외]의 선박소유자는 자격요건을 갖춘 선원을 승무시켜야 한다.

(3) 구명정 등

선박안전법에 따른 선박시설 중 구명정·구명뗏목·구조정 또는 고속구조정을 비치하여야 하는 선박의 선박소유자는 구명정 조종사 자격증을 가진 선원을 승무시켜야 한다.

(4) 여객선

① **대상선박** : 여객선[평수구역만을 항해구역으로 하는 선박과 유선사업 또는 도선사업을 위하여 사용되는 선박은 제외]
② **자격요건** : 여객선 상급교육 과정을 이수한 선원을 말한다.
③ **여객안전관리선원 승무인원**

  1. 여객 정원이 100명 이상 500명 이하인 경우: 1명 이상
  2. 여객 정원이 500명 초과 1천명 이하인 경우: 2명 이상
  3. 여객 정원이 1천명 초과 1천 500명 이하인 경우: 3명 이상
  4. 여객 정원이 1천 500명을 초과하는 경우: 4명 이상

(5) 가스연료 등 추진선박

가스 또는 저인화점 연료(인화점이 섭씨 60℃ 미만인 연료)를 사용하는 선박의 선박소유자는 해양수산부령으로 정하는 자격요건을 갖춘 선원을 승무시켜야 한다.

4 승무정원 등

(1) 승무정원

① 선박소유자는 필요한 선원의 정원[승무정원]을 정하여 해양항만관청의 인정을 받아야 한다.
② 해양항만관청은 선박의 승무정원을 인정할 때에는 해양수산부령으로 정하는 바에 따라 승무정원증서를 발급하여야 한다.

(2) 자격요건 또는 승무정원의 완화 적용

지방해양항만관청은 다음의 선박에 대하여는 항해당직부원의 자격요건 또는 승무정원에 관한 규정을 완화하여 적용할 수 있다.
① 항해사가 기관실의 기관을 원격조정할 수 있는 설비를 갖춘 선박
② 선박의 항해·정박 등을 위한 자동설비를 갖춘 선박
③ **압항부선** : 기선과 결합되어 밀려서 추진되는 선박
④ **해저조망부선** : 잠수하여 해저를 조망할 수 있는 시설을 설치한 선박으로서 스스로 항행할 수 없는 선박

(3) 예비원

① 선박소유자는 고용하고 있는 총승선 선원 수의 10퍼센트 이상의 예비원을 확보하여야 한다.
② 선박소유자는 예비원에게 통상임금의 70퍼센트를 임금으로 지급하여야 한다.

5 유급휴가

(1) 적용 제외

① 어선(어획물 운반선은 제외)
② 범선으로서 항해선이 아닌 것
③ 가족만 승무하여 운항하는 선박으로서 항해선이 아닌 것

(2) 유급휴가 대상

① 선박소유자(어선의 선박소유자는 제외)는 선원이 8개월간 계속하여 승무(수리 중이거나 계류 중인 선박에 승무하는 것을 포함)한 경우에는 그때부터 4개월 이내에 선원에게 유급휴가를 주어야 한다. 다만, 선박이 항해 중일 때에는 항해를 마칠 때까지 유급휴가를 연기할 수 있다.
② 선원이 8개월간 계속하여 승무하지 못한 경우에도 이미 승무한 기간에 대하여 유급휴가를 주어야 한다.
③ 선박소유자는 18세 미만의 소년선원 보호를 위하여 해양수산부령으로 정하는 바에 따라 유급휴가를 주어야 한다.

(3) 유급휴가의 일수

① 유급휴가의 일수는 계속하여 승무한 기간 1개월에 대하여 6일로 한다.
② 연해구역을 항해구역으로 하는 선박 또는 15일 이내의 기간마다 국내 항에 기항하는 선박에 승무하는 선원의 유급휴가 일수는 계속하여 승무한 기간 1개월에 대하여 5일로 한다.

(4) 유급휴가급

선박소유자는 유급휴가 중인 선원에게 통상임금을 유급휴가급으로 지급하여야 한다.

05 보건 및 소년, 여성선원

1 선내 보건

(1) 의사의 승무
다음에 해당하는 선박의 선박소유자는 그 선박에 의사를 승무시켜야 한다.
① 3일 이상의 국제항해에 종사하는 선박으로서 최대 승선인원이 100명 이상인 선박(어선은 제외)
② 총톤수 5천톤 이상의 어선으로서 승선인원이 200인 이상의 모선식 어업에 종사하는 어선

(2) 의료관리자 승무
의사를 승무시키지 아니할 수 있는 선박 중 다음 선박의 선박소유자는 의료관리자를 두어야 한다.
① 원양구역을 항해구역으로 하는 총톤수 5천톤 이상의 선박
② 총톤수 300톤 이상의 어선(평수구역·연해구역 또는 근해구역을 항행구역으로 하는 어선은 제외)

(3) 응급처치 담당자
의사나 의료관리자를 승무시키지 아니할 수 있는 선박 중 다음 선박의 선박소유자는 응급처치 담당자를 두어야 한다.
① 연해구역 이상을 항해구역으로 하는 선박(어선은 제외)
② 여객정원이 13명 이상인 여객선

2 소년선원과 여성선원

(1) 소년선원
① 미성년자가 선원이 되려면 법정대리인의 동의를 받아야 한다.
② **16세 미만** : 선원으로 사용하지 못함(가족만 승무하는 선박의 경우 예외)
③ **18세 미만** : 선원으로 사용하려면 해양항만관청의 승인을 받아야 한다.
④ **18세 미만 선원**
㉠ 위험한 선내 작업과 위생상 해로운 작업에 종사시켜서는 아니 된다.
㉡ 자정부터 오전 5시까지를 포함하는 최소 9시간 동안은 작업에 종사시키지 못한다.
(선원의 동의와 해양수산부장관의 승인을 받은 경우는 예외)

(2) 여성선원
① 여성선원을 임신·출산에 해롭거나 위험한 작업에 종사시켜서는 아니 된다.
② 선박소유자는 임신 중인 여성선원을 선내 작업에 종사시켜서는 아니 된다. 다만, 다음의 경우에는 그러하지 아니하다.
㉠ 임신 중인 여성선원이 선내 작업을 신청하고, 임신이나 출산에 해롭거나 위험하지 아니하다고 의사가 인정한 경우

　　　ⓒ 임신 중인 사실을 항해 중 알게 된 경우로서 해당 선박의 안전을 위하여 필요한 작업에 종사하는 경우
　③ 선박소유자는 산후 1년이 지나지 아니한 여성선원을 위험한 선내 작업과 위생상 해로운 작업에 종사시켜서는 아니 된다.
　④ 선박소유자는 여성선원이 청구하면 월 1일의 생리휴식을 주어야 한다.

06 재해보상 및 증서 등

1 선원재해보상

(1) 요양보상

① **직무상 부상, 질병의 경우** : 부상이나 질병이 치유될 때까지 선박소유자의 비용으로 요양을 시키거나 요양에 필요한 비용을 지급하여야 한다.

② **직무 외의 원인에 의한 부상이나 질병의 경우** : 다음에 따라 요양에 필요한 3개월 범위의 비용을 지급하여야 한다.

> ㉠ 국민건강보험법에 따른 요양급여의 대상이 되는 부상, 질병 : 선원의 본인 부담액에 해당하는 비용 지급
> ㉡ 요양급여의 대상이 되지 아니하는 부상, 질병 : 선원의 요양에 필요한 비용 지급
> ㉢ 국제항해에 종사하는 선박에 승무하는 선원의 부상, 질병 : 선원의 요양에 필요한 비용 지급

③ 선박소유자는 선원의 고의에 의한 부상이나 질병에 대하여는 선원노동위원회의 인정을 받아 비용을 부담하지 아니할 수 있다.

(2) 상병보상

① 선박소유자는 직무상 부상, 질병으로 요양 중인 선원에게 4개월의 범위에서 치유될 때까지 매월 1회 통상임금에 상당하는 금액의 상병보상
② 4개월이 지나도 치유되지 아니하는 경우에는 치유될 때까지 매월 1회 통상임금의 100분의 70에 상당하는 금액의 상병보상을 하여야 한다.

(3) 장해보상

선원이 직무상 부상이나 질병이 치유된 후에도 신체에 장해가 남는 경우에는 선박소유자는 지체 없이 「산업재해보상보험법」에서 정하는 장해등급에 따른 일수에 승선평균임금을 곱한 금액의 장해보상을 하여야 한다.

(4) 일시보상

선박소유자는 요양보상 및 상병보상을 받고 있는 선원이 2년이 지나도 그 부상이나 질병이 치유되지 아니하는 경우에는 「산업재해보상보험법」에 따른 제1급의 장해보상에 상당하는 금액을 선원에게 한꺼번에 지급함으로써 보상책임을 면할 수 있다.

(5) 유족보상

① **직무상 사망** : 유족에게 승선평균임금의 1천 300일분에 상당하는 금액의 유족보상
② **직무 외의 원인으로 사망** : 유족에게 승선평균임금의 1천일분에 상당하는 금액의 유족보상을 하여야 한다.
③ 사망 원인이 선원의 고의에 의한 경우로서 선박소유자가 선원노동위원회의 인정을 받은 경우에는 그러하지 아니하다.

(6) 장례비

① 선박소유자는 선원이 사망하였을 때에는 지체없이 유족 중 장례를 지낸 유족에게 승선평균임금의 120일분에 상당하는 금액을 장례비로 지급하여야 한다.
② 장례비를 지급하여야 할 유족이 없는 경우에는 실제로 장례를 지낸 자에게 장례비를 지급하여야 한다.

(7) 행방불명보상

선박소유자는 선원이 해상에서 행방불명된 경우에는 피부양자에게 1개월분의 통상임금과 승선평균임금의 3개월분에 상당하는 금액의 행방불명보상을 하여야 한다.

(8) 소지품 유실보상

선박소유자는 선원이 승선하고 있는 동안 해양사고로 소지품을 잃어버린 경우에는 통상임금의 2개월분의 범위에서 그 잃어버린 소지품의 가액에 상당하는 금액을 보상하여야 한다.

2 선원 등의 교육훈련

(1) 교육훈련

① 선원과 선원이 되려는 사람은 대통령령으로 정하는 바에 따라 해양수산부장관이 시행하는 교육훈련을 받아야 한다.
② 선원과 관련된 노무·인사 업무를 담당하는 자는 선원의 노동권 및 인권 보호에 관한 교육을 받아야 한다.

(2) 교육훈련 종류

선원의 교육훈련은 기초안전교육·상급안전교육·여객선교육·당직부원교육·유능부원교육·전자기관부원교육·탱커기초교육·탱커보수교육·가스연료추진선박교육·의료관리자교육·고속선교육·선박조리사교육 및 선박보안교육으로 구분한다.

(3) 승무제한 등

① 해양수산부장관은 교육훈련을 이수하지 아니한 선원에 대하여는 특별한 사유가 없으면 승무를 제한하여야 한다.
② 해양수산부장관은 교육훈련 업무를 한국해양수산연수원이나 그 밖의 선원교육기관에 위탁할 수 있다.

3 해사노동적합증서와 해사노동적합선언서

(1) 적용대상

① 총톤수 500톤 이상의 국제항해에 종사하는 항해선
② 총톤수 500톤 이상의 항해선으로서 다른 나라 안의 항 사이를 항해하는 선박
③ ①, ②의 선박 외의 선박소유자가 요청하는 선박

(2) 선내 비치 등

선박의 선박소유자는 해사노동적합증서 및 승인받은 해사노동적합선언서를 선내에 갖추어 두어야 하며, 그 사본 각 1부를 선내의 잘 보이는 곳에 게시하여야 한다.

(3) 해사노동적합증서의 인증검사

① 해사노동적합증서 발급을 위한 인증검사

> 1. **최초인증검사** : 이 법과 해사노동협약의 기준을 충족하는지 확인하기 위한 최초 검사
> 2. **갱신인증검사** : 해사노동적합증서의 유효기간이 끝났을 때에 하는 검사
> 3. **중간인증검사** : 최초인증검사와 갱신인증검사 사이 또는 갱신인증검사와 갱신인증검사 사이에 해양수산부령으로 정하는 시기에 하는 검사

② **임시인증검사** : 선박소유자는 최초인증검사를 받기 전에 선박의 국적 변경 등의 사유로 선박을 항해에 사용하려는 경우에는 임시인증검사를 받아야 한다.
③ **특별인증검사** : 해양수산부장관은 선박 거주설비의 주요 개조나 선박에서 노동분쟁이 발생하는 등의 사유가 있을 경우에는 특별인증검사를 시행할 수 있다.

(4) 해사노동적합증서의 발급 등

① 해양수산부장관은 최초인증검사나 갱신인증검사에 합격한 선박에 대하여 해사노동적합증서를 발급하고, 그 발급사실을 발급대장에 기재하며 이를 공개하여야 한다.
② 해사노동적합증서의 유효기간은 5년의 범위에서 대통령령으로 정한다. 다만, 임시해사노동적합증서의 유효기간은 6개월을 넘을 수 없다.

실전예상문제

1과목 선박관계법규

01 다음 중 선원법상 선원에 해당하지 않는 자는?

① 선장
② 해원
③ 직원
④ 선박검사원

해설 선원은 선원법이 적용되는 선박에서 근로를 제공하기 위하여 고용된 사람을 말한다. 선박검사원, 도선사, 실습선원, 수리기술자 및 작업원, 연예인 등은 선원에 해당하지 않는다.

02 선원법상 용어에 대한 다음 설명 중 옳은 것은?

> 산정하여야 할 사유가 발생한 날 이전 승선기간(3개월을 초과하는 경우에는 최근 3개월로 한다)에 그 선원에게 지급된 임금 총액을 그 승선기간의 총일수로 나눈 금액을 말한다.

① 통상임금
② 승선평균임금
③ 생산수당
④ 비율급

해설 ② 승선평균임금에 대한 설명이다.
① 통상임금은 선원에게 정기적·일률적으로 일정한 근로 또는 총근로에 대하여 지급하기로 정하여진 시간급금액, 일급금액, 주급금액, 월급금액 또는 도급금액을 말한다.
③ 생산수당은 어선소유자가 어선원에게 지급하는 임금으로 월 고정급 외에 단체협약, 취업규칙 또는 선원근로계약에서 정하는 바에 따라 어획금액이나 어획량을 기준으로 지급하는 금액을 말한다.
④ 비율급은 어선소유자가 어선원에게 지급하는 임금으로서, 어획금액에서 대통령령으로 정하는 공동경비를 뺀 나머지 금액을 단체협약, 취업규칙 또는 선원근로계약에서 정하는 분배방법에 따라 배정한 금액을 말한다.

03 다음 중 선원법이 적용되지 않는 선박에 해당하지 않는 것은?

① 총톤수 5톤 미만의 선박으로서 항해선이 아닌 선박
② 호수, 강 또는 항내만을 항행하는 선박(예선은 제외한다)
③ 해상화물운송사업을 하기 위하여 등록한 부선
④ 평수구역, 연해구역 또는 근해구역에서 어로작업에 종사하는 총톤수 20톤 미만의 어선

해설 ③ 선박법에 따른 부선은 선박법을 적용하지 아니한다. 단, 해상화물운송사업을 하기 위하여 등록한 부선은 제외한다.

04 선원법상 해원의 징계에 관한 다음 설명 중 틀린 것은?

① 징계는 훈계, 상륙금지 및 하선으로 한다.
② 상륙금지는 정박 중에 30일 이내로 한다.
③ 정당한 사유 없이 선장이 지정한 시간까지 선박에 승선하지 아니하였을 경우 징계사유에 해당한다.
④ 선장은 해원을 징계할 경우에는 미리 5명(해원 수가 10명 이내인 경우에는 3명) 이상의 해원으로 구성되는 징계위원회의 의결을 거쳐야 한다.

해설 ② 상륙금지는 정박 중에 10일 이내로 하고, 하선의 징계는 해원이 폭력행위 등으로 선내 질서를 어지럽히거나 고의로 선박 운항에 현저한 지장을 준 행위가 명백한 경우에만 하여야 한다.

01. ④ 02. ② 03. ③ 04. ②

05 다음 중 선원법상 선원신분증명서의 유효기간은?

① 발급일부터 3년 ② 발급일부터 5년
③ 발급일부터 7년 ④ 발급일부터 10년

해설 ④ 선원신분증명서의 유효기간은 발급일부터 10년으로 한다.

06 선원법상 퇴직금에 대한 다음 설명 중 ( )의 내용이 순서대로 옳은 것은?

1. 선박소유자는 계속근로기간이 1년 이상인 선원이 퇴직하는 경우에는 계속근로기간 1년에 대하여 승선평균임금의 ( )일분에 상당하는 금액을 퇴직금으로 지급하는 제도를 마련하여야 한다.
2. 선박소유자는 계속근로기간이 6개월 이상 1년 미만인 선원으로서 선원근로계약의 기간이 끝나거나 선원에게 책임이 없는 사유로 선원근로계약이 해지되어 퇴직하는 선원에게 승선평균임금의 ( )일분에 상당하는 금액을 퇴직금으로 지급하여야 한다.

① 30, 20   ② 20, 30
③ 40, 30   ④ 50, 20

해설 ① 계속근로기간이 1년 이상인 선원이 퇴직하는 경우에는 승선평균임금의 30일분에 상당하는 금액, 계속근로기간이 6개월 이상 1년 미만인 선원에게 승선평균임금의 20일분에 상당하는 금액을 퇴직금으로 지급하여야 한다.

07 선원법상 근로시간 및 휴식시간에 관한 다음 설명 중 틀린 것은?

① 18세 미만인 소년선원의 근로시간은 1일 8시간, 1주간 40시간을 초과하지 아니할 것
② 선박소유자는 항해당직근무를 하는 선원에게 1주간에 8시간의 범위에서 시간외근로를 명할 수 있다.
③ 선박소유자는 선원에게 24시간에 10시간 이상의 휴식시간과 1주간에 77시간 이상의 휴식시간을 주어야 한다.
④ 실습선원의 휴식시간은 임의의 24시간 중 한 차례의 휴식시간은 8시간 이상 연속되어야 한다.

해설 ② 선박소유자는 항해당직근무를 하는 선원에게 1주간에 16시간의 범위에서, 그 밖의 선원에게는 1주간에 4시간의 범위에서 시간외근로를 명할 수 있다.

08 다음 중 선원법상 여객선에서 여객 정원이 1천 500명을 초과하는 경우 여객안전관리선원 승무인원은 몇 명인가?

① 1명 이상   ② 2명 이상
③ 3명 이상   ④ 4명 이상

해설 여객안전관리선원 승무인원

1. 여객 정원이 100명 이상 500명 이하인 경우: 1명 이상
2. 여객 정원이 500명 초과 1천명 이하인 경우: 2명 이상
3. 여객 정원이 1천명 초과 1천 500명 이하인 경우: 3명 이상
4. 여객 정원이 1천 500명을 초과하는 경우: 4명 이상

09 선원법상 항해당직 부원의 자격요건에 관한 다음 설명 중 틀린 것은?

① 총톤수 500톤 이상 선박의 선박소유자는 자격요건을 갖춘 선원을 갑판부나 기관부의 항해당직 부원으로 승무시켜야 한다.
② 16세 이상인 사람으로서 총톤수 200톤 이상의 선박에서 갑판부 또는 기관부의 부원으로서 1년 이상 승무한 경력이 있어야 한다.
③ 16세 이상인 사람으로서 갑판부 또는 기관부의 부원으로서 2월 이상 승무한 경력을 가지고 당직부원교육과정을 이수하였어야 한다.
④ 총톤수 500톤 이상으로 1일 항해시간이 16시간 이상인 선박의 선박소유자는 자격요건을 갖춘 선원 5명 이상을 갑판부의 항해당직 부원으로 승무시켜야 한다.

정답 05. ④ 06. ① 07. ② 08. ④ 09. ④

해설 ④ 총톤수 500톤 이상으로 1일 항해시간이 16시간 이상인 선박의 선박소유자는 자격요건을 갖춘 선원 3명 이상을 갑판부의 항해당직 부원으로 승무시켜야 한다.

10 선원법상 예비원에 대한 다음 설명 중 (　)의 내용이 순서대로 옳은 것은?

> 선박소유자는 고용하고 있는 총승선 선원 수의 (　)퍼센트 이상의 예비원을 확보하여야 하며, 예비원에게 통상임금의 (　)퍼센트를 임금으로 지급하여야 한다.

① 3, 30
② 5, 50
③ 10, 70
④ 20, 90

해설 ③ 선박소유자는 고용하고 있는 총승선 선원 수의 10퍼센트 이상의 예비원을 확보하여야 하며, 예비원에게 통상임금의 70퍼센트를 임금으로 지급하여야 한다.

11 선원법상 유급휴가에 관한 설명 중 틀린 것은?

① 선박소유자는 선원이 8개월간 계속하여 승무한 경우에는 그때부터 3개월 이내에 선원에게 유급휴가를 주어야 한다.
② 유급휴가의 일수는 계속하여 승무한 기간 1개월에 대하여 6일로 한다.
③ 선박소유자는 유급휴가 중인 선원에게 통상임금을 유급휴가급으로 지급하여야 한다.
④ 범선으로서 항해선이 아닌 것은 유급휴가에 관한 선원법 규정을 적용하지 아니 한다.

해설 ① 선박소유자(어선의 선박소유자는 제외)는 선원이 8개월간 계속하여 승무(수리 중이거나 계류 중인 선박에 승무하는 것을 포함)한 경우에는 그때부터 4개월 이내에 선원에게 유급휴가를 주어야 한다. 다만, 선박이 항해 중일 때에는 항해를 마칠 때까지 유급휴가를 연기할 수 있다.

12 선원법상 다음 설명 중 (　)의 내용으로 옳은 것은?

> 3일 이상의 국제항해에 종사하는 선박으로서 최대 승선인원이 (　)명 이상인 선박(어선은 제외)의 선박소유자는 그 선박에 의사를 승무시켜야 한다.

① 100
② 200
③ 300
④ 500

해설 다음에 해당하는 선박의 선박소유자는 그 선박에 의사를 승무시켜야 한다.
① 3일 이상의 국제항해에 종사하는 선박으로서 최대 승선인원이 100명 이상인 선박(어선은 제외)
② 총톤수 5천톤 이상의 어선으로서 승선인원이 200인 이상의 모선식 어업에 종사하는 어선

13 선원법상 소년선원과 여성선원의 보호에 관한 다음 설명 중 틀린 것은?

① 미성년자가 선원이 되려면 법정대리인의 동의를 받아야 한다.
② 18세 미만인 사람을 선원으로 사용하려면 해양항만관청의 승인을 받아야 한다.
③ 18세 미만 선원은 선원의 동의와 해양수산부장관의 승인을 받은 경우에도 자정부터 오전 5시까지를 포함하는 최소 9시간 동안은 작업에 종사시키지 못한다.
④ 선박소유자는 산후 1년이 지나지 아니한 여성선원을 위험한 선내 작업과 위생상 해로운 작업에 종사시켜서는 아니 된다.

해설 ③ 18세 미만의 선원은 자정부터 오전 5시까지를 포함하는 최소 9시간 동안은 작업에 종사시키지 못한다. 다만, 가벼운 일로서 그 선원의 동의와 해양수산부장관의 승인을 받은 경우에는 그러하지 아니하다.

14 다음 중 선원법상 직무상 부상, 질병으로 요양 중인 선원에게 4개월이 지나도 치유되지 아니하는 경우에 선박소유자가 치유될 때까지 매월 1회 지급하는 상병보상금액은?

① 통상임금에 상당하는 금액
② 통상임금의 100분의 30에 상당하는 금액
③ 통상임금의 100분의 50에 상당하는 금액
④ 통상임금의 100분의 70에 상당하는 금액

> [해설] 선박소유자는 직무상 부상, 질병으로 요양 중인 선원에게 4개월의 범위에서 치유될 때까지 매월 1회 통상임금에 상당하는 금액의 상병보상을 하여야 한다. 단, 4개월이 지나도 치유되지 아니하는 경우에는 치유될 때까지 매월 1회 통상임금의 100분의 70에 상당하는 금액의 상병보상을 하여야 한다.

15 다음 중 선원법상 국제항해에 종사하는 항해선 중 해사노동적합증서와 해사노동적합선언서의 적용대상 선박은?

① 총톤수 100톤 이상 선박
② 총톤수 300톤 이상 선박
③ 총톤수 500톤 이상 선박
④ 총톤수 1,000톤 이상 선박

> [해설] 해사노동적합증서와 해사노동적합선언서의 적용대상 선박
> ① 총톤수 500톤 이상의 국제항해에 종사하는 항해선,
> ② 총톤수 500톤 이상의 항해선으로서 다른 나라 안의 항 사이를 항해하는 선박,
> ③ ①②의 선박 외의 선박소유자가 요청하는 선박

16 선원법상 해사노동적합증서의 유효기간에 대한 다음 설명 중 ( )의 내용이 순서대로 옳은 것은?

> 해사노동적합증서의 유효기간은 ( )년의 범위에서 대통령령으로 정한다. 다만, 임시해사노동적합증서의 유효기간은 ( )개월을 넘을 수 없다.

① 3, 3   ② 4, 5
③ 5, 6   ④ 7, 10

> [해설] ③ 해사노동적합증서의 유효기간은 5년의 범위에서 대통령령으로 정한다. 다만, 임시해사노동적합증서의 유효기간은 6개월을 넘을 수 없다.

CHAPTER 3 선박직원법

제1과목 선박관계법규

[시행 2025. 12. 17.]

01 총칙

1 목적

선박직원으로서 선박에 승무할 사람의 자격을 정함으로써 선박 항행의 안전을 도모함을 목적으로 한다.

2 용어 정의

(1) 선박

① 개념 : 선박안전법에 따른 선박과 어선법에 따른 어선을 말한다.

> 💡 **선박**
> 수상 또는 수중에서 항해용으로 사용하거나 사용될 수 있는 것(선외기를 장착한 것을 포함)과 이동식 시추선·수상호텔 등 부유식 해상구조물

② 선박 제외
  ㉠ 총톤수 5톤 미만의 선박

  > 💡 총톤수 5톤 미만의 선박이라도 다음의 선박은 이 법을 적용한다.
  > 1. 여객 정원이 13명 이상인 선박
  > 2. 낚시어선업을 하기 위하여 신고된 어선
  > 3. 영업구역을 바다로 하여 면허를 받거나 신고된 유선·도선
  > 4. 수면비행선박

  ㉡ 주로 노와 삿대로 운전하는 선박
  ㉢ 선박법에 따른 부선
  ㉣ 계류된 선박 중 총톤수 500톤 미만인 선박

(2) 한국선박

① 국유 또는 공유의 선박
② 대한민국 국민이 소유하는 선박
③ 대한민국의 법률에 따라 설립된 상사법인이 소유한 선박
④ 대한민국에 주된 사무소를 둔 상사법인 외의 법인으로서 그 대표자(공동대표자인 경우에는 그 전원)가 대한민국 국민인 경우 그 법인이 소유하는 선박

(3) 기타 선박

① 외국선박 : 한국선박 외의 선박을 말한다.
② 자동화선박 : 대통령령으로 정하는 자동운항설비를 갖춘 선박을 말한다.

(4) 선박직원

해기사로서 선박에서 선장·항해사·기관장·기관사·전자기관사·통신장·통신사·운항장 및 운항사의 직무를 수행하는 사람을 말한다.
※ 승무경력 : 선박에 승선하여 복무한 경력을 말한다.

(5) 해기사

선박직원법에 따른 해기사 면허를 받은 사람을 말한다.
※ 해기사 실습생 : 해기사 면허를 취득할 목적으로 선박에 승선하여 실습하는 사람

3 적용 범위

(1) 적용대상

한국선박 및 그 선박소유자, 한국선박에 승무하는 선박직원에 대하여 적용한다. 다만, 이 법에 특별한 규정이 있는 경우에는 외국선박 및 그 선박소유자, 외국선박에 승무하는 선박직원에 대하여도 적용한다.

(2) 선박소유자에 관한 규정의 적용대상

① 선박을 공유하여 선박관리인을 둔 경우에는 선박관리인에게 적용한다.
② 선박임대차의 경우에는 선박차용인에게 적용한다.

(3) 일부 적용

국내 조선소에서 건조, 개조되는 선박을 진수 시부터 인도 시까지 시운전하는 경우에는 승무기준 및 선박직원의 직무(제11조), 허가에 의한 승무기준의 특례(제13조), 해기사의 승무 범위(제14조), 면허증 등의 비치(제15조)의 규정만 적용한다.

02 해기사의 자격과 면허 등

1 면허의 직종 및 등급

(1) 면허대상, 종류
① **대상** : 선박직원이 되려는 사람은 해양수산부장관의 해기사 면허를 받아야 한다.
② **종류** : 일반면허와 한정면허(선박의 종류, 항행구역 등)

(2) 직종 및 등급
① **항해사** : 1급 항해사 ~ 6급 항해사
② **기관사** : 1급 기관사 ~ 6급 기관사, 전자기관사
③ **통신사(전파통신급과 전파전자급으로 구분)** : 1급 통신사 ~ 4급 통신사
④ **운항사** : 1급 운항사 ~ 4급 운항사
  [전문분야별로 해당 등급과 같은 등급의 항해사 또는 기관사로 본다.]
⑤ **수면비행선박 조종사**
  ㉠ 중형 수면비행선박 조종사 : 최대 이수중량 10톤 이상 500톤 미만의 선박만 해당
  ㉡ 소형 수면비행선박 조종사 : 최대 이수중량 10톤 미만의 선박만 해당
⑥ **소형선박 조종사** : 6급 항해사 또는 6급 기관사의 하위등급의 해기사로 본다.

2 면허의 요건 및 결격사유

(1) 면허의 요건
① 해기사 시험에 합격하고, 그 합격한 날부터 3년이 지나지 아니할 것
② 등급별 면허의 승무경력 또는 수상레저안전법에 따른 조종면허 등 승무경력으로 볼 수 있는 자격·경력이 있을 것
③ 선원법에 따라 승무에 적당한 건강상태가 확인될 것
④ 등급별 면허에 필요한 교육·훈련을 이수할 것
⑤ 통신사 면허의 경우에는 전파법에 따른 무선종사자의 자격이 있을 것

(2) 결격사유
① 18세 미만인 사람
② 면허가 취소된 날부터 2년(수산업법상 면허취소 : 1년)이 지나지 아니한 사람

3 면허증 발급 등

(1) 면허증 발급
해양수산부장관이 면허를 할 때에는 면허증을 발급하여야 한다.

(2) 재발급 등
면허증을 잃어버렸을 때, 면허증이 헐어 못쓰게 되었을 때, 면허증의 기재사항이 변경되었을 때에는 면허증의 재발급 또는 기재사항의 변경을 신청할 수 있다.

(3) 면허증 등의 비치
해기사가 선박직원으로 승무할 때에는 면허증이나 승무자격증을 선장에게 제출하여야 하며, 선장은 이를 선박에 갖추어 두어야 한다.

(4) 면허증 등의 부당사용 금지
① 면허증이나 승무자격증을 다른 사람에게 대여하거나 부당하게 사용하여서는 아니 된다.
② 누구든지 면허증이나 승무자격증의 대여 또는 부당한 사용을 알선하여서는 아니 된다.

(5) 부정행위자에 대한 제재
해당 시험을 정지시키거나 합격결정을 취소하고, 처분을 한 날부터 2년 이내의 기간을 정하여 시험의 응시자격을 정지할 수 있다.

4 면허의 유효기간 및 갱신 등

(1) 면허의 유효기간
면허의 유효기간은 5년으로 하고, 면허의 유효기간이 끝나는 날의 다음 날부터 면허의 효력이 정지된다.

(2) 갱신 요건
① 갱신 신청일 전부터 5년 이내에 선박직원으로 1년 이상 승무한 경력이 있거나 이와 동등한 수준 이상의 능력이 있다고 인정되는 경우
② 면허 유효기간이 지나지 아니하고 갱신 신청일 직전 6개월 이내에 선박직원으로 3개월 이상 승무 경력이 있는 경우(어선의 승무경력은 제외)
③ 해양수산부령으로 정하는 교육을 받은 경우

(3) 면허의 실효사유
① 상위등급 면허를 받았을 때의 그 동일 직종의 하위등급 면허(한정면허는 예외)
② 전파법에 따른 무선종사자의 자격을 잃었을 때의 통신사 면허

5 면허의 취소 등

(1) 면허취소, 업무정지 등

다음의 경우 면허취소하거나 1년 이내 업무정지 또는 견책을 할 수 있다. 다만, 해당 사유와 관련된 해양사고에 대하여 해양안전심판원이 심판을 시작하였을 때에는 그러하지 아니하다.
① 승무기준 위반하여 승무한 경우
② 면허증이나 승무자격증을 제출하지 아니하거나 선박에 갖추어 두지 아니한 경우
③ 면허증이나 승무자격증을 다른 사람에게 대여하거나 부당하게 사용한 경우
④ 선박직원으로서 직무를 수행할 때 비행이 있거나 인명 또는 재산에 위험을 초래하거나 해양환경 보전에 장해가 되는 행위를 한 경우
⑤ 업무정지처분 통지를 받은 날부터 30일 내 면허증을 제출하지 아니한 경우
⑥ 업무정지기간 중에 선박직원으로 승무한 경우
⑦ 수상레저안전법상 동력수상레저기구 조종면허가 취소되거나 그 효력이 정지된 경우(한정면허만 해당)

(2) 필수적 면허취소사유

① 거짓이나 그 밖의 부정한 방법으로 면허를 받은 경우
② 선상 근무 중 다른 선원을 대상으로 형법상 살인죄 등의 죄를 범하여 징역 이상의 형을 선고받고 그 형이 확정된 경우
③ 선상 근무 중 다른 선원을 대상으로 성폭력범죄의 처벌 등에 관한 특례법상 업무상 위력에 의한 추행죄 등을 범하여 징역 이상의 형을 선고받고 그 형이 확정된 경우
④ 국제항해선박 등에 대한 해적행위 피해예방에 관한 법률상 고위험해역 진입 제한 등의 조치를 이행하지 아니하여 벌금 이상의 형을 선고받고 그 형이 확정된 경우

(3) 음주운항시 행정처분

음주운항 등으로 해양경찰청장이 요청하는 경우에 다음의 처분을 하여야 한다. 다만, 해당 사유와 관련된 해양사고에 대하여 해양안전심판원이 심판을 시작하였을 때에는 그러하지 아니한다.
① **혈중알코올농도가 0.03퍼센트 이상 0.08퍼센트 미만인 경우**
　㉠ 1차 위반 : 업무정지 6개월
　㉡ 2차 위반 또는 사람을 죽게 하거나 다치게 한 경우 : 면허취소
② **혈중알코올농도가 0.08퍼센트 이상인 경우 : 면허취소**
③ **측정요구에 따르지 아니한 경우 : 면허취소**

03 선박직원 및 외국선박의 감독 등

1 승무기준

(1) 원칙
선박소유자는 선박의 항행구역, 크기, 용도 및 추진기관의 출력과 그 밖에 선박 항행의 안전에 관한 사항을 고려하여 대통령령으로 정하는 선박직원의 승무기준에 맞는 해기사를 승무시켜야 한다.

(2) 결원이 생긴 경우의 승무기준의 특례
다음의 경우에는 승무기준을 적용하지 아니하고 선박소유자는 지체없이 그 결원을 보충하여야 한다.
① 외국의 각 항 간을 항행하는 선박으로서 선박직원에 결원이 생겼으나 보충하기 곤란한 경우
② 본국항과 외국항 간을 항행하는 선박이 국외에서 선박직원에 결원이 생기고 본국항까지 항행하는 경우
③ 선박이 항행 중 선박직원에 결원이 생겼으나 보충하기 곤란한 경우

(3) 허가에 의한 승무기준의 특례
선박소유자는 선박이 다음의 경우에 해양수산부장관의 허가를 받았을 때에는 승무기준에도 불구하고 그 허가된 해기사를 그 직무의 선박직원으로 승무시킬 수 있다.
① 다른 선박에 예인되어 항행하는 경우
② 배가 선거에 들어가거나 수리·계류 또는 그 밖의 사유로 항행에 사용되지 아니하는 경우
③ 그 밖에 해양수산부령으로 정하는 경우

(4) 승무기준 완화
해양수산부장관은 해기사의 수급상 부득이하여 다음의 경우에는 6개월 범위에서 승무기준 중 등급을 완화하여 승무를 허가할 수 있다.
① 국민경제 또는 국가안보에 중대한 영향을 미치는 물자를 긴급히 수송하는 경우로서 관계기관의 장의 요청이 있는 경우
② 긴급히 도서민을 수송하는 경우
③ 그 밖에 해양수산부장관이 해기사의 수급상 부득이 하다고 인정하는 경우

2 선박직원의 직무

(1) 선장

선장은 선박의 운항관리에 대하여 책임을 진다.

다만, 선장의 사망·질병 또는 부상 등의 경우 직무대행
① 자동화선박 : 항해를 전문으로 하는 1등 운항사가 직무대행
② 기타 선박 : 1등 항해사가 직무대행

(2) 항해사 등

① **항해사** : 갑판부에서 항해당직을 수행한다.
② **기관장** : 선박의 기계적 추진, 기계와 전기설비의 운전 및 보수관리에 대하여 책임을 진다.

다만, 기관장의 사망·질병 또는 부상 등의 경우 직무대행
㉠ 자동화선박 : 기관을 전문으로 하는 1등 운항사가 직무대행
㉡ 기타 선박 : 1등 기관사가 직무대행

③ **기관사** : 기관부에서 기관당직을 수행한다.
④ **전자기관사** : 항해장비 및 갑판기기를 포함한 선박의 전기·전자 및 자동제어 설비·시스템의 유지·점검·보수관리·수리 등의 업무를 수행한다.
⑤ **통신장과 통신사** : 선박통신에 대하여 책임을 진다.
⑥ **운항장과 운항사** : 자동화선박에서 운항당직(항해·기관 및 전자장비 등에 대한 통합당직을 말한다)을 수행한다.

3 외국선박의 감독 등

(1) 외국선박의 감독

해양수산부장관은 소속 공무원으로 하여금 대한민국 영해 안에 있는 외국선박에 승무하는 선박직원에 대하여 다음의 사항을 검사하거나 심사하게 할 수 있다.
① 「선원의 훈련·자격증명 및 당직근무의 기준에 관한 국제협약」에 적합한 면허증 또는 증서를 가지고 있는지 여부
② 위 협약에서 정한 수준의 지식과 능력을 갖추고 있는지 여부

(2) 외국에서의 사무

① 외국에서의 선박직원에 관한 사무는 대한민국 영사가 수행한다.
② 영사가 사무를 수행하였을 때에는 그 내용을 외교부장관을 통하여 해양수산부장관에게 통보하여야 한다.

CHAPTER 3 실전예상문제

01 다음 중 총톤수 5톤 미만의 선박이라도 선박직원법을 적용하는 선박에 해당하지 않는 것은?

① 여객 정원이 10명 이상인 선박
② 낚시어선업을 하기 위하여 신고된 어선
③ 영업구역을 바다로 하여 면허를 받거나 신고된 유선·도선
④ 수면비행선박

해설 총톤수 5톤 미만의 선박이라도 다음의 선박은 이 법을 적용한다.
1. 여객 정원이 13명 이상인 선박
2. 낚시어선업을 하기 위하여 신고된 어선
3. 영업구역을 바다로 하여 면허를 받거나 신고된 유선·도선
4. 수면비행선박

02 선박직원법의 적용범위에 관한 다음 설명 중 틀린 것은?

① 한국선박 및 그 선박소유자, 한국선박에 승무하는 선박직원에 대하여 적용한다.
② 선박소유자에 관한 규정은 선박을 공유하여 선박관리인을 둔 경우에는 선박관리인에게 적용한다.
③ 선박소유자에 관한 규정은 선박임대차의 경우에는 선박임대인에게 적용한다.
④ 특별한 규정이 있는 경우에는 외국선박 및 그 선박소유자, 외국선박에 승무하는 선박직원에 대하여도 적용한다.

해설 ③ 선박소유자에 관한 규정은 선박임대차의 경우에는 선박차용인에게 적용한다.

03 다음 중 선박직원법상 해기사면허를 취득할 수 없는 사람은?

① 19세인 사람
② 면허가 취소된 날부터 3년이 경과한 사람
③ 등급별 면허에 필요한 교육·훈련을 이수한 사람
④ 해기사 시험에 합격하고, 그 합격한 날부터 4년이 경과한 사람

해설 ④ 해기사 면허는 해기사 시험에 합격하고, 그 합격한 날부터 3년이 지나지 아니하여야 한다. 결격사유는 18세 미만인 사람, 면허가 취소된 날부터 2년이 지나지 아니한 사람이므로 ①②는 결격사유에 해당하지 않는다.

04 다음 중 선박직원법상 해기사 면허를 취소하여야 하는 경우에 해당하는 것은?

① 승무기준을 위반하여 승무한 경우
② 거짓이나 그 밖의 부정한 방법으로 면허를 받은 경우
③ 업무정지기간 중에 선박직원으로 승무한 경우
④ 면허증이나 승무자격증을 다른 사람에게 대여하거나 부당하게 사용한 경우

해설 ② 면허를 취소하여야 하는 경우이다.
①③④는 면허취소하거나 1년 이내 업무정지 또는 견책을 할 수 있다.

정답 01. ① 02. ③ 03. ④ 04. ②

05 다음 중 선박직원법상 해기사면허에 해당하지 않는 것은?
① 5급 기관사   ② 5급 운항사
③ 소형선박 조종사   ④ 수면비행선박 조종사

해설 ② 운항사와 통신사는 4급까지 있고, 항해사와 기관사는 6급까지 있다.

06 다음 중 선박직원법상 혈중알코올농도가 0.05퍼센트의 음주운항으로 1차 위반시 해양경찰청장이 요청하는 경우에 부과하는 행정처분은?
① 업무정지 1개월   ② 업무정지 3개월
③ 업무정지 6개월   ④ 면허취소

해설 ③ 혈중알코올농도가 0.05퍼센트의 경우 1차 위반 시는 업무정지 6개월에 해당한다.

> 음주운항 등으로 해양경찰청장이 요청하는 경우의 행정처분
> ① 혈중알코올농도가 0.03퍼센트 이상 0.08퍼센트 미만인 경우
>　㉠ 1차 위반 : 업무정지 6개월
>　㉡ 2차 위반 또는 사람을 죽게 하거나 다치게 한 경우 : 면허취소
> ② 혈중알코올농도가 0.08퍼센트 이상인 경우 : 면허취소
> ③ 측정요구에 따르지 아니한 경우 : 면허취소

05. ② 06. ③

CHAPTER 4 선박안전법

[시행 2023. 6. 28.]

01 총칙

1 목적

선박의 감항성 유지 및 안전운항에 필요한 사항을 규정함으로써 국민의 생명과 재산을 보호함을 목적으로 한다.

2 용어 정의

(1) 선박

① **선박** : 수상 또는 수중에서 항해용으로 사용하거나 사용될 수 있는 것(선외기를 장착한 것을 포함)과 이동식 시추선·수상호텔 등 부유식 해상구조물
② **여객선** : 13인 이상의 여객을 운송할 수 있는 선박

> 💡 여객 : 선박에 승선하는 자로서 다음에 해당하는 자를 제외한 자를 말한다.
> ㉠ 선원
> ㉡ 1세 미만의 유아
> ㉢ 임시승선자 (세관공무원, 선원과 동승하여 생활하는 가족, 선박의 수리작업원 등)

③ **소형선박** : 선박길이가 12미터 미만인 선박
④ **부선** : 원동기·동력전달장치 등 추진기관이나 돛대가 설치되지 아니한 선박으로서 다른 선박에 의하여 끌리거나 밀려서 항해하는 선박
⑤ **예인선** : 다른 선박을 끌거나 밀어서 이동시키는 선박
⑥ **산적화물선** : 곡물·광물 등 건화물을 산적하여 운송하는 선박
⑦ **국적취득조건부 선체용선** : 선체용선 기간 만료 및 총 선체용선료 완불 후 대한민국 국적을 취득하는 매선 조건부 선체용선을 말한다.

(2) 선박시설 등

① **선박시설** : 선체·기관·돛대·배수설비 등 선박에 설치되어 있거나 설치될 각종 설비
② **선박용물건** : 선박시설에 설치·비치되는 물건

③ **기관** : 원동기·동력전달장치·보일러·압력용기·보조기관 등의 설비 및 이들의 제어장치로 구성되는 것
④ **선외기** : 선박의 선체 외부에 붙일 수 있는 추진기관으로서 선박의 선체로부터 간단한 조작에 의하여 쉽게 떼어낼 수 있는 것
⑤ **컨테이너** : 선박에 의한 화물의 운송에 반복적으로 사용되고, 기계를 사용한 하역 및 겹침방식의 적재가 가능하며, 선박 또는 다른 컨테이너에 고정시키는 장구가 붙어있는 것으로서 밑 부분이 직사각형인 기구
⑥ **하역장치** : 화물(해당 선박에서 사용되는 연료·식량·기관·선박용품 및 작업용 자재를 포함)을 올리거나 내리는데 사용되는 기계적인 장치로서 선체의 구조 등에 항구적으로 붙어 있는 것
⑦ **하역장구** : 하역장치의 부속품이나 하역장치에 붙여서 사용하는 물품

(3) 기타

① **감항성** : 선박이 자체의 안정성을 확보하기 위하여 갖추어야 하는 능력으로서 일정한 기상이나 항해조건에서 안전하게 항해할 수 있는 성능
② **복원성** : 수면에 평형상태로 떠 있는 선박이 파도·바람 등 외력에 의하여 기울어졌을 때 원래의 평형상태로 되돌아오려는 성질
③ **만재흘수선** : 선박이 안전하게 항해할 수 있는 적재한도의 흘수선으로서 여객이나 화물을 승선하거나 싣고 안전하게 항해할 수 있는 최대한도를 나타내는 선

3 적용범위

(1) 적용대상
대한민국 국민 또는 대한민국 정부가 소유하는 선박에 대하여 적용한다.

(2) 적용제외
① 군함 및 경찰용 선박
② 노, 상앗대, 페달 등을 이용하여 인력만으로 운전하는 선박
③ 어선
④ 기타 선박검사증서를 반납한 후 해당 선박을 계류(계선)한 선박, 수상레저기구 등

(3) 일부 적용 또는 완화
다음의 선박은 전부 또는 일부를 적용하지 아니하거나 완화하여 적용할 수 있다.
① 대한민국 정부와 외국 정부가 적용범위에 관하여 협정을 체결한 경우의 해당 선박
② 조난자의 구조 등 해양수산부령으로 정하는 긴급한 사정이 발생하는 경우의 해당 선박
③ 새로운 특징 또는 형태의 선박을 개발할 목적으로 건조한 선박을 임시로 항해에 사용하고자 하는 경우의 해당 선박
④ 외국에 선박매각 등을 위하여 예외적으로 단 한번의 국제항해를 하는 선박

(4) 외국선박

다음의 선박은 이 법의 전부 또는 일부를 적용한다. 다만, 항만국통제에 관한 규정은 모든 외국선박에 대하여 이를 적용한다.
① 내항정기여객운송사업 또는 내항부정기여객운송사업에 사용되는 선박
② 내항 화물운송사업에 사용되는 선박
③ 국적취득조건부 선체용선을 한 선박

(5) 국제협약과의 관계

① **국제협약 우선** : 국제항해에 취항하는 선박의 감항성 및 인명의 안전과 관련하여 국제적으로 발효된 국제협약의 안전기준과 이 법의 규정내용이 다른 때에는 해당 국제협약의 효력을 우선한다.
② **예외** : 이 법의 규정내용이 국제협약의 안전기준보다 강화된 기준을 포함하는 때에는 그러하지 아니하다.

02 선박의 검사

1 건조검사

(1) 의의

선박을 건조하고자 하는 자는 선박에 설치되는 선박시설에 대하여 해양수산부장관의 검사를 받아야 한다.

(2) 검사대상

① **선박시설** : 선체, 기관, 배수설비, 조타설비, 계선설비(배를 항구 등에 매어 두기 위한 설비), 양묘설비(닻을 감아올리기 위한 설비), 전기설비
② **만재흘수선**

(3) 건조검사 합격

① **건조검사에 합격한 선박** : 건조검사증서 교부
② **건조검사에 합격한 선박시설** : 선박을 최초 항해시 실시하는 정기검사는 합격한 것으로 본다.

(4) 별도건조검사

해양수산부장관은 외국에서 수입되는 선박 등 건조검사를 받지 아니하는 선박에 대하여 건조검사에 준하는 검사를 받게 할 수 있다.

2 정기검사

(1) 검사내용
① **검사시기** : 선박을 최초로 항해에 사용하는 때 또는 선박검사증서의 유효기간이 만료된 때
② **검사대상** : 선박시설과 만재흘수선(무선설비 및 선박위치발신장치는 전파법상 검사여부로 갈음)

(2) 선박검사증서 교부
해양수산부장관은 정기검사에 합격한 선박에 대하여 항해구역·최대승선인원 및 만재흘수선의 위치를 각각 지정하여 선박검사증서를 교부하여야 한다.

(3) 항해구역의 종류
항해구역의 종류는 평수구역, 연해구역, 근해구역, 원양구역(모든 수역)이 있다.

(4) 최대승선인원의 산정 기준
① **승선인원에 산입되지 않는 사람**
　㉠ 선박의 정박 중에만 승선하는 자 : 선내 관람과 관련하여 승선하는 사람, 하역·수리 등 작업원 등
　㉡ 도선사, 운항관리자, 세관공무원, 검역공무원, 선박검사관 및 선박검사원 등
　㉢ 1세 미만인 유아
② **여객실, 선원실 등에 화물을 실은 경우** : 그 화물이 차지하는 장소에 상응하는 인원 수를 제외하고 산정
③ **국제항해 종사하지 않는 선박** : 1세 이상 12세 미만인 자는 2명을 1명으로 산정

3 중간검사

(1) 의의
선박소유자는 정기검사와 정기검사의 사이에 해양수산부령으로 정하는 바에 따라 해양수산부장관의 검사를 받아야 하며, 중간검사의 종류는 제1종과 제2종으로 구분한다.

(2) 검사대상
선박시설, 만재흘수선 및 무선설비(선박위치발신장치를 포함한다)로 한다.

(3) 검사시기와 검사사항

구분	종류	검사시기
가. 여객선, 원자력선, 잠수선, 고속선, 수면비행선박(여객용만 해당) 및 선령 30년 이상 선박으로서 선박길이 24미터 이상인 선박	제1종 중간검사	검사기준일 전후 3개월 이내
나. 다음의 어느 하나에 해당하는 선박 　1. 평수구역만을 항해하는 선박길이가 24미터 미만인 선박(가목의 선박은 제외한다) 　2. 준설토 운반부선 및 부유식 해상구조물 　3. 선박길이가 12미터 미만인 선박	제1종 중간검사	정기검사 후 두 번째 검사기준일 전 3개월부터 세 번째 검사기준일 후 3개월까지
다. 가목 및 나목에 해당하지 아니하는 선박	제1종 중간검사	정기검사 후 두 번째 또는 세번째 검사기준일 전후 3개월 이내. 다만, 선저검사는 지난번 선저검사일부터 3년을 초과하여서는 아니 된다.
	제2종 중간검사	검사기준일 전후 3개월 이내(정기검사 또는 제1종 중간검사를 받아야 하는 연도의 검사기준일은 제외한다)

1. 고속선 : 해상에서의 인명안전을 위한 국제협약에 따른 고속선
2. 선저검사 : 선박의 밑 부분에 대한 검사

(4) 중간검사 생략대상

① 총톤수 2톤 미만인 선박
② 추진기관 또는 돛대가 설치되지 아니한 선박으로서 평수구역 안에서만 운항하는 선박. 다만, 다음의 선박은 제외한다.

> 1. 13명 이상의 여객운송에 사용되는 선박
> 2. 기름 또는 폐기물 등을 산적하여 운송하는 선박
> 3. 위험물을 산적하여 운송하는 선박

③ 추진기관 또는 돛대가 설치되지 아니한 선박으로서 연해구역을 운항하는 선박 중 여객이나 화물의 운송에 사용되지 아니하는 선박

(5) 합격 및 연기

① 해양수산부장관은 중간검사에 합격한 선박에 대하여 선박검사증서의 검사기록에 그 검사결과를 기재하여야 한다.
② 해양수산부장관은 해당 선박의 항해일정을 고려하여 타당하다고 인정되는 경우 해당 검사기준일부터 12개월 이내의 기간을 정하여 그 검사시기를 연기할 수 있다.

4 임시검사

(1) 검사사유

① 선박시설에 대하여 개조 또는 수리를 행하고자 하는 경우

② 선박검사증서에 기재된 내용을 변경하고자 하는 경우
[다만, 선박소유자의 성명과 주소, 선박명 및 선적항의 변경 등 선박시설의 변경이 수반되지 아니하는 경미한 사항의 변경인 경우에는 그러하지 아니하다.]
③ 선박의 용도를 변경하고자 하는 경우
④ 선박의 무선설비를 새로이 설치하거나 이를 변경하고자 하는 경우
⑤ 해양사고 등으로 선박의 감항성 또는 인명안전의 유지에 영향을 미칠 우려가 있는 선박시설의 변경이 발생한 경우
⑥ 해양수산부장관이 선박시설의 보완 또는 수리가 필요하다고 인정하여 임시검사의 내용 및 시기를 지정한 경우
⑦ 만재흘수선의 변경 등

(2) 임시검사에 합격한 선박

① **검사결과 기재** : 해양수산부장관은 임시검사에 합격한 선박에 대하여 선박검사증서의 검사기록에 그 검사결과를 기재하여야 한다.
② **임시변경증 발급** : 해양수산부장관은 선박검사증서에 적혀 있는 내용을 일시적으로 변경하기 위하여 임시검사에 합격한 선박에 대해서는 임시변경증을 발급할 수 있다.

5 기타의 검사

(1) 임시항해검사

정기검사를 받기 전에 임시로 선박을 항해에 사용하고자 하는 때 또는 국내의 조선소에서 건조된 외국선박의 시운전을 하는 경우에 해양수산부장관의 검사를 받아야 한다.

(2) 국제협약검사

① 국제항해에 취항하는 선박의 소유자는 선박의 감항성 및 인명안전과 관련하여 국제적으로 발효된 국제협약에 따른 해양수산부장관의 검사를 받아야 한다.
② **국제협약검사의 종류** : 최초검사, 정기검사, 중간검사, 연차검사, 임시검사

(3) 특별검사

① 해양수산부장관은 선박의 결함으로 인하여 대형 해양사고가 발생한 경우 또는 유사사고가 지속적으로 발생한 경우에는 선박의 구조·설비 등에 대하여 검사를 할 수 있다.
② 대상 선박의 범위, 준비사항 등을 30일 전에 공고하고, 해당 선박소유자에게 직접 통보하여야 한다.
③ 해양수산부장관은 특별검사의 결과 선박의 안전확보를 위하여 필요하다고 인정되는 경우에는 선박의 소유자에 대하여 항해정지명령 또는 시정·보완명령을 할 수 있다.

6 선박검사증서 및 국제협약검사증서의 유효기간 등

(1) 유효기간
① **선박검사증서** : 5년
② **국제협약검사증서의 유효기간**
  ㉠ 여객선·원자력여객선 및 원자력화물선안전검사증서 : 1년
  ㉡ 그 밖의 국제협약검사증서 : 5년

(2) 유효기간 연장
해양수산부장관은 선박검사증서 및 국제협약검사증서의 유효기간을 5개월 이내의 범위에서 연장할 수 있다.

(3) 증서의 효력정지
검사시기까지 중간검사 또는 임시검사에 합격하지 못하거나 해당 검사를 신청하지 아니한 선박의 선박검사증서 및 국제협약검사증서의 유효기간은 해당 검사시기가 만료되는 날의 다음 날부터 해당 검사에 합격될 때까지 그 효력이 정지된다.

03 선박용 물건 또는 소형선박의 형식승인 등

1 형식승인 내용

(1) 승인대상
① 해양수산부장관이 정하여 고시하는 선박용 물건 또는 소형선박을 제조하거나 수입하려는 자가 해당 선박용 물건 또는 소형선박에 대하여 검정을 받으려는 때에는 미리 해양수산부장관의 형식승인을 받아야 한다.
② 형식승인을 받은 자가 그 내용을 변경하려는 경우에는 변경승인을 받아야 한다.

(2) 형식승인시험
① 형식승인을 받으려는 자는 형식승인시험을 거쳐야 한다. 다만, 산업표준화법에 따른 검사에 합격한 선박용 물건 또는 소형선박을 생산하는 등의 경우 시험을 생략할 수 있다.
② 변경승인시 선박용 물건 또는 소형선박의 성능에 영향을 미치는 사항을 변경하는 때에는 해당 변경 부분에 대하여 형식승인시험을 거쳐야 한다.

(3) 형식승인증서

① 해양수산부장관은 형식승인 및 변경승인을 하는 경우 형식승인증서를 발급하여야 한다.
② 형식승인증서의 유효기간은 그 증서를 발급받은 날부터 5년으로 한다.
③ 유효기간이 만료된 후 형식승인을 계속 유지하려는 자는 유효기간이 만료되기 전 30일까지 해양수산부장관에게 형식승인증서의 갱신을 신청하여야 한다.

(4) 검정

① 형식승인 또는 변경승인을 받은 자는 해당 선박용 물건 또는 소형선박에 대하여 해양수산부장관의 검정을 받아야 한다.
② 검정에 합격한 해당 선박용 물건 또는 소형선박에 대하여는 건조검사 또는 선박검사 중 최초로 실시하는 검사는 이를 합격한 것으로 본다.

2 형식승인의 취소 등

(1) 취소사유

해양수산부장관은 다음의 경우 형식승인을 취소하거나 6개월 이내의 기간을 정하여 효력을 정지시킬 수 있다. 다만, ①에 해당하는 때에는 이를 취소하여야 한다.
① 거짓이나 그 밖의 부정한 방법으로 형식승인 또는 그 변경승인을 받은 때
② 검정을 받지 아니하거나 거짓이나 그 밖의 부정한 방법으로 검정을 받은 때
③ 형식승인의 변경승인을 받지 아니한 때
④ 제조 또는 수입한 선박용 물건 또는 소형선박이 선박시설기준에 적합하지 아니하게 된 때
⑤ 정당한 사유 없이 2년 이상 계속하여 해당 선박용 물건 또는 소형선박을 제조하거나 수입하지 아니한 때
⑥ 보고·자료제출명령을 거부한 때

(2) 취소결과

형식승인을 취소하는 경우 형식승인시험의 합격도 취소하여야 한다.

04 선박시설의 기준 등

1 선박시설의 기준

선박시설은 해양수산부장관이 정하여 고시하는 선박시설기준에 적합하여야 한다.

2 만재흘수선의 표시 등

(1) 표시대상
① 국제항해에 취항하는 선박
② 선박길이가 12미터 이상인 선박
③ 선박길이가 12미터 미만인 여객선, 위험물을 산적하여 운송하는 선박

(2) 표시생략대상
① 수중익선, 공기부양선, 수면비행선박 및 부유식 해상구조물
② 운송업에 종사하지 아니하는 유람 범선
③ 국제항해에 종사하지 아니하는 선박으로서 선박길이가 24미터 미만인 예인·해양사고구조·준설 또는 측량에 사용되는 선박
④ 임시항해검사증서를 발급받은 선박
⑤ 시운전을 위하여 항해하는 선박
⑥ 만재흘수선을 표시하는 것이 구조상 곤란하거나 적당하지 아니한 선박

(3) 준수사항
누구든지 표시된 만재흘수선을 초과하여 여객 또는 화물을 운송하여서는 아니 된다.

3 복원성의 유지

(1) 복원성의 유지대상
① 여객선
② 선박길이가 12미터 이상인 선박

(2) 복원성의 유지 예외
① 국제항해에 종사하지 아니하는 선박으로서 선박길이가 24미터 미만의 예인·해양사고구조·준설 또는 측량에 사용되는 선박과 부선
② 여객선이 아니거나 카페리선이 아닌 선박으로서 호소·하천 및 항내의 수역에서만 항해하는 선박
③ 부유식 해상구조물
④ 복원성 시험이 구조상 곤란하거나 적당하지 아니한 선박으로서 해양수산부장관이 인정하는 선박

(3) 승인
선박소유자는 선박의 복원성과 관련하여 그 적합 여부에 대하여 복원성자료를 제출하여 해양수산부장관의 승인을 받아야 하며, 승인을 받은 복원성자료를 해당 선박의 선장에게 제공하여야 한다.

4 무선설비

(1) 무선설비 구비대상
① 국제항해에 취항하는 여객선
② 국제항해에 취항하는 총톤수 300톤 이상의 선박

(2) 무선설비 구비대상 제외
① 총톤수 2톤 미만의 선박
② 추진기관을 설치하지 아니한 선박
③ 호소·하천 및 항내의 수역에서만 항해하는 선박
④ 도선으로서 출발항으로부터 도착항까지의 항해거리가 2해리 이내인 선박

(3) 준수사항
① **원칙** : 누구든지 무선설비를 갖추지 아니하고 선박을 항해에 사용하여서는 아니 된다.
② **예외** : 임시항해검사증서로 1회 항해에 사용하는 경우 또는 시운전의 경우

5 선박위치 발신장치

(1) 대상 선박
① 총톤수 2톤 이상의 여객선, 유선
② 여객선이 아닌 선박으로서 국제항해에 취항하는 총톤수 300톤 이상의 선박
③ 여객선이 아닌 선박으로서 국제항해에 취항하지 아니하는 총톤수 500톤 이상의 선박
④ 연해구역 이상을 항해하는 총톤수 50톤 이상의 예선, 유조선 및 위험물산적운송선

(2) 예외
호소·하천에서만 항해하는 선박은 제외한다.

05 안전항해를 위한 조치

1 일반사항

(1) 선장의 권한
① 누구든지 선박의 안전을 위한 선장의 전문적인 판단을 방해하거나 간섭하여서는 아니 된다.
② 선장은 선박의 소독을 위하여 살충제 등 소독약품을 사용하는 경우에는 안전조치를 하여야 한다.

(2) 항해용 간행물의 비치

선박소유자는 해도 및 조석표 등 항해용 간행물을 선박에 비치하여야 한다.

(3) 조타실의 시야확보 등

① 선박소유자는 해당 선박의 조타실에 대하여 충분한 시야를 확보할 수 있도록 필요한 조치를 하여야 한다.
② 선박소유자는 해당 선박의 조타실과 조타기가 설치된 장소 사이에 통신장치를 설치하여야 한다.

(4) 하역설비의 확인 등

하역설비를 갖춘 선박의 소유자는 제한하중·제한각도 및 제한반지름(이하 "제한하중 등")의 사항에 대하여 해양수산부장관의 확인을 받아야 한다.

(5) 하역설비검사기록 및 비치

선박소유자는 하역설비검사기록부 등 하역설비에 대한 검사와 관련된 해양수산부령으로 정하는 서류를 선박에 비치하여야 한다.

2 화물정보 및 가스농도 측정기 제공

(1) 화물정보의 제공

화주는 화물을 안전하게 싣고 운송하기 위하여 화물을 싣기 전에 그 화물에 관한 정보를 선장에게 제공하여야 한다.

(2) 유독성가스농도 측정기의 제공 등

선박소유자는 유독성가스를 발생하거나 또는 산소의 결핍을 일으킬 수 있는 화물을 산적하여 운송하는 경우에는 유독성가스 또는 산소의 농도를 측정할 수 있는 기기 및 그 사용설명서를 선장에게 제공하여야 한다.

3 화물 및 위험물 운송

(1) 화물의 적재·고박방법 등

선박소유자는 화물을 선박에 적재하거나 고박하기 전에 화물의 적재·고박의 방법을 정한 자체의 화물적재고박지침서를 마련하고, 해양수산부장관의 승인을 얻어야 한다.

(2) 산적화물의 운송

① 선박소유자는 산적화물을 운송하기 전에 해당 선박의 선장에게 선박의 복원성·화물의 성질 및 적재방법에 관한 정보를 제공하여야 한다.
② 산적화물을 운송하고자 하는 선박소유자는 필요한 안전조치를 하여야 한다.

(3) 위험물의 운송

① 선박으로 위험물을 적재·운송하거나 저장하고자 하는 자는 항해상의 위험방지 및 인명안전에 적합한 방법에 따라 적재·운송 및 저장하여야 한다.
② 위험물을 적재·운송하거나 저장하고자 하는 자는 그 방법의 적합 여부에 관하여 해양수산부장관의 검사를 받거나 승인을 얻어야 한다.

(4) 위험물 안전운송 교육 등

선박으로 운송하는 위험물을 제조·운송·적재하는 등의 업무에 종사하는 자(이하 "위험물취급자"라 한다)는 위험물 안전운송에 관하여 해양수산부장관이 실시하는 교육을 받아야 한다.

4 유조선 및 예인선 등

(1) 유조선 등에 대한 강화검사

유조선·산적화물선 및 위험물산적운송선(액화가스산적운송선은 제외한다)의 선박소유자는 건조검사 및 선박검사 외에 선체구조를 구성하는 재료의 두께확인 등 해양수산부령으로 정하는 사항에 대하여 해양수산부장관의 강화검사를 받아야 한다.

(2) 예인선에 대한 예인선항해검사

예인선의 선박소유자가 부선 및 구조물 등을 예인하고자 하는 때에는 해양수산부장관의 예인선항해검사를 받아야 한다.

(3) 고인화성 연료유 등의 사용제한

누구든지 선박에서는 화재·폭발 방지시설 등의 시설을 갖추지 아니하고는 인화점이 섭씨 60도 미만인 연료유·윤활유 등을 사용하여서는 아니 된다.

06 항만국통제

1 항만국통제

(1) 의의

해양수산부장관은 외국선박의 구조·설비·화물운송방법 및 선원의 선박운항지식 등이 대통령령으로 정하는 다음의 선박안전에 관한 국제협약에 적합한지 여부를 확인하고 그에 필요한 조치(이하 "항만국통제"라 한다)를 할 수 있다.

1. 「해상에서의 인명안전을 위한 국제협약」(SOLAS)
2. 「만재흘수선에 관한 국제협약」(LOADLINES)
3. 「국제 해상충돌 예방규칙 협약」(COLREG)
4. 「선박톤수 측정에 관한 국제협약」(TONNAGE)
5. 「상선의 최저기준에 관한 국제협약」(ILO 147)
6. 「선박으로부터의 오염방지를 위한 국제협약」(MARPOL)
7. 「선원의 훈련·자격증명 및 당직근무에 관한 국제협약」(STCW)

(2) 시정조치명령 또는 출항정지명령

① 해양수산부장관은 항만국통제의 결과 국제협약의 기준에 미달되는 것으로 인정되는 때에는 해당 선박에 대하여 수리 등 필요한 시정조치를 명할 수 있다.
② 해양수산부장관은 항만국통제 결과 해당 선박 및 승선자에게 현저한 위험을 초래할 우려가 있다고 판단되는 때에는 출항정지를 명할 수 있다.

(3) 이의신청

① 외국선박의 소유자는 명령에 불복하는 경우에는 해당 명령을 받은 날부터 90일 이내에 그 불복사유를 기재하여 해양수산부장관에게 이의신청을 할 수 있다.
② 해양수산부장관은 그 결과를 신청인에게 60일 이내에 통보하여야 한다. 다만, 부득이한 사정이 있는 때에는 30일 이내의 범위에서 통보시한을 연장할 수 있다.
③ 불복하는 자는 이의신청 절차를 거치지 아니하고는 행정소송을 제기할 수 없다.

2 외국의 항만국통제 등

(1) 특별점검

해양수산부장관은 외국 항만당국의 항만국통제에 의하여 출항정지 처분을 받은 대한민국 선박이 국내에 입항할 경우 특별점검을 할 수 있다. 다만, 외국정부에서 확인을 요청하는 경우 등 필요한 경우에는 외국에서 특별점검을 할 수 있다.

(2) 예방적 특별점검

해양수산부장관은 다음의 대한민국 선박에 대하여 외국항만에 출항정지를 예방하기 위한 조치가 필요하다고 인정되는 경우 특별점검을 할 수 있다.
① 선령이 15년을 초과하는 산적화물선·위험물운반선
② 최근 3년 이내에 외국 항만당국의 항만국통제로 인하여 출항이 정지된 선박
③ 최근 3년간 외국 항만당국의 항만국통제로 인하여 소속 선박의 출항정지율이 대한민국 선박의 평균 출항정지율을 초과하는 선박소유자의 선박
④ 그 밖에 외국 항만당국의 항만국통제로 인하여 출항정지율이 특별히 높은 선박 등 해양수산부장관이 정하여 고시하는 선박

(3) 항해정지명령 또는 시정명령

해양수산부장관은 특별점검의 결과 선박의 안전확보를 위하여 필요하다고 인정되는 경우에는 해당 선박의 소유자에 대하여 항해정지명령 또는 시정·보완 명령을 할 수 있다.

(4) 공표

해양수산부장관은 외국 항만당국의 항만국통제로 인하여 출항정지명령을 받은 대한민국 선박에 대하여는 해당 선박의 선박명·총톤수, 출항정지 사실 등을 공표할 수 있다.

CHAPTER 4 실전예상문제

01 선박안전법상 용어의 정의에 관한 다음 설명 중 틀린 것은?

① "여객선"이라 함은 13인 이상의 여객을 운송할 수 있는 선박을 말한다.
② "소형선박"이라 함은 선박길이가 12미터 미만인 선박을 말한다.
③ "예인선"이란 원동기·동력전달장치 등 추진기관이나 돛대가 설치되지 아니한 선박으로서 다른 선박에 의하여 끌리거나 밀려서 항해하는 선박을 말한다.
④ "감항성"이라 함은 선박이 자체의 안정성을 확보하기 위하여 갖추어야 하는 능력으로서 일정한 기상이나 항해조건에서 안전하게 항해할 수 있는 성능을 말한다.

해설 ③은 부선에 대한 설명이다. "예인선"이라 함은 다른 선박을 끌거나 밀어서 이동시키는 선박을 말한다.

02 선박안전법의 적용범위에 관한 다음 설명 중 틀린 것은?

① 선박안전법은 대한민국 국민 또는 대한민국 정부가 소유하는 선박에 대하여 적용한다.
② 군함 및 경찰용 선박은 선박안전법을 적용하지 아니한다.
③ 국적취득조건부 선체용선을 한 외국선박은 선박안전법의 항만국통제에 관한 규정을 적용하지 아니하거나 완화하여 적용할 수 있다.
④ 국제항해에 취항하는 선박의 감항성 및 인명의 안전과 관련하여 국제적으로 발효된 국제협약의 안전기준과 선박안전법의 규정내용이 다른 때에는 해당 국제협약의 효력을 우선한다.

해설 ③ 국적취득조건부 선체용선을 한 외국선박은 선박안전법의 전부 또는 일부를 적용한다. 다만, 항만국통제에 관한 규정은 모든 외국선박에 대하여 이를 적용한다.

03 다음 중 선박안전법상 무선설비를 갖추지 않아도 되는 선박에 해당하지 않는 것은?

① 총톤수 5톤 미만의 선박
② 추진기관을 설치하지 아니한 선박
③ 호소·하천 및 항내의 수역에서만 항해하는 선박
④ 도선으로서 출발항으로부터 도착항까지의 항해거리가 2해리 이내인 선박

해설 ① 무선설비를 갖추지 않아도 되는 선박은 ① 총톤수 2톤 미만의 선박과 ②③④의 경우이다.

04 다음 중 선박안전법상 중간검사의 생략이 가능한 선박의 총톤수는 몇 톤 미만인가?

① 1톤 미만
② 2톤 미만
③ 3톤 미만
④ 5톤 미만

해설 중간검사 생략대상
① 총톤수 2톤 미만인 선박
② 추진기관 또는 돛대가 설치되지 아니한 선박으로서 평수구역 안에서만 운항하는 선박. 다만, 다음의 선박은 제외한다.
  1. 13명 이상의 여객운송에 사용되는 선박
  2. 기름 또는 폐기물 등을 산적하여 운송하는 선박
  3. 위험물을 산적하여 운송하는 선박
③ 추진기관 또는 돛대가 설치되지 아니한 선박으로서 연해구역을 운항하는 선박 중 여객이나 화물의 운송에 사용되지 아니하는 선박

정답 01. ③ 02. ③ 03. ① 04. ②

05 다음 중 선박안전법상 임시검사 실시사유에 해당하지 않는 것은?

① 선박시설에 대하여 개조 또는 수리
② 만재흘수선의 변경
③ 선박의 용도 변경
④ 선박시설의 변경이 수반되지 아니하는 경미한 사항의 변경

해설 ④ 임시검사 실시사유에 해당하지 않는다.
[임시검사 실시사유]
① 선박시설에 대하여 개조 또는 수리를 행하고자 하는 경우
② 선박검사증서에 기재된 내용을 변경하고자 하는 경우
[다만, 선박소유자의 성명과 주소, 선박명 및 선적항의 변경 등 선박시설의 변경이 수반되지 아니하는 경미한 사항의 변경인 경우에는 그러하지 아니하다.]
③ 선박의 용도를 변경하고자 하는 경우
④ 선박의 무선설비를 새로이 설치하거나 이를 변경하고자 하는 경우
⑤ 해양사고 등으로 선박의 감항성 또는 인명안전의 유지에 영향을 미칠 우려가 있는 선박시설의 변경이 발생한 경우
⑥ 해양수산부장관이 선박시설의 보완 또는 수리가 필요하다고 인정하여 임시검사의 내용 및 시기를 지정한 경우
⑦ 만재흘수선의 변경 등

06 다음 중 선박안전법상 국제협약검사에 해당하지 않는 것은?

① 최초검사   ② 정기검사
③ 연차검사   ④ 특별검사

해설 ④ 국제협약검사의 종류는 다음과 같다(규칙 제24조).
1. 최초검사 : 최초로 국제항해에 사용하는 경우 받게 되는 검사
2. 정기검사 : 국제협약검사증서의 유효기간이 끝난 경우 받게 되는 검사
3. 중간검사 : 국제협약검사증서의 두 번째 검사기준일 또는 세 번째 검사기준일 전후의 3개월 이내에 받게 되는 검사
4. 연차검사 : 국제협약검사증서의 매 검사기준일 전후의 3개월 이내(중간검사를 받는 연도의 검사기준일은 제외한다)에 받게 되는 검사
5. 임시검사 : 국제항해에 취항하는 선박으로서 선박시설의 개조 또는 수리 및 만재흘수선의 변경사유가 발생하여 받게 되는 검사

07 다음 중 선박안전법상 선박검사증서의 유효기간은?

① 1년   ② 3년
③ 5년   ④ 10년

해설 ③ 선박검사증서의 유효기간은 5년이다.

08 선박안전법상 만재흘수선의 표시대상에 관한 다음 내용 중 ( )에 공통되는 숫자는?

> 만재흘수선의 표시대상이 되는 선박은 국제항해에 취항하는 선박, 선박길이가 ( )미터 이상인 선박, 선박길이가 ( )미터 미만인 여객선, 위험물을 산적하여 운송하는 선박이다.

① 10   ② 12
③ 15   ④ 20

해설 [만재흘수선의 표시대상]
① 국제항해에 취항하는 선박
② 선박길이가 12미터 이상인 선박
③ 선박길이가 12미터 미만인 여객선, 위험물을 산적하여 운송하는 선박

05. ④   06. ④   07. ③   08. ②

09 다음 중 선박안전법상 선박위치발신장치를 부착하여야 하는 대상에 해당하지 않는 것은?(단, 호소·하천에서만 항해하는 선박은 제외한다.)

① 총톤수 1톤 이상의 여객선
② 여객선이 아닌 선박으로서 국제항해에 취항하는 총톤수 300톤 이상의 선박
③ 여객선이 아닌 선박으로서 국제항해에 취항하지 아니하는 총톤수 500톤 이상의 선박
④ 연해구역 이상을 항해하는 총톤수 50톤 이상의 예선

해설 ① 총톤수 2톤 이상의 여객선은 선박위치발신장치를 갖추고 이를 작동하여야 한다.

10 다음 중 선박안전법상 항만국 통제에 의한 적합대상 국제협약에 해당하지 않는 것은?

① 해상에서의 인명안전을 위한 국제협약(SOLAS)
② 「만재흘수선에 관한 국제협약」(LOADLINES)
③ 선박으로부터의 오염방지를 위한 국제협약(MARPOL)
④ 해사노동협약(MLC)

해설 ④ 항만국통제에 의한 적합대상의 선박안전에 관한 국제협약은 다음의 협약을 말한다(영 제16조).

> 1. 「해상에서의 인명안전을 위한 국제협약」(SOLAS)
> 2. 「만재흘수선에 관한 국제협약」(LOADLINES)
> 3. 「국제 해상충돌 예방규칙 협약」(COLREG)
> 4. 「선박톤수 측정에 관한 국제협약」(TONNAGE)
> 5. 「상선의 최저기준에 관한 국제협약」(ILO 147)
> 6. 「선박으로부터의 오염방지를 위한 국제협약」(MARPOL)
> 7. 「선원의 훈련·자격증명 및 당직근무에 관한 국제협약」(STCW)

11 다음 중 선박안전법상 항만국통제에 따른 해양수산부 장관의 시정조치명령 또는 출항정지명령에 불복하는 외국선박의 소유자가 이의신청을 할 수 있는 기간은?

① 해당 명령을 받은 날부터 10일 이내
② 해당 명령을 받은 날부터 30일 이내
③ 해당 명령을 받은 날부터 60일 이내
④ 해당 명령을 받은 날부터 90일 이내

해설 ④ 외국선박의 소유자는 해양수산부장관의 시정조치명령 또는 출항정지명령에 불복하는 경우에는 해당 명령을 받은 날부터 90일 이내에 그 불복사유를 기재하여 해양수산부장관에게 이의신청을 할 수 있다. 해양수산부장관은 그 결과를 신청인에게 60일 이내에 통보하여야 한다. 다만, 부득이한 사정이 있는 때에는 30일 이내의 범위에서 통보시한을 연장할 수 있다.

12 다음 중 선박안전법상 해양수산부장관은 대한민국 선박에 대하여 외국항만에 출항정지를 예방하기 위한 조치가 필요하다고 인정되는 경우 특별점검을 할 수 있는 선박에 해당하지 않는 것은?

① 선령이 30년을 초과하는 산적화물선·위험물운반선
② 최근 3년 이내에 외국 항만당국의 항만국통제로 인하여 출항이 정지된 선박
③ 최근 3년간 외국 항만당국의 항만국통제로 인하여 소속 선박의 출항정지율이 대한민국 선박의 평균 출항정지율을 초과하는 선박소유자의 선박
④ 그 밖에 외국 항만당국의 항만국통제로 인하여 출항정지율이 특별히 높은 선박 등 해양수산부장관이 정하여 고시하는 선박

해설 ① 선령이 15년을 초과하는 산적화물선·위험물운반선에 대하여 해양수산부장관이 특별점검을 할 수 있다.

CHAPTER 5 해양사고의 조사 및 심판에 관한 법률

[시행 2024. 1. 26.]

01 총칙

1 목적

해양사고에 대한 조사 및 심판을 통하여 해양사고의 원인을 밝힘으로써 해양안전의 확보에 이바지함을 목적으로 한다.

2 용어 정의

(1) 해양사고

해양 및 내수면에서 발생한 다음의 사고를 말한다.
① 선박의 구조·설비 또는 운용과 관련하여 사람이 사망 또는 실종되거나 부상을 입은 사고
② 선박의 운용과 관련하여 선박이나 육상시설·해상시설이 손상된 사고
③ 선박이 멸실·유기되거나 행방불명된 사고
④ 선박이 충돌·좌초·전복·침몰되거나 선박을 조종할 수 없게 된 사고
⑤ 선박의 운용과 관련하여 해양오염 피해가 발생한 사고

(2) 준해양사고

선박의 구조·설비 또는 운용과 관련하여 시정 또는 개선되지 아니하면 선박과 사람의 안전 및 해양환경 등에 위해를 끼칠 수 있는 사태로서 다음의 사고를 말한다.
① 항해 중 운항 부주의로 다른 선박에 근접하여 충돌할 상황이 발생하였으나 가까스로 피한 사태
② 항로 내에서의 정박 중 다른 선박에 근접하여 충돌할 상황이 발생하였으나 가까스로 피한 사태
③ 입·출항 중 항로를 이탈하거나 예정된 항로를 이탈하여 좌초될 상황이 발생하였으나 가까스로 안전한 수역으로 피한 사태
④ 화물을 싣거나 묶고 고정시킨 상태가 불량한 사유 등으로 선체가 기울어져 뒤집히거나 침몰할 상황이 발생하였으나 가까스로 피한 사태
⑤ 전기설비의 상태 불량 등으로 화재가 발생할 상황이었으나 가까스로 화재가 나지 아니하도록 조치한 사태

⑥ 해양오염설비의 조작 부주의 등으로 오염물질이 해양에 배출될 상황이 발생하였으나 가까스로 배출되지 아니하도록 조치한 사태
⑦ 그 밖에 ①부터 ⑥까지의 사태와 유사한 사태로서 해양수산부장관이 정하여 고시하는 사태

(3) 선박

수상 또는 수중을 항행하거나 항행할 수 있는 다음의 구조물을 말한다.(다만, 다른 선박과 관련 없이 단독으로 해양사고를 일으킨 군용 선박 및 경찰용선박, 그 상호 간에 해양사고를 일으킨 군용 선박 및 경찰용선박, 그 밖에 해양수산부장관이 정하여 고시하는 수상레저기구는 제외)
① 동력선(기관을 사용하여 추진하는 선박을 말하며, 선체의 외부에 추진기관을 붙이거나 분리할 수 있는 선박을 포함)
② 무동력선(범선과 부선을 포함)
③ 수면비행선박(표면효과 작용을 이용하여 수면에 근접하여 비행하는 선박)
④ 수상에서 이동할 수 있는 항공기

(4) 해양사고관련자

해양사고의 원인과 관련된 자로서 조사관에 의해 지정된 자를 말한다.

(5) 이해관계인

해양사고의 원인과 직접 관계가 없는 자로서 해양사고의 심판 또는 재결로 인하여 경제적으로 직접적인 영향을 받는 자를 말한다.

(6) 원격영상심판

해양사고관련자가 해양수산부령으로 정하는 동영상 및 음성을 동시에 송수신하는 장치가 갖추어진 관할 해양안전심판원 외의 원격지 심판정 또는 이와 같은 장치가 갖추어진 시설로서 관할 해양안전심판원이 지정하는 시설에 출석하여 진행하는 심판을 말한다.

3 심판원의 설치 등

(1) 심판원의 설치

해양사고사건을 심판하기 위하여 해양수산부장관 소속으로 해양안전심판원을 둔다.

(2) 해양사고의 원인규명 등

심판원이 심판을 할 때에는 다음 사항에 관하여 해양사고의 원인을 밝혀야 한다.
① 사람의 고의 또는 과실로 인하여 발생한 것인지 여부
② 선박승무원의 인원, 자격, 기능, 근로조건 또는 복무에 관한 사유로 발생한 것인지 여부
③ 선박의 선체 또는 기관의 구조·재질·공작이나 선박의 의장 또는 성능에 관한 사유로 발생한 것인지 여부

④ 수로도지·항로표지·선박통신·기상통보 또는 구난시설 등의 항해보조시설에 관한 사유로 발생한 것인지 여부
⑤ 항만이나 수로의 상황에 관한 사유로 발생한 것인지 여부
⑥ 화물의 특성이나 적재에 관한 사유로 발생한 것인지 여부

(3) 재결

① 심판원은 해양사고의 원인을 밝히고 재결로써 그 결과를 명백하게 하여야 한다.
② 심판원은 해양사고가 해기사나 도선사의 직무상 고의 또는 과실로 발생한 것으로 인정할 때에는 재결로써 해당자를 징계하여야 한다.
③ 심판원은 필요하면 해양사고관련자에게 시정 또는 개선을 권고하거나 명하는 재결을 할 수 있다. 다만, 행정기관에 대하여는 시정 또는 개선을 명하는 재결을 할 수 없다.

(4) 시정 등의 요청

심판원은 해양사고관련자가 아닌 행정기관이나 단체에 대하여 해양사고를 방지하기 위한 시정 또는 개선조치를 요청할 수 있다.

4 징계

(1) 징계의 종류

① 면허의 취소
② 업무정지(1개월 이상 1년 이하)
③ 견책

(2) 징계의 집행유예

① 심판원은 업무정지 중 그 기간이 1개월 이상 3개월 이하의 징계를 재결하는 경우에 선박운항에 관한 직무교육이 필요하다고 인정할 때에는 그 징계재결과 함께 3개월 이상 9개월 이하의 기간 동안 징계의 집행유예를 재결할 수 있다.
② 이 경우 해당 징계재결을 받은 사람의 명시한 의사에 반하여서는 아니 된다.

(3) 집행유예의 실효

① 집행유예기간 내에 직무교육을 이수하지 아니한 경우
② 집행유예기간 중에 업무정지 이상의 징계재결을 받아 그 재결이 확정된 경우

(4) 집행유예의 효과

징계의 집행유예 재결을 받은 후 그 집행유예의 재결이 실효됨이 없이 집행유예기간이 지난 때에는 징계를 집행한 것으로 본다.

5 기타 사항

(1) 일사부재리
심판원은 본안에 대한 확정재결이 있는 사건에 대하여는 거듭 심판할 수 없다.

(2) 공소 제기 전 심판원의 의견청취
검사는 해양사고가 발생하여 해양사고관련자에 대하여 공소를 제기하는 경우에는 관할 지방해양안전심판원의 의견을 들을 수 있다.

02 심판원의 조직

1 심판원의 조직 등

(1) 분류
심판원은 중앙해양안전심판원과 지방해양안전심판원의 2종으로 한다.

(2) 구성
① 중앙심판원에 중앙심판원장을, 지방심판원에 지방심판원장을 둔다.
② 각급 심판원에 원장 1명과 대통령령으로 정하는 수의 심판관을 둔다.

2 임명

(1) 중앙심판원장 및 지방심판원장
중앙심판원장 및 지방심판원장은 중앙심판원의 심판관의 자격이 있는 사람 중에서 해양수산부장관의 제청에 따라 대통령이 임명한다.

(2) 심판관
중앙심판원의 심판관은 해양수산부장관의 제청에 따라 대통령이 임명하고, 지방심판원의 심판관은 중앙심판원장의 추천을 받아 해양수산부장관이 임명한다.

3 심판관의 자격

(1) 중앙심판원의 심판관 자격

① 지방심판원의 심판관으로 4년 이상 근무한 사람
② 2급 이상의 해기사면허를 받은 사람으로서 4급 이상의 일반직 국가공무원으로 4년 이상 근무한 사람
③ 3급 이상의 일반직 국가공무원으로서 해양수산행정에 3년 이상 근무한 사람
④ 위의 ①부터 ③까지의 경력 연수를 합산하여 4년 이상인 사람

(2) 지방심판원의 심판관 자격

① 1급 항해사, 1급 기관사 또는 1급 운항사의 해기사면허를 받은 사람으로서 원양구역을 항행구역으로 하는 선박의 선장 또는 기관장으로 3년 이상 승선한 사람
② 2급 이상의 해기사면허를 받은 사람으로서 5급 이상의 일반직 국가공무원으로 2년 이상 근무한 사람
③ 2급 이상의 해기사면허를 받은 후 대학 등의 조교수 이상 또는 이에 상당하는 직에서 선박의 운항 또는 선박용 기관의 운전에 관한 과목을 3년 이상 가르친 사람
④ 위의 ①부터 ③까지의 경력 연수를 합산하여 3년 이상인 사람
⑤ 변호사 자격이 있는 사람으로서 3년 이상의 실무경력이 있는 사람

4 직무대행 등

(1) 직무대행

심판원장이 부득이한 사유로 직무를 수행할 수 없을 때에는 그 심판원의 심판관 중 선임자가 그 직무를 대행한다. 다만, 심판업무 외의 업무는 수석조사관이 그 직무를 대행한다.

(2) 임기

심판원장과 심판관의 임기는 3년으로 하며, 연임할 수 있다.

(3) 비상임심판관

① 각급 심판원에 비상임심판관을 두되, 비상임심판관은 그 직무에 필요한 학식과 경험이 있는 사람 중에서 각급 심판원장이 위촉한다. 이 경우 지방심판원장은 중앙심판원장의 승인을 받아야 한다.
② 비상임심판관은 해양사고의 원인규명이 특히 곤란한 사건의 심판에 참여한다.

5 조사관 등

(1) 조사관 배치
각급 심판원에 수석조사관, 조사관 및 조사사무를 보조하는 직원을 둔다.

(2) 조사관의 자격

① 중앙심판원의 수석조사관 자격

> ㉠ 지방심판원의 심판관으로 4년 이상 근무한 사람
> ㉡ 2급 이상의 해기사면허를 받은 사람으로서 4급 이상의 일반직 국가공무원으로 4년 이상 근무한 사람
> ㉢ 3급 이상의 일반직 국가공무원으로서 해양수산행정에 3년(해양안전 관련 업무에 1년 이상 근무한 경력을 포함한다) 이상 근무한 사람
> ㉣ 위의 ㉠ 및 ㉡의 경력 연수를 합산하여 4년 이상인 사람

② 중앙심판원의 조사관과 지방심판원의 수석조사관 자격

> ㉠ 1급 항해사, 1급 기관사 또는 1급 운항사의 해기사면허를 받은 사람으로서 원양구역을 항행구역으로 하는 선박의 선장 또는 기관장으로 3년 이상 승선한 사람
> ㉡ 2급 이상의 해기사면허를 받은 사람으로서 5급 이상의 일반직 국가공무원으로 2년 이상 근무한 사람
> ㉢ 2급 이상의 해기사면허를 받은 후 대학 등의 조교수 이상 또는 이에 상당하는 직에서 선박의 운항 또는 선박용 기관의 운전에 관한 과목을 3년 이상 가르친 사람
> ㉣ 위의 ㉠부터 ㉢까지의 경력 연수를 합산하여 3년 이상인 사람

(3) 조사관의 직무
해양사고의 조사, 심판의 청구, 재결의 집행, 해양사고 통계의 종합·분석, 해양사고 사건의 현장검증, 해양사고에 대한 국제공조, 해양사고 법규자료의 수집에 관한 사항

(4) 특별조사부의 구성
중앙수석조사관은 다음의 해양사고로서 심판청구를 위한 조사와는 별도로 해양사고를 방지하기 위하여 특별한 조사가 필요하다고 인정하는 경우에는 조사관, 전문가, 공무원 등 10명 이내로 특별조사부를 구성할 수 있다.
① 사람이 사망한 해양사고
② 선박 또는 그 밖의 시설이 본래의 기능을 상실하는 등 피해가 매우 큰 해양사고
③ 기름 등의 유출로 심각한 해양오염을 일으킨 해양사고
④ 해양사고 조사에 국제협력이 필요한 해양사고 및 준해양사고

6 심판부

(1) 중앙심판원
심판관 5명 이상으로 구성하는 합의체에서 심판을 한다.

(2) 지방심판원
① **원칙** : 지방심판원은 심판관 3명으로 구성하는 합의체에서 심판을 한다.
② **예외** : 경미한 사건 및 약식심판 사건에 관하여는 1명의 심판관이 심판을 한다.

(3) 특별심판부
① **설치** : 중앙심판원장은 다음의 해양사고 중 그 원인규명에 고도의 전문성이 필요하다고 인정할 때에는 그 사건을 관할하는 지방심판원에 특별심판부를 구성할 수 있다.

> ㉠ 10명 이상이 사망하거나 부상당한 해양사고
> ㉡ 선박이나 그 밖의 시설의 피해가 현저히 큰 해양사고
> ㉢ 기름 등의 유출로 심각한 해양오염을 일으킨 해양사고

② **구성** : 해양사고의 원인규명에 전문지식을 가진 심판관 2명과 그 사건을 관할하는 지방심판원장으로 구성하되, 지방심판원장이 심판장이 된다.

7 심급 및 관할 등

(1) 심급
지방심판원은 제1심 심판을 하고, 중앙심판원은 제2심 심판을 한다.

(2) 관할
① **발생지 관할** : 심판에 부칠 사건의 관할권은 해양사고가 발생한 지점을 관할하는 지방심판원에 속한다.
② **선적항 관할** : 다만, 해양사고 발생 지점이 분명하지 아니하면 그 해양사고와 관련된 선박의 선적항을 관할하는 심판원에 속한다.
③ **최초의 심판청구 받은 지방심판원 관할**

> ㉠ 하나의 사건이 2곳 이상의 지방심판원에 계속되었을 때
> ㉡ 하나의 선박에 관한 2개 이상의 사건이 2곳 이상의 지방심판원에 계속되었을 때

(3) 사건 이송
① 지방심판원은 사건이 그 관할이 아니라고 인정할 때에는 결정으로써 이를 관할 지방심판원에 이송하여야 한다.
② 이송을 받은 지방심판원은 다시 사건을 다른 지방심판원에 이송할 수 없다.
③ 이송된 사건은 처음부터 이송을 받은 지방심판원에 계속된 것으로 본다.

03 심판 전의 절차

1 사고 통보

(1) 해양사고 통보

해양수산관서, 경찰공무원, 특별시장·광역시장·특별자치시장·도지사·특별자치도지사 및 시장·군수·구청장은 해양사고가 발생한 사실을 알았을 때에는 지체 없이 그 사실을 자세히 기록하여 관할 지방심판원의 조사관에게 통보하여야 한다.

(2) 준해양사고의 통보

선박소유자 또는 선박운항자는 해양사고를 방지하기 위하여 선박의 운용과 관련하여 발생한 준해양사고를 중앙수석조사관에게 통보하여야 한다.

(3) 국외 해양사고 통보

① 영사는 국외에서 해양사고가 발생한 사실을 알았을 때에는 지체 없이 그 사실과 증거를 수집하여 중앙수석조사관에게 통보하여야 한다.
② 중앙수석조사관은 통보를 받으면 지체 없이 관할 지방수석조사관에게 보내야 한다.

2 조사 등

(1) 사실조사의 요구

① 해양사고에 대하여 이해관계가 있는 사람은 그 사실을 자세히 기록하여 관할 조사관에게 사실조사를 요구할 수 있다.
② 조사관은 사실조사를 하여 심판청구 여부를 결정하고 이를 요구자에게 알려야 한다.
③ 조사관이 심판청구를 하지 아니할 때에는 미리 중앙수석조사관의 승인을 받아야 한다.

(2) 해양사고의 조사 및 처리

① 조사관은 해양사고가 발생한 사실을 알게 되면 즉시 그 사실을 조사하고 증거를 수집하여야 한다.
② 조사관은 조사 결과 사건을 심판에 부칠 필요가 없다고 인정하는 경우에는 그 사건에 대하여 심판불필요처분을 하여야 한다.

(3) 증거보전

조사관, 해양사고관련자 또는 심판변론인이 미리 증거를 보전하지 아니하면 그 증거를 채택하기 곤란하다고 인정하여 증거보전을 신청할 때에는 심판원은 심판청구 전이라도 검증 또는 감정을 할 수 있다.

3 심판청구

(1) 심판의 청구
조사관은 사건을 심판에 부쳐야 할 것으로 인정할 때에는 지방심판원에 심판을 청구하여야 한다. 다만, 사건이 발생한 후 3년이 지난 해양사고에 대하여는 심판청구를 하지 못한다.

(2) 약식심판의 청구
조사관은 다음의 경미한 해양사고로서 해양사고관련자의 소환이 필요하지 아니하다고 인정할 때에는 약식심판을 청구할 수 있다. 다만, 해양사고관련자의 명시한 의사에 반하여서는 아니 된다.
① 사람이 사망하지 아니한 사고
② 선박 또는 그 밖의 시설의 본래의 기능이 상실되지 아니한 사고
③ 대통령령으로 정하는 기준 이하의 오염물질이 해양에 배출된 사고

04 심판절차

1 지방심판원의 심판

(1) 심판의 기본원칙
① **공개주의** : 심판의 대심과 재결은 공개된 심판정에서 한다.
② **자유심증주의** : 증거의 증명력은 심판관의 자유로운 판단에 따른다.
③ **증거심판주의** : 사실의 인정은 심판기일에 조사한 증거에 의하여야 한다.
④ **구술변론주의** : 예외(불출석, 약식심판 등)

(2) 집중심리
심판원은 심리에 2일 이상이 걸릴 때에는 가능하면 매일 계속 개정하여 집중심리를 하여야 한다.

(3) 심판기일의 지정 및 변경
① 심판장은 심판기일을 정하여야 한다.
② 심판기일에는 해양사고관련자를 소환하여야 한다. 다만, 심판장은 1회 이상 출석한 해양사고관련자에 대하여는 소환하지 아니할 수 있다.

(4) 소환과 신문
지방심판원은 심판기일에 해양사고관련자, 증인, 그 밖의 이해관계인을 소환하고 신문할 수 있다.

(5) 이해관계인의 심판참여

① 이해관계인은 심판장의 허가를 받고 심판에 참여하여 진술할 수 있다.
② 이해관계인이 소환과 신문에 연속하여 2회 이상 불응하거나 심판의 진행을 방해하는 것으로 인정되는 경우 심판장은 직권으로 심판참여의 허가를 취소할 수 있다.

(6) 인정신문

심판장은 해양사고관련자의 성명·주민등록번호 및 주소를 신문하고 해양사고관련자가 해기사 및 도선사인 경우에는 면허의 종류 등을 신문하여 해양사고관련자임이 틀림없다는 것을 확인하여야 한다.

(7) 조사관의 최초 진술

조사관은 심판청구서에 따라 심판청구의 요지를 진술하여야 한다.

(8) 증거조사

① 지방심판원은 조사관, 해양사고관련자 또는 심판변론인의 신청에 의하거나 직권으로 필요한 증거조사를 할 수 있다.
② 지방심판원은 구속·압수·수색이나 그 밖에 신체·물건 또는 장소에 대한 강제처분을 하지 못한다.

(9) 심판청구기각의 재결

① 사건에 대하여 심판권이 없는 경우
② 심판의 청구가 법령을 위반하여 제기된 경우
③ 본안에 대한 확정재결이 있는 사건으로 심판할 수 없는 경우

(10) 재결의 고지 및 송달

① 재결은 심판정에서 재결원본에 따라 심판장이 고지한다.
② 심판원장은 재결을 고지한 날부터 10일 이내에 재결서의 정본을 조사관과 해양사고관련자 또는 심판변론인에게 송달하여야 한다.

2 중앙심판원의 심판

(1) 제2심의 청구

① 조사관 또는 해양사고관련자는 지방심판원의 재결(특별심판부의 재결을 포함)에 불복하는 경우에는 중앙심판원에 제2심을 청구할 수 있다.
② 제2심 청구는 이유를 붙인 서면으로 원심심판원에 제출하여야 한다.
③ 제2심의 청구는 재결서 정본을 송달받은 날부터 14일 이내에 하여야 한다.

(2) 불이익변경의 금지

해양사고관련자인 해기사나 도선사가 제2심을 청구한 사건과 해양사고관련자인 해기사나 도선사를 위하여 제2심을 청구한 사건에 대하여는 제1심에서 재결한 징계보다 무거운 징계를 할 수 없다.

05 이의신청 및 재결의 집행

1 이의신청 등

(1) 결정에 대한 이의신청
① 지방심판원에서 결정을 받은 자는 중앙심판원에 이의를 신청할 수 있다.
② 이의신청은 제2심 재결이 있을 때까지 할 수 있다.

(2) 이의신청의 절차
① 이의신청을 하려면 신청서를 지방심판원에 제출하여야 한다.
② 지방심판원은 이의신청이 이유 있다고 인정하면 원심결정을 경정할 수 있다.
③ 지방심판원은 이의신청이 전부 또는 일부가 이유 없다고 인정하면 그 신청서를 수리한 날부터 3일 이내에 중앙심판원에 보내야 한다.
④ 중앙심판원은 조사관의 의견을 들어 이의신청에 대한 결정을 하여야 한다.

(3) 중앙심판원의 재결에 대한 소송
① 중앙심판원의 재결에 대한 소송은 중앙심판원의 소재지를 관할하는 고등법원에 전속한다.
② 소송은 재결서 정본을 송달받은 날부터 30일 이내에 중앙심판원장을 피고로 제기하여야 한다.
③ 지방심판원의 재결에 대하여는 소송을 제기할 수 없다.

2 재결 등의 집행

(1) 집행시기 및 집행자
① **집행시기** : 재결은 확정된 후에 집행한다.
② **집행자** : 중앙심판원의 재결은 중앙수석조사관이, 지방심판원의 재결은 해당 지방수석조사관이 각각 집행한다.

(2) 면허증 회수
① 면허취소 재결이 확정되면 조사관은 해기사면허증 또는 도선사면허증을 회수하여 관계 해양수산관서에 보내야 한다.
② 조사관은 업무정지 재결이 확정된 때에는 해기사면허증 또는 도선사면허증을 회수하여 보관하였다가 업무정지 기간이 끝난 후에 돌려주어야 한다. 다만, 집행유예 재결을 받은 경우에는 회수하지 아니 한다.

(3) 징계의 실효
업무정지 또는 견책의 징계를 받은 해기사나 도선사가 그 징계 재결의 집행이 끝난 날부터 5년 이상 무사고 운항을 하였을 경우에는 그 징계는 실효된다.

CHAPTER 5 실전예상문제

01 다음 중 해양사고의 조사 및 심판에 관한 법률상 해양 및 내수면에서 발생한 해양사고에 해당하지 않는 것은?

① 선박의 운용과 관련하여 해양오염 피해가 발생한 사고
② 선박이 충돌·좌초·전복·침몰되거나 선박을 조종할 수 있게 된 사고
③ 선박의 운용과 관련하여 선박이나 육상시설·해상시설이 손상된 사고
④ 선박의 구조·설비 또는 운용과 관련하여 사람이 사망 또는 실종되거나 부상을 입은 사고

[해설] ② 선박이 충돌·좌초·전복·침몰되거나 선박을 조종할 수 없게 된 사고가 해양사고에 해당한다.

02 해양사고의 조사 및 심판에 관한 법률상 심판원에 관한 다음 설명 중 옳지 않은 것은?

① 심판원은 중앙해양안전심판원과 지방해양안전심판원의 2종으로 한다.
② 각급 심판원에 원장 1명과 대통령령으로 정하는 수의 심판관을 둔다.
③ 중앙심판원장 및 중앙심판원의 심판관은 해양수산부장관의 제청에 따라 대통령이 임명한다.
④ 지방심판원장 및 지방심판원의 심판관은 중앙심판원장의 추천을 받아 해양수산부장관이 임명한다.

[해설] ④ 중앙심판원장 및 지방심판원장은 중앙심판원의 심판관의 자격이 있는 사람 중에서 해양수산부장관의 제청에 따라 대통령이 임명한다.

03 다음 중 해양사고의 조사 및 심판에 관한 법률상 징계의 종류에 해당하지 않는 것은?

① 면허의 취소   ② 1개월 이상 업무정지
③ 3년 이하 업무정지 ④ 견책

[해설] ③ 징계의 종류는 면허의 취소, 업무정지, 견책이 있으며, 업무정지는 1개월 이상 1년 이하에 해당한다.

04 해양사고의 조사 및 심판에 관한 법률상 심판 전의 절차로서 사고의 통보에 관한 다음 설명 중 옳지 않은 것은?

① 시장·군수·구청장은 해양사고가 발생한 사실을 알았을 때에는 지체 없이 관할 지방심판원의 조사관에게 통보하여야 한다.
② 해양수산관서, 경찰공무원은 해양사고가 발생한 사실을 알았을 때에는 지체 없이 관할 지방심판원의 조사관에게 통보하여야 한다.
③ 선박소유자 또는 선박운항자는 해양사고를 방지하기 위하여 선박의 운용과 관련하여 발생한 준해양사고를 지방심판원의 조사관에게 통보하여야 한다.
④ 영사는 국외에서 해양사고가 발생한 사실을 알았을 때에는 지체 없이 그 사실과 증거를 수집하여 중앙수석조사관에게 통보하여야 한다.

[해설] ③ 선박소유자 또는 선박운항자는 해양사고를 방지하기 위하여 선박의 운용과 관련하여 발생한 준해양사고를 중앙수석조사관에게 통보하여야 한다.

정답 01. ② 02. ④ 03. ③ 04. ③

05 다음 중 해양사고의 조사 및 심판에 관한 법률상 조사관 또는 해양사고관련자가 지방심판원의 재결에 불복하는 경우에는 중앙심판원에 제2심을 청구할 수 있는 기간은?

① 재결서 정본을 송달받은 날부터 7일 이내
② 재결서 정본을 송달받은 날부터 10일 이내
③ 재결서 정본을 송달받은 날부터 14일 이내
④ 재결서 정본을 송달받은 날부터 30일 이내

해설 ③ 제2심의 청구는 재결서 정본을 송달받은 날부터 14일 이내에 하여야 한다.

CHAPTER 6 해운법

제1과목 선박안전관리론

[시행 2025. 10. 1.]

01 총칙

1 목적

해상운송의 질서를 유지하고 공정한 경쟁이 이루어지도록 하며, 해운업의 건전한 발전과 여객·화물의 원활하고 안전한 운송을 도모함으로써 이용자의 편의를 향상시키고 국민경제의 발전과 공공복리의 증진에 이바지하는 것을 목적으로 한다.

2 용어 정의

(1) 해운업

해상여객운송사업, 해상화물운송사업, 해운중개업, 해운대리점업, 선박대여업 및 선박관리업을 말한다.

해상여객 운송사업	해상이나 해상과 접하여 있는 내륙수로에서 여객선 또는 수면비행선박으로 사람 또는 사람과 물건을 운송하거나 업무를 처리하는 사업 (항만운송관련사업 제외)
해상화물 운송사업	해상이나 해상과 접하여 있는 내륙수로에서 선박[예선에 결합된 부선을 포함]으로 물건을 운송하거나 업무(용대선을 포함)를 처리하는 사업 ㉠ 수산업자가 어장에서 자기의 어획물, 제품의 운송사업 제외 ㉡ 항만운송사업법에 따른 항만운송사업 제외
해운중개업	해상화물운송의 중개, 선박의 대여·용대선 또는 매매를 중개하는 사업
해운대리점업	해상여객운송사업이나 해상화물운송사업을 경영하는 자(외국인 운송사업자 포함)를 위하여 통상 그 사업에 속하는 거래를 대리하는 사업
선박대여업	해상여객운송사업이나 해상화물운송사업을 경영하는 자 외의 자 본인이 소유하고 있는 선박(소유권을 이전받기로 하고 임차한 선박을 포함)을 다른 사람(외국인 포함)에게 대여하는 사업
선박관리업	국내외의 해상운송인, 선박대여업을 경영하는 자, 관공선 운항자, 조선소, 해상구조물 운영자, 선박소유자로부터 기술적·상업적 선박관리, 해상구조물관리 또는 선박시운전 등의 업무의 전부 또는 일부를 수탁(국외의 선박관리사업자로부터 업무를 수탁하여 행하는 사업을 포함)하여 관리활동을 영위하는 업

(2) 여객선

① **여객 전용 여객선** : 여객만을 운송하는 선박
② **여객 및 화물 겸용 여객선** : 여객 외에 화물을 함께 운송할 수 있는 선박
　㉠ 일반카페리 여객선 : 폐위된 차량구역에 차량을 육상교통 등에 이용되는 상태로 적재·운송할 수 있는 선박으로서 시속 25노트 미만으로 항행하는 여객선
　㉡ 쾌속카페리 여객선 : 폐위된 차량구역에 차량을 육상교통 등에 이용되는 상태로 적재·운송할 수 있는 선박으로서 시속 25노트 이상으로 항행하는 여객선
　㉢ 차도선형 여객선 : 차량을 육상교통 등에 이용되는 상태로 적재·운송할 수 있는 선박으로 차량구역이 폐위되지 아니한 여객선

(3) 용대선

해상여객운송사업이나 해상화물운송사업을 경영하는 자 사이 또는 해상여객운송사업이나 해상화물운송사업을 경영하는 자와 외국인 사이에 사람 또는 물건을 운송하기 위하여 선박의 전부 또는 일부를 용선하거나 대선하는 것을 말한다.

(4) 선박현대화지원사업

정부가 선정한 해운업자가 정부의 재정지원 또는 금융지원을 받아 낡은 선박을 대체하거나 새로이 건조하는 것을 말한다.

(5) 화주

해상화물 운송을 위해 해상여객운송사업 또는 해상화물운송사업에 종사하는 자와 화물의 운송계약을 체결하는 당사자(국제물류주선업에 종사하는 자 포함)

(6) 안전관리종사자

여객선 안전운항을 위한 직무를 수행하는 사람으로서 다음에 해당하는 사람
① 선장
② 해원
③ 선박운항관리자
④ 해사안전감독관
⑤ 그 밖에 해양수산부령으로 정하는 사람

02 해상여객운송사업

1 사업의 종류

(1) 내항 정기 여객운송사업

국내항과 국내항 사이를 일정한 항로와 일정표에 따라 운항하는 해상여객운송사업

(2) 내항 부정기 여객운송사업

국내항과 국내항 사이를 일정한 일정표에 따르지 아니하고 운항하는 해상여객운송사업

(3) 외항 정기 여객운송사업

국내항과 외국항 사이 또는 외국항과 외국항 사이를 일정한 항로와 일정표에 따라 운항하는 해상여객운송사업

(4) 외항 부정기 여객운송사업

국내항과 외국항 사이 또는 외국항과 외국항 사이를 일정한 항로와 일정표에 따르지 아니하고 운항하는 해상여객운송사업

(5) 순항 여객운송사업

해당 선박 안에 숙박시설, 식음료시설, 위락시설 등 편의시설을 갖춘 총톤수 2천 톤 이상의 여객선을 이용하여 관광을 목적으로 해상을 순회하여 운항(국내외의 관광지에 기항하는 경우 포함)하는 해상여객운송사업

(6) 복합 해상여객운송사업

위의 (1)부터 (4)까지의 규정 중 어느 하나의 사업과 (5)의 사업을 함께 수행하는 해상여객운송사업

2 사업면허

(1) 면허취득

① **운송사업** : 사업의 종류별로 항로마다 해양수산부장관의 면허를 받아야 한다.
② **내항 부정기 여객운송사업** : 둘 이상의 항로를 포함하여 면허 가능
③ **외항 부정기 여객운송사업, 순항 여객운송사업 및 복합 해상여객운송사업**(내항부정기 또는 외항부정기와 순항여객운송사업을 함께 수행하는 경우만으로 한정한다) : 항로와 관계없이 면허를 받을 수 있다.

(2) 면허기준

면허를 하려는 때에는 사업계획서가 다음 사항에 적합한지를 심사하여야 한다.
① 해당 사업에 사용되는 선박계류시설과 그 밖의 수송시설이 해당 항로에서의 수송수요의 성격과 해당 항로에 알맞을 것
② 해당 사업을 시작하는 것이 해상교통의 안전에 지장을 줄 우려가 없을 것
③ 해당 사업을 하는데 있어 이용자가 편리하도록 적합한 운항계획을 수립하고 있을 것
④ 여객선 등의 보유량과 여객선 등의 선령(20년 이하) 및 운항능력, 자본금 등이 해양수산부령으로 정하는 기준에 알맞을 것

(3) 결격사유

① 미성년자·피성년후견인 또는 피한정후견인
② 파산선고를 받은 자로서 복권되지 아니한 자
③ 해상여객운송사업면허가 취소된 자
④ 해운법 등 관계 법률을 위반하여 금고 이상의 실형을 선고받고 집행이 끝나거나 집행이 면제된 날부터 2년이 지나지 아니한 자
⑤ 관계 법률을 위반하여 금고 이상 형의 집행유예를 선고받고 유예기간 중에 있는 자
⑥ 해상여객운송사업면허가 취소된 후 2년이 지나지 아니한 자
⑦ 대표자가 위의 규정 중 어느 하나에 해당하게 된 법인

3 운항관리

(1) 여객선의 운항명령 등

해양수산부장관은 다음의 경우에는 일정한 기간을 정하여 여객운송사업자에게 여객선의 운항을 명할 수 있다.
① 선정된 보조항로사업자가 없게 된 경우
② 운항 여객선 주변 해역에서 재해 등 긴급한 상황이 발생한 경우
③ 여객선이 운항되지 아니하는 도서주민의 해상교통로 확보를 위하여 그 주변을 운항하는 여객선으로 하여금 해당 도서를 경유하여 운항하게 할 필요가 있는 경우

(2) 운항관리규정

① 내항여객운송사업자는 여객선 등의 안전을 확보하기 위하여 운항관리규정을 작성하여 해양수산부장관에게 제출하여야 한다.
② 해양수산부장관은 운항관리규정을 제출받은 때에는 여객선운항관리규정심사위원회를 구성하여 그 운항관리규정에 대하여 심사를 하여야 한다.
③ 해양수산부장관은 내항여객운송사업자가 운항관리규정을 계속적으로 준수하고 있는지 여부를 정기 또는 수시로 점검하여야 한다.
④ 해양수산부장관은 내항여객선의 안전운항에 위험을 초래할 수 있는 사항이 있는 경우 출항 정지, 시정명령 등을 할 수 있다.

(3) 안전관리책임자

① 내항여객운송사업자는 운항관리규정의 수립·이행 및 여객선의 안전운항 업무를 수행하기 위하여 안전관리책임자를 두어야 한다.
② 내항여객운송사업자는 운항관리규정의 수립·이행 및 여객선의 안전운항 업무를 안전관리대행업자에게 위탁할 수 있다. 이 경우 내항여객운송사업자는 그 사실을 10일 이내에 해양수산부장관에게 알려야 한다.

(4) 여객선 안전운항관리

① 해양수산부장관은 내항여객선의 안전운항에 관한 시책을 수립하고 시행하여야 한다.
② 내항여객운송사업자는 한국해양교통안전공단이 선임한 선박운항관리자로부터 안전운항에 필요한 지도·감독을 받아야 한다.

03 해상화물운송사업

1 사업의 종류

(1) 내항 화물운송사업
국내항과 국내항 사이에서 운항하는 해상화물운송사업

(2) 외항 정기 화물운송사업
국내항과 외국항 사이 또는 외국항과 외국항 사이에서 정하여진 항로에 선박을 취항하게 하여 일정한 일정표에 따라 운항하는 해상화물운송사업

(3) 외항 부정기 화물운송사업
위 (1), (2) 외의 해상화물운송사업

2 사업의 등록

(1) 등록

① 해상화물운송사업을 경영하려는 자는 해양수산부장관에게 등록하여야 한다.
② 외항 정기 화물운송사업이나 외항 부정기 화물운송사업(이하 "외항화물운송사업"이라 한다)을 경영하려는 자는 해양수산부장관에게 등록하여야 한다.
  ※ 해운중개업, 해운대리점업, 선박대여업, 선박관리업 : 해양수산부장관 등록

(2) 사업등록의 특례

① **등록하지 아니하고 운송** : 외항 정기 화물운송사업의 등록을 한 자는 내항 화물운송사업의 등록을 하지 아니하고 다음의 화물을 운송할 수 있다.

> ㉠ 국내항과 국내항 사이에서 운송하는 빈 컨테이너나 수출입 컨테이너화물(내국인 사이에 거래되는 컨테이너화물은 제외)
> ㉡ 외국항 간에 운송되는 과정에서 항만구역 중 수상구역으로 동일 수상구역 내의 국내항과 국내항 사이에서 환적의 목적으로 운송되는 컨테이너 화물(다른 국내항을 경유하는 경우는 제외)

② **일시적 운송 신고** : 다음의 경우 미리 신고하는 것으로 등록을 갈음한다.

> ㉠ 내항 화물운송사업의 등록을 한 자가 일시적으로 국내항과 외국항 사이 또는 외국항과 외국항 사이에서 화물 운송
> ㉡ 외항 부정기 화물운송사업의 등록을 한 자가 일시적으로 국내항과 국내항 사이에서 화물 운송

(3) 등록의 취소 등

① 해양수산부장관은 내항 화물운송사업을 경영하는 자의 사업 수행실적이 계속하여 2년 이상 없는 경우 그 등록을 취소하여야 한다.
② 등록이 취소된 후 1년이 지나지 아니한 자는 내항 화물운송사업 등록을 할 수 없다.

3 화물운송의 계약 등

(1) 화물운송의 계약

① 외항정기화물운송사업자 등과 화주는 화물운송거래를 위한 입찰을 하거나 계약을 체결하는 경우에는 공정하고 투명하게 하여야 한다.
② 장기운송계약(3개월 이상)을 체결하는 경우 포함사항
> ㉠ 운임 및 요금의 우대조건
> ㉡ 최소 운송물량의 보장
> ㉢ 유류비 등 원재료 가격 상승에 따른 운임 및 요금의 협의
> ㉣ 그 밖에 산업통상자원부, 국토교통부, 공정거래위원회 등 관계 중앙행정기관과 협의하여 대통령령으로 정하는 내용

(2) 사업개선 명령

해양수산부장관은 해상화물운송사업을 경영하는 자에게 다음의 사항을 명할 수 있다.
① 사업계획의 변경
② 선원 또는 항로에 위치한 어민 등 해당 선박의 운항에 관련되는 자를 보호하기 위한 조치
③ 선박의 안전항해를 위하여 필요한 사항
④ 해운에 관한 국제협약의 이행을 위하여 필요한 사항
⑤ 해상보험 가입

CHAPTER 6 실전예상문제

01 다음 중 해운법상 해운업에 해당하지 않는 것은?

① 선박대여업
② 해운중개업
③ 해상화물운송사업
④ 항만운송관련사업

해설 ④ 해운업은 해상여객운송사업, 해상화물운송사업, 해운중개업, 해운대리점업, 선박대여업 및 선박관리업을 말한다.

02 다음 중 해운법상 해상여객운송사업면허의 결격사유에 해당하지 않는 것은?

① 미성년자
② 피성년후견인
③ 파산선고를 받은 자로서 복권된 자
④ 해상여객운송사업 면허가 취소된 후 1년이 경과한 자

해설 ③ 파산선고를 받은 자로서 복권되지 아니한 자이다.
[결격사유]
① 미성년자, 피성년후견인, 피한정후견인
② 파산선고를 받은 자로서 복권되지 아니한 자
③ 해상여객운송사업면허가 취소된 자
④ 해운법 등 관계 법률을 위반하여 금고 이상의 실형을 선고받고 집행이 끝나거나 집행이 면제된 날부터 2년이 지나지 아니한 자
⑤ 해운법 등 관계 법률을 위반하여 금고 이상 형의 집행유예를 선고받고 유예기간 중에 있는 자
⑥ 해상여객운송사업면허가 취소된 후 2년이 지나지 아니한 자
⑦ 대표자가 위의 규정 중 어느 하나에 해당하게 된 법인

03 해운법상 해상여객운송사업의 종류에 대한 다음 설명에 해당하는 사업은?

> 해당 선박 안에 숙박시설, 식음료시설, 위락시설 등 편의시설을 갖춘 총톤수 2천 톤 이상의 여객선을 이용하여 관광을 목적으로 해상을 순회하여 운항(국내외의 관광지에 기항하는 경우 포함)하는 해상여객운송사업

① 내항 정기 여객운송사업
② 순항 여객운송사업
③ 복합 해상여객운송사업
④ 외항 부정기 여객운송사업

해설 ② 순항 여객운송사업에 대한 설명이다.
① 내항 정기 여객운송사업은 국내항과 국내항 사이를 일정한 항로와 일정표에 따라 운항하는 해상여객운송사업이다.
③ 복합 해상여객운송사업은 해상여객사업과 순항 여객운송사업을 함께 수행하는 해상여객운송사업이다.
④ 외항 부정기 여객운송사업은 국내항과 외국항 사이 또는 외국항과 외국항 사이를 일정한 항로와 일정표에 따르지 아니하고 운항하는 해상여객운송사업이다.

정답 01. ④ 02. ③ 03. ②

04 해운법상 해상여객운송사업 중 항로와 관계없이 해양수산부 장관의 면허를 받을 수 있는 사업에 해당하지 않는 것은?

① 내항 부정기 여객운송사업
② 외항 부정기 여객운송사업
③ 순항 여객운송사업
④ 내항 부정기 여객운송사업과 순항 여객운송사업을 함께 수행하는 복합 해상여객운송사업

해설 ① 내항 부정기 여객운송사업 항로마다 해양수산부 장관의 면허를 받아야 하며, 둘 이상의 항로를 포함하여 면허를 받을 수 있다.
②③④ 외항 부정기 여객운송사업, 순항 여객운송사업 및 복합 해상여객운송사업(내항부정기 또는 외항부정기와 순항여객운송사업을 함께 수행하는 경우만으로 한정한다)의 경우에는 항로와 관계없이 면허를 받을 수 있다.

05 다음 중 해운법상 내항 화물운송사업 등록을 할 수 없는 경우는 등록이 취소된 후 몇 년이 지나지 아니한 자인가?

① 1년   ② 2년
③ 3년   ④ 5년

해설 ① 등록이 취소된 후 1년이 지나지 아니한 자는 내항 화물운송사업 등록을 할 수 없다.

06 다음 중 해운법상 해양수산부장관의 여객운송사업자에 대한 여객선의 운항명령의 사유에 해당하지 않는 것은?

① 선령 20년 이상인 선박을 다른 선박으로 대체운항이 필요한 경우
② 보조항로사업자가 없게 된 경우
③ 운항 여객선 주변 해역에서 재해 등 긴급한 상황이 발생한 경우
④ 여객선이 운항되지 아니하는 도서주민의 해상교통로 확보를 위하여 그 주변을 운항하는 여객선으로 하여금 해당 도서를 경유하여 운항하게 할 필요가 있는 경우

해설 ① 해양수산부장관은 다음의 어느 하나에 해당하는 경우에는 일정한 기간을 정하여 여객운송사업자에게 여객선의 운항을 명할 수 있다(제16조).

1. 선정된 보조항로사업자가 없게 된 경우
2. 운항 여객선 주변 해역에서 재해 등 긴급한 상황이 발생한 경우
3. 여객선이 운항되지 아니하는 도서주민의 해상교통로 확보를 위하여 그 주변을 운항하는 여객선으로 하여금 해당 도서를 경유하여 운항하게 할 필요가 있는 경우

04. ① 05. ① 06. ①

CHAPTER 7 해사안전기본법 및 해상교통안전법

제1과목 선박관계법규

[시행 2025. 7. 26.]

01 총칙

1 목적

(1) 해사안전기본법

해사안전 정책과 제도에 관한 기본적 사항을 규정함으로써 해양사고의 방지 및 원활한 교통을 확보하고 국민의 생명·신체 및 재산의 보호에 이바지함을 목적으로 한다.

(2) 해상교통안전법

수역 안전관리, 해상교통 안전관리, 선박·사업장의 안전관리 및 선박의 항법 등 선박의 안전운항을 위한 안전관리체계에 관한 사항을 규정함으로써 선박항행과 관련된 모든 위험과 장해를 제거하고 해사안전 증진과 선박의 원활한 교통에 이바지함을 목적으로 한다.

2 용어 정의

(1) 해사안전관리

선원·선박소유자 등 인적 요인, 선박·화물 등 물적 요인, 해상교통체계·교통시설 등 환경적 요인, 국제협약·안전제도 등 제도적 요인을 종합적·체계적으로 관리함으로써 선박의 운용과 관련된 모든 일에서 발생할 수 있는 사고로부터 사람의 생명·신체 및 재산의 안전을 확보하기 위한 모든 활동을 말한다.

(2) 선박

물에서 항행수단으로 사용하거나 사용할 수 있는 모든 종류의 배로 수상항공기(물 위에서 이동할 수 있는 항공기)와 수면비행선박(표면효과 작용을 이용하여 수면 가까이 비행하는 선박)을 포함한다.

대한민국 선박	선박법에 따른 선박 : 국유 또는 공유의 선박, 대한민국 국민이 소유하는 선박 등
위험화물 운반선	선체의 한 부분인 화물창이나 선체에 고정된 탱크 등에 화약류, 인화성가스 등 위험물을 싣고 운반하는 선박
거대선	길이 200미터 이상의 선박
고속여객선	시속 15노트 이상으로 항행하는 여객선
동력선	기관을 사용하여 추진하는 선박(다만, 돛을 설치한 선박이라도 주로 기관을 사용하여 추진하는 경우에는 동력선으로 본다.)
범선	돛을 사용하여 추진하는 선박(다만, 기관을 설치한 선박이라도 주로 돛을 사용하여 추진하는 경우에는 범선으로 본다.)
어로에 종사하고 있는 선박	그물, 낚싯줄, 트롤망, 그 밖에 조종성능을 제한하는 어구를 사용하여 어로 작업을 하고 있는 선박
조종불능선	선박의 조종성능을 제한하는 고장이나 그 밖의 사유로 조종을 할 수 없게 되어 다른 선박의 진로를 피할 수 없는 선박
조종제한선	다음의 작업과 그 밖에 선박의 조종성능을 제한하는 작업에 종사하고 있어 다른 선박의 진로를 피할 수 없는 선박 ① 항로표지, 해저전선 또는 해저파이프라인의 부설·보수·인양 작업 ② 준설·측량 또는 수중 작업 ③ 항행 중 보급, 사람 또는 화물의 이송 작업 ④ 항공기의 발착작업 ⑤ 기뢰제거작업 ⑥ 진로에서 벗어날 수 있는 능력에 제한을 많이 받는 예인작업
흘수제약선	가항수역의 수심 및 폭과 선박의 흘수와의 관계에 비추어 볼 때 그 진로에서 벗어날 수 있는 능력이 매우 제한되어 있는 동력선

(3) 해양시설

자원의 탐사·개발, 해양과학조사, 선박의 계류·수리·하역, 해상주거·관광·레저 등의 목적으로 해저에 고착된 교량·터널·케이블·인공섬·시설물이거나 해상부유 구조물(선박은 제외)

(4) 해상교통망

선박의 운항상 안전을 확보하고 원활한 운항흐름을 위하여 해양수산부장관이 영해 및 내수에 설정하는 각종 항로, 각종 수역 등의 해양공간과 이에 설치되는 해양교통시설의 결합체

(5) 해사안전산업

해양사고의 조사 및 심판에 관한 법률 제2조에 따른 해양사고로부터 사람의 생명·신체·재산을 보호하기 위한 기술·장비·시설·제품 등을 개발·생산·유통하거나 관련 서비스를 제공하는 산업

(6) 해사 사이버안전

사이버공격으로부터 선박운항시스템을 보호함으로써 선박운항시스템과 정보의 기밀성·무결성·가용성 등 안전성을 유지하는 상태

(7) 해상교통안전진단

해상교통안전에 영향을 미치는 다음의 안전진단대상사업으로 발생할 수 있는 항행안전 위험 요인을 전문적으로 조사·측정하고 평가하는 것을 말한다.
① 항로 또는 정박지의 지정·고시 또는 변경
② 선박의 통항을 금지하거나 제한하는 수역의 설정 또는 변경
③ 수역에 설치되는 교량·터널·케이블 등 시설물의 건설·부설 또는 보수
④ 항만 또는 부두의 개발·재개발
⑤ 그 밖에 해상교통안전에 영향을 미치는 사업으로서 대통령령으로 정하는 사업

(8) 항행장애물

선박으로부터 떨어진 물건, 침몰·좌초된 선박 또는 이로부터 유실된 물건 등으로서 선박항행에 장애가 되는 물건

(9) 제한된 시계

안개·연기·눈·비·모래바람 및 이와 비슷한 사유로 시계가 제한되어 있는 상태

(10) 항로지정제도

선박이 통항하는 항로, 속력 및 그 밖에 선박 운항에 관한 사항을 지정하는 제도

(11) 통항분리제도

선박의 충돌을 방지하기 위하여 통항로를 설정하거나 그 밖의 적절한 방법으로 한쪽 방향으로만 항행할 수 있도록 항로를 분리하는 제도

(12) 통항로

선박의 항행안전을 확보하기 위하여 한쪽 방향으로만 항행할 수 있도록 되어 있는 일정한 범위의 수역

(13) 분리선(분리대)

서로 다른 방향으로 진행하는 통항로를 나누는 선 또는 일정한 폭의 수역

(14) 연안통항대

통항분리수역의 육지 쪽 경계선과 해안 사이의 수역

(15) 항행 중

선박이 정박, 계류시설에 매어 놓은 상태, 얹혀 있는 상태에 해당하지 아니하는 상태

(16) 길이

선체에 고정된 돌출물을 포함하여 선수의 끝단부터 선미의 끝단 사이의 최대 수평거리

(17) 폭

선박 길이의 횡방향 외판의 외면으로부터 반대쪽 외판의 외면 사이의 최대 수평거리

(18) 예인선열

선박이 다른 선박을 끌거나 밀어 항행할 때의 선단 전체

(19) 대수속력

선박의 물에 대한 속력으로서 자기 선박 또는 다른 선박의 추진장치의 작용이나 그로 인한 선박의 타력에 의하여 생기는 것

3 적용범위

(1) 물적 적용대상

① 대한민국의 영해, 내수(해상항행선박이 항행을 계속할 수 없는 하천·호수·늪 등은 제외)에 있는 선박이나 해양시설

> 다음의 외국선박은 이 법의 일부 적용
> ㉠ 대한민국의 항과 항 사이만을 항행하는 선박
> ㉡ 국적의 취득을 조건으로 하여 선체용선으로 차용한 선박

② 대한민국의 영해 및 내수를 제외한 해역에 있는 대한민국 선박
③ 대한민국의 배타적경제수역에서 항행장애물을 발생시킨 선박
④ 대한민국의 배타적경제수역 또는 대륙붕에 있는 해양시설

(2) 인적 적용대상

선박소유자나 해양시설의 소유자에 관한 규정은 다음의 자에게도 적용한다.
① **선박을 공유하는 경우 선박관리인 임명시** : 선박관리인에게 적용
② **선박을 임차하였을 때** : 선박임차인에게 적용
③ **선장에 관한 규정** : 선장을 대신하여 직무를 수행하는 자에게도 적용
④ **해양시설을 임대차한 경우** : 임차인에게 적용

02 해사안전관리계획

1 국가해사안전기본계획 및 시행계획

(1) 국가해사안전기본계획
해양수산부장관은 해사안전 증진을 위한 국가해사안전기본계획을 5년 단위로 수립하여야 한다. 다만, 기본계획 중 항행환경개선에 관한 계획은 10년 단위로 수립할 수 있다.

(2) 해사안전시행계획
해양수산부장관은 기본계획을 시행하기 위하여 매년 해사안전시행계획을 수립·시행하여야 한다.

(3) 해사안전실태조사
해양수산부장관은 기본계획과 시행계획을 효율적으로 수립·시행하기 위하여 5년마다 해사안전관리에 관한 각종 실태를 조사하여야 한다.

2 국제협약 이행 기본계획 및 점검계획

(1) 국제해사기구의 국제협약 이행 기본계획
해양수산부장관은 국제해사기구의 국제협약을 이행하기 위한 계획(이행계획)을 7년마다 수립하여야 한다.

(2) 점검계획
해양수산부장관은 이행계획을 시행하기 위하여 매년 점검계획을 수립하여야 한다.

03 수역 안전관리

1 보호수역 설정 및 관리

(1) 보호수역의 설정 및 입역허가
① 해양수산부장관은 해양시설 부근 해역에서 선박의 안전항행과 해양시설의 보호를 위한 수역을 설정할 수 있다.

② 누구든지 보호수역에 입역하기 위하여는 해양수산부장관의 허가를 받아야 하며, 해양수산부장관은 해양시설의 안전 확보에 지장이 없다고 인정하거나 공익상 필요하다고 인정하는 경우 보호수역의 입역을 허가할 수 있다.

(2) 입역허가 예외

다음의 경우 해양수산부장관의 허가를 받지 아니하고 보호수역에 입역할 수 있다.
① 선박의 고장이나 그 밖의 사유로 선박 조종이 불가능한 경우
② 해양사고를 피하기 위하여 부득이한 사유가 있는 경우
③ 인명을 구조하거나 또는 급박한 위험이 있는 선박을 구조하는 경우
④ 관계 행정기관의 장이 해상에서 안전확보를 위한 업무를 하는 경우
⑤ 해양시설을 운영하거나 관리하는 기관이 보호수역에 들어가려고 하는 경우

2 교통안전특정해역 등의 설정 및 관리

(1) 교통안전특정해역의 설정 등

① 해양수산부장관은 다음의 해역에 설정할 수 있다.
  ㉠ 해상교통량이 아주 많은 해역
  ㉡ 거대선, 위험화물운반선, 고속여객선 등의 통항이 잦은 해역
② 해양수산부장관은 관계 행정기관의 장의 의견을 들어 교통안전특정해역 안에서의 항로지정제도를 시행할 수 있다.

(2) 거대선 등의 항행안전확보 조치

해양경찰서장은 거대선, 위험화물운반선, 고속여객선 등의 선박이 교통안전특정해역을 항행하려는 경우 항행안전을 확보하기 위하여 필요하다고 인정하면 선장이나 선박소유자에게 다음의 사항을 명할 수 있다.
① 통항시각의 변경
② 항로의 변경
③ 제한된 시계의 경우 선박의 항행 제한
④ 속력의 제한
⑤ 안내선의 사용
⑥ 그 밖에 해양수산부령으로 정하는 사항

(3) 어업, 공사 등의 제한 등

① 교통안전특정해역에서는 어망 또는 그 밖에 선박의 통항에 영향을 주는 어구 등을 설치하거나 양식업을 하여서는 아니 된다.
② 교통안전특정해역에서 해저전선이나 해저파이프라인의 부설, 준설, 측량, 침몰선 인양작업 또는 그 밖에 선박의 항행에 지장을 줄 우려가 있는 공사나 작업을 하려는 자는 해양경찰청장의 허가를 받아야 한다.

3 유조선통항 금지해역 등

(1) 유조선의 통항제한

① **통항제한 대상 유조선**
  ㉠ 원유, 중유, 경유 또는 이에 준하는 탄화수소유, 가짜석유제품, 석유대체연료 중 원유·중유·경유에 준하는 것으로 기름 1천 500킬로리터 이상을 화물로 싣고 운반하는 선박
  ㉡ 유해액체물질을 1천 500톤 이상 싣고 운반하는 선박

② **예외** : 다음의 유조선은 유조선통항금지해역에서 항행할 수 있다.
  ㉠ 기상상황의 악화로 선박의 안전에 현저한 위험이 발생할 우려가 있는 경우
  ㉡ 인명이나 선박을 구조하여야 하는 경우
  ㉢ 응급환자가 생긴 경우
  ㉣ 항만을 입항·출항하는 경우(바깥쪽 해역에서부터 항구까지의 거리가 가장 가까운 항로를 이용하여 입항·출항)

(2) 시운전금지해역

① **시운전** : 조선소 등에서 선박을 건조·개조·수리 후 인도 전까지 또는 건조·개조·수리 중 시험운전하는 것
② **시운전 금지대상 선박** : 시운전금지해역에서 길이 100미터 이상의 선박
③ **금지되는 시운전**
  ㉠ 선박의 선회권 등 선회 성능을 확인하기 위한 시운전
  ㉡ 선박의 침로를 좌우로 바꾸며 지그재그로 항해하는 등 선박의 운항 성능을 확인하기 위한 시운전
  ㉢ 전속력 또는 후진으로 항해하거나 급정지하는 등 선박의 기관 성능을 확인하기 위한 시운전
  ㉣ 비상 조타 기능 등 선박의 조타 성능을 확인하기 위한 시운전
  ㉤ 그 밖에 선박의 침로나 속력의 급격한 변경 등으로 인하여 다른 선박의 항행안전을 저해할 우려가 있는 시운전

04 해상교통 안전관리

1 해상교통안전진단

(1) 해상교통안전진단 절차

① 해양수산부장관은 안전진단대상사업자(국가기관의 장, 지방자치단체의 장 제외)에게 해상교통안전진단을 실시하도록 하여야 한다.

② 사업자는 안전진단대상사업에 대하여 허가 등을 받으려는 경우 해상교통안전진단의 결과(안전진단서)를 처분기관의 장에게 제출하여야 한다.
③ 안전진단서를 제출받은 처분기관은 허가 등을 하기 전에 사업자로부터 이를 제출받은 날부터 10일 이내에 해양수산부장관에게 제출하여야 한다.
④ 해양수산부장관은 처분기관으로부터 안전진단서를 제출받은 날부터 45일 이내에 안전진단서를 검토한 후 검토의견을 처분기관에 통보하여야 한다.
⑤ 처분기관은 해양수산부장관으로부터 검토의견을 통보받은 날부터 10일 이내에 이를 사업자에게 통보하여야 한다.

(2) 안전진단대상사업의 범위
① 항로 또는 정박지의 지정·고시·변경
② 선박의 통항을 금지, 제한하는 수역의 설정·변경
③ 수역에 설치되는 교량·터널 등 시설물의 건설·부설 또는 보수
④ 항만 또는 부두의 개발·재개발
⑤ **기타 사업** : 최고속력 60노트 이상의 선박을 투입하여 해상여객운송사업, 해상화물운송사업을 하려는 경우

(3) 안전진단서 제출이 면제되는 사업
① 선박통항안전, 재난대비 또는 복구를 위하여 긴급히 시행하여야 하는 사업
② 그 밖에 선박의 통항에 미치는 영향이 적은 사업으로 해양수산부장관이 정하여 고시하는 사업

2 항행장애물의 처리

(1) 항행장애물의 보고
① 다음의 항행장애물을 발생시킨 항행장애물제거책임자(선장, 선박소유자 또는 운항자)는 해양수산부장관에게 지체 없이 항행장애물의 위치와 위험성 등을 보고하여야 한다.

> ㉠ 떠다니거나 침몰하여 다른 선박의 안전운항 및 해상교통질서에 지장을 주는 항행장애물
> ㉡ 수역 등에 있는 시설 및 다른 선박 등과 접촉할 위험이 있는 항행장애물

② 대한민국선박이 외국의 배타적경제수역에서 항행장애물을 발생시켰을 경우 항행장애물제거책임자는 그 해역을 관할하는 외국 정부에 지체 없이 보고하여야 한다.

(2) 항행장애물 표시 등
① 항행장애물제거책임자는 항행장애물이 다른 선박의 항행안전을 저해할 우려가 있는 경우에는 지체 없이 항행장애물에 위험성을 나타내는 표시를 하거나 다른 선박에게 알리기 위한 조치를 하여야 한다.
② 해양수산부장관은 항행장애물제거책임자에게 표시나 조치를 하도록 명할 수 있고, 불이행시 직접 항행장애물에 표시할 수 있다.

(3) 항행장애물 제거
① 항행장애물제거책임자는 항행장애물을 제거하여야 한다.
② 해양수산부장관은 항행장애물제거책임자에게 항행장애물을 제거하도록 명할 수 있고, 불이행시 직접 항행장애물을 제거할 수 있다.

3 항해 안전관리

(1) 항로의 지정
해양수산부장관은 선박이 통항하는 수역의 지형·조류, 그 밖에 자연적 조건 또는 선박 교통량 등으로 해양사고가 일어날 우려가 있다고 인정하면 관계 행정기관의 장의 의견을 들어 그 수역의 범위, 선박의 항로 및 속력 등 선박의 항행안전에 필요한 사항을 고시할 수 있다.

(2) 항로 등의 보전
① **항로에서의 금지행위** : 선박의 방치, 어망 등 어구의 설치나 투기
② **항만수역, 어항수역 등 금지행위** : 해상교통의 안전에 장애가 되는 스킨다이빙, 스쿠버다이빙, 윈드서핑 등

> 💡 **예외적 가능**
> ㉠ 해상교통안전에 장애가 되지 아니하여 해양경찰서장의 허가를 받은 경우
> ㉡ 신고한 체육시설업과 관련된 해상에서 행위를 하는 경우

③ 해양경찰서장은 선박의 방치, 어망 등 어구의 설치나 투기 등 금지행위를 위반한 자에게 방치된 선박의 이동·인양 또는 어망 등 어구의 제거를 명할 수 있다.

(3) 수역 등 및 항로의 안전 확보
① 누구든지 수역 등 또는 수역 등의 밖으로부터 10킬로미터 이내의 수역에서 선박 등을 이용하여 수역 등이나 항로를 점거하거나 차단하는 행위를 함으로써 선박 통항을 방해하여서는 아니 된다.
② 해양경찰서장은 선박 통항을 방해한 자 또는 방해할 우려가 있는 자에게 일정한 시간 내에 스스로 해산할 것을 요청하고, 이에 따르지 아니하면 해산을 명할 수 있다.
③ 해산명령을 받은 자는 지체 없이 물러가야 한다.

(4) 항행보조시설의 설치와 관리
① 해양수산부장관은 선박의 항행안전에 필요한 항로표지·신호·조명 등 항행보조시설을 설치하고 관리·운영하여야 한다.
② 해양경찰청장, 지방자치단체의 장 또는 운항자는 다음의 수역에 항로표지를 설치할 필요가 있다고 인정하면 해양수산부장관에게 그 설치를 요청할 수 있다.
㉠ 선박교통량이 아주 많은 수역
㉡ 항행상 위험한 수역

(5) 외국선박의 통항

① 외국선박은 해양수산부장관의 허가를 받지 아니하고는 대한민국의 내수에서 통항할 수 없다.
② 직선기선에 따라 내수에 포함된 해역에서는 정박·정류·계류 또는 배회함이 없이 계속적이고 신속하게 통항할 수 있다. 다만, 다음의 경우에는 그러하지 아니하다.
  ㉠ 불가항력이나 조난으로 인하여 필요한 경우
  ㉡ 위험하거나 조난상태에 있는 인명·선박·항공기를 구조하기 위한 경우
  ㉢ 그 밖에 대한민국 항만에의 입항 등 해양수산부령으로 정하는 경우

(6) 특정선박에 대한 안전조치

① 대한민국의 영해 또는 내수를 통항하는 외국선박 중 특정선박(핵추진선박, 핵물질 등 위험화물운반선)은 관련 국제협약에서 정하는 문서를 휴대하거나 특별예방조치를 준수하여야 한다.
② 해양수산부장관은 특정선박에 의한 해양오염 방지, 경감 및 통제를 위하여 필요하면 통항로를 지정하는 등 안전조치를 명할 수 있다.

(7) 선박위치정보의 공개 제한 등

① 항해자료기록장치 등 전자적 수단으로 선박의 항적 등을 기록한 정보(선박위치정보)를 보유한 자는 다음의 경우를 제외하고는 선박위치정보를 공개하여서는 아니 된다.
  ㉠ 선박위치정보의 보유권자가 그 보유 목적에 따라 사용하려는 경우
  ㉡ 조사관 등이 해양사고의 원인을 조사하기 위하여 요청하는 경우
  ㉢ 긴급구조기관이 급박한 위험에 처한 선박 또는 승선자를 구조하기 위하여 요청하는 경우
  ㉣ 중앙행정기관의 장 또는 공공기관의 장이 항만시설의 보안, 여객선의 안전운항 관리, 통합방위작전의 수행 또는 관세의 부과·징수 등에 관한 소관 업무를 수행하기 위하여 요청하는 경우
  ㉤ 선박소유자의 동의를 받은 경우
  ㉥ 6개월 이상의 기간이 지난 선박위치정보로서 해양수산부령으로 정하는 경우
② 직무상 선박위치정보를 알게 된 선박소유자, 선장 및 해원 등은 선박위치정보를 누설·변조·훼손하여서는 아니 된다.

(8) 술에 취한 상태에서의 조타기 조작 등 금지

① 술에 취한 상태에 있는 사람은 운항을 하기 위하여 선박[총톤수 5톤 미만의 선박과 외국선박 및 시운전선박 포함]의 조타기를 조작하거나 조작할 것을 지시하는 행위 또는 도선을 하여서는 아니 된다.
② 해양경찰청 소속 경찰공무원은 다음의 경우에는 운항자 또는 도선사가 술에 취하였는지 측정할 수 있으며, 해당 운항자 또는 도선사는 해양경찰청 소속 경찰공무원의 측정 요구에 따라야 한다. 다만, ㉢에 해당하는 경우에는 반드시 술에 취하였는지를 측정하여야 한다.
  ㉠ 다른 선박의 안전운항을 해치거나 해칠 우려가 있는 등 해상교통의 안전과 위험방지를 위하여 필요하다고 인정되는 경우
  ㉡ 술에 취한 상태에서 조타기를 조작하거나 조작할 것을 지시하였거나 도선을 하였다고 인정할 만한 충분한 이유가 있는 경우
  ㉢ 해양사고가 발생한 경우
③ 술에 취하였는지를 측정한 결과에 불복하는 사람에 대하여는 해당 운항자 또는 도선사의 동의를 받아 혈액채취 등의 방법으로 다시 측정할 수 있다.
④ 술에 취한 상태의 기준은 혈중알코올농도 0.03퍼센트 이상으로 한다.

(9) 약물복용 등의 상태에서 조타기 조작 등 금지

약물(마약류)·환각물질의 영향으로 인하여 정상적으로 다음의 행위를 하지 못할 우려가 있는 상태에서는 해당 행위를 하여서는 아니 된다.
① 선박의 조타기를 조작하거나 조작할 것을 지시하는 행위
② 선박의 도선

(10) 위험방지를 위한 조치

해양경찰서장은 운항자 또는 도선사가 정상적으로 조타기를 조작하거나 조작할 것을 지시할 수 있는 상태가 될 때까지 조타기 조작 또는 조작 지시를 하지 못하게 명령하거나 도선을 하지 못하게 명령하는 등 필요한 조치를 취할 수 있다.

(11) 해기사 면허의 취소·정지 요청

해양경찰청장은 해기사 면허를 받은 자가 다음에 해당하는 경우 해양수산부장관에게 해당 해기사 면허를 취소하거나 1년의 범위에서 해기사 면허의 효력을 정지할 것을 요청할 수 있다.
① 술에 취한 상태에서 운항을 하기 위하여 조타기를 조작하거나 그 조작을 지시한 경우
② 술에 취한 상태에서 조타기를 조작하거나 조작할 것을 지시하였다고 인정할 만한 상당한 이유가 있음에도 불구하고 해양경찰청 소속 경찰공무원의 측정 요구에 따르지 아니한 경우
③ 약물·환각물질의 영향으로 인하여 정상적으로 조타기를 조작하거나 그 조작을 지시하지 못할 우려가 있는 상태에서 조타기를 조작하거나 그 조작을 지시한 경우

05 선박 및 사업장의 안전관리

1 선박의 안전관리체제

(1) 안전관리체제 수립대상

다음에 해당하는 선박(해저자원을 채취·탐사 또는 발굴하는 작업에 종사하는 이동식 해상구조물 포함)을 운항하는 선박소유자는 안전관리체제를 수립하고 시행하여야 한다. 다만, 해운법상 운항관리규정을 작성하여 해양수산부장관으로부터 심사를 받고 시행하는 경우에는 안전관리체제를 수립하여 시행하는 것으로 본다.
① 해상여객운송사업에 종사하는 선박
② 해상화물운송사업에 종사하는 선박으로서 총톤수 500톤 이상의 선박[기선과 밀착된 상태로 결합된 부선을 포함]
③ 국제항해에 종사하는 총톤수 500톤 이상의 어획물운반선과 이동식 해상구조물
④ 수면비행선박
⑤ 그 밖에 대통령령으로 정하는 선박

(2) 안전관리체제 포함사항

① 해상에서의 안전과 환경보호에 관한 기본방침
② 선박소유자의 책임과 권한에 관한 사항
③ 안전관리책임자와 안전관리자의 임무에 관한 사항
④ 선장의 책임과 권한에 관한 사항
⑤ 인력의 배치와 운영에 관한 사항
⑥ 선박의 안전관리체제 수립에 관한 사항
⑦ 선박충돌사고 등 발생 시 비상대책의 수립에 관한 사항
⑧ 사고, 위험 상황 및 안전관리체제의 결함에 관한 보고와 분석에 관한 사항
⑨ 선박의 정비에 관한 사항
⑩ 안전관리체제와 관련된 지침서 등 문서 및 자료 관리에 관한 사항
⑪ 안전관리체제에 대한 선박소유자의 확인·검토 및 평가에 관한 사항

(3) 선박소유자의 안전관리책임자 선임의무

① 안전관리체제를 수립·시행하여야 하는 선박소유자는 선박 및 사업장의 안전관리 업무를 수행하게 하기 위하여 안전관리책임자와 안전관리자를 선임하여야 한다.
② 안전관리책임자와 안전관리자는 선박안전관리사 자격을 가진 사람 중에서 선임하여야 한다.
③ 안전관리책임자 및 안전관리자의 해임, 퇴직하는 경우에는 즉시 변경선임하여야 한다.
④ 선박소유자는 안전관리책임자 및 안전관리자를 선임 또는 변경선임한 때에는 그 사실이 발생한 날부터 10일 이내에 해양수산부장관에게 신고하여야 한다.

2 인증심사

(1) 의의

선박소유자는 안전관리체제를 수립·시행하여야 하는 선박이나 사업장에 대하여 해양수산부장관으로부터 안전관리체제에 대한 인증심사를 받아야 한다.

(2) 종류

① **최초인증심사** : 안전관리체제의 수립·시행에 관한 사항을 확인하기 위하여 처음으로 하는 심사
② **갱신인증심사** : 선박안전관리증서 또는 안전관리적합증서의 유효기간이 만료되기 전에 해양수산부령으로 정하는 시기에 행하는 심사
③ **중간인증심사** : 최초인증심사와 갱신인증심사 사이 또는 갱신인증심사와 갱신인증심사 사이에 해양수산부령으로 정하는 시기에 행하는 심사
④ **임시인증심사** : 최초인증심사를 받기 전 임시로 선박을 운항하기 위한 다음의 심사
　㉠ 새로운 종류의 선박을 추가하거나 신설한 사업장
　㉡ 개조 등으로 선종이 변경되거나 신규로 도입한 선박
⑤ **수시인증심사** : 위의 인증심사 외에 선박의 해양사고 및 외국항에서의 항행정지 예방 등을 위하여 하는 심사

(3) 불합격시 항행금지

선박소유자는 인증심사에 합격하지 아니한 선박을 항행에 사용하여서는 아니 된다. 다만, 다음의 경우에는 그러하지 아니하다.
① 선박의 검사를 받기 위하여 해당 항만 또는 인근 해역에서 시운전을 하는 경우(수면비행선박은 제외)
② 선박의 형식승인을 받기 위하여 해당 항만 또는 인근 해역에서 시운전을 하는 경우(수면비행선박은 제외)
③ 국제항해에 종사하지 않는 선박의 수리를 위하여 국제항해를 왕복하는 경우. 이 경우 왕복 횟수는 1회로 한정한다.
④ 외국에서 선박을 구입하여 국내(국내항으로 입항 전 수리·검사 등을 위하여 외국항으로 항해하는 경우를 포함)로 국제항해를 하는 경우
⑤ 그 밖에 천재지변 등 해양수산부장관이 정하여 고시하는 불가피한 사유로 인증심사를 받을 수 없는 경우

3 선박안전관리증서 등

(1) 증서의 발급
① 해양수산부장관은 최초인증심사나 갱신인증심사에 합격하면 그 선박에 대하여는 선박안전관리증서를 내주고, 사업장에 대하여는 안전관리적합증서를 내주어야 한다.
② 해양수산부장관은 임시인증심사에 합격하면 그 선박에 대하여는 임시선박안전관리증서를 내주고, 사업장에 대하여는 임시안전관리적합증서를 내주어야 한다.

(2) 증서의 비치의무
① **선박** : 선박안전관리증서나 임시선박안전관리증서의 원본과 안전관리적합증서나 임시안전관리적합증서의 사본을 갖추어 두어야 한다.
② **사업장** : 안전관리적합증서나 임시안전관리적합증서의 원본을 갖추어 두어야 한다.

(3) 증서의 유효기간
① 선박안전관리증서와 안전관리적합증서의 유효기간은 각각 5년으로 하고, 임시안전관리적합증서의 유효기간은 1년, 임시선박안전관리증서의 유효기간은 6개월로 한다.
② 선박안전관리증서는 5개월의 범위에서, 임시선박안전관리증서는 6개월의 범위에서 유효기간을 연장할 수 있다.

(4) 효력정지
① 해양수산부장관은 선박소유자가 중간인증심사 또는 수시인증심사에 합격하지 못하면 그 인증심사에 합격할 때까지 선박안전관리증서 또는 안전관리적합증서의 효력을 정지하여야 한다.
② 안전관리적합증서의 효력이 정지된 경우에는 해당 사업장에 속한 모든 선박의 선박안전관리증서의 효력도 정지된다.

4 선박 점검 및 사업장 안전관리

(1) 항만국통제
① 해양수산부장관은 대한민국의 영해에 있는 외국선박 중 대한민국의 항만에 입항하였거나 입항할 예정인 선박에 대하여 선박의 안전관리체제, 선박의 구조·시설, 선원의 선박운항지식 등이 국제협약의 기준에 맞는지를 확인할 수 있다.
② 항행정지 명령 등 조치
  ㉠ 외국선박의 안전관리체제, 선박의 구조·시설, 선원의 선박운항지식 등이 국제협약의 기준에 미치지 못하는 경우
  ㉡ 항행을 계속하는 것이 인명이나 재산에 위험을 불러일으키거나 해양환경 보전에 장해를 미칠 우려가 있다고 인정되는 경우

(2) 외국의 항만국통제 등
① 해양수산부장관은 대한민국선박이 외국 정부의 항만국통제에 따라 항행정지 처분을 받은 경우에는 그 선박의 사업장에 대하여 안전관리체제의 적합성 여부를 점검하거나 그 선박이 국내항에 입항할 경우 선박의 안전관리체제, 선박의 구조·시설, 선원의 선박운항지식 등에 대하여 점검을 할 수 있다. 다만, 외국 정부에서 확인을 요청하는 경우 등 필요한 경우에는 외국에서 점검을 할 수 있다.
② 해양수산부장관은 외국 정부의 항만국통제에 따른 항행정지를 예방하기 위한 조치가 필요하다고 인정하는 경우 ①에 따른 특별점검을 할 수 있다.

5 선박안전관리사

(1) 선박안전관리사 자격제도
① 해양수산부장관은 해사안전 및 선박·사업장 안전관리를 효과적이고 전문적으로 하기 위하여 선박안전관리사 자격제도를 관리·운영한다.
② 선박안전관리사가 되려는 자는 대통령령으로 정하는 응시자격을 갖추고 해양수산부장관이 실시하는 자격시험에 합격하여야 한다.

(2) 선박안전관리사 업무
① 안전관리체제의 수립·시행 및 개선·지도
② 선박에 대한 안전관리 점검·개선 및 지도·조언
③ 선박과 사업장 종사자의 안전을 위한 교육 및 점검
④ 선박과 사업장의 작업환경 점검 및 개선
⑤ 해양사고 예방 및 재발방지에 관한 지도·조언
⑥ 여객관리 및 화물관리에 관한 업무
⑦ 선박안전·보안기술의 연구개발 및 해상교통안전진단에 관한 참여·조언
⑧ 그 밖에 해사안전관리 및 보안관리에 필요한 업무

(3) 결격사유

① 피성년후견인
② 이 법, 「해운법」, 「선박안전법」, 「선박직원법」, 「선원법」 또는 「국제항해선박 및 항만시설의 보안에 관한 법률」을 위반하여 금고 이상의 형을 선고받고 그 집행이 끝나거나 집행을 받지 아니하기로 확정된 후 3년이 지나지 아니한 자
③ ②에 따른 죄를 범하여 금고 이상의 형의 집행유예를 선고받고 그 유예기간 중에 있는 자
④ 자격이 취소된 날부터 3년이 지나지 아니한 자

(4) 자격의 취소 · 정지

해양수산부장관은 선박안전관리사가 다음의 경우에는 자격을 취소하거나 3년 이내의 기간을 정하여 자격의 정지를 명할 수 있다. 다만, ①부터 ③까지의 어느 하나에 해당하면 자격을 취소하여야 한다.
① 거짓이나 그 밖의 부정한 방법으로 선박안전관리사 자격을 취득한 경우
② 다른 사람에게 자격증을 대여하거나 그 명의를 사용하게 한 경우
③ 결격사유에 해당하게 된 경우
④ 자격정지 기간 중에 업무를 수행한 경우
⑤ 자격정지 처분을 3회 이상 받았거나, 정지 기간 종료 후 2년 이내에 다시 자격정지 처분에 해당하는 행위를 한 경우

(5) 기타 사항

① 선박안전관리사는 다른 사람에게 자격증을 대여하거나 그 명의를 사용하게 하여서는 아니 된다.
② 선박안전관리사가 아니면 선박안전관리사 또는 이와 유사한 명칭을 사용하지 못한다.
③ **부정행위자에 대한 제재** : 해양수산부장관은 그 시험을 중지하게 하거나 무효로 하고, 그 처분이 있은 날부터 2년간 선박안전관리사 자격시험 응시자격을 정지한다.

CHAPTER 7 실전예상문제

01 다음 중 해사안전기본법 및 해상교통안전법의 적용 범위에 관한 대상으로서 틀린 것은?

① 대한민국의 영해 및 내수를 제외한 해역에 있는 대한민국 선박에 적용한다.
② 대한민국의 배타적경제수역에서 항행장애물을 발생시킨 선박에 적용한다.
③ 선박소유자에 관한 규정은 선박을 임차하였을 때에는 그 선박임차인에게 적용한다.
④ 선장에 관한 규정은 선장에게 적용하며, 선장을 대신하여 직무를 수행하는 자에게는 적용하지 아니 한다.

해설 ④ 선장에 관한 규정은 선장을 대신하여 직무를 수행하는 자에게도 적용한다.

02 해사안전기본법 및 해상교통안전법의 용어정의에 관한 다음 설명 중 ( )의 내용으로 옳은 것은?

> ㉠ "거대선"이란 길이 ( )미터 이상의 선박을 말한다.
> ㉡ "고속여객선"이란 시속 ( )노트 이상으로 항행하는 여객선을 말한다.

① ㉠ : 100, ㉡ : 10   ② ㉠ : 200, ㉡ : 15
③ ㉠ : 300, ㉡ : 20   ④ ㉠ : 400, ㉡ : 25

해설 ② ㉠ : 200, ㉡ : 15

03 해사안전기본법 및 해상교통안전법상 다음의 설명에서 정의하는 용어에 해당하는 것은?

> 가항수역의 수심 및 폭과 선박의 흘수와의 관계에 비추어 볼 때 그 진로에서 벗어날 수 있는 능력이 매우 제한되어 있는 동력선

① 흘수제약선   ② 조종제한선
③ 조종불능선   ④ 범선

해설 ① 흘수제약선에 관한 설명이다.
② 조종제한선은 일정 작업과 그 밖에 선박의 조종성능을 제한하는 작업에 종사하고 있어 다른 선박의 진로를 피할 수 없는 선박을 말한다.
③ 조종불능선은 선박의 조종성능을 제한하는 고장이나 그 밖의 사유로 조종을 할 수 없게 되어 다른 선박의 진로를 피할 수 없는 선박을 말한다.
④ 범선은 돛을 사용하여 추진하는 선박을 말한다.

04 해사안전기본법 및 해상교통안전법상 용어정의에 대한 다음 설명 중 틀린 것은?

① "통항로"란 선박의 항행안전을 확보하기 위하여 한쪽 방향으로만 항행할 수 있도록 되어 있는 일정한 범위의 수역을 말한다.
② "연안통항대"란 통항분리수역의 육지 쪽 경계선과 해안 사이의 수역을 말한다.
③ "폭"이란 선체에 고정된 돌출물을 포함하여 선수의 끝단부터 선미의 끝단 사이의 최대 수평거리를 말한다.
④ "분리선" 또는 "분리대"란 서로 다른 방향으로 진행하는 통항로를 나누는 선 또는 일정한 폭의 수역을 말한다.

해설 ③은 길이에 대한 설명이다. "폭"이란 선박 길이의 횡방향 외판의 외면으로부터 반대쪽 외판의 외면 사이의 최대 수평거리를 말한다.

01. ④ 02. ② 03. ① 04. ③

05 해사안전기본법 및 해상교통안전법상 해사안전관리계획에 관한 다음 설명 중 옳지 않은 것은?

① 해양수산부장관은 해사안전 증진을 위한 국가해사안전기본계획을 5년 단위로 수립하여야 한다.
② 해양수산부장관은 기본계획을 시행하기 위하여 매년 해사안전시행계획을 수립·시행하여야 한다.
③ 해양수산부장관은 기본계획과 시행계획을 효율적으로 수립·시행하기 위하여 5년마다 해사안전관리에 관한 각종 실태를 조사하여야 한다.
④ 해양수산부장관은 국제해사기구의 국제협약을 이행하기 위한 이행계획을 5년마다 수립하여야 한다.

해설 ④ 해양수산부장관은 국제해사기구의 국제협약을 이행하기 위한 이행계획을 7년마다 수립하여야 한다. 또한 해양수산부장관은 이행계획을 시행하기 위하여 매년 점검계획을 수립하여야 한다.

06 해사안전기본법 및 해상교통안전법상 교통안전특정해역에 관한 다음 설명 중 옳지 않은 것은?

① 해양수산부장관은 해상교통량이 아주 많은 해역에 교통안전특정해역을 설정할 수 있다.
② 교통안전특정해역에서 침몰선 인양작업을 하려는 자는 해양수산부장관의 허가를 받아야 한다.
③ 해양수산부장관은 관계 행정기관의 장의 의견을 들어 교통안전특정해역 안에서의 항로지정제도를 시행할 수 있다.
④ 해양경찰서장은 거대선 등의 선박이 교통안전특정해역을 항행하려는 경우 항행안전을 확보하기 위하여 선장이나 선박소유자에게 항로의 변경을 명할 수 있다.

해설 ② 교통안전특정해역에서 해저전선이나 해저파이프라인의 부설, 준설, 측량, 침몰선 인양작업 또는 그 밖에 선박의 항행에 지장을 줄 우려가 있는 공사나 작업을 하려는 자는 해양경찰청장의 허가를 받아야 한다.

07 해사안전기본법 및 해상교통안전법상 해상교통안전진단 절차에 관한 다음 설명 중 옳지 않은 것은?

① 안전진단대상사업자는 안전진단대상사업에 대하여 허가 등을 받으려는 경우 해상교통안전진단의 결과(안전진단서)를 처분기관의 장에게 제출하여야 한다.
② 안전진단서를 제출받은 처분기관은 허가 등을 하기 전에 사업자로부터 이를 제출받은 날부터 10일 이내에 해양수산부장관에게 제출하여야 한다.
③ 해양수산부장관은 처분기관으로부터 안전진단서를 제출받은 날부터 30일 이내에 안전진단서를 검토한 후 검토의견을 처분기관에 통보하여야 한다.
④ 처분기관은 해양수산부장관으로부터 검토의견을 통보받은 날부터 10일 이내에 이를 사업자에게 통보하여야 한다.

해설 ③ 해양수산부장관은 처분기관으로부터 안전진단서를 제출받은 날부터 45일 이내에 안전진단서를 검토한 후 검토의견을 처분기관에 통보하여야 한다.

08 해사안전기본법 및 해상교통안전법상 술에 취한 상태에서의 조타기 조작 등 금지에 관한 다음 설명 중 옳지 않은 것은?

① 해양경찰청 소속 경찰공무원은 해양사고가 발생한 경우에는 운항자 또는 도선사가 술에 취하였는지 측정할 수 있다.
② 술에 취하였는지를 측정한 결과에 불복하는 사람에 대하여는 해당 운항자 또는 도선사의 동의를 받아 혈액채취 등의 방법으로 다시 측정할 수 있다.
③ 술에 취한 상태의 기준은 혈중알코올농도 0.03퍼센트 이상으로 한다.
④ 해양경찰청장은 해기사 면허를 받은 자가 술에 취한 상태에서 운항을 하기 위하여 조타기를 조작하거나 그 조작을 지시한 경우 해양수산부장관에게 해당 해기사 면허를 취소하거나 1년의 범위에서 해기사 면허의 효력을 정지할 것을 요청할 수 있다.

해설 ① 해양경찰청 소속 경찰공무원은 해양사고가 발생한 경우에는 운항자 또는 도선사가 술에 취하였는지 반드시 측정하여야 한다. 그러나 다른 선박의 안전운항을 해치거나 해칠 우려가 있는 등 해상교통의 안전과 위험방지를 위하여 필요하다고 인정되는 경우, 술에 취한 상태에서 조타기를 조작하거나 조작할 것을 지시하였거나 도선을 하였다고 인정할 만한 충분한 이유가 있는 경우에는 술에 취하였는지 측정할 수 있다.

09 다음 중 해사안전기본법 및 해상교통안전법상 선박의 안전관리체제의 수립대상이 되는 선박에 해당하지 않는 것은?

① 수면비행선박
② 해상여객운송사업에 종사하는 선박
③ 해상화물운송사업에 종사하는 선박으로서 총톤수 300톤 이상의 선박
④ 국제항해에 종사하는 총톤수 500톤 이상의 어획물운반선과 이동식 해상구조물

해설 ③ 해상화물운송사업에 종사하는 선박으로서 총톤수 500톤 이상의 선박[기선과 밀착된 상태로 결합된 부선을 포함]을 운항하는 선박소유자는 안전관리체제를 수립하고 시행하여야 한다.

10 다음 중 해사안전기본법 및 해상교통안전법상 인증심사에 합격하지 아니한 선박을 항행에 사용할 수 있는 경우에 해당하지 않는 것은?

① 선박의 검사를 받기 위하여 해당 항만 또는 인근 해역에서 시운전을 하는 경우
② 수면비행선박의 형식승인을 받기 위하여 해당 항만 또는 인근 해역에서 시운전을 하는 경우
③ 국제항해에 종사하지 않는 선박의 수리를 위하여 국제항해를 왕복하는 경우. 이 경우 왕복 횟수는 1회로 한정한다.
④ 외국에서 선박을 구입하여 국내로 국제항해를 하는 경우

해설 ② 선박의 형식승인을 받기 위하여 해당 항만 또는 인근 해역에서 시운전을 하는 경우(수면비행선박은 제외한다) 선박소유자는 인증심사에 합격하지 아니한 선박을 항행에 사용할 수 있다.

11 다음 중 해사안전기본법 및 해상교통안전법상 선박안전관리증서의 유효기간은?

① 1년 ② 3년
③ 5년 ④ 10년

해설 ③ 선박안전관리증서와 안전관리적합증서의 유효기간은 각각 5년으로 하고, 임시안전관리적합증서의 유효기간은 1년, 임시선박안전관리증서의 유효기간은 6개월로 한다.

12 다음 중 해사안전기본법 및 해상교통안전법상 선박안전관리사의 자격을 취소하여야 하는 경우에 해당하지 않는 것은?

① 거짓이나 그 밖의 부정한 방법으로 선박안전관리사 자격을 취득한 경우
② 다른 사람에게 자격증을 대여하거나 그 명의를 사용하게 한 경우
③ 결격사유에 해당하게 된 경우
④ 자격정지 기간 중에 업무를 수행한 경우

해설 ①②③은 자격을 취소하여야 한다. ④ 자격정지 기간 중에 업무를 수행한 경우에는 해양수산부장관은 자격을 취소하거나 3년 이내의 기간을 정하여 자격의 정지를 명할 수 있다.

13 다음 중 해사안전기본법 및 해상교통안전법상 항로상 금지행위 위반자에 대한 조치를 명할 수 있는 자는?

① 해양수산부장관
② 해양경찰청장
③ 해양경찰서장
④ 지방해양수산청장

해설 ③ 해양경찰서장은 선박의 방치, 어망 등 어구의 설치나 투기 등 금지행위를 위반한 자에게 방치된 선박의 이동·인양 또는 어망 등 어구의 제거를 명할 수 있다(제33조 제2항).

CHAPTER 8 국제항해선박 및 항만시설의 보안에 관한 법률

제1과목 선박관계법규

[시행 2024. 7. 24.]

01 총칙

1 목적

국제항해에 이용되는 선박과 그 선박이 이용하는 항만시설의 보안에 관한 사항을 정함으로써 국제항해와 관련한 보안상의 위협을 효과적으로 방지하여 국민의 생명과 재산을 보호하는데 이바지함을 목적으로 한다.

2 용어 정의

국제항해선박	수상 또는 수중에서 항해용으로 사용하거나 사용될 수 있는 것(선외기를 장착한 것을 포함)과 이동식 시추선·수상호텔 등 부유식 해상구조물로서 국제항해에 이용되는 선박
항만시설	국제항해선박과 선박항만연계활동이 가능하도록 갖추어진 시설로서 항만시설 및 조선소의 선박계류시설, 석유 비축기지 또는 화력발전소의 선박계류시설, 외국 국적선박이 기항하는 불개항장의 선박계류시설
선박항만연계활동	국제항해선박과 항만시설 사이에 승선·하선 또는 선적·하역과 같이 사람 또는 물건의 이동을 수반하는 상호작용으로서 그 활동의 결과 국제항해선박이 직접적으로 영향을 받게 되는 것
선박상호활동	국제항해선박과 국제항해선박 또는 국제항해선박과 그 밖의 선박 사이에 승선·하선 또는 선적·하역과 같이 사람 또는 물건의 이동을 수반하는 상호작용
보안사건	국제항해선박이나 항만시설을 손괴하는 행위 또는 국제항해선박이나 항만시설에 위법하게 폭발물 또는 무기류 등을 반입·은닉하는 행위 등 국제항해선박·항만시설·선박항만연계활동 또는 선박상호활동의 보안을 위협하는 행위 또는 그 행위와 관련된 상황
보안등급	보안사건이 발생할 수 있는 위험의 정도를 단계적으로 표시한 것으로서 「1974년 해상에서의 인명안전을 위한 국제협약」에 따른 등급구분 방식을 반영한 것
국제항해선박소유자	국제항해선박의 소유자·관리자 또는 국제항해선박의 소유자·관리자로부터 선박의 운영을 위탁받은 법인·단체 또는 개인
항만시설소유자	항만시설의 소유자·관리자 또는 항만시설의 소유자·관리자로부터 그 운영을 위탁받은 법인·단체 또는 개인
국가보안기관	국가정보원·국방부·관세청·경찰청 및 해양경찰청 등 보안업무를 수행하는 국가기관

3 적용범위

(1) 적용대상
이 법은 다음의 국제항해선박 및 항만시설에 대하여 적용한다.
① 다음의 어느 하나에 해당하는 대한민국 국적의 국제항해선박
　㉠ 모든 여객선
　㉡ 총톤수 500톤 이상의 화물선
　㉢ 이동식 해상구조물(천연가스 등 해저자원의 탐사·발굴 또는 채취 등에 사용)
② ①의 어느 하나에 해당하는 대한민국 국적 또는 외국 국적의 국제항해선박과 선박항만연계활동이 가능한 항만시설

(2) 적용제외
비상업용 목적으로 사용되는 선박으로서 국가 또는 지방자치단체가 소유하는 국제항해선박에 대하여는 이 법을 적용하지 아니한다.

(3) 국제협약과의 관계
① **국제협약 우선원칙** : 국제항해선박과 항만시설의 보안에 관하여 국제적으로 발효된 국제협약의 보안기준과 이 법의 규정내용이 다른 때에는 국제협약의 효력을 우선한다.
② **예외** : 이 법의 규정내용이 국제협약의 보안기준보다 강화된 기준을 포함하는 때

4 보안계획 및 보안등급

(1) 국가항만보안계획
해양수산부장관은 국제항해선박 및 항만시설의 보안에 관한 업무를 효율적으로 수행하기 위하여 10년마다 국가항만보안계획을 수립·시행하여야 한다.

(2) 보안등급의 설정
① **보안 1등급** : 국제항해선박과 항만시설이 정상적으로 운영되는 상황으로 일상적인 최소한의 보안조치가 유지되어야 하는 평상수준
② **보안 2등급** : 국제항해선박과 항만시설에 보안사건이 일어날 가능성이 증대되어 일정기간 강화된 보안조치가 유지되어야 하는 경계수준
③ **보안 3등급** : 국제항해선박과 항만시설에 보안사건이 일어날 가능성이 뚜렷하거나 임박한 상황이어서 일정기간 최상의 보안조치가 유지되어야 하는 비상수준

02 국제항해선박의 보안확보를 위한 조치

1 총괄보안책임자

(1) 총괄보안책임자 지정

① 국제항해선박소유자는 그가 소유하거나 관리·운영하는 전체 국제항해선박의 보안업무를 총괄적으로 수행하게 하기 위하여 소속 선원 외의 자 중에서 전문지식 등 자격요건을 갖춘 자를 보안책임자로 지정하여야 한다.
② 선박의 종류 또는 선박의 척수에 따라 필요하다고 인정되는 때에는 2인 이상의 총괄보안책임자를 지정할 수 있다.
③ 국제항해선박소유자가 1척의 국제항해선박을 소유하거나 관리·운영하는 때에는 그 국제항해선박소유자 자신을 총괄보안책임자로 지정할 수 있다.
④ 국제항해선박소유자가 총괄보안책임자를 지정한 때에는 7일 이내에 해양수산부장관에게 통보하여야 한다.

(2) 총괄보안책임자의 사무

① 선박보안평가
② 선박보안계획서의 작성 및 승인신청
③ 내부보안심사
④ 선박에서 발생할 수 있는 보안사건 등 보안상 위협의 종류별 대응방안 등에 대한 정보의 제공
⑤ 선박보안계획서의 시행 및 보완
⑥ 내부보안심사 시 발견된 보안상 결함의 시정
⑦ 국제항해선박 소속 회사의 선박보안에 관한 관심 제고 및 선박보안 강화를 위한 조치
⑧ 보안등급이 설정·조정된 경우의 해당 보안등급과 관련한 정보의 선박보안책임자에 대한 전파
⑨ 국제항해선박의 선장에 대한 선원 고용, 운항일정 및 용선계약에 관한 정보의 제공
⑩ 선박보안계획서에 다음에 관한 선장의 권한과 책임의 규정에 관한 사항
　㉠ 국제항해선박의 안전과 보안에 관한 의사결정 및 대응조치
　㉡ 국제항해선박의 보안을 유지하기 위하여 필요한 인적·물적 자원의 확보
⑪ 외국 항만의 보안등급 조정, 보안사건 및 국제항해선박·선원에 대한 보안상 위협 등과 관련한 주요 정보의 해양수산부장관에 대한 보고
⑫ 그 밖에 국제항해선박과 소속 회사의 보안에 관한 업무

2 선박보안책임자

(1) 선박보안책임자 지정

국제항해선박소유자는 그가 소유하거나 관리·운영하는 개별 국제항해선박의 보안업무를 효율적으로

수행하게 하기 위하여 소속 선박의 선원 중에서 전문지식 등 자격요건을 갖춘 자를 보안책임자로 지정하여야 한다.

(2) 선박보안책임자의 사무

① 선박보안계획서의 변경 및 그 시행에 대한 감독
② 보안상의 부적정한 사항에 대한 총괄보안책임자에의 보고
③ 해당 국제항해선박에 대한 보안점검
④ 화물이나 선용품의 하역에 관한 항만시설보안책임자와의 협의·조정
⑤ 선원에 대한 보안교육 등 국제항해선박 내 보안활동의 시행
⑥ 총괄보안책임자 및 관련 항만시설보안책임자와의 선박보안계획서의 시행에 관한 협의·조정
⑦ 선박보안계획서의 이행·보완·관리·보안 유지 및 선박보안기록부의 작성·관리
⑧ 보안장비의 운용·관리
⑨ 선박보안계획서, 국제선박보안증서, 선박이력기록부 등 서류의 비치·관리
⑩ 입항하려는 외국 항만의 항만당국에 대한 국제항해선박 보안등급 정보의 제공, 국제항해선박과 해당 항만의 보안등급이 다른 경우 이를 일치시키기 위한 보안등급의 조정 및 입항하려는 해당 항만의 보안등급에 관한 정보의 해양수산부장관 또는 총괄보안책임자에 대한 보고
⑪ 그 밖에 해당 국제항해선박의 보안에 관한 업무

3 선박보안평가 및 선박보안계획서

(1) 선박보안평가

① 국제항해선박소유자는 그가 소유하거나 관리·운영하는 개별 국제항해선박에 대하여 보안과 관련한 시설·장비·인력 등에 대한 보안평가를 실시하여야 한다.
② 선박보안평가 항목
  ㉠ 출입제한구역의 설정 및 제한구역에 대한 일반인의 출입 통제
  ㉡ 국제항해선박에 승선하려는 자에 대한 신원확인 절차 마련 여부
  ㉢ 선박의 갑판구역과 선박 주변 육상구역에 대한 감시 대책
  ㉣ 국제항해선박에 근무하는 자와 승선하는 자가 휴대하거나 위탁하는 수하물에 대한 통제 방법
  ㉤ 화물의 하역절차 및 선용품의 인수절차
  ㉥ 국제항해선박의 통신·보안장비와 정보의 관리
  ㉦ 선박보안계획서에 따른 조치 등 보안활동
  ㉧ 국제항해선박에서의 보안상 위협의 확인과 이에 대응하기 위한 절차 및 조치
  ㉨ 국제항해선박의 보안시설·장비·인력 및 보안의 취약요인 확인과 대응절차의 수립·시행

(2) 선박보안계획서

① 국제항해선박소유자는 선박보안평가의 결과를 반영하여 보안취약요소에 대한 개선방안과 보안등급별 조치사항 등을 정한 보안계획서를 작성하여 해당 선박에 비치하고 동 계획서에 따른 조치 등을 시행하여야 한다.
② 선박보안계획서를 작성한 때에는 해양수산부장관의 승인을 받아야 한다.

4 선박보안심사

(1) 의의

국제항해선박소유자는 그가 소유하거나 관리·운영하는 개별 국제항해선박에 대하여 선박보안계획서에 따른 조치 등을 적정하게 시행하고 있는지 여부를 확인받기 위하여 해양수산부장관에게 보안심사를 받아야 한다.

(2) 종류

① **최초보안심사** : 국제선박보안증서를 처음으로 교부받으려는 때에 행하는 심사
② **갱신보안심사** : 국제선박보안증서 등의 유효기간이 만료일 3개월 전부터 유효기간 만료일까지 행하는 심사
③ **중간보안심사** : 최초보안심사와 갱신보안심사 사이 또는 갱신보안심사와 갱신보안심사 사이에 국제선박보안증서의 유효기간이 시작된 후 2년이 지난 날부터 1년 간에 행하는 심사
④ **임시선박보안심사** : 최초보안심사를 받기 전에 임시로 국제항해선박을 항해에 사용하는 다음의 경우에 실시

  ㉠ 새로 건조된 선박을 국제선박보안증서가 교부되기 전에 국제항해에 이용하려는 때
  ㉡ 국제선박보안증서의 유효기간이 지난 국제항해선박을 국제선박보안증서가 교부되기 전에 국제항해에 이용하려는 때
  ㉢ 외국 국제항해선박의 국적이 대한민국으로 변경된 때
  ㉣ 국제항해선박소유자가 변경된 때

⑤ **특별선박보안심사** : 국제항해선박에서 보안사건이 발생하는 등 다음의 사유에 실시

  ㉠ 국제항해선박이 보안사건으로 외국의 항만당국에 의하여 출항정지 또는 입항거부를 당하거나 외국의 항만으로부터 추방된 때
  ㉡ 외국의 항만당국이 보안관리체제의 중대한 결함을 지적하여 통보한 때
  ㉢ 그 밖에 국제항해선박 보안관리체제의 중대한 결함에 대한 신뢰할 만한 신고가 있는 등 해양수산부장관이 국제항해선박의 보안관리체제에 대하여 보안심사가 필요하다고 인정하는 때

(3) 재심사

① 선박보안심사·임시선박보안심사·특별선박보안심사 및 특별점검을 받은 자가 그 결과에 대하여 불복하는 때에는 그 결과에 관한 통지를 받은 날부터 90일 이내에 사유서를 갖추어 해양수산부장관에게 재심사를 신청할 수 있다.
② 재심사의 신청을 받은 해양수산부장관은 소속 공무원으로 하여금 재심사를 직접 행하게 하고 그 결과를 신청자에게 60일 이내에 통보하여야 한다. 다만, 부득이한 사정이 있는 때에는 30일의 범위에서 통보시한을 연장할 수 있다.

5 국제선박보안증서

(1) 국제선박보안증서의 교부
① 해양수산부장관은 최초보안심사 또는 갱신보안심사, 임시선박보안심사에 합격한 선박에 대하여 국제선박보안증서, 임시국제선박보안증서를 교부하여야 한다.
② 해양수산부장관은 중간보안심사 또는 특별선박보안심사에 합격한 선박에 대하여는 국제선박보안증서에 그 심사 결과를 표기하여야 한다.
③ 국제항해선박소유자는 국제선박보안증서 등의 원본을 해당 선박에 비치하여야 한다.

(2) 국제선박보안증서 등의 유효기간
① 국제선박보안증서 등의 유효기간은 5년의 범위에서 대통령령으로 정한다. 다만, 임시국제선박보안증서의 유효기간은 6개월을 초과할 수 없다.
② 해양수산부장관은 국제선박보안증서 등의 유효기간을 5개월의 범위에서 대통령령으로 정하는 바에 따라 연장할 수 있다.
③ 중간보안심사에 불합격한 선박의 국제선박보안증서의 유효기간은 해당 심사에 합격될 때까지 그 효력이 정지된다.

(3) 국제선박보안증서등 미소지 국제항해선박의 항해금지
① **원칙** : 누구든지 국제선박보안증서등을 비치하지 아니하거나 그 효력이 정지되거나 상실된 국제선박보안증서등을 비치한 선박을 항해에 사용하여서는 아니 된다.
② **예외** : 부득이하게 일시적으로 항해에 사용하여야 하는 다음의 경우에는 가능

⊙ 국제선박보안증서등의 유효기간이 끝난 경우로서 선박안전법에 따른 검사를 받거나 형식승인을 받기 위하여 시운전을 하는 경우
⊙ 국제항해선박에 해당하지 아니하는 선박을 수리하기 위하여 왕복 1회만 항해하는 경우
⊙ 국제항해선박에 해당하지 아니하는 선박을 외국에서 수입하여 국내로 1회만 항해하는 경우

6 기록부의 비치 등

(1) 선박보안기록부의 작성·비치
국제항해선박소유자는 그가 소유하거나 관리·운영하는 개별 국제항해선박에 대하여 보안에 관한 위협 및 조치사항 등을 기록한 장부를 작성하고, 이를 해당 선박에 비치하여야 한다.

(2) 선박이력기록부의 비치 등
① 국제항해선박소유자는 그가 소유하거나 관리·운영하는 개별 국제항해선박에 대하여 그 선박의 선명, 선박식별번호, 소유자 및 선적지 등이 기재된 장부를 해양수산부장관으로부터 교부받아 선박에 비치하여야 한다.
② 기재사항 중 변경사항이 발생한 때에는 3개월 이내에 재교부받아 비치하여야 한다.

(3) 선박보안경보장치

① 국제항해선박소유자는 그가 소유하거나 관리·운영하는 개별 국제항해선박에 대하여 선박에서의 보안이 침해되었거나 침해될 위험에 처한 경우 그 상황을 표시하는 발신장치(선박보안경보장치), 선박의 보안을 유지하는데 필요하다고 인정되는 시설 또는 장비를 설치하거나 구비하여야 한다.
② 해양수산부장관은 선박보안경보장치에서 발신하는 신호(보안경보신호)를 수신할 수 있는 시설 또는 장비를 갖추어야 한다.
③ 해양수산부장관은 국제항해선박으로부터 보안경보신호를 수신한 때에는 지체 없이 관계 국가보안기관의 장에게 그 사실을 통보하여야 하며, 국제항해선박이 해외에 있는 경우로서 그 선박으로부터 보안경보신호를 수신한 때에는 그 선박이 항행하고 있는 해역을 관할하는 국가의 해운관청에도 이를 통보하여야 한다.

(4) 선박식별번호

다음에 해당하는 국제항해선박은 개별 선박의 식별이 가능하도록 부여된 선박식별번호를 표시하여야 한다.
① 총톤수 100톤 이상의 여객선
② 총톤수 300톤 이상의 화물선

03 항만시설의 보안확보를 위한 조치

1 항만시설보안책임자

(1) 보안책임자 지정

① 항만시설소유자는 그가 소유하거나 관리·운영하는 항만시설의 보안업무를 효율적으로 수행하게 하기 위하여 전문지식 등 자격요건을 갖춘 자를 보안책임자로 지정하여야 한다.
② 항만시설의 구조 및 기능에 따라 필요하다고 인정되는 때에는 2개 이상의 항만시설에 대하여 1인의 항만시설보안책임자를 지정하거나 1개의 항만시설에 대하여 2인 이상의 항만시설보안책임자를 지정할 수 있다.
③ 항만시설소유자가 항만시설보안책임자를 지정한 때에는 7일 이내에 해양수산부장관에게 통보하여야 한다.

(2) 보안책임자의 사무

① 항만시설보안계획서의 작성 및 승인신청
② 항만시설의 보안점검
③ 항만시설 보안장비의 유지 및 관리
④ 항만시설보안평가의 준비

⑤ 국제항해선박소유자, 총괄보안책임자 및 선박보안책임자와 항만시설보안계획서 시행에 관하여 협의·조정하는 일
⑥ 항만시설보안계획서의 이행·보완·관리 및 보안유지
⑦ 항만시설적합확인서의 비치·관리
⑧ 항만시설보안기록부의 작성·관리
⑨ 경비·검색인력과 보안시설·장비의 운용·관리
⑩ 항만시설보안정보의 보고 및 제공
⑪ 항만시설의 종사자에 대한 보안교육 및 훈련의 실시
⑫ 선박보안책임자가 요청하는 승선 요구자 신원확인에 대한 지원
⑬ 보안등급 설정·조정내용의 항만시설 이용 선박 또는 이용예정 선박에 대한 통보
⑭ 그 밖에 해당 항만시설의 보안에 관한 업무

2 항만시설보안평가 및 항만시설보안계획서

(1) 항만시설보안평가

① 해양수산부장관은 항만시설에 대하여 보안과 관련한 시설·장비·인력 등에 대한 보안평가를 실시하여야 한다. 이 경우 관계 국가보안기관의 장과 미리 협의하여야 한다.
② 해양수산부장관은 항만시설보안평가를 실시한 때에는 항만시설보안평가의 결과를 문서로 작성하여 해당 항만시설소유자에게 통보하여야 한다.
③ 해양수산부장관은 항만시설보안평가에 대하여 5년마다 재평가를 실시하여야 한다. 다만, 해당 항만시설에서 보안사건이 발생하는 등 항만시설의 보안에 관하여 중요한 변화가 있는 때에는 즉시 재평가를 실시하여야 한다.

(2) 항만시설보안계획서

① 항만시설소유자는 항만시설보안평가의 결과를 반영하여 보안취약요소에 대한 개선방안과 보안등급별 조치사항 등을 정한 보안계획서를 작성하여 주된 사무소에 비치하고 동 계획서에 따른 조치 등을 시행하여야 한다.
② 항만시설보안계획서를 작성한 때에는 해양수산부장관의 승인을 받아야 한다.
③ 해양수산부장관은 항만시설보안계획서를 승인하는 경우에는 미리 관계 국가보안기관의 장과 미리 협의하여야 한다.

3 항만시설보안심사

(1) 의의

① 항만시설소유자는 그가 소유하거나 관리·운영하고 있는 항만시설에 대하여 항만시설보안계획서에 따른 조치 등을 적정하게 시행하고 있는지 여부를 확인받기 위하여 해양수산부장관에게 보안심사를 받아야 한다.

(2) 종류

① **최초보안심사** : 항만시설적합확인서를 처음으로 교부받으려는 때 실시
② **갱신보안심사** : 항만시설적합확인서의 유효기간이 만료 전 실시
③ **중간보안심사** : 최초보안심사와 갱신보안심사 사이 또는 갱신보안심사와 갱신보안심사 사이 실시
④ **임시항만시설보안심사** : 최초보안심사를 받기 전에 임시로 항만시설을 운영하는 경우로서 항만시설에 국제항해선박을 접안시켜 하역장비 등 항만운영에 필요한 시설·장비 및 폐쇄회로텔레비전 등 항만보안에 필요한 시설·장비·인력을 시험 운영하려는 때 실시
⑤ **특별항만시설보안심사** : 항만시설에서 보안사건이 발생하는 등의 경우 실시

4 항만시설적합확인서 등

(1) 확인서의 교부 등

① 해양수산부장관은 최초보안심사 또는 갱신보안심사, 임시항만시설보안심사에 합격한 항만시설에 대하여 항만시설적합확인서, 임시항만시설적합확인서를 교부하여야 한다.
② 해양수산부장관은 중간보안심사 또는 특별항만시설보안심사에 합격한 항만시설에 대해서는 항만시설적합확인서에 해양수산부령으로 정하는 바에 따라 그 심사 결과를 표기하여야 한다.
③ 항만시설소유자는 항만시설적합확인서 등의 원본을 주된 사무소에 비치하여야 한다.

(2) 확인서 등의 유효기간

① 항만시설적합확인서의 유효기간은 5년의 범위에서 대통령령으로 정하고, 임시항만시설적합확인서의 유효기간은 6개월의 범위에서 대통령령으로 정한다.
② 해양수산부장관은 항만시설적합확인서의 유효기간을 3개월의 범위에서 연장할 수 있다.
③ 갱신, 중간보안심사 및 특별항만시설보안심사에 불합격한 항만시설의 항만시설적합확인서의 유효기간은 항만시설보안심사에 합격될 때까지 그 효력이 정지된다. 다만, 해양수산부장관은 불합격처분 전에 항만시설소유자가 보완대책을 제출하는 경우 그 처분을 1개월의 범위에서 유예할 수 있다.

(3) 항만시설적합확인서 등 미소지 항만시설의 운영 금지

누구든지 항만시설적합확인서 등을 비치하지 아니하거나 그 효력이 정지되거나 상실된 항만시설적합확인서 등을 비치한 항만시설을 운영하여서는 아니 된다. 다만, 부득이하게 일시적으로 항만시설을 운영하여야 하는 경우에는 그러하지 아니하다.

5 기타 사항

(1) 항만시설보안기록부의 작성·비치

항만시설소유자는 그가 소유하거나 관리·운영하는 항만시설에 대하여 보안에 관한 위협 및 조치사항 등을 기록한 장부(항만시설보안기록부)를 작성하고, 이를 해당 항만시설에 위치한 사무소에 비치하여야 한다.

(2) 국제항해여객선 승객 등의 보안검색

① 여객선으로 사용되는 대한민국 국적 또는 외국 국적의 국제항해선박에 승선하는 자는 신체·휴대물품 및 위탁수하물에 대한 보안검색을 받아야 한다.
② 보안검색은 해당 국제여객터미널을 운영하는 항만시설소유자가 실시한다. 다만, 파업 등으로 항만시설소유자가 보안검색을 실시할 수 없는 경우에는 지도·감독 기관의 장이 소속 직원으로 하여금 보안검색을 실시하게 하여야 한다.

> 💡 지도·감독 기관의 장
> 1. 신체 및 휴대물품의 보안검색의 업무 : 관할 경찰관서의 장
> 2. 위탁수하물의 보안검색 : 관할 세관장

(3) 항만시설 이용자 등의 의무

① 항만시설을 이용하는 자는 다음의 행위를 하여서는 아니 된다.

> ⊙ 항만시설이나 항만 내의 선박에 위법하게 무기[탄저균 등 생화학무기 포함], 도검류, 폭발물, 독극물 또는 연소성이 높은 물건 등 해양수산부장관이 정하여 고시하는 위해물품을 반입·은닉하는 행위
> ⓒ 보안사건의 발생을 예방하기 위한 검문검색 및 지시 등에 정당한 사유 없이 불응하는 행위
> ⓒ 항만시설 내 해양수산부령으로 정하는 지역을 정당한 출입절차 없이 무단으로 출입하는 행위
> ② 항만시설 내 해양수산부령으로 정하는 구역에서 항만시설보안책임자의 허가 없이 촬영을 하는 행위

② 누구든지 항만시설 내 해양수산부령으로 정하는 구역의 시설을 항만시설 내외부에서 촬영한 결과물을 항만시설보안책임자의 허가 없이 발간 또는 복제하거나 배포하는 행위(재배포하는 행위를 포함)를 하여서는 아니 된다.
③ 항만시설의 경비·검색업무, 경호업무 등을 수행하기 위하여 필요한 경우에는 해양수산부장관의 허가를 받아 권총, 분사기, 전자충격기, 국제협약 또는 외국정부와의 합의서에 따라 휴대가 허용되는 무기를 반입하거나 소지할 수 있다.

(4) 항만시설에서의 드론 비행금지 등

① 누구든지 드론을 조종하여 항만시설 내 해양수산부령으로 정하는 지역의 공중구역을 비행하여서는 아니 된다.
② 드론을 사용하여 비행하려는 사람은 미리 항만시설보안책임자로부터 비행승인을 받아야 한다. 다만, 국가, 지방자치단체, 공공기관이 소유하거나 임차한 드론을 재해·재난 등으로 인한 수색·구조, 화재의 진화, 응급환자 후송 등 공공목적으로 운용하기 위하여 항만시설보안책임자에게 사전에 통보한 경우에는 그러하지 아니하다.

04 보칙

1 보안위원회

(1) 의의

국제항해선박 및 항만시설의 보안에 관한 주요사항을 심의·의결하기 위하여 해양수산부장관 소속으로 국제항해선박 및 항만시설보안위원회를 둔다.

(2) 보안위원회의 심의사항

① 국가항만보안계획의 수립에 관한 사항
② 보안등급의 설정·조정에 관한 사항
③ 선박 및 항만시설에 대한 보안의 확보 및 유지에 관한 사항
④ 선박 및 항만시설의 보안과 관련된 국제협력에 관한 사항
⑤ 그 밖에 선박 및 항만시설의 보안에 관련된 사항으로서 해양수산부령으로 정하는 사항

(3) 보안위원회 구성 등

① 위원회는 위원장 1인과 부위원장 2인을 포함하여 10인 이내의 위원으로 구성한다.
② 위원장은 해양수산부 차관이 되고, 부위원장은 해양수산부의 고위공무원단에 소속된 공무원으로, 위원은 3급·4급 공무원 또는 고위공무원단에 속하는 일반직공무원으로 구성한다.
③ 보안위원회는 재적위원 과반수의 출석과 출석위원 과반수의 찬성으로 의결한다.

2 보안심사 등

(1) 내부보안심사

국제항해선박소유자 및 항만시설소유자는 선박 및 항만시설에서 이루어지고 있는 보안상의 활동을 확인하기 위하여 보안에 관한 전문지식을 갖춘 자를 내부보안심사자로 지정하여 1년 이내의 기간을 주기로 내부보안심사를 실시하여야 한다.

(2) 보안심사관

① 해양수산부장관은 소속 공무원 중에서 선박보안심사관으로 임명하여 다음의 업무를 수행하게 할 수 있다.

  ㉠ 선박보안계획서의 승인
  ㉡ 선박보안심사·임시선박보안심사 및 특별선박보안심사
  ㉢ 국제선박보안증서등의 교부 등
  ㉣ 선박이력기록부의 교부·재교부
  ㉤ 항만국통제에 관한 업무

② 해양수산부장관은 소속 공무원 중에서 해양수산부령으로 정하는 자격을 갖춘 자를 항만시설보안심사관으로 임명하여 항만시설보안심사·임시항만시설보안심사 및 특별항만시설보안심사 업무를 수행하게 할 수 있다.

3 보안교육 및 훈련

(1) 보안교육 및 훈련대상
① **보안책임자** : 총괄보안책임자·선박보안책임자 및 항만시설보안책임자
② **보안담당자** : 보안책임자 외의 자로서 항만시설에서 보안업무 담당

(2) 보안훈련
국제항해선박소유자와 항만시설소유자는 각자의 소속 보안책임자로 하여금 해당 선박의 승무원과 항만시설의 경비·검색인력을 포함한 보안업무 종사자에 대하여 3개월 이내의 기간을 주기로 보안훈련을 실시하게 하여야 한다.

(3) 합동보안훈련
① 국제항해선박소유자와 항만시설소유자는 보안책임자 및 보안담당자 등이 공동으로 참여하는 합동보안훈련을 매년 1회 이상 실시하여야 한다. 이 경우 보안훈련의 간격은 18개월을 초과하여서는 아니 된다.
② 국제항해선박소유자는 그가 소유하거나 관리·운영하고 있는 국제항해선박이 외국의 정부 등이 주관하는 국제적인 합동보안훈련에 참여한 경우 그 사실을 해양수산부장관에게 보고하여야 한다.

CHAPTER 8 실전예상문제

01 다음 중 국제항해선박 및 항만시설의 보안에 관한 법률의 적용대상에 해당하지 않는 것은?
① 대한민국 국적의 국제항해선박으로서 모든 여객선
② 대한민국 국적의 국제항해선박으로서 총톤수 500톤 이상의 화물선
③ 대한민국 국적의 국제항해선박으로서 이동식 해상구조물
④ 비상업용 목적으로 사용되는 선박으로서 지방자치단체가 소유하는 국제항해선박

해설 ④ 비상업용 목적으로 사용되는 선박으로서 국가 또는 지방자치단체가 소유하는 국제항해선박에 대하여는 이 법을 적용하지 아니한다.

02 국제항해선박 및 항만시설의 보안에 관한 법률상 다음의 보안등급에 해당하는 것은?

> 국제항해선박과 항만시설에 보안사건이 일어날 가능성이 증대되어 일정기간 강화된 보안조치가 유지되어야 하는 경계수준

① 보안 1등급 ② 보안 2등급
③ 보안 3등급 ④ 보안 4등급

해설 ② 보안 2등급의 설명이다. 보안등급은 3등급으로 구분한다.
① 보안 1등급은 국제항해선박과 항만시설이 정상적으로 운영되는 상황으로 일상적인 최소한의 보안조치가 유지되어야 하는 평상수준
③ 보안 3등급은 국제항해선박과 항만시설에 보안사건이 일어날 가능성이 뚜렷하거나 임박한 상황이어서 일정기간 최상의 보안조치가 유지되어야 하는 비상수준을 말한다.

03 다음 중 국제항해선박 및 항만시설의 보안에 관한 법률상 국제선박보안증서의 유효기간은?
① 3년 ② 5년
③ 7년 ④ 10년

해설 ② 국제선박보안증서 등의 유효기간은 5년의 범위에서 대통령령으로 정한다. 다만, 임시국제선박보안증서의 유효기간은 6개월을 초과할 수 없다.

04 국제항해선박 및 항만시설의 보안에 관한 법률상 선박보안심사의 종류에 관한 다음 설명 중 옳지 않은 것은?
① 최초보안심사 : 국제선박보안증서를 처음으로 교부받으려는 때에 행하는 심사
② 중간보안심사 : 국제선박보안증서 등의 유효기간이 만료일 3개월 전부터 유효기간 만료일까지 행하는 심사
③ 임시선박보안심사 : 최초보안심사를 받기 전에 임시로 국제항해선박을 항해에 사용하려는 경우로서 국제항해선박소유자가 변경된 때에 행하는 심사
④ 특별선박보안심사 : 국제항해선박이 보안사건으로 외국의 항만당국에 의하여 출항정지 또는 입항거부를 당한 경우 등에 행하는 심사

해설 ②는 갱신보안심사이다. 중간보안심사는 최초보안심사와 갱신보안심사 사이 또는 갱신보안심사와 갱신보안심사 사이에 국제선박보안증서의 유효기간이 시작된 후 2년이 지난 날부터 1년 간에 행하는 심사이다.

정답 01. ④ 02. ② 03. ② 04. ②

05 다음 중 국제항해선박 및 항만시설의 보안에 관한 법률상 선박보안심사 등의 결과에 불복하는 경우 재심사를 신청할 수 있는 기간은?

① 결과에 관한 통지를 받은 날부터 10일 이내
② 결과에 관한 통지를 받은 날부터 30일 이내
③ 결과에 관한 통지를 받은 날부터 60일 이내
④ 결과에 관한 통지를 받은 날부터 90일 이내

해설 ④ 선박보안심사·임시선박보안심사·특별선박보안심사 및 특별점검을 받은 자가 그 결과에 대하여 불복하는 때에는 그 결과에 관한 통지를 받은 날부터 90일 이내에 사유서를 갖추어 해양수산부장관에게 재심사를 신청할 수 있다.

06 국제항해선박 및 항만시설의 보안에 관한 법률상 항만시설보안책임자에 관한 다음 설명 중 옳지 않은 것은?

① 2개 이상의 항만시설에 대하여 1인의 항만시설보안책임자를 지정할 수 없다.
② 보안책임자는 항만시설보안계획서의 작성 및 승인신청의 사무를 행한다.
③ 보안책임자는 항만시설적합확인서의 비치·관리의 사무를 행한다.
④ 항만시설소유자가 항만시설보안책임자를 지정한 때에는 7일 이내에 해양수산부장관에게 통보하여야 한다.

해설 ① 항만시설의 구조 및 기능에 따라 필요하다고 인정되는 때에는 2개 이상의 항만시설에 대하여 1인의 항만시설보안책임자를 지정하거나 1개의 항만시설에 대하여 2인 이상의 항만시설보안책임자를 지정할 수 있다.

07 국제항해선박 및 항만시설의 보안에 관한 법률상 보안위원회에 관한 다음 설명 중 옳지 않은 것은?

① 해양수산부장관 소속으로 국제항해선박 및 항만시설보안위원회를 둔다.
② 위원회는 보안등급의 설정·조정에 관한 사항을 심의한다.
③ 위원회는 위원장 1인과 부위원장 2인을 포함하여 10인 이내의 위원으로 구성하며, 위원장은 해양수산부 장관이다.
④ 보안위원회는 재적위원 과반수의 출석과 출석위원 과반수의 찬성으로 의결한다.

해설 ③ 위원회는 위원장 1인과 부위원장 2인을 포함하여 10인 이내의 위원으로 구성하며, 위원장은 해양수산부 차관이다.

08 다음 중 국제항해선박 및 항만시설의 보안에 관한 법률상 총괄보안책임자에 대한 설명으로 옳지 않은 것은?

① 관련 전문지식 등 자격요건을 갖추어야 한다.
② 국제항해선박소유자가 총괄보안책임자를 지정한 때에는 7일 이내에 해양수산부장관에게 통보하여야 한다.
③ 선박의 종류 또는 선박의 척수에 따라 필요하다고 인정되는 때에는 2인 이상의 총괄보안책임자를 지정할 수 있다.
④ 소속 선박의 선원 중에서 직무관련 경험 및 전문지식 등 자격요건을 갖춘 자를 지정하여야 한다.

해설 ④ 국제항해선박소유자는 그가 소유하거나 관리·운영하는 전체 국제항해선박의 보안업무를 총괄적으로 수행하게 하기 위하여 소속 선원 외의 자 중에서 해양수산부령으로 정하는 전문지식 등 자격요건을 갖춘 자를 총괄보안책임자로 지정하여야 한다(제7조 제1항).

온라인 교육의 명품브랜드 — www.edupd.com

선박안전관리사
2급 · 3급
시 험 대 비

선박안전관리사 2급·3급 시험대비

제 2 편
국제협약

제1장 해상에서의 인명 안전을 위한 국제협약(SOLAS)
제2장 선박으로부터의 오염방지를 위한 국제협약(MARPOL)
제3장 선원의 훈련, 자격증명 및 당직근무의 기준에 관한 국제협약(STCW)
제4장 국제 만재흘수선 협약(LOADLINES)
제5장 선박톤수 측정에 관한 국제협약(TONNAGE)
제6장 해사노동협약(MLC)

제1과목 선박관계법규

CHAPTER 1 해상에서의 인명 안전을 위한 국제협약 (SOLAS)

1 협약의 개요

(1) 협약의 원명
해상에서의 인명 안전을 위한 국제협약(SOLAS) : International Convention for the Safety of Life at Sea, 1974

(2) 채택 및 발효
1912년 타이타닉호 침몰사건 이후 1914년 최초 채택되어 현재 협약은 1974년 11월 1일 채택되어 1980년 5월 25일에 발효된 협약이다.

(3) 협약의 목적
해상에서의 선박의 안전을 확보하기 위한 선박의 구조, 설비, 운항에 관한 최저기준 설정

(4) 협약의 구성
협약은 협약본문과 부속서 14개의 장으로 구성
① **협약본문** : 당사국의 일반적 의무, 협약의 서명, 비준, 수락, 승인 및 가입, 발효, 폐기 등
② **부속서** : 14개의 장(기술규정)

제1장	일반규정
제2-1장	건조-구조, 구획 및 복원성, 기관 및 전기설비
제2-2장	구조-방화, 화재탐지 및 소화
제3장	구명설비 및 장치
제4장	무선통신
제5장	항행의 안전
제6장	화물의 운송
제7장	위험물의 운송
제8장	원자력선
제9장	선박의 안전운항 관리
제10장	고속정의 안전조치
제11-1장	해상안전강화를 위한 특별조치

제11-2장	해상보안강화를 위한 특별조치
제12장	산적화물선에 대한 추가 안전조치
제13장	검증
제14장	극지해역 운항선박에 대한 안전조치

2 협약의 내용

(1) 적용범위
여객선과 총톤수 500톤 이상의 화물선 등 기타 국제항해에 종사하는 선박

(2) 적용제외 : 다음의 경우는 SOLAS 협약 기술규정의 적용을 받지 않는다.
① 군함 등 전쟁에 사용되는 선박
② 총톤수 500톤 미만의 화물선
③ 기계로 추진되지 아니하는 선박
④ 원시적 구조의 목선
⑤ 무역업에 종사하지 않는 유람요트
⑥ 어선

(3) 용어정의

주관청	선박이 그 국가의 국기를 게양할 자격을 가진 국가의 정부
국제항해	협약이 적용되는 한 국가에서 그 국외의 항에 이르는 항해 또는 그 반대의 항해
여객	다음에 해당하지 않는 모든 자 ㉠ 선장과 선원 또는 자격여하를 불문하고 승선하여 선박의 업무에 고용되거나 종사하는 기타의 자 ㉡ 1세 미만의 유아
여객선	13인 이상 여객으로 운송되는 선박
화물선	여객선이 아닌 선박 💡 산적화물선(bulk carrier) : 곡물, 광석, 석탄 등을 포장하지 않고 그대로 선창에 싣고 수송하는 화물선
탱커선	인화성 액체화물을 산적하여 운송하기 위하여 건조, 개조된 화물선
신선	1980년 5월 25일 이후 용골을 거치하거나 동등한 건조단계에 있는 선박 💡 용골 : 선체의 중심선을 따라 배밑을 선수에서 선미까지 꿰뚫은 부재로서 선체의 세로강도를 맡은 중요부분
현존선	신선이 아닌 모든 선박
원자력선	원자력시설을 설비한 선박
어선	어류, 고래류, 해표, 바다코끼리 또는 기타 해양생물자원을 포획하기 위해 사용되는 선박
선령	선박등록서에 표시된 건조년으로부터 경과된 기간
주조타장치	조타동력장치, 보조설비 및 통상의 항행상태에서의 조선의 목적으로 타를 유효하게 작동하기 위한 수단

보조조타장치	주조타장치의 고장시에 선박조종을 위하여 타를 유효하게 작동하기 위하여 설치된 설비
정상운항상태	선체, 기관, 설비, 수단 및 보조장치가 정상적으로 작동하는 상태
비상상태	정상적 작동 및 거주에 필요한 기능이 주전원의 고장으로 정상적인 상태가 아닌 상태
데드 쉽 상태	동력이 공급되지 않아 주추진장치 보일러 및 보조기관이 작동되지 않는 상태

(4) 검사 및 증서

① **여객선 검사**
  ㉠ **최초검사** : 취항 직전 선체, 기관, 선박설비에 대한 검사
  ㉡ **정기검사** : 최초검사 이후 매 12개월마다 선종별로 정해진 시기에 실시
  ㉢ **추가검사** : 검사요구된 수리나 선박의 구조변경을 요하는 수리 또는 신환된 설비의 경우 실시
  → 최초검사, 정기검사 실시 이후 여객선안전증서 발급

② **화물선 검사**

구명설비 및 기타설비 검사	구조, 기관 및 설비검사	무선설비검사
최초검사 (취항직전)	최초검사 (취항직전)	최초검사 (취항직전)
정기검사 (5년 범위에서 주관청이 규정한 시기)	정기검사 (5년 범위에서 주관청이 규정한 시기)	정기검사 (5년 범위에서 주관청이 규정한 시기)
중간검사 (증서발급일부터 2년 또는 3년 전후 3개월 이내)	중간검사 (증서의 제2년차일 또는 제3년차일 전후 3개월 이내)	
연차검사 (증서발급일부터 매년 전후 3개월 이내)	연차검사 (증서의 매 연차일 전후 3개월 이내)	연차검사 (증서발급일부터 매년 전후 3개월 이내)
추가검사 (검사요구된 수리나 선박의 구조변경을 요하는 수리)	선저외판검사 (정기검사 사이 5년에 최소 2회 실시 – 검사 간격은 36개월을 초과할 수 없다)	추가검사 (검사요구된 수리나 선박의 구조변경을 요하는 수리)
최초, 정기검사 이후 **화물선안전설비증서** 발급	최초, 정기검사 이후 **화물선안전구조증서** 발급	최초, 정기검사 이후 **화물선안전무선증서** 발급

💡 **연차일** : 관련 증서의 만료일에 해당하는 연월일을 말한다.

③ **증서의 유효기간**
  ㉠ 여객선안전증서 : 12개월 범위
  ㉡ 화물선안전설비증서, 화물선안전구조증서, 화물선안전무선증서 : 5년 범위

(5) 선박의 방화구역

선박의 방화구역은 A, B, C 3개 종류의 구획으로 구분하며, 방화나 방열의 정도는 A > B > C 순이다.

A급 구획	다음 기준에 적합한 격벽 또는 갑판으로 형성된 구획 ① 강 또는 기타 이와 동등한 재료로 건조하여야 한다. ② 적절히 보강된 것 ③ 일정 시간 내 평균온도가 최초온도보다 140도 초과상승하지 않고, 어느 한점에서의 온도가 최초온도보다 180도 초과상승하지 않는 방열
B급 구획	다음 기준에 적합한 격벽, 갑판, 천정 또는 내장판으로 형성된 구획 ① 승인된 불연성 재료로 건조되며, 제조 및 조립시 사용되는 재료 또한 불연성이어야 함 ② 일정 시간 내 평균온도가 최초온도보다 140도 초과상승하지 않고, 어느 한점에서의 온도가 최초온도보다 225도 초과상승하지 않는 방열
C급 구획	승인된 불연성 재료로 건조된 구획으로서 연기 및 화염통과에 관한 요건과 온도상승의 제한요건에 적합하지 않아도 된다.

(6) 비상훈련 및 연습

① 모든 선원은 매달 1회의 퇴선훈련과 소화훈련에 참여하여야 한다.
② 총선원의 25% 이상 훈련에 불참 또는 교체시에는 선박출항 후 24시간 이내 비상훈련을 실시하여야 한다.
③ 밀폐구역의 진입 또는 구조임무의 선원은 매 2개월에 1회 밀폐구역의 진입 또는 구조훈련에 참여하여야 한다.
④ 퇴선훈련시 구명정은 3개월에 최소 1회 이상 진수되어 조정되어야 한다.
⑤ 선박구명설비와 소화설비 사용에 관한 훈련 및 교육은 선원이 승선한 후 2주일 이내 실시하여야 한다.

(7) 항해선교의 시야 확보

① **적용** : 1998년 7월 1일 이후 건조된 여객선, 국제항해에 종사하는 총톤수 300톤 이상 선박, 국제항해에 종사하지 아니하는 총톤수 500톤 이상 선박 중 길이 55m 이상 선박은 항해선교의 시야가 확보되어야 한다.
② 선수의 전방으로 선박의 조종 위치에서부터 정선수를 기준으로 좌우 10도까지의 해면의 시야는 선박 길이의 2배 또는 500m 중 작은 수의 거리까지 가려져서는 아니 된다.

(8) 선박의 안전운항을 위한 관리

① 안전운항 관리에 관한 구체적인 사항은 국제해사기구(IMO) 총회결의서에서 채택된 국제안전관리규약(Internayional Safety Management Code, ISM Code)에서 규정하고 있다.
② 해운회사 등 사업장에서는 안전경영시스템을 수립하여 운영하여야 한다.
③ 선박안전관리증서 유효기간 : 5년

(9) 해상안전강화 특별조치

① 선령 5년 이상 탱커, 산적화물선은 특별검사를 받아야 한다.
② 총톤수 100톤 이상 여객선, 총톤수 300톤 이상 화물선에 대하여 IMO 식별번호를 부여한다.

(10) 해상보안강화 특별조치

① 국제선박 및 항만시설보안코드(Internayional Ship and Port facility Security Code, ISPS Code)에서 규정하고 있다.
② 국제항해에 종사하는 여객선, 총톤수 500톤 이상 화물선, 이동식 해상구조물, 항만시설에 적용된다.

실전예상문제

01 다음 중 해상에서의 인명 안전을 위한 국제협약(SOLAS)이 적용되는 대상에 해당하는 것은?

① 국제항해에 종사하는 선박으로서 총톤수 500톤 미만의 화물선
② 국제항해에 종사하는 선박으로서 총톤수 500톤 미만의 여객선
③ 무역업에 종사하지 않는 유람요트
④ 군함 등 전쟁에 사용되는 선박

해설 SOLAS 협약의 적용대상은 여객선과 총톤수 500톤 이상의 화물선 등 기타 국제항해에 종사하는 선박이다.

02 다음 중 해상에서의 인명 안전을 위한 국제협약(SOLAS)에서 규정하고 있는 용어에 관한 설명으로 틀린 것은?

① 주관청이란 선박이 그 국가의 국기를 게양할 자격을 가진 국가의 정부를 말한다.
② 탱커선이란 인화성 액체화물을 산적하여 운송하기 위하여 건조, 개조된 화물선을 말한다.
③ 여객선이란 10인 이상 여객으로 운송되는 선박을 말한다.
④ 데드 쉽 상태는 동력이 공급되지 않아 주추진장치 보일러 및 보조기관이 작동되지 않는 상태를 말한다.

해설 ③ 여객선이란 13인 이상 여객으로 운송되는 선박을 말한다.

03 다음은 해상에서의 인명 안전을 위한 국제협약(SOLAS)에서 규정하고 있는 화물선의 구조, 기관 및 설비에 관한 설명이다. ( )의 내용으로 옳은 것은?

> 화물선의 구조, 기관 및 설비검사 중 선저외판검사는 정기검사 사이 5년에 최소 ( )회 실시하며 검사 간격은 ( )개월을 초과할 수 없다.

① 1, 12
② 2, 24
③ 2, 36
④ 3, 48

해설 화물선의 구조, 기관 및 설비검사 중 선저외판검사는 정기검사 사이 5년에 최소 2회 실시하며 검사 간격은 36개월을 초과할 수 없다.

04 해상에서의 인명 안전을 위한 국제협약(SOLAS)상 증서의 유효기간 중 틀린 것은?

① 여객선안전증서 : 12개월
② 화물선안전설비증서 : 3년
③ 화물선안전구조증서 : 5년
④ 화물선안전무선증서 : 5년

해설 증서의 유효기간은 여객선안전증서는 12개월 범위이고 화물선안전설비증서, 화물선안전구조증서, 화물선안전무선증서는 5년 범위이다.

05 다음 중 해상에서의 인명 안전을 위한 국제협약(SOLAS) 기술규정에서 규정하고 있는 선박의 방화구역에 관한 설명으로 틀린 것은?

① A급, B급, C급의 3개 종류의 구획으로 구분한다.
② 방화 및 방열의 정도는 A급 > B급 > C급 순이다.
③ A급 구획의 경우에는 강 또는 기타 이와 동등한 재료로 건조하여야 한다.
④ C급 구획의 경우에는 건조뿐만 아니라 제조 및 조립시 사용되는 재료 또한 불연성이어야 한다.

해설 ④ B급 구획에 대한 설명이다. C급 구획은 불연성 재료로 건조된 구획으로서 연기 및 화염통과에 관한 요건과 온도상승의 제한요건에 적합하지 않아도 된다.

06 다음 중 해상에서의 인명 안전을 위한 국제협약(SOLAS)에서 규정하고 있는 비상훈련 및 연습에 관한 설명으로 틀린 것은?

① 선박구명설비와 소화설비 사용에 관한 훈련 및 교육은 선원이 승선하기 이전에 실시하여야 한다.
② 모든 선원은 매달 1회의 퇴선훈련과 소화훈련에 참여하여야 한다.
③ 퇴선훈련시 구명정은 3개월에 최소 1회 이상 진수되어 조정되어야 한다.
④ 밀폐구역의 진입 또는 구조임무의 선원은 매 2개월에 1회 밀폐구역의 진입 또는 구조훈련에 참여하여야 한다.

해설 ① 선박구명설비와 소화설비 사용에 관한 훈련 및 교육은 선원이 승선한 후 2주일 이내 실시하여야 한다.

07 해상에서의 인명 안전을 위한 국제협약(SOLAS) 규정상 다음 ( )에 들어갈 내용으로 옳은 것은?

총선원의 ( )% 이상 훈련에 불참 또는 교체 시에는 선박출항 후 ( )시간 이내 비상훈련을 실시하여야 한다.

① 10, 12
② 15, 12
③ 20, 24
④ 25, 24

해설 총선원의 25% 이상 훈련에 불참 또는 교체시에는 선박출항 후 24시간 이내 비상훈련을 실시하여야 한다.

08 다음 중 해상에서의 인명 안전을 위한 국제협약(SOLAS) 기술규정에서 규정하고 있는 항해선교의 시야확보의 적용대상이 아닌 것은?

① 1998년 7월 1일 이후 건조된 여객선
② 국제항해에 종사하는 총톤수 300톤 이상 선박
③ 국제항해에 종사하지 아니하는 총톤수 300톤 이상 선박 중 길이 35m 이상 선박
④ 국제항해에 종사하지 아니하는 총톤수 500톤 이상 선박 중 길이 55m 이상 선박

해설 1998년 7월 1일 이후 건조된 여객선, 국제항해에 종사하는 총톤수 300톤 이상 선박, 국제항해에 종사하지 아니하는 총톤수 500톤 이상 선박 중 길이 55m 이상 선박은 항해선교의 시야가 확보되어야 한다.

09 해상에서의 인명 안전을 위한 국제협약(SOLAS) 기술규정 제5장 제22규칙에서 규정하고 있는 항해선교의 시야확보에 관한 다음 ( )에 들어갈 내용으로 옳은 것은?

> 선수의 전방으로 선박의 조종 위치에서부터 정선수를 기준으로 좌우 10도까지의 해면의 시야는 선박 길이의 ( )배 또는 ( )m 중 작은 수의 거리까지 가려져서는 아니 된다.

① 2, 300 ② 2, 500
③ 3, 300 ④ 3, 500

해설 선수의 전방으로 선박의 조종 위치에서부터 정선수를 기준으로 좌우 10도까지의 해면의 시야는 선박 길이의 2배 또는 500m 중 작은 수의 거리까지 가려져서는 아니 된다.

10 다음 해상에서의 인명 안전을 위한 국제협약(SOLAS)에서 규정하고 있는 해상안전강화 특별조치 중 특별검사를 받아야 하는 탱커의 선령은?

① 1년 이상   ② 3년 이상
③ 5년 이상   ④ 10년 이상

해설 ③ 해상안전강화 특별조치상 선령 5년 이상 탱커, 산적화물선은 특별검사를 받아야 한다.

CHAPTER 2 선박으로부터의 오염방지를 위한 국제협약 (MARPOL)

1 협약의 개요

(1) 협약원명
선박으로부터의 오염방지를 위한 국제협약(MARPOL)은 Protocol of 1978 relating to the International Convention for the Prevention of Pollution from Ships, 1973이다.

(2) 채택 및 발효
1978년 2월 17일 채택되고 1983년 10월 2일에 발효하였다.

(3) 적용범위
① 협약은 당사국의 국기를 게양할 자격이 있는 선박 및 당사국의 국기를 게양할 자격이 없으나 당사국의 권한 하에 운항되고 있는 선박에 적용한다.
② 협약은 군함, 해군보조함 또는 국가가 소유하거나 운항하는 기타 선박으로서 현재 비상업적 용도에만 사용되고 있는 선박에는 적용되지 아니한다.

2 협약의 구성

(1) 협약본문(20개 조문)
협약상의 일반적 의무, 적용, 증서 및 선박의 검사에 관한 특별규정, 분쟁의 해결, 서명, 비준, 수락, 승인 및 가입, 발효 등 일반사항을 규정하고 있다.

(2) 부속서(6개)

부속서 1	기름에 의한 오염방지를 위한 규칙
부속서 2	산적 유해액체물질에 의한 오염규제를 위한 규칙
부속서 3	포장된 형태로 해상운송되는 유해물질에 의한 오염방지를 위한 규칙
부속서 4	선박으로부터의 하수에 의한 오염방지를 위한 규칙
부속서 5	선박으로부터의 폐기물에 의한 오염방지를 위한 규칙
부속서 6	선박으로부터의 대기오염 방지를 위한 규칙

3 기름에 의한 오염방지를 위한 규칙

(1) 적용대상

"기름"이라 함은 원유·중유·슬러지·폐유 및 정제유를 포함한 모든 형태의 석유(이 협약 부속서 Ⅱ의 규정에 따른 석유 화학물질은 제외한다)를 말하며, 별도의 명문규정이 없는 한, 이 부속서의 규정은 모든 선박에 적용한다.

(2) 검사 및 점검

① **검사대상** : 총톤수 150톤 이상의 모든 유탱커 및 총톤수 400톤 이상으로 유탱커 이외의 모든 선박
② **검사종류**

최초 검사	선박이 항행에 사용되기 전 또는 부속서에 의하여 요구되는 증서가 최초로 발급되기 전 검사
정기 검사	5년을 넘지 아니하는 범위에서 주관청이 정하는 기간마다 행하는 검사
중간 검사	국제기름오염방지증서의 유효기간 중에 적어도 1회 행하는 검사

③ **국제기름오염방지증서**

발급대상	총톤수 150톤 이상의 유탱커 및 총톤수 400톤 이상으로 유탱커 이외의 모든 선박
발급권자	주관청 또는 주관청이 정당하게 권한을 부여한 자 또는 단체가 발급
유효기간	발급일로부터 5년을 넘지 아니하는 범위에서 주관청이 정하는 기간
무효사유	⊙ 주관청의 승인없이 구조·설비·장치·부착물·배치 또는 재료에 중대한 변경이 행하여진 경우 ⓒ 주관청에 의하여 정하여진 중간검사가 행하여지지 아니한 경우 ⓒ 선박에 발급된 증서는 선박의 선적이 타 국가로 이전된 경우

(3) 기름의 배출규제

선박으로부터의 기름 또는 유성혼합물의 해안에의 배출은 다음의 조건이 모두 충족되는 경우를 제외하고 금지한다.

① **기름의 배출 가능**

탱커	⊙ 탱커가 특별해역 내에 있지 않을 것
	ⓒ 가장 가까운 육지로부터 탱커까지의 거리가 50해리를 넘을 것
	ⓒ 탱커가 항행 중일 것
	ⓔ 유분의 순간배출율이 1해리당 30리터를 넘지 않을 것
	ⓜ 해역 내 배출되는 기름총량이 다음의 경우에 해당될 것
	   ⓐ 현존탱커(1979.12.31. 이전 인도) : 개별화물 총량의 15,000분의 1 이하
	   ⓑ 신조탱커(1979.12.31. 이후 인도) : 개별화물 총량의 30,000분의 1 이하
	ⓗ 기름배출감시 제어장치 및 슬롭탱크설비를 작동시키고 있을 것

탱커 외 선박(총톤수 400톤 이상)	⊙ 선박이 특별해역 내에 있지 않을 것 ⓒ 선박이 항행 중일 것 ⓒ 유출액 중의 유분이 희석되지 아니하고 15ppm을 넘지 않을 것 ⓔ 기름배출감시제어장치·유수분리장치·기름여과장치 또는 기타의 장치를 작동시키고 있을 것

② 기름기록부 비치
  ㉠ 비치대상 : 총톤수 150톤 이상의 모든 유탱커와 총톤수 400톤 이상으로 유탱커 이외의 모든 선박
  ㉡ 보존기간 : 기름기록부는 최후의 기재가 행하여진 날 이후 3년간 보존

4 산적 유해액체물질에 의한 오염규제를 위한 규칙

(1) 유해액체물질의 종류

해양자원이나 인체에 위해를 미치는 정도에 따라 다음의 4종류로 분류한다.

A류	해양자원이나 인체에 막대한 위해	해양의 쾌적성, 적법한 이용에 중대한 해를 야기	엄격한 오염방지 조치를 취하는 것이 정당
B류	해양자원이나 인체에 위해를 미치거나,	해양의 쾌적성 기타의 적법한 이용에 해를 야기	특별한 오염방지 조치를 취하는 것이 정당
C류	해양자원이나 인체에 경미한 위해	해양의 쾌적성 기타 적법한 이용에 경미한 해를 야기	특별한 작업조건을 필요로 하는 유해액체물질
D류	해양자원이나 인체에 인식가능한 위해	해양의 쾌적성 기타 적법한 이용에 극미한 해를 야기	작업조건에 약간의 주의를 필요

(2) 유해액체물질의 배출

① **A류 물질 또는 A류 물질 함유물 등** : 해양 배출은 금지
② **B류 ~ D류 물질 또는 B류 ~ D류 함유물 등** : 다음의 경우 해양 배출 가능
  ㉠ 자항선의 경우는 7놋트 이상, 비자항선의 경우는 4놋트 이상의 속력으로 항행 중
  ㉡ 배출방법 및 설비가 주관청의 승인
  ㉢ 가장 가까운 육지로부터 12해리 이상 떨어지고 수심 25미터 이상의 장소에서 배출 등

(3) 화물 기록부

① **비치** : 모든 선박에는 화물기록부를 비치하여야 한다.
② **보관** : 화물기록부는 용이하게 검사할 수 있는 장소에 보관하여야 하며 승무원이 없는 피예인선의 경우를 제외하고 선박 내에 보관하여야 한다.
③ **보존기간** : 화물 기록부는 최후의 기재가 행하여진 날 후 2년간 보존하여야 한다.

(4) 검사

① 검사종류

유해액체물질을 산적 수송하는 선박은 다음의 검사를 받아야 한다.

최초 검사	선박이 항행에 사용되기 전 또는 부속서에 의하여 요구되는 증서가 최초로 발급되기 전 검사
정기 검사	5년을 넘지 아니하는 범위에서 주관청이 정하는 기간마다 행하는 검사
중간 검사	30개월 넘지 아니하는 범위에서 주관청이 정하는 기간마다 행하는 검사

② 국제오염방지증서

　㉠ 발급 : 검사가 종료한 때에는 유해액체물질을 수송하는 선박에 대하여 산적유해액체물질의 수송을 위한 국제오염방지증서가 발급된다.
　㉡ 유효기간 : 발급일로부터 5년을 넘지 아니하는 범위에서 주관청이 정하는 기간 동안 유효한 것으로 하여 발급된다.

5 포장된 형태로 해상운송되는 유해물질에 의한 오염방지를 위한 규칙

(1) 적용범위

① 포장된 형태의 유해물질을 운송하는 모든 선박에 대해 적용된다.
② 유해물질의 운송을 위하여 이미 사용된 빈용기는 해양환경에 유해한 잔류물이 담겨있지 아니하다는 것을 확인하는 예방조치가 취하여 질 때까지 유해물질로 취급된다.
③ 이 부속서의 요건은 선박 비품과 장비에는 적용되지 아니한다.

(2) 표시 및 표찰

① 유해물질이 들어있는 포장용기는 정확한 전문명칭(상품명만 사용되어서는 아니된다)을 사용하여 영구적으로 표시하고, 또한 내용물이 해양오염물질임을 나타내는 영구적인 표시 또는 표찰을 사용하여 표시한다.
② 표시, 표찰을 부착하는 방법은 최소한 3개월 동안 바다 속에 잠겨 있어도 포장용기상의 표시내용을 여전히 식별할 수 있는 것이어야 한다.
③ 소량의 유해물질이 들어있는 포장용기에 대하여는 표시요건이 면제될 수 있다.

(3) 적용제외

① **원칙** : 포장된 형태로서 운송되는 유해물질을 투하하는 것은 금지
② **예외** : 해상에서 선박의 안전을 확보하거나 인명을 구조하기 위하여 필요한 경우

6 선박으로부터의 하수에 의한 오염방지를 위한 규칙

(1) 용어정의

① 신선(新船)
　㉠ 부속서의 발효일 이후에 건조계약이 체결된 것
　㉡ 건조계약이 없는 경우에는 용골이 거치되거나 이와 동등한 건조단계에 있는 것
　㉢ 부속서의 발효일부터 3년 이후에 인도되는 것
② **현존선** : 신선 이외의 선박

(2) 적용 대상

① **신선** : 총톤수 200톤 이상의 신선, 10인을 초과하는 인원의 탑승이 승인된 신선
② **현존선** : 부속서의 발효일부터 10년 후 총톤수 200톤 이상의 현존선, 부속서의 발효일부터 10년 후 10인을 초과하는 인원의 탑승이 승인된 현존선

(3) 오수의 배출

해양에의 오수의 배출은 다음의 경우를 제외하고 금지한다.
① **분쇄하고 소독한 오수 배출** : 가장 가까운 육지로부터 4해리 넘는 거리에서 가능
② **분쇄하지 아니하거나 소독하지 아니한 오수 배출** : 육지로부터 12해리를 넘는 거리

(4) 적용제외

① 해상에서 선박 및 승선자의 안전을 확보하거나 인명을 구조하기 위하여 필요한 목적으로 선박으로부터 오수의 배출
② 선박 또는 그의 설비의 손상에 기인하는 오수의 배출

7 선박으로부터의 폐기물에 의한 오염방지를 위한 규칙

(1) 특별해역 밖에서 폐기물의 처분

① **해양 처분 금지** : 합성로프, 합성어망 및 플라스틱제의 쓰레기 봉투 등을 포함한 모든 플라스틱류
② **해양 처분 가능**
  ㉠ 부유성의 던지지, 라이닝 및 포장물질 : 육지로부터 25해리 이상
  ㉡ 음식찌꺼기 및 종이제품 등 : 육지로부터 12해리 이상

(2) 특별해역 내 폐기물의 처분

① **해양 처분 금지** : 모든 플라스틱, 종이제품, 유리, 금속, 던지지, 라이닝 및 포장물질을 포함한 기타의 모든 폐기물
② **해양 처분 가능** : 음식찌꺼기 (육지로부터 12해리 이상)

(3) 적용제외

① 해상에서 선박 및 승선자의 안전을 확보하거나 인명을 구조할 목적의 선박으로부터의 필요한 폐기물의 처분
② 선박 또는 그의 설비의 손상에서 기인하는 폐기물의 유실
③ 합성어망의 우발적인 손실

8 선박으로부터의 대기오염 방지를 위한 규칙

(1) 적용제외
① 해상에서 인명을 구조하거나 선박의 안전을 확보하기 위한 대기오염물질 배출
② 선박 또는 그의 설비의 손상으로 인한 대기오염물질 배출

(2) 검사
① **검사대상** : 총톤수 400톤 이상 모든 선박
② **검사종류** : 최초검사, 정기검사(5년 범위), 중간검사, 추가검사 등

(3) 증서
① **국제대기오염방지증서** : 5년을 넘지 않는 범위에서 주관청이 정하는 기간
② **국제에너지효율증서** : 선박의 일생동안 유효
 (단, 운항중단, 새로운 증서발행, 국적변경 등은 예외)

실전예상문제

01 다음 중 당사국의 국기를 게양할 자격이 있는 선박으로서 선박으로부터의 오염방지를 위한 국제협약(MARPOL)이 적용되는 선박으로 옳은 것은?

① 군함
② 해군보조함
③ 국가가 소유하는 현재 상업적 용도에만 사용되고 있는 선박
④ 국가가 소유하는 현재 비상업적 용도에만 사용되고 있는 선박

해설 협약은 군함, 해군보조함 또는 국가가 소유하거나 운항하는 기타 선박으로서 현재 비상업적 용도에만 사용되고 있는 선박에는 적용되지 아니한다.

02 다음 중 선박으로부터의 오염방지를 위한 국제협약(MARPOL) 부속서 1의 국제기름오염방지증서의 유효기간은?

① 발급일로부터 1년을 넘지 아니하는 범위에서 주관청이 정하는 기간
② 발급일로부터 3년을 넘지 아니하는 범위에서 주관청이 정하는 기간
③ 발급일로부터 5년을 넘지 아니하는 범위에서 주관청이 정하는 기간
④ 발급일로부터 10년을 넘지 아니하는 범위에서 주관청이 정하는 기간

해설 국제기름오염방지증서의 유효기간은 발급일로부터 5년을 넘지 아니하는 범위에서 주관청이 정하는 기간이다.

03 선박으로부터의 오염방지를 위한 국제협약(MARPOL)상 탱커 외 선박(총톤수 400톤 이상)의 기름배출이 가능한 경우가 아닌 것은?

① 선박이 특별해역 외에서 항행 중일 것
② 가장 가까운 육지로부터의 거리가 50해리를 넘을 것
③ 유출액 중의 유분이 희석되지 아니하고 15ppm을 넘지 않을 것
④ 기름배출감시제어장치 등의 장치를 작동시키고 있을 것

해설 ②는 탱커의 기름배출이 가능한 경우이다. ①③④는 탱커 외 선박(총톤수 400톤 이상)의 기름배출이 가능한 경우이다.

04 선박으로부터의 오염방지를 위한 국제협약(MARPOL) 부속서 2의 유해액체물질의 종류에 관한 다음 설명 중 틀린 것은?

① A류 : 해양자원이나 인체에 막대한 위해를 미치거나 해양의 쾌적성, 적법한 이용에 중대한 해를 야기하므로 엄격한 오염방지 조치를 취하는 것이 정당한 물질
② B류 : 해양자원이나 인체에 경미한 위해를 미치거나 해양의 쾌적성, 적법한 이용에 중대한 해를 야기하므로 특별한 오염방지 조치를 취하는 것이 정당한 물질
③ C류 : 해양자원이나 인체에 경미한 위해를 미치거나 해양의 쾌적성, 적법한 이용에 경미한 해를 야기하므로 특별한 작업조건을 필요로 하는 물질
④ D류 : 해양자원이나 인체에 인식가능한 위해를 미치거나 해양의 쾌적성, 적법한 이용에 극미한 해를 야기하므로 특별한 작업조건에 약간의 주의를 필요로 하는 물질

정답 01. ③ 02. ③ 03. ② 04. ②

해설 ② B류 : 해양자원이나 인체에 위해를 미치거나 해양의 쾌적성, 적법한 이용에 해를 야기하므로 특별한 오염방지 조치를 취하는 것이 정당한 물질이다.

05 선박으로부터의 오염방지를 위한 국제협약(MARPOL) 부속서 2에서 유해물질의 배출이 가능한 경우이다. 다음 ( )의 내용 중 옳은 것은?

> 배출방법 및 설비가 주관청의 승인을 받고 자항선의 경우는 ( )놋트 이상, 비자항선의 경우는 ( )놋트 이상의 속력으로 항행 중인 경우에는 해양에 배출이 가능하다.

① 7, 4
② 5, 3
③ 3, 2
④ 5, 4

해설 다음의 경우에는 해양에 배출이 가능하다.
㉠ 자항선의 경우는 7놋트 이상, 비자항선의 경우는 4놋트 이상의 속력으로 항행 중
㉡ 배출방법 및 설비가 주관청의 승인
㉢ 가장 가까운 육지로부터 12해리 이상 떨어지고 수심 25미터 이상의 장소에서 배출

06 선박으로부터의 오염방지를 위한 국제협약(MARPOL) 부속서 3에서 유해물질이 들어 있는 포장용기에 사용하는 표시, 표찰은 바다 속에 잠겨 있어도 표시내용을 식별할 수 있는 최소한 기간은?

① 1개월
② 2개월
③ 3개월
④ 6개월

해설 표시, 표찰을 부착하는 방법은 최소한 3개월 동안 바다 속에 잠겨 있어도 포장용기상의 표시내용을 여전히 식별할 수 있는 것이어야 한다.

07 선박으로부터의 오염방지를 위한 국제협약(MARPOL) 부속서 4에서 해양에의 오수의 배출이 가능한 경우이다. 다음 ( )의 내용 중 옳은 것은?

> 분쇄하고 소독한 오수 배출은 가장 가까운 육지로부터 ( )해리 넘는 거리, 분쇄하지 아니하거나 소독하지 아니한 오수 배출은 육지로부터 ( )해리를 넘는 거리에서 가능하다.

① 2, 4
② 3, 6
③ 4, 8
④ 4, 12

해설 선박으로부터의 오염방지를 위한 국제협약(MARPOL) 부속서 4에서 해양에의 오수의 배출은 분쇄하고 소독한 오수 배출은 가장 가까운 육지로부터 4해리 넘는 거리, 분쇄하지 아니하거나 소독하지 아니한 오수 배출은 육지로부터 12해리를 넘는 거리에서 가능하다.

08 선박으로부터의 오염방지를 위한 국제협약(MARPOL) 부속서 5에서 선박에서 배출되는 음식찌꺼기의 해양처분이 가능한 기준은?

① 육지로부터 12해리 이상 떨어진 곳
② 육지로부터 15해리 이상 떨어진 곳
③ 육지로부터 20해리 이상 떨어진 곳
④ 육지로부터 25해리 이상 떨어진 곳

해설 ① 선박으로부터의 오염방지를 위한 국제협약(MARPOL) 부속서 5에서 선박에서 배출되는 부유성의 던니지, 라이닝 및 포장물질은 육지로부터 25해리 이상, 음식찌꺼기 및 종이제품 등은 육지로부터 12해리 이상 떨어진 곳에서 해양처분이 가능하다.

CHAPTER 3. 선원의 훈련, 자격증명 및 당직근무의 기준에 관한 국제협약(STCW)

1 협약의 개요

(1) 협약의 원명

선원의 훈련, 자격증명 및 당직근무의 기준에 관한 국제협약(STCW)은 International Convention on Standards of Training, Certificate and Watchkeeping for Seafarers, 1978

(2) 체결 및 개정과정

1978년 7월 7일 채택되어 1984년 4월 28일 발효하였다. 이후 1995년 개정되어 1997년 2월 1일 발효되었으나, 또 2010년 개정되어 2012년 1월 1일 발효되었다.

(3) 협약의 목적

선원의 훈련·자격증명 및 당직근무의 국제적 기준을 제정함으로써 해상에서의 인명과 재산의 안전 및 해양환경의 보호를 증진

(4) 협약의 구성

① **협약 본문(17개 조문)** : 적용범위, 정보의 교류, 증명서, 면제증서, 감독 등
② **부속서(8개 장)와 STCW Code A편(강행규정), B편(임의규정)으로 구성**

부속서 1	일반규정
부속서 2	선장과 갑판부
부속서 3	기관부
부속서 4	무선통신과 무선통신사
부속서 5	특정선박 종사자에 대한 특별훈련요건
부속서 6	비상, 직업안전, 보안, 의료관리 및 생존기능
부속서 7	다기능해기사 자격증명
부속서 8	당직근무에 관한 사항

2 협약의 내용

(1) 용어정의

당사국	이 협약이 발효한 국가
주관청	선박이 그 국기를 게양할 권리를 가진 당사국의 정부
증명서	명칭여하에 관계없이 주관청의 권한에 의거하여 발급되거나 그 소지자가 동 문서상에 기재 또는 국내규정에 의하여 인정된 바와 같이 직무에 종사하는 것을 주관청이 승인하는 유효한 문서
원양항해선	전적으로 내해를 운항하거나 차폐 수역 내 또는 항만규칙이 적용되는 지역 내 수역이나 이에 근접된 수역을 운항하는 선박 이외의 선박
어선	어류, 고래류, 해초류, 해마류 또는 기타 해양 생물자원을 포획하는데 사용되는 선박
무선전신규칙	당시에 발효 중인 최신 국제전기통신협약에 부속되어 있거나 부속되어 있는 것으로 보는 무선전신규칙

(2) 적용 범위

① **적용대상** : 당사국의 국기를 게양할 권리를 가진 원양항해선에 승무하는 선원에게 적용된다.
② **적용제외** : 이 협약은 다음과 같은 선박에 승무하는 자를 제외한다.
  ㉠ 군함, 해군보조함 또는 국가에 의하여 소유되거나 운항되고 전적으로 정부의 비영리적 역무에 종사하는 기타의 선박
  ㉡ 어선
  ㉢ 교역에 종사하지 아니하는 오락용 요트
  ㉣ 원시형 목선

(3) 배서증서

① **배서** : 발급된 선장 또는 사관에 대한 증명서는 부속서의 제2규칙에 규정된 양식으로 주관청에 의하여 배서되어야 한다.
② **배서증서 발급** : 이 협약의 모든 요건이 준수되었을 경우에 한하여 발급한다.
③ **배서 유효기간** : 발급일로부터 5년을 초과할 수 없다.

(4) 면제증서

① **발급사유** : 주관청은 예외적으로 필요한 상황하에서 인명, 재산 또는 환경에 위험을 초래하지 아니한다고 인정하는 경우에 전파통신 기사 또는 무선전화통신사에 관하여 관련 무선전신규칙에 규정된 경우를 제외하고 면제증서를 발급할 수 있다.
② **내용** : 특정선원에게 그가 증명서를 소지하고 있지 아니하는 여타의 자격으로 6개월이 초과하지 아니하는 특정기간 동안 특정선박에 근무하도록 허용한다.

(5) 항해사
① 모든 항해사는 통신사 자격요건으로 최소 ROC 면허를 소지하고 그 중 GOC 면허를 소지하여야 한다.
  ㉠ ROC(Restricted Operators Certificate) : 무선통신장비 중에서 무선전화에 국한하여 자격을 부여하는 제한급 무선통신사
  ㉡ GOC(General Operators Certificate) : 일반적인 해상통신장비의 운용능력에 대한 자격을 부여하기 위한 일반급 무선통신사
② **당직 항해사 면허요건** : 1년 이상 승인된 승무경력 또는 선장 등의 감독하에 6개월 이상 선교당직근무 수행

(6) 기초교육
① **대상** : 유조선 및 화학약품운송선 또는 액화가스탱커의 화물과 하역장치에 관련된 특정 임무 등을 담당하는 해기사와 부원은 기초교육 이수증을 소지하여야 한다.
② **자격요건** : 기초교육을 이수하고 최소한 3개월 승인된 승무경력과 해기능력의 기준을 충족하여야 한다.

(7) 상급교육
① **대상** : 유조선 및 화학약품운송선 또는 액화가스탱커의 선장, 기관장, 1등항해사, 1등기관사와 기타 화물관련작업에 대하여 직접 책임을 지는 모든 사람은 상급교육 이수증을 소지하여야 한다.
② **자격요건** : 기초교육 이수증을 소지하고, 상급교육을 이수하고 최소한 3개월 승인된 승무경력을 충족하여야 한다.

(8) 선박보안책임자의 적임증명서
선박보안책임자의 적임증명서를 받기 위해서는 12개월 이상 승무경력 또는 선박운항지식을 갖추어야 한다.

(9) 당직근무시 휴식시간
① 해기사, 부원 등은 24시간 이내 최소한 10시간 휴식시간 필요
② 매 7일의 기간마다 최소 77시간의 휴식시간 부여
③ 휴식시간은 2회 이내 구분할 수 있으며, 그 중 1회 6시간 이상이어야 한다. 단, 연속된 휴식시간 간격은 14시간을 초과할 수 없다.

실전예상문제

01 다음 중 선원의 훈련, 자격증명 및 당직근무의 기준에 관한 국제협약(STCW)이 적용되는 선원의 승선 선박에 해당하는 것은?(단, 당사국의 국기를 게양할 권리 있음)

① 원양항해선　　② 군함
③ 어선　　　　　④ 오락용 요트

해설 STCW협약은 당사국의 국기를 게양할 권리를 가진 원양항해선에 승무하는 선원에게 적용된다. 단, 다음과 같은 선박에 승무하는 자는 적용을 제외한다.
㉠ 군함, 해군보조함 또는 국가에 의하여 소유되거나 운항되고 전적으로 정부의 비영리적 역무에 종사하는 기타의 선박
㉡ 어선
㉢ 교역에 종사하지 아니하는 오락용 요트
㉣ 원시형 목선

02 선원의 훈련, 자격증명 및 당직근무의 기준에 관한 국제협약(STCW)상 배서증서의 배서의 유효기간은?

① 1년　　② 3년
③ 5년　　④ 10년

해설 발급된 선장 또는 사관에 대한 증명서는 부속서의 제2규칙에 규정된 양식으로 주관청에 의하여 배서되어야 한다. 이 경우 배서의 유효기간은 발급일로부터 5년을 초과할 수 없다.

03 선원의 훈련, 자격증명 및 당직근무의 기준에 관한 국제협약(STCW)상 면제증서에 관한 다음 설명 중 틀린 것은?

① 주관청이 발급한다.
② 인명, 재산 또는 환경에 위험을 초래하지 아니한다고 인정하는 경우에 발급할 수 있다.
③ 전파통신 기사 또는 무선전화통신사에 관하여 관련 무선전신규칙에 규정된 경우에는 발급하지 아니 한다.
④ 증명서를 소지하고 있지 아니하는 특정선원에게 3개월이 초과하지 아니하는 특정기간 동안 특정 선박에 근무하도록 허용한다.

해설 ④ 증명서를 소지하고 있지 아니하는 특정선원에게 6개월이 초과하지 아니하는 특정기간 동안 특정 선박에 근무하도록 허용한다.

04 선원의 훈련, 자격증명 및 당직근무의 기준에 관한 국제협약(STCW)상 당직 항해사 면허를 취득하기 위한 요건으로서 필요한 승무경력은?

① 6개월 이상　　② 1년 이상
③ 2년 이상　　　④ 3년 이상

해설 당직 항해사 면허요건은 1년 이상 승인된 승무경력 또는 선장 등의 감독하에 6개월 이상 선교당직근무를 수행하여야 한다.

01. ①　02. ③　03. ④　04. ②

05 선원의 훈련, 자격증명 및 당직근무의 기준에 관한 국제협약(STCW)상 선박보안책임자의 적임증명서를 받기 위한 승무경력은?

① 3개월 이상 ② 6개월 이상
③ 12개월 이상 ④ 18개월 이상

해설 선박보안책임자의 적임증명서를 받기 위해서는 12개월 이상 승무경력 또는 선박운항지식을 갖추어야 한다.

06 다음은 선원의 훈련, 자격증명 및 당직근무의 기준에 관한 국제협약(STCW) 부속서 8에서 당직근무시 휴식시간의 내용이다. 다음 ( )의 내용 중 옳은 것은?

> 해기사, 부원 등은 24시간 이내 최소한 ( )시간의 휴식시간을 취해야 하며, 매 7일의 기간마다 최소 ( )시간의 휴식시간이 부여되어야 한다.

① 8, 56 ② 8, 70
③ 10, 70 ④ 10, 77

해설 [당직근무시 휴식시간]
① 해기사, 부원 등은 24시간 이내 최소한 10시간의 휴식시간을 취해야 하며, 매 7일의 기간마다 최소 77시간의 휴식시간이 부여되어야 한다.
② 휴식시간은 2회 이내 구분할 수 있으며, 그 중 1회 6시간 이상이어야 한다. 단, 연속된 휴식시간 간격은 14시간을 초과할 수 없다.

CHAPTER 4 국제 만재흘수선 협약(LOADLINES)

제1과목 선박관계법규

1 협약의 개요

(1) 협약의 원명
1966년 국제 만재흘수선 협약(International Convention on Load Lines, 1966)

(2) 채택 및 발효
1966년 4월 5일 런던에서 채택되었고, 1968년 7월 21일에 발효되었다.

(3) 협약의 목적
풍우와 선박의 외부환경으로부터 선박의 수밀을 확보, 보전하기 위한 국제적인 통일규칙을 확립하는 것

(4) 협약의 구성
협약본문(34개조문)과 부속서(4개)로 구성한다.
① **부속서 1** : 만재흘수선을 결정하기 위한 규칙
② **부속서 2** : 대역, 구역 및 계절기간
③ **부속서 3** : 증서
④ **부속서 4** : 준수에 대한 검증 등

2 협약의 내용

(1) 적용범위

① 적용대상
㉠ 자국정부가 체약정부로 되어 있는 국가에 등록된 선박
㉡ 이 협약의 적용을 받는 지역에 등록된 선박
㉢ 자국정부가 체약정부로 되어 있는 국가의 국기를 계양하고 있으나 등록되지 아니한 선박
㉣ 국제항해에 종사하는 선박

② 적용제외
　㉠ 군함, 어선, 운송업에 종사하지 아니하는 유람요트
　㉡ 길이 24미터 미만의 신선
　㉢ 총톤수 150톤 미만의 현존선

(2) 용어정의

① **흘수(draught)** : 선박의 수면아래 깊이를 말하며, 선박의 안전확보를 위해 선박의 화물적재시 흘수를 제한한다.
② **건현** : 수면으로부터 갑판상 높이 즉, 갑판선의 상단에서 만재흘수선까지의 수직거리
③ **만재흘수선(load draft line)** : 선박이 여객, 화물을 적재하고 안전하게 항행할 수 있는 최대흘수를 가리키는 선으로서 이를 초과하여 적재해서는 아니된다.

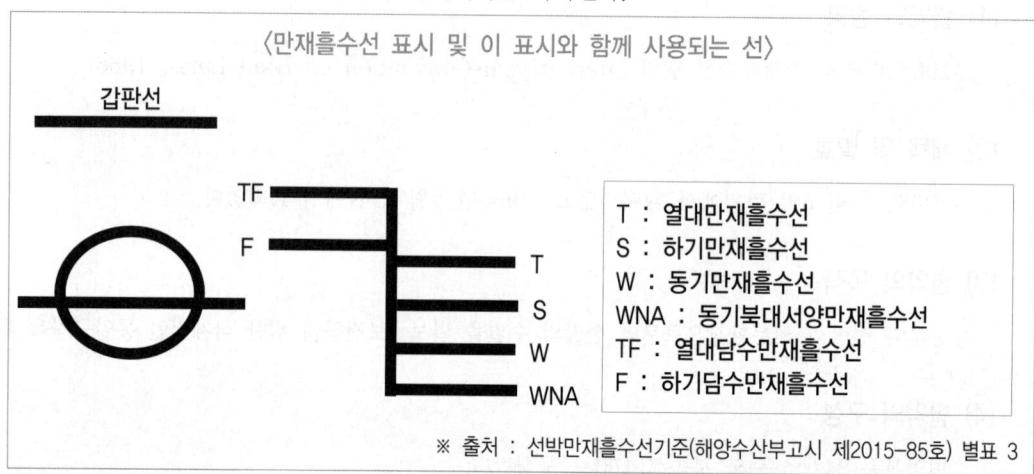

※ 출처 : 선박만재흘수선기준(해양수산부고시 제2015-85호) 별표 3

④ **풍우밀** : 풍우밀이라 함은 어떠한 해상상태에 있어서도 물이 선내에 침입하지 아니하는 것을 말한다.
⑤ **형깊이** : 용골의 상면에서 선측에 있어서의 건현갑판량의 상면까지 측정한 수직거리를 말한다.
⑥ **건현용 깊이(D)** : 선박의 중앙에서의 형깊이에 갑판량상측판이 있을 때에는 그 건현갑판 두께를 더한 것을 말한다.
⑦ **건현갑판** : 건현갑판이라 함은 통상적으로 외기 및 해수에 노출된 최상층의 전통갑판으로서 그 노출부에 있는 모든 개구에 상설 폐쇄장치를 가지고 있고 하방의 선측에 있는 모든 개구에는 상설수밀폐쇄장치를 가진 것을 말한다.
⑧ **선루** : 건현갑판상에 설치된 상부에 갑판을 가지고 있는 구조물로서 선측에서 선측까지 달하거나 선측외판에서 너비(B)의 4퍼센트를 넘지 아니하는 위치에 그 측판을 가지고 있는 것을 말한다.

(3) 국제만재흘수선증서(1966년)

① **증서의 유효기간** : 주관청이 정하는 기간에 따라 발행되며 그 기간은 발행일로부터 5년을 넘어서는 아니된다.
② **취소사유** : 주관청은 다음의 경우에는 증서를 취소한다.
　㉠ 선박의 선체 또는 선루에 건현의 증가를 요하는 실질적인 변경을 가한 경우

ⓒ 취부물과 기구가 유효한 상태로 유지되고 있지 아니한 경우
　　ⓒ 선박이 검사받고 있다는 것을 증서에 이서하지 아니한 경우
　　ⓔ 선박의 구조상의 강도가 저하된 경우

(4) 건현 지정

① **A형 선박** : 산적 액체화물만을 운송하기 위하여 설계된 것으로서 그 화물탱크에는 강 또는 동등 재료의 수밀의 가스캣트부 덮개에 의하여 폐쇄된 작은 출입구만이 있는 것으로서 적재된 화물구획에 낮은 침수율을 가진 선박을 말한다.

② **B형 선박** : A형 선박에 해당하지 아니하는 모든 선박

(5) 선원의 보호

① 선원의 거주에 쓰이는 갑판실의 강도는 주관청이 만족하는 것이어야 한다.
② 건현갑판 및 선루갑판의 부분에는 유효한 보호난간 또는 현장을 설치하여야 한다.
③ 현장 또는 보호난간의 높이는 적어도 갑판상 1미터(39. 1/2인치)가 되어야 한다.

CHAPTER 4 실전예상문제

01 다음 중 국제 만재흘수선 협약(LoadLines)이 적용되는 대상은?

① 군함
② 어선
③ 국제항해에 종사하는 길이 24미터 미만의 신선
④ 국제항해에 종사하는 총톤수 150톤 이상의 현존선

[해설] 협약의 적용이 제외되는 선박
㉠ 군함, 어선, 운송업에 종사하지 아니하는 유람요트
㉡ 길이 24미터 미만의 신선
㉢ 총톤수 150톤 미만의 현존선

02 다음 중 국제 만재흘수선 협약(LoadLines)상 용어에 관한 설명으로서 틀린 것은?

① 흘수 : 수면으로부터 갑판상 높이 즉, 갑판선의 상단에서 만재흘수선까지의 수직거리
② 만재흘수선 : 선박이 여객, 화물을 적재하고 안전하게 항행할 수 있는 최대흘수를 가리키는 선
③ 풍우밀 : 어떠한 해상상태에 있어서도 물이 선내에 침입하지 아니하는 것
④ 형깊이 : 용골의 상면에서 선측에 있어서의 건현갑판량의 상면까지 측정한 수직거리

[해설] ①은 건현에 관한 설명이다. 흘수(draught)는 선박의 수면아래 깊이를 말하며, 선박의 안전확보를 위해 선박의 화물적재시 흘수를 제한한다.

03 다음 선박만재흘수선기준에서의 용어 설명 중 틀린 것은?

① T : 열대만재흘수선
② S : 동기만재흘수선
③ WNA : 동기북대서양만재흘수선
④ F : 하기담수만재흘수선

[해설] 선박만재흘수선기준(해양수산부고시 제2015-85호) 별표 3

T : 열대만재흘수선
S : 하기만재흘수선
W : 동기만재흘수선
WNA : 동기북대서양만재흘수선
TF : 열대담수만재흘수선
F : 하기담수만재흘수선

04 국제 만재흘수선 협약(LoadLines)상 국제만재흘수선증서(1966년)의 취소사유가 아닌 것은?

① 선박의 선체 또는 선루에 건현의 증가를 요하지 않는 변경을 가한 경우
② 취부물과 기구가 유효한 상태로 유지되고 있지 아니한 경우
③ 선박이 검사받고 있다는 것을 증서에 이서하지 아니한 경우
④ 선박의 구조상의 강도가 저하된 경우

[해설] 주관청은 다음의 경우에는 국제만재흘수선증서를 취소한다.
㉠ 선박의 선체 또는 선루에 건현의 증가를 요하는 실질적인 변경을 가한 경우
㉡ 취부물과 기구가 유효한 상태로 유지되고 있지 아니한 경우

정답 01. ④ 02. ① 03. ② 04. ①

ⓒ 선박이 검사받고 있다는 것을 증서에 이서하지 아니한 경우
ⓔ 선박의 구조상의 강도가 저하된 경우

05 국제 만재흘수선 협약(LoadLines)상 다음과 같이 설명하는 선박의 종류는?

> 산적 액체화물만을 운송하기 위하여 설계된 것으로서 그 화물탱크에는 강 또는 동등재료의 수밀의 가스캣트부 덮개에 의하여 폐쇄된 작은 출입구만이 있는 것으로서 적재된 화물구획에 낮은 침수율을 가진 선박을 말한다.

① A형 선박
② B형 선박
③ C형 선박
④ D형 선박

해설 문제에서 설명하는 선박은 A형 선박이다. B형 선박은 A형 선박에 해당하지 아니하는 모든 선박을 말한다.

06 국제 만재흘수선 협약(LoadLines)상 선원의 보호를 위해 설치하는 현장 또는 보호난간의 최소한 높이는?

① 1미터
② 1.5미터
③ 2미터
④ 2.5미터

해설 선원의 보호를 위해 건현갑판 및 선루갑판의 부분에는 유효한 보호난간 또는 현장을 설치하여야 한다. 이 경우 현장 또는 보호난간의 높이는 적어도 갑판상 1미터가 되어야 한다.

CHAPTER 5 선박톤수 측정에 관한 국제협약 (TONNAGE)

1 협약의 개요

(1) 협약의 원명
선박톤수 측정에 관한 국제협약(TONNAGE)[International Convention on Tonnage Measurement of Ships, 1969]

(2) 체결 및 발효
1969년 6월 23일에 채택되어 1982년 7월 18일에 발효되었다.

(3) 협약의 목적
국제항해에 종사하는 선박의 톤수측정제도를 통일하기 위한 목적

(4) 협약의 구성
협약본문과 부속서 1(일반사항), 2(국제톤수증서)로 구성한다.

2 협약의 내용

(1) 적용범위

① 적용대상
㉠ 국제항해 종사하는 선박 중 협약당사국 정부의 국가에 등록된 선박
㉡ 이 협약의 적용을 받는 영토에 등록된 선박
㉢ 협약당사국 정부의 국가의 국기를 게양하고 있으나 등록되지 아니한 선박

② 적용제외
군함이나 길이 24미터 미만의 선박에는 적용되지 않는다.

(2) 용어정의

① **총톤수** : 선박의 전체 크기에 대한 측정값으로서 측정갑판의 아랫부분 용적에, 측정갑판보다 위에 밀폐된 모든 폐위장소의 용적을 합한 것이다. 관세, 등록세, 계선료, 도선료 등의 산정기준이 되며 선박 국적 증서에 기재된다.
② **순톤수** : 순톤수는 총톤수에서 선원실, 밸러스트 탱크, 갑판창고, 기관실 등을 제외한 용적으로 화물이나 여객운송을 위해 사용되는 실제 용적이다. 입항세, 톤세, 항만시설 사용료 등의 산정기준이 된다.
③ **배수톤수**
  ㉠ 경하 배수톤수 : 선박이 화물, 연료, 청수, 식량 등을 적재하지 않은 상태의 톤수
  ㉡ 만재 배수톤수 : 선박이 만재흘수선까지 화물, 연료 등을 적재한 만재 상태의 톤수로 군함의 크기를 표시하는 데 이용된다.
④ **재화 중량톤수** : 선박이 적재할 수 있는 최대의 무게를 나타내는 톤수로서 적재 화물뿐만 아니라 항해에 필요한 연료유 기타 선용품 등을 포함한다. 상선 매매와 용선료 산정기준으로 사용된다.
⑤ **형깊이** : 용골의 상면에서 선측에 있어서의 건현갑판량의 상면까지 측정한 수직거리를 말한다.
⑥ **폐위구역** : 칸막이, 격벽이나 갑판덮개, 갑판으로 둘러싸인 모든 장소를 말한다.
⑦ **제외구역** : 폐위구역에 포함되지 않는 구역으로 선반이나 개구 등을 말한다.
⑧ **화물구역** : 순톤수에 포함되는 구역으로 화물의 운송을 위하여 정해진 폐위구역을 말한다.

(3) 선박톤수 측정

① **측정대상** : 총톤수, 순톤수
② **측정기관** : 주관청이 측정하며 그 권한의 위탁이 가능하다.
③ **측정방법**
  ㉠ 총톤수 : 폐위구역의 총용적에 특정 상수를 곱한 값으로 산정
  ㉡ 순톤수 : 화물구역의 총용적에 특정 상수를 곱한 값에 형깊이를 형흘수로 나눈 값을 곱한 값으로 산정

(4) 국제톤수증서

① **발행대상** : 톤수측정협약에 따라 톤수가 측정된 모든 선박
② **발행기관** : 주관청 또는 위임받은 단체 등이 발행하며, 주관청이 책임을 진다.
③ **증서인정** : 협약 당사국이 발행한 증서는 다른 당사국 정부가 인정하여야 한다.
④ **효력상실 및 정지**
  ㉠ 톤수 증가, 구조변경 등이 발생한 경우
  ㉡ 선박의 국기가 다른 국가의 국기로 이전되는 경우(국적변경)

CHAPTER 5 실전예상문제

01 다음 중 선박톤수 측정에 관한 국제협약(TONNAGE)이 적용되지 않는 대상은?
① 국제항해 종사하는 선박 중 협약당사국 정부의 국가에 등록된 선박
② 이 협약의 적용을 받는 영토에 등록된 선박
③ 협약당사국 정부의 국가의 국기를 게양하고 있으나 등록되지 아니한 선박
④ 군함이나 길이 24미터 미만의 선박

해설 ①②③은 협약이 적용되는 대상이다. ④ 군함이나 길이 24미터 미만의 선박에는 적용되지 않는다.

02 선박톤수 측정에 관한 국제협약(TONNAGE)상 용어에 관한 다음 설명 중 틀린 것은?
① 총톤수 : 선박의 전체 크기에 대한 측정값을 말한다.
② 순톤수 : 선박에서 화물을 적재하기 위한 유효한 용적을 말한다.
③ 폐위구역 : 칸막이, 격벽이나 갑판덮개, 갑판으로 둘러싸인 모든 장소를 말한다.
④ 화물구역 : 폐위구역에 포함되지 않는 구역으로 선반이나 개구 등을 말한다.

해설 ④는 제외구역에 대한 설명이다. 화물구역은 순톤수에 포함되는 구역으로 화물의 운송을 위하여 정해진 폐위구역을 말한다.

03 선박톤수 측정에 관한 국제협약(TONNAGE)상 선박톤수 측정방법에 관한 설명이다. 다음 (　)의 내용을 순서대로 옳은 것은?

(　　)는 폐위구역의 총용적에 특정 상수를 곱한 값으로 산정하고, (　　)는 화물구역의 총용적에 특정 상수를 곱한 값에 형깊이를 형흘수로 나눈 값을 곱한 값으로 산정한다.

① 총톤수, 순톤수
② 순톤수, 총톤수
③ 재화용적톤수, 재화중량톤수
④ 재화중량톤수, 재화용적톤수

해설 선박톤수의 측정대상은 총톤수, 순톤수이다. 총톤수는 폐위구역의 총용적에 특정 상수를 곱한 값으로 산정하고, 순톤수는 화물구역의 총용적에 특정 상수를 곱한 값에 형깊이를 형흘수로 나눈 값을 곱한 값으로 산정한다.

04 선박톤수 측정에 관한 국제협약(TONNAGE)상 국제톤수증서에 관한 다음 설명 중 틀린 것은?
① 국제톤수증서는 톤수측정협약에 따라 톤수가 측정된 모든 선박에 발행한다.
② 증서는 주관청이 발행할 수 있으며, 위임받은 단체 등은 발행할 수 없다.
③ 톤수 증가, 구조변경 등이 발생한 경우에는 증서의 효력이 상실된다.
④ 선박의 국기가 다른 국가의 국기로 이전되는 경우에는 증서의 효력이 정지된다.

해설 ② 국제톤수증서는 주관청 또는 위임받은 단체 등이 발행하며, 주관청이 책임을 진다.

정답 01. ④　02. ④　03. ①　04. ②

CHAPTER 6 해사노동협약(MLC)

제1과목 선박관계법규

[시행 2024. 1. 26.]

1 협약의 개요

(1) 협약의 원명
해사노동협약(MLC) [Maritime Labor Convention, 2006]

(2) 체결 및 발효
2006년 2월 3일에 채택되어 2013년 8월 20일에 발효되었다.

(3) 협약의 목적
선원의 권리 및 근로조건에 관련한 해사노동기준을 통일하기 위한 목적

(4) 협약의 구성

구분	내용	개정	효력
본문	일반의무, 용어, 적용범위, 기본권, 선원의 근로권, 발효요건 등	명시적 개정	강행규정
규정	원칙 및 권리에 해당하는 요소		
Code A(기준)	세부요건의 분야별 묶음	명시적 또는 간이 개정	
Code B(지침)	권고사항의 분야별 묶음		임의규정

2 협약의 적용범위

(1) 인적범위
명시적으로 달리 규정된 경우를 제외하고, 이 협약은 모든 선원에게 적용된다.

(2) 물적범위
① **원칙** : 공·사유를 불문하고 통상적으로 상업적 활동에 종사하는 모든 선박에 적용

② **적용제외**
  ㉠ 어업 또는 유사한 목적에 종사하는 선박
  ㉡ 삼각돛 붙이 범선 및 밑이 평평한 범선과 같이 전통적 구조의 선박
  ㉢ 전함 또는 해군보조함

③ **권한당국의 결정시 일부 규정 적용제외**
  권한 당국이 관계 선박소유자 및 선원 단체와 협의를 거치는 경우에 국제항해에 종사하지 아니하는 총 톤수 200톤 미만의 선박에 한하여 제외한다.

3 협약의 내용

(1) 용어정의

권한당국	관계 규정의 관련 사항과 관련하여 법적 강제력을 가지는 규정, 명령 또는 그 밖의 지시를 발령하고, 집행할 권한을 가진 장관, 정부부서 또는 그 밖의 당국
해사노동적합선언서	규정 제5.1.3조에서 규정하는 선언서
해사노동적합증서	규정 제5.1.3조에서 규정하는 증서
이 협약의 요건	이 협약의 본문, 규정 및 코드 가편에 있는 요건
총 톤수	1969년 선박의 톤수측정에 관한 국제협약의 부속서 1 또는 일체의 후속 협약에 수록된 톤수측정 규정에 따라서 계산된 총 톤수
선원	이 협약이 적용되는 선박에서 어떠한 직무로든 고용되거나, 종사하거나 일하는 모든 사람
선원근로계약	고용계약과 승선계약을 포함한다.
선원직업소개업체	선박소유자를 대리하여 선원을 모집하거나 선원의 직업소개에 종사하는 공공 또는 민간 영역의 모든 개인, 회사, 협회, 대리점 또는 그 밖의 조직을 말한다.
선박	전적으로 내해를 항행하거나 차폐된 수역 내 또는 항만규칙이 적용되는 지역 내의 수역이나 이에 근접한 수역을 항행하는 선박 이외의 선박을 말한다.
선박소유자	선박의 소유자 또는 선박의 소유자로부터 선박의 운항에 대한 책임을 수탁할 때, 이 협약에 따라서 선박소유자에게 부과된 의무와 책임을 인수하기로 동의한 관리자, 대리인 또는 선체용선자와 같은 다른 조직 또는 사람을 말한다.

(2) 최저연령

① 16세 미만인 모든 사람을 선내에서 고용하거나 종사시키거나 근로를 하게 하는 것은 금지된다.
② 18세 미만인 선원의 야간근로는 금지된다.
  ※ 야간 : 국내법과 관행에 의해 정의된다. 야간은 자정 이전에 시작하여 익일 오전 5시 이후에 종료하는 최소한 9시간의 기간이 포함된다.
③ 18세 미만인 선원을 고용, 종사 또는 근로하게 하는 것은 그 근로가 그들의 건강 또는 안전을 위태롭게 할 경우 금지된다.

(3) 건강진단서
　① 건강진단서는 최대 2년간 유효하다. 다만 18세 미만의 선원의 경우 건강진단서의 최대 유효기간은 1년이다.
　② 색각에 대한 건강진단서는 최대 6년간 유효하다.

(4) 선원근로계약
　① 관계 선박소유자와 선원은 각각 선원근로계약서의 원본을 1부씩 소지하도록 한다.
　② 선원근로계약의 조기 종료를 위한 선원 및 선박소유자의 최소 예고기간은 관련된 선박소유자 및 선원 단체와의 협의 후 결정되나 7일보다 짧아서는 아니 된다.

(5) 근로시간 및 휴식시간
　① 선원에 대한 통상근로시간의 기준은 1일 8시간 근로, 주 1일 휴식 및 공휴일 휴식을 기반으로 한다.
　② 근로 또는 휴식 시간의 제한
　　㉠ 최대근로시간은 24시간 중 14시간, 7일의 기간 중 72시간을 초과해서는 아니 된다.
　　㉡ 최소휴식시간은 24시간 중 10시간, 7일의 기간 중 77시간을 하회해서는 아니 된다.
　③ 휴식시간은 1회를 초과하지 않도록 분할할 수 있으며 그 중 한번은 최소 6시간이고 연속적인 휴식시간 사이의 간격은 14시간을 초과해서는 아니 된다.

(6) 거주설비 및 오락시설 등
　① 모든 선원 거주구역 내의 최소허용 천정높이는 203cm 이상이다.
　② 여객선 이외의 선박에는 각 선원에 대하여 개별 침실이 제공된다. 다만, 권한당국은 총 톤수 3,000톤 미만의 선박 또는 특수목적선에 대하여 관련 선박소유자 및 선원 단체와 협의 후 이 요건의 면제를 허가할 수 있다.
　③ 15명 이상의 선원이 승선하고 3일 이상 항해에 종사하는 선박은 전적으로 의료 목적으로 사용되는 분리된 병실을 설치한다.
　④ 100명 이상을 운송하고, 3일을 초과하는 기간의 국제항해에 통상적으로 종사하는 선박은 의료관리를 제공할 책임을 담당할 자격을 갖춘 의사를 승무시켜야 한다.

CHAPTER 6 실전예상문제

01 해사노동협약(MLC)상 권한 당국이 관계 선박소유자 및 선원 단체와 협의를 거치는 경우에 일부 규정을 제외하는 국제항해에 종사하지 아니하는 선박의 총톤수는?

① 총 톤수 100톤 미만
② 총 톤수 200톤 미만
③ 총 톤수 300톤 미만
④ 총 톤수 400톤 미만

해설 ② 권한 당국이 관계 선박소유자 및 선원 단체와 협의를 거치는 경우에 국제항해에 종사하지 아니하는 총 톤수 200톤 미만의 선박에 한하여 일부 규정의 적용을 제외한다.

02 해사노동협약(MLC)상 선내에서 고용하거나 종사시키거나 근로가 금지되는 최저연령은?

① 16세 미만   ② 18세 미만
③ 19세 미만   ④ 20세 미만

해설 ① 16세 미만인 모든 사람을 선내에서 고용하거나 종사시키거나 근로를 하게 하는 것은 금지된다. 단, 18세 미만인 선원의 야간근로는 금지된다.

03 다음은 해사노동협약(MLC)상 건강진단서에 관한 내용이다. 다음 ( )의 내용에 관하여 순서대로 옳은 것은?

건강진단서는 최대 ( )년간 유효하다. 다만 18세 미만의 선원의 경우 건강진단서의 최대 유효기간은 ( )년이다. 그리고 색각에 대한 건강진단서는 최대 ( )년간 유효하다.

① 1, 2, 3   ② 1, 2, 6
③ 2, 1, 3   ④ 2, 1, 6

해설 건강진단서는 최대 2년간 유효하다. 다만 18세 미만의 선원의 경우 건강진단서의 최대 유효기간은 1년이다. 그리고 색각에 대한 건강진단서는 최대 6년간 유효하다.

04 해사노동협약(MLC)상 근로 또는 휴식 시간의 제한에 관한 내용이다. 다음 ( )의 내용에 관하여 순서대로 옳은 것은?

1. 최대근로시간은 24시간 중 ( )시간, 7일의 기간 중 72시간을 초과해서는 아니 된다.
2. 최소휴식시간은 24시간 중 ( )시간, 7일의 기간 중 77시간을 하회해서는 아니 된다.

① 8, 8   ② 10, 12
③ 12, 10   ④ 14, 10

해설 근로 또는 휴식 시간의 제한은 다음과 같다.
1. 최대근로시간은 24시간 중 14시간, 7일의 기간 중 72시간을 초과해서는 아니 된다.
2. 최소휴식시간은 24시간 중 10시간, 7일의 기간 중 77시간을 하회해서는 아니 된다.

정답 01. ② 02. ① 03. ④ 04. ④

05 해사노동협약(MLC)상 의료 목적으로 사용되는 분리된 병실을 설치하여야 하는 선박의 기준은?

① 10명 이상의 선원이 승선하고 3일 이상 항해에 종사하는 선박
② 12명 이상의 선원이 승선하고 7일 이상 항해에 종사하는 선박
③ 15명 이상의 선원이 승선하고 3일 이상 항해에 종사하는 선박
④ 15명 이상의 선원이 승선하고 7일 이상 항해에 종사하는 선박

해설 15명 이상의 선원이 승선하고 3일 이상 항해에 종사하는 선박은 전적으로 의료 목적으로 사용되는 분리된 병실을 설치한다.

06 해사노동협약(MLC)상 의료관리를 제공할 책임을 담당할 자격을 갖춘 의사를 승무시켜야 하는 선박의 기준은?

① 50명 이상을 운송하고, 1일을 초과하는 기간 국제항해에 통상적으로 종사하는 선박
② 100명 이상을 운송하고, 3일을 초과하는 기간 국제항해에 통상적으로 종사하는 선박
③ 200명 이상을 운송하고, 5일을 초과하는 기간 국제항해에 통상적으로 종사하는 선박
④ 300명 이상을 운송하고, 7일을 초과하는 기간 국제항해에 통상적으로 종사하는 선박

해설 100명 이상을 운송하고, 3일을 초과하는 기간의 국제항해에 통상적으로 종사하는 선박은 의료관리를 제공할 책임을 담당할 자격을 갖춘 의사를 승무시켜야 한다.

온라인 교육의 명품브랜드 www.edupd.com

에듀피디
EDUPD

선박안전관리사
2급·3급
시 험 대 비

선박안전관리사 2급·3급 시험대비

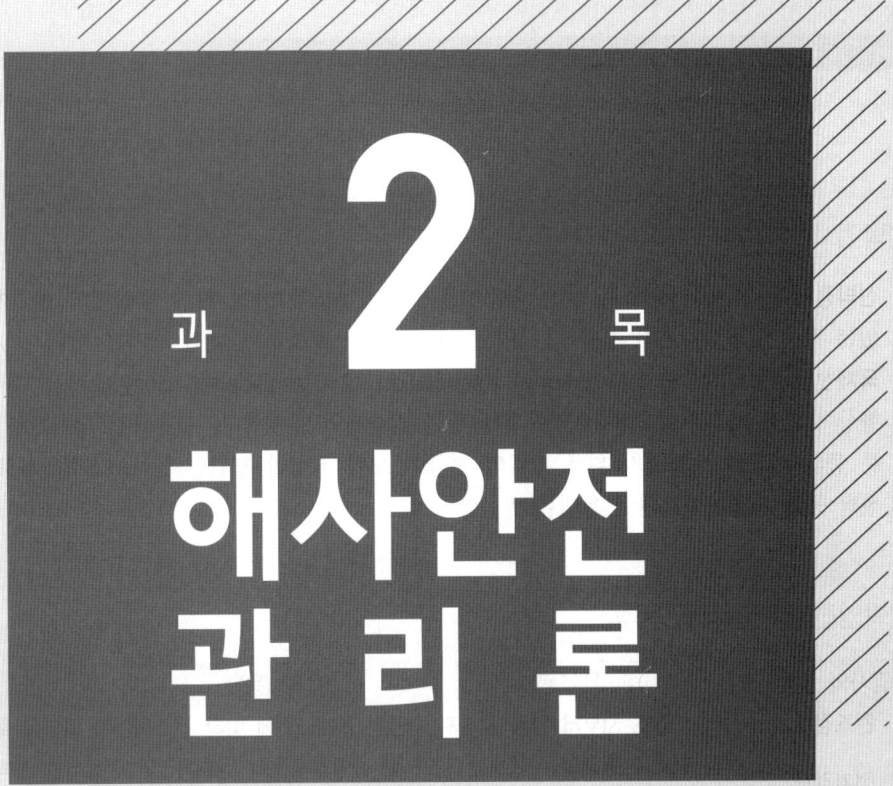

과목 2

해사안전관리론

제1장 선박검사 및 등록
제2장 국제해사기구와 주요 안전제도
제3장 항만국통제제도 및 해사안전감독
제4장 비상대응 및 응급처치
제5장 해양사고 조사 및 심판
제6장 해양관할권 및 항행권

CHAPTER 1. 선박검사 및 등록

제2과목 해사안전관리론

1 선박검사

① **선박검사**란, 선박이 법으로 정한 최소기준에 적합하도록 하게 하여 해상에서 예기치 못하게 만날 수 있는 각종 위험으로부터 선원 및 선박을 최대한으로 보호하기 위한 검사를 말한다.
② **국제선급연합회(IACS, International Association of Classification Societies)** : 해상에서의 안전기준 향상에 관한 업무수행, 해양오염방지를 위한 기술적인 문제연구, 해사관련 국제기구 등에 대한 기술자문 등의 사업을 수행하기 위해 각국의 선급이 모여 결성한 민간단체. IACS회원사로부터 검사를 받은 선박 등은 해상보험료에서 우대를 받는다.

2 선박안전법의 검사와 종류

검사의 종류	검사내용
건조검사	선박의 건조 시부터 완공 시까지 승인된 설계도면에 따라 건조되는지 여부를 확인하는 검사
정기검사	선박 최초로 항해에 사용하는 선박 및 선박검사증서 유효기간이 만료되는 선박에 대하여 선체상가(임거), 선체두께측정, 기관개방 등의 전반에 대하여 실시하는 정밀한 검사
중간검사	정기검사와 정기검사 사이에 실시하는 검사로서 제1종 및 제2종 중간검사로 구분되며 선박시설, 만재흘수선 및 무선설비 등에 대하여 실시하는 검사
임시검사	선박시설에 대하여 개조 또는 수리를 하고자 하거나 만재흘수선, 선박용도 등을 변경 하고자 하는 때에 실시하는 검사
임시항해검사	선박검사증서를 받기 전에 선박을 임시로 항행에 사용하고자 할 때 실시하는 검사
국제협약검사	국제항해에 취항하는 선박에 대하여 실시하는 검사
도면의 승인	건조검사·정기검사·중간검사·임시검사를 받고자 하는 자는 해당선박의 도면에 대하여 해양수산부령으로 정하는 바에 따라 미리 해양수산부장관의 승인을 얻어야 한다.

선박안전법 시행령 제5조(선박검사증서 및 국제협약검사증서의 유효기간) ① 법 제16조제1항에 따른 선박검사증서의 유효기간은 5년으로 한다.
② 법 제16조제1항에 따른 국제협약검사증서의 유효기간은 다음 각 호의 구분에 따른다. 다만, 해당 선박에 대하여 법 제10조제3항에 따른 임시변경증 또는 법 제11조제2항에 따른 임시항해검사증서를 발급받은 경우 그 유효기간은 해당 임시변경증 또는 임시항해검사증서에 기재된 유효기간으로 한다.
  1. 여객선안전검사증서·원자력여객선안전검사증서 및 원자력화물선안전검사증서 : 1년
  2. 그 밖의 국제협약검사증서 : 5년

(1) 선박안전법

선박의 감항성(堪航性) 유지 및 안전운항에 필요한 사항을 규정함으로써 국민의 생명과 재산을 보호함을 목적으로 한다.

> 💡 **감항성[seaworthiness, 堪航性]**
> 해상운송에 있어서, 선박이 통상의 위험을 견디고 안전한 항해를 하기 위하여 필요한 인적·물적인 준비를 갖추는 것 또는 이를 갖춘 상태이다. 상법에서는 감항능력(堪航能力)이라고 표현하고 있으며, 선체능력·감하능력·항해능력 등을 내용으로 한다.
> 1) 선체능력(船體能力, physical seaworthiness): 기관(機關)·조타장치(操舵裝置)·배수설비(排水設備) 등의 설비를 적정하게 갖추어 통상의 위험을 견디고, 안전한 항해를 할 수 있는 선박의 물적능력(物的能力)·협의(狹義)의 감항성이라고 한다.
> 2) 감하능력(堪荷能力, cargoworthiness): 화물을 운송하기 위한 적재시설을 갖추어 운송하기로 예정된 화물을 안전하게 운송할 수 있는 능력
> 3) 항해능력(航海能力, navigability): 선박을 안전하게 항해하는데 필요한 자격을 갖춘 선장 및 선원 등을 적정하게 갖추어 통상의 위험을 견디고, 안전한 항해를 할 수 있는 인적능력(人的能力)과 선박의장을 비롯한 필요품의 공급
> [네이버 지식백과] 감항성[seaworthiness, 堪航性] (선박항해용어사전, 공길영)

3 선박의 등록

① 선박등록은 등기 후 선적항을 관할하는 해운관청에 비치된 선박원부(船舶原簿)에 일정한 사항을 기재하는 것으로 행정적 감독을 목적으로 하는 것이다. 등록이 되면 해운관청은 선박국적증서를 교부하여야 한다.
② **선박법상 등기·등록** : 선적항을 관할하는 지방해양수산청 선박원부에 기재
③ **어선법상 등기·등록** : 어선 또는 선박의 소유자는 선적항을 관할하는 시장·군수·구청장에게 등록
④ 선박의 등록은 국적취득의 효력발생요건이며 선박의 현황을 공시하는 효과가 있다. 선박의 등기는 선박에 관한 소유권, 저당권, 임차권 등의 권리의 공시를 목적으로 한다.

(1) 선박의 정의

① 선박(船舶, Ship) 또는 배는 사람이나 물건 등을 물 위 또는 물 속에서 이동할 수 있도록 하는 물 위의 교통수단을 말한다. 선박의 3요소로는 부양성, 적재성, 이동성을 든다.
② **선박의 법률적 정의**
  ㉠ 선박법 : "선박"이란 수상 또는 수중에서 항행용으로 사용하거나 사용할 수 있는 배 종류를 말한다.

선박의 분류	① 선박
	  1. 기선: 기관(機關)을 사용하여 추진하는 선박[선체(船體) 밖에 기관을 붙인 선박으로서 그 기관을 선체로부터 분리할 수 있는 선박 및 기관과 돛을 모두 사용하는 경우로서 주로 기관을 사용하는 선박을 포함한다]과 수면비행선박(표면효과 작용을 이용하여 수면에 근접하여 비행하는 선박을 말한다)
	  2. 범선: 돛을 사용하여 추진하는 선박(기관과 돛을 모두 사용하는 경우로서 주로 돛을 사용하는 것을 포함한다)
	  3. 부선: 자력항행능력(自力航行能力)이 없어 다른 선박에 의하여 끌리거나 밀려서 항행되는 선박
	② 소형선박
	  1. 총톤수 20톤 미만인 기선 및 범선
	  2. 총톤수 100톤 미만인 부선

> 💡 **국제선급연합회(IACS, International Association of Classification Societies)**
> 해상에서의 안전기준 향상에 관한 업무수행, 해양오염방지를 위한 기술적인 문제연구, 해사관련 국제 기구 등에 대한 기술자문 등의 사업을 수행하기 위해 각국의 선급이 모여 결성한 민간단체.
> 선박 및 해양시설의 설계, 건조, 유지보수 및 검사에 관한 기술요건과 산업표준을 개발, 검토 및 개선을 위하여 노력하고 있다.

ⓒ 선박안전법 : "선박"이라 함은 수상(水上) 또는 수중(水中)에서 항해용으로 사용하거나 사용될 수 있는 것(선외기를 장착한 것을 포함한다)과 이동식 시추선·수상호텔 등 해양수산부령으로 정하는 부유식 해상구조물을 말한다.

ⓒ 해사안전기본법 : "선박"이란 물에서 항행수단으로 사용하거나 사용할 수 있는 모든 종류의 배로 수상항공기(물 위에서 이동할 수 있는 항공기를 말한다)와 수면비행선박(표면효과 작용을 이용하여 수면 가까이 비행하는 선박을 말한다)을 포함한다.

ⓔ 해양사고심판법 : "선박"이란 수상 또는 수중을 항행하거나 항행할 수 있는 구조물로서 대통령령으로 정하는 것을 말한다.

ⓜ 선박법에 따른 대한민국 선박
  1. 국유 또는 공유의 선박
  2. 대한민국 국민이 소유하는 선박
  3. 대한민국의 법률에 따라 설립된 상사법인(商事法人)이 소유하는 선박
  4. 대한민국에 주된 사무소를 둔 제3호 외의 법인으로서 그 대표자(공동대표인 경우에는 그 전원)가 대한민국 국민인 경우에 그 법인이 소유하는 선박

> **선박법 제6조(불개항장에의 기항과 국내 각 항간에서의 운송금지)** 한국선박이 아니면 불개항장(不開港場: 세관장의 허가로 출입항 가능)에 기항(寄港)하거나, 국내 각 항간(港間)에서 여객 또는 화물의 운송을 할 수 없다. 다만, 법률 또는 조약에 다른 규정이 있거나, 해양사고 또는 포획(捕獲)을 피하려는 경우 또는 해양수산부장관의 허가를 받은 경우에는 그러하지 아니하다.

> 💡 **등록된 대한민국 선박의 권한**
> 국기게양권, 불개항장 기항권, 연안무역권 등

> 💡 **등기와 등록**
> 한국선박의 소유자는 선적항을 관할하는 지방해양수산청장에게 해양수산부령으로 정하는 바에 따라 선박을 취득한 날부터 60일 이내에 그 선박의 등록을 신청하여야 한다.

ⓗ 유엔해양법협약상 선박의 지위 : 한 국가의 국기만 게양하며 공해에서 배타적인 관할권이 인정된다.

(2) 선박국적증서

① **의의** : 선박의 국적을 증명하는 공문서이다. 해운관청이 법원에 등기된 선박의 소유자의 신청에 따라 선박원부에 등록한 후 선박국적증서를 발급하며, 선장은 선박국적증서를 선박서류의 하나로 선내에 비치할 의무를 가진다. 선박등록을 통하여 선박에게 국적을 부여하고, 국기게양권을 허가해 준다. 선박국적증서에는 선박의 개성, 동일성의 표시사항 및 소유자에 관한 사항이 기재된다.

② **선박국적증명서의 기재사항**

선박번호, IMO번호, 호출부호, 선박의 종류, 선박의 명칭, 선적항, 선질(船質) 선박의 장·폭·심치수, 총톤수, 폐위장소의 합계 용적, 제외 장소의 합계 용적, 기관의 종류와 수, 조선지, 조선자, 진수일 및 소유자 등

(3) 선박의 톤수

① **선박법상 소형선박** : 총톤수 20톤 미만의 기선 및 범선과 총톤수 100톤 미만의 부선

② **선박 톤수의 종류(선박법 제3조)**

1. 국제총톤수:「1969년 선박톤수측정에 관한 국제협약」(이하 "협약"이라 한다) 및 협약의 부속서(附屬書)에 따라 주로 국제항해에 종사하는 선박에 대하여 그 크기를 나타내기 위하여 사용되는 지표를 말한다.
2. 총톤수: 우리나라의 해사에 관한 법령을 적용할 때 선박의 크기를 나타내기 위하여 사용되는 지표를 말한다.
   ㉠ 선박의 밀폐된 내부 총면적
   ㉡ 선박의 수용능력을 나타내어 등록세, 도선료, 계선료 등의 과세나 수수료 산출의 기준
3. 순톤수: 협약 및 협약의 부속서에 따라 여객 또는 화물의 운송용으로 제공되는 선박 안에 있는 장소의 크기를 나타내기 위하여 사용되는 지표를 말한다.
   ㉠ 여객, 화물수송에 사용되는 공간의 면적
   ㉡ 총톤수에서 선원실, 기관실, 선용품, 창고 등 선박의 운항에 필요한 장소를 뺀 용적
      (운하통과료, 항세, 톤세 등의 산출기준)
4. 재화중량톤수: 항행의 안전을 확보할 수 있는 한도에서 선박의 여객 및 화물 등의 최대적재량을 나타내기 위하여 사용되는 지표를 말한다.
   ㉠ 순수한 화물무게에 더하여 항해에 필요한 연료, 청수, 식량 등의 중량을 포함한 무게
   ㉡ 재화중량톤수 = 만재배수톤수 - 경하배수톤수
   ㉢ 선박의 매매, 용선계약 등 상거래의 기준

   > 💡 **경하배수톤수**
   > 선박 자체의 중량을 의미하는 것으로, 이를 경하상태(輕荷狀態, light condition)에서의 흘수에 대한 배수톤수, 즉 경하배수톤수라고 말한다.
   > 일반적으로 선박이 건조된 직후에 보일러나 그 부속 파이프 등에만 청수가 들어 있고, 그 밖의 것은 전혀 실리지 않은 상태의 배수량을 말한다.

5. 배수톤수 : 선체가 떠 있을 때 그 무게로 수면 아래로 잠기는 만큼 밀려나는 물의 중량

(4) 선박안전법에 따른 기타 검사

① **형식승인 및 검정**

해양수산부장관이 정하여 고시하는 선박용 물건 또는 소형선박을 제조하거나 수입하려는 자가 해당 선박용 물건 또는 소형선박에 대하여 제9항 전단에 따라 검정을 받으려는 때에는 미리 해양수산부장관의 형식에 관한 승인을 받아야 한다.

② **지정사업장의 지정**

㉠ 해양수산부장관이 정하여 고시하는 선박용 물건 또는 소형선박을 제조 또는 정비하는 자는 해당사업장에 대하여 해양수산부장관으로부터 지정제조사업장 또는 지정정비사업장(이하 "지정사업장"이라 한다)으로 지정받을 수 있다.

㉡ 지정사업장으로 지정받고자 하는 자는 그 시설·설비, 제조·정비의 기준, 자체검사기준 및 인력 등에 대하여 해양수산부령으로 정하는 기준에 따라 해양수산부장관의 승인을 얻어야 한다. 승인을 얻은 사항을 변경하고자 하는 때에도 또한 같다.

③ **예비검사**

해양수산부장관이 지정하여 고시하는 선박용 물건 또는 소형선박의 선체를 제조·개조·수리·정비 또는 수입하고자 하는 자는 선박용 물건이 선박에 설치되기 전에 해양수산부장관이 정하여 고시하는 기준에 따라 해양수산부장관의 검사를 받을 수 있다. 이 경우 예비검사의 절차에 관하여 필요한 사항은 해양수산부령으로 정한다.

④ **컨테이너의 형식승인 및 검정 등**

선박에 실리어 화물운송에 사용되는 컨테이너의 경우 그 바닥의 면적이 해양수산부령으로 정하는 면적 이상인 컨테이너를 제조하고자 하는 자는 해양수산부장관으로부터 형식에 관한 승인을 받아야 한다.

컨테이너형식승인을 받고자 하는 자는 해양수산부령으로 정하는 바에 따라 지정·고시하는 시험기관(이하 "컨테이너지정시험기관"이라 한다)의 형식승인시험을 거쳐야 한다.

실전예상문제

01 다음 선박안전법의 검사 중 옳지 않은 것은?

① 정기검사 : 선박 최초로 항해에 사용하는 선박 및 선박검사증서 유효기간이 만료되는 선박에 대하여 실시하는 정밀한 검사
② 임시검사 : 선박시설에 대하여 개조 또는 수리를 하고자 하거나 만재흘수선, 선박용도 등을 변경하고자 하는 때에 실시하는 검사
③ 임시항해검사 : 선박검사증서를 받은 후에 선박의 상태를 확인하고자 임시로 항행에 사용하고자 할 때 실시하는 검사
④ 건조검사 : 선박의 건조 시부터 완공 시까지 승인된 설계도면에 따라 건조되는지 여부를 확인하는 검사

해설 임시항해검사 : 선박검사증서를 받기 전에 선박을 임시로 항행에 사용하고자 할 때 실시하는 검사

02 다음은 선박과 관련된 내용이다. 옳지 않은 것은?

① 선박의 3요소로는 부양성, 적재성, 이동성을 든다.
② 선박법상 등기·등록은 선적항을 관할하는 시장·군수·구청장에게 행한다.
③ 선박의 등록은 국적취득의 효력발생요건이다.
④ "소형선박"이란 총톤수 20톤 미만인 기선 및 범선을 말한다.

해설 **선박법상 등기·등록** : 선적항을 관할하는 지방해양수산청 선박원부에 기재
어선법상 등기·등록 : 어선 또는 선박의 소유자는 선적항을 관할하는 시장·군수·구청장에게 등록

03 다음 선박 톤수에 관한 설명 중 옳지 않은 것은?

① 총톤수 : 선박의 밀폐된 내부 총면적
② 순톤수 : 총톤수에서 선원실, 기관실, 용품실, 창고 등 선박의 운항에 필요한 장소를 뺀 용적
③ 재화중량톤수 : 순수한 화물무게에 더하여 항해에 필요한 연료, 청수, 식량 등의 중량을 포함한 무게
④ 선박의 매매, 용선계약 등 상거래의 기준이 되는 것은 "총톤수"이다.

해설 **재화중량톤수** : 항행의 안전을 확보할 수 있는 한도에서 선박의 여객 및 화물 등의 최대적재량을 나타내기 위하여 사용되는 지표를 말한다.
㉠ 순수한 화물무게에 더하여 항해에 필요한 연료, 청수, 식량 등의 중량을 포함한 무게
㉡ 재화중량톤수 = 만재배수톤수 – 경하배수톤수
㉢ 선박의 매매, 용선계약 등 상거래의 기준

04 다음 보기의 "선박국적증명서"에 대한 설명 중 빈칸에 알맞은 내용이 순서대로 옳은 것은?

> **선박국적증명서**
> 선박의 국적을 증명하는 공문서이다. 해운관청이 법원에 등기된 선박의 소유자의 신청에 따라 (   )에 등록한 후 선박국적증서를 발급하며, 선장은 선박국적증서를 선박서류의 하나로 선내에 비치할 의무를 가진다. 선박등록을 통하여 선박에게 (   )을 부여하고, (   )을 허가해 준다. 선박국적증서에는 선박의 개성, 동일성의 표시사항 및 소유자에 관한 사항이 기재된다.

① 선박원부, 국적, 국기게양권
② 선박국적부, 치외법권적 권리, 선박사용권
③ 선박원부, 기국, 공유해양항해권
④ 소유원장, 편의치적, 국기게양권

01. ③ 02. ② 03. ④ 04. ①

해설 **선박국적증명서**
선박의 국적을 증명하는 공문서이다. 해운관청이 법원에 등기된 선박의 소유자의 신청에 따라 선박원부에 등록한 후 선박국적증서를 발급하며, 선장은 선박국적증서를 선박서류의 하나로 선내에 비치할 의무를 가진다. 선박등록을 통하여 선박에게 국적을 부여하고, 국기게양권을 허가해 준다. 선박국적증서에는 선박의 개성, 동일성의 표시사항 및 소유자에 관한 사항이 기재된다.

05 '선박의 수용능력을 나타내어 등록세, 도선료, 계선료 등의 과세나 수수료 산출의 기준'이 되는 용어로 옳은 것은?
① 총톤수　　　　② 순톤수
③ 재화중량톤수　④ 배수톤수

해설 **총톤수** : 우리나라의 해사에 관한 법령을 적용할 때 선박의 크기를 나타내기 위하여 사용되는 지표를 말한다.
㉠ 선박의 밀폐된 내부 총면적
㉡ 선박의 수용능력을 나타내어 등록세, 도선료, 계선료 등의 과세나 수수료 산출의 기준

06 "운하통과료, 항세, 톤세 등의 산출기준"이 되는 선박 톤수 개념은?
① 총톤수　　　　② 순톤수
③ 재화중량톤수　④ 배수톤수

해설 **순톤수** : 협약 및 협약의 부속서에 따라 여객 또는 화물의 운송용으로 제공되는 선박 안에 있는 장소의 크기를 나타내기 위하여 사용되는 지표를 말한다.
㉠ 여객, 화물수송에 사용되는 공간의 면적
㉡ 총톤수에서 선원실, 기관실, 선용품, 창고 등 선박의 운항에 필요한 장소를 뺀 용적
（운하통과료, 항세, 톤세 등의 산출기준）

정답 05. ① 06. ②

CHAPTER 2 국제해사기구와 주요 안전제도

제2과목 해사안전관리론

1 UN국제해사기구(IMO)

① 국제연합 전문기구 중의 하나(International Maritime Organization, IMO)
② 주요 기능
  국제해운에 영향을 미치는 모든 해사기술문제와 법률문제에 대한 정부 차원의 규정과 관행에 관하여 정부간의 협력을 조장하고 해상안전, 항해의 효율, 선박에 의한 해양오염의 방지·규제를 위한 최고의 실행적 기준을 채택하도록 권장함을 주요 기능으로 하고 있다.
③ 기구의 구성 등
  이 기구의 통치기관인 총회는 모든 회원국으로 구성되고 2년(홀수년도)마다 개최된다. 2022년을 기준으로 175개 회원국과 3개의 준회원국을 갖게 되었다. 총회 휴회기간 중에는 이사회가 기구에 계류된 문제에 대하여 총회의 기능을 집행한다.
  이사는 총회에서 선출하고 그 임기는 2년이며 32개 회원국으로 구성된다. 이사회 밑에는 해사안전위원회 등 5개 위원회가 있고, 해사안전위원회 산하에는 11개 소위원회가 있어 매년 20여 차례의 여러 가지 회의가 열리고 있다.
④ 우리나라는 1962년 4월 10일 50번째의 회원국으로 가입한 이래 1992~1993년 및 1994~1995년 임기 이사국을 지냈으며, 1991년 5월에는 대표부를 설치하는 등 이 기구를 통하여 해사관계 국제협력을 증진하여 왔다.

(한국민족문화대백과, 한국학중앙연구원)

(1) IMO 조직 및 역할

IMO의 조직은 총회, 이사회, 해사안전위원회, 법률위원회, 해양환경보호위원회, 간소화위원회 및 사무국이다.

1) 총회(Assembly)

① 회의는 매 2년마다 개최되며, 임시총회는 회원국의 1/3 이상이 사무총장에게 통고, 요청하거나, 이사회가 필요하다고 인정하는 경우에 통고 후 60일 이내에 소집된다.
② 총회의 주요 기능
  ㉠ 정기총회 기간 중 정회원국 중 의장 1명 및 부의장 2명 선출
  ㉡ 자체 의사규칙 채택(당, 협회에서 별도로 정하지 않은 경우)
  ㉢ 이사회의 권고에 따라 임시 또는 상설의 하부조직 설치
  ㉣ 이사국 선출
  ㉤ 이사회 보고서의 심의 및 필요사항의 결정

　　ⓑ 작업계획의 승인 및 예산과 재정계획 표결
　　ⓐ 비용에 대한 검토 및 결산의 승인
　　ⓞ 이사회에 검토 또는 권고를 의뢰하고, 이사회의 검토사항이 총회에서 수락되지 않은 경우 총회에서 검토한 사항을 반영하여 재의결 후 검토의뢰
　　ⓩ 해사안전, 해양오염방지에 관한 각종 규칙 및 지침을 회원국에게 채택하도록 권고
　　ⓧ 개발도상국의 특별한 수요를 감안하여 기술협력 증진에 관한 조치
　　ⓚ IMO에서 토의된 국제협약의 제정 또는 개정을 위한 국제회의 소집
　　ⓣ 이사회에 대하여 IMO의 업무범위에 속하는 모든 사항에 대한 검토 또는 결정 의뢰
　　단, 회원국에 대한 안전 및 환경제도와 지침에 대한 채택권고 제외

2) 이사회(Council)

① 이사회는 총회보다 실질적 권한을 행사하고 있으며, IMO 이사회는 기구의 예산, 국제협약 제·개정 심의 등 기구의 전반적인 운영을 주도하는 내부 기구로, 주요 해운국인 A그룹(10개국), 주요 화주국인 B그룹(10개국), 지역 대표국인 C그룹(20개국)으로 구성돼 2년마다 전체 회원국의 투표에 따라 선출된다.

② 이사회 내에서 논의를 주도하는 A그룹 이사국은 해운 분야 기여도가 높은 국가 중 선거에 참여한 회원국의 과반수 이상의 지지를 얻어 선출된다. 우리나라는 1962년 IMO에 가입한 뒤 1991년 처음으로 C그룹 이사국으로 선출돼 5회 연임했고 2001년부터 11회 연속 A그룹 이사국으로 선출돼 1991년부터 올해까지 33년간 이사국 지위를 유지해 왔다.

A그룹 선주국(10개)	B그룹 화주국(10개)	C그룹 지역대표국(20개)
국제 해상운송 서비스 영향	국제 해상무역에 영향	지역적 대표성을 가지면서, 해상운송이나 항해에 특별한 영향

③ 이사회의 주요 기능
　　㉠ 각 위원회의 보고, 제안 및 권고에 대한 접수 및 총회 제출
　　㉡ 사무총장 선출과 임명(총회의 승인 필요)
　　㉢ 기구의 활동에 대한 정기 총회에 보고
　　㉣ 사무국 직원의 근무조건 등 결정
　　㉤ 사업계획, 예산 및 결산을 심의 후 총회에 제출
　　㉥ 기구의 재정 명세서의 작성 및 결산 심의 후 총회에 제출
　　㉦ 총회 회기 이외의 기간 중 기구의 제반 기능 수행
　　㉧ 기구의 효율적인 운영을 위한 사업계획의 조정
　　㉨ 타 국제기구와 협정체결

3) 위원회

해사안전위원회, 법률위원회, 간소화위원회, 해양환경보호위원회, 기술협력위원회

4) IMO 전문 위원회

선박설계 및 건조 전문위원회, 선박시스템 및 설비 전문 위원회, 오염예방·대응 전문위원회, 화물·컨테이너운송 전문위원회, IMO협약이행 전문 위원회, 항해·통신 및 수색구조전문위원회, 인적요소, 훈련 및 당직 전문위원회

2 국제안전관리규약(ISM CODE)

(1) 의의

국제해사기구(IMO), 해운선사 및 선박의 안전관리 조직·절차 등에 대한 국제적 통일기준에 관한 규약이다. 2018.09.12. ISM Code는 물리적인 측면이 아니라 시스템적으로 잘 관리되고 있는지에 대한 국제 기준이다.

IMO는 해양안전 및 해양환경 보호를 위해 선박의 물리적 안전성 및 선원의 자질향상 뿐만 아니라 해운기업의 육상과 해상을 아우르는 안전관리시스템을 선사가 자율적으로 마련토록 하고자 ISM CODE를 도입하였다.

(2) 선박의 안전관리체제 수립 등의 대상선박

① 해운법에 따른 해상여객운송사업에 종사하는 선박
② 해운법에 따른 해상화물운송사업에 종사하는 선박으로서 총톤수 500톤 이상의 선박(기선과 밀착된 상태로 결합된 부선 포함)
③ 국제항해에 종사하는 총톤수 500톤 이상의 어획운반선과 이동식 해상구조물
④ 수면비행선박
⑤ 그 밖에 대통령령으로 정하는 선박

> **해상교통안전법 제46조(선박의 안전관리체제 수립 등)** ① 해양수산부장관은 선박소유자가 그 선박과 사업장에 대하여 선박의 안전운항 등을 위한 관리체제(이하 "안전관리체제"라 한다)를 수립하고 시행하는 데 필요한 시책을 강구하여야 한다.
> ② 다음 각 호의 어느 하나에 해당하는 선박(해저자원을 채취·탐사 또는 발굴하는 작업에 종사하는 이동식 해상구조물을 포함한다. 이하 이 조 및 제49조부터 제56조까지 같다)을 운항하는 선박소유자는 안전관리체제를 수립하고 시행하여야 한다. 다만, 「해운법」 제21조에 따른 운항관리규정을 작성하여 해양수산부장관으로부터 심사를 받고 시행하는 경우에는 안전관리체제를 수립하여 시행하는 것으로 본다.
> 1. 「해운법」 제3조에 따른 해상여객운송사업에 종사하는 선박
> 2. 「해운법」 제23조에 따른 해상화물운송사업에 종사하는 선박으로서 총톤수 500톤 이상의 선박[기선(機船)과 밀착된 상태로 결합된 부선(艀船)을 포함한다]
> 3. 국제항해에 종사하는 총톤수 500톤 이상의 어획물운반선과 이동식 해상구조물
> 4. 수면비행선박
> 5. 그 밖에 대통령령으로 정하는 선박
>
> **해상교통안전법 시행령 제17조(안전관리체제를 수립·시행해야 하는 선박)** 법 제46조제2항제5호에서 "대통령령으로 정하는 선박"이란 다음 각 호의 어느 하나에 해당하는 선박을 말한다.
> 1. 「해운법」 제23조에 따른 해상화물운송사업에 종사하는 선박으로서 총톤수 100톤 이상 500톤 미만의 유류·가스류 및 화학제품류를 운송하는 선박(기선과 밀착된 상태로 결합된 부선을 포함한다)
> 2. 「선박안전법 시행령」 제2조제1항제3호가목 본문에 따른 평수(平水)구역 밖을 운항하는 선박으로서 다음 각 목의 어느 하나에 해당하는 부선이나 구조물을 끌거나 미는 선박
>   가. 총톤수가 2천톤 이상이거나 길이가 100미터 이상인 부선
>   나. 길이가 100미터 이상인 구조물
>   다. 밀리거나 끌리는 각각의 부선의 총톤수의 합이 2천톤 이상인 2척 이상의 부선
>   라. 밀리거나 끌리는 각각의 구조물의 길이의 합이 100미터 이상인 2개 이상의 구조물
>   마. 밀리거나 끌리는 부선이나 구조물의 길이의 합이 100미터 이상인 부선과 구조물
> 3. 국제항해에 종사하는 총톤수 500톤 이상의 준설선(浚渫船)

해상인명안전협약(SOLAS)
[International Convention for the Safety of Life at Sea]

정식명칭은 '1974년 해상에서의 인명안전을 위한 국제협약(SOLAS, 1974)'이다. 약칭하여 'SOLAS협약'이라고도 한다. 1974년 11월 1일 런던에서 작성되어, 1980년 5월 25일 발효되었다. 한국은 1981년 3월 31일 발효.

1. 선박의 구조와 설비 등에 대해서 국제적으로 통일된 원칙과 규칙을 설정함으로써 해상에서 인명의 안전을 증진하는 것을 목적으로 체결된 협약이다. 그 역사는 1912년 4월 14일 밤중, 북대서양에서 발생한 영국의 호화여객선 타이타닉호의 침몰사건을 계기로 당시의 독일황제빌헬름 II세의 요구에 의해 런던의 해상에서의 인명의 안전에 관한 회의가 개최되어 이 분야에서의 최초의 협약을 채택하였다. 이 협약은 선박의 항행의 안전, 구조, 전신(電信), 구명설비 등에 대해서 규정하였지만 영국, 스페인, 네덜란드, 스웨덴, 노르웨이의 5개국이 비준하였을 뿐이며 이어 제1차 세계대전이 발생하여 발효되지 않고 끝났다. 그 후 1929년에 런던의 국제회의에서 제1차 세계대전 후의 조선기술의 발달을 추가한 신협약 제정의 검토가 이루어져 1929년의 해상인명안전협약으로서 채택되어 1933년에 발효하였다.

   그 후 시대의 변천과 조선기술, 항해기술의 진보에 따라 1948년 협약, 1960년 협약과 안전을 확보하는 기준의 강화가 도모되어 현행의 1974년 해상인명안전협약에 이르고 있다. 그리고 1978년에는 유조선의 안전성의 증진과 선박검사의 강화 등을 목적으로 1974년 협약을 보완하기 위한 '1974년 해상에서의 인명안전을 위한 국제협약에 관한 1978년의정서(SOLASPROT, 1978)'가 채택되었다.

   그 후 이 1978년 의정서 및 1974년 협약과 함께 안전기준의 강화, 다양화에 따라 여러 차례 개정이 이루어졌다. 또한 1960년 협약에서 정부간 해사협의기구(IMCO, 현재는 국제해사기구 : IMO)가 이 국제 회의를 소집하고 있다.

2. 이 협약의 내용으로서는 선박검사와 증서, 선박의 구조에 대한 구획과 복원성 그리고 기관과 전기설비, 방화와 화재탐지 및 소화, 구명설비, 무선통신, 항행의 안전, 화물의 운송, 위험물의 운송, 원자력선 등에 대해 규칙(regulation)을 설정하고 있다.

해상인명안전협약[International Convention for the Safety of Life at Sea] (21세기 정치학대사전, 정치학대사전편찬위원회)

(3) 인증심사

> 💡 **인증심사의 종류**
> ㉠ **최초인증심사** : 최초로 선박 및 사업장의 안전관리체제의 수립·시행에 관한 사항을 확인하기 위하여 처음으로 하는 심사(문서심사 포함)
> ㉡ **갱신인증심사** : 매 5년마다 선박안전관리증서 또는 안전관리적합증서의 유효기간이 끝난 때에 하는 심사
> ㉢ **중간인증심사** : 최초인증심사와 갱신인증심사 사이 또는 갱신인증심사와 갱신인증심사 사이에 행하는 심사로서 사업장은 매 1년마다 실시하므로 연차심사라고도 한다. 단, 선박은 2.5년마다 실시한다.
> ㉣ **임시인증심사** : 새로운 종류의 선박을 추가하거나 신설한 사업장이 있거나, 개조 등으로 선종이 변경되거나 신규로 도입한 선박이 있을 때 실시하는 심사
> ㉤ **수시인증심사** : 위 4개의 심사 외에 선박의 해양사고 및 외국항에서의 항행정지 예방 등을 위하여 해양수산부령으로 정하는 경우에 사업장 또는 선박에 대하여 실시하는 심사

실전예상문제

01 UN해사기구(IMO)의 주요 기능에 대한 다음 설명 중 옳지 않은 것은?

① 국제해운에 영향을 미치는 모든 해사기술문제에 대한 정부 차원의 규정과 관행에 관하여 정부간의 협력을 조장
② 국제해운에 영향을 미치는 모든 법률문제에 대한 정부 차원의 규정과 관행에 관하여 정부간의 협력을 조장
③ 해상안전, 항해의 효율, 선박에 의한 해양오염의 방지·규제를 위한 최고의 실행적 기준을 채택하도록 권장
④ 선박 및 사업장의 안전관리체제의 수립·시행을 위한 최초인증심사 시행

해설 IMO 주요 기능

국제해운에 영향을 미치는 모든 해사기술문제와 법률문제에 대한 정부 차원의 규정과 관행에 관하여 정부간의 협력을 조장하고 해상안전, 항해의 효율, 선박에 의한 해양오염의 방지·규제를 위한 최고의 실행적 기준을 채택하도록 권장함을 주요 기능으로 하고 있다.
④는 ISM Code 심사내용이다.

02 IMO 이사회(Council)의 주요 기능에 대한 다음 설명 중 옳지 않은 것은?

① 해사안전, 해양오염방지에 관한 각종 규칙 및 지침을 회원국에게 채택하도록 권고
② 사무총장 선출과 임명(총회의 승인 필요)
③ 기구의 재정 명세서의 작성 및 결산 심의 후 총회에 제출
④ 타 국제기구와 협정체결

해설 이사회의 주요 기능

㉠ 각 위원회의 보고, 제안 및 권고에 대한 접수 및 총회 제출
㉡ 사무총장 선출과 임명(총회의 승인 필요)
㉢ 기국의 활동에 대한 정기 총회에 보고
㉣ 사무국 직원의 근무조건 등 결정
㉤ 사업계획, 예산 및 결산을 심의 후 총회에 제출
㉥ 기구의 재정 명세서의 작성 및 결산 심의 후 총회에 제출
㉦ 총회 회기 이외의 기간 중 기구의 제반 기능 수행
㉧ 기구의 효율적인 운영을 위한 사업계획의 조정
㉨ 타 국제기구와 협정체결

03 해상교통안전법상 국제안전관리규약(ISM Code) 선박의 안전관리체제 수립 등의 대상선박으로 옳지 않은 것은?

① 해운법에 따른 해상여객운송사업에 종사하는 500톤 이상의 선박
② 해운법에 따른 해상화물운송사업에 종사하는 선박으로서 총톤수 500톤 이상의 선박(기선과 밀착된 상태로 결합된 부선 포함)
③ 국제항해에 종사하는 총톤수 500톤 이상의 어획운반선과 이동식 해상구조물
④ 수면비행선박

해설 선박의 안전관리체제 수립 등의 대상선박

① 해운법에 따른 해상여객운송사업에 종사하는 선박
② 해운법에 따른 해상화물운송사업에 종사하는 선박으로서 총톤수 500톤 이상의 선박(기선과 밀착된 상태로 결합된 부선 포함)
③ 국제항해에 종사하는 총톤수 500톤 이상의 어획운반선과 이동식 해상구조물
④ 수면비행선박
⑤ 그 밖에 대통령령으로 정하는 선박

04 해상교통법 시행령 제17조(안전관리체제를 수립·시행해야 하는 선박)에 해당하지 않는 것은?

① 「해운법」 제23조에 따른 해상화물운송사업에 종사하는 선박으로서 총톤수 100톤 이상 500톤 미만의 유류·가스류 및 화학제품류를 운송하는 선박(기선과 밀착된 상태로 결합된 부선을 포함한다)
② 「선박안전법 시행령」 제2조제1항제3호가목 본문에 따른 평수(平水)구역 밖을 운항하는 선박으로서 총톤수가 2천톤 이상이거나 길이가 100미터 이상인 부선
③ 「선박안전법 시행령」 제2조제1항제3호가목 본문에 따른 평수(平水)구역 밖을 운항하는 선박으로서 길이가 100미터 이상인 구조물
④ 「선박안전법 시행령」 제2조제1항제3호가목 본문에 따른 평수(平水)구역 밖을 운항하는 선박으로서 밀리거나 끌리는 각각의 부선의 총톤수의 합이 1천톤 이상인 2척 이상의 부선

해설 해상교통법 시행령 제17조(안전관리체제를 수립·시행해야 하는 선박) 법 제46조제2항제5호에서 "대통령령으로 정하는 선박"이란 다음 각 호의 어느 하나에 해당하는 선박을 말한다.
1. 「해운법」 제23조에 따른 해상화물운송사업에 종사하는 선박으로서 총톤수 100톤 이상 500톤 미만의 유류·가스류 및 화학제품류를 운송하는 선박(기선과 밀착된 상태로 결합된 부선을 포함한다)
2. 「선박안전법 시행령」 제2조제1항제3호가목 본문에 따른 평수(平水)구역 밖을 운항하는 선박으로서 다음 각 목의 어느 하나에 해당하는 부선이나 구조물을 끌거나 미는 선박
  가. 총톤수가 2천톤 이상이거나 길이가 100미터 이상인 부선
  나. 길이가 100미터 이상인 구조물

정답 04. ④

CHAPTER 3 항만국통제제도 및 해사안전감독

제2과목 해사안전관리론

1 항만국통제(PSC, Port State Control) 제도

(1) 정의

항만국 통제란 항만국(port state)이 자국의 관할권 내에 있는 외국적 선박에 대해 선원 및 선박의 안전과 해양환경 보호의 목적으로, 해당 선박이 국제협약기준에 따른 시설을 갖추고 운항능력을 확보 하였는지 점검하고 그 결과에 따라 필요 시 선박의 운항을 통제하는 등의 조치를 취하는 제도이다. 우리나라에서는 1986년 부산항과 인천항에서 최초로 시행하였고, 1989년부터 전국 항만으로 확대 운영되었다.

💡 **국제법적 근거**

1. **UN해양법협약(UNCLOS)**
   바다와 그 부산 자원을 개발·이용·조사하려는 나라의 권리와 책임, 바다 생태계의 보전, 해양과 관련된 기술의 개발 및 이전, 해양과 관련된 분쟁의 조정 절차 등을 320개의 조항에 걸쳐 규정하고 있다. 세계 각국 해양법의 기준이 되는 협약이기에 흔히 국제 해양법이라고도 불린다.
   ① 항만국통제에 대한 근거 규정
   ② 기국정부의 이행의무·연안국의 권한
   ③ 항만국은 자국항만에 입항하는 외국선박이 국제협약의 기준을 위반하여 오염물질을 배출하는지 여부를 조사할 수 있고, 소송제기도 할 수 있다.
   ④ 선박의 감함성이 국제협약 기준에 미달하는 경우 출항을 통제하며, 필요시 인근 항만으로 이동을 허락한다.

2. **해상인명안전협약(SOLAS)**
   ① 선박의 안전과 관련된 선박의 구조, 복원성, 구명설비, 소화설비 및 무선설비 등의 항해장비 등에 대한 사항을 규정
   ② 검사관의 통제 사항
      ㉠ 협약과 관련된 증서의 유효성 확인
      ㉡ 선박과 설비가 증서와 일치하는지 여부 확인
   ③ 협약상 결함으로 간주하는 사항
      ㉠ 증서가 유효하지 않은 경우
      ㉡ 선박 및 그 설비의 상태가 증서상 기재사항과 일치하지 않는 명백한 근거가 있는 경우
      ㉢ 선박의 선장이나 선원이 그 선박의 안전에 관한 필수적인 선상절차를 숙지하고 있지 않다고 믿을 만한 명백한 근거가 있는 경우
      ㉣ 기존 선박의 물적관리에 추가하여 인적범위까지 항만국통제에 포함된다.

④ 검사관의 조치
시정조치, 출항정지, 협약기준에 필요한 조치 및 적절한 수리장소로의 이동조치 등

3. 해양오염방지협약(MARPOL 73/78)
① 입항금지조치 : 외국선박이 MARPOL 협약의 규정에 적합치 않은 경우
② 당해 선박에 대한 오염행위 감시와 발견 목적이 항만국통제 사유에 추가
③ 오염행위 발견시 SOLAS보다 더욱 강력한 조치가 가능하고, 6개 부속서에 인적관리 통제조항이 규정되어 있다.

4. 만재흘수선협약(LL)
① 항만국통제 : 협약증서 소지 여부에 한정
② 증서상의 허용범위를 초과한 적재 여부
③ 만재흘수선 여부가 증서와 일치하는지 여부
④ 선박의 불합리한 개조 여부

5. 선원의 훈련, 자격증명 및 당직기준에 관한 협약(STCW)
선원들이 유효한 자격증을 보유하고 있는지 점검

6. 선박톤수측정협약(TONNAGE)
① 선박이 유효한 국제톤수증서를 소유하고 있는지 여부
② 선박의 주요 재원 등이 증서상 기재내용과 동일한지 여부 점검
③ Tokyo MOU : 관련 결함사항 발견시 시정요구 경고서한을 선장에게 발급하고 즉시 출항조치하도록 규정

7. 해사노동협약(MLC)의 회원국 주된 의무
① 협약에 의한 책무를 완수하기 위한 법령 또는 기타 조치 이행
② 자국 국기 게양 선박에게 해사노동적합증서, 해사노동적선언서의 강제 비치
③ 자국 항만에 입항하는 외국적 선박에 대한 협약요건 준수 점검
④ 자국 관할 영역에 있는 선원모집 및 직업소개업체에 대한 관할권 행사 및 통제

💡 항만국통제 실무 주요 용어 정리

결함(Deficiency)	관련 협약요건에 일치하지 않다고 판명된 상태
명백한 근거 (Clear Ground)	선박과 그 설비 또는 그 승무원이 관련 협약의 요건에 실질적으로 일치하지 않거나 선장 또는 승무원이 선박의 안전, 해상 보안 및 해양오염방지 등과 관련된 필수적인 선상절차에 익숙하지 않다는 증거
기준미달선 (Substandard Ship)	선체, 기계, 장비 또는 선박운항과 관련된 안전 요건이 관련 협약의 기준에 실질적으로 미달되거나 선박의 승무원이 승무원정원증서에 따른 최소승무원 기준에 적합하지 않은 경우
출항정지(Detention)	선박 또는 선원의 상태가 관련국제협약의 요건과 실질적으로 일치하지 않은 경우, 해당 선박이 선박 또는 승선한 선원에게 위험을 초래하지 않거나 해양환경에 부당한 위험 없이 항해할 수 있을 때까지 선박의 통상적인 출항 일정과는 무관하게 항만국에서 취하는 출항정지 조치

(2) 점검대상 선박

① 아시아-태평양(TOKYO MOU) 지역 점검 이력 6개월 초과 선박
② 타 항만국의 점검 후 점검결과가 통보된 선박
③ 항만시설이용자 또는 도선사 등으로부터 설비 고장이 신고된 선박
④ 아시아-태평양(TOKYO MOU)의 NIR(New Inspection Regime)에 의한 우선점검
⑤ 선령, 점검이력 및 출항정지 이력 등 고려하여 필요 선박 우선점검

(3) 전 세계 PSC MOU

명칭	지역	명칭	지역
Paris MOU	유럽	Abuja MOU	서·중앙아프리카
Tokyo MOU	아시아 태평양	Black Sea MOU	흑해 지역
Acuerdo de Via del Mar	남미	Mediterranean MOU	지중해 지역
Caribbean MOU	카리브해 지역	Indian Ocean MOU	인도양 지역
Riyadh MOU	아라비아	※ U.S.C.G	미국 단독 시행

💡 MOU(Memorandum of Understanding)
당사국 사이의 외교교섭 결과 서로 양해된 내용을 확인·기록하기 위해 정식계약 체결에 앞서 행하는 문서로 된 합의. PSC를 시행하기 앞서 기준미달선박을 제거하기 위한 방법으로 채택된 합의문서이다.

(4) 최초점검

① **초기점검** : 협약증서 및 서류의 유효확인 여부와 선박과 설비 및 전반적인 상태를 점검
② **점검보고서 교부** : 점검내용을 정해진 양식에 기입 후 선장에게 교부
③ **상세점검** : 초기점검 시 결함이 발견된 경우 점검보고서 교부에 앞서 선박의 시설과 안전관리 전반에 대한 상세점검 실시
④ **출항정지** : 선원 또는 선박의 안전을 저해하거나 해양오염을 야기할 수 있는 중대한 결함이 발견된 경우, 식별된 결함이 시정될 때까지 해당 선박의 출항을 금지함

(5) 확인점검

출항정지되거나 출항전 시정 결함이 지적된 선박에 대하여 실시하며, 확인점검시 수수료를 징수함

(6) PSC 근거규정 및 관련 법령(국내법)

① 선박안전법
② 해사안전법(2023년 7월 25일, 해사안전기본법과 해상교통안전법으로 분법)
③ 해양환경관리법
④ 국제항해선박 및 항만시설의 보안에 관한 법률
⑤ 선원법
⑥ 선박직원법

선박안전법 제68조(항만국통제)

① **국제협약상 적합 여부 확인**
해양수산부장관은 외국선박의 구조·설비·화물운송방법 및 선원의 선박운항지식 등이 대통령령으로 정하는 선박안전에 관한 국제협약에 적합한지 여부를 확인하고 그에 필요한 조치(이하 "항만국통제"라 한다)를 할 수 있다.

② **소속 공무원의 통제**
해양수산부장관은 제1항의 규정에 따른 항만국통제를 하는 경우 소속 공무원으로 하여금 대한민국의 항만에 입항하거나 입항예정인 외국선박에 직접 승선하여 행하게 할 수 있다. 이 경우 해당 선박의 항해가 부당하게 지체되지 아니하도록 하여야 한다.

③ **협약기준 미달 선박의 시정조치**
해양수산부장관은 제1항에 따른 항만국통제의 결과 외국선박의 구조·설비·화물운송방법 및 선원의 선박운항지식 등이 제1항에 따른 국제협약의 기준에 미달되는 것으로 인정되는 때에는 해당선박에 대하여 수리 등 필요한 시정조치를 명할 수 있다.

④ **출항정지 명령**
해양수산부장관은 제1항에 따른 항만국통제 결과 선박의 구조·설비·화물운송방법 및 선원의 선박운항지식 등과 관련된 결함으로 인하여 해당 선박 및 승선자에게 현저한 위험을 초래할 우려가 있다고 판단되는 때에는 출항정지를 명할 수 있다.

⑤ **이의신청**
외국선박의 소유자는 제3항 및 제4항에 따른 시정조치명령 또는 출항정지명령에 불복하는 경우에는 해당 명령을 받은 날부터 90일 이내에 그 불복사유를 기재하여 해양수산부장관에게 이의신청을 할 수 있다.

⑥ **이의신청 내용의 조사와 통보**
제5항의 규정에 따라 이의신청을 받은 해양수산부장관은 소속 공무원으로 하여금 해당 시정조치명령 또는 출항정지명령의 위법·부당 여부를 직접 조사하게 하고 그 결과를 신청인에게 60일 이내에 통보하여야 한다. 다만, 부득이한 사정이 있는 때에는 30일 이내의 범위에서 통보시한을 연장할 수 있다.

⑦ **행정소송의 제기**
시정조치명령 또는 출항정지명령에 대하여 불복하는 자는 제5항 및 제6항의 규정에 따른 이의신청의 절차를 거치지 아니하고는 행정소송을 제기할 수 없다. 다만, 「행정소송법」 제18조제2항 및 제3항의 규정에 해당되는 경우에는 그러하지 아니하다.

⑧ 제3항부터 제7항까지의 규정에 따른 외국선박에 대한 조치 및 이의신청 등에 관하여 필요한 사항은 대통령령으로 정한다.

선박안전법 제69조(외국의 항만국통제 등)

① **선박소유자의 국제협약 준수 의무**
선박소유자는 외국 항만당국의 항만국통제에 의하여 선박의 결함이 지적되지 아니하도록 관련되는 국제협약 규정을 준수하여야 한다.

② **특별점검**
해양수산부장관은 외국 항만당국의 항만국통제에 의하여 출항정지 처분을 받은 대한민국 선박이 국내에 입항할 경우 해양수산부령으로 정하는 바에 따라 관련되는 선박의 구조·설비 등에 대하여 점검을 할 수 있다. 다만, 외국정부에서 확인을 요청하는 경우 등 필요한 경우에는 외국에서 특별점검을 할 수 있다.

③ **출항정지 예방을 위한 특별점검**
해양수산부장관은 다음 각 호의 대한민국 선박에 대하여 외국항만에 출항정지를 예방하기 위한 조치가 필요하다고 인정되는 경우 해양수산부령으로 정하는 바에 따라 관련되는 선박의 구조·설비 등에 대하여

특별점검을 할 수 있다.
1. 선령이 15년을 초과하는 산적화물선·위험물운반선
2. 그 밖에 해양수산부령으로 정하는 선박

④ **행정처분**
해양수산부장관은 제2항 및 제3항의 규정에 따른 특별점검의 결과 선박의 안전확보를 위하여 필요하다고 인정되는 경우에는 해당선박의 소유자에 대하여 해양수산부령으로 정하는 바에 따라 항해정지명령 또는 시정·보완 명령을 할 수 있다.

> 선박안전법 제16조(항만국통제의 시행)
> ① 법 제68조제1항에서 "대통령령으로 정하는 선박안전에 관한 국제협약"이란 다음 각 호의 협약을 말한다.
>   1. 「해상에서의 인명안전을 위한 국제협약」
>   2. 「만재흘수선에 관한 국제협약」
>   3. 「국제 해상충돌 예방규칙 협약」
>   4. 「선박톤수 측정에 관한 국제협약」
>   5. 「상선의 최저기준에 관한 국제협약」
>   6. 「선박으로부터의 오염방지를 위한 국제협약」
>   7. 「선원의 훈련·자격증명 및 당직근무에 관한 국제협약」
> ② 제1항제5호의 「상선의 최저기준에 관한 국제협약」을 적용할 때 1994년 3월 31일 이전에 용골(선박 바닥 중앙의 길이 방향 지지대를 말한다)이 거치된 선박에 대하여는 같은 협약의 적용으로 인하여 선박의 구조 또는 거주설비의 변경이 초래되지 않는 범위에서 항만국통제를 실시한다.

2 항만국통제 시행

(1) IMO 항만국통제 절차서

국제관계상 여러 협약과 IMO 협약이행규약(ⅢCode)에서 항만국 통제 시행과 관련된 조항을 색인하고, 항만국통제 시행절차에 관한 기본지침과 점검수행 및 통제절차와 설비 및 승무원에 대한 결함 인지 등 일반적인 지침을 제공한다.
① **항만통제관의 점검** : 발효된 협약 중 기국이 가입한 협약에 대해서만 가능하다.
② 협약에 가입하지 않은 국가의 선박에 대해서는 우대조치를 취할 수 없다.

(2) 비체약국 선박 통제

① **관련증서의 미소지** : SOLAS협약, Load Line 협약, MARPOL 73/78협약, AFS협약, BMW협약 등과 선원들 역시 STCW협약과 관련된 증서
② **항만국통제관의 판단** : 항만국통제원칙에 따라 점검하여 선박, 선원, 승선원들에게 위험하지 않고, 비합리적인 위해의 가능성이 없음을 확신해야 한다.
③ 만약 비체약국 선박에 문제가 있음을 확인하면 그에 상응하는 조치를 취해야 한다.
④ 점검은 안전과 해양환경보호를 위한 수준에서 시행되며, 절차 역시 증서확인 등의 형식적인 범위에 한정된다.
⑤ 비체약국 선박에게는 체약국 선박에 비해 우대적인 조치를 제공할 수 없다.

(3) 협약 미적용 선박 통제

기국이나 대행기관이 발행하는 증서를 확인하는데 그치고, 적용할 규정이 없는 경우 통제관은 선박이 환경이나 안전 측면에서 수용할 기준을 따르는지 평가해야 한다.

(4) 항만국통제관의 자격 및 교육

① 자국의 선박검사관 자격과 경험을 갖출 것과 주요 선원들과 영어 소통이 가능해야 한다.
② **갖추어야 할 지식** : IMO 표준교육과정을 고려한 관련협약에 대한 지식
③ **활동요건 점검을 수행하는 항만국통제관** : 선장 또는 기관장의 자격 보유
④ **항만국통제관이 자격과 선박경험이 없는 경우** : 해사 관청에서 인정한 기관 발행 자격증을 갖추어야 하며, 특별훈련과정을 수료하거나 경험과 훈련을 받아 정부가 자격을 부여한 자여야 한다.

(5) 점검실무(항만국통제의 시행)

① 체약 당사국 정부가 스스로 결정하여 시행
② 다른 정부에서 제공한 정보나 요청에 따라 시행
③ 선원·전문단체·협회·무역기구 또는 선박의 안전, 선원 및 여객 또는 해양환경보호와 이해관계가 있는 개인이 제공한 선박의 정보에 따라 시행
④ **정부의 위임** : 당국은 지정된 검사관이나 대행기관(RO)에게 자국 선박에 대한 검사나 점검을 위임할 수 있다.
⑤ 관련협약에 따라 항만국통제를 시행하는 자는 정부가 승인한 자만이 승선, 점검, 시정 및 출항정지 조치를 할 수 있다.

점검실무	내용
초기점검	1. 선종, 건조연도, 크기에 따라 적용되는 국제협약규정의 사전 확인 2. 승선 전 전체적인 외관을 보아 도장상태, 부식, 점식 등 수리되지 않은 손상부위의 확인 3. IMO 항만국통제 절차서에 따른 서류점검 요청 4. 통제관은 관련협약에 따른 증거의 유효성 뿐만 아니라 선박의 전반적인 상태를 살펴야 한다. 5. 통제관은 선박이나 장비, 선원에게 중대한 결함이 있다고 믿을만한 명백한 증거(Clear Ground)가 있다면 세부점검을 실시한다.

일반절차지침	1. 통제관은 항만국통제 절차서 부록 1과 같은 우수사례규약을 준수해야 한다.
	2. 통제관은 선장이나 선주의 대표가 신분증 제시를 요구할 때 제시하여야 한다.
	3. 구체적 점검을 위한 명백한 증거가 있다면 선장에게 즉시 알리고, 선장은 증서발급기관의 방선을 요청할 수 있다.
	4. 통제관은 점검시행을 하게 된 정보의 출처를 밝혀서는 안된다.
	5. 통제를 시행하더라도 선박이 부당하게 지체되거나 출항정지 않도록 가능한 모든 노력을 다해야 한다.
	6. 통제관의 전문적인 판단 : 선박이 결함을 시정할 때까지 잡아두거나, 어떤 결함이 있더라도 항해의 특별한 여건에 따라 항해의 허락여부를 결정할 때
	7. 모든 장비가 고장나고 예비 부속품이나 교체 부품이 준비되지 않더라도 통제관이 다른 수단이 있다고 판단한다면 부당한 지체가 발생하지 않도록 하여야 한다.
	8. **출항정지가 우발적 손상의 결과일 때 정지명령을 해서는 안되는 사유**
	  ① 관련서류 발행 기국정부, 지정된 대행기관에의 통지토록 규정한 협약에 대한 응분의 고려
	  ② 선장이나 회사에서 입항 전에 자세한 사고 및 피해상황과 기국정부에 통지한 정보를 항만당국에 제출한 경우

	③ 선박측에서 항만당국이 인정하는 수준으로 적절한 시정조치를 취한 경우 ④ 항만당국이 시정완료 통지를 받고 안전, 건강 또는 환경에 명백한 위험이 되는 결함 사항이 해결되었다고 인정한 경우
명백한 증거	**1. 통제관의 확인사항** ① 외국선박 내에 유효한 증서를 가지고 있는가 ② 선박이나 장비의 상태가 증서의 기재 내용과 다르다고 믿을만한 '명백한 증거'가 없다면 서류심사와 선박, 장비 및 선원에 대한 전체적인 상태를 점검하는 수준에서 그쳐야 한다. **2. 명백한 증거**(보다 자세한 점검을 시행하는 근거) ① 관련 협약에서 요구하는 주요한 장비나 장치가 없을 때 ② 선박 서류의 유효기간이 지났을 때 ③ 관련협약과 IMO항만국 절차서가 요구하는 문서가 선내에 없거나, 불완전하거나, 유지관리가 되어 있지 않거나, 되어 있더라도 부실할 때 ④ 선체나 구조물이 심각하게 노후화되었거나 선체구조, 수밀 및 풍우밀 상태가 위험하다고 보이는 결함이 있을 때 ⑤ 통제관의 관찰과 전체적인 인상을 통해 안전, 오염방지 또는 항해장비에 중대한 결함이 있다고 보일 때 ⑥ 선장이나 선원이 선박이 안전과 오염방지에 관한 선내 필수장비의 작동에 서툴거나 그러한 작동을 수행한 적이 없다는 증거나 정보가 있을 때 ⑦ 주요 선원간 또는 선내 다른 사람들과의 대화가 곤란하다는 징조가 있을 때 ⑧ 잘못된 조난 신호가 발령되었으나 적절한 취소절차가 없을 때 ⑨ 선박이 기준 미달선으로 보인다는 정보가 담긴 보고나 불만사항이 접수되었을 때
상세점검	**1. 상세점검의 시행 사유** ① 선박에 유효한 증서가 없거나 ② 선박에 대한 전체적인 인상에서 증서의 기재사항과 선박이나 장비의 상태가 일치하지 않는다거나 ③ 선장이나 선원이 필수적 절차에 숙달되지 않았다고 믿을만한 명백한 증거가 있는 경우

(6) 위반 및 출항정지

선박의 결함사항에 따라 기준미달선으로 분류하고 시정조치를 요구하며 필요할 경우 선박 출항정지에 관한 내용을 설명하고 있다.

1) 기준미달선 확인

① 협약이 요구하는 주요한 장비나 장치가 없을 때
② 협약에 따른 장비와 장치의 성능이 기준과 다를 때
③ 정비불량 등으로 장비나 선박이 현저히 노후되었을 때
④ 선원의 작동능력이 미흡하거나 필수 작동절차에 익숙하지 않을 때
⑤ 선원이나 선원증서의 수가 부족할 때

> **기준미달선의 분류**
> 기준미달선으로 확인되는 것이 전체적으로나 개별적으로 선박의 감항성을 없애거나, 선박이나 선내 인명에 위험을 초래하거나, 해양환경에 비합리적인 위해를 가하는데도 출항할 예정이라면 기준미달선으로 분류하여야 한다.

2) 결함사항에 대한 정보 제출

① **정보제출** : 기준미달선으로 보이는 선박에 대한 정보는 선원이나 전문단체, 협회, 운송연맹 또는 어떤 개인이라도 항만국의 권한 있는 관청에 제출한다.
② **제출방법** : 문서로 제공하며, 단, 구두로 제공된 정보는 정보를 제공한 개인 등을 확인한 후 서면보고서를 작성한다.
③ 조사를 필요로 하는 정보는 선박에 도착한 후에 빠른 조치를 취하기 위하여 적절한 시간이 주어져야 한다.
④ 기준미달선에 대한 정보는 관련협약에 따라 정보를 접수하고 조치를 취해야 하는 당국이 선정되어야 한다. 잘못된 당국에 제출된 정보는 즉시 조치를 취할 수 있는 당국으로 이관한다.

3) 기준미달 혐의 선박에 대한 항만국의 조치

① **출항정지 대상이 되는 기준미달선 정보를 접수한 항만당국의 통지** : 기국의 해사·영사 또는 대표에게 즉시 통보한 후 점검을 시행토록 하고 점검에 협조하도록 요청한다. 또한 기국을 대신하여 관련증서를 발행한 대행기관에도 통지한다.
② 통지를 한 항만국의 권한의 적절한 행사책임 또는 항만국통제 권한이 감소되지는 않는다.
③ **정보를 입수한 항만국의 차항지의 권한있는 당국 또는 대행기관에의 통지** : 시간이 충분하지 않거나 출항 전에 파견할 항만국통제관이 없는 경우

4) 시정조치에 대한 항만국의 책임

항만국통제관이 기준미달선이라고 간주하는 선박에 대해 항만당국은 출항허가 이전에 선박, 승객 및 선원의 안전을 지키고 환경에 위해를 제거하기 위한 시정조치를 하고 확인해야 한다.

5) 출항 정지 지침

기준미달선이라고 규정하기에 적절하지 않은 경우에도 IMO 항만국통제 절차서 지침을 활용한다.

6) 점검 일시 중지

① 항만국통제관은 선박이 명백히 기준미달이라고 판단되더라도 예외적으로 점검을 일시 중지할 수 있다.
② 출항정지에 해당하는 결함사항의 기록
③ **점검 일시 중지 기간** : 선박이 관련 규정에 적합하다고 책임 당국이 확인하기 위해 필요한 조치를 수행하기까지
④ **점검 일시 중지의 통지** : 항만당국은 책임있는 당국에 지체 없이 통지하여야 한다.
⑤ **통지의 적시 내용** : 출항정지 정보와 모든 관계규정에 적합하다고 당국에 통지될 때까지 중지되었다는 사실도 적시

7) 출항정지와 해제확인을 위한 절차

① **항만국통제관의 확인** : 결함사항의 시정 여부, 특별한 결함이 아니라도 위험의 제거 여부
② **항만국통제관의 조치** : 확인된 결함사항이 계속 위험으로 작용하지 못하도록 적절한 조치를 취하고 선박의 특정작업을 중지시키거나, 출항정지시키는 조치도 가능
③ **예외적 출항허가** : 선박이 점검한 항만에서 출항정지를 하게 한 결함사항을 수리할 수 없는 경우 그 수리가 가능한 적절한 곳을 택하여 항만국통제 당국의 동의하에 출항

④ **출항조건** : 항만국과 기국이 합의한 조건을 준수하여야 하고 그 조건에는 승객, 선원의 안전 및 다른 선박에 위해를 끼치지 않고 해양환경에 비합리적인 위협이 되지 않을 때까지 항해하지 않는다는 보장이 포함되어야 한다.
⑤ **기국정부의 확답** : 문제가 된 선박에 대하여 시정조치를 하겠다는 확답
⑥ 차항지 항만당국 등에 통지
⑦ **남은 결함사항의 수리를 위한 항해 허가** : 선박에 대한 모든 결함사항의 시정을 위한 노력이 이루어진 상태라면 남은 결함사항 시정이 가능한 항만으로의 항해를 허가할 수 있다.
⑧ **경보의 발령** : 만약, 점검한 항만당국과 합의사항을 지키지 아니하고 출항한 경우 항만당국은 즉시 기국, 모든 관련 당국 및 차항지 항만당국에 경보를 발령한다.

(7) TOKYO MOU

1) 현황 및 집중점검

① **협의체의 구성** : 아시아·태평양 지역 국가들
② **중점점검 주제의 선정** : 매년 주제를 선정하여 3개월(9~11월)간 점검
③ **관리수준에 따른 점검주기**
  ㉠ 매우 낮은 선박 : 입항할 때마다
  ㉡ 고위험 선박 : 2~4개월 주기
  ㉢ 표준위험 선박 : 5~8개월 주기
  ㉣ 저위험 선박 : 9~18개월 주기

2) TOKYO MOU 신점검제도(NIR)와 점검선박의 선정

① **신점검제도의 의의** : 객관적인 지표에 따라 선박의 역량을 평가하여 위험성이 높은 선박을 보다 집중적으로 점검·관리하기 위한 제도
② **신점검제도의 객관적 지표**
  ㉠ 선령
  ㉡ 선종
  ㉢ 기국
  ㉣ 대행기관(RO) 수행능력
  ㉤ 회사 수행능력
  ㉥ 결함 개수
  ㉦ 출항정지 횟수
③ **객관적 지표에 의한 3가지 위험**

위험성	선정기준
고위험성 선박	프로필 기준 4점 이상, 5개 이상의 결함 횟수와 이전 36개월간 3회 이상의 출항정지
표준위험성 선박	고위험성이나 저위험성에 해당하지 않는 선박
저위험성 선박	이전 36개월간 최소 1회 이상의 점검을 받은 선박으로 출항정지 없음

④ 이의신청
  ㉠ 선박이 기국이나 정부대행기관에 이의신청
  ㉡ 재심 요청 : 최초의 처분을 받은 날로부터 120일 이내에 사무국에 재심 요청
  ㉢ 조사단의 권고는 재정적 손해배상을 요청하기 위한 근거로 사용할 수 없다.

3) 항만국 통제 점검 대응
  ① 입항 전 자체 점검
    [입항전 필요적 자체점검 대상]
    ㉠ 해당 항만에 처음 기항하는 경우
    ㉡ 선박 위험성에 따른 점검주기가 도래하거나 경과한 경우
    ㉢ 항만국통제 집중점검을 실시하는 경우

  ② 항만국통제관의 주요 관심 대상
    ㉠ 유효한 안전증서 소지 여부
    ㉡ 자격을 갖춘 적정 선원의 승무 및 각종 면허·교육증서 소지 여부
    ㉢ 해도, 항해용 간행물의 비치 여부 및 선내 각종 기록사항의 유지 여부
    ㉣ 선체구조, 갑판 및 기관실의 각종 기기·장비 등의 관리 상태
    ㉤ 구명설비, 소방설비 및 오염방지 설비 등의 관리 상태
    ㉥ 안전관리체계(ISM), 선박보안체계(ISPS)의 수립 및 이행 여부
    ㉦ 소화·퇴선 등 비상대응훈련의 실시여부 및 선원의 비상대응 숙련도
    ㉧ 기타 협약에서 규정하고 있는 사항 등

4) 기국통제(Flag State Control)
  ① 의의 : 기국(자국)이 국제항해에 종사하는 자국선박의 구조, 설비 및 선원의 수·자격, 안전·해양오염대비 운항지식 등이 선박안전 및 해양오염예방 등에 관한 국제협약에 적합한지 여부를 확인하기 위하여 실시하는 점검

  ② 기국통제의 조사 및 조치
    ㉠ 결함선박이 입국한 선급으로부터 적정한 조사를 받았는지 여부의 조사
    ㉡ 중대결함사항이 식별된 경우에 선급이 입회하여 출항 전 시정 여부를 확인하도록 조치
    ㉢ PSC 출항정지 선박에 대한 사후 특별검사와 심사를 실시
    ㉣ 중점관리대상 중 출항정지된 선박과 연 2회 이상 출항 정지된 선사에 대한 안전관리체제(ISM)에 대한 특별심사

  ③ 기국통제의 대상
    ㉠ 선령이 15년을 초과하는 산적화물선, 위험물운반선
    ㉡ 최근 3년 이내에 외국 항만당국의 항만국통제로 인하여 출항이 정지된 선박
    ㉢ 최근 3년 이내에 항만당국의 항만국통제로 인하여 소속 선박의 출항정지율이 대한민국 선박의 평균 출항정지율을 초과하는 선박소유자의 선박
    ㉣ 외국 항만당국의 항만국통제로 인하여 출항정지율이 특별히 높은 선박 등으로 해양수산부장관이 고시하는 선박(중점관리선박)

④ 기국통제의 법적 근거

선박안전법, 해상교통안전법(제58조)

> 💡 해사교통법 제58조(외국의 항만국통제 등)
> ① 해양수산부장관은 대한민국선박이 외국 정부의 항만국통제에 따라 항행정지 처분을 받은 경우에는 그 선박의 사업장에 대하여 안전관리체제의 적합성 여부를 점검하거나 그 선박이 국내항에 입항할 경우 해양수산부령으로 정하는 바에 따라 관련되는 선박의 안전관리체제, 선박의 구조·시설, 선원의 선박운항지식 등에 대하여 점검을 할 수 있다. 다만, 외국 정부에서 확인을 요청하는 경우 등 필요한 경우에는 외국에서 점검을 할 수 있다.
> ② 해양수산부장관은 외국 정부의 항만국통제에 따른 항행정지를 예방하기 위한 조치가 필요하다고 인정하는 경우 해양수산부령으로 정하는 바에 따라 관련되는 선박에 대하여 제1항에 따른 점검(이하 "특별점검"이라 한다)을 할 수 있다.
> ③ 해양수산부장관은 특별점검의 결과 선박의 안전 확보를 위하여 필요하다고 인정하면 그 선박의 소유자 또는 해당 사업장에 대하여 해양수산부령으로 정하는 바에 따라 시정·보완 또는 항행정지를 명할 수 있다.

3 ISPS Code(선박 및 항만시설 보안규칙)

ISPS(국제선박 및 항만시설 보안 규정)는 국제해사기구(IMO)에서 채택한 규정으로, 2004년 7월 1일부터 시행되었다. 이 규정은 선박과 항만 시설의 안전과 보안을 강화하기 위해 마련된 국제적인 표준이다.

ISPS 코드는 주로 국제 해운 및 항만 시설을 대상으로 하고 있다. 선박 및 항만 시설은 규정을 준수하고 보안 계획을 수립하여 관리함으로써 해상 교통 중에 발생할 수 있는 테러와 같은 위협으로부터 보호받을 수 있다. 세계적인 무역 및 해운 활동에서 안전한 환경을 제공하여 국제 경제에 기여하는 중요한 규정 중 하나이다.

> 💡 ISPS Code 적용대상
> 1. 고속여객선을 포함한 모든 여객선
> 2. 고속화물선을 포함한 총톤수 500톤 이상의 화물선
> 3. 이동식 해상구조물

(1) ISPS Code의 주요 내용

1) 보안계획의 수립·유지

선박과 항만 시설은 보안 계획을 수립하고 유지해야 한다. 이 계획은 위험 분석, 대응 및 대비 조치, 교육 및 훈련 등을 포함하며, 주기적으로 검토되어야 한다.

2) 출입자의 신원 확인

선박과 항만 시설에 출입하는 인원들의 신원 확인이 필수적이다. 이러한 시스템 도입으로 인해 불법적인 출입을 예방할 수 있다.

3) 감시시스템의 설치

선박과 항만 시설에는 반드시 CCTV, 보안 감지 장치, 출입 통제 시스템을 설치해야 한다. 이러한 요소들로 인해 빠르게 다양한 보안 위협에 대처할 수 있다.

(2) 보안관리등급

① **레벨 1** : 특별한 주의가 필요하지 않은 일반적인 보안 수준
② **레벨 2** : 특별한 위험이나 위협이 있을 가능성이 있는 상태
③ **레벨 3** : 보안 사고가 임박한 것으로 간주되며, 특정 보안 조치를 실행해야 하는 상태

(3) 선박 및 회사가 조치하여 할 주요 사항

1) 보안책임자 지정
① **육상** : 총괄보안책임자(CSO)
② **선박** : 선박별로 선박보안책임자(SSO)

2) 선박보안평가 수행
① 선박별로 선박보안평가의 시행
② 보안평가는 현장조사를 필수로 하며, 평가결과는 문서화되어야 한다.
③ **보안평가의 주요 요소**
  ㉠ 시행중인 보안조치, 절차 및 활동에 대한 식별
  ㉡ 중요하게 보호되어야 하는 주요 선상작업의 식별 및 평가
  ㉢ 보안조치의 수립 및 우선순위를 선별하기 위하여, 주요 선상작업에 대해 발생할 수 있는 위협 및 발생 가능성의 식별 및 평가
  ㉣ 기반시설, 정책 및 절차에 있어서 인적요소를 포함한 취약점의 식별
④ 선박보안평가는 새로운 보안위협을 반영하기 위하여 정기적으로 검토되어야 한다.

3) 선박보안계획서의 작성
① **작성 책임** : 총괄보안책임자
② 선박보안계획서는 선박보안평가를 근거로 작성되어야 한다.
③ **보안계획서의 주요 내용**
  ㉠ 조직 및 선박 보안 임무
  ㉡ 선박 출입 통제
  ㉢ 선박에서의 제한구역
  ㉣ 화물 및 선용품의 취급
  ㉤ 미휴대수화물의 취급
  ㉥ 선박보안감시
  ㉦ 내부심사절차 등
  ※ 선박보안계획서의 적용 언어 : 영어, 불어, 스페인어

4) 선박보안계획 승인 요청 및 승인
① **승인서류 제출 책임자** : 총괄보안책임자
② **승인권자** : 지방해양수산청장
③ **승인요청시 첨부서류** : 선박보안평가서
④ **선박보안계획서 작성시의 승인** : 해양수산부장관

5) SSP에 따른 선박보안시스템 활동 시행

6) 최초 선박 보안심사
① **보안심사권자** : 각 지방해양수산청(단, 외국항에서는 RSO에게 수행하게 할 수 있다.)
② **보안심사의 목적** : 보안시스템 및 관련 보안장비가 협약 및 코드의 요건에 완전히 적합하며, 만족한 상태에 있음을 확인하는 것
③ 보안심사 완료 후 주관청의 승인이 없는 한 보안시스템 및 관련 보안장비가 변경되어서는 안 된다.
④ **최초선박보안심사의 신청** : 보안시스템활동을 시행한 객관적 증거와 기국에 따라 일정기간 보안시스템 활동실적을 요구하고 있다.

7) 국제선박보안증서 발급
① **발급권자** : 선적항 관할 지방해양수산청장(외국선박의 경우, 기국 주관청 또는 주관청이 인정한 RSO)
② **유효기간** : 5년
③ **임시국제선박보안증서** : 6월(2004년 7월 1일 이후 신조선, 선박의 국적변경 또는 회사변경의 발생시)

8) 보안시스템 유지
① **ISPS Code Part A 주요활동 시행** : 매 3개월 마다 1회 이상 시행
② **합동훈련** : 매년 1회 시행(항만시설보안책임자 및 당사국 정부가 참여)

9) **중간 보안심사** : 유효기간 내 최소 1회 시행

10) **갱신 보안심사** : 현 증서 만료일 3개월 이전부터 유효기간 내에 실시

4 「선박안전법」에 규정된 항만국통제(PSC)의 적합성 근거협약

선박안전법 시행령 제16조(항만국통제의 시행)
① 법 제68조제1항에서 "대통령령으로 정하는 선박안전에 관한 국제협약"이란 다음 각 호의 협약을 말한다.
1. 「해상에서의 인명안전을 위한 국제협약」 : SOLAS
2. 「만재흘수선에 관한 국제협약」 : LL
3. 「국제 해상충돌 예방규칙 협약」 : COLREG
4. 「선박톤수 측정에 관한 국제협약」 : ICTM
   International Convention on Tonnage Measurement of Ships
5. 「상선의 최저기준에 관한 국제협약」 : ILO 협약 147호(상선에 있어서 선원의 최저 근로기준 및 설비에 관한 협약)
6. 「선박으로부터의 오염방지를 위한 국제협약」 : MARPOL 협약
7. 「선원의 훈련·자격증명 및 당직근무에 관한 국제협약」 : STCW
   Standards of Training, Certification and Watchkeeping for Seafarers

5 해사안전감독

(1) 해사안전감독관

① **의의** : 해양사고가 발생할 우려가 있거나 해사안전관리의 적정한 시행 여부를 확인하기 위하여 선박 및 사업장에 대한 지도 · 감독을 수행하는 자로서 해양수산부장관이 임명한 공무원

② **해사안전감독관의 구분 및 자격**
  ㉠ 해사안전감독관 : 여객선 감독관과 화물선 감독관 및 원양어선감독관으로 분류
  ㉡ 전문분야별 구분 : 운항 감독관과 감항 감독관으로 분류
     • 운항 감독관 : 선박 운항관리, 여객 관리 등 운항안전과 관련한 해사안전감독 업무를 수행
     • 감항 감독관 : 선박의 선체, 기관 정비 상태 등 선박의 감항성과 관련된 해사안전감독업무를 수행

③ **자격**
  ㉠ 선박검사기관에서 15년 이상 선박검사 경력
  ㉡ 1급 항해사 또는 기관사 자격증을 가지고 총톤수 1만 톤 이상의 선박에서 선장 또는 기관장으로 최소 2년 이상 승선한 경력이 있는 사람
  ㉢ 해양청에 배치된 감독관 2명 : 여객선 감독관(운항 담당) 및 화물선 감독관(감항 담당)

④ **감독대상(여객선)**
  ㉠ 『해운법 제22조』에 따른 '운항관리자'
  ㉡ 『해운법 제3조』에 따른 '내항 해상여객운송사업자' 및 소속 선박
  ㉢ 기타 '여객선 해사안전관리'를 위하여 지도 · 감독이 필요하다고 인정되는 사업자, 선박 및 관계인

⑤ **감독 직무 범위**
  ㉠ 선박 및 사업자 등에 대한 정기 · 수시 지도감독
  ㉡ 지도감독 결과에 따른 개선명령, 시정조치에 관한 사항
  ㉢ '항행정지' 명령의 집행 및 이행 확인
  ㉣ '해운 법령' 및 '여객선 안전관리지침'에 따른 여객선 안전관리 감독
  ㉤ 기타 '해사안전' 향상을 위하여 필요한 분야에 대한 지도감독

⑥ **해사안전감독관의 권한**
  ㉠ 선장, 선박소유자, 안전진단대행자, 안전관리대행자, 기타 관계인에게 출석 · 진술을 하게 하는 것(7일 전 사전 고지)
  ㉡ 선박 · 사업장에 출입해 관계서류 검사, 선박 · 사업장의 해사안전관리 상태 확인 · 조사 점검(7일 전 사전고지)
  ㉢ 선장 기타 관계인에게 관계 서류를 제출하게 하거나 그 밖에 해사 안전관리 관련 업무를 보고하게 하는 것

[해상교통법상 해양시설보호수역 · 교통안전특정해역 · 유조선통항금지해역]

해양시설
보호수역
	해양시설보호수역
	① 보호수역의 설정 : 해양수산부장관은 제3조제1항제4호에 따른 해양시설 부근 해역에서 선박의 안전항행과 해양시설의 보호를 위한 수역(이하 "보호수역"이라 한다)을 설정할 수 있다.
	② 입역 허가 : 누구든지 보호수역에 입역(入域)하기 위하여는 해양수산부장관의 허가를 받아야 하며, 해양수산부장관은 해양시설의 안전 확보에 지장이 없다고 인정하거나 공익상 필요하다고 인정하는 경우 보호수역의 입역을 허가할 수 있다.
	③ 예외적 입역 허가 사유
	  1. 선박의 고장이나 그 밖의 사유로 선박 조종이 불가능한 경우
	  2. 해양사고를 피하기 위하여 부득이한 사유가 있는 경우
	  3. 인명을 구조하거나 또는 급박한 위험이 있는 선박을 구조하는 경우
	  4. 관계 행정기관의 장이 해상에서 안전 확보를 위한 업무를 하는 경우
	  5. 해양시설을 운영하거나 관리하는 기관이 그 해양시설의 보호수역에 들어가려고 하는 경우

교통안전
특정해역
	가. 교통안전특정해역
	① 교통안전특정해역의 설정 : 해양수산부장관은 다음 각 호의 어느 하나에 해당하는 해역으로서 대형 해양사고가 발생할 우려가 있는 해역(이하 "교통안전특정해역"이라 한다)을 설정할 수 있다.
	  1. 해상교통량이 아주 많은 해역
	  2. 거대선, 위험화물운반선, 고속여객선 등의 통항이 잦은 해역
	② 해양수산부장관은 관계 행정기관의 장의 의견을 들어 해양수산부령으로 정하는 바에 따라 교통안전특정해역 안에서의 항로지정제도를 시행할 수 있다.
	③ 교통안전특정해역의 범위 : 인천, 부산, 울산, 포항, 여수
	나. 거대선 등의 항행안전확보 조치
	해양경찰서장은 거대선, 위험화물운반선, 고속여객선, 그 밖에 해양수산부령으로 정하는 선박이 교통안전특정해역을 항행하려는 경우 항행안전을 확보하기 위하여 필요하다고 인정하면 선장이나 선박소유자에게 다음 각 호의 사항을 명할 수 있다.
	  1. 통항시각의 변경
	  2. 항로의 변경
	  3. 제한된 시계의 경우 선박의 항행 제한
	  4. 속력의 제한
	  5. 안내선의 사용
	  6. 그 밖에 해양수산부령으로 정하는 사항

유조선 통항 금지해역	가. 유조선통항금지해역 ① 유조선의 통항제한 　다음 각 호의 어느 하나에 해당하는 석유 또는 유해액체물질을 운송하는 선박(이하 "유조선"이라 한다)의 선장이나 항해당직을 수행하는 항해사는 유조선의 안전운항을 확보하고 해양사고로 인한 해양오염을 방지하기 위하여 대통령령으로 유조선의 통항을 금지한 해역(이하 "유조선통항금지해역"이라 한다)에서 항행하여서는 아니 된다. 　1. 원유, 중유, 경유 또는 이에 준하는 「석유 및 석유대체연료 사업법」 제2조제2호가목에 따른 탄화수소유, 같은 조 제10호에 따른 가짜석유제품, 같은 조 제11호에 따른 석유대체연료 중 원유·중유·경유에 준하는 것으로 해양수산부령으로 정하는 기름 1천500킬로리터 이상을 화물로 싣고 운반하는 선박 　2. 「해양환경관리법」 제2조제7호에 따른 유해액체물질을 1천500톤 이상 싣고 운반하는 선박 ② 통항금지해역에서의 항행 　유조선은 다음 각 호의 어느 하나에 해당하면 제1항에도 불구하고 유조선통항금지해역에서 항행할 수 있다. 　1. 기상상황의 악화로 선박의 안전에 현저한 위험이 발생할 우려가 있는 경우 　2. 인명이나 선박을 구조하여야 하는 경우 　3. 응급환자가 생긴 경우 　4. 항만을 입항·출항하는 경우. 이 경우 유조선은 출입해역의 기상 및 수심, 그 밖의 해상상황 등 항행여건을 충분히 헤아려 유조선통항금지해역의 바깥쪽 해역에서부터 항구까지의 거리가 가장 가까운 항로를 이용하여 입항·출항하여야 한다.

6 해사안전 및 위험성

(1) 해사안전관리

"해사안전관리"란 선원·선박소유자 등 인적 요인, 선박·화물 등 물적 요인, 해상교통체계·교통시설 등 환경적 요인, 국제협약·안전제도 등 제도적 요인을 종합적·체계적으로 관리함으로써 선박의 운용과 관련된 모든 일에서 발생할 수 있는 사고로부터 사람의 생명·신체 및 재산의 안전을 확보하기 위한 모든 활동을 말한다.(해사안전기본법)

① "안전"의 의의 : 재해발생의 위험요소로부터 해방된 자유로운 상태

> 💡 하이리히(H.W. Heinrich)의 도미노 이론과 안전관리의 중요 단계
> 사회환경내력 → 인간의 결함 → 불안전 행동 및 기계적, 물리적 위험상태 → 사고의 발생 → 상해, 재산손실

> 💡 하인리히의 사고(330건) 비율
> 사망1 : 경상29 : 무상해사고300

② 국제해사기구 "안전"의 의의 : 의도하지 않은 일에 따른 인명, 신체 및 건강에 대한 수용할 수 없는 수준의 위험성이 존재하지 않는 상태

③ 국제평화기구 "안전"의 의의 : 수용 불가능한 위험성이 없는 것

④ 세계보건기구(WHO)의 "안전"의 의의 : 안전이란 개인과 지역공동체의 건강과 복지를 위하여 육체적, 정신적 또는 물질적인 위해를 초래하는 위험요소와 조건들이 조절되는 상태

(2) IMO의 위험성의 계산

$$위험성 = 사고빈도 \times 사고강도$$
$$\text{Risk} = \text{Probability} \times \text{Consequence}$$

(3) FSA 위험성 분석 및 평가 도구

위험성 분석기법	주요 내용
HAZOP	1. 공장 설비 프로세스에 존재하는 해저드(hazards) 및 운용 상의 문제점(operability problems)을 찾아내는 정성적 분석 기법 2. HAZOP 분석은 위험요소 식별단계에서 시스템의 원래 의도한 설계와 차이가 있는 변이(deviations)를 일련의 가이드워드(guidewords)를 활용하여 체계적으로 식별해 낸다.
FTA	1. 시스템에 내재되어 있는 위험인자를 파악하고 위험성을 계산하기 위한 하향식 방식의 분석법 2. 시스템을 구성하고 있는 부품의 고장과 인적과실 및 외부사건이 논리적으로 조합되어 특정한 사고를 불러 일으키는지를 가시적으로 모델링하여 분석하는 방법
ETA	1. FTA와는 반대되는 상향식 방식을 이용하여 시작 사건으로부터 나올 수 있는 결과를 의사결정나무를 이용하여 분석하는 방법 2. 여러개의 안전장치가 준비된 시스템의 위험성을 파악하기 위하여 이용된다. 3. 장점 : 여러 사건이 복잡하게 얽혀 있는 등의 경우 발생하는 결과를 파악할 수 있다. 안전성 평가기법으로 위험요소의 식별단계에서 시나리오를 구성하는 기법으로 유용하다.
FMEA	1. 부품의 고장이 어떻게 전체 시스템에 영향을 미치는 지를 분석하고, 적절한 대처방법이 마련되어 있는 지를 분석하는 방법 2. 주로 물리적인 부품으로 구성되어 있는 시스템의 위험성 분석에 유용하다.
Brainstorming	1. 잠재적 고장모드, 위험요소, 위험요소 결정을 위한 기준, 위험요소의 처리 등 대안에 관한 것들을 식별하기 위해 전문가들의 자유로운 대화속에서 방법을 구한다. 2. 다른 위험성 평가방법과 함께 사용할 수 있고, 특별한 데이터가 없거나 새로운 해결책이 필요한 기술에 대한 위험요소를 식별하는데 유용하다. 3. 상대적으로 대처방법을 빠르게 구성하기가 쉽다.

(4) 사고의 발생

① 용어의 정의

㉠ **사고** : 시스템을 구성하는 여러 요소 중 안전과 관련된 구성요소들의 결함이나 손상에 따라 발생한 시스템의 붕괴

㉡ **시스템** : 각 구성요소들(인간관계, 논리관계, 자연법칙 등)이 상호작용하거나 상호의존하여 복잡하게 얽힌 통일된 하나의 집합체(unified whole)

② 안전시스템의 붕괴

사고는 여러 사고 방지를 위한 시스템의 결함이 현실화된 것이다. 위험과 사고 사이를 방어하는 기제인 방어막(defenses, 안전시스템)에 결함이나 손상이 있다하더라도 방어막을 다중화할수록 사고발생 위험은 줄어든다. 다중화된 방어막을 안전망(Safety Net)이라고 한다.

(5) 사고발생이론

1) 인간과실

① 과실

㉠ 인간의 부주의나 태만 따위에서 비롯된 잘못이나 허물, 또는 부주의로 인하여, 어떤 결과의 발생을 미리 내다보지 못한 일.
㉡ 과실을 개인이나 집단의 관점에서 보면 수용 가능하거나 바람직한 관행으로부터 이탈하여, 수용불가능하거나 바람직하지 못한 결과를 초래하는 것을 말한다.

② 경보시스템

인간의 부주의하거나 능력을 벗어나는 일로 사고가 발생할 경우에 대비하여 미리 사고를 알려주는 경보시스템

※ 통합선교시스템(Integrated Navigation System, INS) : 지능형 전자해도를 기반으로 경제적 최적항로 분석 및 계획, 충돌·좌초 방지는 물론이고 자동항해가 가능하도록 하는 선박 운항 컨트롤 시스템

2) 인간과실 모델링 시스템

IMO는 국제해양사고조사코드에서 사고를 일으키는 인간과실을 네가지로 분류하고 그러한 심리적 배경을 세가지로 분류한다.
㉠ 기술기반의 행동 Slip(망각), Lapse(기억실패) : 절차적인 실행 실수
㉡ 규정기반의 행동 Mistake : 목적에 맞지 않는 절차를 이행한 실수

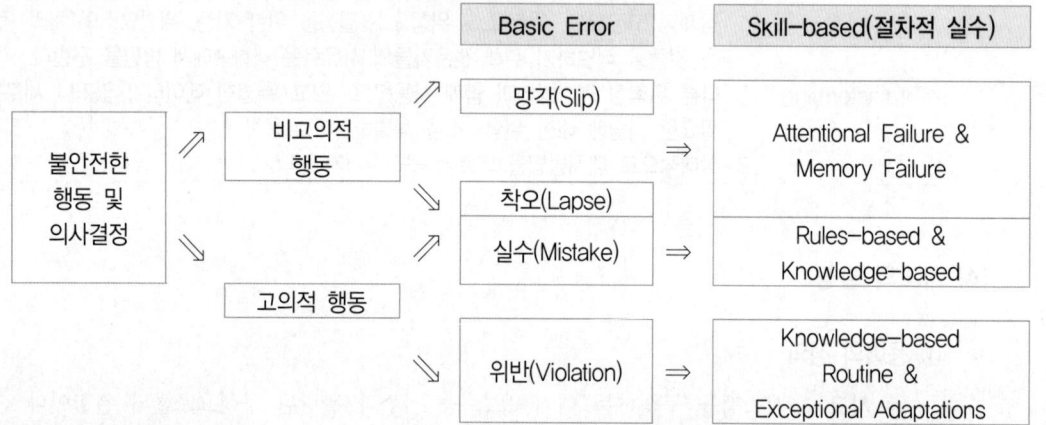

3) 행동심리(Rasmussen)

인간의 행위를 기술기반행동(SB, skill-based performance), 규정기반행동(rule-based performance), 지식기반행동(KB, knowledge-based performance)으로 구분하였다. 일반적으로 사람들은 기술기반단계에서 가장 잘 행동하고, 규정기반단계에서도 매우 잘 행동하지만 지식기반단계에서는 잘 행동하지 못한다.

① 기술기반행동(SB, skill-based performance)
　㉠ 어떤 일을 행함에 있어 어떻게 행해야 하는 지 생각할 필요도 없이 자동적으로 행동하는 단계로서 의식적인 작업의 진행이 불필요함으로 자신의 행동이 잘 진행되는 지에 대해서도 주의를 하지 않는다.
　㉡ 우리는 대부분 기술기반단계에서 작업이 이루어지면 간헐적으로 규정기반단계로 이동하거나 또다시 기술기반단계로 돌아오게 된다.

② 규정기반행동(rule-based performance)
　㉠ 일반적인 사람들은 의식하지는 못하지만 자신이 생활하면서 필요한 문제를 해결하기 위한 일종의 규정집을 가지고 있다고 보아야 한다.
　㉡ 기술기반단계에서 해결되지 못한 문제의 해결을 위해서 문제해결을 위한 표식이나 지표같은 것을 찾게 되는 단계가 규정기반단계이다.
　㉢ 규정기반단계의 작동과정은 1차적으로 인식규정이고 2차적으로 그 인식에 바탕한 행동규정의 발동이다.

③ 지식기반행동(KB, knowledge-based performance)
　㉠ 문제해결이 매우 복잡한 경우 규정기반행동으로 해결할 수 없다고 한다면 지식기반단계에서 해답을 찾게 된다.
　㉡ 이 단계에서는 최대한 주의를 기울이고 적극적으로 의식을 동원해야 한다.
　㉢ 인간은 그들에게 최초로 부딪친 문제가 있을 경우 미래와 현실을 이해하기 위하여 분석하고 계산하여 최적의 답을 찾으려 한다.
　㉣ 지식기반단계의 분석을 통해 기존의 문제와 유사성이나 차이점을 구별하게 되면 다시 규정기반단계 또는 기술기반단계로 전환하기도 한다.

4) SHELL 모델(Elwyn Edward, Frank H. Hawkins) - Building Block 모형

④ Software Non-physical		③ Hardware Equipment
	① Liveware (작업자자신)	
② Liveware Workgroups		⑤ Environment surroundings

① Liveware(작업자 자신)
　인간 즉 운항승무원(항공관제사, 항공정비사 등)

② Liveware Workgroups
　업무에 직접 관여하면서 업무를 주도적으로 수행하는 사람들

③ Hardware Equipment
　항공기 운항과 관련하여 승무원이 조작하는 모든 장비·장치류

④ Software Non-physical
　항공기 운항과 관련한 법규나 비행절차, 점검표, 기호, 컴퓨터 프로그램 등

⑤ Environment surroundings

주변 환경과 조종실 안의 조명, 습도, 온도, 기압, 산소농도, 소음, 시차 등

5) 스위스 치즈 모델(제임스 리즌, James Reason)

> 💡 1990년 발간한 〈휴먼 에러(Human Error)〉에서 제시
>
> 스위스 치즈 모델은 IMO에서 사용하고 있는 개념으로 사고 발생의 원인을 평가하는 모델 중 하나이다. 사고를 방어할 수 있는 각각의 요소인 방어막에는 결함이 포함되어 있을 수 있고, 방어막의 수를 많게 하거나, 방어막의 결함을 줄일수록 사고발생을 억제할 수 있다는 이론이다.
>
> **조사대상이 되는 잠재적인 요인**
> 1. 불안전한 행위를 유발한 선행조건
> 2. 불안전한 관리감독
> 3. 잘못된 조직문화의 영향

① 사고 발생의 원인을 평가하는데 사용되는 모델로, 사고를 유발할 수 있는 잠재적 가능성을 에멘탈 치즈의 구멍에 비유해서 설명한다.
② 이 모델에서 치즈 슬라이스는 사고 위험을 대비하는 안전 장치를 의미하며, 치즈 구멍은 안전 장치의 불완전성으로 인해 존재하는 사고 발생의 잠재적 결함을 나타낸다.
③ 전체 시스템 중 한 부분에서 위험 요소가 발생했다 하더라도 다른 안전 장치가 이를 보완하게 되면 사고를 예방할 수 있으나, 치즈의 구멍이 겹치는 것처럼 모든 장치에서 동일한 결함이 발생한 경우에는 대형 사고로 이어지게 되는 것이다.
④ 대형 사고는 개별적인 위험 요소를 관리하지 못한 휴먼 에러, 즉 인간의 실책으로 인해 발생하므로 평소 안전 시스템의 결함을 최소화하고 실책을 줄여서 사고를 예방해야 한다고 강조했다.
⑤ 스위스 치즈 모델은 어떠한 사고가 하나의 원인으로만 발생하는 것이 아니라 조직적인 요인, 시스템적인 요인, 환경적인 요인 등 다양한 요인이 복합적으로 작용하여 일어날 수 있음을 설명한다.
⑥ 이 모델은 사고 발생의 복잡성을 이해하는 데 유용할 뿐만 아니라, 각 단계에서 발생할 수 있는 잠재적 결함을 파악하고, 사고 예방을 위한 방안을 제시하는 데에도 활용이 가능하다.

(두산백과 두피디아)

6) 사고발생 절차와 하이브리드 모델

IMO는 스위스 치즈의 각 슬라이스를 다섯 단계의 인적 조건 방법으로 설명하고 있다. 각 단계에서 뚫린 방어막에서 사고발생에 개입한 인간과실을 식별하기 위하여 사용된다.

> 💡 **사고의 간접적 원인**
> ① 1단계 : 오류가 있는 의사결정
> ② 2단계 : 작업관리 결함
> ③ 3단계 : 불안전한 행동이 가능한 심리적 전조 현상
> ④ 4단계 : 즉발적 실수(사고의 직접적 원인)
> ⑤ 5단계 : 사고의 발생(방어막의 훼손)

7 공식안전성평가(FSA)

(1) 의의
안전확보를 위해 지불해야 하는 비용이 어느 정도가 적정한 지 판단하기 위한 평가기법

(2) FSA의 5단계 구성
① 위험요소 색인(Identification of Haward)
② 위험도 분석(Risk Assessment)
③ 위험관리방안(Risk Control Options)
④ 비용 편익 증가(Cost Benefit Assessment)
⑤ 의사결정권고(Recommendation for Decision-Making)

(3) 위험요소색인
위험요소를 찾아내고, 이와 관련된 사건이 무엇인지 식별하는 단계

(4) 위험도 분석
① 식별한 위험요소와 예상되는 사건에 대한 우선순위를 설정하고, 개략적으로 분석한 위험요소별 발생원인 및 예상되는 영향력에 대하여 심층분석하는 단계
② 위험도 평가 결과, 합리적으로 수용할 수 없을 정도의 부분에 대해서는 다음 단계인 위험관리방안이 필요하다.

(5) 위험관리방안
이전 단계에서 판단된 수용불가능한 고위험군(ALARP)에 대하여 위험 저감조치인 위험도 관리방안을 제시한다.

(6) 비용 편익 증가
위험도관리방안의 채택으로 인한 비용과 편익을 비교, 나열한다.

(7) 의사결정권고
분석결과와 실행 방안을 포함한 보고서를 작성하는 단계

8 해상교통안전진단
"해상교통안전진단"이란 해상교통안전에 영향을 미치는 다음 각 목의 사업(이하 "안전진단대상사업"이라 한다)으로 발생할 수 있는 항행안전 위험 요인을 전문적으로 조사·측정하고 평가하는 것을 말한다.
가. 항로 또는 정박지의 지정·고시 또는 변경
나. 선박의 통항을 금지하거나 제한하는 수역(水域)의 설정 또는 변경
다. 수역에 설치되는 교량·터널·케이블 등 시설물의 건설·부설 또는 보수
라. 항만 또는 부두의 개발·재개발

마. 그 밖에 해상교통안전에 영향을 미치는 사업으로서 대통령령으로 정하는 사업

시행령 제2조(해상교통안전에 영향을 미치는 사업) 「해상교통안전법」(이하 "법"이라 한다) 제2조제14호마목에서 "대통령령으로 정하는 사업"이란 다음 각 호의 어느 하나에 해당하는 사업으로서 최고 속력이 시속 60노트 이상인 선박을 사용하는 사업을 말한다.
  1. 「해운법」 제2조제2호에 따른 해상여객운송사업
  2. 「해운법」 제2조제3호에 따른 해상화물운송사업

■ 해상교통안전법 시행규칙 [별표 6]

해상교통안전진단기준(제12조제1항 관련)

구분	안전진단기준
1. 공통사항	가. 안전진단대상사업이 시행되는 수역의 물리적·사회적 특성에 대한 충분한 검토 나. 안전진단대상사업이 선박통항에 미치는 영향의 최소화 다. 안전진단대상사업자와 해상 이용자의 의견 대립의 최소화 라. 안전여유(Safety Margin)에 대한 충분한 고려 마. 안전진단대상사업에 따른 잠재적 위험요인의 최소화 바. 충분한 통항안전대책 수립 사. 적정한 항로표지 설치 아. 안전진단대상사업이 시행되는 수역 또는 안전진단대상사업의 시행으로 인한 영향이 예상되는 인근 수역에서의 장래 개발계획의 반영
2. 항로 또는 정박지의 지정·고시 또는 변경 및 선박의 통항을 금지하거나 제한하는 수역의 설정 또는 변경	가. 선박의 조종성능(선회성·정지거리)에 대한 충분한 고려 나. 현재 해상교통 및 항만개발계획 등을 고려한 장래 교통흐름의 추정 다. 인근 항만 출입항 선박의 안전한 통항에 대한 고려
3. 수역에 설치되는 교량·터널·케이블 등 시설물의 건설·부설 또는 보수	가. 다른 시설과 최대한 거리를 두고 설치 나. 항로횡단교량은 항로와 수직으로 설치하고, 교량의 앞뒤로 충분한 직선거리 확보 다. 시설물 건설·부설에 따른 공사단계별 충분한 안전대책 마련
4. 항만 또는 부두의 개발·재개발	가. 선박의 조종성능(선회성·정지거리)에 대한 충분한 고려 나. 항만의 지형·자연특성에 대한 충분한 고려 다. 장래 교통량 예측 결과의 반영

실전예상문제

01 항만국통제(PSC) 도입과 가장 관련이 있는 선박은?

① 대형여객선 ② 유조선
③ 편의치적선 ④ 무해통항선

해설 **편의치적선(lag of convenience(vessel), 便宜置籍船)**
선박소유·운항 등의 편의(선박에 기인하는 소득에 대한 저율과세, 외국인 선원의 승무의 자유, 낮은 선박구조기준 등)에 의해, 선박소유자의 소재국이 아닌 외국에 등록된 선박을 말한다.

02 PSC 점검대상 선박의 내용 중 옳지 않은 것은?

① 아시아–태평양(TOKYO MOU) 지역 점검 이력 12월 초과 선박
② 타 항만국의 점검 후 점검결과가 통보된 선박
③ 항만시설이용자 또는 도선사 등으로부터 설비 고장이 신고된 선박
④ 아시아–태평양(TOKYO MOU)의 NIR(New Inspection Regime)에 의한 우선점검

해설 **PSC 점검대상 선박**
① 아시아–태평양(TOKYO MOU) 지역 점검 이력 6월 초과 선박
② 타 항만국의 점검 후 점검결과가 통보된 선박
③ 항만시설이용자 또는 도선사 등으로부터 설비 고장이 신고된 선박
④ 아시아–태평양(TOKYO MOU)의 NIR(New Inspection Regime)에 의한 우선점검
⑤ 선령, 점검이력 및 출항정지 이력 등 고려 필요 선박 우선점검

03 다음 중 항만국통제 지역별 MOU가 아닌 것은?

① Paris MOU : 유럽
② Acuerdo de Via del Mar : 남미
③ Mediterranean MOU : 지중해
④ U.S.C.G : 미국

해설 미국은 단독 시행 중이다.
[전 세계 PSC MOU]

명칭	지역	명칭	지역
Paris MOU	유럽	Abuja MOU	서·중앙 아프리카
Tokyo MOU	아시아 태평양	Black Sea MOU	흑해지역
Acuerdo de Via del Mar	남미	Mediterranean MOU	지중해 지역
Caribbean MOU	카리브해 지역	Indian Ocean MOU	인도양 지역
Riyadh MOU	아라비아	※ U.S.C.G	미국 단독 시행

💡 **MOU(Memorandum of Understanding)**
당사국 사이의 외교교섭 결과 서로 양해된 내용을 확인·기록하기 위해 정식계약 체결에 앞서 행하는 문서로 된 합의. PSC를 시행하기 앞서 기준미달선박을 제거하기 위한 방법으로 채택된 합의문서이다.

01. ③ 02. ① 03. ④

04 해상인명안전협약(SOLAS)에서 규정하고 있는 내용으로 옳지 않은 것은?

① 선박의 안전과 관련된 선박의 구조, 복원성, 구명설비, 소화설비 및 무선설비 등의 항해장비 등에 대한 사항을 규정
② 검사관은 협약과 관련된 증서의 유효성 확인
③ 증서가 유효하지 않은 경우 검사관은 협약상 결함으로 간주한다.
④ 항만국통제는 물적관리에 한정된다.

해설 **해상인명안전협약(SOLAS)**
① 선박의 안전과 관련된 선박의 구조, 복원성, 구명설비, 소화설비 및 무선설비 등의 항해장비 등에 대한 사항을 규정
② 검사관의 통제 사항
 ㉠ 협약과 관련된 증서의 유효성 확인
 ㉡ 선박과 설비가 증서와 일치하는지 여부 확인
③ 협약상 결함으로 간주하는 사항
 ㉠ 증서가 유효하지 않은 경우
 ㉡ 선박 및 그 설비의 상태가 증서상 기재사항과 일치하지 않는 명백한 근거가 있는 경우
 ㉢ 선박의 선장이나 선원이 그 선박의 안전에 관한 필수적인 선상절차를 숙지하고 있지 않다고 믿을만한 명백한 근거가 있는 경우
 ㉣ 기존 선박의 물적관리에 추가하여 인적범위까지 항만국통제에 포함된다.
④ 검사관의 조치
시정조치, 출항정지, 협약기준에 필요한 조치 및 적절한 수리장소로의 이동조치 등

05 다음 보기의 내용이 가리키는 내용으로 옳은 것은?

> **보기**
> 선박과 그 설비 또는 그 승무원이 관련 협약의 요건에 실질적으로 일치하지 않거나 선장 또는 승무원이 선박의 안전, 해상 보안 및 해양오염 방지 등과 관련된 필수적인 선상절차에 익숙하지 않다는 증거

① Clear Ground   ② Substandard Ship
③ Deficiency   ④ Detention

해설

결함 (Deficiency)	관련 협약요건에 일치하지 않다고 판명된 상태
명백한 근거 (Clear Ground)	선박과 그 설비 또는 그 승무원이 관련 협약의 요건에 실질적으로 일치하지 않거나 선장 또는 승무원이 선박의 안전, 해상 보안 및 해양오염 방지 등과 관련된 필수적인 선상절차에 익숙하지 않다는 증거
기준미달선 (Substandard Ship)	선체, 기계, 장비 또는 선박운항과 관련된 안전 요건이 관련 협약의 기준에 실질적으로 미달되거나 선박의 승무원이 승무원정원증서에 따른 최소 승무원 기준에 적합하지 않은 경우
출항정지 (Detention)	선박 또는 선원의 상태가 관련국제협약의 요건과 실질적으로 일치하지 않은 경우, 해당 선박이 선박 또는 승선한 선원에게 위험을 초래하지 않거나 해양환경에 부당한 위험 없이 항해할 수 있을 때까지 선박의 통상적인 출항 일정과는 무관하게 항만국에서 취하는 출항정지 조치

06 다음은 "선박안전법"에서 정한 "항만국통제"에 대한 내용이다. 빈칸에 알맞은 내용을 순서대로 기술한 것은?

> ○ 해양수산부장관은 제1항에 따른 항만국통제 결과 선박의 구조·설비·화물운송방법 및 선원의 선박운항지식 등과 관련된 결함으로 인하여 해당 선박 및 승선자에게 현저한 위험을 초래할 우려가 있다고 판단되는 때에는 (   )를 명할 수 있다.
> ○ 외국선박의 소유자는 제3항 및 제4항에 따른 시정조치명령 또는 출항정지명령에 불복하는 경우에는 해당명령을 받은 날부터 (   ) 이내에 그 불복사유를 기재하여 해양수산부장관에게 이의신청을 할 수 있다.
> ○ 이의신청을 받은 해양수산부장관은 소속 공무원으로 하여금 해당 시정조치명령 또는 출항정지명령의 위법·부당 여부를 직접 조사하게 하고 그 결과를 신청인에게 (   ) 이내에 통보하여야 한다. 다만, 부득이한 사정이 있는 때에는 30일 이내의 범위에서 통보시한을 연장할 수 있다.

정답 04. ④ 05. ① 06. ②

① 수리명령, 60일, 60일
② 출항정지, 90일, 60일
③ 결함점검, 60일, 30일
④ 시정조치, 90일, 60일

07 국제관계상 여러 협약과 IMO 협약이행규약(Ⅲ Code)에서 항만국 통제 시행과 관련된 조항을 색인하고, 항만국통제 시행절차에 관한 기본지침과 점검수행 및 통제절차와 설비 및 승무원에 대한 결함 인지 등 일반적인 지침을 제공하는 것은?

① 통제절차서(Procedures for Port State Control)
② 유효증서(Valid Certificates)
③ 작업지시서
④ 공정안전보고서(PSM)

해설 IMO 항만국통제 절차서
국제관계상 여러 협약과 IMO 협약이행규약(Ⅲ Code)에서 항만국 통제 시행과 관련된 조항을 색인하고, 항만국통제 시행절차에 관한 기본지침과 점검수행 및 통제절차와 설비 및 승무원에 대한 결함 인지 등 일반적인 지침을 제공한다.
① 항만통제관의 점검 : 발효된 협약 중 기국이 가입한 협약에 대해서만 가능
② 협약에 가입하지 않은 국가의 선박에 대해서는 우대조치를 취할 수 없다.

08 다음 중 대상협약에 가입하지 않은 선박(비체약국 선박)에 대한 항만국 통제와 관련된 설명 중 옳지 않은 것은?

① 항만국통제관의 판단 : 항만국통제원칙에 따라 점검하여 선박, 선원, 승선원들에게 위험하지 않고, 비합리적인 위해의 가능성이 없음을 확신해야 한다.
② 만약 비체약국 선박에 문제가 있음을 확인하면 그에 상응하는 조치를 취해야 한다.
③ 점검은 안전과 해양환경보호를 위한 수준에서 시행되며, 절차 역시 실질적이고 합리적인 범위 내에서 엄격하게 실시된다.
④ 비체약국 선박에게는 체약국 선박에 비해 우대적인 조치를 제공할 수 없다.

해설 비체약국 선박 통제
① 관련증서의 미소지 : SOLAS협약, Load Line 협약, MARPOL 73/78협약, AFS협약, BMW협약 등과 선원들 역시 STCW협약과 관련된 증서
② 항만국통제관의 판단 : 항만국통제원칙에 따라 점검하여 선박, 선원, 승선원들에게 위험하지 않고, 비합리적인 위해의 가능성이 없음을 확신해야 한다.
③ 만약 비체약국 선박에 문제가 있음을 확인하면 그에 상응하는 조치를 취해야 한다.
④ 점검은 안전과 해양환경보호를 위한 수준에서 시행되며, 절차 역시 증서확인 등의 형식적인 범위에 한정된다.
⑤ 비체약국 선박에게는 체약국 선박에 비해 우대적인 조치를 제공할 수 없다.

09 항만국통제의 "초기점검"시 그 내용으로 옳지 않은 것은?

① 승선 전 전체적인 외관을 보아 도장상태, 부식, 점식 등 수리되지 않은 손상부위의 확인
② IMO 항만국통제 절차서에 따른 서류점검 요청
③ 초기점검시 통제관은 관련협약에 따른 증거의 유효성을 확인함에 그친다.
④ 통제관은 선박이나 장비, 선원에게 중대한 결함이 있다고 믿을만한 명백한 증거(Clear Ground)가 있다면 세부점검을 실시한다.

해설 초기점검
1. 선종, 건조연도, 크기에 따라 적용되는 국제협약 규정의 사전 확인
2. 승선 전 전체적인 외관을 보아 도장상태, 부식, 점식 등 수리되지 않은 손상부위의 확인
   IMO 항만국통제 절차서에 따른 서류점검 요청
3. 통제관은 관련협약에 따른 증거의 유효성 뿐만 아니라 선박의 전반적인 상태를 살펴야 한다.
4. 통제관은 선박이나 장비, 선원에게 중대한 결함이 있다고 믿을만한 명백한 증거(Clear Ground)가 있다면 세부점검을 실시한다.

10 다음 항만국통제의 점검실무 중 "상세점검 시행사유"가 아닌 것은?
① 선박에 유효한 증서가 없는 경우
② 선박에 대한 전체적인 인상에서 증서의 기재사항과 선박이나 장비의 상태가 일치하지 않는 경우
③ 선장이나 선원이 필수적 절차에 숙달되지 않았다고 믿을만한 명백한 증거가 있는 경우
④ 선종, 건조연도, 크기에 따라 적용되는 국제협약 규정을 위반한 경우

해설 상세점검의 시행 사유
① 선박에 유효한 증서가 없거나
② 선박에 대한 전체적인 인상에서 증서의 기재사항과 선박이나 장비의 상태가 일치하지 않는다거나
③ 선장이나 선원이 필수적 절차에 숙달되지 않았다고 믿을만한 명백한 증거가 있는 경우

11 다음 중 "기준미달선" 확인 사항이 아닌 것은?
① 협약이 요구하는 주요한 장비나 장치가 없을 때
② 협약에 따른 장비와 장치의 성능이 기준과 다를 때
③ 선원이나 선원증서의 수가 부족하거나 초과할 때
④ 선원의 작동능력이 미흡하거나 필수 작동절차에 익숙하지 않을 때

해설 기준미달선 확인
① 협약이 요구하는 주요한 장비나 장치가 없을 때
② 협약에 따른 장비와 장치의 성능이 기준과 다를 때
③ 정비불량 등으로 장비나 선박이 현저히 노후되었을 때
④ 선원의 작동능력이 미흡하거나 필수 작동절차에 익숙하지 않을 때
⑤ 선원이나 선원증서의 수가 부족할 때
※ 기준미달선의 분류
기준미달선으로 확인되는 것이 전체적으로나 개별적으로 선박의 감항성을 없애거나, 선박이나 선내 인명에 위험을 초래하거나, 해양환경에 비합리적인 위해를 가하는데도 출항할 예정이라면 기준미달선으로 분류하여야 한다.

12 ISPS Code(선박 및 항만시설 보안규칙)의 주요 내용에 대한 설명으로 옳지 않은 것은?
① 보안계획의 수립·유지
② 출입자의 신원 확인
③ 감시시스템의 설치
④ 선박별로 선박보안평가의 시행

해설 ISPS Code의 주요 내용
① 보안계획의 수립·유지
선박과 항만 시설은 보안 계획을 수립하고 유지해야 한다. 이 계획은 위험 분석, 대응 및 대비 조치, 교육 및 훈련 등을 포함하며, 주기적으로 검토되어야 한다.
② 출입자의 신원 확인
선박과 항만 시설에 출입하는 인원들의 신원 확인이 필수적이다. 이러한 시스템 도입으로 인해 불법적인 출입을 예방할 수 있다.
③ 감시시스템의 설치
선박과 항만 시설에는 반드시 CCTV, 보안 감지 장치, 출입 통제 시스템을 설치해야 한다. 이러한 요소들로 인해 빠르게 다양한 보안 위협에 대처할 수 있다.

13 다음 중 해사안전감독관의 설명으로 옳지 않은 것은?
① 해사안전감독관 : 여객선 감독관과 화물선감독관 및 원양어선감독관으로 분류
② 전문분야별 구분 : 운항 감독관과 감항 감독관으로 분류
③ 감독관은 해양수산부장관이 임명한 공무원이다.
④ 유·도선장 및 수상레저시설도 감독 대상이다.

해설 유·도선장 및 수상레저시설은 감독대상이 아니다.

14 다음 해사안전감독관에 대한 내용 중 옳지 않은 것은?

① 자격 : 선박검사기관에서 15년 이상 선박검사 경력
② 선박·사업장에 출입해 관계서류 검사, 선박·사업장의 해사안전관리 상태 확인·조사 점검을 위해 특별한 사전고지를 할 필요는 없다.
③ 선장, 선박소유자, 안전진단대행자, 안전관리대행자, 기타 관계인에게 출석·진술을 하게 하는 것 (7일 전 사전 고지)
④ '항행정지' 명령의 집행 및 이행 확인

해설 **해사안전감독관의 권한**
㉠ 선장, 선박소유자, 안전진단대행자, 안전관리대행자, 기타 관계인에게 출석·진술을 하게 하는 것(7일전 사전 고지)
㉡ 선박·사업장에 출입해 관계서류 검사, 선박·사업장의 해사안전관리 상태 확인·조사 점검 (7일 전 사전고지)
㉢ 선장 기타 관계인에게 관계 서류를 제출하게 하거나 그 밖에 해사 안전관리 관련 업무를 보고하게 하는 것

15 해사안전감독관의 직무범위로서 옳지 않은 것은?

① 선박 및 사업자 등에 대한 정기·수시 지도감독
② 지도감독 결과에 따른 개선명령, 시정조치에 관한 사항
③ '항행정지' 명령의 집행 및 이행 확인
④ 선박과 항만 시설에 출입하는 인원들의 신원 확인

해설 **감독 직무 범위**
㉠ 선박 및 사업자 등에 대한 정기·수시 지도감독
㉡ 지도감독 결과에 따른 개선명령, 시정조치에 관한 사항
㉢ '항행정지' 명령의 집행 및 이행 확인
㉣ '해운 법령' 및 '여객선 안전관리지침'에 따른 여객선 안전관리 감독
㉤ 기타 '해사안전' 향상을 위하여 필요한 분야에 대한 지도감독

CHAPTER 4 비상대응 및 응급처치

1 비상대응의 의의

해양사고의 대부분은 인재에 의한 경우이므로 사고가 발생하지 않도록 교육을 실시하고, 사고가 발생하였거나 발생이 임박한 비상상황에 대비하여 지속적인 훈련 및 선내실습을 통해 효율적인 대처를 할 수 있다.

① 해양사고가 발생한 경우 선장과 해원은 규정된 사고절차를 따라야 한다.
② **SOLAS 협약(조난상황)** : 해양사고가 발생한 경우 선박의 인명, 선체 및 화물의 구조에 만전을 기하고, 자선이 다른 선박과 충돌한 경우 자선에 급박한 위험이 없는 한 상대선의 인명 및 선체를 구조할 의무가 있다.
③ 국제안전관리규약(ISM Code)을 적용받는 선박은 안전관리시스템에 따른 비상상황별 조치사항을 따라야 한다.

> ISM Code Part A. 8(Emergency preparedness)
> 1. 회사는 선박에서 발생할 수 있는 잠재적인 비상상황을 식별하고, 이에 대응하기 위한 절차를 수립하여야 한다.
> 2. 회사는 비상대응을 위한 훈련 및 연습 프로그램을 수립하여야 한다.
> 3. 안전경영시스템(SMS)은 회사의 조직이 선박과 관련된 위험, 사고 및 비상상황에 항상 대응할 수 있도록 보장하는 수단을 제공하여야 한다.

④ 다른 선박의 조난을 인지한 경우에도 자선에 급박한 위험이 없는 한 다른 선박의 인명 구조에 필요한 수단을 강구할 의무가 있다.
⑤ 국제해사기구(IMO)에 따르면 구조신호를 수신하였거나 조난선박을 발견한 경우 구조에 나서야 한다.

2 해양사고 관련법 등

(1) 선원법상의 공법상 의무

1) 제11조(선박 위험 시의 조치)

① 선장은 선박에 급박한 위험이 있을 때에는 인명, 선박 및 화물을 구조하는 데 필요한 조치를 다하여야 한다.
② 선장은 제1항에 따른 인명구조 조치를 다하기 전에 선박을 떠나서는 아니 된다.
③ 제1항 및 제2항은 해원에게도 준용한다.

2) 제12조(선박 충돌 시의 조치)

선박이 서로 충돌하였을 때에는 각 선박의 선장은 서로 인명과 선박을 구조하는 데 필요한 조치를 다하여야 하며 선박의 명칭·소유자·선적항·출항항 및 도착항을 상대방에게 통보하여야 한다. 다만, 자기가 지휘하는 선박에 급박한 위험이 있을 때에는 그러하지 아니하다.

3) 제13조(조난 선박 등의 구조)

선장은 다른 선박 또는 항공기의 조난을 알았을 때에는 인명을 구조하는 데 필요한 조치를 다하여야 한다. 다만, 자기가 지휘하는 선박에 급박한 위험이 있는 경우 등 해양수산부령으로 정하는 경우에는 그러하지 아니하다.

4) 제21조(선박 운항에 관한 보고)

선장은 다음 각 호의 어느 하나에 해당하는 경우에는 해양수산부령으로 정하는 바에 따라 지체 없이 그 사실을 해양항만관청에 보고하여야 한다.
1. 선박의 충돌·침몰·멸실·화재·좌초, 기관의 손상 및 그 밖의 해양사고가 발생한 경우
2. 항해 중 다른 선박의 조난을 안 경우(무선통신으로 알게 된 경우는 제외한다)
3. 인명이나 선박의 구조에 종사한 경우
4. 선박에 있는 사람이 사망하거나 행방불명된 경우
5. 미리 정하여진 항로를 변경한 경우
6. 선박이 억류되거나 포획된 경우
7. 그 밖에 선박에서 중대한 사고가 일어난 경우

(2) 상법상의 사법상 의무

1) 제795조(운송물에 관한 주의의무)

① 운송인은 자기 또는 선원이나 그 밖의 선박사용인이 운송물의 수령·선적·적부(積付)·운송·보관·양륙과 인도에 관하여 주의를 해태하지 아니하였음을 증명하지 아니하면 운송물의 멸실·훼손 또는 연착으로 인한 손해를 배상할 책임이 있다.
② 운송인은 선장·해원·도선사, 그 밖의 선박사용인의 항해 또는 선박의 관리에 관한 행위 또는 화재로 인하여 생긴 운송물에 관한 손해를 배상할 책임을 면한다. 다만, 운송인의 고의 또는 과실로 인한 화재의 경우에는 그러하지 아니하다.

2) 제755조(보고·계산의 의무)

① 선장은 항해에 관한 중요한 사항을 지체 없이 선박소유자에게 보고하여야 한다.
② 선장은 매 항해를 종료한 때에는 그 항해에 관한 계산서를 지체 없이 선박소유자에게 제출하여 그 승인을 받아야 한다.
③ 선장은 선박소유자의 청구가 있을 때에는 언제든지 항해에 관한 사항과 계산의 보고를 하여야 한다.

3) 공동해손

제865조(공동해손의 요건) 선박과 적하의 공동위험을 면하기 위한 선장의 선박 또는 적하에 대한 처분으로 인하여 생긴 손해 또는 비용은 공동해손으로 한다.

제866조(공동해손의 분담) 공동해손은 그 위험을 면한 선박 또는 적하의 가액과 운임의 반액과 공동해손의 액과의 비율에 따라 각 이해관계인이 이를 분담한다.

(3) 해양사고 신고 관련 법률

1) 해상교통안전법 제43조(해양사고가 일어난 경우의 조치)

① 선장이나 선박소유자는 해양사고가 일어나 선박이 위험하게 되거나 다른 선박의 항행안전에 위험을 줄 우려가 있는 경우에는 위험을 방지하기 위하여 신속하게 필요한 조치를 취하고, 해양사고의 발생 사실과 조치 사실을 지체 없이 해양경찰서장이나 지방해양수산청장에게 신고하여야 한다.

② 지방해양수산청장은 제1항에 따른 신고를 받으면 지체 없이 그 사실을 해양경찰서장에게 통보하여야 한다.

③ 해양경찰서장은 선장이나 선박소유자가 제1항에 따라 신고한 조치 사실을 적절한 수단을 사용하여 확인하고, 조치를 취하지 아니하였거나 취한 조치가 적당하지 아니하다고 인정하는 경우에는 그 선박의 선장이나 선박소유자에게 해양사고를 신속하게 수습하고 해상교통의 안전을 확보하기 위하여 필요한 조치를 취할 것을 명하여야 한다.

④ 해양경찰서장은 해양사고가 일어나 선박이 위험하게 되거나 다른 선박의 항행안전에 위험을 줄 우려가 있는 경우 필요하면 구역을 정하여 다른 선박에 대하여 선박의 이동·항행 제한 또는 조업중지를 명할 수 있다.

> **해상교통법 제3조(적용범위)** ① 이 법은 다음 각 호의 어느 하나에 해당하는 선박과 해양시설에 대하여 적용한다.
> 1. 대한민국의 영해, 내수(해상항행선박이 항행을 계속할 수 없는 하천·호수·늪 등은 제외한다. 이하 같다)에 있는 선박이나 해양시설. 다만, 대한민국선박이 아닌 선박(이하 "외국선박"이라 한다) 중 다음 각 목에 해당하는 외국선박에 대하여 제46조부터 제52조까지를 적용할 때에는 대통령령으로 정하는 바에 따라 이 법의 일부를 적용한다.
>   가. 대한민국의 항(港)과 항 사이만을 항행하는 선박
>   나. 국적의 취득을 조건으로 하여 선체용선(船體傭船)으로 차용한 선박
> 2. 대한민국의 영해 및 내수를 제외한 해역에 있는 대한민국선박
> 3. 대한민국의 배타적경제수역에서 항행장애물을 발생시킨 선박
> 4. 대한민국의 배타적경제수역 또는 대륙붕에 있는 해양시설
> ② 이 법 또는 이 법에 따른 명령 중 선박소유자에 관한 규정은 선박을 공유하는 경우로서 선박관리인을 임명하였을 때에는 그 선박관리인에게 적용하고, 선박을 임차(賃借)하였을 때에는 그 선박임차인에게 적용하며, 선장에 관한 규정은 선장을 대신하여 그 직무를 수행하는 자에게도 적용한다.
> ③ 이 법 또는 이 법에 따른 명령 중 해양시설의 소유자에 관한 규정은 해양시설을 임대차한 경우에는 그 임차인에게 적용한다.

2) 선박의 입항 및 출항 등에 관한 법률 제39조(해양사고 등이 발생한 경우의 조치)

① 무역항의 수상구역등이나 무역항의 수상구역 부근에서 해양사고·화재 등의 재난으로 인하여 다른 선박의 항행이나 무역항의 안전을 해칠 우려가 있는 조난선(遭難船)의 선장은 즉시 「항로표지법」 제2조제1호에 따른 항로표지를 설치하는 등 필요한 조치를 하여야 한다.

② 제1항에 따른 조난선의 선장이 같은 항에 따른 조치를 할 수 없을 때에는 해양수산부령으로 정하는 바에 따라 해양수산부장관에게 필요한 조치를 요청할 수 있다.

③ 해양수산부장관이 제2항에 따른 조치를 하였을 때에는 그 선박의 소유자 또는 임차인은 그 조치에 들어간 비용을 해양수산부장관에게 납부하여야 한다.

④ 해양수산부장관은 선박의 소유자 또는 임차인이 제3항에 따른 조치 비용을 납부하지 아니할 경우 국세 체납처분의 예에 따라 이를 징수할 수 있다.

⑤ 제3항에 따른 비용의 산정방법 및 납부절차는 해양수산부령으로 정한다.

선박입출항법 제10조(항로 지정 및 준수)
① 관리청은 무역항의 수상구역등에서 선박교통의 안전을 위하여 필요한 경우에는 무역항과 무역항의 수상구역 밖의 수로를 항로로 지정·고시할 수 있다.
② 우선피항선 외의 선박은 무역항의 수상구역등에 출입하는 경우 또는 무역항의 수상구역등을 통과하는 경우에는 제1항에 따라 지정·고시된 항로를 따라 항행하여야 한다. 다만, 해양사고를 피하기 위한 경우 등 해양수산부령으로 정하는 사유가 있는 경우에는 그러하지 아니하다.

제11조(항로에서의 정박 등 금지)
① 선장은 항로에 선박을 정박 또는 정류시키거나 예인되는 선박 또는 부유물을 내버려두어서는 아니 된다. 다만, 제6조제2항 각 호의 어느 하나에 해당하는 경우는 그러하지 아니하다.
② 제6조제2항제1호부터 제3호까지의 사유로 선박을 항로에 정박시키거나 정류시키려는 자는 그 사실을 관리청에 신고하여야 한다. 이 경우 제2호에 해당하는 선박의 선장은 「해상교통안전법」 제92조제1항에 따른 조종불능선 표시를 하여야 한다.

시행령 제3조(출입 허가의 대상 선박)
법 제4조제3항에 따라 다음 각 호의 어느 하나에 해당하는 선박의 선장은 관리청의 출입 허가를 받아야 한다.
  1. 외국 국적의 선박으로서 무역항을 출항한 후 바로 다음 기항 예정지가 북한인 선박
  2. 외국 국적의 선박으로서 북한에 기항한 후 1년 이내에 무역항에 최초로 입항하는 선박
  2의2. 「국제항해선박 및 항만시설의 보안에 관한 법률」 제33조제1항제3호에 따른 행위를 한 외국인 선원이 승무하였던 국제항해선박(같은 법 제2조제1호에 따른 국제항해선박을 말한다)으로서 해양수산부장관이 국가안전보장을 위하여 무역항 출입에 특별한 관리가 필요하다고 인정하는 선박
  3. 전시·사변이나 이에 준하는 국가비상사태 또는 국가안전보장에 필요한 경우로서 관계 중앙행정기관의 장이나 「국제항해선박 및 항만시설의 보안에 관한 법률」 제2조제9호에 따른 국가보안기관의 장(이하 "국가보안기관의 장"이라 한다)이 무역항 출입에 특별한 관리가 필요하다고 인정하는 선박

3) 해양환경관리법 제63조(오염물질이 배출되는 경우의 신고의무)

① 대통령령이 정하는 배출기준을 초과하는 오염물질이 해양에 배출되거나 배출될 우려가 있다고 예상되는 경우 다음 각 호의 어느 하나에 해당하는 자는 지체 없이 해양경찰청장 또는 해양경찰서장에게 이를 신고하여야 한다.
  1. 배출되거나 배출될 우려가 있는 오염물질이 적재된 선박의 선장 또는 해양시설의 관리자. 이 경우 해당 선박 또는 해양시설에서 오염물질의 배출원인이 되는 행위를 한 자가 신고하는 경우에는 그러하지 아니하다.
  2. 오염물질의 배출원인이 되는 행위를 한 자
  3. 배출된 오염물질을 발견한 자
② 제1항의 규정에 따른 신고절차 및 신고사항 등에 관하여 필요한 사항은 해양수산부령으로 정한다.

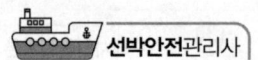

해양환경관리법 시행규칙 제29조(해양시설로부터의 오염물질 배출신고) ① 법 제63조에 따라 해양시설로부터의 오염물질 배출을 신고하려는 자는 서면·구술·전화 또는 무선통신 등을 이용하여 신속하게 하여야 하며, 그 신고사항은 다음 각 호와 같다.
1. 해양오염사고의 발생일시·장소 및 원인
2. 배출된 오염물질의 종류, 추정량 및 확산상황과 응급조치상황
3. 사고선박 또는 시설의 명칭, 종류 및 규모
4. 해면상태 및 기상상태

② 해양경찰청장 또는 해양경찰서장 외의 자는 제1항에 따른 신고를 받은 경우에는 지체 없이 그 내용을 해양경찰청장 또는 해양경찰서장에게 알려야 한다.

시행규칙 제31조(오염물질의 배출방지를 위한 조치) 해양시설의 소유자는 법 제65조제1항에 따라 오염물질의 배출방지를 위한 다음 각 호의 조치를 취하여야 한다.
1. 파손·화재 등의 사고인 경우에는 오염물질을 다른 선박이나 해양시설로 옮겨 싣는 조치 또는 손상부위의 긴급수리, 침수 또는 배출방지를 위하여 필요한 조치
2. 침몰이 예상되는 경우에는 오염물질의 배출 우려가 있는 모든 부위를 막는 조치
3. 불을 끄는 중에 생긴 오염물질의 경우에는 다른 선박이나 해양시설로 옮겨 싣는 조치 또는 배출방지를 위하여 필요한 조치
4. 제1호부터 제3호까지의 규정에 따른 조치에도 불구하고 오염물질이 배출될 우려가 있는 경우 배출 또는 확산방지를 위하여 필요한 조치

[오염물질 배출시 신고기준]

종류		양·농도	확산범위
폐기물	수은 및 그 화합물, 폴리염화비페닐, 카드뮴 및 그 화합물, 6가크롬화합물, 유기할로겐화합물	10kg 이상	
	시안화합물, 유기인화합물, 납 및 그 화합물, 비소 및 그 화합물, 구리 및 그 화합물, 크롬 및 그 화합물, 아연 및 그 화합물, 불화물, 페놀류, 트리클로로에틸렌, 테트라클로로에틸렌	100kg 이상	
	유기실리콘 화합물, 폐합성수지, 폐합성고분자 화합물, 폐산, 폐알칼리	200kg 이상	
	동·식물성 고형물, 분뇨, 오니류	200kg 이상	
	그 밖의 폐기물	1,000kg 이상	
기름		배출된 기름 중 유분이 100만분의 1,000 이상이고 유분총량이 100ℓ 이상	배출된 기름이 1만㎡ 이상으로 확산되어 있거나 확산될 우려가 있는 경우
유해액체물질	알라클로르, 알칸, 그 밖에 해양수산부령으로 정하는 X류 물질	10ℓ 이상	
	아세톤 시아노히드린, 아크릴산, 그 밖에 해양수산부령으로 정하는 Y류 물질	100ℓ 이상	
	아세트산, 아세트산 무수물, 그 밖에 해양수산부령으로 정하는 Z류 물질	200ℓ 이상	
	평가는 되었으나 유해액체물질목록에 등록되지 아니한 잠정 평가물질	10ℓ 이상	

4) 수상구조법 제15조(조난사실의 신고 등)

① 수상에서 조난사고가 발생한 때에는 다음 각 호의 어느 하나에 해당하는 자는 즉시 가까운 구조본부의 장이나 소방관서의 장에게 조난사실을 신고하여야 한다.
　1. 조난된 선박등의 선장·기장 또는 소유자
　2. 수상에서 조난사실을 발견한 자
　3. 조난된 선박등으로부터 조난신호나 조난통신을 수신한 자
　4. 조난사고 원인을 제공한 선박의 선장 및 승무원
② 선박등의 소재가 불명하고 통신이 두절되어 실종의 위험이 있다고 인정되는 경우에는 그 선박등의 소유자·운항자 또는 관리자는 지체 없이 그 사실을 구조본부의 장이나 소방관서의 장에게 신고하여야 한다.
③ 제1항 및 제2항에 따라 조난사실을 신고받거나 인지한 구조본부의 장 또는 소방관서의 장은 그 사실을 지체 없이 조난지역을 관할하는 구조본부의 장이나 소방관서의 장에게 통보하여야 한다.

수상구조법 제10조(선박의 이동 및 대피 명령) 구조본부의 장은 다음 각 호의 어느 하나에 해당하는 선박의 경우에는 해양수산부령으로 정하는 바에 따라 해당 선박의 이동 및 대피를 명할 수 있다. 다만, 외국선박에 대한 이동 및 대피명령은 「영해 및 접속수역법」 제1조 및 제3조에 따른 영해 및 내수(「내수면어업법」 제2조제1호에 따른 내수면은 제외한다)에서만 실시한다.
　1. 태풍, 풍랑 등 해상기상의 악화로 조난이 우려되는 선박
　2. 선박구난현장에서 구난작업에 방해가 되는 선박

제11조(조난된 선박의 긴급피난) 인명이나 해양환경에 손상을 초래할 수 있는 조난된 선박의 선장 또는 소유자는 계속 항해 시의 위험을 줄이기 위하여 긴급피난을 할 수 있다.

3 사고별 대응실무

국제안전관리규약(ISM Code)에 따라 해운회사와 선박은 안전관리시스템(SMS)을 수립하고 이를 증명하는 서류와 비상상황시 대처하는 요령과 절차가 포함되어야 한다.

> **한국선급 안전경영시스템 인증규칙상 (비상사태의 종류)**
> 1. 화재 2. 폭발 3. 충돌 4. 좌초 5. 침수 6. 인명구조 7. 오염 8. 타기고장 9. 추진력 상실
> 10. 인명손상 11. 퇴선

(1) 충돌(Collision)

① **선박충돌(Allision)** : 부두 또는 부표같이 멈춰있는 물체나 정박 중인 선박에 충돌하는 것
② **접촉(contact)** : 부두 등 고정물체에 접촉하는 것
③ 선장은 충돌사고가 발생한 경우 본인의 경험과 전문성 및 법적 권한에 따라 최선의 조치를 취해야 한다.

(2) 충돌사고와 관련된 조치

1) 법적 조치

① **보고** : 선장은 선박의 충돌·침몰·멸실·화재·좌초·기관의 손상 및 기타 해양사고가 발생한 경우 해양항만관청 및 선박소유자 등에게 지체 없이 그 사실을 보고하여야 한다.

② **인명구조 및 상대선박에 통보** : 양 선박의 선장은 상호 인명과 선박을 구조하는 데 필요한 조치를 다하여야 하며, 통보 대상은 선박의 명칭, 소유자, 선적항, 출항항 및 도착항 등이다.

③ **조난신호** : 선박충돌 등에 따라 양 선박 모두 위험상태에 빠지게 되면 국제해사기구가 정한 조난신호를 발송하여 부근 항행선박에게 구조를 요청해야 한다.

> **선원법 제12조(선박 충돌 시의 조치)** 선박이 서로 충돌하였을 때에는 각 선박의 선장은 서로 인명과 선박을 구조하는 데 필요한 조치를 다하여야 하며 선박의 명칭·소유자·선적항·출항항 및 도착항을 상대방에게 통보하여야 한다. 다만, 자기가 지휘하는 선박에 급박한 위험이 있을 때에는 그러하지 아니하다.
>
> **선원법 제13조(조난 선박 등의 구조)** 선장은 다른 선박 또는 항공기의 조난을 알았을 때에는 인명을 구조하는 데 필요한 조치를 다하여야 한다. 다만, 자기가 지휘하는 선박에 급박한 위험이 있는 경우 등 해양수산부령으로 정하는 경우에는 그러하지 아니하다.
>
> **해상교통안전법 제102조(조난신호)** ① 선박이 조난을 당하여 구원을 요청하는 경우 국제해사기구가 정하는 신호를 하여야 한다.
> ② 선박은 제1항에 따른 목적 외에 같은 항에 따른 신호 또는 이와 오인될 위험이 있는 신호를 하여서는 아니 된다.
>
> **상법 제755조(보고·계산의 의무)** ① 선장은 항해에 관한 중요한 사항을 지체 없이 선박소유자에게 보고하여야 한다.
> ② 선장은 매 항해를 종료한 때에는 그 항해에 관한 계산서를 지체 없이 선박소유자에게 제출하여 그 승인을 받아야 한다.
> ③ 선장은 선박소유자의 청구가 있을 때에는 언제든지 항해에 관한 사항과 계산의 보고를 하여야 한다.

2) 사고대응절차

① **사고의 개념**

㉠ 해양사고 : 해양 사고(海洋事故)는 항해하던 선박에서 발생하는 사고이다. 사고의 종류로는 여러개가 있으며, 대표적으로는 난파나 전복이 있다.

> 💡 **해양사고(해양사고의 조사 및 심판에 관한 법률)의 정의**
>
> 1. "해양사고"란 해양 및 내수면(內水面)에서 발생한 다음 각 목의 어느 하나에 해당하는 사고를 말한다.
>   가. 선박의 구조·설비 또는 운용과 관련하여 사람이 사망 또는 실종되거나 부상을 입은 사고
>   나. 선박의 운용과 관련하여 선박이나 육상시설·해상시설이 손상된 사고
>   다. 선박이 멸실·유기되거나 행방불명된 사고
>   라. 선박이 충돌·좌초·전복·침몰되거나 선박을 조종할 수 없게 된 사고
>   마. 선박의 운용과 관련하여 해양오염 피해가 발생한 사고
> 1의2. "준해양사고"란 선박의 구조·설비 또는 운용과 관련하여 시정 또는 개선되지 아니하면 선박과 사람의 안전 및 해양환경 등에 위해를 끼칠 수 있는 사태로서 해양수산부령으로 정하는 사고를 말한다.

ⓛ 조난사고 : 해상 또는 하천에서 선박 및 항공기등의 침몰·좌초·전복·충돌·추락 등으로 인하여 사람의 생명·신체 및 선박·항공기 등의 안전이 위험에 처한 상태. 수난구호법에 따른 수난구호(水難救護)의 대상을 정하기 위한 개념이다.

> **수상구조법 제2조(정의)**
> "조난사고"란 수상에서 다음 각 목의 사유로 인하여 사람의 생명·신체 또는 선박등의 안전이 위험에 처한 상태를 말한다.
> 가. 사람의 익수·추락·고립·표류 등의 사고
> 나. 선박등의 침몰·좌초·전복·충돌·화재·기관고장 또는 추락 등의 사고

ⓒ 재난(재난 및 안전관리기본법) : "재난"이란 국민의 생명·신체·재산과 국가에 피해를 주거나 줄 수 있는 것으로서 다음 각 목의 것을 말한다.
　가. 자연재난 : 태풍, 홍수, 호우(豪雨), 강풍, 풍랑, 해일(海溢), 대설, 한파, 낙뢰, 가뭄, 폭염, 지진, 황사(黃砂), 조류(藻類) 대발생, 조수(潮水), 화산활동, 소행성·유성체 등 자연우주물체의 추락·충돌, 그 밖에 이에 준하는 자연현상으로 인하여 발생하는 재해
　나. 사회재난 : 화재·붕괴·폭발·교통사고(항공사고 및 해상사고를 포함한다)·화생방사고·환경오염사고 등으로 인하여 발생하는 대통령령으로 정하는 규모 이상의 피해와 국가핵심기반의 마비, 「감염병의 예방 및 관리에 관한 법률」에 따른 감염병 또는 「가축전염병예방법」에 따른 가축전염병의 확산, 「미세먼지 저감 및 관리에 관한 특별법」에 따른 미세먼지 등으로 인한 피해

② 초기대응실무

　㉠ 당직 항해사 : 항해 당직 중 충돌사고가 발생하면 기관을 정지하고, 비상경보를 발령한 후 선장에게 즉시 보고
　㉡ 선장
　　ⓐ 선교로 올라가 선박을 직접 지휘하고 상대선과 교신을 유지하며 충돌상태를 확인한다.
　　ⓑ 필요시 최소속력으로 두 척의 손상부위가 연결되도록 하여 침수와 화물유출을 방지한다.
　　ⓒ 모든 승선 인원을 파악하고, 개인별 주요 대응업무를 확인한다.

> **선박 충돌시 기타 조치**
> 1. 선박이 조종불능상태인 경우
>   ① 야간의 경우 마스트등을 끄고 상하 수직으로 홍등 두 개를 조종불능임을 표시한다. 필요한 경우 갑판에 조명을 켠다.
>   ② 주간이면 형상물로 상하 수직으로 구형 2개를 게양한다.
> 2. 선박이 조종불능상태는 아니나 인명구조 및 비상대응을 위한 적절한 조치
>   ① 야간 : 상하 수직으로 홍등–백등–홍등(조종제한선 표시) 또는 갑판에 조명
>   ② 주간 : 형상물로 상하 수직으로 구형–마름모형–구형 게양
> 3. 기관부 : 언제든지 기관을 사용할 수 있도록 준비하고, 비상발전기 및 배수펌프 점검
> 4. 갑판부 : 손상상태 점검(일등항해사), 선박이 경사된 경우 경사 반대방향으로 선박평형수 이동
> 5. 선박의 위치, 풍향, 조석, 조류 등 기상정보 파악(이등항해사), 통신담당(3등항해사)
> 6. 갑판부원 배치 : 구조정, 구명정 하강을 위한 준비

　㉢ 침수 또는 화재를 대비하여 모든 수밀문, 방화문 폐쇄
　㉣ 필요시 조난신호 발령
　　ⓐ 사망의 위험성이 있는 부상자가 있을 경우 : MAYDAY 신호 송신
　　ⓑ 여객선의 경우 최대한 빠른 구조 요청

③ 추가조치 실무

㉠ 손상평가 실시 : 자선의 선체 손실 정도 확인을 위해 모든 탱크를 측심한다.
　ⓐ 초기 손상평가 포함 사항
　　- 선체의 수밀성
　　- 기관구역의 상황 및 상태
　　- 부상자
　　- 해양오염 징후 등
　ⓑ 자체 대응이 가능한 손상일 경우
　　- 대응반 구성
　　- 배수, 방수 등의 응급처치 실시
　ⓒ 선체손상 점검표의 활용

㉡ 2차 사고의 예방
　ⓐ 상대선과 교신을 유지하며 지원 필요성과 위험화물 상태 등을 확인
　ⓑ 상대선의 승무원과 여객 구조를 지원할 경우 : 더 이상 지원이 필요치 않다는 확신이 들 때까지 지원한다.
㉢ 선박의 임의 좌주(Beaching), 피난항으로 자력 이동 또는 예인 가능성 검토
㉣ 선원 및 승객의 총원 단정부서로 배치 : 침몰을 피할 수 없다고 판단하는 경우(선장)
㉤ 저장된 기록물 확보 : 충돌 전후의 전말이나 본선의 사후처리 기록, 항해일지, 기관일지, 항해기록장치(VDR) 등
㉥ 중요 서류 및 귀중품의 이동 : 인명 구조 후 침몰시까지 시간적 여유가 있다면 상대선, 구조정, 구조선 등으로 이동

(3) 좌초(Grounding)

1) 좌초의 의의

① 선박의 밑부분이 암초 또는 해저에 닿아서 움직일 수 없게 된 상태이다.
② 침몰(Sinking), 화재(Burning), 충돌(Collision)과 함께 SSBC라고 불리는 해상보험의 주요 사고의 하나로서 통상 보험자에 의해서 보상된다.
③ 좌초 사고의 일반적 원인 : 경계소홀, 선위확인 미흡, 기관이나 타기 고장에 의한 조종 불능

2) 예방 조치

① **육지에 접근시 선박위치의 확인** : 해도 및 전자해도 표시 및 정보시스템(ECDIS)을 적극 활용한다.
② **수동조타로 전환** : 선박이 항만에 다다를수록 수동조타로 전환한다.
③ **야간 항해시 선내 소등** : 항해 등 외의 등화는 모두 소등한다.

3) 최초 사고시 일반적 조치사항

① 선장은 선교에서 직접 지휘한다.
② 모든 선원에게 좌초 상황을 알린다.

💡 **손상평가서 기록 사항**
  ㉠ 선체의 수밀성
  ㉡ 기관구역의 상황 및 상태
  ㉢ 부상자
  ㉣ 해양오염 징후 확인

③ 관련기관에 좌초사실을 알리고 필요한 경우 구조를 요청한다.
④ 좌초지역으로부터 선박을 자력으로 이초시키기 위해 부력확보를 위하여 방수 및 배수 조치를 시행한다.
⑤ **이초 후 자력 이동하려는 경우** : 선급검사가 필요할 수 있다.

4) 사고대응 실무

① **좌초 직후의 기관의 조작(후진 조작시 위험성)**
  ㉠ 선박의 좌초된 선저손상이 확대되면 이초작업시 침몰위험이 있다.
  ㉡ 파공 확대가 되면 선체 경사가 증대되고 화물의 이동시 침수피해가 올 수 있고 저복위험도 있다.
  ㉢ 프로펠러나 타의 손상에 의해 추후 조선에 지장을 초래한다.
  ㉣ 기관을 전속후진으로 이초한 경우 다른 암초에 한 번 더 좌초될 가능성이 있다.

② **최초 상황 조사**
  선박이 좌초된 경우 선장은 자력으로 이동이 가능할지, 구조를 요청할지, 그 자리에 선체를 고정시킬지에 대한 판단을 하여야 한다. 이러한 판단을 하기 위해서는 즉시 선체의 접촉범위와 아래 사항을 조사하여야 한다.

💡 **좌초시 선장의 조사 사항**

1. **손상정도파악**
   ㉠ 선저 각 탱크, 빌지 측심을 통한 침수유무 파악, 손상이 있는 경우 손상정도 파악
   ㉡ 타와 프로펠러, 주기관과 보조기관, 배수펌프와 보조펌프의 이상 유무 파악
   ㉢ 승조원 및 화물의 상황 파악
   ㉣ 흘수, 트림의 변화나 선체의 경사 파악
   ㉤ 연료, 화물류의 유출 유무와 필요시 오일펜스 설치 여부 파악

2. **해면의 상황 파악**
   ㉠ 선체 주변의 수심, 저질, 해저상황과 선체의 좌초 자세 파악
   ㉡ 만조시각, 조차, 파랑 및 조류가 선체에 미치는 영향 및 기상상황 파악
   ㉢ 선체 고정을 위한 부근 육지의 지형 및 육상의 일반상황, 지원체제의 유무 파악
   ㉣ 선박 소유자, 해운항만관청에 좌초상황 등을 보고하고 자료가 될 수 있는 기타 사항 파악

3. **해저로부터 받는 반력의 산정**
   ㉠ 해저의 반력 계산 : 좌초시 흘수와 좌초 전의 흘수 차를 계산
   ㉡ 좌초 후 조위가 낮아져 흘수가 감소하면 이에 상응한 부력의 감소로 해저로부터 받는 반력의 증가
   ㉢ 만조와 간조 시간을 고려

(4) 침수

1) 침수의 의의

① 침수(flooding)란 선내에 물이 유입되어 선박이 손상된 사고를 말한다. 단, 침수에 의해 선체가 전복되거나 침몰된 경우는 제외한다.
② 침수시 급선무는 침수의 원인을 찾아 추가침수를 차단하고 선내로 유입되는 물을 배출하는 것이다.
③ 필요시 수밀문을 막아 구획의 침수를 막거나 방수자재를 이용하여 파공부를 수리한다.
④ 침수가 확대된 경우 복원력을 상실하여 선박이 전복될 수도 있다.
⑤ 배수펌프 사용시 침수량을 계산하고 침수소요시간을 구해야 한다.

💡 **침수량 근사식**

$$Q = CApt\sqrt{2gh}$$

Q : 침수량, C : 유량계수(0.6~0.98), A : 파공면적(m^2), p : 해수비중
t : 해수유입시간(sec), g : 중력가속도(9.8m/sec), h : 파공부로부터 수면까지의 높이

💡 **침수 소요시간**

$$t = \frac{v + 2ah}{CA\sqrt{gh}}$$

t : 침수소요시간(sec), υ : 파공부 이하 구획 용적(m^2), a : 침수구획의 수선면적(m^2)
h : 파공부에서 수면까지 높이(m), C : 유량계수 0.6~0.8, A : 파공면적(m^2)
g : 중력가속도(9.8m/sec)

(5) 화재(Fire)

1) 화재의 의의

화재(火災)는 불에 의한 재난을 말한다. 인간의 의도에 반하여 혹은 방화에 의해 발생 또는 확대된 연소현상으로 소화설비를 이용하여 소화할 필요가 있는 연소현상, 화학적 폭발을 의미한다.

2) 연소 현상

① **연소의 3(4)요소 및 소화의 원리**

연소는 물질이 산소와 급격한 화학반응을 일으켜 열과 빛을 내는 강력한 산화반응 현상이며 연료(가연물), 산소(공기), 점화원(발화원) 등 세 가지 요소가 동시에 있어야만 연소가 이루어질 수 있다. 화재의 4요소는 3요소에 화학적 연쇄반응을 더한 것이다.

② 유조선에서는 화물창 내에 불활성 기체를 투입하여 산소농도를 5~8%로 낮추어 화재를 방지한다.

3) 소화방법

① 화재가 발생되었을 때, 적절한 소화방법으로 화재진압을 하는 것은 발생된 피해를 최소화하는 방법이다. 적절하지 않은 방법으로 방재활동을 실시할 경우에는 화재가 확산될 우려가 있다.

② 화재의 분류 및 소화방법

화재의 분류	색상	원인물질	소화방법	비고
일반 화재 (A급)	백색	나무, 솜, 종이, 고무 등 일반 가연성 물질에 의한 화재.	물로 소화가 가능하다.	타고난 후 재가 남는다.
유류 가스 화재 (B급)	황색	석유, 벙커C유, 타르, 페인트, 가스, LNG, LPG, 도시가스 같은 가스에 의한 화재. 가스가 누설되어 연소 및 폭발하여 발생하며 가스의 경우 폭발을 야기하기도 한다.	물을 포함하는 액체 냉각작용의 냉각소화, 공기의 차단을 이용. 질식소화(유류) 벨브류 등을 잠그거나 차단시키는 제거소화 효과(가스) 물은 효과가 없으며 토사나 소화기로만 가능하다.	공기와 일정 비율 혼합되면 불씨에 의하여 재가 남지 않는다.
전기 화재 (C급)	청색	전기스파크, 단락, 과부하 등으로 전기에너지가 불로 전이되는 것이다.	질식소화. 특수소화기 사용.	물을 사용할 경우 감전의 위험이 있다.
금속 화재 (D급)	회색, 은색	철분, 마그네슘, 칼륨, 나트륨, 지르코늄 등 금속물질에 의한 화재로 금속가루의 경우 폭발을 동반하기도 한다.	마른모래의 질식, 피복효과이며 알킬알루미늄은 팽창질석이나 팽창진주암의 소화제나 특수소화기를 사용.	물을 사용할 경우 폭발의 위험이 있다.

4) 소화원리

1. **소화방법**
   ① 제거소화 : 가연물에 대해서 연소하는 것을 없애거나, 가연성액체나 가연증기의 농도를 희석시켜 연소 하한계 이하로 낮추어 저지시키는 소화
   ② 냉각효과 : 열에 대하여 가연물 인화점 이하로 낮추는 소화효과
   ③ 희석효과 : 불활성기체 등의 희석에 의한 소화
   ④ 질식효과 : 산소를 낮추어 연소하는 소화
   ⑤ 부촉매효과(억제효과) : 화학반응의 지속을 저지시키는 소화 등

2. **초기소화와 본격소화설비**
   초기소화란 화재시 관계인 등이 20여분 내에 할 수 있는 1차적 소화를 말하며, 본격소화설비란 소방대원이 화재현장에 출동하여 본격적으로 소화할 수 있는 소화설비를 말한다.
   ① 초기소화설비 : 소화기구, 옥내·외 소화전설비, 스프링클러설비, 물분무등소화설비, 강화액소화설비 등
   ② 본격소화설비 : 소화용수설비, 소화활동설비, 비상용엘리베이터 등

💡 화학소화

화재에서 연소대상물이 목재와 같은 것이 아니고, 인화성액체와 같은 경우에는, 물에 의해서 소화작업을 실시하는 것은 불가능하기 때문에, 특별히 제작된 화학소화약제를 사용해서 소화를 실시한다. 이것을 화학소화라고 한다.
위험물 화재의 소화에는 특수한 화학소화제를 사용해야 한다. 또 기계장치에 나쁜 영향을 미치지 않도록 특수한 화학소화제를 사용하는 일도 있다. 이렇게 특수한 화학소화제를 사용해서 소화하는 것을 화학소화라고 한다.
화학소화제에는 다음과 같은 것이 있다. 석유(石油)류의 질식소화를 목적으로 하는 것에는 단백질을 주체

로 하는 포(泡)소화제, 중탄산나트륨과 황산 알루미늄과의 반응에 의해서 생성되는 화학포(化學泡), 그 외에 계면활성제를 주제로 하는 포(泡), 탄산가스, 사염화탄소, 일염화 일 브롬화 메탄, 이 브롬화 사불화불소에탄, 중탄산나트륨, 중탄산 칼륨, 인산염류 등을 주제(主劑)로 하는 분말소화제가 있다.

일반 가연물(예를 들면, 나무, 종이, 고무 등)의 화재에 적응하는 소화제는 인산염류를 주제(主劑)로 하는 강화액 소화제, 포(泡)소화제 등이 있으며, 전기화재에 적응하는 소화제로는 탄산가스, 사염화탄소, 일염화 일 브롬화메탄, 이브롬화 사브롬화에탄, 분말소화제 등이 있다.

사염화탄소와 같은 할로겐 계의 원소를 함유한 소화제는 소화할 때에 유독가스가 발생할 우려가 있기 때문에 사용할 때 또는 사용한 뒤에 환기를 충분히 실시할 필요가 있다.

(산업안전대사전, 2004. 5. 10., 도서출판 골드)

가. 제거소화

연소반응이 일어나고 있는 연소물이나 화원을 제거하거나, 연소반응을 중지시키는 것으로서, 가연물을 차단(격리, 파괴, 소멸, 감량)시키는 소화방법이다.

① **산불화재** : 방화선을 구축하여 진행방향의 나무를 벌채하는 것(예 맞불)
② **전기·가스화재** : 전원을 차단하거나, 밸브를 잠그는 것
③ **화원으로부터의 격리** : 촛불을 '훅'하고 불어서 껐을 때
④ **질소폭탄 투하** : 유전화재시 순간적으로 유전표면의 증기를 날려 버리는 방법
⑤ **기름제거(감량, 배유, Drain 등)** : 유류탱크 화재시 탱크밑으로 기름을 빼내는 것
⑥ **가연성 원료의 출고** : 창고화재시 물건을 빼내어 신속히 옮기는 것

나. 질식소화

정상적인 소화가 진행되기 위해서는 일정농도 이상의 산소가 필요하다. 가연물 주변의 공기를 차단하여 산소농도를 15% 이하(산소농도의 유효 한계치 10~15%)로 하면 산소부족에 의해 연소의 진행이 어려워진다.

질식소화를 위해서 소화제를 연소물 위에 덮어주는 데 사용되는 소화제는 다음과 같다.

① 탄산가스(CO_2)
② 포(泡) 또는 분무상 주수
③ 소화분말
④ 할론약제 및 청정약제
⑤ 불연성고체(수건, 담요, 이불, 젖은 가마니 등)

> 💡 소화에 필요한 산소농도
> 액체(15% 이하), 고체(6% 이하), 아세틸렌(4% 이하)
> 💡 대부분의 소화약제는 질식성을 가진다.

다. 냉각소화

가연물 또는 그 주변의 온도를 냉각시켜 인화점 이하로 떨어뜨려 소화하는 방법
① 액체(물) 방사(채소 등 고체 투하방법도 있다.)
  * 물이 증발잠열이 커서 화점에서 물이 수증기로 변하면서 많은 열을 빼앗아 착화온도 이하로 낮출 수 있기 때문이다. 일반적으로 봉상주수 방법이 사용되고 있으나 물방울 입자를 미세하게 하여 액표면적을 보다 크게 하여 열을 흡수하기 쉽도록 하기 위해 분무형상으로 효과를 높이려고 하는 무상주수 방법도 있다.

② 탄산가스(CO_2) 방사
③ 산·알칼리소화기 방사
④ 강화액소화기 방사
⑤ 할론약제나 청정약제 방사
⑥ 소화분말 방사

> 💡 **강화액 소화기**
> 강화액은 탄산칼륨 등의 수용액을 주성분으로 강알칼리성 수용액을 용기 내에 봉입. 강화액의 사용온도범위는 -20℃ 이상 40℃ 이하이므로 동절기, 한랭지에서도 동결되지 않으므로 보온의 필요가 없을 뿐만 아니라 탈수·탄화작용으로 목재, 종이 등을 불연화하고 재연소방지의 효과도 있어서 A급 화재에 대한 소화능력이 증가된다. 무상(霧狀)으로 방사될 때 소규모의 C급 화재에도 적용된다.

라. 억제소화(부촉매소화)

연쇄반응속도를 저하시키는 화학적 소화방법으로 불꽃연소에 한하여 사용할 수 있다.
(가연물이 산소와 반응하는 것을 억제한다.)
① 할론약제(강화액 소화약제) 및 할로겐화합물 청정약제 방사
② 소화분말 방사

마. 희석소화

가연성가스 화재시 불연성가스(이산화탄소, 질소 등)를 방사하여 폭발범위를 하한값 이하로 낮추며, 수용성인 가연성 액체의 화재에는 물을 첨가하여 농도를 묽게 하여 소화
① 고체의 희석 : 모래 등
② 액체의 희석 : 물 등
  * 알코올(농도 60% 이상) 화재의 경우 물로 희석하여 농도 20% 이하로 낮춰 소화
③ 기체의 희석 : 불활성 기체(CO_2, N_2 등)나 포 사용

바. 유화소화(에멀션 효과)

물보다 비중이 큰 중유 등 수용성의 유류화재시 포소화약제를 무상주수로 유류표면을 두드려서 증기발생을 억제하는 소화효과
유류표면에 물로 형성된 유화층은 물과 기름의 엷은 막(에멀션)을 만들며, 산소를 차단시키는 효과를 만든다.

사. 기타소화

① 피복소화 : 이산화탄소 등의 공기보다 높은 무게를 이용하여 피복효과로서 하는 소화
② 방진소화 : 숯불모양으로 연소하는 가연물질을 덮어 잔진현상을 차단하는 소화
③ 탈수소화 : 가연물로부터 완전하게 수분을 빼앗아 연소반응이 일어나지 않게 한다.

5) 폭발

① **폭발의 의의** : 폭발(爆發)은 화학적으로는 특정 계의 반응속도가 폭주하는 것을 이야기하고, 물리적으로는 에너지나 물질이 특정 상황에서 걷잡을 수 없이 증가하여 이들이 전파되는 현상을 뜻한다. 대개 높은 온도와 에너지를 동반하며 기체의 급작스러운 대량발생이 원인이 되기도 한다. 주변에 충격파도 만들어낸다.

② 물체나 계가 갑작스런 부피 및 압력 증가로 인해 터지는 현상
③ 폭발을 일으키는 물질을 폭발물이라고 하며, 폭발이 잇달아 발생하게 되면 연쇄폭발이 된다.

6) 선내소화

① **소화장비** : 휴대식 소화기, 이동식 소화기, 소화전 등의 고정식 소화기, 소방도끼, 국제 육상 시설 연결구 등

> ⓦ 국제육상시설연결구
> 총톤수 500톤 이상의 선박은 선박의 양측에서 육상의 소화전과 선박의 소화전을 연결하기 위한 기구를 갖추고 있어야 한다.(SOLAS Chapter II-2)
>
> ⓦ 국제육상시설연결구의 비치
> 총톤수 500톤 이상의 제1종선 및 제2종선에는 1개의 국제육상연결구를 비치하여야 하며 선박의 양측에서 이를 사용할 수 있어야 한다.
>
> ⓦ 소화기 사용법
> 1. 소화기 안전핀을 뽑는다.
> 2. 노즐을 잡고 불쪽을 향한다.
> 3. 손잡이를 움켜쥔다.
> 4. 분말을 골고루 쏟다.

② **화재발생시 대응요령**

㉠ 현장 목격자
 - 비상경보장치를 작동하고, 화재장소와 화재규모를 당직사관에게 보고
 - 소화팀이 도착하기까지 소화기를 사용하여 초기 진화

㉡ 당직사관
 - 선내방송을 실시하고 선장에게 보고한 후 당직자에게 화재현장을 확인, 보고하도록 한다.
 - 화재상황 확인 후 즉시 화재발생장소와 성질을 방송하고 소화부서를 배치·발령한다.

㉢ 승무원
 - 주변의 현창(Scuttle)과 출입구 등의 통풍구를 폐쇄하고 소화복장을 갖춘 후 소화부서 배치장소에 집결한다.
 - 화재구역을 밀폐하되 반드시 잔류자 여부를 확인한다.
 - 고정식장치의 사용은 선장의 지시를 따른다.

7) 선내 화재 예방

① **흡연**
 ㉠ 흡연장소를 지정하여 관리
 ㉡ 실내(침대)흡연 절대 금지
 ㉢ 화재 위험장소에 금연 경고표시 부착
 ㉣ 담배꽁초 발화 예방(불연성 재떨이, 모래, 물 등)

② **전기설비**
 ㉠ 전기설비 취급자는 허가된 자에게만 허용

ⓒ 비표준 전기설비 사용 금지
ⓒ 휴대용 전기기기 및 전등은 사용 후 전원 차단
ⓔ 개인용 전기기기 사용시 안전관리자의 허락 필요
ⓜ 고장 또는 결함있는 설비, 기기, 전선의 발견시 즉시 안전관리자에게 통보
ⓗ 모든 전기기기는 결박하여야 하고, 가능한 한 고정된 리셉터클에 연결하여 사용한다.
※ 리셉터클(Receptacle) : 전구 또는 나사식 플러그를 비틀어 꽂는 일종의 소켓으로 스위치가 없으며, 보통 노출형이다.
ⓢ 벽면 콘센터에 연결하는 전기선은 가능한 짧게 사용하고, 사용 중 절단되지 않도록 배열한다.

③ 열작업
㉠ 작업장 부근의 가연성물질은 완전하게 제거한다. 만약 제거가 불가능한 경우 충분한 보호조치를 실시한다.
㉡ 기름이나 먼지 등의 작업전 소제
㉢ 작업장소는 통풍이 잘 되도록 조치한다.
㉣ 휴대용 소화기와 소방호스의 사전 준비
㉤ 점검표에 따른 작업 : 작업 전후 담당사관은 작업준비 상태 및 정리정돈 상태를 점검표에 따라 점검하고, 작업 중에도 주의를 기울인다.

④ 정전기
㉠ 탱크 안의 증기와 금속기구간 전기를 띄는 현상(대전) 주의
㉡ 정전기용 작업복과 정전용 신발(구두) 착용
㉢ 접지 시설의 시공

⑤ 자연발화
㉠ 자연발화 : 물질이 공기중에서 발화온도보다 상당히 낮은 온도(상온)에서 자연히 발열하고 그 열이 장기간 축적되어서 발화점에 도달하여 결국에는 연소하기 이르는 현상이다.
자연발화를 일으키는 원인에는 물질의 산화열, 분해열, 흡착열, 중합열, 발효열 등이 있다.
㉡ 기름걸레나 페인트 걸레 등은 뚜껑이 있는 금속통에 보관 후 소각한다.
㉢ 증기파이프나 배기관 주위에 가연성 물질을 두지 않는다.
㉣ 작업 전후 정리정돈을 철저히 한다.
㉤ 모든 물체는 움직이지 않도록 결박조치한다.

8) 화재 위험지역 예방
① 기관실
㉠ 청결유지, 누유방지, 연소물질의 제거
㉡ 자연발화가 가능한 청소용 걸레 등은 사용 후 불연성 용기에 보관 후 소각
㉢ 고온장소(보일러 주위, 청정기 실내 등)에는 가연성 물질을 보관하거나 방치 금지
㉣ 정기적 기관실 순찰

② 취사장
㉠ 청결유지, 정리정돈 및 쓰레기는 불연성 통에 보관 후 처리
㉡ 전기 콘센터를 임의로 설치하거나 전선 용량보다 높은 과부하 사용금지
㉢ 취사작업 중 자리 이탈 금지

ⓔ 전기배선 등 전원계통의 수시 점검 및 조리 후에는 모든 전원 차단
ⓜ 열을 이용하는 조리기구 주변에 가연성 물질을 두지 말며, 작동에 이상이 있을 경우 즉시 안전조치 실시

③ **거주구역**
㉠ 전기장치는 정격 퓨즈 사용
㉡ 거주구역 인근에서 열작업시 적합한 휴대용 소화기 또는 소방호스를 사전에 준비
㉢ 침실 또는 휴게실에서 금연(만약 흡연시에는 가연성 물질의 통 속에 담배꽁초를 버리지 말 것)

④ **화물창**
㉠ 화물 고유의 성질로 인한 화재발생 가능성에 대비
㉡ 석탄과 같은 화물의 경우 자연발화 가능성이 있으므로 주기적인 온도를 점검한다.
㉢ 자동차 운반선의 자동차 화재 : 초기 진압 실패시 화물구역 폐쇄, 대용량 고정식 소화장치 사전 준비

■ 선원법 시행규칙 [별표 4]

선내교육훈련 및 평가계획의 수립기준(제40조의2제1항 관련)

구분			주기	대상자
선내숙지훈련			수시	모든 선원
해상인명 안전훈련	소화훈련		매월(여객선은 10일, 국제항해여객선은 7일)	모든 선원
	단정훈련	퇴선훈련	매월(여객선은 10일, 국제항해여객선은 7일)	모든 선원
		구명정 강하	3개월	모든 선원
		진수훈련	1년	모든 선원
해난사고 대응훈련	선체손상 대처훈련 (충돌 및 좌초, 추진기관 고장, 악천후대비 등)		3개월 (국제안전관리규약에서 달리 정하는 경우에는 해당 규약에서 정하는 바에 따름)	모든 선원
	인명사고시 행동요령	해상추락	6개월 (국제안전관리규약에서 달리 정하는 경우에는 해당 규약에서 정하는 바에 따름)	모든 선원
		밀폐공간 진입 및 구조 훈련	2개월 (국제안전관리규약에서 달리 정하는 경우에는 해당 규약에서 정하는 바에 따름)	밀폐구역의 진입 또는 구조 임무를 담당한 선원
	비상조타훈련		3개월	모든 선원
기름유출 대처훈련			매월 (국제안전관리규약에서 달리 정하는 경우에는 해당 규약에서 정하는 바에 따름)	모든 선원
선박보안 숙지교육			선상직무 수행전 및 필요시	국제항해에 종사하는 선박의 모든 선원
밀폐구역 진입 선내교육			2개월	국제항해에 종사하는 선박의 모든 선원

4 해상생존 및 응급조치

(1) 퇴선

1) 퇴선의 의의
① **퇴선** : 불가피한 상황을 맞이하여 선박을 포기하지 않으면 안 되는 상황일 때 선박을 벗어나는 일을 말한다. 이 때 <u>단음 7회 후 장음 1회의 신호</u>를 울리며 퇴선 신호가 울리면 즉시 자신의 퇴선 위치로 구명조끼와 따뜻한 옷을 껴입고 집합한다.
② 급속히 침수되거나 계속적으로 경사되는 상황에서 선내 인력만으로 호전 가능성이 불가능하고 계속 위험성이 높아진다면 선박과 화물을 포기하고 인명피해를 줄이기 위해 퇴선을 고려하여야 한다.
③ **퇴선의 결정권자** : 선장

2) 퇴선시 고려사항
① 퇴선은 전적으로 선장의 상황판단에 기초하여 결정된다.
② 필요시 선장은 육상의 선박 안전·안전관리담당자의 조언을 참조할 수 있다.
③ 퇴선결정은 시기를 놓쳐서는 안된다.
④ 퇴선을 결정할 때 퇴선의 확신이 서지 않을 경우 가능한 한 퇴선을 선택하는 것이 바람직하다.
⑤ 여객선의 퇴선
  ㉠ 평소 선장은 승객의 탈출에 소요되는 시간을 파악하고 있어야 한다.
  ㉡ 퇴선 결정시 탈출 소요시간을 감안하여야 한다.
  ㉢ 퇴선은 탈출완료시간 내에 완료되어야 한다.
  ㉣ 퇴선이 결정되면 선사의 비상대응절차서에 따라 신속히 퇴선을 시행한다.

3) 퇴선결정의 일반원칙

가. 침몰·전복 등에 소요되는 시간
① **소요시간 결정 요소** : 선내 수밀문 등의 폐쇄 여부, 선박의 구조, 적재화물의 종류, 고박 상태 등
② **침몰의 지연 또는 방지 요소** : 수밀문, 통풍구, 램프 등이 잘 관리되고 있는 경우
③ 퇴선에 상당한 시간이 걸릴 수 있다는 점도 감안할 필요가 있다.

나. 구명설비 작동 조건
① 구명정, 구명뗏목 등의 구명설비 작동 시간을 감안하되 선체 경사에 따라 구명설비 작동이 어려울 수 있다는 사실도 인식하여야 한다.
② 퇴선시점이 지체됨에 따라 선체가 급격히 기울어져 구명설비를 이용할 수 없는 경우도 있을 수 있다는 점도 감안하여야 한다.
③ 해상 날씨의 상황에 따라 구명설비가 제기능을 하지 못할 수도 있다.
④ 구명정이 구명뗏목에 비해 생존율을 높일 수 있으나 구명정을 진수시킬 수 없는 경우가 발생할 수도 있다.
⑤ <u>여객선에서의 구명정은 탑승명령 후 10분 이내에 탑승할 수 있어야 한다.</u>

⑥ 화물선에서의 구명정은 탑승명령 후 3분 이내에 탑승할 수 있도록 준비되어야 한다.
⑦ 구명정을 진수하더라도 만약의 경우를 대비하여 구명뗏목을 해상에 투하해 둔다.

> 💡 **일반적인 선내 비상신호**
> 1. 비상배치신호 : 단음 7회 후 장음 1회
> 2. 비상해제신호 : 장음 1회, 단음 1회 3회 연속 반복
> 3. 항계 내 화재신호 : 장음 5회 반복
> 4. 퇴선신호 : 연속음 약 30초
> 5. 기타 비상신호 : 장음 3회 후 비상배치방송

다. 기상여건
① 퇴선 후 승객 및 선원들의 안전을 고려하여 기온, 파도 등의 기상상황을 파악하여야 한다.
② 겨울과 같이 해수온도가 낮은 바다에서 구명조끼만으로 사망(저체온증)에 이를 수 있음을 고려하여야 한다. 저체온증에 노출되지 않는 방법으로 물에 젖지 않은 상태에서 구명정 또는 구명뗏목에 탑승하여야 한다.
③ 불가피하게 구명조끼를 입고 바다로 뛰어들어야 할 경우에는 구조될 수 있는 시간을 고려하여 최대한 선박에 머무르는 시간을 길게 할 필요가 있다.
④ 황천(큰 파도가 일어나고 시계가 나빠지는 해상 기후 상태)시에는 구명설비가 퇴선 후 선원과 승객들을 안전하게 보호할 수 있는 지를 고려하여야 한다.

라. 구조가능시간 및 선박의 위치
① 사고 선박 주위에 도움을 줄 수 있는 선박 유무와 구조선박이 도착하는데 걸리는 시간을 고려하여야 한다.
② 인근에 항해 중인 선박 등이 있을 경우 적극적인 퇴선을 고려하는 것도 유익하다.
③ 해상날씨가 좋지 않은 경우 구조선박이 수시간 내에 도착할 수 없는 상황이 될 수 있다는 것도 감안하여야 한다.
④ 연안지역에서 사고가 난 경우 육지에서 구조선이 도착할 수도 있으므로 퇴선을 미룰 필요는 없다.

4) 퇴선시 조치사항(퇴선 절차)
① 선장이 선내 전체 방송을 통해 퇴선 명령
② 선내전화로 기관실 당직자에게 퇴선사항을 통보
③ 조난신호 전송
④ GMDSS(모든 여객선 및 300톤 이상의 모든 선박에 조난경보와 안전정보를 위해 설치) 장비 중 EPIRB(위성을 이용한 신호)를 활성화하고 SART(신호발송장치)를 구명정으로 이동
⑤ 시간이 허락된다면 항해일지 등 관련 서류 및 기록을 수집한다.

5) 퇴선시 생존원칙 4가지

가. 개인방호
① 퇴선 후 생존을 위한 저체온증, 일사병, 열사병 등 체온변화에 유의하여야 한다.
② 해수가 피부에 닿는 면적을 최대한 줄여야 한다.
③ 적당한 의복을 착용할 필요가 있다.

④ 불필요한 수영 및 음주를 하지 말아야 한다.

💡 **환경성 저체온증**
추운 환경에 노출되어 나타나는 것으로, 건강한 사람이라 하더라도 저체온증에 빠질 수 있다. 특히 옷을 충분히 입지 않고 비에 젖거나 바람에 맞으면 위험하다. 물에 완전히 젖거나 빠졌다면 물의 열전도율이 높기 때문에 더욱 체온을 쉽게 잃게 되는데, 이러한 경우 체온 손실은 물의 온도에 따라 달라지며, 보통 16~21℃ 이하의 수온에서 잘 일어난다.

💡 **저체온증의 응급대처 요령**
젖은 옷을 입고 있으면 빨리 제거하고, 몸통을 마른 담요로 따뜻하게 감싸주며, 흡입되는 산소와 수액은 반드시 차가운 기가 제거되도록 가온된 것으로 공급하며, 심부체온과 심전도, 산소 포화도를 감시한다. 저체온증 환자는 환자를 옮기거나 처치하는 과정에서 심실세동 등의 부정맥이 유발될 수 있으므로 매우 조심스럽게 다루어져야 하는데, 저혈압으로 인해 맥박이 느껴지지 않는다고 심정지로 간주하여 심폐소생술을 섣불리 적용하면 오히려 심실세동이 촉발되는 경우가 있으므로 주의해야 한다.

(서울대학교병원 의학정보)

💡 **구명정이나 구명뗏목이 없이 물에 떠있는 경우 준수사항**
㉠ 가능한 한 그대로 물 위에 떠 있는다.
㉡ 방수복, 노출보호복, 보온구 등을 착용한다.
㉢ 구명조끼 : 적절한 팽창상태를 유지하고, 몸에 밀착되도록 고정한다.
㉣ 여러명의 생존자가 무리지어 있다면 가깝게 둥굴한 대형을 유지한다.
㉤ 혼자서 있는 상태라면 열손실방지자세로 그 자리에 가만히 있는 것이 유익하다.
㉥ 몸은 수평이나 수직상태로 떠 있는 상태를 유지하고 휴식을 취한다.

나. 위치표시
① 조난위치에 머물 것
② 표류 중에는 목표물을 크게 하여 육안으로도 쉽게 보일 수 있게 한다.
③ 위치표시를 위한 신호를 적절히 사용한다.
④ 구명정 의장품을 활용한다.

💡 **구명정 의장품**
㉠ 신호 홍염 6개   ㉡ 낙하산부 신호 4개
㉢ 신호거울 1개   ㉣ 호각 1개
㉤ 방수전등 1개

다. 식수관리
① 식수는 조난 후 첫 24시간 동안에는 지급하지 않는다.
② 식수는 1일 3번 균등하게 분배하고, 1일 적정량은 0.5리터이다.
   (구명정 : 1인당 3L, 구명뗏목 : 1인당 1.5L 준비)
③ 식수가 확보되지 않았다면 음식을 먹지 않는 편이 낫다.
④ 식수가 없는 경우 평균 대기온도에 따른 예상 생존시간

평균대기온도	37℃	32℃	26℃	21℃	15℃
예상 생존시간	2일	3일	4일	8일	10일

라. 식량관리

① 구명정, 구명뗏목에 식량 비치 : 1인당 10,000KJ
② 조난 후 첫 24시간 동안은 보급하지 않는다.
③ 식량은 1일 3회 나누어 먹는다.
④ 단백질은 갈증을 유발하기 때문에 단백질 중심의 생선, 해초 등을 먹는 것을 피한다.
⑤ 바닷물은 절대 마시지 않는다.

(2) 구명기구 및 조난신호

1) 국제구명장비규약

① **구명장비** : 구명정, 구명뗏목, 구명조끼, 구명부표 등
② **SOLAS 협약** : 여객선(12인을 초과하는 운송 선박)과 화물선이 선종별로 갖추어야 할 구명설비의 종류와 수량 등 규정
③ **국제구명장비규약(LSA Code)** : 구명장비의 제조, 시험, 관리 및 기록유지에 대한 구체적 기술적 요구사항 규정

2) 구명정 및 구명뗏목 의장품

> 💡 선박구명설비기준 해양수산부고시 제3조(구명설비의 종류)
>
> **1. 구명기구**
> 가. 구명정
>   (1) 부분폐형구명정
>   (2) 전폐형구명정(자유강하식구명정을 포함한다)
>   (3) 공기자급식구명정(자유강하식구명정을 포함한다)
>   (4) 내화구명정(자유강하식구명정을 포함한다)
> 나. 구명뗏목
>   (1) 팽창식구명뗏목
>   (가) 제1종팽창식구명뗏목(자동복원팽창식구명뗏목, 양면팽창식구명뗏목 및 진수장치용팽창식구명뗏목을 포함한다)
>   (나) 제2종팽창식구명뗏목
>   (2) 고체식구명뗏목(자동복원고체식구명뗏목, 양면고체식구명뗏목 및 진수장치용고체식구명뗏목을 포함한다)
> 다. 구명부기
> 라. 구조정
>   (1) 일반구조정
>   (가) 팽창식일반구조정
>   (나) 고체식일반구조정
>   (다) 복합식일반구조정
>   (2) 고속구조정
>   (가) 팽창식고속구조정
>   (나) 고체식고속구조정
>   (다) 복합식고속구조정

마. 구명부환　　　　　　바. 구명조끼　　　　　　사. 방수복
아. 노출보호복　　　　　자. 보온구　　　　　　　차. 작업용구명의
카. 구명줄발사기　　　　타. 구명뗏목지원정

2. 신호장치
   가. 자기점화등　　　　나. 자기발연신호　　　　다. 구명조끼등
   라. 로켓낙하산신호　　마. 신호홍염　　　　　　바. 발연부신호
   사. 수밀전기등　　　　아. 일광신호용거울　　　자. 탐조등
   차. 역반사재　　　　　카. 선상통신장치　　　　타. 경보장치
   파. 선내방송장치

3. 진수장치 등
   가. 진수장치
      (1) 구명정진수장치　　(2) 구명뗏목진수장치　　(3) 구명부기진수장치
      (4) 구조정진수장치　　(5) 구명뗏목지원정진수장치
   나. 탑승장치
      (1) 탑승용사다리(Embarkation ladder)
      (2) 강하식탑승장치(Marine evacuation system)
      (3) 그물사다리

의장품의 명칭	구명정 의장품의 수		적요
	제1종선 또는 제3종선에 비치하는 구명정	제2종선, 제4종선에 비치하는 구명정	
구난식량	정원 1인당 1만킬로줄	–	해양수산부장관이 적절하다고 인정하는 것으로서 기밀 포장되어 수밀용기에 격납된 것일 것
음료수	정원 1인당 3리터	정원 1인당 1리터	1. 수밀용기에 넣은 청수일 것. 2. 정원 1인당 최대 2리터의 음료수는 해양수산부장관이 적절하다고 인정하는 해수탈염장치로 대체할 수 있다.

1. "제1종선"이란 국제항해에 종사하는 여객선을 말한다.
2. "제2종선"이란 국제항해에 종사하지 아니하는 여객선을 말한다.
3. "제3종선"이란 여객선이외의 선박으로서 국제항해에 종사하는 총톤수 500톤 이상의 선박을 말한다.
4. "제4종선"이란 여객선이외의 선박으로서 제3종선이외의 선박을 말한다.

의장품의 명칭	구명뗏목 의장품의 수			요건
	제1종팽창식 구명뗏목	제2종팽창식 구명뗏목	고체식 구명뗏목	
구난식량	정원 1인당 1만킬로줄	정원 1인당 1만킬로줄	정원 1인당 1만킬로줄	해양수산부장관이 적절하다고 인정하는 것으로서 기밀 포장되어 수밀용기에 격납된 것일 것
음료수	정원 1인당 1.5리터	정원 1인당 1리터	정원 1인당 1.5리터	1. 수밀용기에 넣은 청수일 것 2. 정원 1인당 최대 1.0리터의 음료수는 해양수산부장관이 적절하다고 인정하는 해수탈염장치로 대체할 수 있다.

3) 구명뗏목 사용법

① 구명뗏목은 조난선박이 침몰하여 수심 4m에 도착하였을 경우에 자동팽창하고 화재 등 조난사고 발생시에 연결 줄을 당겨서 팽창하는 수동팽창 방법이 있다.
② 수동팽창의 핵심적인 사항으로는 연결줄을 분리하여, 선체 외부에 단단히 고정하고 확인한 후에 연결 줄을 당겨서 팽창해야 한다.
③ **구명뗏목의 선상 이동 방법** : 구명뗏목은 선상 갑판에서 이동할 때에는 갑판에 굴리지 말고 끌거나 들어서 이동한다.(순서는 연결줄 고정 → 안전핀 제거 → 투하용레버작동 → 연결줄 인출)
④ 구명뗏목을 수동투하 방법 중 가장 핵심적인 사항은 연결줄의 끝은 팽창 탱크 밸브와 연결되어 있고 길이가 30~50m 가량으로 상당히 길다. 그러므로 연결 줄이 나오지 않을 때까지 신속하게 계속 당겨야 한다.
⑤ 구명뗏목을 해상에 투하 후 연결줄을 구명뗏목이 팽창할 때까지 계속 당긴다.
⑥ 조난선박의 승선원이 구명뗏목에 승선후의 순서는 연결줄 절단 → 안전해역 이동 → 해묘투하 → 지붕폐쇄

[출처] 어선의 구명뗏목 탑재기준 및 구명뗏목 사용법

4) 조난신호(COLREG 부속서 4조)

다음 각 호의 신호는 단독으로 사용되어 조난 및 원조의 필요를 알리는 신호이다.
① 약 1분 간의 간격으로 시행하는 1회의 발포 기타 폭발에 의한 신호
② 무중신호장치에 의한 연속음향신호
③ 짧은 간격으로 1회에 한 개씩 발사되어 별 모양의 붉은 불꽃을 내는 로켓 또는 유탄에 의한 신호
④ 모스부호로 구성되는 신호
⑤ 무선전화에 의한 'MAYDAY' 구두신호
⑥ 조난을 나타내는 국제계류 NC 신호

(3) 인명구조 및 조난법

1) 구조계획서

SOLAS 협약에서 모든 선박은 해상조난자 구조계획서를 선내에 비치하도록 하여야 한다. 구조계획서에는 IMO에서 마련한 '해상으로부터 인명구조 계획 및 절차에 대한 개발 지침서'에 따라 작성되어야 하며 다음 내용을 고려하여야 한다.

가. 고려사항

① LSMAR : 국제항공, 해상 수색구조 편람(제3권) 수색구조실무를 다루는 내용으로 선내 필수 비치 도서
② 구조기술지침
③ 찬물에서의 생존 지침

나. 구조계획서의 내용

① 일반사항 : 목적과 요구사항 등
② 임무 및 배치 : 선장 및 승조원의 임무와 배치
③ 교육훈련의 주기 및 방법과 기록 등
④ 구조장비 명세 : 인명구조장비, 조난자 이송, 개인보호장구, 탐색장비, 통신장비 등의 종류와 수량 및 설치장소 등

⑤ 위험평가 및 위험저감 조치 : 선박 및 구조자에게 위험을 초래하지 않고 구조작업을 수행할 수 있는 조치로서 선박의 조종성, 건현, 구조자 회수장소, 사용장비의 특성 및 제한 사항, 파고, 파주기, 항해안정 등을 고려
⑥ 구조작업 실행 : 구조작업계획, 준비사항, 인명구조 조선법, 조난자 이송작업, 피구조자 보호장소 및 관리, 악천후 시 구조작업 불가할 경우 조치사항 등

2) 선외 추락자 구조

가. 추락자 구조를 위한 초동조치

① 추락자 발견자는 추락자 근처에 구명부환을 던지고 "사람이 빠졌다"고 소리친다.
② 선교 항해당직자의 초기 조치 : 윙브릿지의 긴급이탈장치를 당겨 구명부환과 함께 묶인 자기발연부신호(주간에 구명부환의 위치를 알려주는 조난신호장비로, 물에 들어가면 자동으로 오렌지색 연기를 낸다) 및 자기점화등을 투하한다.
③ <u>추락자 구조신호 : 장음 3회의 기적을 울림</u>
④ 상황에 맞는 인명구조 조선법을 시행한다.
⑤ 즉시 선장과 상황실에 알린다.
⑥ 풍향과 풍속을 관측한다.
⑦ 추락자를 시야 속에 두기 위해 감시원을 배치한다.
⑧ 착색제나 자기발연부신호 등을 투하한다.
⑨ 구조장비를 준비한다.
⑩ 선교, 갑판, 구명정 사이의 통신을 위해 휴대용 VHF(워키-토키)를 지급한다.
⑪ 기관을 stand-by 상태로 준비한다.

나. 인명구조에 영향을 미치는 요소

① 선박의 조종특성 및 기관의 성능
② 사고지역의 상태 파악 : 사고장소, 풍향 및 해상상태와 시정거리 등
③ 승조원의 구조능력(경험, 훈련, 조선기술 등)
④ 다른 선박으로부터의 지원가능성 여부

3) 인명구조 조선법

> 💡 **추락자 발생시 선교에서의 조치 사항**
>
> 1. 추락자 방향으로 전타(Hard Over)하여 Kick 현상으로 선체와 충돌 또는 프로펠러의 흡입류에 의한 2차사고를 예방한다.
>   ※ 전타(Hard Over) 이유 : 선회초기에 원침으로부터 선미가 타각을 준 바깥쪽으로 약간 밀리는데 추락자 구조시 또는 장애물 회피시 유용하다. 추락자 쪽으로 전타하면 선수가 추락자 쪽으로 선회하게 된다.
> 2. 윙브릿지(측면 선교)의 구명부환 세트를 투하한다.
> 3. 비상신호 발령
> 4. 주기관을 즉시 사용할 수 있도록 준비한다.
> 5. 감시원을 배치하여 추락자를 시야 내에서 확보한다.
> 6. 추락자 표시 버튼을 눌러 추락위치를 표시한다.
> 7. 추락시 상황에 적합한 인명구조 조선법을 결정하여 시행한다.

① 인명구조 조선법의 종류

[Man Over Board(인명구조) 조선법 및 각각의 특징]

	Williamson turn	single turn	scharnov turn
그림			
장점	양호한 원래의 항적라인을 만들고, 시계가 제한될 때 유리하다.	날씨가 좋아 익수자를 육안으로 보면서 조선할 때에 사용하며 즉각적인 대처를 할 수 있다.	익수자 발생을 뒤늦게 안 경우 대처하는 방법이다.
단점	시간이 걸리는 절차이다.	단추진기 선박은 조선이 어렵다.	사고 발생과 조종의 개시 간의 경과된 시간을 알 수 없으며 효과적으로 시행할 수 없다.
방법	타를 완전히 돌린다. → 원래의 코스로부터 60도 벗어난 후에 반대방향으로 타를 완전히 돌린다. → 반대방향으로 헤딩이 20도 부족할 때 타를 미드쉽 위치로 두고 선박을 반대 코스로 선회시킨다.	타를 완전히 돌린다. → 원래의 코스로부터 250도 벗어난 후에 미드쉽으로 타를 돌리고 정지조종을 개시한다.	타를 완전히 돌린다. → 원래의 코스로부터 240도 벗어난 후에 반대방향으로 타를 완전히 돌린다. → 반대방향으로 헤딩이 20도 부족할 때 선박이 반대 코스로 선회하도록 타를 미드쉽 위치로 한다.

② 인명구조 조선법의 비교

조선법의 명칭	조선법의 특징 및 장단점

윌리엄슨 턴	1. 선교에서 추락한 자를 발견 즉시 조치하기 위한 조선법
	2. 야간, 저시정 등 시계가 나쁜 상태에서 유리하다.
	3. 조선이 간단하지만 선박이 사고지점으로부터 멀리 돌아 회항하고, 다른 조선법에 비해 절차가 긴 단점이 있다.
	4. 조선법
	  ① 추락자가 떨어진 현측으로 즉시 전타한다.
	  ② 선박이 원래 침로로부터 약 60도 벗어난 후에 반대방향으로 전타한다.
	  ③ 선수방위가 원침로 반대방향 20도 전까지 회두하면 타를 중앙으로 복귀하여 타력으로 원래 침로 역방향으로 돌아간다.

앤더슨 턴 (Single Turn)	1. 추락자를 육안으로 확인하면서 신속하게 회두하여 접근하는 방법 2. Volume Ⅲ Section 4에서 선박을 낙수자가 있는 곳으로 접근시키는 조선 방법으로 권장하고 있는 방법 중 하나이다. 1회 선회법으로, engine stop하고 낙하현측으로 전타하여 익수자를 선미와 clear시키고, 전속으로 약 1분간 원침로로 항주하고 난 후에, 낙하현측으로 전타 hard over하여 선회하고 약 230° 정도 선회하였을 때에 선수에서 익수자를 볼 수 있고 이 때 반속반전(half satern)하여 life boat를 내려서 구조 또는 기타 방법으로 구조에 임한다. 이 방법은 날씨가 좋고 익수자를 육안으로 보면서 조선할 때에 매우 신속하고 좋은 방법이다. 3. 1회 선회법으로, engine stop하고 낙하현측으로 전타하여 익수자를 선미와 clear시키고, 전속으로 약 1분간 원침로로 항주하고 난 후에, 낙하현측으로 전타 hard over 하여 선회하고 약 230° 정도 선회하였을 때에 선수에서 익수자를 볼 수 있고 이 때 반속반전(half satern)하여 life boat를 내려서 구조 또는 기타 방법으로 구조에 임한다. 4. 이 방법은 날씨가 좋고 익수자를 육안으로 보면서 조선할 때에 매우 신속하고 좋은 방법이다.

샤르노브 턴	1. 사고즉시 사용할 수 있는 방법은 아니다.
	2. 진행했던 항적을 그대로 되돌아 가는 회항 조선법이다.
	3. 소요거리가 짧아 시간을 절약할 수 있다.
	4. 사고 후 경과시간을 모를 경우 효과적인 진행이 어렵다.
	  ① 타를 전타로 유지한다.
	  ② 선수방위가 원침로에서 반대방향 20도 이전까지 회두하면 타를 중앙으로 복귀시키면 선박이 원침로의 반대방향으로 돌아간다.

로렌 턴 (Loren Turn)	1. 주요 목적 : 구조정의 진수나 회수를 쉽게 하고, 다른 선박이 진행 중인 구조작업을 용이하게 돕는다.
	2. 구조지역 해면의 안정성 유지 : 구조해역을 선회하면 현장의 파도를 방해하게 하고, 교란파를 만들어 해면을 안정적으로 유지시킨다.
	3. 선박이 풍상측(windward, 바람이 불어오는 쪽 방향)으로 도는 경우 해면의 안정감을 더 높일 수 있다.
	  ① 풍상측을 향해 전속력으로 항진한다.
	  ② 선박이 선회하면서 바람을 측면으로 받을 때 저속으로 감속한다.
	  ③ 선박이 선회할 때 바람이 선미측 반대편으로 바뀔 때 반속으로 진행한다.
	  ④ 해면의 파도를 더 줄이고자 한다면 선회를 계속한다.
	  ⑤ 선회권의 안쪽에서 풍하측으로 구조정을 진수하거나 회수하기 위하여 저속 감속 또는 기관을 정지한다.

CHAPTER 4 실전예상문제

01 해사안전의 위험성 분석기법에 대한 다음 설명 중 옳지 않은 것은?
① HAZOP : HAZOP 분석은 시스템의 원래 의도한 설계와 차이가 있는 변이(deviations)를 일련의 가이드워드(guidewords)를 활용하여 체계적으로 식별해 낸다.
② FTA : 시스템에 내재되어 있는 위험인자를 파악하고 위험성을 계산하기 위한 하향식방식의 분석법
③ FMEA : 여러개의 안전장치가 준비된 시스템의 위험성을 파악하기 위하여 이용된다.
④ ETA : FTA와는 반대되는 상향식 방식을 이용하여 시작 사건으로부터 나올 수 있는 결과를 의사결정나무를 이용하여 분석하는 방법

해설 **FMEA**
부품의 고장이 어떻게 전체 시스템에 영향을 미치는 지를 분석하고, 적절한 대처방법이 마련되어 있는 지를 분석하는 방법.
주로 물리적인 부품으로 구성되어 있는 시스템의 위험성 분석에 유용하다.

02 스위스 치즈 모델(제임스 리즌, James Reason)에서 조사대상이 되는 잠재적 요인으로 옳지 않은 것은?
① 불안전한 행위를 유발한 선행조건
② 불안전한 관리감독
③ 오류가 있는 의사결정
④ 잘못된 조직문화의 영향

해설 스위스 치즈 모델(제임스 리즌, James Reason) 조사대상의 잠재적 요인
1. 불안전한 행위를 유발한 선행조건
2. 불안전한 관리감독
3. 잘못된 조직문화의 영향

03 공식안전성평가(FSA)의 5단계 구성으로 바르지 않은 것은?
① 위험요소 색인(Identification of Haward)
② 위험도 분석(Risk Assessment)
③ 비용 편익 증가(Cost Benefit Assessment)
④ 사고의 발생(방어막의 훼손)

해설 **FSA의 5단계 구성**
㉠ 위험요소 색인(Identification of Haward)
㉡ 위험도 분석(Risk Assessment)
㉢ 위험관리방안(Risk Control Options)
㉣ 비용 편익 증가(Cost Benefit Assessment)
㉤ 의사결정권고(Recommendation for Decision -Making)

04 해양관리법상 "해양시설로부터의 오염물질 배출신고"시 사고기준으로 옳지 않은 것은?
① 수은 및 그 화합물 : 10kg 이상
② 납 및 그 화합물 : 100kg 이상
③ 폐합성수지 : 200kg 이상
④ 아세트산 : 100ℓ 이상

해설 100kg 이상 : 시안화합물, 유기인화합물, 납 및 그 화합물, 비소 및 그 화합물, 구리 및 그 화합물, 크롬 및 그 화합물, 아연 및 그 화합물, 불화물, 페놀류, 트리클로로에틸렌, 테트라클로로에틸렌
④ 아세트산은 200ℓ 이상이다.

05 좌초사고시 선장의 조사상황으로 옳지 않은 것은?
① 손상정도파악
② 해면의 상황 파악
③ 해저로부터 받는 반력의 산정
④ 즉시 후진하여 좌초지점으로부터 이초

정답 01. ③ 02. ③ 03. ④ 04. ④ 05. ④

해설 좌초시 선장의 조사 사항
   1. 손상정도파악
      - 선저 각 탱크, 빌지 측심을 통한 침수유무 파악, 손상이 있는 경우 손상정도 파악
      - 타와 프로펠러, 주기관과 보조기관, 배수펌프와 보조펌프의 이상 유무 파악
      - 승조원 및 화물의 상황 파악
      - 흘수, 트림의 변화나 선체의 경사 파악
      - 연료, 화물류의 유출 유무와 필요시 오일펜스 설치 여부 파악
   2. 해면의 상황 파악
      - 선체 주변의 수심, 저질, 해저상황과 선체의 좌초 자세 파악
      - 만조시각, 조차, 파랑 및 조류가 선체에 미치는 영향 및 기상상황 파악
      - 선체 고정을 위한 부근 육지의 지형 및 육상의 일반상황, 지원체제의 유무 파악
      - 선박 소유자, 해운항만관청에 좌초상황 등을 보고하고 자료가 될 수 있는 기타 사항 파악
   3. 해저로부터 받는 반력의 산정
      - 해저의 반력 계산 : 좌초시 흘수와 좌초 전의 흘수 차를 계산
      - 좌초 후 조위가 낮아져 흘수가 감소하면 이에 상응한 부력의 감소로 해저로부터 받는 반력의 증가
      - 만조와 간조 시간을 고려

06 다음 보기의 내용 중 빈칸에 알맞은 내용이 순서대로 옳은 것은?

   보기
   선박소방설비기준(해양수산부고시) 제45조(국제육상시설연결구의 비치)
   총톤수 (   )톤 이상의 제1종선 및 제2종선에는 (   )개의 국제육상연결구를 비치하여야 하며 선박의 양측에서 이를 사용할 수 있어야 한다.

   ① 100, 1   ② 200, 2
   ③ 300, 2   ④ 500, 1

   해설 선박소방설비기준(해양산수산부고시) 제45조(국제육상시설연결구의 비치)
   총톤수 500톤 이상의 제1종선 및 제2종선에는 1개의 국제육상연결구를 비치하여야 하며 선박의 양측에서 이를 사용할 수 있어야 한다.

07 선원법의 선내교육훈련 및 평가계획의 수립기준에 의하면 해상인명안전훈련상 소화훈련(일반여객선)의 훈련주기로 올바른 것은?
   ① 10일   ② 1개월
   ③ 2개월   ④ 3개월

   해설 선원법 시행규칙 [별표 4] 선내교육훈련 및 평가계획의 수립기준(제40조의2제1항 관련)

구분			주기	대상자
선내숙지훈련			수시	모든 선원
해상인명안전훈련	단정훈련	소화훈련	매월(여객선은 10일, 국제항해여객선은 7일)	모든 선원
		퇴선훈련	매월(여객선은 10일, 국제항해여객선은 7일)	모든 선원
		구명정강하	3개월	모든 선원
		진수훈련	1년	모든 선원

08 퇴선시 개인의 생존원칙 4가지에 해당하지 않은 것은?
   ① 개인방호
   ② 위치표시
   ③ 조난신호 전송
   ④ 식수, 식량관리

   해설 퇴선시 생존 4원칙
   개인방호, 위치표시, 식수관리, 식량관리

09 다음 보기의 조선법의 설명 중 옳지 않은 것은?

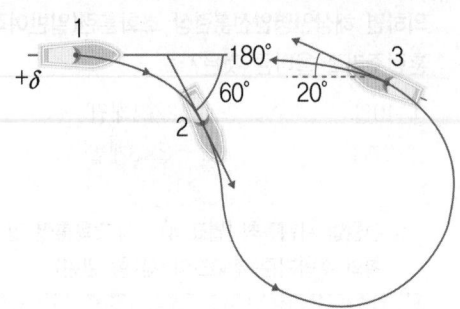

① 선박이 원래 침로로부터 약 60도 벗어난 후에 반대방향으로 전타한다.
② 선수방위가 원침로 반대방향 20도 전까지 회두하면 타를 중앙으로 복귀하여 타력으로 원래 침로 역방향으로 돌아간다.
③ 야간, 저시정 등 시계가 나쁜 상태에서는 사용하기 어렵다.
④ 조선이 간단하지만 선박이 사고지점으로부터 멀리 돌아 회항하고, 다른 조선법에 비해 절차가 긴 단점이 있다.

해설 윌리엄슨 턴 조선법의 특징
1. 선교에서 추락한 자를 발견 즉시 조치하기 위한 조선법
2. 야간, 저시정 등 시계가 나쁜 상태에서 유리하다.
3. 조선이 간단하지만 선박이 사고지점으로부터 멀리 돌아 회항하고, 다른 조선법에 비해 절차가 긴 단점이 있다.
4. 조선법
  ① 추락자가 떨어진 현측으로 즉시 전타한다.
  ② 선박이 원래 침로로부터 약 60도 벗어난 후에 반대방향으로 전타한다.
  ③ 선수방위가 원침로 반대방향 20도 전까지 회두하면 타를 중앙으로 복귀하여 타력으로 원래 침로 역방향으로 돌아간다.

10 최근 해양사고 중 발생원으로 가장 높은 비율을 차지하는 것은?
① 기상악화
② 운항관리의 미숙
③ 선박결함
④ 적재불량

해설 해양사고의 대부분은 인적과실이 원인인 경우가 많다.

CHAPTER 5 해양사고 조사 및 심판

제2과목 해사안전관리론

1 해양사고 조사관련 법규

(1) "해양사고심판법" 조사 · 심판의 목적
사고의 원인을 밝혀 유사한 사고의 재발을 방지함으로서 해양안전확보에 기여함을 목적으로 한다.

(2) 해양사고 조사대상
선박의 운항과 관련하여 인명, 환경 또는 재산 등에 어떤 손상이나 손해가 발생한 사고

(3) 준사고의 통보
손상이나 사고가 발생하지 않은 준사고라 하더라도 선박소유자나 선박운항자에게 해양안전시스템에 결함이 있다는 것을 나타낼 수 있기 때문에 준사고의 통보를 요청할 수 있다.

(4) 해양사고심판법상 해양사고

1) "해양사고"란 해양 및 내수면(內水面)에서 발생한 다음 각 목의 어느 하나에 해당하는 사고를 말한다.
   - 가. 선박의 구조 · 설비 또는 운용과 관련하여 사람이 사망 또는 실종되거나 부상을 입은 사고
   - 나. 선박의 운용과 관련하여 선박이나 육상시설 · 해상시설이 손상된 사고
   - 다. 선박이 멸실 · 유기되거나 행방불명된 사고
   - 라. 선박이 충돌 · 좌초 · 전복 · 침몰되거나 선박을 조종할 수 없게 된 사고
   - 마. 선박의 운용과 관련하여 해양오염 피해가 발생한 사고

2) "준해양사고"란 선박의 구조 · 설비 또는 운용과 관련하여 시정 또는 개선되지 아니하면 선박과 사람의 안전 및 해양환경 등에 위해를 끼칠 수 있는 사태로서 해양수산부령으로 정하는 사고를 말한다.

3) 국제해양사고 조사코드상 해양사고
   - 가. 사람의 사망 또는 중상
   - 나. 선박에서의 사람의 손실
   - 다. 선박의 멸실, 추정멸실 또는 유기
   - 라. 선박의 물리적 손상
   - 마. 선박의 좌초, 운항불능 또는 충돌에 연루
   - 바. 해양시설의 물리적 손상에 따라 선박이나 인명에 심각한 위험이 되는 것
   - 사. 선박의 손상으로 야기된 환경에 대한 심각한 피해 또는 심각한 피해의 가능성이 있는 것

2 조사의 근거법

① **해양사고심판법** : 해양사고의 조사 및 해양심판원의 구성 등을 규정
② SOLAS 협약(국제해상인명안전협약)
③ MARPOL(해양오염방지협약)
④ Load Lines 협약(만재흘수선협약)
⑤ **협약의 공통된 내용** : 체약국이 해양사고를 조사하고 발견한 사항을 국제해사기구(IMO)에 제공하도록 한 규정으로 사고의 교훈을 통해 유사 사고의 재발 방지를 위한 대책을 강구하기 위한 것이다.

> 💡 SOLAS 협약 부속서 제1장 제21규칙(해양사고)
> (a) 각 주관청은 이 규칙의 어떠한 변경이 바람직한가를 결정하는 데 도움이 된다고 판단하는 경우에는 이 협약의 규정을 적용받는 자국선박에 발생한 해양사고에 대한 조사를 행할 것을 약속한다.
> (b) 국제해사기구는 사고의 교훈에 따라 유사사고의 재발방지를 위한 대책을 강구한다.

3 조사의 관할권 등

(1) 유엔해양법협약(UNCLOS)
① 공해상에 있는 선박에 대한 관할권을 기국에게 부여하고 있다.
② 공해상에서 발생한 해양사고에도 기국에서 자격을 갖춘 조사관이 조사한다.
③ 해양사고에 관련된 국가는 해양사고의 조사에 협력하여야 한다.

(2) 면허의 취소 등 : 그 선박의 기국이나 그 관련자의 국적국의 사법 또는 행정당국 외에는 제기할 수 없다.

(3) 해기사 면허증 소지자의 처분 : 처분 대상자의 국적과 관계없이 면허를 발급한 국가만이 적법한 절차를 거친 후 면허 또는 증명서를 무효화할 수 있다.

(4) 국제해양사고조사코드에 따라 해양사고를 조사하고 그 결과를 보고하도록 규정하였고 2010년에 발효되면서 강행력을 갖추고 있다.

4 해양사고의 규모 구분

(1) 중대해양사고

① 의의

국제해양사고조사코드에 따르면 선박의 전손, 사람의 사망 또는 환경에 중대한 피해를 야기하는 해양사고를 중대해양사고라고 한다. 중대해양사고는 반드시 보고해야 하며 국제 해사기구에 최종 조사보고서를 제출하여야 한다.

② **중대해양사고(해양안전심판원)**
  ㉠ 10명 이상의 사망자 또는 실종자가 생긴 경우(단, 원인이 간명한 경우는 제외)
  ㉡ **여객선의 해양사고** : 여객의 사망 또는 실종 또는 5명 이상이 중상을 입은 경우(단, 원인이 간명한 경우는 제외)
  ㉢ 총톤수 1,600톤 이상의 선박이 전손된 경우(단, 원인이 간명한 경우는 제외)
  ㉣ 위험물에 의한 폭발 또는 화재로 선박의 손상이 중대한 것
  ㉤ 심각한 해양오염을 일으킨 경우(예 기름의 유출 등)
  ㉥ 원인이 복잡하여 그 해명에 감정이 필요하거나 해양사고방지상 특히 필요하다고 인정되는 것
  ㉦ 기타 사회적으로 심한 물의를 일으키거나 특별심판부의 구성이 예견되는 경우

(2) 준해양사고

① 의의

국제해양사고조사코드에 따르면 준해양사고는 선박의 운항과 직접적인 관련 사고는 아니나, 해양사고 이외의 것으로서 선박, 승선자 또는 다른 사람이나 환경의 안전을 위협하거나 개선되지 않을 경우에 위협하게 되는 것을 말한다.

② **준해양사고(해양사고심판법)**

"준해양사고"란 선박의 구조·설비 또는 운용과 관련하여 시정 또는 개선되지 아니하면 선박과 사람의 안전 및 해양환경 등에 위해를 끼칠 수 있는 사태로서 다음 각 호의 사고를 말한다.
  ㉠ 항해 중 운항 부주의로 다른 선박에 근접하여 충돌할 상황이 발생하였으나 가까스로 피한 사태
  ㉡ 항로 내에서의 정박 중 다른 선박에 근접하여 충돌할 상황이 발생하였으나 가까스로 피한 사태
  ㉢ 입·출항 중 항로를 이탈하거나 예정된 항로를 이탈하여 좌초될 상황이 발생하였으나 가까스로 안전한 수역으로 피한 사태
  ㉣ 화물을 싣거나 묶고 고정시킨 상태가 불량한 사유 등으로 선체가 기울어져 뒤집히거나 침몰할 상황이 발생하였으나 가까스로 피한 사태
  ㉤ 전기설비의 상태 불량 등으로 화재가 발생할 상황이었으나 가까스로 화재가 나지 아니하도록 조치한 사태
  ㉥ 해양오염설비의 조작 부주의 등으로 오염물질이 해양에 배출될 상황이 발생하였으나 가까스로 배출되지 아니하도록 조치한 사태
  ㉦ 그 밖에 제1호부터 제6호까지의 사태와 유사한 사태로서 해양수산부장관이 정하여 고시하는 사태

5 해양안전심판원의 조직 및 운영

(1) 심판원의 조직
① 심판원은 중앙해양안전심판원(이하 "중앙심판원"이라 한다)과 지방해양안전심판원(이하 "지방심판원"이라 한다)의 2종으로 한다.
② 각급 심판원에 원장 1명과 대통령령으로 정하는 수의 심판관을 둔다.
③ 중앙심판원의 조직과 지방심판원의 명칭·조직 및 관할구역은 대통령령으로 정한다.

(2) 심판원장 및 심판관의 직무

① 중앙심판원장의 직무
㉠ 중앙심판원의 일반사무를 관장하며, 소속 직원을 지휘·감독한다.
㉡ 중앙심판원의 심판부를 구성하고 심판관 중에서 심판장을 지명한다. 다만, 특히 중요한 사건에 대하여는 스스로 심판장이 될 수 있다.
㉢ 지방심판원의 일반사무를 지휘·감독한다.
㉣ 각급 심판원의 심판관에 결원이 생기거나 그 밖의 부득이한 사유가 있을 때에는 중앙심판원의 심판관은 지방심판원장으로, 지방심판원의 심판관은 다른 지방심판원의 심판관으로 하여금 심판관의 직무를 하게 할 수 있다.

② 지방심판원장의 직무
㉠ 해당 지방심판원의 일반사무를 관장하며, 소속 직원을 지휘·감독한다.
㉡ 해당 지방심판원의 심판부를 구성하고 심판장이 된다.

③ 심판관의 신분 및 임기
㉠ 심판원장과 심판관은 일반직공무원으로서「국가공무원법」제26조의5에 따른 임기제공무원으로 한다.
㉡ 심판원장과 심판관의 임기는 3년으로 하며, 연임할 수 있다.
㉢ 심판원장과 심판관은 형의 선고, 징계처분 또는 법에 의하지 아니하고는 그 의사에 반하여 면직·감봉이나 그 밖의 불리한 처분을 받지 아니한다.
㉣ 심판원장과 심판관의 임용요건, 임용절차, 근무상한연령 및 그 밖에 필요한 사항에 관하여 이 법에 특별한 규정이 없는 경우에는「국가공무원법」에 따른다.

④ 비상임심판관
㉠ 각급 심판원에 비상임심판관을 두되, 비상임심판관은 그 직무에 필요한 학식과 경험이 있는 사람 중에서 각급 심판원장이 위촉한다. 이 경우 지방심판원장은 중앙심판원장의 승인을 받아야 한다.
㉡ 비상임심판관은 해양사고의 원인규명이 특히 곤란한 사건의 심판에 참여한다.
㉢ 심판에 참여하는 비상임심판관의 직무와 권한은 심판관과 같다.
㉣ 각급 심판원장은 비상임심판관이 다음 각 호의 어느 하나에 해당하는 경우에는 비상임심판관을 해촉할 수 있다. 이 경우 지방심판원장은 중앙심판원장의 승인을 받아야 한다.

(3) 조사관의 직무

수석조사관과 조사관은 해양사고의 조사, 심판의 청구, 재결의 집행, 그 밖에 대통령령으로 정하는 사무를 담당한다.

> 💡 대통령령으로 정하는 조사관의 사무
>
> **제17조의3(조사관의 사무)** 법 제17조에서 "대통령령으로 정하는 사무"란 다음 각 호의 사무를 말한다.
> 1. 해양사고 통계의 종합·분석
> 2. 해양사고 사건의 현장검증
> 3. 해양사고에 대한 국제공조
> 4. 해양사고 법규자료의 수집에 관한 사항

> 💡 특별조사부의 구성
>
> ① 특별조사부의 구성이 필요한 사고
> 중앙수석조사관은 다음 각 호의 어느 하나에 해당하는 해양사고로서 심판청구를 위한 조사와는 별도로 해양사고를 방지하기 위하여 특별한 조사가 필요하다고 인정하는 경우에는 특별조사부를 구성할 수 있다.
> 1. 사람이 사망한 해양사고
> 2. 선박 또는 그 밖의 시설이 본래의 기능을 상실하는 등 피해가 매우 큰 해양사고
> 3. 기름 등의 유출로 심각한 해양오염을 일으킨 해양사고
> 4. 제1호부터 제3호까지에서 규정한 해양사고 외에 해양사고 조사에 국제협력이 필요한 해양사고 및 준해양사고
>
> ② 특별조사부의 구성
> 제1항에 따른 특별조사부(이하 "특별조사부"라 한다)는 다음 각 호의 어느 하나에 해당하는 사람 10명 이내로 구성하되, 특별조사부의 장은 조사관 중에서 중앙수석조사관이 지명하는 사람으로 한다. 다만, 특히 중요한 사건에 대하여는 중앙수석조사관이 스스로 특별조사부의 장이 될 수 있다.
> 1. 조사관(수석조사관을 포함한다. 이하 같다)
> 2. 해양사고와 관련된 관계 기관의 공무원
> 3. 해양사고 관련 전문가
>
> ③ 조사보고서의 작성
> 특별조사부의 장은 조사가 끝난 후 10일 이내에 조사보고서를 작성하여 해양수산부장관 및 중앙수석조사관에게 제출하고, 이를 제출받은 중앙수석조사관은 그 보고서를 관계 행정기관의 장 및 국제해사기구에 송부(해양사고의 조사 및 심판과 관련하여 국제적으로 발효된 국제협약에 따른 보고대상 해양사고만 해당한다)하여야 한다.
>
> ④ 조사보고서의 공표
> 중앙수석조사관은 제3항에 따른 조사보고서를 공표하여야 한다. 다만, 국가의 안전보장이 침해될 우려가 있는 경우에는 그러하지 아니하다.
>
> ⑤ 사고의 재조사
> 중앙수석조사관은 특별조사부의 해양사고 조사가 종료된 후에 그 해양사고 조사 결과를 변경시킬 수 있을 정도의 중요한 증거가 발견된 경우에는 해당 해양사고를 다시 조사할 수 있다.
>
> ⑥ 법적 독립성
> 특별조사부의 해양사고 조사는 민형사상 책임과 관련된 사법절차, 심판청구를 위한 조사 절차 및 행정처분절차 또는 행정쟁송절차와 분리하여 독립적으로 수행되어야 하며, 특별조사부의 조사관에 대하여는 제18조 및 제18조의2를 적용하지 아니한다.
>
> ⑦ 정보의 공개
> 특별조사부의 해양사고 조사과정에서 얻은 정보는 공개한다. 다만, 해당 해양사고 조사나 장래의 해양사

고 조사에 부정적 영향을 줄 수 있거나, 국가의 안전보장 또는 개인의 사생활이 침해될 우려가 있는 정보로서 대통령령으로 정하는 정보는 공개하지 아니할 수 있다.
⑧ 해양사고의 조사절차, 조사보고서의 작성방법 등 특별조사부의 운영에 필요한 사항은 해양수산부령으로 정한다.

특별심판부의 구성

① 지방심판원 특별조사부
중앙심판원장은 다음 각 호의 어느 하나에 해당하는 해양사고 중 그 원인규명에 고도의 전문성이 필요하다고 인정할 때에는 그 사건을 관할하는 지방심판원에 특별심판부를 구성할 수 있다.
1. 10명 이상이 사망하거나 부상당한 해양사고
2. 선박이나 그 밖의 시설의 피해가 현저히 큰 해양사고
3. 기름 등의 유출로 심각한 해양오염을 일으킨 해양사고
② 제1항에 따른 특별심판부는 해당 해양사고의 원인규명에 전문지식을 가진 심판관 2명과 그 사건을 관할하는 지방심판원장으로 구성하되, 지방심판원장이 심판장이 된다.

실전예상문제

01 해양사고심판법에서 중대사고로 규정하고 있는 내용으로 옳지 않은 것은?

① 10명 이상의 사망자 또는 실종자가 생긴 경우(단, 원인이 간명한 경우는 제외)
② 여객선의 해양사고 : 여객의 사망 또는 실종 또는 5명 이상이 중상을 입은 경우(단, 원인이 간명한 경우는 제외)
③ 총톤수 1,500톤 이상의 선박이 전손된 경우(단, 원인이 간명한 경우는 제외)
④ 심각한 해양오염을 일으킨 경우

해설 중대해양사고(해양안전심판원)
㉠ 10명 이상의 사망자 또는 실종자가 생긴 경우(단, 원인이 간명한 경우는 제외)
㉡ 여객선의 해양사고 : 여객의 사망 또는 실종 또는 5명 이상이 중상을 입은 경우(단, 원인이 간명한 경우는 제외)
㉢ 총톤수 1,600톤 이상의 선박이 전손된 경우(단, 원인이 간명한 경우는 제외)
㉣ 위험물에 의한 폭발 또는 화재로 선박의 손상이 중대한 것
㉤ 심각한 해양오염을 일으킨 경우(예 기름의 유출 등)
㉥ 원인이 복잡하여 그 해명에 감정이 필요하거나 해양사고방지상 특히 필요하다고 인정되는 것
㉦ 기타 사회적으로 심한 물의를 일으키거나 특별심판부의 구성이 예견되는 경우

02 해양사고심판법상 준해양사고로 분류되지 않는 것은?

① 항해 중 운항 부주의로 다른 선박에 근접하여 충돌할 상황이 발생하였으나 가까스로 피한 사태
② 입·출항 중 항로를 이탈하거나 예정된 항로를 이탈하여 좌초될 상황이 발생하였으나 가까스로 안전한 수역으로 피한 사태
③ 화물을 싣거나 묶고 고정시킨 상태가 불량한 사유 등으로 선체가 기울어져 뒤집히거나 침몰할 상황이 발생하였으나 손해가 경미한 경우
④ 해양오염설비의 조작 부주의 등으로 오염물질이 해양에 배출될 상황이 발생하였으나 가까스로 배출되지 아니하도록 조치한 사태

해설 준해양사고(해양사고심판법)
"준해양사고"란 선박의 구조·설비 또는 운용과 관련하여 시정 또는 개선되지 아니하면 선박과 사람의 안전 및 해양환경 등에 위해를 끼칠 수 있는 사태로서 다음 각 호의 사고를 말한다.
㉠ 항해 중 운항 부주의로 다른 선박에 근접하여 충돌할 상황이 발생하였으나 가까스로 피한 사태
㉡ 항로 내에서의 정박 중 다른 선박에 근접하여 충돌할 상황이 발생하였으나 가까스로 피한 사태
㉢ 입·출항 중 항로를 이탈하거나 예정된 항로를 이탈하여 좌초될 상황이 발생하였으나 가까스로 안전한 수역으로 피한 사태
㉣ 화물을 싣거나 묶고 고정시킨 상태가 불량한 사유 등으로 선체가 기울어져 뒤집히거나 침몰할 상황이 발생하였으나 가까스로 피한 사태
㉤ 전기설비의 상태 불량 등으로 화재가 발생할 상황이었으나 가까스로 화재가 나지 아니하도록 조치한 사태
㉥ 해양오염설비의 조작 부주의 등으로 오염물질이 해양에 배출될 상황이 발생하였으나 가까스로 배출되지 아니하도록 조치한 사태
㉦ 그 밖에 제1호부터 제6호까지의 사태와 유사한 사태로서 해양수산부장관이 정하여 고시하는 사태

01. ③　02. ③

CHAPTER 6 해양관할권 및 항행권

1 해양관할권

(1) 관할해역

연안국이 주권, 주권적 권리 또는 배타적 관할권을 행사하는 해역으로 관할해역에는 내수, 영해, 접속수역, 배타적 경제수역, 대륙붕 등이 있다. 해양관할권의 구분은 영해의 폭을 측정하는 기선에 의해 구분된다.

(2) 유엔해양법협약(UNCLOS)

① 개요

해양법에 관한 유엔 협약(영어: United Nations Convention on the Law of the Sea, UNCLOS)은 제3차 해양법에 관한 유엔 회의(UNCLOS-III, 1973년~1982년)의 결과 1982년 채택된 국제 협약이다. 바다와 그 부산 자원을 개발·이용·조사하려는 나라의 권리와 책임, 바다 생태계의 보전, 해양과 관련된 기술의 개발 및 이전, 해양과 관련된 분쟁의 조정 절차 등을 320개의 조항에 걸쳐 규정하고 있다. 세계 각국 해양법의 기준이 되는 협약이기에 흔히 국제 해양법이라고도 불린다. 해양생물·광물·에너지 등을 개발하여 자원을 얻을 수 있으며, '국제해저기구'의 설립을 통해 막대한 자본과 시설이 필요해 선진국들의 전유물로만 여겨졌던 심해저 자원개발에 개발도상국들도 참여할 수 있게 되었다.
대한민국은 1983년 3월 14일 정부의 서명 이후 국회에서 1996년 1월 29일 이를 비준함으로써 여든넷째 회원국이 되었다.(발효 시점은 1996년 2월부터)

② 주요내용

㉠ 영해 : 기선으로부터 12해리
㉡ 접속수역 : 기선으로부터 24해리
㉢ 배타적경제수역 : 기선으로부터 200해리
㉣ 대륙붕 : 영해 밖으로 육지영토의 자연적 연장에 따라 대륙변계의 바깥끝까지 또는 대륙변계의 바깥끝이 200해리에 미치지 않는 경우 200해리까지의 해저지역의 해저와 하층토. 단, 대륙변계의 바깥끝이 200해리를 넘더라도 영해기선으로부터 350해리를 초과할 수 없다.
 ※ 대륙변계 : 해안에서 바다로 연장된 대륙 끝 부분

③ 해양관할권 구분

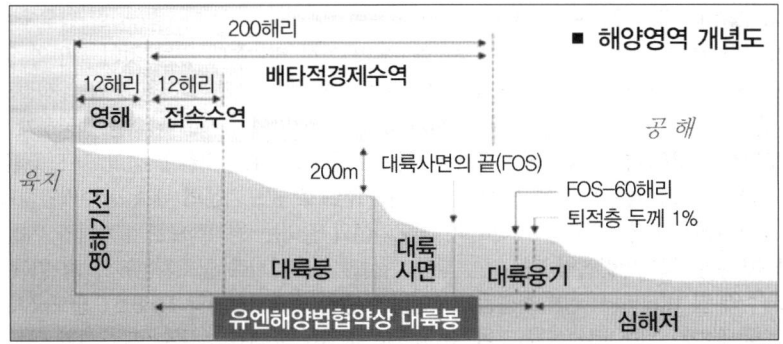

④ 영해

영토에 인접한 해역으로서 그 나라의 통치권이 미치는 바다를 영해라고 한다. 대부분의 나라들이 초기에는 영해를 3해리로 설정하였지만, 최근에는 수산 자원의 확보와 해저의 지하자원(석유, 가스 등)의 확보에 더 큰 의미를 두어 12해리(약 22km)의 범위 안에서 영해의 폭을 결정할 권리를 갖는 데 합의하였다.

㉠ **기선에서 12해리로 규정**
  ※ 기선 : 영해는 해안을 따라 일정의 폭을 갖는 띠 모양의 영역이기 때문에 그 범위는 바다에 면한 거리에 의해 결정된다. 이 영해의 바깥쪽의 한계를 측정하기 위한 기초가 되는 선을 기선(基線)이라고 한다.

㉡ **통상기선** : 영해(領海)의 범위를 설정하는 데 있어 최저 조위선인 해안선을 기준으로 삼는 기선.

㉢ **직선기선** : 해안선의 굴곡이 심하거나, 해안에 암초나 도서가 많이 모여 있을 때는 일반적인 '통상 기선'이 부적당하다. 이때 최원방의 도서나 암초의 최외측점을 직선으로 연결하여 기선으로 사용하는 데 이를 직선기선이라 한다.

㉣ 영해 내에서는 우리나라의 모든 주권행사가 가능하며, 외국적선박의 경우 "무해통항권"을 갖는다.

> 💡 **기선**
>
> 기선은 접속수역, 배타적 경제수역 및 대륙붕의 한계를 측정하기 위해서도 필요하다. 여기에는
> 1. 통상(通常)기선([영어] normal baseline),
> 2. 직선기선([영어] straight baseline),
> 3. 군도(群島)기선([영어] archipelagic baseline)이 있다.
>
> 1. **통상기선**은 연안국이 공인하는 대축척(大縮尺) 해도(海圖)에 기재되어 있는 해안의 저조선(低潮線)으로 한다(해양법에 관한 국제연합협약 제5조).
> 2. **직선기선**은 해안선이 현저하게 구부러져 있거나 해안을 따라 근거리에 일련의 섬이 있는 장소에 이용되는 기선이며 해안선의 돌출부 또는 섬 등의 적당한 지점을 연결한 직선으로 해안의 일반적인 방향에서 현저하게 떨어져서는 안되며, 또한 그 안쪽의 수역은 내수로서의 규제를 받기 때문에 육지와 밀접한 관련을 가져야 한다(해양법에 관한 국제연합협약 제7조). 직선기선은 1958년의 영해와 접속수역에 관한 협약에 규정되었다.
> 하구의 경우에는 하구를 횡단하는 직선이 기선이 된다. 만(灣)의 경우에는 단일의 국가에 속하는 만에 있어서, 거리는 만구(灣口)의 폭과 대비에 있어서 충분히 깊은 명백한 만입으로 그 면적이 만구에 그어진 직선을 직경으로 하는 반원의 면적 이상의 것을 국제법상의 만이라고 한다. 이러한 만에 대해서 만

구가 24해리 이하일 때는 입구의 폐쇄선이 기선이 된다. 만구가 24해리 이상일 때는 24해리의 직선기선이 그것에 의해 최대의 수역을 둘러싼 것처럼 만내에 그어진다. 항(港)의 경우에는 항만시설의 불가분의 일부를 이루는 항구적인 항만공작물로부터 가장 바깥쪽에 있는 것이 해안의 일부를 구성하는 것으로 볼 수 있다. 연안국은 다른 조건에 적합하도록 하기 위해 이러한 방법을 적절하게 이용하여 기선을 결정할 수 있다. 또한 연안국은 직선기선, 하구 및 만의 기선의 위치를 적당하게 공표해야 한다.

3. **군도기선**은 군도(群島) 국가에 인정된 기선으로 군도의 가장 외측의 섬과 저조(低潮)시에 수면상에 있는 암석의 가장 외측의 점을 연결한 직선의 기선으로 군도기선의 내측의 수역면적과 육지면적의 비율이 1대 1에서 9대 1까지의 사이이며, 군도기선의 길이는 원칙적으로 100해리 이하가 되어야 한다(해양법에 관한 국제연합협약 제47조). 다른 기선과 마찬가지로 군도기선에 의해 영해, 접속수역, 배타적 경제수역 및 대륙붕의 폭이 측정된다(해양법에 관한 국제연합협약 제48조). 군도국가는 각 섬의 내수의 경계를 정하기 위해 폐쇄선을 그을 수 있으며 폐쇄선의 내측이 내수, 폐쇄선과 군도기선간이 군도수역이 된다(해양법에 관한 국제연합협약 제49, 50조). 인도네시아, 필리핀이 오랫동안 주장하여 해양법에 관한 국제연합협약으로 정식 채용되어 국제사회에 승인되었다.

통상기선과 직선기선의 내측의 수역은 내수(內水)를 구성하지만 군도기선에 의해 둘러싸인 수역중 하구, 만 또는 항에 준하여 그어진 폐쇄선의 외측의 수역은 내수가 아니라 군도국의 주권이 미치지만 외국선박의 무해(無害) 통항 등이 인정되는 군도수역([영어] archipelagic waters)을 구성한다(해양법에 관한 국제연합협약 제49, 50, 52조). 직선기선의 채용에 있어서는 요건을 만족하고 있는지 아닌지가 문제가 되며, 영국·노르웨이간의 어업사건이 유명하지만 해양법에 관한 국제연합협약 비준 후 일본이 일부 해역에서 채용한 직선기선에 대해서 한국은 반대하였다.

(21세기 정치학대사전, 정치학대사전편찬위원회)

무해통항권

국제법상, 선박이 연안국의 평화·질서 또는 안전을 해치는 일 없이 그 영해를 통항(通航)할 수 있는 권리. 무해항행권이라고도 한다. 영해는 국가영역의 일부이기 때문에 원래는 국가가 배타적으로 권한을 행사할 수 있으나, 영해는 공해와 접속하는 해상교통의 통로이므로 공동이익을 위하여 항행의 자유를 확보할 필요가 있기 때문에 이런 제도가 인정되었다.

선박은 통행할 수 있을 뿐이고, 불가항력이나 해난 등 불가피한 경우 이외에는 영해 내에서의 정선과 투묘(投錨), 어업이나 연안운수 등 행위를 할 수 없다. 잠수함은 부상(浮上)하여 통행하지 않으면 안 된다.

연안국은 영해의 무해통항을 방해해서는 안 되며, 영해 내에서의 항행상의 위험에 관하여 알고 있는 것은 적절히 공시(公示)할 의무가 있다. 동시에 유해한 통항을 방지하기 위하여 필요한 조치를 취할 권리를 가지며, 그 영해 내의 특정구역에 있어서 외국선박의 무해통항을 일시적으로 정지할 수도 있다.

한편 무해통항권을 행사하는 외국선박은 연안국의 법령, 특히 운송 및 항행에 관한 법령에 따라야 한다. 군함이 타국영해 내의 무해통항권을 가지는가의 여부에 관해서는 논쟁(論爭)의 여지가 있다. 일반적으로는 인정하고 있지 않으나, 공해와 공해를 연결하는 해협(海峽)으로서 국제통항에 불가결한 지역에 있어서는 무해통항권이 인정되고 있다.

한국은 정전(停戰) 상태에 있는 북한에 대해서는 무해통행권을 인정하지 않고 있다.

(두산백과 두피디아)

접속수역

영해 밖에 접속한 일정지역의 수역(水域)에서 연안국이 자국(自國)의 영토에서 갖는 관세, 재정, 출입국관리 또는 보건에 관한 권익의 침해를 방지하기 위하여 설치한 수역.

배타적경제수역

자국 연안으로부터 200해리까지의 모든 자원에 대해 독점적 권리를 행사할 수 있는 유엔 국제해양법상의 수역.

💡 통과통항권

모든 선박·항공기가 국제해협에서 갖는 권리(해양법에 관한 국제연합협약 제38조 1항)로 통과 통항이라는 것은 선박의 항행 및 항공기의 상공 비행의 자유가 계속적 그리고 신속한 통과를 위해서만 행사되는 것을 말한다. (해양법에 관한 국제연합협약 제38조 2항).

💡 필리핀 군도 항로 통항

1. 필리핀 군도에서 임의적인 국제 통행을 방지
2. 외국 선박과 항공기가 군도수역과 인접 영해를 통과하고 상공을 지속적이고 신속하게 통과하는 데 적합한 항로와 항공로를 지정하는 좌표를 제공
3. 외국선박이나 항공기는 지정된 군도 해도에서 25해리 이상 벗어나 통항할 수 없고, 신속한 통항 외에 정선 등 다른 행위가 허용되지 않는다.

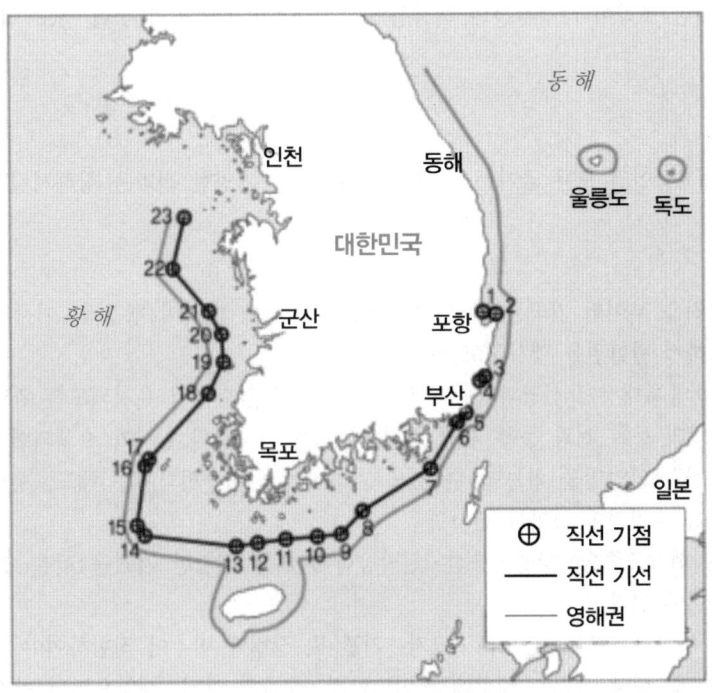

[우리나라의 영해 기선도]

2 가항수역(NAVIGABLE Waters)

(1) 공해자유의 원칙

1958년 제네바해양법회의에서 채택된 공해에 관한 조약에 규정된 국제법상의 원칙으로, 국제법상 어느 국가의 영역에도 속하지 않으며, 어느 국가도 배타적으로 지배할 수 없는 해역인 공해는 자유라는 원칙을 말한다. 공해는 광대하여 실효적 점유가 곤란하며, 또 타국가의 사용을 방해하지 않더라도 각 국가는 이를 사용할 수 있다는 부차적 이유도 있으나, 공해는 국제교통의 불가결한 통로이므로 이를 위해 공해자유의 원칙이 필요한 것이다.

공해사용의 자유는 선박항행·어업·해저전선 부설·상공 비행·군사연습의 자유 등을 포함하며, 사용목적이 한정되어 있지 않으나, 다른 나라의 이익을 합리적으로 고려해야 한다는 조건이 전제되고 있다.

(법률용어사전, 2023. 01. 15., 이병태)

(2) 공해의 범위

① 국제법상 어느 나라의 영역에도 속하지 않고 모든 국가에 개방되어 있다.
② 공공(公共)의 바다라는 의미로 특정 나라에 속하지 않아 세계 어느 나라에게도 개방이 되어 있는 바다의 영역을 말한다.
③ 공해의 질서는 각국의 자국선(선내의 모든 사람과 물건을 포함)에 대한 관할권 행사를 기본으로 하고, 관습법과 조약에 따르는 외국선에 대한 관할권행사(해적진압·국기심사·노예매매금지·어업규제·해저전선 보호·해수오염방지 등)에 의하여 유지된다. 또한 선박충돌·해난구조·인명안전 등에 관한 조약이나 정부간의 해사협의기관(海事協議機關)의 설립 등도 해당될 수 있다.

(두산백과 두피디아)

(3) 항해의 권리

연안국이건 내륙국이건 모든 국가는 공해에서 자국기를 게양한 선박을 항해시킬 권리를 가진다.

(4) 기국의 의무

① 선박에 국적을 부여한 기국은 자국기를 게양한 선박에 대하여 행정적·기술적·사회적 사항에 대하여 유효하게 관할권을 행사하고 통제하여야 한다.
② 기국은 선박등록대장에 선명과 세부사항을 등록하고 감항성이 유지되도록 관리하여야 한다.
③ **검사** : 선박의 등록 전과 등록 후에 자격있는 선박검사원의 감사가 수행되어야 한다.
④ 선박 건조시 해양안전을 확보할 수 있도록 하여야 하며, 선박에는 해도, 항행간행물, 항해장비와 항해 도구가 비치되어 있어야 한다.
⑤ 각 선박은 선박조종술·항행·통신·선박공학에 대한 적합한 자격을 갖춘 선장과 사관의 책임하에 운영되어야 한다.
⑥ 선원은 그 자격과 인원수가 형태·크기·기관 및 장비에 비추어 적합하여야 한다.
⑦ 선장·사관 및 해당 선원은 해상에서 인명안전, 충돌의 방지, 해양오염의 방지·경감·통제 및 무선통신의 유지와 관련하여 적용 가능한 국제규칙을 완전히 숙지하고 준수하여야 한다.
⑧ 기국은 선원 배승, 근로조건 및 훈련에 적용 가능한 국제적 기준을 고려하여야 한다.
⑨ 공해상에서 해양사고가 발생한 경우 자격을 갖춘 조사관이 참여하여 조사하고, 기국이 아닌 관련 국가는 조사실시에 협조하여야 한다.
⑩ 각국은 일반적으로 수락된 국제적인 규제 조치, 절차 및 관행을 따르고 이를 준수하기 위하여 필요한 조치를 하여야 한다.

CHAPTER 6 실전예상문제

01 유엔해양법협약상 대한민국이 채택한 관할권의 기준으로 옳지 않은 것은?

① 영해 : 기선으로부터 12해리
② 접속수역 : 기선으로부터 100해리
③ 배타적경제수역 : 기선으로부터 200해리
④ 대륙붕 : 영해 밖으로 육지영토의 자연적 연장에 따라 대륙변계의 바깥끝까지

해설 대한민국 관할권의 주요내용
㉠ 영해 : 기선으로부터 12해리
㉡ 접속수역 : 기선으로부터 24해리
㉢ 배타적경제수역 : 기선으로부터 200해리
㉣ 대륙붕 : 영해 밖으로 육지영토의 자연적 연장에 따라 대륙변계의 바깥끝까지 또는 대륙변계의 바깥끝이 200해리에 미치지 않는 경우 200해리까지의 해저지역의 해저와 하층토. 단, 대륙변계의 바깥끝이 200해리를 넘더라도 영해기선으로부터 350해리를 초과할 수 없다.
※ 대륙변계 : 해안에서 바다로 연장된 대륙 끝 부분

02 해안선이 현저하게 구부러져 있거나 해안을 따라 근거리에 일련의 섬이 있는 장소에 이용되는 기선이며 해안선의 돌출부 또는 섬 등의 적당한 지점을 연결한 기선의 이름으로 옳은 것은?

① 통상기선
② 직선기선
③ 군도기선
④ 내수기선

해설 직선기선
해안선이 현저하게 구부러져 있거나 해안을 따라 근거리에 일련의 섬이 있는 장소에 이용되는 기선이며 해안선의 돌출부 또는 섬 등의 적당한 지점을 연결한 직선으로 해안의 일반적인 방향에서 현저하게 떨어져서는 안되며, 또한 그 안쪽의 수역은 내수로서의 규제를 받기 때문에 육지와 밀접한 관련을 가져야 한다(해양법에 관한 국제연합협약 제7조). 직선기선은 1958년의 영해와 접속수역에 관한 협약에 규정되었다.

03 가항수역에서 "기국의 의무" 중 다음 기술이 옳지 않은 것은?

① 선박에 국적을 부여한 기국은 자국기를 게양한 선박에 대하여 행정적·기술적·사회적 사항에 대하여 유효하게 관할권을 행사하고 통제하여야 한다.
② 선박 건조시 해양안전을 확보할 수 있도록 하여야 하며, 선박에는 해도, 항행간행물, 항해장비와 항해 도구가 비치되어 있어야 한다.
③ 공해상에서 해양사고가 발생한 경우 자격을 갖춘 조사관이 참여하여 조사하고, 기국이 아닌 관련 국가는 조사실시에 협조하여야 한다.
④ 기국은 선원 배승, 근로조건 및 훈련에 적용 가능한 국내법을 제정하고 실시하여야 한다.

해설 기국의 의무
① 선박에 국적을 부여한 기국은 자국기를 게양한 선박에 대하여 행정적·기술적·사회적 사항에 대하여 유효하게 관할권을 행사하고 통제하여야 한다.
② 기국은 선박등록대장에 선명과 세부사항을 등록하고 감항성이 유지되도록 관리하여야 한다.
③ 검사 : 선박의 등록 전과 등록 후에 자격있는 선박검사원의 감사가 수행되어야 한다.
④ 선박 건조시 해양안전을 확보할 수 있도록 하여야 하며, 선박에는 해도, 항행간행물, 항해장비와 항해 도구가 비치되어 있어야 한다.
⑤ 각 선박은 선박조종술·항행·통신·선박공학에 대한 적합한 자격을 갖춘 선장과 사관의 책임하에 운영되어야 한다.

01. ② 02. ② 03. ④

⑥ 선원은 그 자격과 인원수가 형태·크기·기관 및 장비에 비추어 적합하여야 한다.
⑦ 선장·사관 및 해당 선원은 해상에서 인명안전, 충돌의 방지, 해양오염의 방지·경감·통제 및 무선통신의 유지와 관련하여 적용 가능한 국제 규칙을 완전히 숙지하고 준수하여야 한다.
⑧ 기국은 선원 배승, 근로조건 및 훈련에 적용 가능한 국제적 기준을 고려하여야 한다.
⑨ 공해상에서 해양사고가 발생한 경우 자격을 갖춘 조사관이 참여하여 조사하고, 기국이 아닌 관련 국가는 조사실시에 협조하여야 한다.
⑩ 각국은 일반적으로 수락된 국제적인 규제 조치, 절차 및 관행을 따르고 이를 준수하기 위하여 필요한 조치를 하여야 한다.

선박안전관리사 2급·3급 시험대비

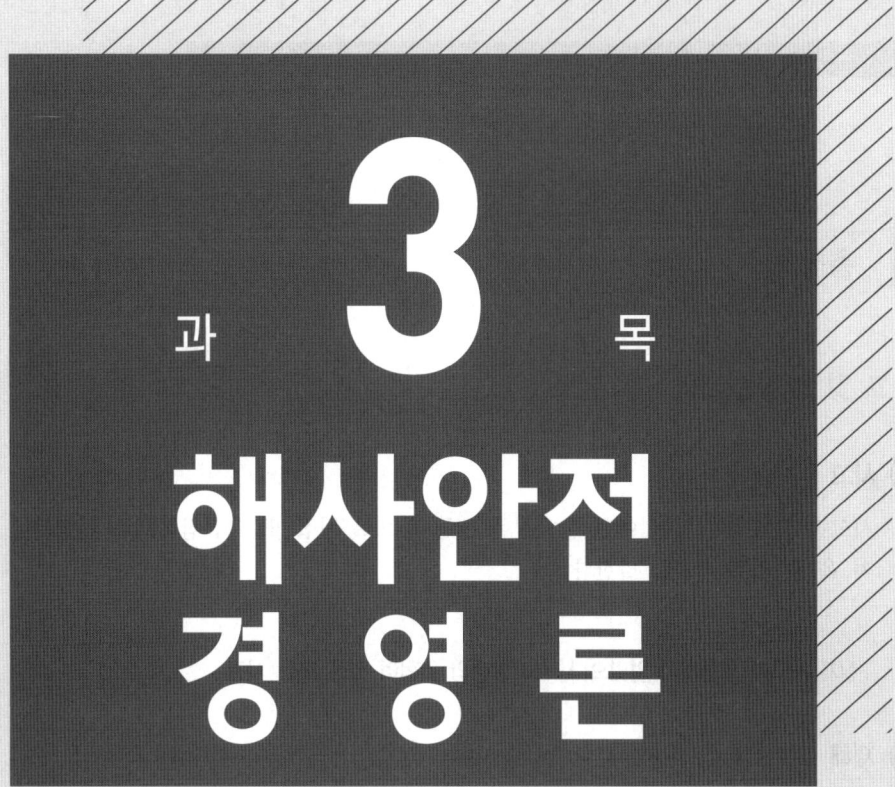

과목 3

해사안전 경영론

제1장 안전·보건의 개요
제2장 안전·보건 경영시스템
제3장 위험성 평가
제4장 안전·보건 관리체제

CHAPTER 1 안전·보건의 개요

01 총칙

1 사고 및 재해의 개념

(1) 사고

사고란 고의성이 없는 어떤 불안전한 행동 등으로 직접 또는 간접적으로 인명이나 재산상 손실을 가져 올 수 있는 사건을 말한다.

> 💡 **아차사고**
> 실제 사고가 발생하지 않았으나, 사고발생의 위험이 있는 모든 사건

(2) 재해

재해란 사고의 결과로 발생한 인명피해 및 재산상 손실을 말한다.

2 재해의 분류(발생형태별 분류)

분류	내용
추락	사람이 건축물, 사다리, 계단, 나무 등에서 떨어진 경우
전도	사람이 과속이나 미끄러짐 등으로 평면상으로 넘어진 경우
충돌	사람이 물체와 부딪힌 경우
협착	물체 사이에 끼임이나 물리는 경우
낙하, 비래	낙하는 물체가 떨어져 사람이 맞은 경우이며, 비래는 물체가 날라와서 사람이 맞은 경우
붕괴, 도괴	토사, 건축물, 적재물 등이 무너지는 경우
파열	용기 또는 장치가 물리적인 압력에 의하여 파열되는 경우
과도한 동작	무거운 물건을 들거나, 불량한 자세의 반복 등으로 인한 요통, 상해 등이 발생한 경우
화재	가연물이 점화원으로 인하여 발화가 된 경우
폭발	압력의 급격한 발생으로 폭음을 수반한 팽창이 일어난 경우
감전	전기의 접촉이나 방전 등으로 충격이 발생한 경우
이상온도 접촉	고온이나 저온에 접촉한 경우
유해물 접촉	유해물질의 접촉으로 질식 등이 발생한 경우

3 재해의 발생원인

(1) 직접 원인

① **인적 원인(불안전한 행동)**

- ㉠ 위험장소에 접근
- ㉡ 권한없는 조작행위
- ㉢ 안전장치의 기능제거
- ㉣ 불안전한 속도조작
- ㉤ 복장, 보호구의 미착용
- ㉥ 기계, 기구의 잘못 조작
- ㉦ 위험물취급 부주의
- ㉧ 불안전한 자세
- ㉨ 불안전한 상태의 방치

② **물적 원인(불안전한 상태)**

- ㉠ 기계 및 장비의 결함
- ㉡ 안전방호장치의 결함
- ㉢ 복장, 보호구의 결함
- ㉣ 부적절한 조명, 온도
- ㉤ 불안전한 설계
- ㉥ 위험한 배열 및 공정
- ㉦ 불량한 정리정돈
- ㉧ 작업순서의 잘못

(2) 간접 원인

① **기술적 원인**

- ㉠ 건물, 기계장치 설계불량
- ㉡ 부적절한 구조, 재료
- ㉢ 부적절한 생산공정
- ㉣ 점검 및 보존불량

② **교육적 원인**

- ㉠ 안전지식의 부족
- ㉡ 안전수칙의 불이해
- ㉢ 경험훈련의 미숙
- ㉣ 작업방법의 교육불충분
- ㉤ 불량한 작업습관

③ **관리적 원인**

- ㉠ 안전관리조직의 결함
- ㉡ 안전수칙의 미제정
- ㉢ 작업준비 불충분
- ㉣ 작업지시 부적당
- ㉤ 인원배치 부적당

④ **신체적 원인** : 각종 질병, 스트레스, 피로, 수면부족 등

⑤ **정신적 원인** : 불만, 초조, 긴장, 공포, 태만 등

> 💡 **산업재해 원인의 4M**
> ① Man(인적요인) : 동료나 상사, 직장의 인간관계, 리더십, 팀워크, 착오
> ② Media(작업원인) : 작업방법, 작업환경, 작업정보, 점검, 작업자세
> ③ Machine(설비원인) : 기계설비의 설계, 고장, 결함, 위험방호
> ④ Management(관리원인) : 법규준수, 단속·점검

4 휴먼 에러(Human Error)

(1) 의의

휴먼에러라 함은 인간이 수행하는 일련의 행동이나 행동군 중에서 수용 한계를 벗어난 행동, 즉 시스템의 정상적 기능을 위하여 정의된 인간의 행동 한계를 넘은, 감내할 수 없는 행동을 말한다.

(2) 분류

① **행동에러(slip)** : 자신이 의도한 대로 동작이나 행위가 이루어지지 않아 발생한 휴먼에러를 말한다.
② **기억검색에러(lapse)** : 자신의 기억 속에서 특정 정보를 끄집어내지 못하여 발생한 휴먼에러를 말한다.
③ **의사결정 에러(mistake)** : 상황에 맞는 판단을 하지 못하여 발생한 휴먼에러를 말한다.
④ **실행에러(commission error)** : 인간이 업무를 수행하는 도중, 업무를 수행하기는 했으나 정해진 바에 따라 올바로 수행하지 못하여 발생한 휴먼에러를 말한다.
⑤ **생략에러(ommission error)** : 인간이 업무를 수행하는 도중, 정해진 바에 따라 수행하여야 하는 행위를 수행하지 않아 발생한 휴먼에러를 말한다.

※ 출처 : 안전보건공단 기술지침(2016)

(3) 휴먼에러 발생원인

① **외적요인** : 환경특성, 작업시간과 휴식시간, 인원배치와 관리, 보수와 복지, 작업과 직무특성, 공간적 설비배치, 설비종류
② **내적요인** : 개인의 능력과 기술력, 지식수준, 개성 및 지능, 감정, 스트레스, 건강상태, 경력, 피로

(4) 휴먼에러 방지대책

① 인간과 설비·환경 측면을 동시에 병행하여 개선할 필요가 있다.
② 사업장에서 작업 직전에 위험요인 등의 모의 훈련을 실시할 필요가 있다.
③ 필수적 행동에 대한 예고 경보 등 경보시스템의 정비가 필요하다.
④ 안전의식 향상을 위한 소집단 형식의 활동이 필요하다.

5 하인리히(H.W.Heinrich)의 사고연쇄반응이론(도미노이론)

(1) 5단계 분류
① 1단계 : 사회적 환경과 유전적 요소
② 2단계 : 개인적 결함
③ 3단계 : 불안전한 행동 및 불안전한 상태
④ 4단계 : 사고
⑤ 5단계 : 재해

(2) 연쇄과정
사고발생은 선행요인에 의해서 발생하고 이들 요인이 겹쳐서 연쇄적으로 발생한다. 하인리히는 사고예방의 핵심문제로서 3단계인 불안전한 행동 및 불안전한 상태의 제거에 중점을 두어야 한다는 것을 강조한다.

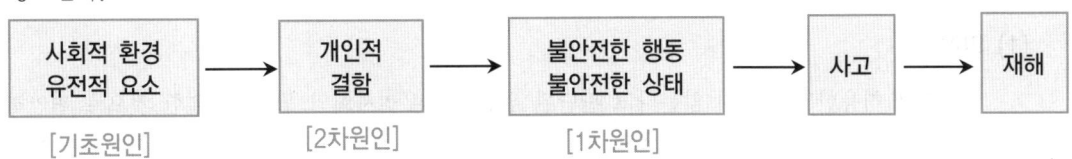

6 하인리히의 재해예방의 4원칙

(1) 손실우연의 원칙
재해손실은 사고가 발생할 당시 사고 대상의 조건에 따라 달라진다. 이러한 사고의 결과로서 생긴 재해손실은 우연성에 의하여 결정된다. 따라서 재해방지의 대상의 우연성에 의하여 좌우되는 손실의 방지보다는 사고발생 자체의 방지가 이루어져야 한다.

(2) 원인연계의 원칙
재해발생 즉, 사고는 필연적인 원인에 의하여 발생한다. 사고와 손실과의 관계는 우연적이지만 사고와 원인과의 관계는 필연적이다.

(3) 예방가능의 원칙
인재의 특징은 천재와 달리 예방하고자 한다면, 그 발생을 미연에 방지할 수 있다는 점에 있다. 따라서 모든 인재는 원인만 제거되면 원칙적으로 예방이 가능하다.

(4) 대책선정의 원칙
재해예방을 위한 안전대책으로서 기술(Engineering), 교육(Education), 규제(Enforcement)를 3E라 하며, 재해방지의 3기둥이라고 한다. 재해방지는 이 3기둥을 모두 활용하여야 하고 그 발전순위도 기술, 교육, 규제의 순서에 의한다.

① **기술적 대책(공학적 대책)** : 안전설계, 안전기준의 설정, 환경설비의 개선, 시설점검과 보전 등을 실시한다.
② **교육적 대책** : 산업계뿐만 아니라 학교 등 조직적인 교육기관에서 안전교육과 훈련을 실시한다.
③ **규제적 대책(관리적 대책)** : 법률규정에 의한 규제, 안전지침, 작업기준 등 엄격한 규칙에 의하여 제도적으로 관리대책을 시행하여야 한다. 이를 위해서는 다음과 같은 조건이 충족되어야 한다.

> • 적합한 기준의 설정
> • 엄격한 규칙의 준수
> • 모든 종업원의 기준이해
> • 경영자 및 관리자의 솔선수범
> • 계속적인 동기부여와 사기 증대

7 안전, 보건 등

(1) 안전

안전이란 허용한도를 넘지 않는다고 판단된 위험, 즉 우리사회의 필수불가결한 것으로 편안하고 안전한 상태를 말한다.

(2) 보건

작업장에서 사용되는 물질이나 작업절차 등으로 인한 질병으로부터 사람들의 몸과 마음을 보호하는 것을 말한다.

(3) 안전관리 개념

① **안전관리** : 재해가 발생되지 않는 상태를 유지하기 위한 활동, 즉 재해로부터 인간의 생명과 재산을 보호하기 위한 계획적이고 체계적인 제반활동을 말한다.
② **실정법상 안전관리** : 재난이나 그 밖의 각종 사고로부터 사람의 생명·신체 및 재산의 안전을 확보하기 위하여 하는 모든 활동을 말한다(재난 및 안전관리 기본법 제3조).

02 안전보건 제도

1 산업안전보건법

(1) 목적

산업 안전 및 보건에 관한 기준을 확립하고 그 책임의 소재를 명확하게 하여 산업재해를 예방하고 쾌적한 작업환경을 조성함으로써 노무를 제공하는 사람의 안전 및 보건을 유지·증진함을 목적으로 한다.

(2) 용어정의

산업재해	노무를 제공하는 사람이 업무에 관계되는 건설물·설비·원재료·가스·증기·분진 등에 의하거나 작업 또는 그 밖의 업무로 인하여 사망 또는 부상하거나 질병에 걸리는 것
중대재해	산업재해 중 사망 등 재해 정도가 심하거나 다수의 재해자가 발생한 경우로서 다음의 재해를 말한다. ① 사망자가 1명 이상 발생한 재해 ② 3개월 이상의 요양이 필요한 부상자가 동시에 2명 이상 발생한 재해 ③ 부상자 또는 직업성 질병자가 동시에 10명 이상 발생한 재해
안전보건 진단	산업재해를 예방하기 위하여 잠재적 위험성을 발견하고 그 개선대책을 수립할 목적으로 조사·평가하는 것

(3) 안전조치

① 사업주는 다음에 해당하는 위험으로 인한 산업재해를 예방하기 위하여 필요한 조치를 하여야 한다.

  ㉠ 기계·기구, 그 밖의 설비에 의한 위험
  ㉡ 폭발성, 발화성 및 인화성 물질 등에 의한 위험
  ㉢ 전기, 열, 그 밖의 에너지에 의한 위험
  ㉣ 굴착, 채석, 하역, 벌목, 운송, 조작, 운반, 해체, 중량물 취급, 그 밖의 작업을 할 때 불량한 작업방법 등에 의한 위험

② 사업주는 근로자가 다음의 장소에서 작업을 할 때 발생할 수 있는 산업재해를 예방하기 위하여 필요한 조치를 하여야 한다.

  ㉠ 근로자가 추락할 위험이 있는 장소
  ㉡ 토사·구축물 등이 붕괴할 우려가 있는 장소
  ㉢ 물체가 떨어지거나 날아올 위험이 있는 장소
  ㉣ 천재지변으로 인한 위험이 발생할 우려가 있는 장소

(4) 보건조치

사업주는 다음의 건강장해를 예방하기 위하여 필요한 보건조치를 하여야 한다.

① 원재료·가스·증기·분진·흄·미스트·산소결핍·병원체 등에 의한 건강장해

> 💡 **흄(fume)** : 열이나 화학반응에 의하여 형성된 고체증기가 응축되어 생긴 미세입자
> 💡 **미스트(mist)** : 공기 중에 떠다니는 작은 액체방울

② 방사선·유해광선·고온·저온·초음파·소음·진동·이상기압 등에 의한 건강장해
③ 사업장에서 배출되는 기체·액체 또는 찌꺼기 등에 의한 건강장해
④ 계측감시, 컴퓨터 단말기 조작, 정밀공작 등의 작업에 의한 건강장해
⑤ 단순반복작업 또는 인체에 과도한 부담을 주는 작업에 의한 건강장해
⑥ 환기·채광·조명·보온·방습·청결 등의 적정기준을 유지하지 아니하여 발생하는 건강장해
⑦ 폭염·한파에 장시간 작업함에 따라 발생하는 건강장해

> 💡 소음 [산업안전보건기준에 관한 규칙 제512조]

1. 소음작업
   1일 8시간 작업을 기준으로 85 데시벨 이상의 소음이 발생하는 작업

2. 강렬한 소음작업 기준

1일 발생시간	소음기준 (dB 이상)
8시간 이상	90 데시벨 이상
4시간 이상	95 데시벨 이상
2시간 이상	100 데시벨 이상
1시간 이상	105 데시벨 이상
30분 이상	110 데시벨 이상
15분 이상	115 데시벨 이상

3. 충격소음작업 기준
   소음이 1초 이상의 간격으로 발생하는 작업으로서 다음에 해당하는 작업

1일 발생횟수	소음 기준
1만회 이상	120 데시벨 초과
1천회 이상	130 데시벨 초과
1백회 이상	140 데시벨 초과

(5) 안전보건진단

① 고용노동부장관은 추락·붕괴, 화재·폭발, 유해하거나 위험한 물질의 누출 등 산업재해 발생의 위험이 현저히 높은 사업장의 사업주에게 안전보건진단기관이 실시하는 안전보건진단을 받을 것을 명할 수 있다.
② 사업주는 안전보건진단 명령을 받은 경우 15일 이내 안전보건진단기관에 안전보건진단을 의뢰하여야 한다.
③ 사업주는 안전보건진단기관이 실시하는 안전보건진단에 적극 협조하여야 하며, 정당한 사유 없이 이를 거부하거나 방해 또는 기피해서는 아니 된다. 이 경우 근로자대표가 요구할 때에는 해당 안전보건진단에 근로자대표를 참여시켜야 한다.
④ 안전보건진단기관은 안전보건진단을 실시한 경우에는 안전보건진단 결과보고서를 고용노동부령으로 정하는 바에 따라 해당 사업장의 사업주 및 고용노동부장관에게 제출하여야 한다.

(6) 유해하거나 위험한 기계·기구에 대한 방호조치

누구든지 동력으로 작동하는 다음에 해당하는 기계·기구는 다음의 방호조치를 하지 아니하고는 양도, 대여, 설치 또는 사용에 제공하거나 양도·대여의 목적으로 진열해서는 아니 된다.
① 작동 부분에 돌기 부분이 있는 것 : 돌기부분은 묻힘형으로 하거나 덮개를 부착할 것
② 동력전달 부분 또는 속도조절 부분이 있는 것 : 덮개를 부착하거나 방호망을 설치할 것
③ 회전기계에 물체 등이 말려 들어갈 부분이 있는 것 : 덮개 또는 울을 설치할 것

> 💡 기계의 위험점
1. **회전기계의 물림점** : 롤러나 톱니바퀴 등 반대방향의 두 회전체에 물려 들어가는 위험점
2. **회전기계의 말림점** : 회전하는 물체나 튀어나온 회전부위에 의해 장갑, 작업복 등이 말려 들어가는 위험점
3. **접선물림점** : 회전하는 부분의 접선방향으로 물려 들어가는 위험점
4. **협착점** : 왕복운동을 하는 동작부와 고정부 사이의 위치에 눌리는 위험점
5. **끼임점** : 고정부와 회전운동을 하는 동작부 사이의 위치에 끼이는 위험점
6. **절단점** : 회전운동을 하는 돌출부에서 발생하는 절단되는 위험점

2 중대재해 처벌 등에 관한 법률

(1) 목적

사업 또는 사업장, 공중이용시설 및 공중교통수단을 운영하거나 인체에 해로운 원료나 제조물을 취급하면서 안전·보건 조치의무를 위반하여 인명피해를 발생하게 한 사업주, 경영책임자, 공무원 및 법인의 처벌 등을 규정함으로써 중대재해를 예방하고 시민과 종사자의 생명과 신체를 보호함을 목적으로 한다.

(2) 용어정의

중대재해	중대산업재해와 중대시민재해를 말한다.
중대산업재해	산업안전보건법에 따른 산업재해 중 다음의 어느 하나에 해당하는 결과를 야기한 재해를 말한다. ① 사망자가 1명 이상 발생 ② 동일한 사고로 6개월 이상 치료가 필요한 부상자가 2명 이상 발생 ③ 동일한 유해요인으로 급성중독 등 대통령령으로 정하는 직업성 질병자가 1년 이내에 3명 이상 발생
중대시민재해	특정 원료 또는 제조물, 공중이용시설 또는 공중교통수단의 설계, 제조, 설치, 관리상의 결함을 원인으로 하여 발생한 재해로서 다음의 어느 하나에 해당하는 결과를 야기한 재해를 말한다. 다만, 중대산업재해에 해당하는 재해는 제외한다. ① 사망자가 1명 이상 발생 ② 동일한 사고로 2개월 이상 치료가 필요한 부상자가 10명 이상 발생 ③ 동일한 원인으로 3개월 이상 치료가 필요한 질병자가 10명 이상 발생

(3) 적용범위

상시 근로자가 5명 미만인 사업 또는 사업장의 사업주(개인사업주에 한정한다.) 또는 경영책임자 등에게는 중대산업재해의 규정을 적용하지 아니한다.

(4) 사업주와 경영책임자 등의 안전 및 보건 확보의무

사업주 또는 경영책임자 등은 종사자의 안전·보건상 유해 또는 위험을 방지하기 위하여 그 사업 또는 사업장의 특성 및 규모 등을 고려하여 다음에 따른 조치를 하여야 한다.

① 재해예방에 필요한 인력 및 예산 등 안전보건관리체계의 구축 및 그 이행에 관한 조치
② 재해 발생 시 재발방지 대책의 수립 및 그 이행에 관한 조치
③ 중앙행정기관·지방자치단체가 관계 법령에 따라 개선, 시정 등을 명한 사항의 이행에 관한 조치
④ 안전·보건 관계 법령에 따른 의무이행에 필요한 관리상의 조치

3 ILO 직업안전 및 보건협약(C155)

(1) 적용범위
① 공공부문을 포함한 모든 근로자들과 모든 경제활동에 적용된다.
② 협약비준 회원국은 근로자 및 사용자 단체와 협의하여 해상운송 또는 어업 등 그 성질상 특수문제가 발생하는 특정 경제활동부문에 대해서는 협약의 일부 또는 전부의 적용을 제외할 수 있다.

(2) 국가정책의 원칙
① 협약비준 회원국은 근로자 및 사용자 단체와 협의하여 산업안전과 산업보건, 작업환경에 관한 일관된 국가정책을 수립·시행하고 이를 정기적으로 재검토하여야 한다.
② 정책의 목표는 합리적으로 실행가능한 범위 내에서 작업환경에 내재하는 위험요인을 최소화함으로써 작업과정에서 발생하는 사고 및 상해를 예방하는 것이다.

(3) 국가차원의 조치
① 협약비준 회원국은 근로자 및 사용자 단체와 협의하여 국가정책을 이행하는데 필요한 조치에 관한 법령을 제정하여야 한다.
② 법령은 적합한 감독시스템에 의해 이행이 확보되어야 하고, 법령위반에 대한 제재조치도 포함되어야 한다.
③ 법령에는 사용자와 근로자가 법적의무를 준수하도록 도와주는 지원조치를 마련하여야 한다.
④ 산업안전보건 및 작업환경에 대한 교육을 실시하여야 하며, 모든 단계의 교육 및 훈련을 적용할 수 있는 조치를 마련하여야 한다.

(4) 기업차원의 조치
① 사용자는 실행가능한 범위 내에서 작업장, 기계류, 장비, 작업공정을 안전하고 보건상 위험이 없도록 하여야 한다.
② 사용자는 실행가능한 범위 내에서 화학적·물리적·생물학적 물질 및 인자에 대한 보호조치를 취하여 건강상 위험이 없도록 하여야 한다.
③ 사용자는 실행가능한 범위 내에서 사고의 위험이나 건강에 대한 부정적 영향을 예방하기 위한 방호복과 보호장비를 제공하여야 한다.
④ 기업은 적절한 응급조치를 포함하여 긴급사태 및 사고에 대응하기 위한 조치를 마련하여야 한다.

(5) 협약의 국내법 적용
협약의 후속이행으로 우리나라에서는 산업안전보건법이 관련법으로 제정되었다.

4 안전보건경영시스템(ISO 45001)

(1) 의의
직장 내 근로자의 안전과 보건을 위한 안전보건목표를 설정하고 이를 심사·인증하는 제도이다.

(2) 안전과 보건의 목표
① **의의** : 근로자의 업무 관련 부상 및 질병에 대한 예방 및 보호조치 등을 통하여 위험을 제거하고 위험을 최소화하여 안전하고 건강한 작업장을 제공하는 것이다.
② **안전보건방침** : 안전보건성과에 관한 조직의 원칙을 문서화하여 모든 구성원들이 이해하도록 한다.
③ **계획수립** : 조직의 활동 및 제품 등의 중요위험요소를 파악하여 반영한다.
④ **실행** : 위험요소를 조직의 구조상 적절히 관리하며 운영하는 단계이다.
⑤ **점검** : 방침이나 목표 등의 달성여부 및 적합성 등을 점검하고 필요한 시정조치를 강구하여야 한다.
⑥ **경영검토** : 안전보건경영시스템을 검토하고 그 성과를 평가하며 경영의 전반적인 부분을 검토한다.

(3) PDCA 사이클
① 안전보건경영시스템(ISO 45001)의 적용을 위한 가장 중요한 개념은 PDCA 사이클로 볼 수 있다.
② PDCA 사이클은 P(Plan : 계획) ⇨ D(Do : 실행) ⇨ C(Check : 평가) ⇨ A(Act : 행동)의 순서로 이루어 진다.
  ㉠ **계획(Plan)** : 목표를 설정하고 목표달성을 위한 구체적인 표준지침을 작성하는 과정으로 가장 중요한 절차이다.
  ㉡ **실행(Do)** : 계획된 대로 프로세스를 실행하는 과정으로서 실행결과에 대한 효율성 등을 검증하는 절차를 포함한다.
  ㉢ **평가(Check)** : 실행의 결과를 목표와 비교하여 달성가능성, 계획실행성 등을 점검하여 평가하는 단계이다.
  ㉣ **행동(Act)** : 평가단계에서 나타난 문제점을 수정하는 단계로서 이를 바탕으로 의도된 결과를 달성하기 위해 안전보건성과를 지속적으로 개선하기 위한 조치를 말한다.

실전예상문제

01 하인리히(H. W. Heinrich)의 「산업재해방지론」에서 제안한 재해 예방의 원칙에 대한 설명으로 옳지 않은 것은?

① 사고 결과로 발생하는 재해손실은 우연성에 의하여 결정된다.
② 손실의 방지보다는 사고 발생 자체의 방지가 우선되어야 한다.
③ 사고는 우연적 원인에 의해 일어난다.
④ 재해는 원칙적으로 원인이 제거되면 예방이 가능하다.

해설 ③ 손실은 우연적이지만, 사고는 필연적 원인에 의해 일어난다.

02 다음 재해발생의 간접원인 중 관리적 원인이 아닌 것은?

① 기계장치의 결함
② 안전수칙의 불비
③ 부적절한 인원배치
④ 불명확한 작업지시

해설 ① 기계장치의 결함은 직접원인 중 물적원인(불안전한 상태)에 해당한다. 단, 기계장치의 설계불량은 간접원인 중 기술적 원인에 해당한다.

> 관리적 원인
> ㉠ 안전관리조직의 결함
> ㉡ 안전수칙의 미제정
> ㉢ 작업준비 불충분
> ㉣ 작업지시 부적당
> ㉤ 인원배치 부적당

03 다음 중 산업재해의 원인으로 간접적 원인에 해당되지 않는 것은?

① 기술적 원인
② 물적 원인
③ 관리적 원인
④ 교육적 원인

해설 ② 인적원인(불안전한 행동)과 물적원인(불안전한 상태)은 산업재해의 원인으로 직접적 원인에 해당한다. 간접적 원인은 기술적 원인, 교육적 원인, 관리적 원인, 신체적 원인, 정신적 원인이 있다.

04 다음 중 휴먼에러(Human Error)와 관련한 설명으로 옳지 않은 것은?

① 휴먼에러를 발생시키는 요인은 인적오류를 일으키는 요인들이다.
② 행동형성 요인은 외적요인과 내적요인으로 구분된다.
③ 작업과 직무특성은 행동형성 요인 중 내적요인이다.
④ 휴먼에러를 방지하기 위해서는 안전의식 향상을 위한 소집단 형식의 활동이 필요하다.

해설 ③ 작업과 직무특성은 행동형성 요인 중 외적요인에 해당한다.

> 휴먼에러 발생요인
> • 외적요인 : 환경특성, 작업시간과 휴식시간, 인원배치와 관리, 보수와 복지, 작업과 직무특성, 공간적 설비배치, 설비종류
> • 내적요인 : 개인의 능력과 기술력, 지식수준, 개성 및 지능, 감정, 스트레스, 건강상태, 경력, 피로

정답 01. ③ 02. ① 03. ② 04. ③

05 다음 중 하인리히의 재해예방을 위한 안전대책에 관한 설명으로 옳지 않은 것은?

① 재해예방을 위한 안전대책으로서 기술(Engineering), 교육(Education), 규제(Enforcement)를 3E라 하며, 재해방지의 3기둥이라고 한다.
② 재해방지는 이 3기둥을 모두 활용하여야 하고 그 발전순위도 기술, 교육, 규제의 순서에 의한다.
③ 안전설계, 안전기준의 설정, 환경설비의 개선, 시설점검과 보전 등을 규제적 대책(관리적 대책)이라 한다.
④ 산업계뿐만 아니라 학교 등 조직적인 교육기관에서 안전교육과 훈련을 실시하는 것을 교육적 대책이라 한다.

해설 ③ 기술적 대책(공학적 대책)에 대한 설명이다. 규제적 대책(관리적 대책)은 법률규정에 의한 규제, 안전지침, 작업기준 등 엄격한 규칙에 의하여 제도적으로 관리대책을 시행하는 것을 말한다.

06 휴먼에러(Human Error)에 관한 다음 설명 중 옳지 않은 것은?

① 휴먼에러는 시스템의 정상적 기능을 위하여 정의된 인간의 행동 한계를 넘은 행동을 말한다.
② 환경특성과 보수와 복지는 행동형성 요인 중 외적 요인이다.
③ 개인의 능력과 기술력, 지식수준, 개성 및 지능은 행동형성 요인 중 내적요인이다.
④ 의사결정 에러는 인간이 업무를 수행하는 도중, 업무를 수행하기는 했으나 정해진 바에 따라 올바로 수행하지 못하여 발생한 휴먼에러를 말한다.

해설 ④ 실행에러(commission error)를 말한다. 의사결정 에러(mistake)는 상황에 맞는 판단을 하지 못하여 발생한 휴먼에러를 말한다.

07 다음은 산업안전보건법상 중대재해에 대한 설명이다. ( )의 내용을 순서대로 옳은 것은?

> 산업재해 중 사망 등 재해 정도가 심하거나 다수의 재해자가 발생한 경우로서 다음의 재해를 말한다.
> • 사망자가 ( )명 이상 발생한 재해
> • 3개월 이상의 요양이 필요한 부상자가 동시에 ( )명 이상 발생한 재해
> • 부상자 또는 직업성 질병자가 동시에 ( )명 이상 발생한 재해

① 1, 2, 5
② 2, 3, 5
③ 1, 2, 10
④ 2, 3, 10

해설 ③ 산업안전보건법상 중대재해는 산업재해 중 사망 등 재해 정도가 심하거나 다수의 재해자가 발생한 경우로서 다음의 재해를 말한다.
• 사망자가 1명 이상 발생한 재해
• 3개월 이상의 요양이 필요한 부상자가 동시에 2명 이상 발생한 재해
• 부상자 또는 직업성 질병자가 동시에 10명 이상 발생한 재해

08 다음 중 중대재해 처벌 등에 관한 법률상 "중대시민재해"에 대한 설명으로 옳지 않은 것은?

① 특정 원료 또는 제조물, 공중이용시설 또는 공중교통수단의 설계, 제조, 설치, 관리상의 결함을 원인으로 하여 발생한 재해이다.
② 사망자가 1명 이상 발생한 재해이다.
③ 동일한 사고로 3개월 이상 치료가 필요한 부상자가 10명 이상 발생한 재해이다.
④ 동일한 원인으로 3개월 이상 치료가 필요한 질병자가 10명 이상 발생한 재해이다.

해설 ③ 중대재해 처벌 등에 관한 법률상 중대시민재해는 동일한 사고로 2개월 이상 치료가 필요한 부상자가 10명 이상 발생한 재해이다.
※ 중대재해 처벌 등에 관한 법률상 중대시민재해는 특정 원료 또는 제조물, 공중이용시설 또는 공중교통수단의 설계, 제조, 설치, 관리상의 결함을 원인으로 하여 발생한 재해로서 다음의 어느 하나에 해당하는 결과를 야기한 재해를 말한

다. 다만, 중대산업재해에 해당하는 재해는 제외한다.
- 1명 이상 발생
- 동일한 사고로 2개월 이상 치료가 필요한 부상자가 10명 이상 발생
- 동일한 원인으로 3개월 이상 치료가 필요한 질병자가 10명 이상 발생

09 다음 중 산업안전보건기준에 관한 규칙에 따른 소음에 대한 설명으로 옳지 않은 것은?

① 소음작업은 1일 8시간 작업을 기준으로 95데시벨 이상의 소음이 발생하는 작업을 말한다.
② 1일 2시간 이상 발생하는 소음기준이 100데시벨 이상인 경우는 강렬한 소음작업에 해당한다.
③ 1일 1시간 이상 발생하는 소음기준이 105데시벨 이상인 경우는 강렬한 소음작업에 해당한다.
④ 소음이 1초 이상의 간격으로 발생하는 작업으로서 1일 발생횟수가 1만회 이상이고 소음기준이 120데시벨을 초과하는 경우 충격소음작업에 해당한다.

해설 ① 소음작업은 1일 8시간 작업을 기준으로 85데시벨 이상의 소음이 발생하는 작업을 말한다.

10 기계위험점에 대한 다음의 내용이 가리키는 것은?

> 롤러나 톱니바퀴 등 반대방향의 두 회전체에 물려 들어가는 위험점

① 회전물림점　② 회전말림점
③ 접선물림점　④ 끼임점

해설 ① 회전물림점에 대한 설명이다.
② 회전말림점은 회전하는 물체나 튀어나온 회전부위에 의해 장갑, 작업복 등이 말려 들어가는 위험점을 말한다.
③ 접선물림점은 회전하는 부분의 접선방향으로 물려 들어가는 위험점을 말한다.
④ 끼임점은 고정부와 회전운동을 하는 동작부 사이의 위치에서 끼이는 위험점을 말한다.

11 다음 중 특수작업관리 시 밀폐공간과 관련한 설명으로 옳지 않은 것은?

① 산소농도 16% 미만
② 탄산가스 농도 1.5% 이상
③ 황화수소 농도 10ppm 이상
④ 일산화탄소 농도 30ppm 이상

해설 ① 산소농도 18% 미만인 공간이 밀폐공간이다.

> 💡 밀폐구역
> ① 산소농도 18% 미만인 공간
> ② 탄산가스 농도 1.5% 이상인 공간
> ③ 황화수소 농도 10ppm 이상인 공간
> ④ 일산화탄소 농도 30ppm 이상인 공간
> ⑤ 기타 유해가스의 경우, 작업환경측정 노출기준에 따라 측정하여 초과되는 공간
> ⑥ 자연 통풍이 순조롭지 않고 출입이 제한된 공간

12 다음 중 산업안전보건법상 안전보건진단에 대한 설명으로 옳지 않은 것은?

① 안전보건진단은 산업재해를 예방하기 위하여 잠재적 위험성을 발견하고 그 개선대책을 수립할 목적으로 조사·평가하는 것을 말한다.
② 고용노동부장관은 유해하거나 위험한 물질의 누출 등 산업재해 발생의 위험이 현저히 높은 사업장의 사업주에게 안전보건진단기관이 실시하는 안전보건진단을 받을 것을 명할 수 있다.
③ 사업주는 안전보건진단 명령을 받은 경우 30일 이내 안전보건진단기관에 안전보건진단을 의뢰하여야 한다.
④ 사업주는 안전보건진단기관이 실시하는 안전보건진단에 근로자대표가 요구할 때에는 근로자대표를 참여시켜야 한다.

해설 ③ 사업주는 안전보건진단 명령을 받은 경우 15일 이내 안전보건진단기관에 안전보건진단을 의뢰하여야 한다.

13 다음 중 ILO 직업안전 및 보건협약(C155)에 대한 설명으로 옳지 않은 것은?

① 공공부문을 포함한 모든 근로자들과 모든 경제활동에 적용된다.
② 협약비준 회원국은 어업과 같은 경제활동에 대하여 일부 또는 전부의 적용을 제외할 수 있으나, 해상운송의 경우에는 전부 적용하여야 한다.
③ 국가차원의 조치뿐만 아니라 해당 기업차원의 조치도 규정하고 있다.
④ 국가차원의 조치로서 회원국은 근로자 및 사용자 단체와 협의하여 국가정책을 이행하는데 필요한 조치에 관한 법령을 제정하여야 한다.

해설 ② ILO 직업안전 및 보건협약(C155)은 공공부문을 포함한 모든 근로자들과 모든 경제활동에 적용된다. 그러나 협약비준 회원국은 근로자 및 사용자 단체와 협의하여 해상운송 또는 어업 등 그 성질상 특수문제가 발생하는 특정 경제활동 부문에 대해서는 협약의 일부 또는 전부의 적용을 제외할 수 있다.

14 다음 중 ILO 직업안전 및 보건협약(C155)상 기업차원의 조치에 해당하지 않는 것은?

① 사용자는 실행가능한 범위 내에서 작업장, 기계류, 장비, 작업공정을 안전하고 보건상 위험이 없도록 하여야 한다.
② 사용자는 실행가능한 범위 내에서 사고의 위험이나 건강에 대한 부정적 영향을 예방하기 위한 방호복과 보호장비를 제공하여야 한다.
③ 사용자는 법령을 제정하여야 하며, 법령에는 적합한 감독시스템에 의해 이행이 확보되어야 하고, 법령위반에 대한 제재조치도 포함되어야 한다.
④ 기업은 적절한 응급조치를 포함하여 긴급사태 및 사고에 대응하기 위한 조치를 마련하여야 한다.

해설 ③ ILO 직업안전 및 보건협약(C155)상 국가차원의 조치에 해당한다.
기업차원의 조치는 ①②④ 외 사용자는 실행가능한 범위 내에서 화학적·물리적·생물학적 물질 및 인자에 대한 보호조치를 취하여 건강상 위험이 없도록 하여야 한다.

15 다음 중 안전보건경영시스템(ISO 45001)에 대한 설명으로 옳지 않은 것은?

① 직장 내 근로자의 안전과 보건을 위한 안전보건목표를 설정하고 이를 심사·인증하는 제도이다.
② 안전보건경영시스템(ISO 45001)의 적용을 위한 가장 중요한 개념은 PDCA 사이클로 볼 수 있다.
③ A는 실행(Act)에 해당하여 계획된 대로 프로세스를 실행하는 것을 의미한다.
④ C는 평가(Check)에 해당하며 실행의 결과를 목표와 비교하여 달성가능성, 계획실행성 등을 점검하여 평가하는 단계이다.

해설 ③ A는 행동(Act)에 해당하여 평가단계에서 나타난 결과를 바탕으로 의도된 결과를 달성하기 위해 안전보건성과를 지속적으로 개선하기 위한 조치를 말한다.
PDCA 사이클은 P(Plan : 계획) ⇨ D(Do : 실행) ⇨ C(Check : 확인) ⇨ A(Act : 행동)의 순서로 이루어지며, 위험성 평가는 PDCA 사이클에 따라 반복하여야 한다.

13. ② 14. ③ 15. ③

CHAPTER 2 안전·보건 경영시스템

제3과목 해사안전경영론

01 안전·보건정보

1 의의 및 종류

(1) 의의

안전·보건정보는 사업장에서 안전·보건상 위험물질 및 관리대상 유해물질이나 위험한 작업에 대한 안전·보건상의 주의사항 등 산업재해의 예방을 위하여 필요한 정보를 말한다.

(2) 종류

① **내부정보** : 사고조사보고서, 사고·질병에 관한 정보, 시설·장비 등 관리보고서, 자체점검보고서 등
② **외부정보** : 물질안전보건자료, 안전보건기관이나 국제기구에서 발행하는 자료 등

2 산업안전보건법 내용

(1) 산업재해 예방 통합정보시스템 구축·운영 등

① 고용노동부장관은 산업재해를 체계적이고 효율적으로 예방하기 위하여 산업재해 예방 통합정보시스템을 구축·운영할 수 있다.
② 고용노동부장관은 산업재해 예방 통합정보시스템으로 처리한 산업 안전 및 보건 등에 관한 정보를 관련 행정기관과 공단에 제공할 수 있다.
③ 산업재해 예방 통합정보시스템의 정보

> ㉠ 산업재해보상보험법에 따른 적용 사업 또는 사업장에 관한 정보
> ㉡ 산업재해 발생에 관한 정보
> ㉢ 안전검사 결과, 작업환경측정 결과 등 안전·보건에 관한 정보
> ㉣ 그 밖에 산업재해 예방을 위하여 고용노동부장관이 정하여 고시하는 정보

(2) 정보의 제공 및 요청

고용노동부장관은 산업재해 예방을 위하여 중앙행정기관의 장과 지방자치단체의 장 또는 공단 등 관련 기관·단체의 장에게 다음의 정보 또는 자료의 제공 및 관계 전산망의 이용을 요청할 수 있다. 이 경우 요청을 받은 중앙행정기관의 장과 지방자치단체의 장 또는 관련 기관·단체의 장은 정당한 사유가 없으면 그 요청에 따라야 한다.
① 부가가치세법 및 법인세법에 따른 사업자등록에 관한 정보
② 고용보험법에 따른 근로자의 피보험자격의 취득 및 상실 등에 관한 정보
③ 전기사업법에 따른 기본공급약관에서 정하는 사업장별 계약전력 정보
④ 화학물질관리법에 따른 화학물질확인 정보

(3) 사업주 등의 의무

사업주는 다음의 사항을 이행함으로써 근로자의 안전 및 건강을 유지·증진시키고 국가의 산업재해 예방정책을 따라야 한다.
① 이 법과 이 법에 따른 명령으로 정하는 산업재해 예방을 위한 기준
② 근로자의 신체적 피로와 정신적 스트레스 등을 줄일 수 있는 쾌적한 작업환경의 조성 및 근로조건 개선
③ 해당 사업장의 안전 및 보건에 관한 정보를 근로자에게 제공

(4) 근로자대표의 통지 요청

근로자대표는 사업주에게 다음의 사항을 통지하여 줄 것을 요청할 수 있고, 사업주는 이에 성실히 따라야 한다.
① 산업안전보건위원회가 의결한 사항
② 안전보건진단 결과에 관한 사항
③ 안전보건개선계획의 수립·시행에 관한 사항
④ 도급인의 이행 사항
⑤ 물질안전보건자료에 관한 사항
⑥ 작업환경측정에 관한 사항
⑦ 그 밖에 고용노동부령으로 정하는 안전 및 보건에 관한 사항

(5) 산업재해 발생 은폐 금지 및 보고 등

① 사업주는 산업재해로 사망자가 발생하거나 3일 이상의 휴업이 필요한 부상을 입거나 질병에 걸린 사람이 발생한 경우에는 해당 산업재해가 발생한 날부터 1개월 이내에 산업재해조사표를 작성하여 관할 지방고용노동관서의 장에게 제출해야 한다.
② 산업재해 기록

> ㉠ 사업장의 개요 및 근로자의 인적사항
> ㉡ 재해 발생의 일시 및 장소
> ㉢ 재해 발생의 원인 및 과정
> ㉣ 재해 재발방지 계획

(6) 도급인의 안전 및 보건에 관한 정보 제공 등

① 다음의 작업을 도급하는 자는 그 작업을 수행하는 수급인 근로자의 산업재해를 예방하기 위하여 해당 작업 시작 전에 수급인에게 안전 및 보건에 관한 정보를 문서로 제공하여야 한다.

> ㉠ 폭발성·발화성·인화성·독성 등의 유해성·위험성이 있는 화학물질 중 고용노동부령으로 정하는 화학물질 또는 그 화학물질을 포함한 혼합물을 제조·사용·운반 또는 저장하는 반응기·증류탑·배관 또는 저장탱크로서 고용노동부령으로 정하는 설비를 개조·분해·해체 또는 철거하는 작업
> ㉡ ㉠에 따른 설비의 내부에서 이루어지는 작업
> ㉢ 질식 또는 붕괴의 위험이 있는 작업으로서 대통령령으로 정하는 작업

② 작업을 도급하는 자는 다음의 사항을 적은 문서를 해당 도급작업이 시작되기 전까지 수급인에게 제공해야 한다.

> ㉠ 안전보건규칙에 따른 화학설비 및 그 부속설비에서 제조·사용·운반 또는 저장하는 위험물질 및 관리대상 유해물질의 명칭과 그 유해성·위험성
> ㉡ 안전·보건상 유해하거나 위험한 작업에 대한 안전·보건상의 주의사항
> ㉢ 안전·보건상 유해하거나 위험한 물질의 유출 등 사고가 발생한 경우에 필요한 조치의 내용

③ 도급인이 안전 및 보건에 관한 정보를 해당 작업 시작 전까지 제공하지 아니한 경우에는 수급인이 정보 제공을 요청할 수 있다.
④ 도급인은 수급인이 제공받은 안전 및 보건에 관한 정보에 따라 필요한 안전조치 및 보건조치를 하였는지를 확인하여야 한다.
⑤ 수급인은 도급인이 정보를 제공하지 아니하는 경우에는 해당 도급 작업을 하지 아니할 수 있다. 이 경우 수급인은 계약의 이행 지체에 따른 책임을 지지 아니한다.

(7) 물질안전보건자료의 작성 및 제출

화학물질 또는 이를 포함한 혼합물로서 물질안전보건자료대상물질을 제조하거나 수입하려는 자는 다음의 사항을 적은 물질안전보건자료를 고용노동부령으로 정하는 바에 따라 작성하여 고용노동부장관에게 제출하여야 한다.
① 제품명
② 물질안전보건자료대상물질을 구성하는 화학물질 중 유해인자의 분류기준에 해당하는 화학물질의 명칭 및 함유량
③ 안전 및 보건상의 취급 주의사항
④ 건강 및 환경에 대한 유해성, 물리적 위험성
⑤ 물리·화학적 특성
⑥ 독성에 관한 정보
⑦ 폭발·화재 시의 대처방법
⑧ 응급조치 요령
⑨ 그 밖에 고용노동부장관이 정하는 사항

02 안전·보건교육

1 안전·보건교육의 개요

(1) 안전·보건교육의 의의

안전·보건교육이란 피교육자를 자연적 상태로부터 교육의 습득으로서 이상적인 상태로 유도하는 작용을 의미한다.

(2) 안전·보건교육의 목적

① **의식의 안전화** : 근로자에게 작업에 대한 안전감을 고취시키고, 안전의 확보를 위한 지식, 기능, 태도의 향상을 통하여 근로의식의 안전화에 기여한다.
② **행동의 안전화** : 교육훈련이 실시되지 아니하면 근로자의 불안전행동으로 인한 재해발생이 증가하지만, 교육훈련으로 인하여 행동의 안전화를 달성할 수 있다.
③ **환경의 안전화** : 안전교육으로 인하여 작업환경의 개선 등이 이루어져 안전하게 작업할 수 있는 환경의 안전화가 가능하다.
④ **물자의 안전화** : 안전교육으로 인하여 설비, 기계 등 물자에 대한 안전성을 확보함으로써 재해발생을 감소시킬 수 있다.

2 안전·보건교육계획

(1) 안전·보건교육계획을 수립시 고려 사항

① 필요한 자료 등 정보를 수집한다.
② 현장의 의견을 충분히 반영한다.
③ 안전교육의 시행체계와 관련을 고려한다.
④ 법 규정에 의한 교육뿐만 아니라 그 이상의 교육을 고려한다.

(2) 안전·보건교육계획의 수립 및 추진순서

① 교육의 필요점을 발견한다.
② 교육의 대상을 결정하고, 교육내용 및 교육방법을 결정한다.
③ 교육의 준비를 한다.
④ 교육을 실시한다.
⑤ 교육의 성과를 평가한다.

3 안전·보건교육의 단계별 과정

(1) 지식교육(제1단계)

① 교육목표

㉠ 안전의식 고취 ㉡ 기능지식의 주입 ㉢ 안전의 감수성 향상

② 교육내용

㉠ 안전의식의 향상 및 안전에 대한 책임감 주입
㉡ 기능, 태도교육에 필요한 기초지식을 주입
㉢ 안전규정의 숙지를 위한 교육

(2) 기능교육(제2단계)

① 교육목표

㉠ 안전작업의 기능
㉡ 표준작업의 기능
㉢ 위험예측 및 응급처치기능

② 교육내용

㉠ 전문적 기술 및 안전기술기능
㉡ 방호장치(안전장치) 관리기능
㉢ 점검, 검사, 정비에 관한 기능

(3) 태도교육(제3단계)

① 교육목표

㉠ 언어태도의 안전화 ㉡ 점검태도의 안전화
㉢ 작업동작의 정확화 ㉣ 공구, 보호구 취급태도의 안전화

② 교육내용

㉠ 작업동작 및 표준작업방법의 습관화
㉡ 공구, 보호구 등 취급 및 관리태도의 확립
㉢ 작업 전후의 점검 및 검사요령의 정확화 및 습관화
㉣ 작업지시, 전달, 확인 등 언어태도의 정확화 및 습관화

4 안전 · 보건교육의 방법

(1) 강의법과 토의법
① **강의법** : 최적인원 40~50명의 많은 수강자를 대상으로 단기간의 교육시간에 비교적 많은 교육내용을 전수하기 위한 교육방법이다.
② **토의법** : 최적인원 10~20명의 수강자 상호간에 쌍방적 의사전달방식에 의한 교육방법으로 적극성, 협동성을 함양할 수 있다.

(2) OJT와 OFF JT
① **OJT(On the Job Training)** : 현장중심교육으로 관리감독자 등이 부하직원에 대해서 일상업무를 통하여 지식, 기능, 문제해결능력 및 태도 등을 교육훈련하는 방법이다.
② **OFF JT(Off the Job Training)** : 계층별 또는 직능별 등과 같이 공통된 교육목적을 가진 대상자를 일정 장소에 집합시켜 외부 강사를 초청하여 실시하는 교육방법으로 집합교육에 적합하다.

(3) TWI(Training Within Industry)
① **교육대상** : 주로 감독자를 교육대상자로 한다.
② **교육내용**

　㉠ 작업지도훈련(Job Instruction Training : JIT) : 작업을 가르치는 능력
　㉡ 작업방법훈련(Job Method Training : JMT) : 작업방법을 개선하는 방법
　㉢ 인간관계훈련(Job Relation Training : JRT) : 사람을 다루는 방법
　㉣ 작업안전훈련(Job Safety Training : JST) : 안전한 작업방법

(4) MTP(Management Training Program)
① **교육대상** : TWI보다 약간 높은 계층을 목표로 하고, 관리문제에 중점을 두고 있다.
② **교육내용** : 관리의 기능, 조직의 운영, 조직원의 원칙, 훈련의 관리, 시간관리학습과 부하지도법, 작업의 개선, 안전한 작업, 사기앙양, 과업관리 등

(5) 실연법(Performance Method)
학습자가 이미 설명을 듣거나 시범을 보고 알게 된 지식이나 기능을 교사의 지휘나 감독 아래 연습에 적용을 하게 하는 교육방법이다.

(6) 모의법(Simulation Method)
실제의 장면이나 상태와 유사한 사태를 인위적으로 만들어 그 속에서 학습하게 하는 교육방법이다.

(7) 프로그램학습법(Programmed self instruction Method)
학습의 원리에 의하여 만들어진 수업프로그램 자료를 가지고 학습자가 단독으로 학습하게 하는 교육방법으로 개발비가 많이 소요되는 단점이 있다.

5 산업안전보건법상 안전·보건교육

(1) 근로자에 대한 안전보건교육

① 사업주는 소속 근로자에게 정기적으로 안전보건교육을 하여야 한다.
② 사업주는 근로자를 채용할 때와 작업내용을 변경할 때에는 그 근로자에게 해당 작업에 필요한 안전보건교육을 하여야 한다. 다만, 안전보건교육을 이수한 건설 일용근로자를 채용하는 경우에는 그러하지 아니하다.
③ 사업주는 근로자를 유해하거나 위험한 작업에 채용하거나 그 작업으로 작업내용을 변경할 때에는 안전보건교육 외에 유해하거나 위험한 작업에 필요한 안전보건교육을 추가로 하여야 한다.

근로자 안전보건교육 [산업안전보건법 시행규칙 별표 4]

교육과정	교육대상		교육시간
정기교육	사무직 종사 근로자		매반기 6시간 이상
	그 밖의 근로자	판매업무에 직접 종사하는 근로자	매반기 6시간 이상
		판매업무에 직접 종사하는 근로자 외의 근로자	매반기 12시간 이상
채용 시 교육	일용근로자 및 근로계약기간이 1주일 이하인 기간제 근로자		1시간 이상
	근로계약기간이 1주일 초과 1개월 이하인 기간제 근로자		4시간 이상
	그 밖의 근로자		8시간 이상
작업내용 변경 시 교육	일용근로자 및 근로계약기간이 1주일 이하인 기간제 근로자		1시간 이상
	그 밖의 근로자		2시간 이상
특별교육	일용근로자 및 근로계약기간이 1주일 이하인 기간제근로자 [별표 5 제1호 라목(제39호는 제외한다)에 해당하는 작업에 종사하는 근로자에 한정한다.]		2시간 이상
	일용근로자 및 근로계약기간이 1주일 이하인 기간제근로자(타워크레인을 사용하는 작업시 신호업무를 하는 작업에 종사하는 근로자에 한정한다.)		8시간 이상
	일용근로자 및 근로계약기간이 1주일 이하인 기간제근로자를 제외한 근로자 [별표 5 제1호 라목에 해당하는 작업에 종사하는 근로자에 한정한다.]		① 16시간 이상(최초 작업에 종사하기 전 4시간 이상 실시하고 12시간은 3개월 이내에서 분할하여 실시 가능) ② 단기간 작업 또는 간헐적 작업인 경우에는 2시간 이상
건설업 기초 안전·보건교육	건설 일용근로자		4시간 이상

(2) 근로자에 대한 안전보건교육의 내용 [산업안전보건법 시행규칙 별표 5]

① 정기교육의 내용

- 산업안전 및 사고 예방에 관한 사항
- 산업보건 및 직업병 예방에 관한 사항
- 위험성 평가에 관한 사항
- 건강증진 및 질병 예방에 관한 사항
- 유해·위험 작업환경 관리에 관한 사항
- 산업안전보건법령 및 산업재해보상보험 제도에 관한 사항
- 직무스트레스 예방 및 관리에 관한 사항
- 직장 내 괴롭힘, 고객의 폭언 등으로 인한 건강장해 예방 및 관리에 관한 사항

② 채용 시 교육 및 작업내용 변경 시 교육내용

- 산업안전 및 사고 예방에 관한 사항
- 산업보건 및 직업병 예방에 관한 사항
- 위험성 평가에 관한 사항
- 산업안전보건법령 및 산업재해보상보험 제도에 관한 사항
- 직무스트레스 예방 및 관리에 관한 사항
- 직장 내 괴롭힘, 고객의 폭언 등으로 인한 건강장해 예방 및 관리에 관한 사항
- 기계·기구의 위험성과 작업의 순서 및 동선에 관한 사항
- 작업 개시 전 점검에 관한 사항
- 정리정돈 및 청소에 관한 사항
- 사고 발생 시 긴급조치에 관한 사항
- 물질안전보건자료에 관한 사항

(3) 근로자에 대한 안전보건교육의 면제 등

① 사업주는 다음의 경우에는 안전보건교육의 전부 또는 일부를 하지 아니할 수 있다.

㉠ 사업장의 산업재해 발생 정도가 고용노동부령으로 정하는 기준에 해당하는 경우
㉡ 근로자가 노무를 제공하는 사람의 건강을 유지·증진하기 위한 시설에서 건강관리에 관한 교육 등 고용노동부령으로 정하는 교육을 이수한 경우
㉢ 관리감독자가 산업 안전 및 보건 업무의 전문성 제고를 위한 교육 등 고용노동부령으로 정하는 교육을 이수한 경우

② 사업주는 해당 근로자가 채용 또는 변경된 작업에 경험이 있는 등 고용노동부령으로 정하는 경우에는 안전보건교육의 전부 또는 일부를 하지 아니할 수 있다.

(4) 건설업 기초안전보건교육

건설업의 사업주는 건설 일용근로자를 채용할 때에는 그 근로자로 하여금 안전보건교육기관이 실시하는 안전보건교육을 이수하도록 하여야 한다. 다만, 건설 일용근로자가 그 사업주에게 채용되기 전에 안전보건교육을 이수한 경우에는 그러하지 아니하다.

(5) 안전보건관리책임자 등에 대한 직무교육

사업주는 다음에 해당하는 사람에게 안전보건교육기관에서 직무와 관련한 안전보건교육을 이수하도록 하여야 한다.

① 안전보건관리책임자
② 안전관리자
③ 보건관리자
④ 안전보건관리담당자
⑤ 다음의 기관에서 안전과 보건에 관련된 업무에 종사하는 사람

  ㉠ 안전관리전문기관   ㉡ 보건관리전문기관
  ㉢ 건설재해예방전문지도기관   ㉣ 안전검사기관
  ㉤ 자율안전검사기관   ㉥ 석면조사기관

안전보건관리책임자 등에 대한 교육 [산업안전보건법 시행규칙 별표 4]

교육대상	교육시간	
	신규교육	보수교육
안전보건관리책임자	6시간 이상	6시간 이상
안전관리자, 안전관리전문기관의 종사자	34시간 이상	24시간 이상
보건관리자, 보건관리전문기관의 종사자	34시간 이상	24시간 이상
건설재해예방전문지도기관의 종사자	34시간 이상	24시간 이상
석면조사기관의 종사자	34시간 이상	24시간 이상
안전보건관리담당자	–	8시간 이상
안전검사기관, 자율안전검사기관의 종사자	34시간 이상	24시간 이상

03 PDCA 사이클

1 의의 및 내용

(1) 의의

① 안전보건경영시스템(ISO 45001)의 적용을 위한 가장 중요한 개념은 PDCA 사이클로 볼 수 있다.
② PDCA 사이클은 P(Plan : 계획) ⇨ D(Do : 실행) ⇨ C(Check : 평가) ⇨ A(Act : 행동)의 순서로 이루어 진다.

(2) 내용

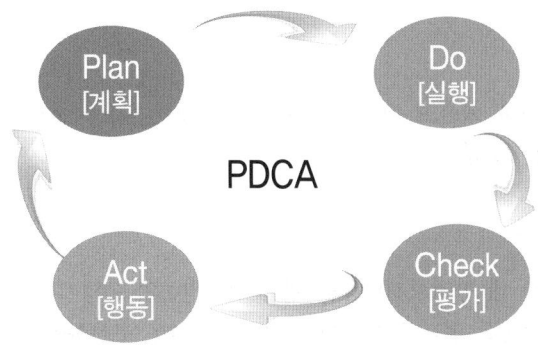

P (Plan 계획)	목표를 설정하고 목표달성을 위한 구체적인 표준지침을 작성하는 과정으로 가장 중요한 절차이다.
D (Do 실행)	계획된 대로 프로세스를 실행하는 과정으로서 실행결과에 대한 효율성 등을 검증하는 절차를 포함한다.
C (Check 평가)	실행의 결과를 목표와 비교하여 달성가능성, 계획실행성 등을 점검하여 평가하는 단계이다.
A (Act 행동)	평가단계에서 나타난 문제점을 수정하는 단계로서 이를 바탕으로 의도된 결과를 달성하기 위해 안전보건성과를 지속적으로 개선하기 위한 조치를 말한다.

2 계획(Plan)

(1) 계획수립시 고려사항

① 안전보건의 목표를 달성하기 위하여 위험요인을 제거 또는 방지를 위한 관리방안과 예방책을 포함한다.
② 특정 기간을 정하여 측정이 가능하고 목표달성이 가능한 수단을 구체적으로 수립하여야 한다.
③ 명확한 안전보건정책을 수립하기 위해서는 정책의 우선순위를 결정하여야 한다.
④ 조직의 목표달성을 위하여 전체 구성원들의 합의가 필요하다.

(2) 계획수립방식

구분	탑다운(Top-down)방식	바텀업(Bottom-up)방식
의의	조직의 이사회 등 상위 그룹을 통하여 안전보건관리 시스템 계획을 설정하는 전통적인 방법	현장에서 중대한 위험에 노출된 구성원들이 안전보건관리 시스템 계획을 설정하고, 상위 그룹에 승인 및 조정을 거치는 방법
특징	① 시스템의 설계는 간단 ② 현장의 의견이 반영되기 곤란	① 현장의 의견이 반영될 수 있다. ② 구성원의 적극적인 참여가 없다면 시스템의 설계에 장시간 소요 ③ 해상과 같은 특수한 상황에서는 바텀업(Bottom-up)이 적절

3 실행(Do)

(1) 의의
목표달성을 위해 수립한 계획의 내용을 실행하는 과정으로서 위험성평가 및 실행결과에 대한 효율성 등을 검증하는 절차도 포함한다.

(2) 실행의 수단
① **운영계획** : 사업장 내 안전보건활동을 위한 관리기준인 운영계획을 수립하여 관리한다.
② **조직** : 안전보건활동의 업무를 담당할 수 있는 조직을 구성하여 권한과 책임을 정한다.
③ **안전보건교육** : 구성원의 안전의식 고취와 위험에 대한 대응을 위한 안전보건교육이 필요하다.
④ **위험성평가** : 실행단계에서는 위험성평가를 통한 안전보건관리의 우선순위를 정하여 위험요인의 제거 등을 한다.
⑤ **비상시 대응책** : 화재나 폭발 등 비상사태가 발생시 비상사태의 각 종류별로 대비하는 대응책이 요구된다.

4 평가(Check)

(1) 의의
실행단계의 결과를 목표와 비교하여 목표의 달성 가능성이나 계획의 실행성 등을 점검하여 평가하는 단계로서 안전보건관리의 시스템의 개선을 위한 필수단계이다.

(2) 평가의 수단
① **모니터링** : 목표 및 계획의 실행결과를 측정이나 점검하는 과정
   ㉠ **능동적 모니터링** : 사고발생 이전에 안전조사, 안전점검이나 현장점검 등의 예방적 차원의 정기점검
   ㉡ **대응적 모니터링** : 사고발생 이후 사고조사 등의 분석과정

② **사고조사** : 사고의 직접적 및 간접적 원인을 조사하고, 그러한 원인을 제거하는 등 개선조치를 통하여 이후의 사고발생을 방지할 수 있다.
③ **분석 및 평가** : 목표의 달성여부, 계획의 적정성과 이행여부, 법규의 준수여부, 위험성평가에 따른 조치사항 등을 분석하고 평가한다.
④ **심사** : 시스템의 모든 정보를 수집하여 관리, 위험통제, 사고예방조치 등 안전보건 관리시스템의 적절성을 점검하는 과정으로 내부심사와 외부심사가 있다.

5 행동(Act)

(1) 의의
평가단계에서 나타난 여러 가지 문제점을 수정하고 개선하는 단계이다.

(2) 고려사항
① 행동은 안전보건관리 시스템의 의도된 결과를 달성하기 위해 안전보건성과를 지속적으로 개선하기 위한 조치이다.
② 시스템의 검토를 통한 개선조치는 이후 계획에 반영되는 피드백 과정이 필수이다.

실전예상문제

01 다음의 안전보건정보 중 내부정보에 해당하지 않는 것은?
① 사고·질병에 관한 정보
② 사고조사보고서
③ 시설·장비 등 관리보고서
④ 국제기구에서 발행하는 자료

해설 ④ 물질안전보건자료, 안전보건기관이나 국제기구에서 발행하는 자료는 외부정보에 해당한다.

02 다음 중 산업재해를 체계적이고 효율적으로 예방하기 위하여 산업재해 예방 통합정보시스템을 구축·운영할 수 있는 자는?
① 사업주
② 산업통상자원부장관
③ 고용노동부장관
④ 과학기술정보통신부장관

해설 ③ 고용노동부장관은 산업재해를 체계적이고 효율적으로 예방하기 위하여 산업재해 예방 통합정보시스템을 구축·운영할 수 있다.

03 다음은 산업안전보건법령상 산업재해 발생 은폐 금지 및 보고에 관한 규정의 내용이다. ( )의 내용을 순서대로 옳은 것은?

> 사업주는 산업재해로 사망자가 발생하거나 (　) 일 이상의 휴업이 필요한 부상을 입거나 질병에 걸린 사람이 발생한 경우에는 해당 산업재해가 발생한 날부터 (　)개월 이내에 산업재해조사표를 작성하여 관할 지방고용노동관서의 장에게 제출해야 한다.

① 3, 1
② 5, 2
③ 7, 3
④ 10, 6

해설 ① 사업주는 산업재해로 사망자가 발생하거나 3일 이상의 휴업이 필요한 부상을 입거나 질병에 걸린 사람이 발생한 경우에는 해당 산업재해가 발생한 날부터 1개월 이내에 산업재해조사표를 작성하여 관할 지방고용노동관서의 장에게 제출해야 한다.

04 다음 중 화학물질 또는 이를 포함한 혼합물로서 물질안전보건자료대상물질을 제조하거나 수입하려는 자가 고용노동부장관에게 제출하기 위한 물질안전보건자료의 기재사항에 해당하는 것은?

> ㉠ 제품명
> ㉡ 안전 및 보건상의 취급 주의사항
> ㉢ 건강 및 환경에 대한 유해성, 물리적 위험성
> ㉣ 물리·화학적 특성
> ㉤ 폭발·화재 시의 대처방법

① ㉠, ㉢, ㉣
② ㉠, ㉡, ㉣, ㉤
③ ㉠, ㉢, ㉣, ㉤
④ ㉠, ㉡, ㉢, ㉣, ㉤

정답 01. ④　02. ③　03. ①　04. ④

해설 ④ 물질안전보건자료의 기재사항에 모두 포함된다.

> 물질안전보건자료의 기재사항
> - 제품명
> - 물질안전보건자료대상물질을 구성하는 화학물질 중 유해인자의 분류기준에 해당하는 화학물질의 명칭 및 함유량
> - 안전 및 보건상의 취급 주의 사항
> - 건강 및 환경에 대한 유해성, 물리적 위험성
> - 물리·화학적 특성
> - 독성에 관한 정보
> - 폭발·화재 시의 대처방법
> - 응급조치 요령
> - 그 밖에 고용노동부장관이 정하는 사항

05 다음 중 안전보건교육의 단계별 과정에 해당하지 않는 것은?

① 지식교육
② 기초교육
③ 태도교육
④ 기능교육

해설 안전보건교육의 단계별 과정은 지식교육(제1단계) → 기능교육(제2단계) → 태도교육(제3단계)의 과정을 거친다.

06 다음에서 설명하는 안전보건교육의 방법은?

> 학습자가 이미 설명을 듣거나 시범을 보고 알게 된 지식이나 기능을 교사의 지휘나 감독 아래 연습에 적용을 하게 하는 교육방법이다.

① 강의법
② 모의법
③ 실연법
④ 프로그램학습법

해설 ③ 실연법에 대한 설명이다.
① 강의법은 최적인원 40~50명의 많은 수강자를 대상으로 단기간의 교육시간에 비교적 많은 교육내용을 전수하기 위한 교육방법이다.
② 모의법은 실제의 장면이나 상태와 유사한 상태를 인위적으로 만들어 그 속에서 학습하게 하는 교육방법이다.
④ 프로그램학습법은 학습의 원리에 의하여 만들어진 수업프로그램 자료를 가지고 학습자가 단독으로 학습하게 하는 교육방법이다.

07 기업 내 정형교육 중 TWI(Training Within Industry)의 교육 내용에 있어 직장 내 부하 직원에 대하여 작업을 가르치는 기술과 관련이 가장 깊은 기법은?

① JIT(Job Instruction Training)
② JMT(Job Method Training)
③ JRT(Job Relation Training)
④ JST(Job Safety Training)

해설 TWI(Training Within Industry)는 주로 감독자를 교육대상자로 한다.

> 교육내용
> - 작업지도훈련(Job Instruction Training : JIT)
>   : 작업을 가르치는 능력
> - 작업방법훈련(Job Method Training : JMT)
>   : 작업방법을 개선하는 방법
> - 인간관계훈련(Job Relation Training : JRT)
>   : 사람을 다루는 방법
> - 작업안전훈련(Job Safety Training : JST)
>   : 안전한 작업방법

08 산업안전보건법령상 근로자에 대한 안전보건교육에 대한 다음 설명 중 옳지 않은 것은?

① 사업주는 소속 근로자에게 정기적으로 안전보건교육을 하여야 한다.
② 사업주는 안전보건교육을 이수한 건설 일용근로자를 채용하는 경우에 그 근로자에게 해당 작업에 필요한 안전보건교육을 하여야 한다.
③ 사업주는 작업내용을 변경할 때에는 그 근로자에게 해당 작업에 필요한 안전보건교육을 하여야 한다.
④ 사업주는 근로자를 유해하거나 위험한 작업에 채용할 때에는 안전보건교육 외에 유해하거나 위험한 작업에 필요한 안전보건교육을 추가로 하여야 한다.

해설 ② 사업주는 근로자를 채용할 때와 작업내용을 변경할 때에는 그 근로자에게 해당 작업에 필요한 안전보건교육을 하여야 한다. 다만, 안전보건교육을 이수한 건설 일용근로자를 채용하는 경우에는 그러하지 아니하다.

05. ② 06. ③ 07. ① 08. ②

09 다음 중 산업안전보건법령상 산업안전·보건 관련 교육과정별 교육시간으로 옳은 것은?

① 일용근로자의 채용 시의 교육 : 2시간 이상
② 일용근로자의 작업내용 변경 시의 교육 : 1시간 이상
③ 사무직 종사 근로자의 정기교육 : 매 반기 3시간 이상
④ 판매업무에 직접 종사하는 근로자의 정기교육 : 매 반기 12시간 이상

해설 ① 일용근로자 및 근로계약기간이 1주일 이하인 기간제 근로자의 채용 시의 교육은 1시간 이상이다.
③ 사무직 종사 근로자의 정기교육은 매 반기 6시간 이상이다.
④ 판매업무에 직접 종사하는 근로자의 정기교육은 매 반기 6시간 이상이다.

10 산업안전보건법령상 근로자에 대한 안전보건교육 중 정기교육의 내용에 해당하지 않는 것은?

① 건강증진 및 질병 예방에 관한 사항
② 산업보건 및 직업병 예방에 관한 사항
③ 유해·위험 작업환경 관리에 관한 사항
④ 기계·기구의 위험성과 작업의 순서 및 동선에 관한 사항

해설 ④ 기계·기구의 위험성과 작업의 순서 및 동선에 관한 사항은 채용 시 교육 및 작업내용 변경 시 교육의 내용에 해당한다.

> 💡 정기교육의 내용
> • 산업안전 및 사고 예방에 관한 사항
> • 산업보건 및 직업병 예방에 관한 사항
> • 위험성 평가에 관한 사항
> • 건강증진 및 질병 예방에 관한 사항
> • 유해·위험 작업환경 관리에 관한 사항
> • 산업안전보건법령 및 산업재해보상보험 제도에 관한 사항
> • 직무스트레스 예방 및 관리에 관한 사항
> • 직장 내 괴롭힘, 고객의 폭언 등으로 인한 건강장해 예방 및 관리에 관한 사항

11 다음 중 안전보건관리 시스템 계획시 고려사항이 아닌 것은?

① 이행시 예상비용
② 목표달성방법
③ 안전보건관리 목표
④ 조직의 안전보건관리 성과지표 달성 정도

해설 안전보건관리 시스템 계획시 고려사항은 ②③④외 관리방안과 예방책, 전체 구성원들의 합의가 필요하다.

12 다음 중 안전보건관리 시스템 계획방식과 관련한 내용으로 옳지 않은 것은?

① 탑다운(Top-down)과 바텀업(Bottom-up) 방식이 있다.
② 바텀업(Bottom-up)은 현장에서 중대한 위험에 노출된 구성원들이 안전보건관리 시스템 계획을 설정하고, 상위 그룹에 승인 및 조정을 거치는 방법이다.
③ 바텀업(Bottom-up)은 시스템 설계가 간단하다.
④ 해상과 같은 특수한 상황에서는 바텀업(Bottom-up)이 적절할 수 있다.

해설 ③ 바텀업(Bottom-up)은 참여 구성원의 적극적인 노력이 없다면 설계에 시간이 오래 소요될 수 있다.

> 💡 안전보건관리 시스템 계획방식
> • 탑다운(Top-down)방식 : 조직의 이사회 등 상위그룹을 통하여 안전보건관리 시스템 계획을 설정하는 전통적인 방법이다. 따라서 시스템의 설계는 간단하지만, 현장의 의견이 반영되기 곤란하다.
> • 바텀업(Bottom-up)방식 : 현장에서 중대한 위험에 노출된 구성원들이 안전보건관리 시스템 계획을 설정하고, 상위 그룹에 승인 및 조정을 거치는 방법이다. 따라서 현장의 의견이 정확하게 반영될 수 있지만, 구성원의 적극적인 참여가 없다면 시스템의 설계에 시간이 오래 소요될 수 있다. 또한 해상과 같은 특수한 상황에서는 바텀업(Bottom-up)이 적절할 수 있다.

3과목 해사안전경영론

13 산업안전보건법령상 안전보건관리책임자의 신규교육시간은 몇 시간 이상인가?

① 6시간 이상 ② 12시간 이상
③ 24시간 이상 ④ 34시간 이상

해설 ① 산업안전보건법령상 안전보건관리책임자의 신규교육시간과 보수교육시간은 모두 6시간 이상이다.

안전보건관리책임자 등에 대한 교육 [산업안전보건법 시행규칙 별표 4]

교육대상	교육시간	
	신규교육	보수교육
안전보건관리책임자	6시간 이상	6시간 이상
안전관리자, 안전관리전문기관의 종사자	34시간 이상	24시간 이상
보건관리자, 보건관리전문기관의 종사자	34시간 이상	24시간 이상
건설재해예방전문지도기관의 종사자	34시간 이상	24시간 이상
석면조사기관의 종사자	34시간 이상	24시간 이상
안전보건관리담당자	-	8시간 이상
안전검사기관, 자율안전검사기관의 종사자	34시간 이상	24시간 이상

14 다음 중 PDCA 사이클에서 계획수립시 고려사항이 아닌 것은?

① 안전보건의 목표를 달성하기 위하여 위험요인을 제거 또는 방지를 위한 관리방안은 포함하지만 사전예방책은 포함하지 않는다.
② 특정 기간을 정하여 측정이 가능하고 목표달성이 가능한 수단을 구체적으로 수립하여야 한다.
③ 명확한 안전보건정책을 수립하기 위해서는 정책의 우선순위를 결정하여야 한다.
④ 조직의 목표달성을 위하여 전체 구성원들의 합의가 필요하다.

해설 ① PDCA 사이클에서 계획수립시 고려사항에는 안전보건의 목표를 달성하기 위하여 위험요인을 제거 또는 방지를 위한 관리방안과 예방책을 포함한다.

15 PDCA 사이클의 평가(Check)단계에 관한 다음 설명 중 옳지 않은 것은?

① 평가(Check)는 실행단계의 결과를 목표와 비교하여 목표의 달성 가능성이나 계획의 실행성 등을 점검하여 평가하는 단계이다.
② 평가의 수단으로서 사고발생 이전에 안전조사, 안전점검이나 현장점검 등의 예방적 차원의 정기점검을 대응적 모니터링이라 한다.
③ 사고의 직접적 및 간접적 원인을 조사하고, 그러한 원인을 제거하는 등 개선조치를 통하여 이후의 사고발생을 방지할 수 있다.
④ 목표의 달성여부, 계획의 적정성과 이행여부, 법규의 준수여부, 위험성평가에 따른 조치사항 등을 분석하고 평가한다.

해설 ② 평가의 수단으로서 능동적 모니터링에 대한 설명이다.

💡 평가의 수단으로서 모니터링
- **능동적 모니터링** : 사고발생 이전에 안전조사, 안전점검이나 현장점검 등의 예방적 차원의 정기점검
- **대응적 모니터링** : 사고발생 이후 사고조사 등의 분석과정

13. ① 14. ① 15. ②

CHAPTER 3 위험성 평가

01 총칙

1 목적 및 기능

(1) 목적

사업장의 유해·위험요인에 대한 실태를 파악하고 이를 평가하여 관리·개선하는 등 필요한 조치를 통해 산업재해를 예방할 수 있다.

(2) 기능

① 산업재해 예방기능
② 위험성에 대한 인식 증가기능
③ 안전보건대책 수립의 우선순위 결정기능 등

2 용어 정의

유해·위험요인	유해·위험을 일으킬 잠재적 가능성이 있는 것의 고유한 특징이나 속성
유해·위험요인 파악	유해요인과 위험요인을 찾아내는 과정
위험성	유해·위험요인이 사망, 부상 또는 질병으로 이어질 수 있는 가능성(빈도)과 중대성(강도)을 조합한 것
위험성 평가	유해·위험요인을 파악하고 해당 유해·위험요인에 의한 부상 또는 질병의 발생 가능성(빈도)과 중대성(강도)을 추정·결정하고 감소대책을 수립하여 실행하는 일련의 과정
위험성 추정	유해·위험요인이 사망, 부상 또는 질병으로 이어질 수 있는 가능성과 중대성의 크기를 각각 추정하여 위험성의 크기를 산출하는 것
위험성 결정	유해·위험요인별로 추정한 위험성의 크기가 허용 가능한 범위인지 여부를 판단하는 것
위험성 감소대책 수립 및 실행	위험성 결정 결과 허용 불가능한 위험성을 합리적으로 실천 가능한 범위에서 가능한 한 낮은 수준으로 감소시키기 위한 대책을 수립하고 실행하는 것
기록	사업장에서 위험성평가 활동을 수행한 근거와 그 결과를 문서로 작성하여 보존하는 것

02 위험성 평가 대상 및 실시

1 위험성평가의 대상

(1) 유해·위험요인
① 위험성평가의 대상이 되는 유해·위험요인은 업무 중 근로자에게 노출된 것이 확인되었거나 노출될 것이 합리적으로 예견 가능한 모든 유해·위험요인이다.
② 다만, 매우 경미한 부상 및 질병만을 초래할 것으로 명백히 예상되는 유해·위험요인은 평가 대상에서 제외할 수 있다.

(2) 아차사고의 경우
사업주는 사업장 내 부상 또는 질병으로 이어질 가능성이 있었던 상황(아차사고)을 확인한 경우에는 해당 사고를 일으킨 유해·위험요인을 위험성평가의 대상에 포함시켜야 한다.

(3) 중대재해 발생의 경우
① 사업주는 사업장 내에서 중대재해가 발생한 때에는 지체 없이 중대재해의 원인이 되는 유해·위험요인에 대해 위험성평가를 실시하여야 한다.
② 그 밖의 사업장 내 유해·위험요인에 대해서는 위험성평가 재검토를 실시하여야 한다.

2 위험성평가 실시주체

(1) 사업주
① 사업주는 스스로 사업장의 유해·위험요인을 파악하고 이를 평가하여 관리 개선하는 등 위험성평가를 실시하여야 한다.
② 산업안전보건법에 따른 작업의 일부 또는 전부를 도급에 의하여 행하는 사업의 경우는 도급을 준 도급사업주와 도급을 받은 수급사업주는 각각 위험성평가를 실시하여야 한다.
③ 도급사업주는 수급사업주가 실시한 위험성평가 결과를 검토하여 도급사업주가 개선할 사항이 있는 경우 이를 개선하여야 한다.

(2) 근로자 참여
사업주는 위험성평가를 실시할 때 다음의 경우 해당 작업에 종사하는 근로자를 참여시켜야 한다.
① 유해·위험요인의 위험성 수준을 판단하는 기준을 마련하고, 유해·위험요인별로 허용 가능한 위험성 수준을 정하거나 변경하는 경우
② 해당 사업장의 유해·위험요인을 파악하는 경우
③ 유해·위험요인의 위험성이 허용 가능한 수준인지 여부를 결정하는 경우
④ 위험성 감소대책을 수립하여 실행하는 경우
⑤ 위험성 감소대책 실행 여부를 확인하는 경우

(3) 위험성평가 실시의제

사업주가 다음의 어느 하나에 해당하는 제도를 이행한 경우에는 그 부분에 대하여 사업장 위험성평가에 관한 지침(고용노동부고시)에 따른 위험성평가를 실시한 것으로 본다.
① 위험성평가 방법을 적용한 안전·보건진단
② 공정안전보고서(공정안전보고서의 내용 중 공정위험성 평가서가 최대 4년 범위 이내에서 정기적으로 작성된 경우에 한한다.)
③ 근골격계부담작업 유해요인조사(안전보건규칙)
④ 그 밖에 법과 이 법에 따른 명령에서 정하는 위험성평가 관련 제도

3 위험성평가의 실시 시기

(1) 종류
위험성 평가는 최초평가, 수시평가, 정기평가 3종류로 구분하여 실시한다.

(2) 최초평가
① 사업주는 사업이 성립된 날(사업 개시일을 말하며, 건설업의 경우 실착공일을 말한다)로부터 1개월이 되는 날까지 위험성평가의 대상이 되는 유해·위험요인에 대한 최초 위험성평가의 실시에 착수하여야 한다.
② 1개월 미만의 기간 동안 이루어지는 작업 또는 공사의 경우에는 특별한 사정이 없는 한 작업 또는 공사 개시 후 지체 없이 최초 위험성평가를 실시하여야 한다.

(3) 수시평가
사업주는 다음의 어느 하나에 해당하여 추가적인 유해·위험요인이 생기는 경우에는 해당 유해·위험요인에 대한 수시 위험성평가를 실시하여야 한다. 다만, ⑤에 해당하는 경우에는 재해발생 작업을 대상으로 작업을 재개하기 전에 실시하여야 한다.
① 사업장 건설물의 설치·이전·변경 또는 해체
② 기계·기구, 설비, 원재료 등의 신규 도입 또는 변경
③ 건설물, 기계·기구, 설비 등의 정비 또는 보수(주기적·반복적 작업으로서 이미 위험성평가를 실시한 경우에는 제외)
④ 작업방법 또는 작업절차의 신규 도입 또는 변경
⑤ 중대산업사고 또는 산업재해(휴업 이상의 요양을 요하는 경우에 한정한다) 발생
⑥ 그 밖에 사업주가 필요하다고 판단한 경우

(4) 정기평가
① 사업주는 다음의 사항을 고려하여 위험성평가의 결과에 대한 적정성을 1년마다 정기적으로 재검토하여야 한다.

㉠ 기계·기구, 설비 등의 기간 경과에 의한 성능 저하
㉡ 근로자의 교체 등에 수반하는 안전·보건과 관련되는 지식 또는 경험의 변화
㉢ 안전·보건과 관련되는 새로운 지식의 습득
㉣ 현재 수립되어 있는 위험성 감소대책의 유효성 등

② 이 경우 해당 기간 내 수시평가에 따라 실시한 위험성평가의 결과가 있는 경우 함께 적정성을 재검토하여야 한다.
③ 재검토 결과 허용 가능한 위험성 수준이 아니라고 검토된 유해·위험요인에 대해서는 위험성 감소대책을 수립하여 실행하여야 한다.

(5) 실시의제

사업주가 사업장의 상시적인 위험성평가를 위해 다음의 사항을 이행하는 경우 수시평가와 정기평가를 실시한 것으로 본다.
① 매월 1회 이상 근로자 제안제도 활용, 아차사고 확인, 작업과 관련된 근로자를 포함한 사업장 순회점검 등을 통해 사업장 내 유해·위험요인을 발굴하여 위험성결정 및 위험성 감소대책 수립·실행을 할 것
② 매주 안전보건관리책임자, 안전관리자, 보건관리자, 관리감독자 등(도급사업주의 경우 수급사업장의 안전·보건 관련 관리자 등을 포함)을 중심으로 ①의 결과 등을 논의·공유하고 이행상황을 점검할 것
③ 매 작업일마다 ①과 ②의 실시결과에 따라 근로자가 준수하여야 할 사항 및 주의하여야 할 사항을 작업 전 안전점검회의 등을 통해 공유·주지할 것

4 위험성평가의 방법

(1) 실시방법

사업주는 다음과 같은 방법으로 위험성평가를 실시하여야 한다.
① 안전보건관리책임자 등 해당 사업장에서 사업의 실시를 총괄 관리하는 사람에게 위험성평가의 실시를 총괄 관리하게 할 것
② 사업장의 안전관리자, 보건관리자 등이 위험성평가의 실시에 관하여 안전보건관리책임자를 보좌하고 지도·조언하게 할 것
③ 유해·위험요인을 파악하고 그 결과에 따른 개선조치를 시행할 것
④ 기계·기구, 설비 등과 관련된 위험성평가에는 해당 기계·기구, 설비 등에 전문 지식을 갖춘 사람을 참여하게 할 것
⑤ 안전·보건관리자의 선임의무가 없는 경우에는 업무를 수행할 사람을 지정하는 등 그 밖에 위험성평가를 위한 체제를 구축할 것

(2) 방법의 선정

사업주는 사업장의 규모와 특성 등을 고려하여 다음의 위험성평가 방법 중 한 가지 이상을 선정하여 위험성평가를 실시할 수 있다.

① 위험 가능성과 중대성을 조합한 빈도·강도법
② 체크리스트(Checklist)법
③ 위험성 수준 3단계(저·중·고) 판단법
④ 핵심요인 기술(One Point Sheet)법
⑤ 기타의 방법

> 1. **정량적 기법** : 결함수 분석(FTA), 사건수 분석(ETA), 원인·결과 분석(CCA)
> 2. **정성적 기법** : 위험과 운전분석(HAZOP), 직업안전분석(JSA), 체크리스트방법(Check list), 사고예상질문(What-if), 이상위험도 분석(FMECA), 예비위험분석(PHA)

5 PDCA 사이클

(1) 의의

① PDCA 사이클은 P(Plan : 계획) ⇨ D(Do : 실행) ⇨ C(Check : 평가) ⇨ A(Act : 행동)의 순서로 이루어 진다.
② 위험성 평가는 PDCA 사이클에 따라 반복하여야 한다.

(2) 내용

① **계획(Plan)** : 목표를 설정하고 목표달성을 위한 구체적인 계획작성과정으로 위험성평가 절차 중 가장 중요한 절차이다.
② **실행(Do)** : 계획된 대로 프로세스를 실행하는 과정으로서 실행결과에 대한 효율성 등을 검증하는 절차를 포함한다.
③ **평가(Check)** : 평가단계에서는 실행결과를 목표와 비교하여 달성가능성, 계획실행성 등을 점검한다.
④ **행동(Act)** : 평가단계에서 나타난 결과를 바탕으로 의도된 결과를 달성하기 위해 안전보건성과를 지속적으로 개선하기 위한 조치를 말한다.

03 위험성 평가 절차

1 절차의 개요

사업주는 위험성평가를 다음의 절차에 따라 실시하여야 한다. 다만, 상시근로자 5인 미만 사업장(건설공사의 경우 1억원 미만)의 경우 사전준비 절차를 생략할 수 있다.

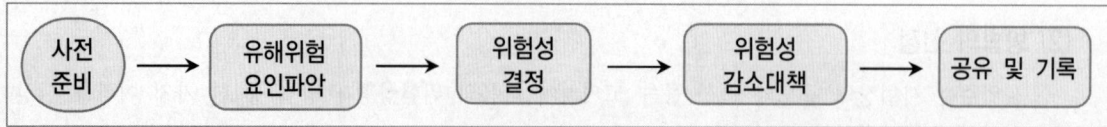

2 사전준비

(1) 위험성평가 실시규정

사업주는 위험성평가를 효과적으로 실시하기 위하여 최초 위험성평가시 다음의 사항이 포함된 위험성평가 실시규정을 작성하고, 지속적으로 관리하여야 한다.
① 평가의 목적 및 방법
② 평가담당자 및 책임자의 역할
③ 평가시기 및 절차
④ 근로자에 대한 참여·공유방법 및 유의사항
⑤ 결과의 기록·보존

(2) 위험성평가 실시 전 확정사항

사업주는 위험성평가를 실시하기 전에 다음의 사항을 확정하여야 한다.
① 위험성의 수준과 그 수준을 판단하는 기준
② 허용 가능한 위험성의 수준(이 경우 법에서 정한 기준 이상으로 위험성의 수준을 정하여야 한다)

(3) 안전보건정보

사업주는 다음의 사업장 안전보건정보를 사전에 조사하여 위험성평가에 활용할 수 있다.
① 작업표준, 작업절차 등에 관한 정보
② 기계·기구, 설비 등의 사양서, 물질안전보건자료(MSDS) 등의 유해·위험요인에 관한 정보
③ 기계·기구, 설비 등의 공정 흐름과 작업 주변의 환경에 관한 정보
④ 산업안전보건법 제63조(도급인의 안전조치 및 보건조치)에 따른 작업을 하는 경우로서 같은 장소에서 사업의 일부 또는 전부를 도급을 주어 행하는 작업이 있는 경우 혼재 작업의 위험성 및 작업 상황 등에 관한 정보
⑤ 재해사례, 재해통계 등에 관한 정보
⑥ 작업환경측정결과, 근로자 건강진단결과에 관한 정보
⑦ 그 밖에 위험성평가에 참고가 되는 자료 등

3 유해·위험요인 파악

(1) 유해·위험요인 파악방법

사업주는 사업장 내의 유해·위험요인을 파악하여야 한다. 이때 업종, 규모 등 사업장 실정에 따라 다음의 방법 중 하나 이상의 방법을 사용하되, 특별한 사정이 없으면 사업장 순회점검에 의한 방법을 포함하여야 한다.
① 사업장 순회점검에 의한 방법
② 근로자들의 상시적 제안에 의한 방법
③ 설문조사·인터뷰 등 청취조사에 의한 방법

④ 물질안전보건자료, 작업환경측정결과, 특수건강진단결과 등 안전보건 자료에 의한 방법
⑤ 안전보건 체크리스트에 의한 방법
⑥ 그 밖에 사업장의 특성에 적합한 방법

(2) 유해·위험요인 분류(KRAS)

구분	유해·위험요인
기계적 요인	끼임(감김), 위험한 표면, 충돌, 넘어짐, 추락 등
전기적 요인	감전, 아크, 정전기, 전기화재, 폭발 등
화학적 요인	가스, 증기, 에어로졸, 액체·미스트, 방사선, 화재, 폭발 등
생물학적 요인	병원성 미생물, 바이러스, 유전자 변형물질 등
작업특성 요인	소음, 진동, 초음파, 근로자 실수, 질식위험, 중량물 취급 등
작업환경 요인	고온·한랭, 조명, 이동통로, 주변 근로자, 안전문화 등

4 위험성 결정

(1) 의의
① 사업주는 파악된 유해·위험요인이 근로자에게 노출되었을 때의 위험성을 위험성의 수준과 그 수준을 판단하는 기준에 의해 판단하여야 한다.
② 사업주는 판단한 위험성의 수준이 허용 가능한 위험성의 수준인지 결정하여야 한다.

(2) 위험성 추정
① 유해·위험요인이 사망, 부상 또는 질병으로 이어질 수 있는 가능성과 중대성의 크기를 각각 추정하여 위험성의 크기를 산출하는 과정이다.
② 위험성추정방식은 위험 가능성과 중대성을 조합한 빈도·강도법이 주로 이용된다.
③ 위험성평가 지원시스템(KRAS)에서는 위험성의 빈도(가능성)와 강도(중대성)를 각각 가늠하여 그 둘을 곱한 수로 나타나는 곱셈법을 지원하고 있다.

> ⓘ 곱셈법 : 위험성(Risk) = 가능성(빈도) × 중대성(강도)
> ⓘ KRAS에서는 3(가능성)×3(중대성), 5(가능성)×4(중대성)의 방식으로 구분한다.

④ **가능성(빈도)** : 위험요인에 대한 노출빈도, 사건의 발생확률 등을 고려하여 분류한다.

구분	가능성	내용
5	매우 높음	피해가 발생할 가능성이 매우 높음
4	높음	피해가 발생할 가능성이 높음
3	보통	부주의하면 피해가 발생할 가능성이 있음
2	낮음	피해가 발생할 가능성이 낮음
1	매우 낮음	피해가 발생할 가능성이 매우 낮음

⑤ **중대성(강도)** : 부상 또는 장해의 정도, 치료기간, 피해범위 등을 고려하여 분류한다.

구분	중대성	내용
4	사망, 장애발생	사망 또는 영구적 근로불능이나 장애가 남는 부상·질병 (업무 복귀 불가능)
3	휴업 필요 부상·질병	휴업을 수반하는 중대한 부상 또는 질병 (업무 복귀, 완치가능)
2	휴업 불필요 부상·질병	응급조치 이상의 치료가 필요하지만 휴업이 수반되지 않는 부상 또는 질병
1	비치료	치료 후 바로 원래의 작업을 수행할 수 있는 경미한 부상 또는 질병

[위험성 추정(5×4)]

구분		중대성(강도)			
		4	3	2	1
가능성(빈도)	5	20	15	10	5
	4	16	12	8	4
	3	12	9	6	3
	2	8	6	4	2
	1	4	3	2	1

(3) 위험성 결정과정

① 위험성평가 지원시스템(KRAS)상 곱셈법인 5(가능성)×4(중대성)의 방식으로 가능성과 중대성을 평가하여 다음과 같이 6단계로 구분한다.

위험성 정도		허용 여부	관리방법
16~20	매우 높음	허용 불가능	즉시 개선조치
15	높음		신속한 개선조치
9~12	약간 높음		가급적 빨리 개선
8	보통		계획적인 개선조치
4~6	낮음	허용 가능	필요에 따라 개선
1~3	매우 낮음		

② 위험성 결정에서 판단된 위험성의 정도가 허용가능한 수준에 미치지 못하면, 위험성을 감소시키기 위한 대책을 수립하여 실행하여야 하고 위험성평가의 절차를 반복한다.

5 위험성 감소대책 수립 및 실행

(1) 수립요건

① 사업주는 위험성 결정에 따라 허용 가능한 위험성이 아니라고 판단한 경우
② 위험성의 수준, 영향을 받는 근로자 수 및 우선순위를 고려하여 수립
③ 법령에서 정하는 사항과 그 밖에 근로자의 위험 또는 건강장해를 방지하기 위하여 필요한 조치를 반영하여야 한다.

(2) 위험성 감소대책 우선순위

순위	구분	내용
1	본질적(근원적) 대책	위험한 작업의 폐지·변경, 유해·위험물질 대체 등의 조치 또는 설계나 계획 단계에서 위험성을 제거 또는 저감하는 조치
2	공학적 대책	연동장치, 환기장치 설치 등의 공학적 대책
3	관리적 대책	사업장 작업절차서 정비 등의 관리적 대책
4	개인보호구 사용	개인용 보호구의 사용 [위 조치를 취하더라도 제거·감소할 수 없었던 위험성에 대해서만 실시]

(3) 위험성 감소대책 실행 이후

① 사업주는 위험성 감소대책을 실행한 후 해당 공정 또는 작업의 위험성의 수준이 사전에 자체 설정한 허용 가능한 위험성의 수준인지를 확인하여야 한다.
② 확인 결과, 위험성이 자체 설정한 허용 가능한 위험성 수준으로 내려오지 않는 경우에는 허용 가능한 위험성 수준이 될 때까지 추가의 감소대책을 수립·실행하여야 한다.
③ 사업주는 중대재해, 중대산업사고 또는 심각한 질병이 발생할 우려가 있는 위험성으로서 수립한 위험성 감소대책의 실행에 많은 시간이 필요한 경우에는 즉시 잠정적인 조치를 강구하여야 한다.

6 공유 및 기록

(1) 위험성평가의 공유

① 사업주는 위험성평가를 실시한 결과 중 다음에 해당하는 사항을 근로자에게 게시, 주지 등의 방법으로 알려야 한다.

> ㉠ 근로자가 종사하는 작업과 관련된 유해·위험요인
> ㉡ 유해·위험요인의 위험성 결정 결과
> ㉢ 유해·위험요인의 위험성 감소대책과 그 실행 계획 및 실행 여부
> ㉣ 위험성 감소대책에 따라 근로자가 준수하거나 주의하여야 할 사항

② 사업주는 위험성평가 결과 중대재해로 이어질 수 있는 유해·위험요인에 대해서는 작업 전 안전점검회의(TBM: Tool Box Meeting) 등을 통해 근로자에게 상시적으로 주지시키도록 노력하여야 한다.

(2) 기록 및 보존

① 사업주가 위험성평가의 결과와 조치사항을 기록·보존할 때에는 다음의 사항이 포함되어야 한다.

> ㉠ 위험성평가 대상의 유해·위험요인
> ㉡ 위험성 결정의 내용
> ㉢ 위험성 결정에 따른 조치의 내용
> ㉣ 위험성평가를 위해 사전조사 한 안전보건정보
> ㉤ 그 밖에 사업장에서 필요하다고 정한 사항

② 사업주는 자료를 위험성 평가 실시시기별 위험성평가를 완료한 날부터 기산하여 3년간 보존해야 한다.

실전예상문제

01 다음 중 위험성평가의 대상과 관련한 내용으로 옳지 않은 것은?

① 업무 중 근로자에게 노출된 것이 확인된 유해·위험요인은 평가의 대상이다.
② 업무 중 근로자에게 노출될 것이 합리적으로 예견 가능한 유해·위험요인도 위험성평가의 대상에 포함시켜야 한다.
③ 경미한 부상 및 질병만을 초래할 것으로 명백히 예상되는 유해·위험요인은 평가 대상에서 제외할 수 있다.
④ 사업장 내 아차사고를 일으킨 유해·위험요인은 평가 대상에서 제외할 수 있다.

해설 ④ 사업주는 사업장 내 부상 또는 질병으로 이어질 가능성이 있었던 상황(아차사고)을 확인한 경우에는 해당 사고를 일으킨 유해·위험요인을 위험성평가의 대상에 포함시켜야 한다.

02 다음 중 위험성평가의 실시에 있어 해당 작업에 종사하는 근로자가 참여하여야 하는 경우로 옳지 않은 것은?

① 관리감독자가 해당 작업의 유해·위험요인을 파악하는 경우
② 사업주가 위험성 감소대책을 수립하는 경우
③ 위험성평가 결과 위험성 감소대책 이행여부를 확인하는 경우
④ 안전·보건관리자가 선임되어 있지 않은 경우

해설 ④ 위험성평가의 실시에 있어 해당 작업에 종사하는 근로자가 참여하여야 하는 경우에 해당하지 아니한다.

> **근로자 참여사유**
> 1. 유해·위험요인의 위험성 수준을 판단하는 기준을 마련하고, 유해·위험요인별로 허용 가능한 위험성 수준을 정하거나 변경하는 경우
> 2. 해당 사업장의 유해·위험요인을 파악하는 경우
> 3. 유해·위험요인의 위험성이 허용 가능한 수준인지 여부를 결정하는 경우
> 4. 위험성 감소대책을 수립하여 실행하는 경우
> 5. 위험성 감소대책 실행 여부를 확인하는 경우

03 다음 중 곱셈법을 적용하는 위험성 평가의 방법은?

① 빈도·강도법
② 체크리스트(Checklist)법
③ 위험성 수준 3단계(저·중·고) 판단법
④ 핵심요인 기술(One Point Sheet)법

해설 ① 곱셈법을 적용하는 위험성평가의 방법은 위험 가능성과 중대성을 조합한 빈도·강도법이다.

04 다음 중 위험성평가의 실시시기와 관련한 설명으로 옳지 않은 것은?

① 위험성평가는 최초평가, 수시평가, 정기평가 3종류로 구분하여 실시한다.
② 정기평가는 최초평가 후 매년 정기적으로 실시한다.
③ 위험성평가의 각 평가는 사정에 따라 일부 작업만을 대상으로 할 수 있다.
④ 중대산업사고 또는 산업재해 발생에 해당하는 경우, 재해발생 작업을 대상으로 그 작업을 재개하기 전에 수시평가를 실시하여야 한다.

해설 ③ 위험성평가는 최초평가, 수시평가, 정기평가 3종류로 구분하여 실시하고, 이 경우 최초평가와 정기평가는 전체 작업을 대상으로 한다. 수시평가는 추가적인 유해 · 위험요인이 생기는 경우에 해당 유해 · 위험요인에 대한 수시 위험성평가를 실시한다.

05 다음 중 위험성의 수시평가 실시사유에 해당하지 않는 것은?

① 사업이 성립된 날로부터 1개월이 되는 날까지 유해 · 위험요인에 대한 평가 필요
② 사업장 건설물의 설치 · 이전 · 변경 또는 해체
③ 기계 · 기구, 설비, 원재료 등의 신규 도입 또는 변경
④ 작업방법 또는 작업절차의 신규 도입 또는 변경

해설 ① 위험성평가 중 최초평가의 실시사유이다.

> 💡 수시평가 실시사유
> 1. 사업장 건설물의 설치 · 이전 · 변경 또는 해체
> 2. 기계 · 기구, 설비, 원재료 등의 신규 도입 또는 변경
> 3. 건설물, 기계 · 기구, 설비 등의 정비 또는 보수(주기적 · 반복적 작업으로서 이미 위험성평가를 실시한 경우에는 제외)
> 4. 작업방법 또는 작업절차의 신규 도입 또는 변경
> 5. 중대산업사고 또는 산업재해(휴업 이상의 요양을 요하는 경우에 한정) 발생 [재해발생 작업을 대상으로 작업을 재개하기 전에 실시]
> 6. 그 밖에 사업주가 필요하다고 판단한 경우

06 다음 중 위험성평가와 관련한 설명으로 옳지 않은 것은?

① 위험성평가는 PDCA 사이클에 따라 반복하여야 한다.
② 위험성의 측정은 중대성(강도)으로 나타낸다.
③ 위험성 추정이란 유해 · 위험요인별로 부상 또는 질병으로 이어질 수 있는 위험성의 크기를 추정 및 산출하는 것을 말한다.
④ 위험성 결정이란 유해 · 위험요인별로 추정한 위험성의 크기가 허용 가능한 범위인지 여부를 판단하는 것을 말한다.

해설 ② 위험성평가에서 위험성의 측정은 위험성의 가능성(빈도)과 중대성(강도)을 조합하여 측정하는 방식에 의한다.

07 다음 중 위험성평가와 관련한 설명으로 옳지 않은 것은?

① 사업주는 사업장 내에서 중대재해가 발생한 때에는 지체 없이 중대재해의 원인이 되는 유해 · 위험요인에 대해 위험성평가를 실시하여야 한다.
② 도급에 의하여 행하는 사업의 경우는 도급을 준 도급사업주가 아닌 도급을 받은 수급사업주가 위험성평가를 실시하여야 한다.
③ 사업주가 위험성평가 방법을 적용한 안전 · 보건진단을 이행한 경우에는 그 부분에 대하여 위험성평가에 관한 지침에 따른 위험성평가를 실시한 것으로 본다.
④ 사업주는 위험성평가의 결과에 대한 적정성을 1년마다 정기적으로 재검토하여야 한다.

해설 ② 산업안전보건법에 따른 작업의 일부 또는 전부를 도급에 의하여 행하는 사업의 경우는 도급을 준 도급사업주와 도급을 받은 수급사업주는 각각 위험성평가를 실시하여야 한다.

08 다음 중 최초 위험성평가시 사업주가 작성하는 위험성평가 실시규정에 포함해야 하는 사항이 아닌 것은?

① 평가담당자 및 책임자의 역할
② 결과의 기록 · 보존
③ 재해사례, 재해통계 등에 관한 정보
④ 근로자에 대한 참여 · 공유방법 및 유의사항

해설 ③ 재해사례, 재해통계 등에 관한 정보는 사업주가 사전에 조사하는 사업장 안전보건정보이다.

> 💡 위험성평가 실시규정 포함사항
> • 평가의 목적 및 방법
> • 평가담당자 및 책임자의 역할
> • 평가시기 및 절차
> • 근로자에 대한 참여 · 공유방법 및 유의사항
> • 결과의 기록 · 보존

09 다음은 위험 가능성과 중대성을 조합한 빈도·강도 법에 의한 사례이다. 곱셈법(5×4)의 방식에 의한 위험성 정도에 따른 허용여부와 관리방법의 내용은?

• 가능성(빈도) : 이동식 사다리 작업을 1주일에 1회 실시하여 피해가 발생할 가능성이 높음
• 중대성(강도) : 추락 시 근로자 사망 또는 영구적 근로불능이나 장애가 남는 부상·질병의 정도

① 허용불가능 - 즉시 개선
② 허용불가능 - 신속한 개선
③ 허용불가능 - 계획적 개선
④ 허용가능 - 필요에 따라 개선

해설 가능성(빈도)의 크기는 피해가 발생할 가능성이 높음(4), 중대성(강도)의 크기는 사망 또는 영구적 근로불능이나 장애가 남는 부상·질병의 정도(4)이다. 따라서 곱셈법에 의한 위험성의 크기 : 16 = 4(빈도의 크기) × 4(강도의 크기)이다.
위험성의 정도가 16~20이면 허용불가능하고 즉시 개선조치가 필요하다.

위험성 정도	허용 여부	관리방법
16~20	매우 높음	즉시 개선조치
15	높음	허용 불가능	신속한 개선조치
9~12	약간 높음		가급적 빨리 개선
8	보통		계획적인 개선조치
4~6	낮음	허용 가능	필요에 따라 개선
1~3	매우 낮음		

10 다음 중 위험성 감소대책의 우선순위가 옳은 것은?

① 개인보호구사용 → 관리적 대책 → 공학적 대책 → 본질적 대책
② 관리적 대책 → 본질적 대책 → 개인보호구사용 → 공학적 대책
③ 본질적 대책 → 공학적 대책 → 관리적 대책 → 개인보호구사용
④ 공학적 대책 → 개인보호구사용 → 본질적 대책 → 관리적 대책

해설 위험성 감소대책 우선순위

순위	구분	내용
1	본질적(근원적) 대책	위험한 작업의 폐지·변경, 유해·위험물질 대체 등의 조치 또는 설계나 계획 단계에서 위험성을 제거 또는 저감하는 조치
2	공학적 대책	연동장치, 환기장치 설치 등의 공학적 대책
3	관리적 대책	사업장 작업절차서 정비 등의 관리적 대책
4	개인보호구 사용	개인용 보호구의 사용 [위 조치를 취하더라도 제거·감소할 수 없었던 위험성에 대해서만 실시]

11 다음 중 위험성평가 실시 시 PDCA 사이클과 관련한 설명으로 옳지 않은 것은?

① 계획(Plan)은 위험성평가 절차 중 가장 중요한 절차로 볼 수 있다.
② 실행(Do)은 계획 단계에서 수립된 안전관리계획에 따른 이행단계를 의미하며, 실행결과에 대한 효율성 등을 검증하는 절차는 포함되지 아니한다.
③ 평가(Check) 단계에서는 실행결과를 목표와 비교하여 달성가능성, 계획실행성 등을 점검한다.
④ 개선(Act) 단계에서는 평가단계에서 나타난 결과를 바탕으로 개선조치를 취한다.

해설 ② 실행(Do)은 계획된 대로 프로세스를 실행하는 과정으로서 실행결과에 대한 효율성 등을 검증하는 절차를 포함한다.

12 다음의 위험성평가 기법 중 정량적 기법에 해당하지 않는 것은?

① 결함수 분석(FTA)
② 사건수 분석(ETA)
③ 직업안전분석(JSA)
④ 원인·결과 분석(CCA)

해설 ③ 직업안전분석(JSA)은 정성적 기법에 해당한다.

- 정량적 기법 : 결함수 분석(FTA), 사건수 분석(ETA), 원인·결과 분석(CCA)
- 정성적 기법 : 위험과 운전분석(HAZOP), 직업안전분석(JSA), 체크리스트방법(Check list), 사고예상질문(What-if), 이상위험도 분석(FMECA), 예비위험분석(PHA)

13 다음 중 사업주는 위험성평가의 결과와 조치사항을 기록한 자료를 위험성평가를 완료한 날부터 기산하여 몇 년간 보존해야 하는가?

① 1년   ② 3년
③ 5년   ④ 10년

해설 ② 사업주는 자료를 위험성 평가 실시시기별 위험성평가를 완료한 날부터 기산하여 3년간 보존해야 한다.

정답 12. ③ 13. ②

CHAPTER 4 안전·보건 관리체제

제3과목 해사안전경영론

01 기업조직

1 기업조직의 의의

(1) 의의

공동체 또는 집단이 추구하는 일정 목적에 도달하기 위해서, 직무의 분담과 통합, 조정기능의 지휘 관리체제를 갖추면서 유지되는 계속적인 결합체를 말한다.

(2) 기능

① 개개의 구성원이 달성할 수 없는 일성 목표를 위한 협동기능
② 목적의 달성을 위해 업무의 기능을 분화하고 권한과 책임을 분배하는 기능
③ 분화된 기능 등에 대해서 상호작용을 통해 업무를 조정하는 사회적 기능

2 조직구성의 일반원리

(1) 계층제 원리

① 계층제란 권한과 책임의 정도에 따라 직무를 등급화하여 상하계층 간에 직무상 지휘·감독관계 및 명령·복종관계를 형성하는 것을 말한다.
② 장점 및 단점

계층제 장점	계층제 단점
• 지휘·명령과 의사전달의 통로 • 권한위임 및 상하 간의 권한배분의 기준 • 지휘·감독을 통한 조직의 질서와 통일성 확보 • 책임소재의 명확화, 신속하고 능률적 업무수행 등	• 조직의 경직성(새로운 지식·기술의 신속한 도입 곤란, 기관장의 독단화) • 조직 간 갈등 초래(할거주의의 초래) • 의사소통의 단계가 늘어나 의사전달의 지연 등

(2) 통솔범위의 원리

① 통솔의 범위는 한 사람의 상관이 직접 통솔할 수 있는 부하의 합리적인 수를 말한다.
② 통솔의 범위 결정요인

결정요인	통솔범위 확대	통솔범위 축소
시간적 요인	기존조직	신설조직
공간적 요인	집중된 조직	분산된 조직
직무적 요인	단순하고 반복적인 정형적 직무	복잡하고 전문적인 직무
계층적 요인	계층의 수가 적고, 계층의 하부	계층의 수가 많고, 계층의 상부

(3) 명령통일의 원리

① 조직구성원 누구나 한 사람의 상관에게만 보고하며, 한 사람의 상관으로부터 명령을 받아야 한다는 원리를 말한다.
② 필요성

> ㉠ 조직 내 혼란방지와 질서유지, 조직의 안정성 확보
> ㉡ 조직책임자의 전체적인 통합·조정
> ㉢ 책임한계의 명확화
> ㉣ 업무의 신속성·능률성 확보

(4) 전문화·분업화의 원리

① 전문화·분업화의 원리란 조직의 전체 기능을 업무와 성질별로 나누어 가급적 한 사람에게 동일한 업무를 분담시켜야 한다는 것을 말한다.
② 필요성

> ㉠ 조직목표의 능률화
> ㉡ 시간·비용의 절약으로 신속성 향상
> ㉢ 조직규모 증대에 따른 업무분담
> ㉣ 전문화의 원리의 문제점인 할거주의는 조정의 원리를 통하여 해결해야 한다.

(5) 조정과 통합의 원리

① 조직의 공통목적 달성을 위해 조직체 각 부분 간 협동의 통일이 이루어지도록 조직 내 갈등을 조정해야 한다는 원리이다.
② 조직의 제1의 원리이며 가장 최종적인 원리이다.
③ **조직 내 갈등의 해결방법**

> ㉠ 교섭과 협상을 통해 갈등의 원인을 근원적으로 해결하거나 갈등을 완화한다.
> ㉡ 상위목표를 위해 서로 이해하고 양보하거나, 업무의 통합 또는 업무의 우선순위를 정한다.
> ㉢ 조직의 구조, 보상체계, 인사 등의 문제점을 제도개선을 통해 해결한다.

3 기업조직의 구조

(1) 공식 구조와 비공식 구조
① **공식 구조** : 조직의 목표나 구성원의 권한, 책임 등 계층이 형성된 공식적 집단
② **비공식 구조** : 구성원의 사회적 욕구를 충족하기 위한 비공식적 집단

(2) 계층적 구조와 수평적 구조
① **계층적 구조** : 계층을 형성하여 권한과 책임의 등급화를 통해 의사소통의 기능을 하는 피라미드 유형의 구조
② **수평적 구조** : 구성원의 의사소통의 통로가 계층이 아닌 수평적 형태를 지닌 구조

4 기업조직의 종류

(1) 직계식 조직
① 최상위에서 최하위에 이르는 모든 직위가 단일 명령권한의 라인으로 연결된 조직이다.
② 장점 및 단점

장점	단점
• 책임과 권한의 귀속이 명확 • 조직의 명령계통이 단순, 일관성 • 경영 전체의 질서유지	• 상위자 1인에게 과중한 책임 발생 • 횡적(수평적) 의사소통에 한계 • 상하 의사소통의 시간 지연

(2) 직능식 조직
① 관리자의 관리기능을 기능별로 전문화하고, 각 관리자는 관리직능에 따라 다른 부문의 하위자에게 명령·지휘할 수 있는 권한이 있는 조직을 말한다.
② 장점 및 단점

장점	단점
• 직능별 전문화에 의한 배분으로 상위자의 관리직능의 부담경감 • 상위자의 전문능력 발휘 • 관리자 양성이 용이	• 다수 상위자의 명령으로 하위자는 혼란발생 가능성 • 종적(수직적) 의사소통에 한계 • 책임소재가 불분명

(3) 직계참모 조직
① 직계조직과 참모조직의 단점을 보완하고 장점을 살리기 위한 혼합형태로서, 직계조직의 지휘·명령의 일원화와 참모조직의 전문화에 따른 조력체계를 결합한 조직을 말한다.
② 장점 및 단점

장점	단점
• 명령의 통일성 확보 • 전문가를 통한 업무의 능률향상	• 참모가 집행의 개입으로 명령체계 혼란 • 참모가 경시되면 조력이 활용되지 못함

(4) 사업부제 조직

① 단위적 분화의 원리에 따라 각 사업부 단위에 생산·마케팅·재무·인사 등의 독자적인 관리권한을 부여함으로써 제품별·시장별·지역별로 이익중심점을 설정하여 독립채산제를 실시할 수 있는 분권적 조직을 말한다.

② **장점 및 단점**

장점	단점
• 고객이나 시장의 욕구에 대한 관심제고 • 사업부간 경쟁으로 단기적 성과 • 목표달성을 위한 책임경영 실현	• 사업부간 자원의 중복에 따른 능률저하 • 사업부간 과다경쟁으로 조직 전체의 목표달성 저해

(5) 프로젝트 조직

① 특정한 사업목표를 달성하기 위하여 일시적으로 조직 내의 인적·물적 자원을 결합하는 조직형태를 말한다.

② **장점 및 단점**

장점	단점
• 조직의 설계 및 운영시 많은 정보활용 가능 • 조직의 목표가 명확 • 조직의 기동성 향상	• 프로젝트팀의 편중으로 타 부문의 사기저하 • 본 조직의 인원계획 차질이 발생 • 인간관계의 손상 우려

(6) 위원회 조직

다수의 위원으로 구성되는 집단적 의사결정체를 말한다. 이는 계층제에 기반하는 독임형 조직에 대응하는 개념으로서 결정과정을 다수의 위원이 참여하는 조직체에서 집단적으로 하는 조직형태이다.

5 기업조직과 개인 목표의 충돌

(1) 의의

조직 내의 개인은 일반적으로 승진 및 재정적 보상 등의 개인의 이익에 대한 목표가 있으며, 이러한 개인 목표는 기업조직의 목표와 불일치하는 경우가 대부분이다. 따라서 성공적인 기업을 위해서는 개인의 목표를 조직의 목표와 일치하도록 하여야 한다.

(2) 조직, 관리자 및 직원의 목표방향

그림	구분	설명
(관리자목표·부하직원목표가 조직목표에 근접하여 일치)	성공적인 일치관계	관리자와 부하직원의 목표와 조직의 목표가 동일방향이며 근접되어 있다.
(관리자목표·부하직원목표가 조직목표와 동일방향이나 간격이 있음)	조직성과 달성정도 중간	관리자와 부하직원의 목표와 조직의 목표는 동일방향이지만 간격이 근접하지 못하다.
(관리자목표·부하직원목표가 조직목표와 간격이 넓음)	조직성과 달성정도 낮음	관리자와 부하직원의 목표와 조직의 목표의 간격의 폭이 넓다.
(관리자목표·부하직원목표가 조직목표와 상충되어 손실발생)	조직성과 없음	관리자와 부하직원의 목표와 조직의 목표는 상충되어 상당한 손실발생으로 목표달성이 곤란하다.

(3) 개인목표와 기업조직목표의 통합

① 조직 내 개인은 자신의 목표와 조직의 목표를 동일시 할 수 있도록 한다.
② 조직 내 개인은 주인의식을 갖고 참여할 수 있도록 한다.
③ 직원에게 권한과 책임을 부여하여 능동적인 업무를 수행하게 한다.
④ 개인의 목표가 조직의 목표에 근접할수록 조직의 성과는 증대하며, 이는 개인의 목표달성에도 유리하다.

02 집단관리

1 집단의 의의

(1) 개념 : 집단은 공동의 목표를 달성하기 위하여 조직된 소수의 상호 의존적이고 상호 작용적인 인간의 집합체이다.

(2) 집단의 개념적 요소
① 집단은 소수의 인원으로 구성되며, 최소한 2인 이상으로 구성되는 사회적 집합체이다.
② 집단은 공동의 목표를 가지고 있으며, 구성원은 일정한 질서와 규범 아래 상호 의존관계로 공동의 목표를 달성하기 위해 노력한다.
③ 집단은 구성원 간에 상호 작용과 의존적인 관계이며 교호작용을 계속적으로 유지한다.

2 집단의 유형

(1) 결합의지에 따른 분류
① **공동사회** : 집단이 본인의 의지 또는 선택이 아닌 선천적, 자연발생적으로 결성된 집단으로 감정적이고 전통과 관습에 의해 행동하며, 전인적인 인간관계가 형성되는 집단이다.
② **이익사회** : 의지나 선택에 의해 후천적으로 결성된 집단으로, 인간관계가 수단적이며 일시적인 집단이다.

(2) 접촉방식에 따른 분류
① **1차 집단** : 직접적이고 영구적이며 친밀한 관계이다.
② **2차 집단** : 간접적이고 형식적, 사무적인 접촉방식을 가진다.

(3) 소속감에 따른 분류
① **내집단** : 구성원 간 공동체 의식이 강한 집단이다.
② **외집단** : 적대의식이나 이질감을 갖는 타인 집단이다.

(4) 공식여부에 따른 분류
① **공식집단** : 업무의 특성과 조직의 구조에 의해 정의되는 집단
② **비공식집단** : 사회적인 접촉과 그에 따르는 필요성에 의해 등장하는 집단

1. **차이점**
   공식집단과 비공식집단은 그 내부에서 발생하는 인간관계와 구성원들의 행동방식 등이 상이하다.
2. **비공식집단의 특징**
   - 경영통제권이나 관리영역 밖에 존재하며, 소규모라서 개인적 접촉기회가 많다.
   - 따라서 동료애의 욕구가 있으며 응집력이 크다.

3 집단발전의 5단계(B.Tuckman)

(1) **형성기** : 집단의 구성원들이 상당한 불확실성 관계이지만 서로에 대해 조금씩 알아가는 단계

(2) **혼란기** : 집단의 목표와 구조에 대한 전반적인 합의가 이루어지지만 소통이나 업무수행의 방법 및 절차 또는 집단의 구조와 계층관계에 대한 갈등과 대립이 나타나는 단계

(3) **규범화** : 갈등의 극복과 해결과정에서 집단의 정체성과 동지애가 강해지며 조직체계 및 구조가 등장하여 문제해결이 원활해지는 단계

(4) **수행기(성취기)** : 집단 구성원들이 공동의 목표수행을 위해 각자에게 부여된 역할에 따라 임무를 다하고 집단의 에너지가 업무의 수행 및 성취를 위해 집중되는 단계

(5) **해체기** : 영구 집단이 아닌 경우에는 기존의 업무활동을 마무리하고 집단 구성원들 간의 관계를 정리하는 해체단계

4 집단의 일반적인 기능

(1) **응집력**
   집단 내부로부터 발생하는 힘으로서, 집단 내 구성원들이 서로에게 끌리며 집단 내에 머물도록 동기가 부여되는 정도를 말한다.

(2) **행동의 규범**
   집단규범은 집단을 유지하고 집단의 목표를 달성하기 위한 필수적인 것으로 집단에 의해 지지되며 통제가 행해진다.

(3) **집단의 목표**
   집단이 하나의 집단으로서의 역할을 다하기 위해서는 집단의 목표가 있어야 한다.

5 집단효과

(1) 긍정적 효과

① **동조효과(응집력)** : 특정인 및 집단의 영향으로 개인의 생각을 바꾸는 효과로서 복잡한 사고과정을 단순화시키는 효과
② **시너지 효과** : 하나의 기능이 다중으로 이용되는 경우에 생성되는 상승효과
③ **견물효과** : 개인보다 집단을 자랑스럽게 생각하는 효과
④ **인지적 자원의 증가** : 집단에 의한 문제해결 방식, 정보나 의견 등 자원의 증가효과
⑤ **사회적 자본의 다양화** : 집단 내 인적 네트워크를 통한 사회적 자본의 다양화 효과
⑥ **창의성 증가** : 집단의 구성으로 사고의 폭이 넓어져 창의성이 증가되는 효과

(2) 부정적 효과

① **효율성과 생산성의 저하** : 개인보다 집단의 업무수행은 사회적 태만 등으로 오히려 효율성과 생산성이 저하되는 경우가 있다.
② **파벌의 형성과 갈등** : 출신에 따른 파벌의 형성으로 집단 내 갈등이 발생한다.
③ **의견의 조정과정상 애로** : 집단 내 갈등구조는 의견조정이 곤란하다.
④ **집단응집력의 저하** : 부정적인 효과로 인한 응집력의 저하가 발생한다.

6 인간관계 등

(1) 집단에서의 인간관계

① **경쟁** : 상대방보다 목표에 빨리 도달하고자 하는 노력
② **공격** : 상대방을 가해하거나 또는 압도하여 어떤 목적을 달성하는 것
③ **융합** : 상반되는 목표가 강제, 타협, 통합에 의하여 공통된 하나가 되는 것
④ **코퍼레이션** : 인간들의 힘을 함께 모으는 협력, 조력, 분업 등
⑤ **도피와 고립** : 인간의 열등감에서 발생하며, 자기가 소속된 인간관계에서 이탈함으로써 얻는 것

(2) 사회적 태만(무임승차, 편승)

① 개인은 혼자 일할 때보다 여럿이서 함께 일할 때 노력의 투입량을 줄이는 경향이 있는데, 이를 사회적 태만이라 한다. 이는 집단규모의 증가에 따른 역기능이다.
② **사회적 태만의 현상을 줄이기 위한 방법**

㉠ 과업을 전문화시켜 책임소재를 분명히 한다.
㉡ 개인별 성과를 측정하여 비교한다.
㉢ 직무에 대한 동기수준이 높은 사람을 고용한다.
㉣ 직무충실화를 통해 직무에서 흥미와 동기가 유발되도록 한다.

7 집단갈등

(1) 의의
갈등이란 개인이나 집단이 함께 일을 수행하는 경우 애로를 겪는 형태로서 정상적인 활동이 방해되거나 파괴되는 상태

(2) 집단의 갈등원인
① **상호의존성** : 2 이상의 집단이 목표달성을 위하여 상대방에게 서로 의존하는 상황
② **의사소통 결함** : 다른 집단에 보낸 메시지에 대한 잘못된 해석
③ **영역모호성** : 집단 내 개인의 수행업무가 불분명하게 구분된 상태
④ **자원부족** : 한정된 자원으로 집단 내 배분하는 경우 자원확보를 위한 갈등이 발생한다.

(3) 갈등의 촉진방법
① **의사소통** : 관리자들의 의사소통방식에 따라 모호성, 긴장감, 위기감을 발생시킬 수 있으며, 이는 조직구성원 간의 갈등을 촉진할 수 있다.
② **구성원의 이질화** : 단위 부서에 새로운 다른 구성원이 추가되어 이질적인 역할을 수행하며, 단위 부서의 동질성에 영향을 주게 되어 혼란이 발생될 수 있다.
③ **조직구조의 변경** : 조직 개편으로 조직구성원의 변경이 발생되는 경우 새로운 목표달성을 위한 집단 내 구성원 간의 업무, 이해관계 등에 의한 갈등이 발생될 수 있다.
④ **경쟁에 의한 자극** : 관리자에 의하여 조직 내 경쟁상황이 조성될 경우 갈등이 발생될 수 있다.

(4) 갈등관리유형
① **협동형** : 나와 상대방 모두의 주장을 중심으로 협력하기 방식(win-win 전략)
② **절충형** : 나와 상대방의 주장을 부분적으로 받아들여 서로 절충하는 타협하기 방식
③ **경쟁형** : 나의 주장만 중시하는 강요하기 방식
④ **수용형** : 상대방의 주장을 받아들이는 순응하기 방식
⑤ **회피형** : 나와 상대방의 주장을 모두 받아들이지 않고 절충없이 서로 피하는 방식

(5) 갈등의 해결방법
① **직접 대면** : 갈등집단과의 직접 대면을 통한 해결
② **상위 목표의 설정** : 갈등을 겪고 있는 개인이나 집단간에 상위목표를 설정하여 구성원 간의 상호의존관계를 형성
③ **자원의 확충** : 갈등 구성원 양자 간의 문제를 해결하기 위하여 추가 자원 확보
④ **공통 관심사의 강조** : 갈등 구성원의 공통 관심사를 강조함으로써 동질감 회복
⑤ **조직구조의 변경** : 집단 구성원 간의 상호 교류를 통한 친밀한 인간관계 유지
⑥ **협상** : 자신 및 상대방의 이익을 상호 간 양보를 통한 해결

03 산업안전보건위원회

1 의의 및 기능

(1) **의의** : 산업안전보건위원회는 사업장의 자율적 재해예방활동을 위해 필요한 안전과 보건에 관한 중요사항을 사업주와 근로자들이 협의하고 결정하기 위한 상호 존중과 협력에 기반한 회의체이다.

(2) **기능** : 산업안전보건위원회는 안전과 보건의 유지·증진을 위해 필요한 사항을 노·사가 함께 심의하고 의결함으로써 근로자의 이해와 협력을 구하고, 의견을 반영하는 노·사의 중요한 소통기구로서 기능을 한다.
　① **근로자의 의견제시** : 사업장의 위험을 가장 먼저 감지할 수 있는 현장근로자가 위험한 상황에 대한 의견을 제시하는 것은 문제해결의 출발점이 된다.
　② **소통기구** : 안전과 보건의 문제를 발견하고 해결하는 모든 과정에서 사업주와 근로자간의 공식적인 참여를 보장하는 소통기구의 기능을 한다.
　③ **재해 예방 및 생산성 향상** : 노·사공동의 노력을 통한 산업재해 예방과 생산성 향상 및 직원의 근무만족도를 향상할 수 있다.

2 안전보건관리체계 구축을 위한 7대 핵심요소와 산업안전보건위원회 관계

(1) **산업안전보건위원회 관계**
　① 안전보건관리체계 가이드북(고용노동부 2021)에서 제시된 안전보건관리체계 구축을 위한 7대 핵심요소에서 산업안전보건위원회는 근로자 참여체계를 마련하는 핵심기구이다.
　② 근로자 참여체계를 마련하기 위해서는 최고경영자의 관심과 의지가 무엇보다 중요하며, 이를 토대로 전체 근로자의 참여가 뒷받침되어야 한다.

(2) **안전보건관리체계 구축을 위한 7대 핵심요소**

1	경영자 리더십	• 안전보건에 대한 의지를 밝히고 목표를 정한다. • 안전보건에 필요한 자원(인력, 시설, 장비)를 배정한다. • 구성원의 권한과 책임을 정하고, 참여를 독려한다.
2	근로자의 참여	• 안전보건관리 전반에 관한 정보를 공개한다. • 모든 구성원이 참여할 수 있는 절차를 마련한다. • 자유롭게 의견을 제시할 수 있는 문화를 조성한다.
3	위험요인 파악	• 위험요인에 따른 정보를 수집하고 정리한다. • 산업재해 및 아차사고를 조사한다. • 위험기계·기구·설비 등을 파악한다. • 유해인자를 파악한다. • 위험장소 및 작업형태별 위험작업을 파악한다.

4	위험요인 제거, 대체 및 통제	• 위험요인별 위험성을 평가한다. • 위험요인별 제거·대체 및 통제방안을 검토한다. • 종합적인 대책을 수립하고 이행한다. • 교육훈련을 실시한다.
5	비상조치 계획수립	• 위험요인을 바탕으로 시나리오를 작성한다. • 재해발생 시나리오별 조치계획을 수립한다. • 조치계획에 따라 주기적으로 훈련한다.
6	도급·용역·위탁시 안전보건 확보	• 산업재해 예방능력을 갖춘 사업주를 선정한다. • 안전보건관리체계 구축·운영 시 사업장 내 모든 구성원이 참여하고 보호받을 수 있도록 한다.
7	평가 및 개선	• 안전보건 목표를 설정하고 관리한다. • 안전보건관리체계가 제대로 운영되는지 점검한다. • 발굴된 문제점을 주기적으로 검토하고 개선한다.

※ 출처 : 산업안전보건위원회 매뉴얼(2022)

3 중대재해 처벌 등에 관한 법률과 산업안전보건위원회

(1) 법률 규정

① 안전보건관리체계의 구축 및 이행의무를 명시적으로 규정하고 있다. 따라서 성공적인 안전보건관리체계의 구축·이행을 위해서는 작업장소의 위험이나 개선사항을 잘 알고 있는 현장 작업자가 참여할 수 있는 절차가 필요하다.
② 경영책임자(대표이사) 등이 종사자의 의견을 청취하고 개선방안을 마련하여 이행하는지를 반기 1회 이상 점검한 후 필요한 조치를 하도록 규정하고 있다.

(2) 산업안전보건위원회 필요성

① 산업안전보건위원회는 노·사 동수로 구성되어 사업장의 안전과 보건에 관한 사항을 자율적으로 심의·의결하는 기구이며, 사업장에서는 근로자 참여를 위한 핵심 수단으로 동 위원회를 활성화하여 운영할 필요성이 있다.
② 중대재해처벌법 제4조 제7호 단서는 산업안전보건위원회에서 안전 및 보건에 관하여 논의하거나 심의·의결한 경우 해당 종사자의 의견을 들은 것으로 규정하고 있다.

(3) 사업주와 경영책임자 등의 안전 및 보건 확보의무

① 재해예방에 필요한 인력 및 예산 등 안전보건관리체계의 구축 및 그 이행에 관한 조치
② 재해 발생 시 재발방지 대책의 수립 및 그 이행에 관한 조치
③ 중앙행정기관·지방자치단체가 관계 법령에 따라 개선, 시정 등을 명한 사항의 이행에 관한 조치
④ 안전·보건 관계 법령에 따른 의무이행에 필요한 관리상의 조치

4 산업안전보건위원회 구성

(1) 구성 · 운영
① 사업주는 사업장의 안전 및 보건에 관한 중요 사항을 심의·의결하기 위하여 사업장에 근로자위원과 사용자위원이 같은 수로 구성되는 산업안전보건위원회를 구성·운영하여야 한다.
② 사업주는 산업안전보건위원회의 위원에게 직무 수행과 관련한 사유로 불리한 처우를 해서는 아니 된다.

(2) 근로자위원
① 근로자대표
② 명예산업안전감독관이 위촉되어 있는 사업장의 경우 근로자대표가 지명하는 1명 이상의 명예산업안전감독관
③ 근로자대표가 지명하는 9명(근로자인 ②의 위원이 있는 경우에는 9명에서 그 위원의 수를 제외한 수를 말한다) 이내의 해당 사업장의 근로자

(3) 사용자위원
① 해당 사업의 대표자(다른 지역에 사업장이 있는 경우에는 안전보건관리책임자)
② 안전관리자 1명
③ 보건관리자 1명
④ 산업보건의(해당 사업장에 선임되어 있는 경우로 한정한다)
⑤ 해당 사업의 대표자가 지명하는 9명 이내의 해당 사업장 부서의 장(상시근로자 50명 이상 100명 미만 사업장은 제외 가능)

(4) 건설공사도급인이 협의체를 구성한 경우
건설공사도급인이 안전 및 보건에 관한 협의체를 구성한 경우에는 산업안전보건위원회의 위원을 다음의 사람을 포함하여 구성할 수 있다.
① **근로자위원** : 도급 또는 하도급 사업을 포함한 전체 사업의 근로자대표, 명예산업안전감독관 및 근로자대표가 지명하는 해당 사업장의 근로자
② **사용자위원** : 도급인 대표자, 관계수급인의 각 대표자 및 안전관리자

(5) 산업안전보건위원회의 위원장
산업안전보건위원회의 위원장은 위원 중에서 호선한다. 이 경우 근로자위원과 사용자위원 중 각 1명을 공동위원장으로 선출할 수 있다.

5 산업안전보건위원회 심의 · 의결

(1) 심의 · 의결사항
① 사업장의 산업재해 예방계획의 수립에 관한 사항

② 안전보건관리규정의 작성 및 변경에 관한 사항
③ 안전보건교육에 관한 사항
④ 작업환경측정 등 작업환경의 점검 및 개선에 관한 사항
⑤ 근로자의 건강진단 등 건강관리에 관한 사항
⑥ 산업재해에 관한 통계의 기록 및 유지에 관한 사항
⑦ 산업재해의 원인 조사 및 재발 방지대책 수립에 관한 사항 중 중대재해에 관한 사항
⑧ 유해하거나 위험한 기계·기구·설비를 도입한 경우 안전 및 보건 관련 조치에 관한 사항
⑨ 그 밖에 해당 사업장 근로자의 안전 및 보건을 유지·증진시키기 위하여 필요한 사항

(2) 심의·의결사항 이행

① 사업주와 근로자는 산업안전보건위원회가 심의·의결한 사항을 성실하게 이행하여야 한다.
② 산업안전보건위원회는 이 법, 이 법에 따른 명령, 단체협약, 취업규칙 및 안전보건관리규정에 반하는 내용으로 심의·의결해서는 아니 된다.

6 산업안전보건위원회 회의

(1) 회의 소집

① 산업안전보건위원회의 회의는 정기회의와 임시회의로 구분한다.
② 정기회의는 분기마다 산업안전보건위원회의 위원장이 소집하며, 임시회의는 위원장이 필요하다고 인정할 때에 소집한다.

(2) 의결정족수

회의는 근로자위원 및 사용자위원 각 과반수의 출석으로 개의하고 출석위원 과반수의 찬성으로 의결한다.

(3) 직무대리

근로자대표, 명예산업안전감독관, 해당 사업의 대표자, 안전관리자 또는 보건관리자는 회의에 출석할 수 없는 경우에는 해당 사업에 종사하는 사람 중에서 1명을 지정하여 위원으로서의 직무를 대리하게 할 수 있다.

(4) 회의록 작성

산업안전보건위원회는 다음의 사항을 기록한 회의록을 작성하여 갖추어 두어야 한다.
① 개최 일시 및 장소
② 출석위원
③ 심의 내용 및 의결·결정 사항
④ 그 밖의 토의사항

(5) 의결되지 않은 사항 등의 처리

① 산업안전보건위원회는 다음의 경우에는 근로자위원과 사용자위원의 합의에 따라 산업안전보건위원회에 중재기구를 두어 해결하거나 제3자에 의한 중재를 받아야 한다.

  ㉠ 심의·의결사항에 대하여 산업안전보건위원회에서 의결하지 못한 경우
  ㉡ 산업안전보건위원회에서 의결된 사항의 해석 또는 이행방법 등에 관하여 의견이 일치하지 않는 경우

② 중재 결정이 있는 경우에는 산업안전보건위원회의 의결을 거친 것으로 보며, 사업주와 근로자는 그 결정에 따라야 한다.

(6) 회의 결과 등의 공지

산업안전보건위원회의 위원장은 산업안전보건위원회에서 심의·의결된 내용 등 회의 결과와 중재 결정된 내용 등을 사내방송이나 사내보, 게시 또는 자체 정례조회, 그 밖의 적절한 방법으로 근로자에게 신속히 알려야 한다.

[산업안전보건법 시행령 별표 9]

산업안전보건위원회를 구성해야 할 사업의 종류 및 사업장의 상시근로자 수

사업의 종류	사업장의 상시근로자 수
1. 토사석 광업 2. 목재 및 나무제품 제조업; 가구제외 3. 화학물질 및 화학제품 제조업; 의약품 제외(세제, 화장품 및 광택제 제조업과 화학섬유 제조업은 제외한다) 4. 비금속 광물제품 제조업 5. 1차 금속 제조업 6. 금속가공제품 제조업; 기계 및 가구 제외 7. 자동차 및 트레일러 제조업 8. 기타 기계 및 장비 제조업(사무용 기계 및 장비 제조업은 제외) 9. 기타 운송장비 제조업(전투용 차량 제조업은 제외)	상시근로자 50명 이상
10. 농업 11. 어업 12. 소프트웨어 개발 및 공급업 13. 컴퓨터 프로그래밍, 시스템 통합 및 관리업 14. 정보서비스업 15. 금융 및 보험업 16. 임대업; 부동산 제외 17. 전문, 과학 및 기술 서비스업(연구개발업은 제외한다) 18. 사업지원 서비스업 19. 사회복지 서비스업	상시근로자 300명 이상
20. 건설업	공사금액 120억원 이상 (토목공사업의 경우에는 150억원 이상)
21. 제1호부터 제20호까지의 사업을 제외한 사업	상시근로자 100명 이상

04 안전·보건관리 책임자 등

1 안전보건관리책임자

(1) 업무

사업주는 사업장을 실질적으로 총괄하여 관리하는 사람에게 해당 사업장의 다음의 업무를 총괄하여 관리하도록 하여야 한다.
① 사업장의 산업재해 예방계획의 수립에 관한 사항
② 안전보건관리규정의 작성 및 변경에 관한 사항
③ 안전보건교육에 관한 사항
④ 작업환경측정 등 작업환경의 점검 및 개선에 관한 사항
⑤ 근로자의 건강진단 등 건강관리에 관한 사항
⑥ 산업재해의 원인 조사 및 재발 방지대책 수립에 관한 사항
⑦ 산업재해에 관한 통계의 기록 및 유지에 관한 사항
⑧ 안전장치 및 보호구 구입 시 적격품 여부 확인에 관한 사항
⑨ 그 밖에 근로자의 유해·위험 방지조치에 관한 사항으로서 고용노동부령으로 정하는 사항

(2) 지휘·감독

안전보건관리책임자는 안전관리자와 보건관리자를 지휘·감독한다.

2 관리감독자

(1) 업무

사업주는 사업장의 생산과 관련되는 업무와 그 소속 직원을 직접 지휘·감독하는 관리감독자에게 산업 안전 및 보건에 관한 다음의 업무를 수행하도록 하여야 한다.
① 사업장 내 관리감독자가 지휘·감독하는 해당 작업과 관련된 기계·기구 또는 설비의 안전·보건 점검 및 이상 유무의 확인
② 관리감독자에게 소속된 근로자의 작업복·보호구 및 방호장치의 점검과 그 착용·사용에 관한 교육·지도
③ 해당 작업에서 발생한 산업재해에 관한 보고 및 이에 대한 응급조치
④ 해당 작업의 작업장 정리·정돈 및 통로 확보에 대한 확인·감독
⑤ 사업장의 다음에 해당하는 사람의 지도·조언에 대한 협조
  ㉠ 안전관리자 또는 안전관리전문기관의 해당 사업장 담당자
  ㉡ 보건관리자 또는 보건관리전문기관의 해당 사업장 담당자
  ㉢ 안전보건관리담당자 또는 안전관리전문기관 또는 보건관리전문기관의 해당 사업장 담당자
  ㉣ 산업보건의

⑥ 위험성평가에 관한 다음의 업무

　㉠ 유해·위험요인의 파악에 대한 참여
　㉡ 개선조치의 시행에 대한 참여

⑦ 그 밖에 해당작업의 안전 및 보건에 관한 사항으로서 고용노동부령으로 정하는 사항

(2) 관리감독자 있는 경우

관리감독자가 있는 경우에는 건설기술 진흥법에 따른 안전관리책임자 및 안전관리담당자를 각각 둔 것으로 본다.

3 안전관리자 및 보건관리자

(1) 안전관리자 업무

사업주는 사업장에 안전에 관한 기술적인 사항에 관하여 사업주 또는 안전보건관리책임자를 보좌하고 관리감독자에게 지도·조언하는 업무를 수행하는 안전관리자를 두어야 한다.

① 산업안전보건위원회 또는 노사협의체에서 심의·의결한 업무와 해당 사업장의 안전보건관리규정 및 취업규칙에서 정한 업무
② 위험성평가에 관한 보좌 및 지도·조언
③ 안전인증대상기계 등과 자율안전확인대상기계 등 구입 시 적격품의 선정에 관한 보좌 및 지도·조언
④ 해당 사업장 안전교육계획의 수립 및 안전교육 실시에 관한 보좌 및 지도·조언
⑤ 사업장 순회점검, 지도 및 조치 건의
⑥ 산업재해 발생의 원인 조사·분석 및 재발 방지를 위한 기술적 보좌 및 지도·조언
⑦ 산업재해에 관한 통계의 유지·관리·분석을 위한 보좌 및 지도·조언
⑧ 법 또는 법에 따른 명령으로 정한 안전에 관한 사항의 이행에 관한 보좌 및 지도·조언
⑨ 업무 수행 내용의 기록·유지
⑩ 그 밖에 안전에 관한 사항으로서 고용노동부장관이 정하는 사항

(2) 보건관리자 업무

사업주는 사업장에 보건에 관한 기술적인 사항에 관하여 사업주 또는 안전보건관리책임자를 보좌하고 관리감독자에게 지도·조언하는 업무를 수행하는 보건관리자를 두어야 한다.

① 산업안전보건위원회 또는 노사협의체에서 심의·의결한 업무와 안전보건관리규정 및 취업규칙에서 정한 업무
② 안전인증대상기계 등과 자율안전확인대상기계 등 중 보건과 관련된 보호구 구입 시 적격품 선정에 관한 보좌 및 지도·조언
③ 위험성평가에 관한 보좌 및 지도·조언
④ 물질안전보건자료의 게시 또는 비치에 관한 보좌 및 지도·조언
⑤ 산업보건의의 직무
⑥ 해당 사업장 보건교육계획의 수립 및 보건교육 실시에 관한 보좌 및 지도·조언

⑦ 해당 사업장의 근로자를 보호하기 위한 다음의 조치에 해당하는 의료행위

  ㉠ 자주 발생하는 가벼운 부상에 대한 치료
  ㉡ 응급처치가 필요한 사람에 대한 처치
  ㉢ 부상·질병의 악화를 방지하기 위한 처치
  ㉣ 건강진단 결과 발견된 질병자의 요양 지도 및 관리
  ㉤ ㉠부터 ㉣까지의 의료행위에 따르는 의약품의 투여

⑧ 작업장 내에서 사용되는 전체 환기장치 및 국소 배기장치 등에 관한 설비의 점검과 작업방법의 공학적 개선에 관한 보좌 및 지도·조언
⑨ 사업장 순회점검, 지도 및 조치 건의
⑩ 산업재해 발생의 원인 조사·분석 및 재발 방지를 위한 기술적 보좌 및 지도·조언
⑪ 산업재해에 관한 통계의 유지·관리·분석을 위한 보좌 및 지도·조언
⑫ 법 또는 법에 따른 명령으로 정한 보건에 관한 사항의 이행에 관한 보좌 및 지도·조언
⑬ 업무 수행 내용의 기록·유지
⑭ 그 밖에 보건과 관련된 작업관리 및 작업환경관리에 관한 사항으로서 고용노동부장관이 정하는 사항

4 안전보건관리담당자 및 안전보건총괄책임자

(1) 안전보건관리담당자의 직무

사업주는 사업장에 안전 및 보건에 관하여 사업주를 보좌하고 관리감독자에게 지도·조언하는 업무를 수행하는 안전보건관리담당자를 두어야 한다. 다만, 안전관리자 또는 보건관리자가 있거나 이를 두어야 하는 경우에는 그러하지 아니하다.
① 안전보건교육 실시에 관한 보좌 및 지도·조언
② 위험성평가에 관한 보좌 및 지도·조언
③ 작업환경측정 및 개선에 관한 보좌 및 지도·조언
④ 각종 건강진단에 관한 보좌 및 지도·조언
⑤ 산업재해 발생의 원인 조사, 산업재해 통계의 기록 및 유지를 위한 보좌 및 지도·조언
⑥ 산업 안전·보건과 관련된 안전장치 및 보호구 구입 시 적격품 선정에 관한 보좌 및 지도·조언

(2) 안전보건총괄책임자의 직무

도급인은 관계 수급인 근로자가 도급인의 사업장에서 작업을 하는 경우에는 그 사업장의 안전보건관리책임자를 도급인의 근로자와 관계수급인 근로자의 산업재해를 예방하기 위한 업무를 총괄하여 관리하는 안전보건총괄책임자로 지정하여야 한다. 이 경우 안전보건관리책임자를 두지 아니하여도 되는 사업장에서는 그 사업장에서 사업을 총괄하여 관리하는 사람을 안전보건총괄책임자로 지정하여야 한다.
① 위험성평가의 실시에 관한 사항
② 사업자의 작업의 중지
③ 도급 시 산업재해 예방조치
④ 산업안전보건관리비의 관계 수급인 간의 사용에 관한 협의·조정 및 그 집행의 감독
⑤ 안전인증대상기계 등과 자율안전확인대상기계 등의 사용 여부 확인

CHAPTER 4 실전예상문제

01 다음 중 조직구성의 일반원리에 관한 설명으로 옳지 않은 것은?

① 계층제 원리는 권한과 책임의 정도에 따라 직무를 등급화하여 상하계층 간에 직무상 지휘·감독관계 및 명령·복종관계를 형성하는 것을 말한다.
② 명령통일의 원리는 한 사람의 상관이 직접 통솔할 수 있는 부하의 합리적인 수에 관한 원리를 말한다.
③ 전문화·분업화의 원리는 조직의 전체 기능을 업무와 성질별로 나누어 가급적 한 사람에게 동일한 업무를 분담시켜야 한다는 것을 말한다.
④ 조정과 통합의 원리는 조직의 공통목적 달성을 위해 조직체 각 부분 간 협동의 통일이 이루어지도록 조직 내 갈등을 조정해야 한다는 원리이다.

해설 ②는 통솔범위의 원리에 관한 설명이다. 명령통일의 원리는 조직구성원 누구나 한 사람의 상관에게만 보고하며, 한 사람의 상관으로부터 명령을 받아야 한다는 원리를 말한다.

02 다음 중 직계식 조직과 관련한 설명으로 옳지 않은 것은?

① 최상위에서 최하위에 이르는 모든 직위가 단일 명령권한의 라인으로 연결된 조직이다.
② 횡적(수평적) 의사소통에 한계가 있다.
③ 상위자 1인에게 과중한 책임이 발생할 수 있다.
④ 책임과 권한의 귀속이 불명확하다.

해설 ④ 직계식 조직은 최상위에서 최하위에 이르는 모든 직위가 단일 명령권한의 라인으로 연결된 조직이다. 책임과 권한의 귀속이 명확하고, 조직의 명령계통이 단순하여 일관성이 있어서 경영 전체의 질서유지에 유리하다. 그러나 횡적(수평적) 의사소통에 한계가 있고, 상위자 1인에게 과중한 책임이 발생할 수 있다.

03 다음의 설명에 해당하는 조직의 유형은?

> 특정한 사업목표를 달성하기 위하여 일시적으로 조직 내의 인적·물적 자원을 결합하는 조직형태를 말한다.

① 프로젝트 조직   ② 직능식 조직
③ 직계참모 조직   ④ 위원회 조직

해설 ① 프로젝트 조직에 대한 설명이다.
② 직능식 조직은 관리자의 관리기능을 기능별로 전문화하고, 각 관리자는 관리직능에 따라 다른 부문의 하위자에게 명령·지휘할 수 있는 권한이 있는 조직을 말한다.
③ 직계참모 조직은 직계조직과 참모조직의 단점을 보완하고 장점을 살리기 위한 혼합형태로서, 직계조직의 지휘·명령의 일원화와 참모조직의 전문화에 따른 조력체계를 결합한 조직을 말한다.
④ 위원회 조직은 결정과정을 다수의 위원이 참여하는 조직체에서 집단적으로 하는 조직형태이다.

04 다음 중 line-staff형 안전조직에 관한 설명으로 가장 옳은 것은?

① 안전지시나 조치가 철저하고, 실시가 빠르다.
② 명령계통과 조언, 권고적 참여가 혼동되기 쉽다.
③ 직능별 전문화에 의한 배분으로 상위자의 관리직능의 부담이 경감된다.
④ 사업부 간 과다경쟁으로 조직 전체의 목표달성이 저해된다.

해설 ② 직계참모형(line-staff) 조직의 단점이다.
① 직계식 조직의 장점이다.
③ 직능식 조직의 장점이다.
④ 사업부제 조직의 단점이다.

정답 01. ② 02. ④ 03. ① 04. ②

05 다음 그림 중 기업조직과 개인 목표 충돌과 관련하여 조직성과, 달성정도 중간을 표현한 상태를 나타낸 것은?

①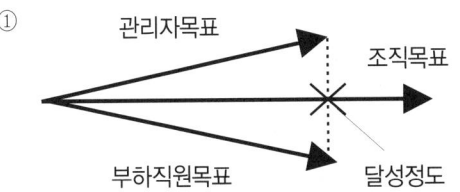

②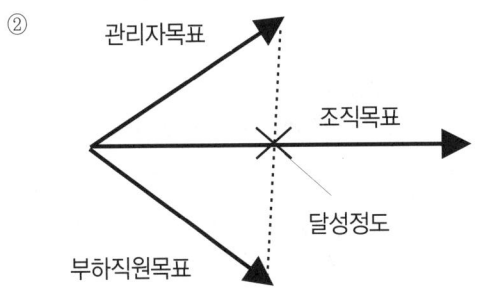

③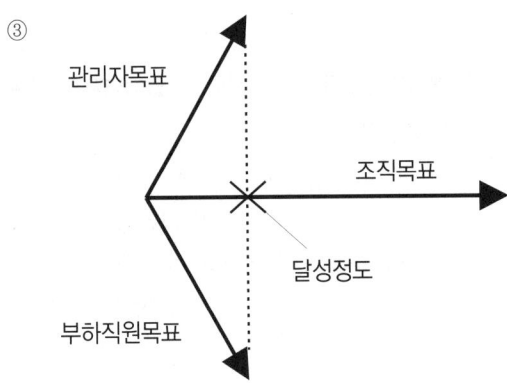

④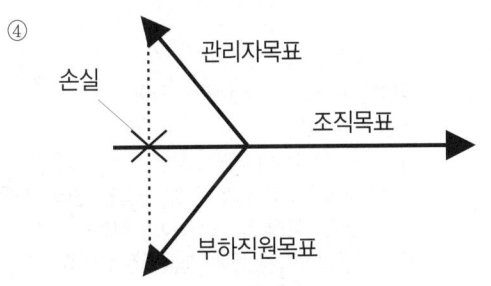

해설 기업조직과 개인 목표 충돌의 유형에 관한 그림이다.
① 성공적인 일치관계
② 조직성과, 달성정도 중간
③ 조직성과, 달성정도 낮음
④ 조직성과 없음을 표현한다.

06 집단에 관한 다음 설명 중 옳지 않은 것은?

① 집단은 소수의 인원으로 구성되며, 최소한 2인 이상으로 구성되는 사회적 집합체이다.
② 이익사회는 의지나 선택에 의해 후천적으로 결성된 집단이다.
③ 1차 집단은 간접적이고 형식적이다.
④ 비공식집단은 사회적인 접촉과 그에 따르는 필요성에 의해 등장하는 집단이다.

해설 ③ 집단의 접촉방식에 따른 분류로서 1차 집단은 직접적이고 영구적이며 친밀한 관계이지만, 2차 집단은 간접적이고 형식적, 사무적인 접촉방식을 가진다.

07 다음 중 집단에 관한 설명으로 옳지 않은 것은?

① 외집단은 구성원 간 공동체 의식이 강한 집단이다.
② 1차 집단은 직접적이고 영구적이며 친밀한 관계이다.
③ 공동사회는 본인의 의지 또는 선택이 아닌 선천적, 자연발생적으로 결성된 집단이다.
④ 비공식집단은 소규모라서 개인적 접촉기회가 많아 동료애의 욕구가 있으며 응집력이 크다.

해설 ① 내집단은 구성원 간 공동체 의식이 강한 집단이고, 외집단은 적대의식이나 이질감을 갖는 타인 집단이다.

08 다음 중 집단갈등과 관련한 설명으로 틀린 것은?

① 갈등이란 개인이나 집단이 함께 일을 수행하는데 애로를 겪는 상태로서 정상적인 활동이 방해되거나 파괴되는 상태를 말한다.
② 발생 원인으로는 상호의존성, 의사소통 부족 등을 들 수 있다.
③ 구성원의 이질화 등으로 갈등이 촉진된다.
④ 조직구조의 변경은 갈등을 더욱 촉진하므로 지양해야 한다.

해설 ④ 적절한 조직구조의 변경은 갈등의 해소방안이 될 수 있다. 갈등의 해결방법으로서 직접 대면, 상위 목표의 설정, 조직구조의 변경, 자원의 확충 등이 있다.

09 산업안전보건법령상 산업안전보건위원회에 관한 다음 설명 중 옳지 않은 것은?

① 사업주는 근로자위원과 사용자위원이 같은 수로 구성되는 산업안전보건위원회를 구성·운영하여야 한다.
② 산업안전보건위원회의 위원장은 사용자위원 중에서 호선한다.
③ 산업안전보건위원회의 정기회의는 분기마다 위원장이 소집한다.
④ 회의는 근로자위원 및 사용자위원 각 과반수의 출석으로 개의하고 출석위원 과반수의 찬성으로 의결한다.

해설 ② 산업안전보건위원회의 위원장은 위원 중에서 호선한다. 이 경우 근로자위원과 사용자위원 중 각 1명을 공동위원장으로 선출할 수 있다.

10 산업안전보건법령상 정보서비스업은 상시근로자가 몇 명 이상일 경우 산업안전보건위원회를 구성해야 하는가?

① 50명 ② 100명
③ 300명 ④ 500명

해설 ③ 정보서비스업, 금융 및 보험업, 농업, 어업, 소프트웨어 개발 및 공급업 등은 상시근로자 300명 이상이고, 1차 금속 제조업, 비금속 광물제품 제조업, 금속가공제품 제조업(기계 및 가구 제외) 등은 상시근로자 50명 이상일 경우 산업안전보건위원회를 구성해야 한다.

11 산업안전보건령상 산업안전보건위원회의 위원 중 사용자 위원에 해당되지 않는 것은? (단, 해당 위원이 사업장에 선임이 되어 있는 경우에 한한다.)

① 안전관리자 ② 보건관리자
③ 산업보건의 ④ 명예산업안전감독관

해설 ④ 명예산업안전감독관은 근로자위원에 해당한다.

> **사용자위원**
> - 해당 사업의 대표자(다른 지역에 사업장이 있는 경우에는 안전보건관리책임자)
> - 안전관리자 1명
> - 보건관리자 1명
> - 산업보건의(해당 사업장에 선임되어 있는 경우로 한정한다)
> - 해당 사업의 대표자가 지명하는 9명 이내의 해당 사업장 부서의 장(상시근로자 50명 이상 100명 미만 사업장은 제외 가능)

12 산업안전보건법상 안전보건총괄책임자의 직무에 해당되는 것은?

① 업무수행 내용의 기록·유지
② 근로자를 보호하기 위한 의료행위
③ 위험성평가에 관한 보좌 및 지도·조언
④ 안전인증대상 기계등과 자율안전확인대상 기계 등의 사용 여부 확인

해설 ①②③은 보건관리자의 직무이다.

> **안전보건총괄책임자의 직무**
> - 위험성평가의 실시에 관한 사항
> - 사업자의 작업의 중지
> - 도급 시 산업재해 예방조치
> - 산업안전보건관리비의 관계 수급인 간의 사용에 관한 협의·조정 및 그 집행의 감독
> - 안전인증대상기계 등과 자율안전확인대상기계 등의 사용 여부 확인

13 다음 중 산업안전보건법령상 안전관리자의 직무에 해당되지 않는 것은?(단, 기타 안전에 관한 사항으로서 고용노동부장관이 정하는 사항은 제외한다.)
① 업무 수행 내용의 기록·유지
② 산업재해에 관한 통계의 유지·관리·분석을 위한 보좌 및 지도·조언
③ 작업장 내에서 사용되는 전체 환기장치 및 국소 배기장치 등에 관한 설비의 점검에 관한 보좌 및 지도·조언
④ 해당 사업장 안전교육계획의 수립 및 안전교육 실시에 관한 보좌 및 지도·조언

해설 ③ 보건관리자의 직무이다.

💡 안전관리자 직무
① 산업안전보건위원회 또는 노사협의체에서 심의·의결한 업무와 해당 사업장의 안전보건관리규정 및 취업규칙에서 정한 업무
② 위험성평가에 관한 보좌 및 지도·조언
③ 안전인증대상기계 등과 자율안전확인대상기계 등 구입 시 적격품의 선정에 관한 보좌 및 지도·조언
④ 해당 사업장 안전교육계획의 수립 및 안전교육 실시에 관한 보좌 및 지도·조언
⑤ 사업장 순회점검, 지도 및 조치 건의
⑥ 산업재해 발생의 원인 조사·분석 및 재발 방지를 위한 기술적 보좌 및 지도·조언
⑦ 산업재해에 관한 통계의 유지·관리·분석을 위한 보좌 및 지도·조언
⑧ 법 또는 법에 따른 명령으로 정한 안전에 관한 사항의 이행에 관한 보좌 및 지도·조언
⑨ 업무 수행 내용의 기록·유지
⑩ 그 밖에 안전에 관한 사항으로서 고용노동부장관이 정하는 사항

온라인 교육의 명품브랜드 www.edupd.com

선박안전관리사
2급 · 3급
시 험 대 비

선박안전관리사 2급·3급 시험대비

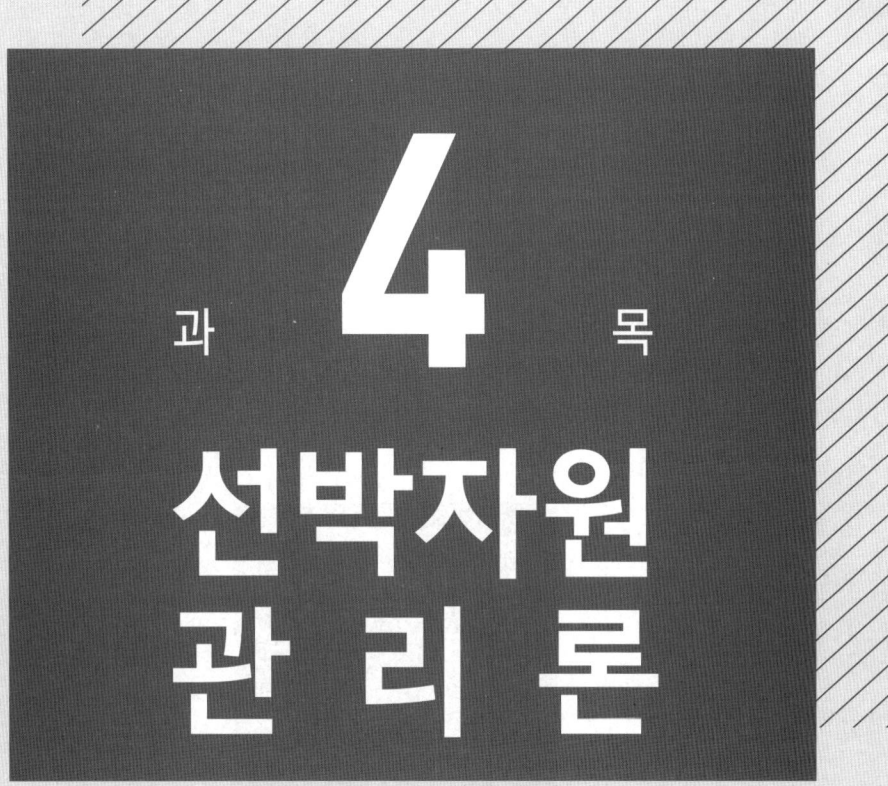

과목 4
선박자원관리론

◆ 제1편 인적자원관리

제1장 인적자원관리
제2장 과업 및 업무량 관리 적응능력
제3장 의사소통
제4장 의사결정기술

◆ 제2편 물적자원관리

제1장 선박기기
제2장 선박구조
제3장 선박관리시스템

선박안전관리사
2급·3급
시험대비

선박안전관리사 2급·3급 시험대비

제 1 편
인적자원관리

제1장 인적자원관리
제2장 과업 및 업무량 관리 적응능력
제3장 의사소통
제4장 의사결정기술

CHAPTER 1 인적자원관리

1 인적자원관리의 개념과 인사관리 및 직무관리

(1) 인적자원관리의 개념
① 조직 목적을 달성하기 위해 효율적으로 활용하는 자원 중에 인적자원의 획득·개발에 관한 활동이다.
② 기업의 장래 인적자원 수요를 예측해 기업 전략 실현에 필요한 인적자원을 확보하려고 실시하는 일련의 활동이다. 인적자원계획, 인적자원개발, 인적자원활용 3가지 측면이 있다.
③ 채용·선발·배치부터 조직설계·개발, 교육·훈련까지 포괄하는 광범위한 활동에서 종래 인사관리 틀을 넘어선 보다 포괄적인 개념이다.
④ 구성원들이 조직 목적과 능력에 맞게 활용되고 이에 걸맞은 물리적, 심리적 보상과 함께 구성원 발탁, 개발, 활용 등은 물론 구성원과 조직간 관계와 능률도 다룬다.

〈출처 : 매일경제, 매경닷컴〉

(2) 인사관리
① 기업(조직)의 능동적 구성요소인 인적 자원으로서의 종업원의 잠재능력을 최대한으로 발휘하게 하여 그들 스스로가 최대한의 성과를 달성하도록 하며, 그들이 인간으로서의 만족을 얻게 하려는 일련의 체계적인 관리활동이다.
② 인사관리의 3가지 주축
  ㉠ 기업의 생산적 목적의 달성
  ㉡ 조직 내 이해관계의 조정
  ㉢ 인간적 측면의 충실

(3) 인적자원관리의 중요성
① **인재 확보 및 채용** : 인적자원관리는 기업이 필요한 인재를 확보하고 적절한 채용 절차를 통해 인재를 선발하는데 중요한 역할을 한다.
② **교육 및 개발** : 인적자원관리는 직원들의 교육과 개발에 관여하여 전문성과 역량을 향상시키는데 도움을 준다. 이를 통해 직원들은 더 나은 성과를 내고 조직의 목표를 달성하는데 기여할 수 있다.
③ **성과 평가 및 보상** : 인적자원관리는 직원들의 성과를 평가하고 적절한 보상을 제공하는데 중요한 역할을 한다. 성과 평가와 보상 시스템은 직원들의 동기부여와 유지에 영향을 미치며, 성과에 따른 공정한 보상은 직원들의 충성도와 참여도를 높일 수 있다.
④ **조직문화 및 리더십 개발** : 인적자원관리는 조직문화와 리더십 개발에도 영향을 미친다. 조직문화는 직원들의 행동과 가치관을 형성하며, 리더십 개발은 조직 내에서 효과적인 리더를 양성하는데 중요한 역할을 한다.

⑤ **직원 관리 및 유지** : 인적자원관리는 직원들의 관리와 유지에도 관여한다. 직원들의 업무 만족도와 직장 만족도를 높이는데 중요한 역할을 하며, 직원들의 이직률을 낮추고 재능과 경험을 보유한 인재를 유지하는데 도움을 준다.

> 💡 전통적 인사관리와 인적자원관리의 차이점
> 전통적 인사관리는 충원하고, 적소에 배치하며, 능력 발전을 도모하고, 평가 및 보상을 통해 근무 의욕을 고취시키는 활동을 말한다.
> 인적자원관리는 인재 확보시부터 전략적, 효율적 판단을 통해 인적자원의 가치에 중점을 둔다.

(4) 직무관리

사람을 중심으로 하는 인사관리와 대조적으로 표현되며, 직무에 대한 분석 및 평가에 기반하여 인사관리의 제반기능을 설계하고 운영하는 인사관리방식을 의미한다. 예를 들어 직무기술서, 직무명세서를 기반으로 한 채용과 선발, 직무역량 중심으로 실시하는 교육훈련, 직무급을 통한 임금설계 등이 직무중심 인사관리를 구현하기 위한 방법이라고 할 수 있다.

① **직무기술서** : 직무의 형태와 책임 사항을 기록한 문서
② **직무명세서** : 직무에 필요한 기술·지식·능력 등 인적용건을 명시한 문서
③ **직무평가법**
   ㉠ 비계량적 방법 : 서열법, 분류법
   ㉡ 계량적 방법 : 점수법, 요소(요인)비교법
④ **직무훈련**
   ㉠ OJT(on the job training) : 훈련을 받는 자가 현재 근무하는 직장에서 자기의 직무를 정상적으로 수행하면서 상관으로부터 지도·훈련을 받는 교육훈련의 방법. 직장훈련 또는 현장실습이라고도 부른다.
   ㉡ Off JT(off the job training) : 근로자를 직무로부터 분리해 별도의 교육관계자 또는 외부기관에 의해 교육이 이루어지는 것으로 집단적으로 이루어지는 것이 일반적이다.
   ㉢ TWI(Training Withinn industry) : 현장감독자(現場監督者) 훈련법의 하나. 내용은 직책에 관한 지식, 작업에 관한 지식, 지도하는 기능, 개선하는 기능 및 사람을 다루는 기능 등인데, 특히 뒤의 3가지를 중시하여 훈련시킨다.
   ㉣ ATP(Administration Training Program) : 경영자에 대한 정형적 훈련

> 💡 직무평가의 방법
> ① **서열법** : 각 직무의 중요도·곤란도·책임도 등을 종합적으로 판단하여 일정한 순서로 늘어놓는다.
> ② **분류법** : 제반 요소로써 직무의 가치를 단계적으로 구분하는 등급표를 만들고 평가직무를 이에 맞는 등급으로 분류한다.
> ③ **요인비교법(要因比較法)** : 급여율이 가장 적정하다고 생각되는 직무를 기준직무로 하고 그에 비교해 지식·숙련도 등 제반 요인별로 서열을 정한 다음, 평가직무를 비교함으로써 평가직무가 차지할 위치를 정한다.
> ④ **점수법** : 책임·숙련·피로·작업환경 등 4항목을 중심으로 각 항목별로, 각 평가 점수를 매겨 점수의 합계로써 가치를 정한다.
>
> (두산백과 두피디아)

2 선내 업무조직

① **관리급** : 선장, 일등항해사, 기관장, 일등기관사, 사무장 등
② **운항급** : 항해 또는 기관 당직을 담당하는 선박직원 또는 무인기관구역에 대한 지정 기관사, 무선통신사 등(2,3급 항해사, 2,3급 해기사, 사무원)
③ **보조급** : 갑판장, 조기장, 사주장(Chief Steward) 이하 직급의 직원으로서 선박직원의 직접적인 통제 하에 임무를 수행하는 등급을 말한다.

> 💡 **항해사**
>
> 항해사(선장)는 국내·외 기준에 따라 안전한 선박운항을 위하여 여객의 승·하선, 화물의 적·양하, 항해, 선박통신, 교육훈련, 안전관리 및 갑판관리 등의 업무를 수행하는 사람을 말하며, 항해사(선장)가 되려면 해양수산부 장관의 해기사 면허를 받아야 한다. 항해사의 등급별 면허는 1급, 2급, 3급, 4급, 5급, 6급 항해사로 구분한다.
>
> [주요 업무]
> • 항해사는 갑판부에서 항해 당직을 수행한다. 선장을 보좌하며, 선박의 항해 당직, 입출항보조, 화물 적·양하, 하역장비 운용 및 점검, 갑판부원 관리, 교육훈련, 선체점검, 갑판장비 운용 및 점검, 항해장비 운용 및 점검, 해도 및 항해관련 도서 관리, 의약품관리, 소화 및 구명설비 관리 등의 업무를 수행한다. 통신장이 승선하지 않는 선박의 경우 항해사는 통신장비를 운용 및 관리하며 각종 선박의 검사를 수검한다.
> • 선장은 해원(海員)을 지휘·감독하며 선박의 운항관리에 관하여 책임을 지는 선원을 말하며 선박소유자의 대리인으로서 안전하고 경제적인 항해를 수행한다.
>
> 〈출처 : 한국해기사협회 홈페이지〉

3 선내 비공식 사회 조직

(1) 선원의 비공식 조직

선박은 공식조직과 별도로 국가, 출신 지역, 출신 언어, 직급, 세대, 종교, 학연, 지연 등 개인적 친분에 따라 다양한 비공식 조직이 구성된다.

(2) 선내 비공식 조직의 장점

① 선박조직의 경직성을 완화
② 조직의 신축성 부여
③ 조직의 소속감 및 심리적 안정감 부여
④ 선박조직의 경직성을 완화
⑤ 선내 조직문화 개선 가능(비공식 조직의 응집력과 리더의 통솔력 활용)
⑥ 공식 리더의 부족함을 보충하는 효과
⑦ 인원이 적은 규모의 선박에서는 중요한 조직 관리수단으로 작용

(3) 지나치게 비공식 조직에 의존하는 경우의 문제점

① 관리자의 소외와 공식적 권위의 약화 초래
② 중요 정보의 사전 누출 가능성
③ 개인적 불만이 집단으로 확산될 우려

④ 공식조직에 대한 적대감 형성 및 구성원들에게 심리적 불안감 조성 가능성
⑤ 정실 또는 파벌 조성의 위험
⑥ 업무 진행이 비공식 조직의 이해관계에 따라 관행화될 우려

(4) 선상 내 선원 문화간 관계 개선 행동

① **모호함에 대한 포용력** : 특정 정보의 부족 또는 애매한 행동이나 언어표현에 대해 중립적이고 열린 자세로 받아들이는 마음가짐
② **감정이입(Empathy)** : 다른 선원들의 배경, 경험한 슬픔 또는 행복에 대한 공감
③ **긍정적 태도**
④ **문화상대주의적 관점** : 특정 문화의 우월성이 아니라 여러 집단의 다양성 등 인정
⑤ **관조적 시각(Bird's-eye View)** : 특정한 사람 또는 특정 사건에 대하여 제3자의 관점에서 해석하고 판단하려는 관점

4 인간의 실수와 상황인식

(1) IMO(구제해사기구)의 실수 정의

인간의 실수는 '개인 또는 집단에서 수용할 수 있거나 기대되는 시행에서 이탈하여 수용할 수 없거나 기대되지 않는 결과를 가져오는 것'을 말한다.
실수의 원인으로 인간의 행동에는 시스템 또는 인간의 한계에 부정적인 영향을 미치는 잠재적 요소를 내포하고 있으므로 인간은 실수를 범할 수 있다고 설명한다.

(2) 잠재적 실수와 가시적 실수 및 즉발적 실수

① **잠재적 실수(Latent failure)** : 사고 이전부터 누적되어 온 다양한 오류, 허점들이 집적된 상태로 잠재된 과오
② **사전여건(잠재여건, Latent condition)** : 실수나 과실에 의해 사고가 일어나기 전 이미 잠재하고 있는 사고를 일으킬 수 있는 여건
③ **즉발적 실수(가시적 실수, Active failure)** : 사고 직전 단계에서 이루어지는 현장의 실수(승무원에 의한 절차, 규제 및 항법 위반이나 상황인식 저하로 인한 판단 실수 등)

(3) 인적 오류(Human error)

① 인간의 특정 목적 달성을 위한 일련의 실행 과정이나 목표를 수립하는 과정에서 일어나는 오류
② **인적오류와 실수**
  ㉠ 기술 기반의 오류 : 주의 분산에 의한 오류로서 충분히 숙달된 사람에게서도 발생한다.
  ㉡ 기억력 부족에 의한 오류 : 계획수립 및 실행과정에서 모두 발생하는 오류로서 계획과 실행 사이의 시간적 간격이 커서 오는 기억력 부족, 무엇을 해야 하는지 잊어버리는 것, 계획의 전반적 내용을 기억하지 못하는 것 등
  ㉢ 동작의 실수 : 의도하지 않은 행동을 하는 것
  ㉣ 실수(Mistake) : 경험이나 지식의 부족 때문에 잘못된 계획을 세우는 것

ⓐ 규칙기반의 오류 : 좋은 규칙의 잘못된 적용, 나쁜 규칙의 적용, 좋은 규칙 미적용으로 분류할 수 있다.
ⓑ 좋은 규칙의 미적용(위반, Violation) : 일상적인 것, 상황적인 것, 예외적인 것으로 구분할 수 있다.
ⓒ 지식 기반의 오류 : 잘못된 '실수와 시도'에서 기인

> 💡 인적 오류(Human Error)
> 1. Swain식 분류
>   ① 작위오류(commission error) : 수행해야 할 작업을 부정확하게 수행하는 오류
>   ② 누락오류(Ommission error) : 수행해야 할 작업을 빠트리는 오류
>   ③ 순서오류(Sequence error) : 수행해야 할 작업의 순서를 틀리게 수행하는 오류
>   ④ 시간오류(time error) : 수행해야 할 작업을 정해진 시간 안에 완수하지 못하는 오류
>   ⑤ 불필요한 수행오류(Extraneous error) : 작업 완수에 불필요한 작업을 수행하는 오류
> 2. Reason식 분류
>   ① 비의도적 행동(무의식적 상황, 숙련기반 에러) : 실수(slips), 건망증(lapse)
>   ② 의도적 행동
>   ㉠ 착오(규칙기반 착오, 친숙한 상황)
>   ㉡ 지식기반 착오(생소하고 특수한 상황)
>   ㉢ 고의적 위반(Violation)

(4) 실수 고리(Error chain)

사고나 과실은 실수의 연속성에 의해 발생한다. 이런 연속되는 실수를 "실수 고리"라고 한다.

1) 실수(Mistake)와 위반(Violation)

① 의도된 고의적 행동
  ㉠ 실수 : 의도된 고의적 행동이 틀렸다는 것을 자신이 모르고 행하는 것
  ㉡ 위반 : 의도된 고의적 행동이 틀렸다는 것을 자신이 알면서 행하는 것

② 의도하지 않은 비고의적 행동
  ㉠ 슬립(Slips) : 계획 자체는 적절하나 행동과정에서 주의를 기울이지 못해 발생한 단순한 실수
  ㉡ 랩스(Lapses) : 행동과정에서 기억의 문제로 생기는 실수

2) FSA(공식 안전성 평가, Formal Safety Assessment) 지침서상 인적 오류

선박에서의 인적 오류는 선원의 능력이 직무를 성공적으로 수행할 수 있는데 필요한 수준 아래로 떨어질 때 발생한다. 이는 직무수행자의 능력 문제라기보다는 불리한 상황으로 인한 직무수행자의 능력이 방해를 받았다고 정의하고 있다.

3) FSA 지침서를 지지하는 이론

① SHELL 모델(항공사고 기준)
  승무원을 중심으로 한 주변의 모든 요소들은 항공기 운항과 직접적인 관련성을 가지고 있으며, 5가지의 요소 모두가 제 기능을 발휘하고 조화로웠을 때 안전한 운행이 가능하다는 이론

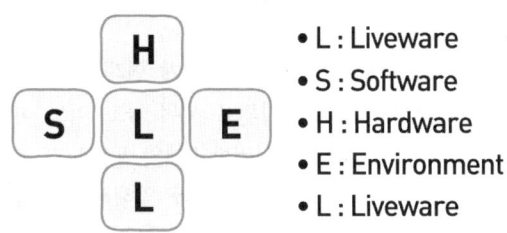

[SHELL Model]

㉠ 중앙 L : "인간"으로 운항승무원 등 업무를 주도적으로 수행하는 사람
㉡ 아래 L : 업무에 관여하면서 지시, 명령을 하는 관제사 등
㉢ H : 항공기 운항과 관련하여 승무원이 조작하는 모든 장비, 장치
㉣ S : 항공기 운항과 관련된 법규, 비행절차, 체크리스트, 기호, 컴퓨터 프로그램 등
㉤ E : 주변 환경, 조종실 내 조명, 습도, 온도, 기압, 산소농도, 소음, 시차 등

② 스위스 치즈 모델

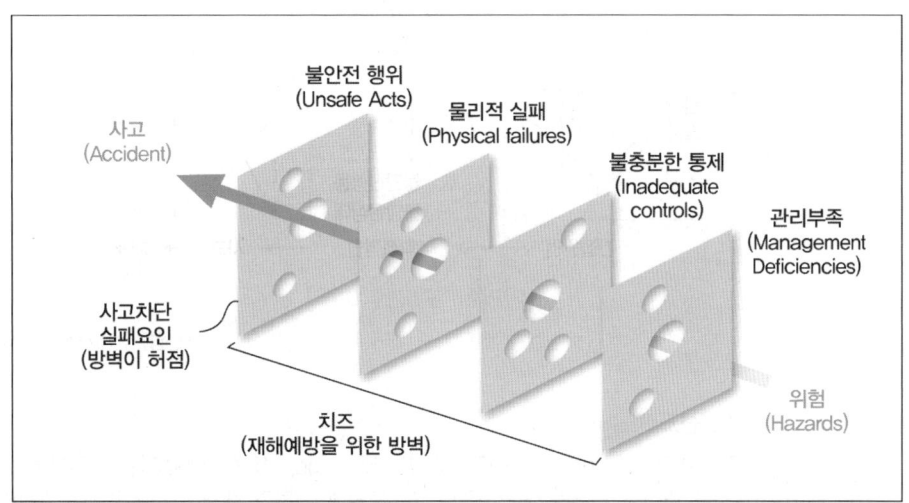

[스위스 치즈 모델(Swiss cheese Model)의 개념도]

㉠ 스위스 치즈 모델은 어떠한 사고가 하나의 원인으로만 발생하는 것이 아니라 조직적인 요인, 시스템적인 요인, 환경적인 요인 등 다양한 요인이 복합적으로 작용하여 일어날 수 있음을 설명한다.
㉡ 이 모델은 사고 발생의 복잡성을 이해하는 데 유용할 뿐만 아니라, 각 단계에서 발생할 수 있는 잠재적 결함을 파악하고, 사고 예방을 위한 방안을 제시하는 것에도 활용이 가능하다.
㉢ 치즈 슬라이스는 사고 위험을 대비하는 안전 장치를 의미하며, 치즈 구멍은 안전 장치의 불완전성으로 인해 존재하는 사고 발생의 잠재적 결함을 나타낸다.
㉣ 전체 시스템 중 한 부분에서 위험 요소가 발생했다 하더라도 다른 안전 장치가 이를 보완하게 되면 사고를 예방할 수 있으나, 치즈의 구멍이 겹치는 것처럼 모든 장치에서 동일한 결함이 발생한 경우에는 대형 사고로 이어지게 되는 것이다.

③ 하인리히 도미노 이론

하인리히의 도미노 이론이란 사고의 원인이 어떻게 연쇄적 반응을 일으키는가를 도미노를 통해서 설명하는 것이다. 즉, 5개의 도미노를 일렬로 세워 놓고 어느 한쪽 끝을 쓰러뜨리면 연쇄적으로, 그리고 순서적으로 쓰러진다는 것이다. 이러한 5개의 도미노가 포함하는 것은 다음과 같다.

㉠ 인간의 실수는 작업환경이나 선천적인 기질에 의해서 일어난다.
㉡ 불안전한 행동 또는 상태는 인간의 개인적 잘못에 의해서 일어난다.
㉢ 재해는 인간의 불안전한 행동 또는 불안전한 기계의 상태에 노출되므로 일어난다.
㉣ 산업재해는 사고나 우연성으로부터 발생한다.
㉤ 사고나 우연성은 상해나 손상으로 이어진다. 이러한 도미노 이론은 도미노 하나가 연쇄적으로 넘어지려고 할 때, 어느 한 도미노를 없애면 연쇄성이 중단된다는 것이다. 따라서 재해나 상해가 발생하기 이전에 작업주위의 불안전한 상태나 인간의 불안전한 행동요소를 제거하면 예방할 수 있다는 것이다.

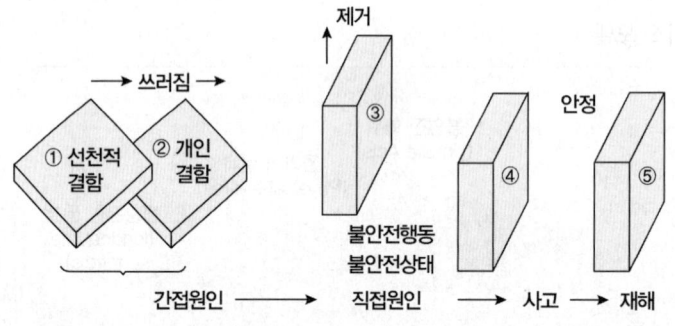

[하인리히 도미노 이론]

(산업안전대사전, 2004. 5. 10., 최상복)

> **버드(Bird)의 신도미노 이론**
>
> "1 : 10 : 30 : 600"이라고도 한다. 버드(Frank E. Bird. Jr., 1921~2007)는 하인리히의 도미노 이론(Heinrich's Law)을 변형한 이론을 제안하였다. 이 모델에 의하면 재해는 근본적으로 관리의 문제이고 사고 전에는 항상 사고가 발생할 전조(직접원인)가 나타난다고 보고 있다.
> 이 직접원인은 사고 발생시 어느 정도 그 원인을 쉽게 알 수 있는 것으로, 하인리히의 불안전 상태나 불안전행동 등이 이에 해당된다. 버드의 이론에서는 사고의 발생원인 중 불안전한 상태나 불안전한 행동을 사고의 직접원인으로 보지만, 이러한 원인이 나타나게 한 기본 원인에 보다 초점을 두고 있다.
> 버드도 하인리히와 같이 사고 데이터를 분석하였는데, 중상과 경상, 재산상 손실만 가져오는 사고, 그리고 '앗차 사고(near miss)'가 '1 : 10 : 30 : 600'의 비율로 발생한다고 하였다.
> 버드는 재해발생의 근본 원인을 경영자의 관리소홀로 보았다.

> **버드의 사고발생 5단계**
>
> (1) 1단계 – 제어부족(관리부재)
> (2) 2단계 – (기본 원인) 개인적 결함(4M – Man, Machine, Media, Management)
> (3) 3단계 – (직접적 원인) 불안전한 상태 또는 행동
> (4) 4단계 – 사고
> (5) 5단계 – 재난

(5) 상황인식(SA, Situational Awareness)

① **상황인식** : 일이 진행되고 있는 과정이나 형편의 상황(situation)과 사물을 분별하고 판단하는 인식(awareness)의 합성어이다. 상황인식이란 '특정 시간과 공간에서 환경적 요소들을 지각, 인식하여 현 상황을 이해 또는 미래 상황을 예측하는 것'을 말한다.

② **상황인식 능력** : 임무를 수행하고 있는 팀의 주위나 팀 내부에서 어떤 일이 일어나고 있는 지를 파악할 수 있는 단서들을 식별하고, 처리하며, 이해할 수 있는 능력이다.

③ **SA의 단계적 과정**
  ㉠ SA 수준 1(지각, perception) : 직무와 관련된 여러 요소들의 상태, 특성 등을 인식하는 수준
  ㉡ SA 수준 2(이해, Comprehension) : 1단계에서 인지된 정보를 해석하는 단계
  ㉢ SA 수준 3(예측, Projection) : 시스템과 요소에 대한 미래의 상황을 예측하는 단계

(6) 준사고(Near Miss)

① **준사고(아차사고, 중대재해 전조증상)** : 산업현장에서 작업자의 부주의나 현장설비 결함으로 인해 사고가 발생할 뻔했으나, 사고로 이어지지 않은 것

② **하인리히 법칙(Heinrich's Law, 1:29:300)** : "1 : 29 : 300 법칙"이라고도 한다. 대형사고가 발생하기 전에 그와 관련된 수많은 경미한 사고와 징후들이 반드시 존재한다는 것을 밝힌 법칙이다. 하인리히는 사고 데이터를 분석하여, 중상과 경상, 그리고 상해로 이어지지 않은 무상해 사고로 분류한 결과, 그 비율이 '1 : 29 : 300'이 되는 것을 파악했다. 이것의 의미는 경상과 중상 등 상해 사고와 무상해 사고의 비율이 약 1 : 10으로, 상해 사고 1건의 배후에는 10배나 되는 무상해 사고가 있다는 것을 말한다. 즉, 큰 재해와 작은 재해, 그리고 사소한 사고의 발생 비율이 1 : 29 : 300이라는 것이다.

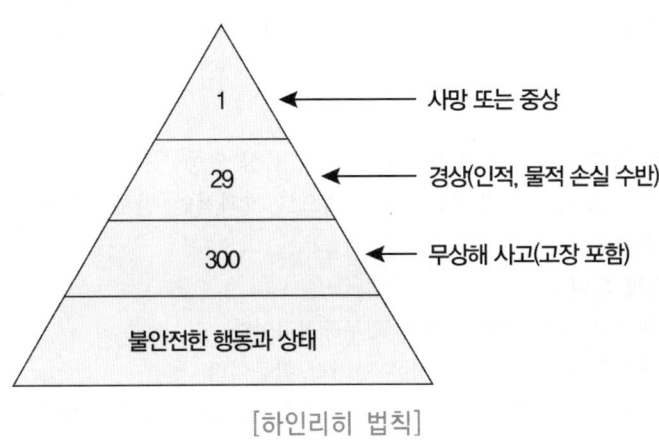

[하인리히 법칙]

5 훈련 및 선상교육 프로그램

(1) 선상교육 프로그램과 책임자

① **선상교육 프로그램** : "STCW 95"에서 해기사의 역량과 이 역량을 근거로 한 체계화된 선상교육 프로그램이 개정되었다.
② **교육 프로그램의 책임자** : 해기사는 선박의 안전운항과 조직 구성원을 위한 교육을 통해 조직구성원에게 직무수행에 필요한 지식과 기술을 연마시켜야 한다.
③ **해기사의 교육** : 선상교육 프로그램의 효과적인 이행을 위해 해기사를 선내 과업에 참여시키고 필요한 지식과 기술을 습득하도록 하며, 선박항해 또는 기관정비의 일반원리와 사용절차까지 숙지하여 자신감을 고취시켜 주어야 한다.

> 💡 해기사(海技士)
> 선박직원법에서는 22종의 자격증(1급~6급의 항해사 또는 기관사, 1급~4급의 운항사 또는 통신사, 소형선박 조종사, 수면비행선박 조종사)으로 구분하고 있으며, 선박에서는 선장, 항해사, 기관장, 기관사, 운항장, 운항사, 통신장 및 통신사의 직무를 수행한다.

(2) 선상교육 목표와 역량 관리

① **선상교육의 목표** : 안전하고 효율적인 선박 운항에 필요한 역량을 갖추도록 하는 것
② 역량관리가 시스템적으로 관리되어 측정, 평가되어야 한다.
③ 역량은 해운 기업과 선박의 목표와 부합되도록 하여야 한다.
④ 역량의 측정을 위한 측정기준이 마련되어야 한다.
⑤ 역량의 측정은 신뢰성있는 평가절차와 방법에 의하여 이루어지고, 역량기준에 반영되어야 한다.

(3) 멘토링과 코칭

① **멘토링** : 인적자원의 유지 및 관리, 역량개발과 육성 활동
② **코칭** : 실적과 업무에 초점을 둔 교육 방법으로 효과적인 일처리 방법을 교육하고 특정 지식을 획득하도록 하는 활동
③ **멘토링과 코칭의 차이**
  ㉠ 멘토링이 관계중심적이라면 코칭은 업무중심적이다.
  ㉡ 멘토링이 장기적 활동이라면 코칭은 단기적 활동이다.
  ㉢ 멘토링이 개인의 발전을 도모하는 반면 코칭은 업무의 성과를 지향한다.
  ㉣ 멘토링은 정해진 목표를 성취하기 위한 플랜이 주어지는 반면 코칭은 즉시적 활동이 중심이다.
④ **직무중 OJT 교육**
  ㉠ OJT 교육은 조직 또는 기업 내에서 구성원 교육 방법의 하나로 조직 구성원은 직무에 종사하면서 직무관련 지도교육을 받는다.
  ㉡ 지도자와 피교육자는 서로 친밀감을 조성하며 시간의 낭비가 적고 조직의 필요에 부합하는 직무교육 훈련을 할 수 있다는 장점이 있다.
  ㉢ OJT 교육이 조직 내에서 교육자와 피교육자 사이에 즉시적으로 이루어지기 때문에 교육훈련 내용의 체계화가 어렵다는 단점이 있다.

제4과목 선박자원관리론

CHAPTER 2 과업 및 업무량 관리 적응능력

1 기획과 조정

(1) 기획과 계획

1) 기획(planning)
   ① 기획이란 어떤 대상에 대해 그 대상의 변화 목적을 확인하고, 그 목적을 성취하는 데에 가장 적합한 행동을 설계하는 것을 의미한다.
   ② 추상적 목표를 가진 특정 업무를 함에 있어서 사전에 그 배경과 목적을 설정하고 이 목표를 달성하기 위해 가장 효율적이고 적용 가능한 방법을 의도적으로 개발·선택하는 작업을 말한다.
   ③ 미래의 목표를 달성하기 위한 조직이 가진 자원의 적절한 배정과 일정, 예산 등을 포함하여 목표를 이루기 위한 윤곽을 제시한다.

2) 기획의 중요성 및 수립절차
   ① **기획의 중요성** : 기획은 새로운 기회를 결정하고, 미래의 문제를 예측하며 전략적 수행방법을 개발함으로써 구성원의 동기부여 및 협력을 끌어낼 수 있다. 기획과정에서 다양한 상황에 따른 불확실성이나 위험을 예측하고 그 대응전략을 세울 수 있다는데 중요성이 있다.
   ② **기획의 수립절차** : 기획의 수립절차는 내·외부의 조직이 처한 환경을 분석하고 개인이나 조직의 목표를 설정, 목표 달성을 위한 업무의 수행방법 및 절차 수립, 인적, 물적자원의 평가 및 조정과 배분을 하는 작업으로 업무가 수행된 후에는 그에 대한 성과 평가 및 피드백 과정을 거친다.

   > 💡 기획의 단계별 수립과정
   > 1. 과제의 문제 파악
   > 2. 과제 및 문제의 분석
   > 3. 목표 설정
   > 4. 문제의 해결 방안 검토
   > 5. 실행계획의 수립
   > 6. 실행
   > 7. 성과의 평가 및 피드백

3) 기획의 평가

① 기획의 평가 기준

평가 항목	평가 내용
완결성	조직이 가용할 수 있는 자원과 전략이 모두 반영되고 있는가?
선명성	수행 업무의 내용 및 주체와 완료 시점이 분명하게 나타나고 있는가?
충분성	1. 제안된 업무들이 조직의 전략적 목표를 충분히 달성하게 하는가? 2. 목표 달성에 충분히 대응하지 못하는 업무들에 대하여 어떤 변화가 기획되고 이행되어야 하는가?
현시성	1. 활동 계획은 현재의 업무를 반영하고 있는가? 2. 활동 계획은 미래의 문제점들에 대한 요인들을 예측하고 있는가?
유연성	1. 활동 계획은 예견되지 못한 변화들에 반응하기에 충분한가? 2. 전략목표가 수정되거나 확대되는 경우 기획의 보완 및 반영할 수 있는가?

② 계획된 활동의 성과에 대한 피드백

기획은 사업계획을 통해 구체화되고 달성된 성과 결과가 수행 과정이나 원인에 어떤 영향을 미쳤는지 분석이 필요하며 이러한 피드백을 통해 다음 사업계획이나 기본계획을 수립할 경우 활동의 일관성과 합리성을 확보하여야 한다.

4) 계획

① 계획이란 기획을 통해 산출된 결과를 의미하며, 사업계획(program)과 단위사업계획(project)은 계획의 하위 개념으로 볼 수 있다.
② 계획은 기획된 업무를 적절하게 진행시키기 위한 구체적 방법을 제시하는 것이다.

(2) 기획의 조정

① **조정의 개념** : 조정이란 조직의 각 부서 또는 구성원 각자가 공동의 목표를 추구하도록 조직 내 업무활동의 통일성을 제공하고 구성원들의 활동을 일치시키는 작업이다.
② **조정에 대한 정의**
  ㉠ Mooney & Relley : 조정이란 공동의 목표를 추구하고 조직원의 행동 통일을 제공하기 위한 조직의 질서있는 배치이다. 이를 위하여 명령 통일이 필요하며 통솔의 범위가 적절해야 한다.
  ㉡ Gulick과 Urwick : 조정이란 조직의 공동 목적을 달성하기 위한 모든 기능을 질서있고 조화롭게 하며, 이를 위하여 분업화된 구조는 조정을 통해 그 효과를 높일 수가 있다.
  ㉢ Charles Worth : 조정이란 목적을 달성하기 위한 다양한 부문의 통합이다.

2 개인 업무 배정

(1) 업무 배정

① **업무 배정의 개념** : 부서 또는 팀 조직이 수행해야 할 여러 가지 업무 중 담당 업무를 조직 구성원에게 배정 또는 지정하는 일

② 업무 배정의 원칙
　㉠ 능률성 : 업무 배정은 과업이 효과적으로 수행될 수 있는 충분한 인원과 적절한 자격을 갖춘 자를 배치함으로써 담당 임무를 능률적이며 효과적으로 수행할 수 있어야 한다.
　㉡ 명백성 : 업무는 명백하고 모호함이 없어야 한다. 구성원의 업무는 자신의 책임업무라는 사실을 인지하고 확인하여야 한다.
　㉢ 적절성 : 각 구성원은 자신의 업무를 능률적이고 효과적으로 처리가 가능한 적절한 근무 업무와 장소에 배치되어야 한다.
　㉣ 물적 용이성 : 구성원이 자신의 업무를 수행할 때 필요한 기기 및 장치는 사용함에 있어 용이하여야 한다.
　㉤ 인적 신뢰성 : 업무를 수행함에 있어 구성원 간에 의사소통은 명백성, 신속성 및 신뢰성이 있어야 하고 수행 중인 업무에 적합하여야 한다.

(2) 선교 업무 배정

1) 업무배정시 고려해야할 요소
① 선종, 장비, 시설 등의 상태
② 선박의 안전운항에 영향을 미치는 주요 장비 및 시설의 적절한 상시 감독 필요성
③ **특수한 운항 형태** : 기상, 유빙, 오염수역, 긴급사태시 운항 등
④ 당직자의 자격과 선박 운항 경험
⑤ 선박, 인명, 화물과 항만의 안전, 환경 및 보안 상태
⑥ 국제협약과 국내 법규 및 관계 법규

2) 업무배정시 고려 요소 중 예상 가능 요소와 예상 불가능한 요소
① 예상 가능 요소
　㉠ 항해 계획
　㉡ 기관의 상태(정비 관리 및 보수)
　㉢ 비상훈련
　㉣ 시간과 재원(Resource)
　㉤ 주기적 이행 업무에 대한 점검
　㉥ 업무 절차
② 예상 불가능한 요소
　㉠ 기상, 환자의 발생 및 장비의 고장
　㉡ 해상 경험 및 업무 수행시 태도
　㉢ 육상 관리자의 지원
　㉣ 해운 기업의 표준 절차 및 규정
　㉤ 선박 관련 신기술의 적용

3 인간의 한계성

(1) 일반적인 인간 한계성

① **선박에서의 인적 요인** : 선박 사고에서 직·간접적인 요인으로 작용
  ㉠ 선원의 피로 및 스트레스
  ㉡ 안일함과 자만심
  ㉢ 인간 한계성

② **인간 한계성** : 인간이 습득 가능한 지식 및 기술이라고 하더라도 인적 요인 또는 환경적 요인에 의해 의도한 결과를 가져오지 못할 수도 있는 한계성
  ㉠ 피로 : 피로는 인간의 정신적, 육체적, 감정적 노동의 결과로 발생하는 정신적, 육체적 능력의 감소
  ㉡ 자기만족 : 자기만족에 의한 자만심의 결과 선박 운용상 발생 가능한 위험을 과소평가하거나 인지하지 못함에 영향을 미치는 심리적 상태
  ㉢ 오해 : 선박 조직 구성원 간의 오해, 기계, 장비 및 설비에 대한 오해

(2) 선내활동에 대한 인간 한계성 점검

① **선주 또는 선박관리자** : 인간의 한계성 극복을 위한 조직관리와 정책 및 시스템을 유지하도록 하여야 한다.

② **선장 또는 기관장** : 인간 한계성을 관리할 수 있는 교육과 훈련을 실시하여야 하며 특히 해사노동협약(MLC)에서 요구하는 승무원의 근로와 휴식시간의 준수가 중요하다.

③ **한계성 관리를 위한 점검 사항** : 당직 전 휴식시간 및 휴식의 적절성, 적절한 당직 교대 시간, 항해기간, 하역기간 및 출항시간 등에 대한 명확하고 분명한 선내 지침과 해운기업의 규정이 갖춰져 있어야 한다. 또한 다문화 문제, 언어 장벽, 종교적 차이, 인간관계, 스트레스, 외로움, 지루함 등도 고려 대상이다.

(3) 인간 한계성 초과 여부를 나타내는 지표와 증상

① **집중력 감소** : 활동 순서 또는 업무 순서의 우선순위를 혼동, 단순업무에 집착, 평소의 경계성 감퇴 등

② **의사결정능력의 약화** : 거리, 속도, 시간 등에 대한 오판, 적절한 침착성 상실, 중요한 것에 대한 무시 또는 간과, 여러 옵션 중 위험성이 큰 요인의 선택 등

③ **기억력 감퇴**

④ **대처능력의 신속성 감소**

⑤ **신체의 움직임이나 통제능력의 감소**

⑥ **기분의 변화** : 평소의 감정 상태와 다른 행동, 불규칙적인 민감함, 참을성이 약화되고 비사회적 행동을 자행

⑦ **태도의 변화** : 예상된 위험의 간과, 위험표시의 간과 또는 무시, 위험에 빠지는 빈도의 증가, 일반적인 규정과 절차를 무시, 업무상 취약점 노출 등

(4) 인간 한계를 초래하는 요인

① **인적 요인** : 피로, 스트레스
  * 인적 요인의 해소 : 충분한 수면 및 휴식의 제공
② **내부적 요인** : 선내 승무원과의 관계, 선박관리요소, 선박구조 등
③ **외부적 요인** : 선박의 운항 환경

(5) 스트레스

1) 스트레스의 개념

  ① **스트레스의 정의**
    ㉠ 심리학에서 스트레스란 외부의 위협, 공격 등에 대항해 신체를 보호하려는 신체와 심리의 변화 과정, 생체에 가해지는 여러 상해 및 자극에 대하여 신체에서 일어나는 비특이적인 생물 반응을 통칭한다.(개인의 불안과 위험의 감정에 대한 인간의 무의식적 반응)
    ㉡ 개인의 능력을 초과하는 요구 또는 개인의 욕구를 충족시켜주지 못한 환경과의 불균형 상태에 대한 적응적 반응
    ㉢ 스트레스는 이것을 받아들이는 사람의 주관적 해석에 따라 다양한 반응 양상을 띈다.

  ② **스트레스의 발생 과정**
    ㉠ 내적 요인 : 충분치 못한 수면과 휴식이나 과도한 개인 일정, 자신에 대한 부정적인 자세와 마음의 올가미(Mind Traps)인 비현실적인 기대, 비정상적인 사고, 독점적인 소유 의식 등
    ㉡ 외적 요인

외적 요인	내용
물리적 환경	한정된 공간의 소음, 빛, 조명, 온도, 열 등
사회적 환경	타인과의 갈등, 명령, 불쾌함, 무례함 등 사회적 갈등 요소
조직 사회	규칙, 제도, 형식적 절차가 주는 압박감 등
개인적 큰 사건	직업상실, 승진 누락, 가족의 변고 등
일상의 복잡성	기계적 고장의 발생, 통근시 불편함 등

2) 직무 스트레스

  ① **작업장에서 발생하는 스트레스 요인**
    ㉠ 직무와 관련하여 조직 내 상호작용하는 과정에서 조직과 개인의 욕구 사이의 불균형이 발생할 때 생기는 스트레스를 직무 스트레스라고 한다.
    ㉡ 의사결정방식에 따른 조직 구조에 의한 스트레스(양방향 의사소통, 의사결정과정에 적극적인 참여 등으로 해소 가능)
    ㉢ 물리적 환경 및 직무 특성 요인(작업속도, 작업의 반복성 등)에 의한 스트레스
    ㉣ 직무의 과부하, 모호성 및 갈등에 의한 스트레스
    ㉤ 대인관계에 의한 스트레스(상사의 리더십을 통한 해소 가능)

  ② **선박에서의 스트레스**
    ㉠ 선박의 특수한 환경(한정된 생활 공간)

ⓒ 다른 선원들과의 문제
ⓒ 장시간의 업무
ⓔ 일반적인 업무를 반복함에 따른 지루함

③ 스트레스 인지 지표
㉠ 기억장애 : 주의산만, 편견, 정보과다, 업무방치 등
㉡ 집중력 감소 : 난이도에 따른 업무의 우선순위 결정 혼돈, 선입관, 지각력 감소 등
㉢ 의사결정력 감소 : 편견에 의한 결정 또는 사고력 자체의 감소 등

④ 스트레스의 관리
㉠ 자신의 일이나 삶에 대한 '예측 가능성'과 '조절 가능성'을 높이는 것
㉡ 자신의 업무영역에 대한 자기확신 고양
㉢ 긴장 해소(3R 기법) : 정신활동 축소(reduce), 긴장 인식(recognize), 호흡수 감소(reduce)
㉣ 일의 우선순위 정하기, 자신의 성격 파악, 원만한 대인관계 형성 노력 등
㉤ 개인적인 자기 관리 : 지나친 음주, 습관적인 과도한 카페인 섭취 등을 피하기

4 시간 및 자원의 제약

(1) 시간 제약의 요인

① **시간의 특성 및 제약 요인** : 시간은 무형의 자원으로서 공평성, 자동소멸성, 비저장성, 비소유성
② 물리적인 시간은 불변이지만 심리적인 시간은 가변적이다.
③ **시간의 제약성과 업무** : 자신에게 주어진 과업과 시간관리 및 시간의 활용, 시간의 제약성을 전제로 한 업무 우선순위의 결정 및 실행이 중요

(2) 시간 제약의 야기 요소

① **부적절한 시간 관리**
㉠ 업무소요시간의 부적절한 측정
㉡ 업무수행을 위한 서두름 : 적절한 업무수행 속도의 설정이 필요
㉢ 동시 다발적 업무처리 : 개별 업무당 소요되는 시간 소요량 확보에 실패할 수 있으므로 업무의 우선순위를 결정해서 적정한 소요시간의 배분이 중요
㉣ 업무 늑장 : 필요한 시간(기간) 내 업무 수행이 필요함에도 해당 업무 수행 시기를 늦춤으로 인해 효율적인 업무처리가 불가능해 진다.
㉤ 불필요한 업무 수행 : 중요한 업무는 소홀히 하는 반면 긴급하거나 중요한 일이 아님에도 시간을 투입하여 결과적으로 시간을 허비하게 된다.

② **시간 제약성 주지 방법(효율적인 시간의 관리 방법)**
㉠ 시간 계획의 명확한 설정 : 업무처리 및 진행에 대한 명확한 목표와 그 목표 달성을 위한 합목적적인 시간계획을 설정해 주는 것
㉡ 우선순위의 결정 : 제한된 시간을 어떤 업무에 순차적으로 배정할 것인가의 결정

ⓒ 시간 낭비 요소의 제거 : 목적이 없는 습관적인 반복 행동, 불필요한 의사소통에 시간 소요, 불필요한 행정 업무, 비생산적인 회의, 습관적인 메신저 대화, 업무와 무관한 개인적 사무를 처리하기 위한 시간 할애 등
ⓔ 가능한 업무의 즉시 처리 : 업무의 우선순위상 하위의 업무라고 하더라도 긴 시간의 소요가 필요 없는 단순한 업무는 즉시 처리할 필요가 있다.
ⓜ 단계적 업무의 처리(업무처리의 중복 수행 금지)
ⓗ 틈새 시간의 효과적 활용
ⓢ 추진력 : 결정된 업무는 바로 실행할 필요가 있다.
ⓞ 시간 사용 내역 확인 : 수행한 업무와 소요 시간의 적정성을 확인하고 업무 수행이 생산적이었는가 아니면 비생산적이었는가를 시간 관리 측면에서 검토한다.

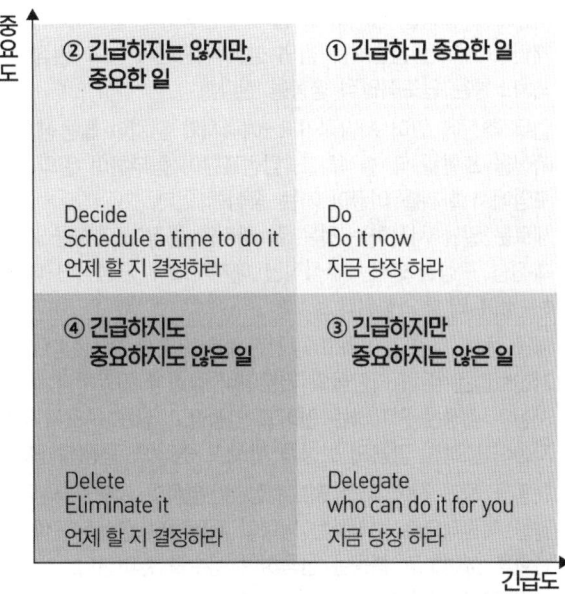

[아이젠하워의 시간 메트릭스]

(3) 자원 제약성

① 선박 내에서의 자원 제약성
  ⓐ 선박에서의 인적·물적 자원의 한정성
  ⓑ 주어진 자원의 부적합성 : 자원이 최상의 조건을 만족시키지 않는 경우
  ⓒ 인적 자원의 한계성 : 개인 능력의 차이로 인한 자원의 한계성
  ⓓ 물적 자원의 불변경성 : 한 번 주어진 물적 자원은 교체하거나 변경하기 어렵다.
  ⓔ 물적 자원의 추가적 지원 가능성이 없다.

② 자원 제약 야기 요소
  ⓐ 인적·물적 자원의 한정성 : 일반적으로 선박의 인적·물적 자원은 최소한의 요건을 기준으로 편성되므로 비상시 추가적인 자원의 투입이 불가능하다.
  ⓑ 자원의 대체 불가능성 : 선박의 기계 및 장비 등은 비상시 즉각적인 대체가 불가능하다.

ⓒ 인적 자원의 한계성 : 업무처리에 있어서 선박 구성원의 개인적 역량의 차이가 존재하며, 이로 인하여 업무능력 역시 개인차가 존재한다.

5 개인역량

(1) 개인 성격의 기본 유형

성격 유형	내용
주도형	1. 자신의 의도대로 업무나 상황이 진행되기를 바라는 유형 2. 타인의 지시를 따르는 것을 싫어하고, 사람을 컨트롤하려는 경향이 있다. 3. 과정보다 결과를 중시하며, 일의 추진력이나 결단력이 있다. 4. 개인보다 그가 통솔하는 팀의 성적에 관심이 높고 인정받고 싶어한다. 5. 의사소통은 단도직입적 경향을 띤다.
촉진형	1. 업무 추진에 있어 자발적이고, 에너지가 넘치며 활동성 있는 일을 좋아한다. 2. 자신을 표현할 때 솔직하고, 감정표현이 풍부하며 일의 시종이 명확하다. 3. 모임에서 화제를 이끌어 가는 중심에 있다. 4. 새로운 일을 시작하는 것은 잘 하지만 중장기 계획을 계획대로 추진하는 데는 미약하다. 5. 촉진형 구성원에게는 부정적인 메시지보다 긍정적인 메시지를 통해 업무 수행을 이끌어 내는 것이 더 효과적이다.
지원형	1. 남을 돕는 것을 좋아하고 팀원간 협력관계를 중시한다. 2. 자신보다는 주위 사람들의 기분이나 감정에 민감하다. 3. 자신의 감정은 억제하는 편이고 인정받고 싶은 욕구가 강하다. 4. 자신이 배려한 만큼의 보상을 바라고, 상대의 동정적 평가를 기대한다.
분석형	1. 행동을 하기 전에 사전 정보수집 및 분석과 계획을 세우는 경향이 강하다. 2. 일을 객관적으로 처리하는 능력이 뛰어나며 성실한 편이다. 3. 변화를 싫어하고 행동은 신중하며 실수를 싫어한다. 4. 대인관계에 있어서도 자신을 드러내는 것을 싫어하며 자신의 감정을 잘 표출하지 않는다.

(2) 성격 유형에 대한 마이어스-브릭스(Mayers-Briggs) 유형 지표

① 마이어스-브릭스 유형 지표(MBTI, Mayers-Briggs Type Indicator)는 4가지 카테고리를 기초로 16가지 성격유형으로 설명하고 있다.
② MBTI®는 사람의 심리적 선호를 알아보는 검사이며, 기본적인 4가지 선호 지표를 토대로 16가지 선호유형에 대한 정보를 제공한다.

MBTI 팀원/회사동료 유형

ISTJ	ISTP	ISFJ	ISFP
선비정신	알고보니 쓸모없는 잡학사전	말 잘 듣는 일꾼	비폭력 불복종
INTJ	**INTP**	**INFJ**	**INFP**
잘되면 내 덕 못되면 니 탓	고집불통	시키기도 전에 일 끝냄	힉힉호무리
ESTJ	**ESTP**	**ESFJ**	**ESFP**
꼰대 끝판왕	마이웨이	일 < 친목질	관종 그자체
ENTJ	**ENTP**	**ENFJ**	**ENFP**
타고난 팀장 갑질가능성 있음	얼떨결에 제일 힘든 일 함	프리젠테이션 담당 말빨 황제	빨리 끝내고 놀고싶음

(3) 개인역량

① **개인역량** : 개인과 조직의 성공적인 성과 달성을 지지하는 역량이며, 관련 영역에서 자신의 업무를 효과적으로 수행하고 달성하는 데 필요한 개인의 내재적인 특성

② **개인역량의 평가 지표**
　㉠ 전문적 기술 : 특정 업무를 수행하는데 필요한 수행능력으로 훈련을 통해 습득된다.
　㉡ 전문적 지식 : 교육을 통해 습득되는 특정 업무나 분야에 대해 가지고 있는 정보량
　㉢ 태도 및 가치관 : 업무를 대하는 자세와 특정 대상에 대하여 가지는 평가의 근본적 관점
　㉣ 동기 : 업무 달성에 대한 개인의 내적 욕구

③ **개인 특성의 관리 및 강화 방법**
　㉠ 자신의 가치를 결정하고 명확히 하라.
　㉡ 개인 업무의 범위를 설정하라.
　㉢ 개인역량 강화를 위한 자기 심사를 시행하라.
　㉣ 자신의 장점이나 우수한 부분을 결정하라.

6 리더십 유형

리더십이란 집단의 목표달성을 위해 집단 내의 어떤 구성원이 다른 행동에 대해 적극적인 영향력을 미치는 과정, 즉 지도자로서의 능력이나 지도력, 통솔력, 자질 등을 말한다.

① **카리스마(권위적) 리더십** : 지도자의 개인적인 매력과 수완으로 구성원들로 하여금 동조감을 불러일으키는 것이 특징이다.

② **변혁적 리더십** : 팀의 구성원들에게 혁신적인 상황을 제시하고 그와 관련된 팀의 목표를 재정립한다. 이는 비즈니스 또는 새로운 기술을 도입하는 과정에서 적용하는 리더십이다.

③ **서번트 리더십** : 지도자가 먼저 팀원들의 이익을 생각하고 그들을 돕는 방법으로 지도력을 표현한다. 인간존중을 근본으로 하고 구성원의 잠재력에 주목. 이는 교육, 병원 등 비영리단체에서 적용된다.
④ **자기주도적 리더십** : 개개인이 자신의 임무를 전달받고 직접 책임을 지는 방식이며, 적극적이고 협동적인 구성원들이 팀으로 협업한다.
⑤ **참여적 리더십** : 업무중심의 방식과 사람중심의 방식을 조합한 형태로, 직원들이 기업의 의사결정과정과 업무통제 과정에 참여하는 민주적 리더십이다.
⑥ **온정적 리더십** : 조직 관계를 대등한 인격자 상호간의 계약에 의한 권리·의무 관계로 보지 않고, 사용자의 온정에 따른 노동자 보호와, 이에 보답하고자 노동자가 더욱 노력하는 협조관계로 보는 것이며, 합리적인 계약 관계 대신에 서로의 정감(情感)에 호소하는 리더십이다.
⑦ **거래적 리더십** : 리더와 구성원 사이에 암묵적 믿음이 존재. 보상과 처벌을 통한 동기부여가 주어지면 선상에서 전통적 리더십 유형에 속한다.

💡 거래적 리더십(Transactional Leadership)

1. 요약
리더가 구성원들과 맺은 교환(또는 협상)관계에 기초해서 영향력을 발휘하는 리더십
거래적 리더십은 1985년에 리더십을 단일선상의 연속체로 설명한 배스(Bass, B. M.) 연구에서 제시된 구성요소 중 하나이다. 이 연구 이전에 정치학자 번즈(Burns, J. M.)가 리더십을 거래적 리더십과 변혁적 리더십 두 유형으로 분류해서 제시한 바 있다.

2. 특징
거래적 리더십은 리더와 구성원 간의 교환(또는 협상) 관계에 기반을 둔다. 거래적 리더십에서 리더는 구성원들이 가치있게 여기는 것을 제공하고, 그 제공에 대한 대가로서 바람직한 행동이나 성과를 구성원들로부터 유도해낸다. 다시 말해, 거래적 리더십에서의 리더는 구성원들에 대한 보상이나 처벌을 이용해 자신이 기대하는 목표나 성과를 달성한다.
일반적으로 거래적 리더는 조직의 목표달성에만 초점을 두는 경향이 있으며, 구성원들을 전인체(whole person)가 아닌 일차원적인 욕구 수준에 머물러 있는 존재로 여긴다. 그래서 구성원들의 욕구를 개별화하지 않으며 이들의 개인적인 성장이나 발전에도 큰 관심을 갖지 않는다. 이러한 특징에도 불구하고 거래적 리더십이 영향력을 발휘하는 이유는 구성원 관점에서 볼 때 리더가 원하는 대로 움직이는 것이 이익을 최대로 얻을 수 있는 방법이기 때문이다.

3. 요인
배스는 거래적 리더십의 요인으로 업적에 따른 보상과 예외관리를 제시한다.
1) **업적에 따른 보상(contingent reward)**
조건적 보상이라고도 불린다. 목표를 달성한 경우에, 리더가 인센티브나 보상을 제공함으로써 구성원들의 동기유발을 촉진하는 것이다. 이를 위해, 리더는 완수되어야 하는 과업을 명확히 제시하고, 과업이 완수된 경우 제공되는 보상에 대해 구성원들과 합의하기 위해 노력한다.
2) **예외관리(management by exception)**
예외적 사건이 발생한 경우 리더가 개입하는 것을 말한다. 적극적(또는 능동적) 예외관리와 소극적(또는 수동적) 예외관리로 이루어져 있다. 적극적 예외관리는 구성원들의 실수나 규칙 위반을 철저히 확인해서 문제가 발생하지 않도록 사전에 점검하는 리더 행동을 의미하며, 소극적 예외관리는 업무 표준에 미달하거나 문제가 표면화된 경우에만 개입하는 리더 행동을 의미한다.
일반적으로 업적에 따른 보상이 긍정적 강화(positive reinforcement)를 수반하는 반면에 예외관리는 부정적 강화(negative reinforcement)를 수반한다.

(두산백과 두피디아)

7 우선순위 결정

(1) 우선순위의 개념
① 한 시스템이 처리해야 할 작업이 여러 개 있을 때 그 작업들 간에 순서를 매기는 어떤 기준
② 업무 수행을 위한 인적·물적 자원의 배정 과정에서 먼저 채택되는 순서나 중요도
③ 우선 순위는 순위 결정자의 인격과 가치를 나타내며 일의 능률성과 관련된다.

(2) 우선순위의 중요성
① 선박 내 우선순위 결정이 중요한 이유는 여러 가지 제약을 가진 선상 업무의 특성상 얼마만큼의 인적·물적 자원을 어떤 업무에 우선적으로 할당하고 배분할 것인가의 선택의 문제이기 때문이다.
② **피트 드러커의 우선순위 중요성** : 우선순위는 무엇을 먼저 할 것인가의 문제보다는 무엇을 다음 순서에서 해야 할 것인가를 결정하는 것이라고 한다.

(3) 우선순위의 결정 방법
① **시간관리 메트릭스** : 일의 중요성과 긴급성이라는 두가지 요소를 결합하여 4개의 영역으로 구분하여 일의 우선순위를 구분하는 방법
② **단순 결정법(점수법)** : 도출된 문제에 대하여 의사결정 집단에게 설문지를 주고 답하게 하여 점수를 집계하여 일의 순위를 정하는 방법
③ **명목 또는 대표집단 방법** : 대표집단을 구성하고 문제목록 및 결정기준을 작성한 후 토론을 통해 일의 우선순위를 정하는 방법

(4) 우선순위 결정과 효과적인 업무수행
① 업무의 우선순위를 정하라.
② 펙 피커링(Peg Pickering)의 업무수행 방법 활용
③ 위임 가능한 업무는 위임한다.

> 💡 펙 피커링(Peg Pickering)의 저서 〈업무시간의 생산성 극대화 방법〉에서 소개된 6단계 프로세스이다.
> 1. 하루 중 처리하고 싶은 일을 모두 기록한다.
> 2. 위임할 수 있는 일이 있는지 찾아서 즉시 위임한다.
> 3. 일정표에 업무 사항을 구체적인 시한과 함께 적는다.
> 4. 나머지 업무에는 예상되는 시간과 난이도에 따라 상, 중, 하를 정한다.
> 5. 시간의 흐름에 따라 집중력에 차이가 있다는 것을 염두에 두고 하루 중 각 업무를 처리할 구체적인 시간을 배정한다.
> 6. 완료하지 못한 업무는 다음 날로 넘긴다. 하루에 처리할 수 있는 분량인지 합리적으로 판단하여 현실적인 계획을 세워라.

8 업무량, 휴식 및 피로

(1) 업무량의 특성
① **업무량의 개념** : 업무량이란 어떤 과업을 수행하는 데 있어서 부과되는 주의 또는 노력을 의미한다.
② 업무량에 대한 개인의 부담 정도는 사람마다 다르다.
③ 작업자가 업무량에 대하여 느끼는 정도와 태도는 특정 사안에 대한 작업자의 반응정도에 영향을 끼친다.

(2) 업무량과 관련한 선교(船橋)의 6가지 상태

선교 수치	선교 상태	내용
+3	경보 상태	상황이 악화된다는 느낌. 과중한 업무량과 스트레스로 인한 위험상태
+2	근심 상태	업무 수행에 지장이 발생하여, 업무량이 증가함
+1	최적 상태	기관 당직자는 집중력이 높고, 기기의 결함도 없으며, 업무수행 감정도 기분이 좋은 상태
-1	권태 상태	지루함을 느끼고 작은 실수가 생기기 시작하는 단계
-2	부주의 상태	머리가 멍해지고 졸음이 오며, 실수가 빈발하는 단계로 심각한 상태로 발전될 수 있는 단계
-3	위기 상태	긴박한 상태가 발생한 상황에서 집중력을 발휘하기 어렵고, 적합한 대처도 할 수 없는 가장 위험한 상태

(3) 업무량과 위험성
① 업무량이 높은 상태에서는 업무수행 능력이 저하되고, 주의 집중 문제를 일으키게 된다.
② 업무량이 너무 낮은 상태(업무 자체가 단조롭거나 높은 수준의 주의력을 요구하지 않는 상태)에서는 졸리거나 안일한 태도 등으로 인해 업무수행 능력이 저하된다.
③ **업무량의 범위**
  ㉠ 저부하(Under load)
  ㉡ 정상(Normal)
  ㉢ 높음(High)
  ㉣ 과부하(Overload)
④ **작업 과부하의 영향과 대책**
  ㉠ 인지력 저하, 집중력 감소, 노력의 증가 및 실수의 빈발
  ㉡ 스트레스 증가 및 중요한 일을 소홀히 하는 경향 발생
  ㉢ 대책
    ⓐ 개인에게 부과되는 작업수와 작업량을 줄이고, 작업시간은 늘려준다.
    ⓑ 적절한 사전계획을 수립하고 조직 내 다른 구성원에게 업무를 위임시킨다.
    ⓒ 중요성이 낮은 작업은 하지 않거나 연기하고, 미리 작업을 수행한다.

(4) 휴식

① 구성원의 업무과중에 따른 피로도 해소를 위해 주목해야 할 요소
  ㉠ 작업부하의 지속적 모니터링
  ㉡ 특정 당직 사관의 작업부하가 과중하게 될 경우 다른 당직 사관과 분담
  ㉢ 업무과중을 인식하고 경계한다.

② **휴식시간의 기록**
  ㉠ 선원법 제62조 제3항
    선박소유자는 해양수산부령으로 정하는 바에 따라 선원의 1일 근로시간, 휴식시간 및 시간외 근로를 기록할 서류를 선박에 갖추어 두고 선장에게 근로시간, 휴식시간, 시간외근로 및 그 수당의 지급에 관한 사항을 적도록 하여야 한다.
  ㉡ 선원법 시행규칙 제40조(근로시간 등의 기록 서류) 법 제62조제3항에 따른 선원의 1일 근로시간, 휴식시간 및 시간외근로를 기록할 서류는 별지 제18호서식에 따른다.

(5) 피로(Fatigue)

① **피로의 개념**
  ㉠ 의학상으로 피로란 지치고 탈진되며 에너지가 고갈된 느낌을 말한다. 사전적 의미로는 심한 신체적, 정신적 활동 후 탈진하여 기능을 상실한 상태로 정의되고, 일반적으로는 일상적인 활동 후 회복이 일어나지 않아, 비정상적으로 기운이 없는 상태를 의미한다.
  ㉡ 국제해사기구의 피로의 가이드 라인에 의한 피로의 원인
    ⓐ 선박의 자동화에 따른 승무원 수의 감소와 업무량의 증가
    ⓑ 선박 검사업무 및 문서 작업의 증가
    ⓒ 당직 교대근무
    ⓓ 불규칙한 운항 일정
    ⓔ 정박 및 시차 등으로 인한 생체주기의 붕괴
    ⓕ 수면량의 부족과 수면질의 저하 또는 수면박탈

② **피로의 영향**
  ㉠ 집중력 감소
  ㉡ 의사결정능력의 저하
  ㉢ 기억력 감퇴
  ㉣ 반응의 지체
  ㉤ 신체조절 및 통제능력의 감소
  ㉥ 감정상태의 변화
  ㉦ 행동의 변화
  ㉧ 육체적 불편

9 이의제기와 수용

(1) 이의제기와 수용의 의의

① **이의제기** : 조직 내 구성원의 업무수행 과정에서 잘못이 발견되거나 상호 견해차이가 존재한다고 생각할 때 이를 지적하거나 자신의 견해를 분명하게 전달하는 것
② **이의제기의 필요성** : 이의제기는 조직 내 안일한 사고방식을 전환시킬 수 있으며, 인적 오류의 근본적 원인을 제거할 수 있다. 사람은 누구나 실수할 수 있고, 작업현장에는 사고를 발생시킬 수 있는 잠재적 요인이 산재함으로 이의제기를 통하여 작업수행의 오류를 바로잡을 수 있는 기회를 획득할 수 있다.
③ **이의제기의 수용** : 작업자가 제기한 이의제기 내용을 받아들이는 것으로 수용을 통하여 상호 교차된 개념을 일치시키고, 잠재적 위험발생 요인을 사전에 제거할 수 있다.

(2) 이의제기의 저해 요소

① 상위 직급자의 능력 과신
② 이의제기를 해야 할 작업자의 내성적 성격
③ 자신감 결여
④ 수행 업무에 대한 무관심
⑤ 책임 회피
⑥ 조직 구성원간의 상호 불협화음(갈등)의 존재

(3) 이의 수용의 저해 요소(직급 상위자가 수용을 거부하는 요소)

① 상급자의 지나친 권위 의식
② 지나친 책임감
③ 지나친 자신감
④ 자신감 부족
⑤ 관리능력의 빈약
⑥ 폐쇄적인 성격

CHAPTER 3 의사소통

1 커뮤니케이션과 의사소통

(1) 커뮤니케이션(Communication)의 의의
① 커뮤니케이션은 우리가 관련을 맺고 있는 사람 혹은 세상을 통해 메시지를 보내고, 받고, 해석하는 과정이다.
② 커뮤니케이션의 가장 중요한 개념은 '과정(process)'이라는 것이다. 정지된 하나의 단순한 행위가 아니라, 시간의 경과와 더불어 진행되며 나와 상대방이 상호 연결되는 일련의 행위라는 점이다.
③ **커뮤니케이션과 의사소통** : 커뮤니케이션은 우리말로 '의사소통'으로 풀이된다.

(2) 의사소통의 정의와 필요성
① 의사소통이란 서로의 생각이나 느낌 등의 정보를 말이나 행동을 통하여 주고받는 과정을 말한다. 원활한 의사소통을 위해서는 상대방의 말을 잘 듣고 이해하며, 자신의 감정을 정확하게 표현함으로써 서로의 공감대를 형성해야 한다.
② **의사소통의 필요성**
인간은 사회생활에서 내가 원하는 것이 상대방에게 잘 전달되고, 상대방은 그 의미를 잘 이해하게 됨으로써 만족감과 행복감을 느낀다. 만약 잘 전달되지 않는다면 불만족, 좌절, 불행감까지 느끼게 될 것이다.

(3) 의사소통의 구성요소
① **일반적 관점에서의 구성요소** : 언어, 비언어(외모나 자세 등), 준언어(목소리 톤이나 억양 등), 언어 외적 요소(시간이나 장소 등)
② **의사소통의 시스템 구성요소** : 송신자(sender), 부호화(encoding), 경로(channel), 해독(decoding), 수신자(reciver), 수신자의 반응(feedback)
  * 경로(channel) : 메시지를 전달하는 매체(전화선, 라디오, TV, 광섬유 케이블 등)
③ **선교 및 기관관리 관점**
  ㉠ 송신자가 선택한 부호화된 언어의 의미가 수신자에게 동일한 의미로 전달된다고 보장할 수는 없다. 따라서 전달 메시지에 대한 수신자의 이해도를 검증하고 추가적 설명을 해야 할 때도 있다.
  ㉡ 메시지 전달 매체에 따라 의사소통이 왜곡될 수 있다.
  ㉢ 문화적 차이에 따른 작업자간 의사소통 왜곡도 발생할 수 있음을 간과하면 안된다.
  ㉣ 의사소통의 왜곡을 피하는 방법으로 Check-List가 활용되고 있다.

2 해사 커뮤니케이션

(1) 해사 커뮤니케이션의 개념

① 선내 의사소통은 선교나 기관실 팀의 의사를 팀원들이 공유하는 것이 목적이다.
② 선장(기관장)은 선내 업무절차와 지침에 따라 선박 및 인명안전과 운항관리를 책임지고 있으므로 이런 업무절차와 지침은 의사소통 경로의 한 형태로 본다.
③ 해운이라는 특수한 환경에서의 의사소통은 다른 영역에서의 메카니즘과는 다르고 특수하다는 사실을 인지하고 있어야 한다.

(2) 해사 커뮤니케이션의 방해 요인

① **기술적 요인**
  ㉠ 대면 소통과정 : 소음, 대화 상대방과의 물리적 거리, 거시적 환경 방해 요소
  ㉡ 무선 소통과정 : 시스템 장애, 장비 오작동, 전파 불안정, 외부 소음, 거시적 환경 방해 요소

② **인적 요인**
  ㉠ 대면 소통과정 : 송신자와 수신자 간의 해사영어 능력의 차이, 교육 및 훈련의 부족, 문화적·민족적 이해도 차이, 심리적 스트레스, 미시적 환경 방해 요소
  ㉡ 무선 소통과정 : 통신자 간의 해사영어 역량 차이, 무선통신 규정 무시, 장비작동의 실수, 교육 및 훈련 부족, 심리적 스트레스, 미시적 환경 방해 요소

③ **기타 장애 요인** : 준거의 틀, 선택적 청취, 가치 판단, 신뢰성, 의미론적 오해, 여과, 지위 차이 등
④ **선박에서의 특수성** : 선박은 공간적 협소함이 존재하고 한정된 정보만을 제한된 채널로 송수신하므로 커뮤니케이션의 왜곡 가능성이 상대적으로 크다고 본다. 환경적으로 엄격한 위계질서나 다국적 선원들의 혼승도 커뮤니케이션의 장해 요인이라고 할 수 있다.

3 커뮤니케이션 심리학

(1) 언어적 측면의 4가지 고려 사항

① **사실(factual information)** : 청자와 화자가 받아들인 사실 정보
② **자기현시(self-revelation)** : 청자와 화자가 받아들인 정보의 해석
③ **관계(relationship)** : 청자와 화자간의 관계성 속의 해석
④ **호소(appeal)** : 청자와 화자가 각각 상대방에게 기대하는 행동

(2) Four-Sides-Model 기반 해석(Fredemann Schulz von Thun)

모든 언어적 해석은 네가지 측면을 고려하여 이루어진다고 한다. 화자의 네가지 의미 측면과 청자의 네가지 의미 측면이 서로 일치하지 않으면 오해가 발생할 수 있다고 본다.

4 선박과 육상 간 효과적 의사소통

(1) 내부 의사소통

① 명령과 지시
② 선내 회의
③ 토론
④ 개별면담
⑤ 업무수행 지도

(2) 외부 의사소통

① VTS(Vessel traffic services)와 의사소통
  ㉠ VTS 운영요원과 선장과의 의사소통

> **VTS**
> 바다에는 선박이 항해를 하며, 각 항만과 그 주변부, 일부 연안 지역에 VTS가 설치되어 통항 선박의 관제를 실시하고 있다. VTS에서는 CCTV, 레이더, 육안, AIS(Automatic Identification System, 선박자동식별장치)등을 이용해 각 선박의 침로, 속력 등의 정보를 이용하여 각 선박간의 위험, 충돌 여부를 확인, VHF를 이용해 관제를 실시한다. 뿐만 아니라 입/출항 보고, 기상 악화 시 통제, 사고 발생시 통항관제의 업무도 수행하고 있다.

  ㉡ 정보전달 및 상호 간의 개방적 관계 유지가 필요하고 서로의 행위를 조율하는 역할
② 타선과의 의사소통
③ 도선사와 의사소통
④ 연료 수급시 의사소통
⑤ 육상 정비업체와의 의사소통
⑥ 육상직원과의 의사소통

CHAPTER 4 의사결정기술

제4과목 선박자원관리론

1 의사결정과 판단

(1) 의사결정

의사결정(意思決定, decision making)은 여러 대안 중에서 하나의 행동을 고르는 일을 해내는 정신적 지각활동이다. 모든 의사결정의 과정은 하나의 최종적 선택을 가지게 되며, 이 선택의 결과로 어떤 행동 또는 선택에 대한 의견이 나오게 된다.

의사결정은 첫째, 결정에 필요한 정보와 자료를 수집하고 파악하며, 둘째, 문제해결을 위한 대체적 방안을 입안, 평가하는 과정을 거친다.

(2) 의사결정 모형(의사결정의 7단계)

① 문제의 정의 및 상황인식
② 정보 수집과 분석 및 목표의 수립
③ 대안의 탐색 및 확인
④ 대안의 비교 평가
⑤ 대안의 선택
⑥ 최종 결정과 이행
⑦ 피드백

> **의사결정 모형**
>
> 1. **합리적 의사결정 모형**
>   의사결정이 완전히 합리적이고 논리적으로 이루어진다고 가정한다. 인간은 논리적이고 합리적 존재라는 전제로 의사결정자는 상황이나 문제를 명확히 인식하고 모든 대안을 분석하여 최적의 대안을 선택함으로써 목표를 달성하고 문제를 해결할 수 있다고 본다.
>
> 2. **만족화 모형**
>   제한된 합리성 모형으로도 불리어지며 여기서 인간은 합리성을 추구하지만 실제로는 인지, 심리, 환경적 제약 등으로 인해 합리성이 제한되는 존재로 간주된다. 이로 인해 만족화 모형은 현실세계에서의 의사결정을 최적이 아닌 만족스러운(satisficing) 대안을 선택하는 과정으로 본다.
>
> 3. **직관적 의사결정 모형**
>   의사결정을 축적된 경험속에서 자연스럽게 발현되어 나오는 무의식의 과정으로 간주한다. 이 모형에서 인간은 정보나 인지능력의 한계로 인해 과거의 경험에 기초하거나 자신의 종합적인 느낌을 종합하여 의사결정하는 존재로 여겨진다. 시간적 여유가 없거나 중요성이 떨어지는 상황에서 주로 활용 가능하며 특정 분야에서 경험이나 노하우가 풍부한 사람에게는 직관이 하나의 훌륭한 의사결정 수단이 될 수 있음을 보여준다.
>
>   (두산백과 두피디아)

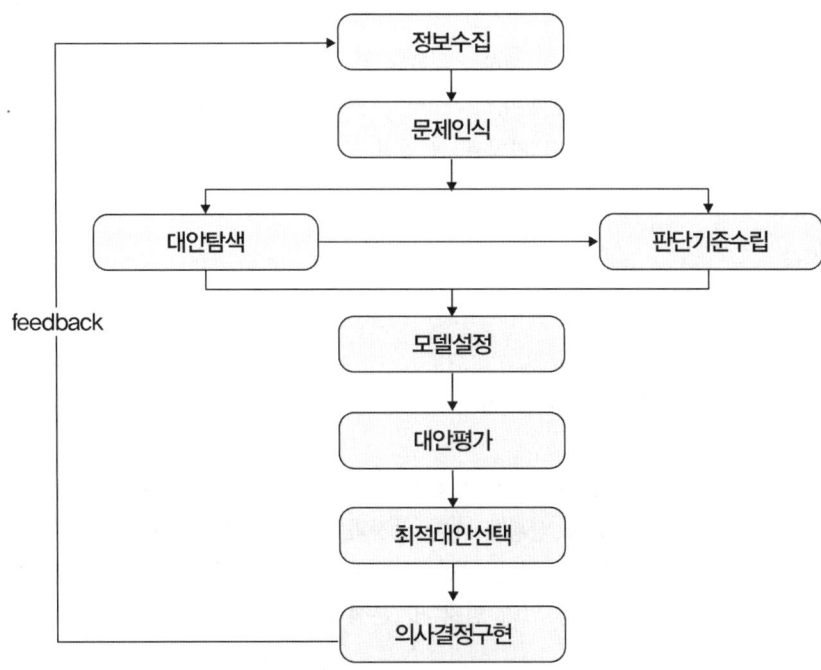

[합리적인 의사결정과정]

(3) 의사결정 기법

① **델파이 기법** : 설문을 반복하며 전문가들의 의견을 수렴하는 기법으로, 미래 예측과 문제 해결 등에 활용된다. 전문가들의 의견수렴을 위하여 개발된 기법으로, 대표적인 미래 예측 방법이다. 특정 주제에 대하여 전문가 집단을 대상으로 설문을 반복적으로 실시하고 이를 통하여 합의를 도출하는 방식으로 진행된다는 점에서 '전문가합의법'이라고도 부른다.

② **지명 반론자법(악마의 주장법, Devil's Advocate Method)** : 집단을 둘로 나누어 한 집단이 제시한 의견에 대해서 반론자로 지명된 집단의 반론을 듣고 토론을 벌여 본래의 안을 수정하고 보완하는 일련의 과정을 거친 후 최종 대안을 도출하는 방법이다.

③ **브레인 스토밍(Brain Storming)** : 자유로운 토론을 통해 다양한 사고를 자극하여 사고의 연쇄반응을 이끌어 내고 독창적인 아이디어를 찾아내는 집단적 사고 창출법이다.
   • 역브레인스토밍 : 문제의 해결을 위해 긍정적인 아이디어를 생각하는 브레인스토밍과 반대로, 아이디어가 가지는 약점들을 최대한 생각해 보는 역발상적인 기법이다.

④ **명목집단법(Normal Group Technique)** : 여러 대안들을 토론이나 비평 없이 자유롭게 서면으로 제시하여 그 중 하나를 선택하는 집단의사결정 기법. 여러 대안들을 마련하고 그중 하나를 선택하는 데 초점을 두는 구조화된 집단의사결정 기법이다. 집단의사결정임에도 불구하고 의사결정이 진행되는 동안 팀원들 간의 토론이나 비평이 허용되지 않기 때문에 '명목'이라는 용어가 사용되었다.

(4) 판단

① **판단** : 판단은 옳고 그름, 좋고 나쁨 등을 헤아려 가리는 것이다. 논리학에서는 어떤 대상에 대하여 무슨 일인가를 단정하는 인간의 사유작용을 판단이라고 한다.
② 올바른 판단을 위해서는 사전에 정확한 정보의 수집과 처리 과정이 중요하다.

③ 훌륭한 판단의 요건
  ㉠ 문제해결 과정과 결과에서 발생할 수 있는 부정적인 사항(실수, 위험, 부작용, 불확실성 등)을 미리 발견하여 제거할 필요가 있다.
  ㉡ 판단 과정에서 편견, 편향된 가치관, 선입견 등을 인식하여 제거할 필요가 있다.

2 문제해결 기술

(1) 문제 분석

① **문제분석의 개념** : 문제상황과 그 요인 및 원인을 규명하는 것으로 문제는 구체적이고 세세하게 식별되고 파악되어야 한다.
② **엘바니스와 브림(Albaness & Brim)** : 의사결정을 위한 첫단계 과제로 문제를 야기시킨 원인을 발견하고자 하는 의욕과 문제 상황에 대한 감정과 편견이 없는 포용적인 견해의 필요성 강조
③ **그로스(Gross)** : 문제 정의를 위한 방법으로 먼저 의사 결정의 목표를 명확히 정의하고 문제와 관련된 심리적 분위기 분석을 위해 인지 및 분석 과정을 통해 어떤 의사결정이 문제해결에 적합한지 규명하는 것

(2) 문제 해결 기법

① **상황분석(SA, Situation Analysis)** : 문제 주변에 현재 무슨 일이 일어났는지 파악하고 어떤 것에 우선순위를 둘 것인지를 분석하는 것
  ㉠ 주제설정 : 무엇을 위한 과제인지 명시
  ㉡ 관심사 도출 : 현재의 관심사가 무엇인지 명시
  ㉢ 사실 정리 : 관심사에 대해 사실을 구체적으로 분리하고 정리
  ㉣ 과제 설정 : 확인된 사실로부터 어떤 행동을 구체적으로 선택할 것인지 기술
  ㉤ 우선순위 결정 : 과제의 우선순위를 정하고, 구체적 행동 내용을 명시
② **문제분석(PA, Problem Analysis)** : 일의 진행 과정에서 그렇게 진행하게 된 이유와 원인이 무엇인지 구체적으로 분석하고 검증하는 것
  ㉠ 문제분석의 확인 : 무엇 때문에 어떤 원인을 추구하고자 하는지에 대한 확인
  ㉡ 문제분석의 구체화 : 무엇이, 언제, 어디서, 어느 정도 발생하고 있는지 세분화하고 IS(발생하는 일)와 IS NOT(발생하지 않는 일)을 확인
  ㉢ IS/IS NOT 확인 : 양자 간의 차이로 인하여 발생하는 사실을 분석하고 도출하여 근본 원인을 확인
  ㉣ 검증 : 도출된 근본 원인을 논리적 또는 실증적으로 입증
③ **결정분석(DA, Decision Analysis)** : 수행해야 할 조치 중 최적의 안을 찾아서 결정하는 것
  ㉠ 목적의 설정 : 대안을 찾으려는 목적이 무엇인지 명시
  ㉡ 목표 설정 : 목적을 어떤 수준까지 달성하려 하는지 구체적 기준을 설정
  ㉢ 대안 발굴 : 목적 및 목표에 따른 대안 발굴
  ㉣ 평가와 선택 : 선택된 대안과 목표를 비교하고 평가
  ㉤ 위험요소의 제거 : 선택된 대안의 구체적인 리스크를 예측하고 이를 회피할 수 있도록 대안을 수정하고 개선하여 위험요소를 제거

3 상황 및 위험성 평가

(1) 위험성 평가

위험성 평가란 유해·위험요인을 파악하고 해당 유해·위험요인에 의한 부상 또는 질병의 발생 가능성(빈도)과 중대성(강도)을 추정·결정하고 감소대책을 수립하여 실행하는 일련의 과정이다. 즉 위험성의 크기를 예측하고 그 위험성이 허용 가능한 수치인지 결정하는 과정을 말한다.

> 💡 **위험성(산업안전보건법상 '위험성' 지침)**
> "위험성"이란 유해·위험요인이 부상 또는 질병으로 이어질 수 있는 가능성(빈도)과 중대성(강도)을 조합한 것을 의미한다.

① **승선 중 위험성** : 선교에서 발생 가능한 위험성의 평가
② **선박의 Risk assessment 적용**
  ㉠ 위험 확인(Hazard Identification)
  ㉡ 위험의 심각성(Hazard Severity) : High, Medium, Low Severity
  ㉢ 위험의 빈도, 발생가능성(Hazard Likelihood) : Unlikely(발생가능성 없음), Possible(가끔 발생), Probable(자주 발생)
  ㉣ 위험 관계(Associated risk) : 특정 위험이 발생할 가능성(빈도)와 심각성(강도)의 결합으로 설명. 예를 들어 중대성이 high이고 발생가능성이 possible이라면 상관 risk는 적색부분으로 표시한다.
③ **위험성의 관리** : 실행 가능한 한 발생한 또는 발생가능한 위험성을 제거하는 것이다.

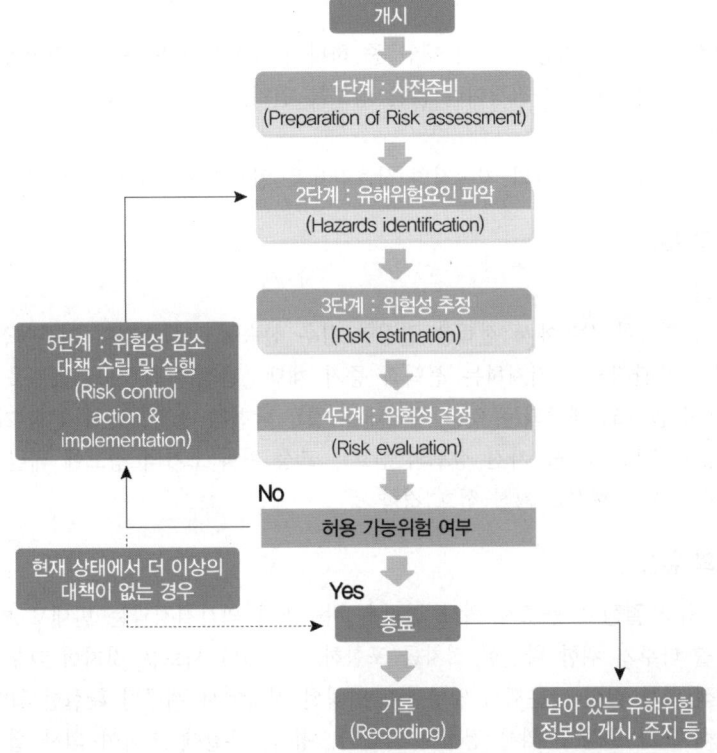

〈출처: 고용노동부 위험성 평가 지침해설서 2020〉

(2) 상황인식과 위험성의 관계

① 상황인식 형성의 3단계(Dr. Mica Endsley 모형)

㉠ 인지(Perception) : Level 1 SA
주위의 상태, 특성, 해당 요소들의 역할 등 환경에서 중요한 요인들을 인지하는 것으로 다수의 상황적 요소와 현재상태를 인지하는 것까지 포함한다.

㉡ 이해(Comprehension) : Level 2 SA
1단계에서 형성된 상황을 패턴 인식, 해석, 평가 과정을 통하여 정보들을 통합하는 과정이다.

㉢ 예측(Projection) : Level 3 SA
파악된 상황 요소들의 상태와 상호 관계와 그 상황의 이해를 바탕으로 이 요소들이 장래의 운항 환경 상태에 어떤 영향을 미칠 것인가를 결정하기 위해 미리 이 정보들을 추정하여 예측해 보는 것이다. 이 단계를 수행하기 위해서 무엇을 해야 할 것인지를 결정하고 수행하게 된다.

② 선박에서의 상황 인식 오류

㉠ 항해사의 자만심
㉡ 잘못된 관행
㉢ 사고 위험의 과소 평가
㉣ 운항과 관련된 장비에 대한 과신

(3) 선택사항의 식별 및 고려

① 의사 결정

㉠ 의사결정이란 선택 가능한 여러 대안 중 하나의 대안을 선택하는 지각활동이다.
㉡ 정보처리 관점에서 의사결정이란 많은 정보를 인지, 파악하고 평가한 후 하나의 대안을 선택하는 것이다.
㉢ 의사결정 과정은 환경과의 지속적인 상호작용을 일으키면서 내려지는 결정이다.

② 의사 결정의 특성

㉠ 불확실성
㉡ 친숙성 : 친숙한 상황에서 선택을 결정할 경우 신속하고 생각없이 이루어질 가능성이 있다.
㉢ 편향성 : 주관적으로 지지하는 선택적 증거 채택, 관성(이전 사고 패턴을 유지), 선택적 지각(중요하지 않다고 생각되는 것은 걸러내는 것), 낙천적 소망, 반복 편향(가장 많이 논의되거나 가장 많은 정보 원천을 가진 정보의 선호), 고정 편향(초기의 정보에 대한 이해가 이후의 정보에 대한 관점을 형성), 최신 선호 경향 등

③ 의사 결정의 유형

㉠ 구조적 의사 결정 : 구조적 의사 결정은 비구조적 의사결정과는 반대로 반복적이고, 일상적이며, 이를 다루기 위한 확실한 절차를 포함하므로 매번 새로운 것처럼 다루지 않아도 된다.
㉡ 반구조적 의사 결정 : 문제의 일부만이 인정된 절차에서 제공된 확실한 답이 있다.
㉢ 비구조적 의사 결정 : 의사 결정자의 판단, 평가, 통찰에 의하여 의사 결정이 이루어지며, 의사결정의 내용은 일상적이지 않고, 합의되고 잘 이해된 절차가 없다.

④ 관리자의 역할
  ㉠ 5가지 전통적 기능 : 계획, 조직화, 조정, 결정, 통제
  ㉡ 현대의 행동적 모델 : 관리자들의 실제 행동이 비체계적, 비정형적, 비사고적, 비조직화된 측면이 보인다고 한다.

⑤ 선내에서 의사결정을 위한 선택사항
  ㉠ 항해계획의 수립을 위한 의사결정을 위해 항해정보, 관련 해도, 관계법령 등 제반 사항에 대한 준비가 필요하다.
  ㉡ 의사결정을 효율적으로 내리기 위한 5단계 과정
    1. 결정해야 할 문제나 상황의 인식
    2. 정보수집 및 분석
    3. 대안 확인
    4. 대안의 평가
    5. 최종 대안의 선택

PART 1 실전예상문제

01 직무훈련과 관련된 다음 설명 중 옳지 않은 것은?

① OJT(on the job training) : 훈련을 받는 자가 현재 근무하는 직장에서 자기의 직무를 정상적으로 수행하면서 상관으로부터 지도·훈련을 받는 교육훈련의 방법
② Off JT(off the job training) : 근로자를 직무로부터 분리해 별도의 교육관계자 또는 외부기관에 의해 교육이 이루어 지는 것
③ TWI(Traing Within industry) : 현장감독자(現場監督者) 훈련법의 하나
④ ATP(Administration Training Program) : 현장 근로자 중심의 직접 훈련 지도 방법

해설 ATP(Administration Training Program) : 경영자에 대한 정형적 훈련

02 인적자원관리에 대한 다음 설명 중 옳지 않은 것은?

① 조직 목적을 달성하기 위해 효율적으로 활용하는 자원 중에 인적자원의 획득·개발에 관한 활동
② 조직 구성원을 충원하고, 적소에 배치하며, 능력 발전을 도모하고, 평가 및 보상을 통해 근무 의욕을 고취시키는 활동
③ 기업의 장래 인적자원 수요를 예측해 기업 전략 실현에 필요한 인적자원을 확보하려고 실시하는 일련의 활동
④ 채용·선발·배치부터 조직설계·개발, 교육·훈련까지 포괄하는 광범위한 활동에서 종래 인사관리 틀을 넘어선 보다 포괄적인 개념이다.

해설 전통적 인사관리는 충원하고, 적소에 배치하며, 능력 발전을 도모하고, 평가 및 보상을 통해 근무 의욕을 고취시키는 활동을 말한다.
인적자원관리는 인재 확보시부터 전략적, 효율적 판단을 통해 인적자원의 가치에 중점을 둔다.

03 선내 비공식 조직의 장점에 대한 다음 설명 중 옳지 않은 것은?

① 조직의 소속감 및 심리적 안정감 부여
② 선박조직의 경직성을 완화
③ 업무 진행에서 비공식 조직의 이해관계를 반영
④ 선박조직의 경직성을 완화

해설 선내 비공식 조직의 장점
① 선박조직의 경직성을 완화
② 조직의 신축성 부여
③ 조직의 소속감 및 심리적 안정감 부여
④ 선박조직의 경직성을 완화
⑤ 선내 조직문화 개선 가능(비공식 조직의 응집력과 리더의 통솔력 활용)
⑥ 공식 리더의 부족함을 보충하는 효과
⑦ 인원이 적은 규모의 선박에서는 중요한 조직관리수단으로 작용

04 인간의 실수(Mistake)에 대한 다음 설명 중 옳은 것은?

① 의도된 고의적 행동이 틀렸다는 것을 자신이 모르고 행하는 것
② 의도된 고의적 행동이 틀렸다는 것을 자신이 알면서 행하는 것
③ 계획 자체는 적절하나 행동과정에서 주의를 기울이지 못해 발생한 단순한 실수
④ 행동과정에서 기억의 문제로 생기는 실수

해설 실수(Mistake)와 위반(Violation)
1. 의도된 고의적 행동
① 실수 : 의도된 고의적 행동이 틀렸다는 것을 자신이 모르고 행하는 것
② 위반 : 의도된 고의적 행동이 틀렸다는 것을 자신이 알면서 행하는 것

정답 01. ④ 02. ② 03. ③ 04. ①

2. 의도하지 않은 비고의적 행동
   ① 슬립(Slips) : 계획 자체는 적절하나 행동과정에서 주의를 기울이지 못해 발생한 단순한 실수
   ② 랩스(Lapses) : 행동과정에서 기억의 문제로 생기는 실수

05 (　　)은 어떠한 사고가 하나의 원인으로만 발생하는 것이 아니라 조직적인 요인, 시스템적인 요인, 환경적인 요인 등 다양한 요인이 복합적으로 작용하여 일어날 수 있음을 설명한다. 빈칸에 알맞은 것은?

① SHELL 모델
② 스위스 치즈 모델
③ 하인리히 도미노 이론
④ 버드의 신도미노 이론

해설 스위스 치즈 모델(Swiss Cheese Model)의 개념도

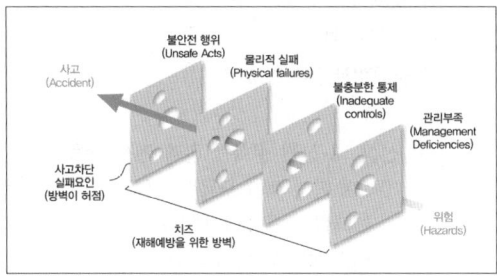

06 상황인식(SA, Situational Awareness)에 대한 다음 설명 중 옳지 않은 것은?

① 상황인식이란 '특정 시간과 공간에서 환경적 요소들을 지각, 인식하여 현 상황을 이해 또는 미래 상황을 예측하는 것'을 말한다.
② 상황인식 능력이란 임무를 수행하고 있는 팀의 주위나 팀 내부에서 어떤 일이 일어나고 있는 지를 파악할 수 있는 단서들을 식별하고, 처리하며, 이해할 수 있는 능력이다.
③ SA의 단계적 과정 중 SA 수준 1은 직무와 관련된 여러 요소들의 상태, 특성 등을 인식하는 수준이다.
④ SA의 단계적 과정 중 SA 수준 2는 시스템과 요소에 대한 미래의 상황을 예측하는 단계이다.

해설 SA의 단계적 과정
(1) SA 수준 1(지각, perception) : 직무와 관련된 여러 요소들의 상태, 특성 등을 인식하는 수준
(2) SA 수준 2(이해, Comprehension) : 1단계에서 인지된 정보를 해석하는 단계
(3) SA 수준 3(예측, Projection) : 시스템과 요소에 대한 미래의 상황을 예측하는 단계

07 하인리히 도미노 이론에서 가장 중요시하는 직접적 원인은 무엇인가?

① 선천적 결함
② 개인적 결함
③ 인간의 불안전한 행동 또는 불안전한 기계의 상태
④ 경영자의 관리소홀

해설 하인리히 이론에서는 재해발생의 직접원인을 제거하기 위하여 사고예방 통제수단이 강구되어야 한다고 주장하며 직접원인으로 인간의 불안전한 행동 또는 불안전한 기계의 상태를 들었다.

08 SHELL모델에서는 승무원을 중심으로 한 5가지 요소가 제 기능을 발휘하고 조화로웠을 때 안전한 운행이 가능하다는 이론이다. 5가지 요소에 대한 설명으로 옳지 않은 것은?

① 중앙 L : "인간"으로 운항승무원 등 업무를 주도적으로 수행하는 사람
② 아래 L : 업무에 관여하면서 지시, 명령을 하는 관제사 등
③ S : 항공기운항과 관련하여 승무원이 조작하는 모든 장비, 장치
④ E : 주변 환경, 조종실 내 조명, 습도, 온도, 기압, 산소농도, 소음, 시차 등

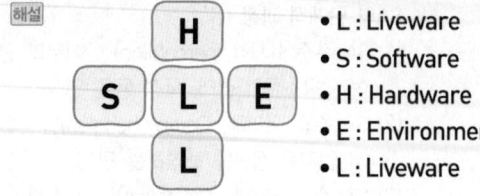

- L : Liveware
- S : Software
- H : Hardware
- E : Environment
- L : Liveware

[SHELL Model]

해설

㉠ 중앙 L : "인간"으로 운항승무원 등 업무를 주도적으로 수행하는 사람
㉡ 아래 L : 업무에 관여하면서 지시, 명령을 하는 관제사 등
㉢ H : 항공기운항과 관련하여 승무원이 조작하는 모든 장비, 장치
㉣ S : 항공기 운항과 관련된 법규, 비행절차, 체크리스트, 기호, 컴퓨터 프로그램 등
㉤ E : 주변 환경, 조종실 내 조명, 습도, 온도, 기압, 산소농도, 소음, 시차 등

09 인적 오류(Human Error)에 대한 Swain식 분류에 포함되지 않는 것은?

① 작위오류(commission error)
② 누락오류(Ommission error)
③ 지식오류(knowledge error)
④ 시간오류(time error)

해설 Human Error에 대한 Swain식 분류

① 작위오류(commission error) : 수행해야 할 작업을 부정확하게 수행하는 오류
② 누락오류(Ommission error) : 수행해야 할 작업을 빠트리는 오류
③ 순서오류(Sequence error) : 수행해야 할 작업의 순서를 틀리게 수행하는 오류
④ 시간오류(time error) : 수행해야 할 작업을 정해진 시간 안에 완수하지 못하는 오류
⑤ 불필요한 수행오류(Extraneous error) : 작업 완수에 불필요한 작업을 수행하는 오류

10 인적 오류(Human Error)에 대한 Swain식 분류에 포함되지 않는 것은?

① 규칙기반 착오
② 지식기반 착오
③ 의식기반 착오
④ 숙련기반 착오

해설 Reason식 분류

① 비의도적 행동(무의식적 상황, 숙련기반 착오) : 실수(slips), 건망증(lapse)
② 의도적 행동
　㉠ 착오(규칙기반 착오, 친숙한 상황)
　㉡ 지식기반 착오(생소하고 특수한 상황)
　㉢ 고의적 위반(Violation)

11 선상 내 다국적 선원들에 의한 선원 문화간 차이를 개선하고자 하는 행동으로 옳지 않은 것은?

① 모호함에 대한 제거 노력
② 감정이입
③ 긍정적 태도
④ 문화상대주의적 관점

해설 선상 내 선원 문화간 관계 개선 행동

① 모호함에 대한 포용력 : 특정 정보의 부족 또는 애매한 행동이나 언어표현에 대해 중립적이고 열린 자세로 받아들이는 마음가짐
② 감정이입(Empathy) : 다른 선원들의 배경, 경험한 슬픔 또는 행복에 대한 공감
③ 긍정적 태도
④ 문화상대주의적 관점 : 특정 문화의 우월성이 아니라 여러 집단의 다양성 인정
⑤ 관조적 시각(Bird's-eye View) : 특정한 사람 또는 특정 사건에 대하여 제3자의 관점에서 해석하고 판단하려는 관점

12 선상교육 목표와 선원의 역량 관리에 관한 다음 설명 중 옳지 않은 것은?
① 역량관리는 개별 교육의 성과 중심으로 관리되어 측정, 평가되어야 한다.
② 역량은 해운 기업과 선박의 목표와 부합되도록 하여야 한다.
③ 역량의 측정을 위한 측정기준이 마련되어야 한다.
④ 선상교육의 목표는 안전하고 효율적인 선박 운항에 필요한 역량을 갖추도록 하는 것이다.

해설 선상교육 목표와 역량 관리
① 선상교육의 목표 : 안전하고 효율적인 선박 운항에 필요한 역량을 갖추도록 하는 것
② 역량관리가 시스템적으로 관리되어 측정, 평가되어야 한다.
③ 역량은 해운 기업과 선박의 목표와 부합되도록 하여야 한다.
④ 역량의 측정을 위한 측정기준이 마련되어야 한다.
⑤ 역량의 측정은 신뢰성있는 평가절차와 방법에 의하여 이루어지고, 역량기준에 반영되어야 한다.

13 다음은 멘토링과 코칭의 차이점을 비교한 내용이다. 옳은 것은?
① 멘토링이 업무중심적이라면 코칭은 관계중심적이다.
② 멘토링이 장기적 활동이라면 코칭은 단기적 활동이다.
③ 멘토링이 업무의 성과를 도모하는 반면 코칭은 개인의 발전을 지향한다.
④ 멘토링이 즉시적 활동이 중심이라면 코칭은 정해진 목표를 성취하기 위한 플랜이 주어지는 활동이 중심이다.

해설 [멘토링과 코칭]
① 멘토링 : 인적자원의 유지 및 관리, 역량개발과 육성 활동
② 코칭 : 실적과 업무에 초점을 둔 교육 방법으로 효과적인 일처리 방법을 교육하고 특정 지식을 획득하도록 하는 활동
[멘토링과 코칭의 차이]
① 멘토링이 관계중심적이라면 코칭은 업무중심적이다.
② 멘토링이 장기적 활동이라면 코칭은 단기적 활동이다.
③ 멘토링이 개인의 발전을 도모하는 반면 코칭은 업무의 성과를 지향한다.
④ 멘토링은 정해진 목표를 성취하기 위한 플랜이 주어지는 반면 코칭은 즉시적 활동이 중심이다.

14 기획의 평가 항목에 대한 다음 내용 중 옳지 않은 것은?
① 완결성
② 충분성
③ 복잡성
④ 선명성

해설 [기획의 평가 항목]
완결성, 선명성, 충분성, 현시성, 유연성

15 기획에 대한 다음 설명 중 옳은 것은?
① 기획 수립의 첫 단계는 목표를 정하는 것이다.
② 기획과 계획은 같은 의미로 쓰인다.
③ 기획의 마지막 단계에서 평가 후 피드백 과정을 거쳐야 한다.
④ 기획 과정을 통해 결정된 내용은 실행과정에서 변경하지 못한다.

해설 기획의 단계별 수립과정
1) 과제의 문제 파악
2) 과제 및 문제의 분석
3) 목표 설정
4) 문제의 해결 방안 검토
5) 실행계획의 수립
6) 실행
7) 성과의 평가 및 피드백
오답 ② 계획이란 기획을 통해 산출된 결과를 의미하며, 사업계획(program)과 단위사업계획(project)은 계획의 하위 개념으로 볼 수 있다.
④ 결정된 기획이라도 실행과정에서 조정될 수 있다.

16 개인에게 업무를 배정할 때 적용하는 원칙으로서 옳지 않은 것은?
① 능률성
② 적절성
③ 인적 신뢰성
④ 통합성

해설 **업무 배정의 원칙**
 ㉠ 능률성 : 업무 배정은 과업이 효과적으로 수행될 수 있는 충분한 인원과 적절한 자격을 갖춘 자를 배치함으로써 담당 임무를 능률적이며 효과적으로 수행할 수 있어야 한다.
 ㉡ 명백성 : 업무는 명백하고 모호함이 없어야 한다. 구성원의 업무는 자신의 책임업무라는 사실을 인지하고 확인하여야 한다.
 ㉢ 적절성 : 각 구성원은 자신의 업무를 능률적이고 효과적으로 처리가 가능한 적절한 근무 업무와 장소에 배치되어야 한다.
 ㉣ 물적 용이성 : 구성원이 자신의 업무를 수행할 때 필요한 기기 및 장치는 사용함에 있어 용이하여야 한다.
 ㉤ 인적 신뢰성 : 업무를 수행함에 있어 구성원 간에 의사소통은 명백성, 신속성 및 신뢰성이 있어야 하고 수행중인 업무에 적합하여야 한다.

17 선상 업무 배정시 고려 요소 중 예상 가능한 요소로 옳은 것은?
① 기관의 상태
② 장비의 고장
③ 육상 관리자의 지원
④ 선박 관련 신기술 적용

해설 **업무배정시 예상 가능 요소**
 ㉠ 항해 계획
 ㉡ 기관의 상태(정비 관리 및 보수)
 ㉢ 비상훈련
 ㉣ 시간과 재원(Resource)
 ㉤ 주기적 이행 업무에 대한 점검
 ㉥ 업무 절차

18 다음 일반적인 인간 한계성으로 설명된 내용 중 옳지 않은 것은?
① 피로   ② 자기만족
③ 오해   ④ 휴식

해설 **인간 한계성** : 인간이 습득 가능한 지식 및 기술이라고 하더라도 인적 요인 또는 환경적 요인에 의해 의도한 결과를 가져오지 못할 수도 있는 한계성

 ㉠ 피로 : 피로는 인간의 정신적, 육체적, 감정적 노동의 결과로 발생하는 정신적, 육체적 능력의 감소
 ㉡ 자기만족 : 자기만족에 의한 자만심의 결과 선박 운용상 발생 가능한 위험을 과소평가하거나 인지하지 못함에 영향을 미치는 심리적 상태
 ㉢ 오해 : 선박 조직 구성원 간의 오해, 기계, 장비 및 설비에 대한 오해

19 선내 활동에서 인간 한계성 극복을 위한 점검사항이 아닌 것은?
① 승무원의 근로와 휴식시간의 준수
② 국내외 법규와 협약의 숙지
③ 적절한 당직 교대 시간
④ 다문화 문제와 언어 장벽

해설 **한계성 관리를 위한 점검 사항**
당직 전 휴식시간 및 휴식의 적절성, 적절한 당직 교대 시간, 항해기간, 하역기간 및 출항시간 등에 대한 명확하고 분명한 선내 지침과 해운기업의 규정이 갖춰져 있어야 한다. 또한 다문화 문제, 언어 장벽, 종교적 차이, 인간관계, 스트레스, 외로움, 지루함 등도 고려 대상이다.

20 다음 중 스트레스의 외적 요인으로 옳지 않은 것은?
① 물리적 환경   ② 조직 사회
③ 과도한 개인 일정   ④ 개인적 큰 사건

해설 **스트레스의 외적 요인**

외적 요인	내용
물리적 환경	한정된 공간의 소음, 빛, 조명, 온도, 열 등
사회적 환경	타인과의 갈등, 명령, 불쾌함, 무례함 등 사회적 갈등 요소
조직 사회	규칙, 제도, 형식적 절차가 주는 압박감 등
개인적 큰 사건	직업상실, 승진 누락, 가족의 변고 등
일상의 복잡성	기계적 고장의 발생, 통근시 불편함 등

정답 17. ① 18. ④ 19. ② 20. ③

21 선상 근무자의 스트레스를 인지할 수 있는 지표로서 적절치 않은 것은?

① 주의가 산만하다.
② 업무의 우선순위 결정에 어려움을 가지고 있다.
③ 장시간의 업무 편성
④ 편견이나 선입견에 의해 의사결정을 한다.

해설 스트레스 인지 지표
① 기억장애 : 주의산만, 편견, 정보과다, 업무방치 등
② 집중력 감소 : 난이도에 따른 업무의 우선순위 결정, 혼돈, 선입관, 지각력 감소 등
③ 의사결정력 감소 : 편견에 의한 결정 또는 사고력 자체의 감소 등

22 다음 "시간제약의 야기 요소" 중 옳지 않은 것은?

① 업무소요시간의 부적절한 측정
② 업무수행을 위한 서두름
③ 우선순위에 따른 업무수행
④ 불필요한 업무 수행

해설 시간 제약의 야기 요소
㉠ 업무소요시간의 부적절한 측정
㉡ 업무수행을 위한 서두름 : 적절한 업무수행 속도의 설정이 필요
㉢ 동시 다발적 업무처리 : 개별 업무당 소요되는 시간 소요량 확보에 실패할 수 있으므로 업무의 우선순위를 결정해서 적정한 소요시간의 배분이 중요
㉣ 업무 늑장 : 필요한 시간(기간) 내 업무 수행이 필요함에도 해당 업무 수행 시기를 늦춤으로 인해 효율적인 업무처리가 불가능해 진다.
㉤ 불필요한 업무 수행 : 중요한 업무는 소홀히 하는 반면 긴급하거나 중요한 일이 아님에도 시간을 투입하여 결과적으로 시간을 허비하게 된다.

23 다음 아이젠하워의 시간 메트릭스 이론에서 업무의 우선순위를 순서대로 표시한 것은?

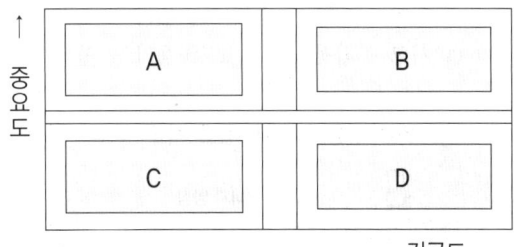

① A - B - C - D
② B - A - C - D
③ B - A - D - C
④ A - B - D - C

해설 아이젠하워의 시간 메트릭스

	② 긴급하지는 않지만, 중요한 일	① 긴급하고 중요한 일
	Decide Schedule a time to do it 언제 할 지 결정하라	Do Do it now 지금 당장 하라
	④ 긴급하지도 중요하지도 않은 일	③ 긴급하지만 중요하지는 않은 일
	Delete Eliminate it 언제 할 지 결정하라	Delegate who can do it for you 지금 당장 하라

21. ③ 22. ③ 23. ③

24 마이어스-브릭스 MBTI 유형의 4가지 선호지표의 연결로 적절하지 않은 것은?

① 외향 – 내향 ② 감각 – 직관
③ 사고 – 감정 ④ 동기 – 인식

해설 MBTI 유형의 4가지 선호 지표

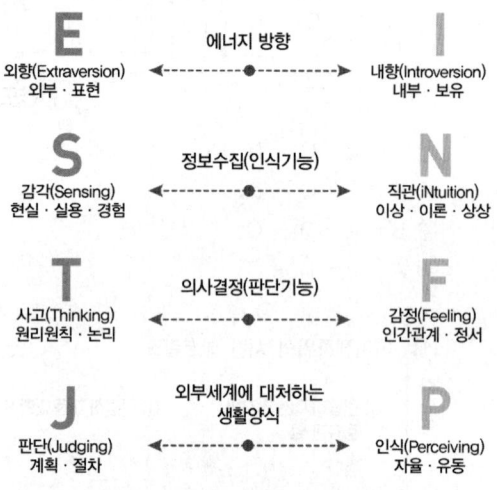

25 다음 〈보기〉가 설명하는 리더십 유형으로 옳은 것은?

〈보기〉
지도자가 먼저 팀원들의 이익을 생각하고 그들을 돕는 방법으로 지도력을 표현한다. 인간존중을 근본으로 하고 구성원의 잠재력에 주목. 이는 교육, 병원 등 비영리단체에서 적용된다. 업무에 있어서 조직의 전반적인 권한을 최소화시킨다. 따라서 각자 지위에서 서로에게 필요한 것을 제대로 요구하지 못하는 경우가 발생할 수도 있다.

① 권위적 리더십 ② 변혁적 리더십
③ 서번트 리더십 ④ 온정적 리더십

해설 서번트 리더십(servant leadership)이란 구성원에게 목표를 공유하고 구성원들의 성장을 도모하면서, 리더와 구성원의 신뢰를 형성시켜 궁극적으로 조직성과를 달성하게 하는 리더십이다. 서번트 리더십은 리더가 구성원을 섬기는 자세로 그들의 성장 및 발전을 돕고 조직 목표 달성에 구성원 스스로 기여하도록 만든다.

26 업무량과 관련된 선교(船橋)의 상태가 근심상태인 것은?

① +2 ② +1
③ -1 ④ -2

해설 업무량과 관련한 선교(船橋)의 6가지 상태

선교 수치	선교 상태	내용
+3	경보 상태	상황이 악화된다는 느낌. 과중한 업무량과 스트레스로 인한 위험상태
+2	근심 상태	업무 수행에 지장이 발생하여, 업무량이 증가함
+1	최적 상태	기관 당직자는 집중력이 높고, 기기의 결함도 없으며, 업무수행 감정도 기분이 좋은 상태
-1	권태 상태	지루함을 느끼고 작은 실수가 생기기 시작하는 단계
-2	부주의 상태	머리가 멍해지고 졸음이 오며, 실수가 빈발하는 단계로 심각한 상태로 발전될 수 있는 단계
-3	위기 상태	긴박한 상태가 발생한 상황에서 집중력을 발휘하기 어렵고, 적합한 대처도 할 수 없는 가장 위험한 상태

27 다음 이의제기의 저해요소 중 옳지 않은 것은?

① 상위 직급자의 능력 과신
② 수행 업무에 대한 무관심
③ 작업자의 외향적 성격
④ 책임 회피

해설 이의제기의 저해 요소
① 상위 직급자의 능력 과신
② 이의제기를 해야 할 작업자의 내성적 성격
③ 자신감 결여
④ 수행 업무에 대한 무관심
⑤ 책임 회피
⑥ 조직 구성원간의 상호 불협화음(갈등)의 존재

정답 24. ④ 25. ③ 26. ① 27. ③

28 해사커뮤니케이션의 방해 요인으로 옳지 않은 것은?

① 소음
② 통신자 간의 해사영어능력 차이
③ 미시적 또는 거시적 환경 방해 요소
④ 공통된 준거의 틀

해설 준거란 한 개인이 자신의 신념·태도·가치 및 행동방향을 결정하는 데 기준으로 삼고 있는 것으로 선상생활에서 다국적 선원들이 혼승으로 인해 공통된 준거의 틀을 가지기 어렵다.

29 모든 언어적 해석은 Four-Sides-Model(Fredemann Schulz von Thun)을 기반으로 이루어 진다. 화자와 청자가 이 네가지 측면에서 서로 일치하지 않으면 오해가 발생한다고 한다. 다음 중 이 네가지 측면에 포함되지 않는 것은?

① 사실(factual information) : 청자와 화자가 받아들인 사실 정보
② 자기만족(self-satisfaction) : 청자와 화자가 받아들인 정보의 만족도
③ 관계(relationship) : 청자와 화자간의 관계성 속의 해석
④ 호소(appeal) : 청자와 화자가 각각 상대방에게 기대하는 행동

해설 언어적 측면의 4가지 고려 사항
① 사실(factual information) : 청자와 화자가 받아들인 사실 정보
② 자기현시(self-revelation) : 청자와 화자가 받아들인 정보의 해석
③ 관계(relationship) : 청자와 화자간의 관계성 속의 해석
④ 호소(appeal) : 청자와 화자가 각각 상대방에게 기대하는 행동

30 다음 〈보기〉가 설명하는 의사결정기법으로 옳은 것은?

보기
여러 대안들을 토론이나 비평 없이 자유롭게 서면으로 제시하여 그 중 하나를 선택하는 집단의사결정 기법. 여러 대안들을 마련하고 그중 하나를 선택하는 데 초점을 두는 구조화된 집단의사결정 기법이다. 집단의사결정임에도 불구하고 의사결정이 진행되는 동안 팀원들 간의 토론이나 비평이 허용되지 않는다.

① 델파이 기법
② 지명 반론자법(악마의 주장법, Devil's Advocate Method)
③ 브레인 스토밍(Brain Storming)
④ 명목집단법(Normal Group Technique)

해설 의사결정 기법
① 델파이 기법 : 설문을 반복하며 전문가들의 의견을 수렴하는 기법으로, 미래예측과 문제 해결 등에 활용된다. 전문가들의 의견수렴을 위하여 개발된 기법으로, 대표적인 미래예측 방법이다. 특정 주제에 대하여 전문가 집단을 대상으로 설문을 반복적으로 실시하고 이를 통하여 합의를 도출하는 방식으로 진행된다는 점에서 '전문가 합의법'이라고도 부른다.
② 지명 반론자법(악마의 주장법, Devil's Advocate Method) : 집단을 둘로 나누어 한 집단이 제시한 의견에 대해서 반론자로 지명된 집단의 반론을 듣고 토론을 벌여 본래의 안을 수정하고 보완하는 일련의 과정을 거친 후 최종 대안을 도출하는 방법이다.
③ 브레인 스토밍(Brain Storming) : 자유로운 토론을 통해 다양한 사고를 자극하여 사고의 연쇄반응을 이끌어 내고 독창적인 아이디어를 찾아내는 집단적 사고 창출법이다.
• 역브레인스토밍 : 문제의 해결을 위해 긍정적인 아이디어를 생각하는 브레인스토밍과 반대로, 아이디어가 가지는 약점들을 최대한 생각해 보는 역발상적인 기법이다.

28. ④ 29. ② 30. ④

31 다음 중 문제해결 기법에 포함되지 않는 것은?

① 상황분석(SA, Situation Analysis)
② 원인분석(CA, Cause Analysis)
③ 문제분석(PA, Problem Analysis)
④ 결정분석(DA, Decision Analysis)

해설 **문제해결기법**
㉠ 상황분석(SA, Situation Analysis) : 문제 주변에 현재 무슨일이 일어났는지 파악하고 어떤 것에 우선순위를 둘 것인지를 분석하는 것
㉡ 문제분석(PA, Problem Analysis) : 일의 진행 과정에서 그렇게 진행하게 된 이유와 원인이 무엇인지 구체적으로 분석하고 검증하는 것
㉢ 결정분석(DA, Decision Analysis) : 수행해야 할 조치 중 최적의 안을 찾아서 결정하는 것

32 의사결정의 특성으로 옳지 않은 것은?

① 불확실성   ② 친숙성
③ 편향성   ④ 완결성

해설 **의사 결정의 특성**
㉠ 불확실성
㉡ 친숙성 : 친숙한 상황에서 선택을 결정할 경우 신속하고 생각 없이 이루어질 가능성이 있다.
㉢ 편향성 : 주관적으로 지지하는 선택적 증거 채택, 관성(이전 사고 패턴을 유지), 선택적 지각(중요하지 않다고 생각되는 것은 걸러내는 것), 낙천적 소망, 반복 편향(가장 많이 논의되거나 가장 많은 정보 원천을 가진 정보의 선호), 고정 편향(초기의 정보에 대한 이해가 이후의 정보에 대한 관점을 형성), 최신 선호 경향 등

33 의사결정에서 "문제의 일부만이 인정된 절차에서 제공된 확실한 답이 있다."고 보는 유형으로 옳은 것은?

① 구조적 의사결정
② 반구조적 의사결정
③ 비구조적 의사결정
④ 통합적 의사결정

해설 **의사 결정의 유형**
㉠ 구조적 의사 결정 : 구조적 의사 결정은 비구조적 의사결정과는 반대로 반복적이고, 일상적이며, 이를 다루기 위한 확실한 절차를 포함하므로 매번 새로운 것처럼 다루지 않아도 된다.
㉡ 반구조적 의사 결정 : 문제의 일부만이 인정된 절차에서 제공된 확실한 답이 있다.
㉢ 비구조적 의사 결정 : 의사 결정자의 판단, 평가, 통찰에 의하여 의사 결정이 이루어지며, 의사결정의 내용은 일상적이지 않고, 합의되고 잘 이해된 절차가 없다.

정답 31. ② 32. ④ 33. ②

선박안전관리사 2급·3급 시험대비

제 2 편
물적자원관리

제1장 선박기기
제2장 선박구조
제3장 선박관리시스템

CHAPTER 1 선박기기

제4과목 선박자원관리론

01 항해 및 통신기기

1 항해기기의 종류

(1) 자기 컴퍼스(Magnetic Compass)

① 자석을 사용하여 지구(地球) 자장(磁場)의 방향을 측정하는 컴퍼스로서 선박의 침로(針路) 결정용의 항해 계기의 일종으로서 조타실내 또는 컴퍼스 갑판에 설치된다.
② **구조** : 볼(bowl), 컴퍼스 카드, 부실(float), 캡(cap), 피벗(pivot) 등

해상용 자기 컴퍼스(0063-K)

(2) 자이로 컴퍼스(Gyro Compass)

① 자이로스코프를 이용하여 지구 상의 북쪽을 향하도록 하는 장치로서 마그네틱 컴퍼스에서 나타나는 자차 및 편차가 없고 지북력이 강하다. 자이로컴퍼스는 방위를 간단히 전기 신호로 바꿀 수 있으므로 여러 개의 리피터 컴퍼스(repeater compass)를 동작시킬 수 있다.

[Gyro Compass]

② 작동 원리

외부에서 자이로스코프에 돌림힘이 작용하는 경우 돌림힘의 방향으로 회전축이 옮기우는 세차운동이 일어나게 된다. 세차운동은 자이로스코프를 에워싸고 있는 공기나 유체와의 마찰에 의해 감쇠되고 결국 자이로스코프 회전축은 돌림힘이 작용하지 않는 방향에 도달하게 된다. 자이로컴퍼스에서는, 지구 자전에 의한 코리올리힘이 자이로스코프에 가해져 자이로스코프 회전축을 진북 방향으로 가게 만든다.

(3) 레이더(RADAR, Radio Detecting and Ranging)

① 무선탐지와 거리측정(Radio Detecting And Ranging)의 약어로 마이크로파(극초단파, 10cm~100cm 파장) 정도의 전자기파를 물체에 발사시켜 그 물체에서 반사되는 전자기파를 수신하여 물체와의 거리, 방향, 고도 등을 알아내는 무선감시장치이다.
② 레이더의 구성
   ㉠ 송신장치
   ㉡ 수신장치
   ㉢ 송수신전환장치
   ㉣ 주발진기(레이더의 두뇌 역할 : 펄스 전압 발생장치) 및 변조기

(4) 자동레이더 플로팅 장치(ARPA)

① 종래의 레이더 기능에, 여러 첨단 전자장치의 기능들을 추가하여 내장된 CPU의 계산 기능으로 물표의 정보들을 통합하여 항해사에게 제공해주는 장치이다.
② 모든 물표에 대한 자동 플로팅 정보를 화면상에 숫자 및 그래픽으로 보여줌으로써 곧바로 상대 선박들의 정확한 움직임을 파악할 수 있게 해준다.
③ 사용자는 자선의 주변 상황에 대하여 신속한 판단을 할 수 있다. 또한 ARPA가 주변의 물표들에 대해 자동으로 플로팅을 행함으로써, 협수로 등의 교통량이 많은 해역에서의 충돌예방에 더욱 효과적이다.
④ 이 방식은 상대 벡터(상대적인 침로와 속력)를 표시하므로, 최근접점(Closest point of approach ; CPA)을 쉽게 구할 수가 있어서 물체와의 근접상태를 미리 파악할 수 있다.

⑤ [국제해상인명안전협약 1974] 1984년 9월 1일 이후 건조된 10,000톤 이상의 모든 선박에 건조 시부터 설치하도록 의무화되었다.

(5) 전자해도표시 정보시스템(ECDIS)
① 선박에서 사용하는 종이해도 대신 컴퓨터로 해도정보와 주변 정보를 표시하는 장치이다.
② 항해자의 항해계획과 항로감시를 돕기 위해 항해용 센서들과 연결되어 매 순간 본선정보 및 주변 정보와 함께 해도정보를 선택적으로 표시한다.
③ 컴퓨터 통제 하에 선박자동항법장치 및 항만관제시스템과 연결하여, 선박의 좌초·충돌에 관한 위험상황을 항해자에게 미리 경고하는 등 해양사고를 미연에 방지하고, 최적 항로선정을 위한 정보제공으로 수송비용 절감과 함께 해상교통처리 능력을 증대시키며 자동 항적기록을 통해 사고 발생 시 원인규명을 가능케 하는 등 선박의 항해에 중요한 역할을 한다.

(6) 음향 측심기(Echo Sounder)
① 초음파를 이용해 바다의 깊이를 재는 기계. 바다 밑으로 쏜 초음파가 바닥에 반사되어 오기까지의 시간을 측정하여 바다의 깊이를 계산한다.
② 초음파를 이용하여 바다의 깊이를 재기 위해서는 먼저 초음파를 바다 밑으로 발사한 후, 바닥에 반사되어 돌아오기까지의 시간을 측정한다. 이 시간은 배와 바다 사이를 왕복하는 데 걸린 시간이므로 1/2을 곱한 후, 초음파의 속력을 곱하면 바닥까지의 거리를 알 수 있다. 초음파는 바다에서 1초에 약 1,500m를 움직인다.

(7) 선속계(Speed Log)
① 선박의 속력이나 수심을 재는 기기를 말한다.
② **도플러 선속계** : 도플러 효과를 이용하여 유속을 측정하는 유속계로 계기(計器) 자체에 의한 흐름 교란이 없는 최신의 유속측정 기구이다. 항해 중인 선박의 밑바닥에서 해저를 향하여 발사한 음파와 이것이 해저에서 반사되어 수신된 음파에는 주파수차가 생기는데 이를 도플러 주파수라고 하며, 이것은 선박 속도에 비례한다는 원리를 이용한 것이 도플러 선속계이다.

(8) GPS(Global Positioning System)
① GPS는 GPS 위성에서 보내는 신호를 수신해 사용자의 현재 위치를 계산하는 위성항법시스템이다.
② GPS는 위성 부문, 지상관제 부문, 사용자 부문으로 구성된다. 여기서 위성 부문은 GPS 위성을, 지상관제 부문은 지상에 위치한 제어국을, 사용자 부문은 GPS 수신기를 말한다.
③ 인공위성을 이용하여 위도, 경도, 고도의 위치뿐만 아니라 3차원의 속도 정보와 함께 정확한 시간까지 얻을 수 있어 자동차, 선박, 항공기 등에서 자신의 위치를 정확히 알 수 있는 시스템이다. 복수의 인공위성에서 발사되는 시간 신호를 전파의 수신 시간 차를 이용하여 현재의 위치를 파악하는 것으로서, 미국 국방부 중심으로 개발되었다.

(9) 선박자동식별장치(AIS, Automatic Identification System)
① AIS는 일정 범위의 설비를 장착한 선박의 선명·침로·선속·위치 등의 항행정보를 자동으로 표시해주는 장비를 말한다. 간단한 문자통신을 하는데 사용할 수도 있다.

② 국제해사기구(IMO)에서는 1997년 7월에 AIS의 성능 기준안을 마련하여, 1999년 9월에 AIS 탑재요건에 관한 사항을 SOLAS 개정안 제5장 제19규칙 제1,5항에 삽입하고, 2002년 7월 1일부터 단계적으로 선박에 탑재하고 있다. 이에 따라 모든 여객선, 국제 항해에 종사하는 300톤 이상의 모든 선박, 국제 항해에 종사하지 않는 500톤 이상의 화물선은 AIS를 탑재하고 있다.

③ 대양에서부터 연안 항로까지 선박의 통항을 관리하여 안전 항행을 확보하기 위한 장치로서 처음에는 항공기용으로 개발되었으나 선박용으로 자동식별장치를 개발하여 선박에 적용하고 있다.

(10) 해상조난 및 안전시스템(GMDSS, Global Maritime Distress and Safety System)

SOLAS 협약에 의해서 해상에서 조난사고 예방과 사고 발생 시 수색과 구조 활동을 신속히 수행하기 위해 인공위성 중계, 디지털통신, 무선전화, 무선텔렉스 등을 해상통신 체계에 접목시킨 전 세계 해상조난 및 안전제도이다.

2 항해기기의 관리

(1) 자이로 컴퍼스

① Alarm 관리
  ㉠ Alarm의 식별 : Alarm Lamp, Alarm List
  ㉡ Trouble Shooting : Failure Phenomena List, Countermeasure Table

(2) 레이더

① Rountine Maintenance : 일상적 관리
② Maintenance의 중요 부분
  ㉠ Scanner
  ㉡ Display Unit
  ㉢ Coaxial Cable
  ㉣ Fuction Check
③ 레이더 자체의 한계성 쳌킹
  ㉠ Blind Sector : 레이더 스캐너에서 빔의 송수신 차단 여부 측정
  ㉡ 최소탐지거리(Minimum Detection Range) : 최소 50m 이내의 물표를 감지할 수 있어야 한다.
  ㉢ False Echoes
    ⓐ Indirect Echo : 선박에 설비된 물체에 반사되어 수신된 경우 다른 위치에 물표가 있는 것처럼 display한다.
    ⓑ Multiple Echo : 선박과 가까이 있는 선박간 다중반사에 의한 수신에 의해 같은 방위에 등거리로 여러개의 점으로 물표가 표시된다.
    ⓒ Side Echo : 선박의 근접거리에 있는 물표가 수신이득률이 높아 Side Lope에 의해 반사 수신된 잔파가 표시된다.
    ⓓ Radar to Radar Interference : 주위 항해 선박과 같은 주파수대의 레이더를 사용함으로 인해 전파간섭에 의해 레이더에 여러개의 나선형의 점들이 나타난다.
    ⓔ 맹목구간(blind sector) : 선박의 구조물, 즉 전부마스트, 연돌 등에 의해 스캐너에서 반사된 레이더 전파가 차단되어 레이더 화면상에서 물표를 탐지할 수 없는 구간이다.

④ X밴드 레이더와 S밴드 레이더

항목	X밴드 레이더	S밴드 레이더
사용파장	3.2cm	10cm
주파수	9375MHz	3000MHz
물체크기	작은 물체까지 감지	작은 물체 감지 어려움
탐지거리	근거리	원거리까지 가능
맹목구간	넓음	좁음

(3) 자기 컴퍼스

① Rountine Maintenance
  ㉠ Lamp 확인
  ㉡ 자차 확인
  ㉢ Bowl 내부의 Bubble 확인
② **자차 수정** : 4점 방위의 자차 수정, 8점 방위의 자차 수정
③ **자차 곡선 작성** : 수정된 자차의 결과를 바탕으로 자차 곡선을 그리고 선교에 게시하여야 한다.

(4) GPS Receiver

① Rountine Maintenance
  ㉠ 장비의 적절한 설치 여부 및 고정용 Screw의 고정 상태 확인
  ㉡ 각종 케이블의 연결상태 확인
  ㉢ 퓨즈의 상태
  ㉣ 장비의 손상 여부
② Critical Problem
  ㉠ Power Failure
  ㉡ 위치수신불가

(5) Echo Sounder

① 일상적 유지 점검(Maintenance)
  ㉠ Self Check
  ㉡ Display Unit의 청소 및 퓨즈, 베터리 교환
② **Trouble Shooting** : 문제가 발생할 경우 조치를 취해야 할 것들

02 기관실 기기 관리

1 기관실 기기의 종류

(1) 주기관

① 선박의 추진을 목적으로 사용되는 열기관으로서, 크게 내연기관과 외연기관으로 분류할 수 있다.
② 내연기관이란, 기관 내부에 직접 연료와 공기를 공급하고 이것을 적당한 방법으로 연소시켜 이 때 발생하는 고온·고압의 연소가스를 이용하여 동력을 얻는 기관이다. 선박의 주기관으로 사용되는 내연기관으로는 디젤기관, 가솔린기관, 가스터빈 등을 들 수 있다.
③ 외연기관은 기관에 부착되지 않은 별도의 보일러에서 연료를 연소시켜 물을 가열하고, 이곳에서 고온·고압의 증기를 발생시킨 다음에 이 증기로 기관을 작동시켜 동력을 얻도록 한 장치이다. 증기 왕복 동기관, 증기 터빈기관이 이에 해당한다.

> 💡 선박 주기관의 조건
> ① 배의 좁은 장소에 설치되므로 무게와 부피가 작아야 하며, 취급, 운전, 보수 등이 용이해야 한다.
> ② 고장이 적고 안전해야 한다.
> ③ 연료의 소모량이 적어야 하고, 값싼 연료가 사용되어야 한다.
> ④ 역회전 및 저속 운전이 가능해야 한다.
> ⑤ 구조가 간단하여 조작하기 쉬워야 한다.
> ⑥ 진동이 적고 검사 및 수리가 용이해야 한다.
>
> (선박항해용어사전, 공길영)

(2) 발전기

선박의 추진과는 별개인 엔진

(3) 비상 발전기

상용전원이 정전되었을 경우에 사용하는 전원. 전지식과 디젤기관 등으로 구동하는 발전기식이 있다.

(4) 보조 보일러

선박용 연료유에 대한 가열 및 각종 보조 장치의 가열 등에 사용되는 보일러

(5) 유청정기

선박의 연료유와 윤활유 내의 불순물을 제거하기 위해 제작된 장비

(6) 각종 펌프

제일 많이 사용하는 터보형 펌프의 경우 임펠러를 케이싱 내에서 회전시켜, 그때 발생하는 원심력이나 양력에 의해 액체를 송출한다.

(7) 유윤활식 선미관

① 추진기축이 선체를 관통하여 선체 밖으로 나오는 곳에 장치하는 원통 모양의 관을 말한다.
② 윤활유가 외부로 유출되는 것을 방지한다.
③ 해수가 선미관을 통하여 내부로 인입되는 것을 방지한다.
④ 추진기축에 대하여 기계의 마찰을 감소시키는 역할을 한다.

(8) 조수기

선박에서 청수는 생활용수뿐만 아니라 보일러, 드럼 및 각종 기기의 냉각수도 꼭 필요하므로 청수탱크를 두어 청수를 저장해 둔다. 선박에서 청수는 육상으로부터 급수하거나 해수에서 염분 등을 제거하여 얻는다. 조수기는 해수로부터 청수를 얻어내는 장치로서, 이를 통하여 청수탱크의 용량을 줄일 수 있으므로 그만큼 적재화물량을 증가시킬 수 있다.

CHAPTER 2 선박구조

제4과목 선박자원관리론

01 선박 구조

1 선체의 구조

(1) 용골

선체(船體)의 중심선을 따라 배밑을 선수(船首)에서 선미(船尾)까지 꿰뚫은 부재.
선체의 세로강도를 맡은 중요한 부분이다.

(2) 선저부 구조

선저부는 화물의 적양하에 관계없이 항상 수면하에 잠겨 있는 부분이다.
단저 구조와 이중저 구조가 있다.

(3) 늑골

선박에서 선체의 옆과 밑에서 가해지는 수압과 화물의 내압을 견디는 동시에 갑판에서의 하중에 대해서 기둥으로서 작용하도록 만들어진 것. 선체의 좌우 선측을 구성하는 뼈대로서 용골에 직각으로 배치되고 갑판보와 늑판에 양 끝이 연결되어 선체의 횡강도의 주체가 된다.

(4) 외판

배의 외부로 노출되어 있는 측판 및 밑판. 선체의 외곽을 이루어 수밀 유지 및 부력 형성을 위한 것으로 종강력을 구성하는 주요 부재이다.

(5) 갑판

갑판은 갑판보(deck beam) 위에 설치되는 부재(部材)로서 선박기기, 화물 등을 적재하고, 사람이 활동할 수 있는 공간을 제공하며, 선박 내부를 보호하는 바닥 혹은 판이다. 갑판의 역할은 다음과 같다.
① 상갑판 등과 같이 선수에서 선미까지를 통과하는 갑판은 외판과 함께 선체의 종강도를 담당한다.
② 최상층갑판은 선박 내부로의 침수를 방지하여 외판과 함께 선박의 부력을 확보해 주며, 비와 바람을 막고 햇볕을 가려주는 역할을 한다.
③ 하층갑판은 여객, 화물, 갑판기계 등의 적재 장소 및 선내 작업 공간을 제공해 준다.

(6) 선수재

선수재는 선미재와 함께 선체의 양단에 위치하며, 선수 구성재 중에서 중요한 골재가 된다. 선체의 형상은 선수로 감에 따라 점차로 뾰족해지므로 선체가 그 형상을 유지하기 위해서 선수부를 튼튼한 형상으로 만든다. 선수부는 선수재에 양현의 외판을 결합하여 선체의 전단부의 구조를 이루는 것으로서 충돌 등의 사고 시 선체를 보호하는 선박 안전상 중요한 부분이다.

(7) 보(Beam)

보는 축에 직각 방향의 힘을 받아 주로 휨에 의하여 하중을 지탱하는 것이 특징이고, 선박에서는 갑판 아랫면에 배치되어 선측 외판에 있는 늑골(frame)과 같은 역할을 한다.

2 선박의 주요 치수

(1) 선박의 길이

1) 전장(LOA, Length Over All)
① 선박의 선수 최선단에서 선미 최후단까지의 수평 거리
② 부두 접안 및 입거 등 선박조종에 사용되는 길이

2) 수선간장(LBP, Length Between Perpendiculars)

선수 수선(Fore Perpendicular; FP)과 선미 수선(After Perpendicular; AP) 간의 수평거리를 말한다. 선수 수선은 만재흘수선과 선수재의 전면과의 만나는 점에 세운 수직선이며, 선미 수선은 만재흘수선과 타주의 후면과의 만나는 곳에서 세운 수직선이다. 타주가 없는 선박에서는 타주재의 중심선과의 만나는 곳에서 세운 수직선이다. 이것은 선박과 관련된 설계와 각종 계산에 많이 사용된다.

3) 수선장(LWL, Water Line Length)

계획만재흘수선상 선체가 물에 잠겨 있는 상태에서 수선(水線)의 수평거리를 말하며, 통상 전장보다 약간 짧다. 배의 저항, 추진력 계산에 사용된다.

4) 등록장(registered Length)

상갑판 beam상의 선수재 전면으로부터 선미재(rudder post) 후면까지의 수평거리. 통상 수선간장보다 약간 길며, 선박원부에 등록되는 길이의 기준이 된다. 선박국적증서에 기입되는 것이 특징이다.

(2) 선박의 폭

1) 전폭(Extreme Breadth)

선체의 가장 넓은 부분(보통 midship 위치)에서, 선체 한쪽 외판의 가장 바깥쪽 면으로부터 반대쪽 외판의 가장 바깥쪽까지의 수평거리를 의미한다.

2) 형폭(Molded Breadth)

선체의 가장 넓은 부분(보통 midship 위치)에서, 선체 한쪽 외판의 내면으로부터 반대쪽 외판의 내면까지의 수평거리이다. 선도(lines)에 표시되는 폭이다.

(3) 선박의 깊이(Depth) 또는 형심(Modulded Depth)

선체 중앙에 용골의 상면(Base Line)으로부터 건현갑판(또는 상갑판 보)의 현측 상면까지의 수직거리. 강선구조 규정이나 선박 만재흘수선 규정 등에서 사용한다.

> 💡 **건현(free board)**
> 배의 중앙에서 측정한 만재흘수선에서 상갑판 위까지의 수직거리. 즉, 배의 깊이에서 흘수 부분을 뺀 길이가 된다. 이것이 크면 예비부력이 커져 배의 안정성이 커진다.

(4) 선박의 명칭

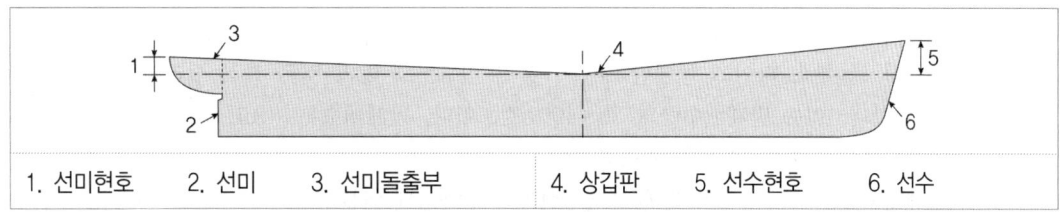

1. 선미현호   2. 선미   3. 선미돌출부   4. 상갑판   5. 선수현호   6. 선수

> 💡 **현호 (弦弧, Sheer)**
> 선수에서 선미에 이르는 상갑판의 곡선을 말한다. 일반적으로 선수현호 높이는 선미현호 높이의 2배 정도다. 현호는 능파성을 향상시키고, 예비 부력을 준다. 또, 선박의 미관을 좋게 하기 위한 것이다.

02 선박의 톤수

1 용적 톤수

배 안의 용적을 톤으로 표시한 것으로 $2.832m^3$ 또는 $100ft^3$을 1톤으로 한다.

(1) 총톤수(G.T, Gross Tonnage)

① 총톤수는 상선에서 널리 사용되는 톤수인데 배 안의 사방 주위가 모두 둘러싸인 전체용적에서 상갑판상에 있는 특정장소의 용적을 뺀 것을 톤수로 표시한 것이다.
② 총톤수는 측정 갑판의 아랫부분 용적에 측정 갑판보다 위의 밀폐된 장소(항해, 추진, 위생등에 필요한 공간 제외)의 용적을 합한 것이다.
③ 관세, 등록세, 계선료, 도선료 등의 산정 기준이며 선박 국적 증서에 기재된 톤수이다.

(2) 순톤수(N.T, Net Tonnage)

① 순톤수는 총톤수에서 선원실이나 기관실 등을 빼고, 직접 화물·여객을 위해 쓰이는 장소의 용적으로서, 등록톤수(registered tonnage)라고도 한다.
② 이 톤수는 배에 부과되는 여러 과세산정(課稅算定)의 기준이 되는 톤수이다.

2 중량 톤수

중량톤수에는 배수(排水)톤수와 재화중량(載貨重量)톤수가 있으며 어느 것이나 1,000kg 또는 2,240파운드(1,016kg:영국톤 또는 long톤)를 1t으로 한다.

(1) 배수톤수

배수톤수(또는 배수량)는 군함의 크기를 표시하는 데 이용되는 톤수로서, 평시 배의 전중량을 표시한다.
① **경하배수톤수** : 선박 자체의 중량을 의미하는 것으로, 이를 경하상태(輕荷狀態, light condition)에서의 흘수에 대한 배수톤수, 즉 경하배수톤수라고 말한다. 일반적으로 선박이 건조된 직후에 보일러나 그 부속 파이프 등에만 청수가 들어 있고, 그 밖의 것은 전혀 실리지 않은 상태의 배수량을 말한다. 이는 만재배수량의 30~40% 정도이다. 만재배수톤수(full load displacement)에서 경하배수톤수를 빼면 재화중량톤수가 된다.
② **만재배수톤수** : 표준밀도의 해수 중 선박의 만재상태(滿載狀態, full load condition), 즉 하기만재흘수선까지 잠긴 상태에서의 배수톤수를 그 선박의 만재배수톤수라고 한다. 즉, 만재수선하부의 선박의 체적에 해당하는 물의 무게(부력)와 같은 톤수로서 재화중량톤(DWT)에 선박 자체의 무게인 경하중량(light weight)을 합한 것과 같다. 주로 군함의 크기를 나타내는 용도로 사용된다.

(2) 재화중량톤수

① 재화중량톤수는 간단히 중량톤수라고 하는 것으로서 탱커나 광석운반선에 적재할 수 있는 화물중량을 나타내는 톤수이다.
② 선박의 적재 가능한 최대의 무게를 나타내는 톤수로, 만재배수톤수와 경하배수톤수의 차가 된다.
③ 재화중량톤수는 적재화물뿐만 아니라 항해에 필요한 연료유, 기타 선용품 등을 포함한다.
④ 상선 매매와 용선료 산정기준으로 사용된다.

> 💡 **배수량**
> 배가 물에 떠 있을 때 배제(排除)된 물의 중량.
> 물체가 액체 속에 떠 있을 경우, 물체는 아르키메데스의 원리에 의해 물체가 배제하는 액체의 중량과 같은 크기의 부양력(浮揚力)을 받는다. 배가 물에 뜬다는 것은 배가 배제한 물의 중량에 맞먹는 부양력과 배 자체의 중량이 균형을 이루는 것이 된다. 배제된 물의 중량을 배수량이라고 하며, 이것을 톤으로 나타내면 배의 중량으로 배수톤수라고 한다. 배의 중량을 저울로 달 수는 없으나, 배제한 물의 중량을 계산하면 된다. 선체의 수면 밑 부분의 용적, 즉 배수용적에 상당하는 물의 중량을 배수량 또는 배수톤수라고 한다. 배수용적은 m^3로 표시하고, 이것에 1.025(바닷물의 비중)를 곱하면 배수톤수가 얻어진다.

배수량은 화물을 적재한 정도에 따라서 많아지기도 하고 적어지기도 한다. 정확히 말하면 흘수(吃水)가 얼마일 때 배수량이 몇 t이라고 할 필요가 있다. 그러나 배수량이 몇 t이라고 하면, 그 배의 만재흘수(滿載吃水 : 안전상 허용된 최대의 흘수)에 해당하는 배수량을 가리킨다. 군함의 톤수는 배수량이 사용되나, 상선에서 배수량을 사용하는 것은 설계할 때 또는 화물의 적재량 등의 경우에 한한다.

〈두산백과 두피디아〉

03 흘수와 트림 등

1 흘수(draft)

어떤 선박이 물에 떠있을 때 선박 정중앙부의 수면이 닿은 위치에서 선박의 가장 밑바닥부분까지의 수직거리를 나타내는 것이다. 흘수 측정방법에 따라 용골흘수·형흘수 등으로 구분한다.

① **용골흘수(龍骨吃水, keel draft)** : 용골의 하면에서부터 수면까지의 수직거리로 나타내는 흘수. 가장 대표적인 흘수로서, 조선하는 경우나 선적량을 산출하는 경우에 사용된다. 선수(船首)와 선미(船尾)의 양면 외부에 피트(feet) 또는 미터(meter) 단위로 선수흘수(forward) 및 선미흘수(after draft)가 표시되며, 이 두 흘수의 평균을 평균흘수(mean draft)라고 한다. 선박법에서 그 표시에 관한 사항을 규정하고 있다.

② **형흘수(型吃水, moulded draft)** : 선체의 중앙에서 용골(龍骨, keel)의 상면을 통하는 수평선인 기선(基線, base line)부터 만재흘수선까지의 수직거리로 나타내는 흘수. 만재흘수 표시에 사용된다.

2 트림(trim)

선박이 길이 방향으로 일정 각도로 기울어진 것을 트림이라 한다. 트림은 선수 선미간의 흘수(draft)차이로 표시한다.

① **선미트림(trim by the stern)** : 선미흘수가 큰 경우이며 선미트림일 경우에는 선수부가 수면으로부터 높아지므로 선수에 부딪혀 발생하는 파랑의 피해(deck wetness)를 완화시킬 수 있다. 타가 수중 깊이 침하하기 때문에 타의 효과가 향상되고, 배의 중심이 후방으로 이동하므로 선체 후부의 안전성이 증가된다.
② **선수트림(trim by the head)** : 선수흘수가 큰 경우
③ **등흘수(even keel)** : 선수미 흘수가 같은 경우

04 선박의 복원성 등

1 복원성

① **복원성의 개념** : 수면(水面)에 똑바로 떠 있는 배가 파도·바람 등 외력(外力)에 의해 기울어졌을 때, 원위치로 되돌아오려는 성질이다.
② 복원력은 선박의 안정성을 판단하는 가장 중요한 기준이다.

2 복원성 관련 개념

① **무게 중심(G, center of gravity)** : 중력의 중심에 해당하는 점으로 선체의 전체 중량이 한 점에 모여 있다고 보는 가상의 점을 말한다.
② **메타센터(M, metacenter)** : 배가 똑바로 떠 있을 때 부력의 작용선과 경사된 때 부력의 작용선이 만나는 점을 메타센터(metacenter, M)라고 한다.
③ **부심(B, center of buoyancy)** : 선체의 전체 부력이 한 점에 작용한다고 생각할 수 있는 가상의 점. 부심은 수면하의 선체 용적의 기하학적 중심(中心)을 말한다.

3 선박 복원성 양호도와 안정성 판단

① **안정 평형(GM⁺, M > G)** : G의 위치가 M점의 아래에 위치하게 되는 경우로 이 때는 선체에 미치는 중력과 부력이 선체의 경사를 제거하는 방향의 모멘트를 형성하게 된다. 따라서 GM > 0인 조건에서는 선체가 경사하더라도 항상 복원력을 갖게 되는 안정된 상태로 볼 수 있다.
② **중립 평형(GM⁰, M = G)** : G의 위치가 M점에 오게 되는 경우로 선체에 미치는 중력과 부력이 한 작용선상에 놓이게 되어 모멘트가 형성되지 않는다. 따라서 선박은 경사된 상태에서 평형에 들어가게 되므로 위험한 상황에 처하게 된다.
③ **불안정 평형(GM⁻, M < G)** : G의 위치가 M점보다 위에 있게 되어 선체의 경사를 더 심하게 하는 방향의 모멘트가 형성된다. 복원성이 낮아 전복 위험성이 크다.

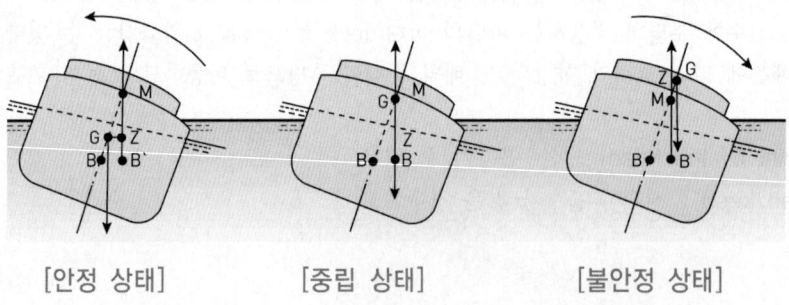

[안정 상태]   [중립 상태]   [불안정 상태]

4 호깅과 새깅

(1) 호깅(hogging)
① 선체 중앙부의 흘수가 선수미 양단보다 작아서 생기는 선체의 휨을 말한다. 물에 떠 있는 선체에는 중력과 부력이 작용한다.
② 이 두 가지 힘은 크기가 같고 방향이 반대여서 선체 전체에 대해서는 평형을 이루고 있지만, 부분적으로 보면 중력이 큰 부분도 있고 부력이 큰 부분도 있다.
③ 특히 중앙부가 가볍고 선수미부가 무거운 선박에 파장이 선체길이와 동일한 파의 마루가 선체 중앙에 파의 골이 선수미부에 왔을 때, 호깅은 최대가 된다.

(2) 새깅(sagging)
① 선체 중앙부의 흘수가 선수미 양단보다 깊게 되어 생기는 선체의 휨을 말한다.
② 새깅은 중력과 부력의 부분적 불균등에 따라 선체 중앙부의 흘수가 선수미 양단보다 깊게 되어 생기는 선체의 휨을 말한다.
③ 중앙부가 무겁고 선수미부가 가벼운 선박에 파장이 선체길이와 동일한 파의 골이 선체중앙에 파의 마루가 선수미부에 왔을 때, 새깅은 최대가 된다.

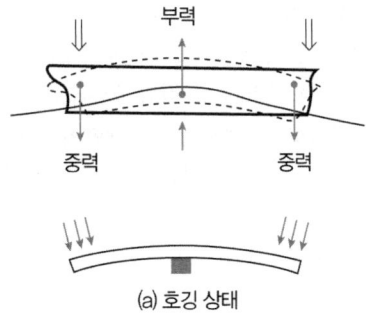

(a) 호깅 상태

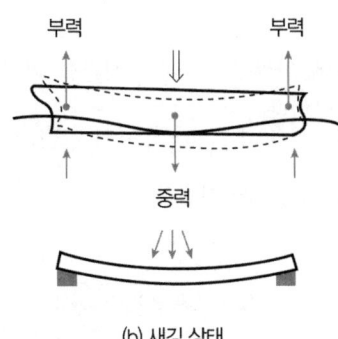

(b) 새깅 상태

05 비상조치 및 손상 제어

1 선박의 충돌 유형

① 선박간 충돌
② 선박과 부두시설과의 접촉
③ 항해 중 선저 바닥 해저 지물과의 접촉
④ 입·출항 중 수역시설과의 접촉
⑤ 해상 구조물과의 접촉
⑥ 강풍, 파도 등의 강한 충격
⑦ 화물을 포함한 중량물의 적하, 양하시 하물낙하로 인한 선체 충격
⑧ 육상 장비 및 시설과의 접촉

2 선박의 충돌 시 비상조치

① 충돌회피 동작 실패시에는 가능한 선박의 속력을 줄인다.
② 감속을 위해 후진기관을 사용한 경우에도 충돌 시에는 즉시 기관을 정지한다.
③ 선박 충돌 시 자선과 상대선의 선수방위, 선위를 확인하여 차후 원인규명에 사용한다.
④ 파공에 의한 침수 시 구역제한을 위해 수밀문을 작동시킨다.
⑤ 침몰의 위험이 없는 경우 선명, 선적항, 출발항 및 도착항에 관련 정보를 상호 교환한다.
⑥ 침몰의 위험이 있는 경우 인명을 우선적으로 대피시키고, 가능하다면 천수(淺水) 수역에 배가 걸리도록 한다.

3 선박의 파공 침수 시 조치

① 침수 소요시간 및 침수량의 계산
② 계산된 침수 소요시간 및 침수량에 따라 침수 대응 시간을 파악하고 벨러스트 펌프 등에 의한 배수를 통해 배수가 가능한지 여부를 파악한다.
③ 필요시 수밀문을 작동시킨다.
④ 일단 배수펌프 및 가용한 기타 설비를 작동시킨다.

> 💡 **침수량 계산**
>
> $$Q = CA\sqrt{2gh}\,\rho \times t$$
>
> C : 유량계수(약 0.6 ~ 0.98)
> A : 파공면적(m^2)
> g : 중력가속도(9.8m/sec)
> h : 파공부로부터 수면까지의 높이
> ρ : 해수비중
> t : 해수유입시간(sec)

4 선박의 위험성평가

① **평가주기** : 최초, 수시 및 정기평가로 구분
② **위험성 추정** : 유해·위험요인별로 부상 또는 질병으로 이어질 수 있는 위험성의 크기를 추정 및 산출하는 것
③ **선박위험성평가 PDCA 단계**
- Plan(계획) : 위험요인 파악, 목표 설정, 자원 파악 등 평가 계획을 수립
- Do(실행) : 계획에 따라 위험성 추정, 평가, 안전대책 실행 등 실제 작업을 진행
- Check(점검) : 실행 결과를 분석해 목표 달성 여부와 개선 필요성을 점검
- Act(개선) : 성공적인 개선 사항을 적용하고, 결과를 바탕으로 다음 평가를 준비

5 「산업안전보건법」에 규정된 안전관리자의 업무

산업안전보건법 시행령 제18조(안전관리자의 업무 등)

① 안전관리자의 업무는 다음 각 호와 같다.
1. 법 제24조제1항에 따른 산업안전보건위원회(이하 "산업안전보건위원회"라 한다) 또는 법 제75조제1항에 따른 안전 및 보건에 관한 노사협의체(이하 "노사협의체"라 한다)에서 심의·의결한 업무와 해당 사업장의 법 제25조제1항에 따른 안전보건관리규정(이하 "안전보건관리규정"이라 한다) 및 취업규칙에서 정한 업무
2. 법 제36조에 따른 위험성평가에 관한 보좌 및 지도·조언
3. 법 제84조제1항에 따른 안전인증대상기계등(이하 "안전인증대상기계등"이라 한다)과 법 제89조제1항 각 호 외의 부분 본문에 따른 자율안전확인대상기계등(이하 "자율안전확인대상기계등"이라 한다) 구입 시 적격품의 선정에 관한 보좌 및 지도·조언
4. 해당 사업장 안전교육계획의 수립 및 안전교육 실시에 관한 보좌 및 지도·조언
5. 사업장 순회점검, 지도 및 조치 건의
6. 산업재해 발생의 원인 조사·분석 및 재발 방지를 위한 기술적 보좌 및 지도·조언
7. 산업재해에 관한 통계의 유지·관리·분석을 위한 보좌 및 지도·조언
8. 법 또는 법에 따른 명령으로 정한 안전에 관한 사항의 이행에 관한 보좌 및 지도·조언
9. 업무 수행 내용의 기록·유지
10. 그 밖에 안전에 관한 사항으로서 고용노동부장관이 정하는 사항

CHAPTER 3 선박관리시스템

01 선박정비계획제도

1 정비의 주체

(1) 육상

1) 정비감독
   ① 선박정비감독은 해당 선박의 정비 및 보수에 대한 육상 책임자이다.
   ② 필요한 경우 선박정비계획의 검토 및 보완과 해당 선박의 수리, 자재, 검사, 기술 지원요청을 접수하여 대응조치 하고, 그 결과를 확인 및 검증한다.
   ③ 담당 선박의 선체, 기기의 현황 및 운전상태를 확인하고 정비와 보수 진행상태를 감독한다.
   ④ 선박 자산관리에 따른 제반 업무를 수행하고, 각종 청구서에 대한 보급계획 및 재고를 확인한다.

2) 운항감독
   ① 선박운항감독은 해당 선박 및 선단의 항차계획에 따라 선박 투입 예정인 신규항로, 항만, 화물에 대한 정보를 분석한다.
   ② 취득된 정보에 의거 화물 안전 및 환경보호와 선박운항의 효율성을 담보하는 역할을 수행한다.
   ③ 선박의 특수하거나 중대한 업무 이행 및 부적합 시정조치를 확인한다.
   ④ 운항정보의 수집 및 안전성을 검토하고, 추가적인 사고 예방 및 대책을 수립한다.

(2) 해상

1) 선장
   ① 선박정비사항(선체, 기기의 정비 및 보수 계획 및 집행 현황, 운전상태)을 기록하고 해운기업의 육상책임자에게 통보
   ② 자체정비로 분류된 항목에 대하여 적절히 인력과 시간을 배분한다.

2) 기관장(선박의 정비관리 총괄책임자)
   ① 육해상 인력동원, 제3의 서비스기사 확보, 선박의 운항상태 등의 제반 여건의 확보 및 업무를 집행할 의무가 있다.

② 선박 정비이력, 자재재고기록을 유지함으로써 종합적인 선박정비에 대한 관리책임을 진다.(선체, 기관 및 기기의 결함 유무 및 상태 관리)
③ 선박예방정비계획, 주/월/분기별 정비계획, 항차 단위 정비계획의 수립
④ 선박운항관리절차서에 따라 개별 정비항목별 책임사관을 지정하고 정비업무의 이행 여부 및 정비현황과 결과를 관리한다.
⑤ 육상 수리지원이 필요한 경우 수리신청서 제출과 그 진행 현황 및 결과를 확인하여야 한다.
⑥ 점검 결과에 따른 요청 사항, 기기 및 장비의 종류 및 제조사 등 상세정보, 신조 또는 입거 수리 후 식별된 결함 사항에 대한 결함보고서를 공무담당부서에 제출하여야 한다.

3) 시스템 및 담당 책임사관
① 단위별 정비계획과 기관장의 지시에 따른 정비 실시 결과를 보고하고, 담당 설비가 정상 상태를 유지하도록 관리하며, 정비 이력 및 자재재고이력을 기록한다.
② 담당 기기의 점검을 주기적으로 실시하고, 문제점 발견시 기관장에게 보고하고 자재보유현황을 최신화할 책임이 있다.
③ 책임사관은 주요 정비·점검 기록부에 기초하여 담당 기기 및 시스템을 점검, 기록, 관리할 책임이 있다.

2 정비대상

(1) 대상의 구분

1) 자체 정비 항목
선장은 기관장과 협의하여 선장의 책임으로 선박예방정비계획에 따른 주기적 점검 및 각종 내외부 심사 및 검사에 선원들의 대응능력 향상을 위해 운항중 확인된 결함 사항을 관리하고 이에 따른 자체정비를 수행하여야 한다.

2) 지원 정비 항목
선장은 기관장과 협의하여 자체정비항목에서 제외되는 항목에 대하여 육상정비조직의 지원이 필요한 사항을 확인하고 관리한다. 자체정비항목이긴 하나 불가피한 경우에는 별도의 추가 요청을 지원할 수 있다.

3) 핵심 정비 관리 항목
① **핵심 정비 항목** : 선박의 기기 중 그 기능 상실 시 중대 사고발생의 위험이 발생할 수 있는 기기
② **예방적 핵심 항목** : 인명의 손상, 해양 오염, 재산상 손실을 방지하기 위하여 예방적 핵심 항목을 선정하고 중요 기기나 부속에 대해 최소 보유 수량을 육상정비감독과 협의하여 관리하여야 한다.

(2) 정비 업무 절차

선박예방정비계획에 기반한 선박용 통합관리시스템은 실시간 유지·보수·관리를 통해 체계적이고 안정적인 선박 운항을 육상 및 해상 분야에 동시적으로 지원하고 있다.

3 정비계획

(1) 예방 정비
① **예방 정비의 의의** : 선박의 안전운항과 환경보호를 담보하고 선체와 설비의 사고를 방지하기 위하여 주기적으로 시행하는 점검과 정비를 의미한다.
② 선박에 적용되는 국내외 법규 및 협약과 각종 지침에 따른 선박예방정비계획에 기반하여 정비작업을 수행한다.
③ 선박예방정비계획으로 분류된 항목은 수시점검항목과 상태기반정비(운전 시간이 적은 기기 및 일반적인 정비사항)를 수행한다.
④ **예방정비계획의 수립** : 기관장 책임하에 정비, 점검의 만기 일자를 구체적으로 관리하여야 한다.
⑤ 기관장은 위험작업 및 핵심정비사항의 경우 위험요인을 식별하고, 사전작업 허가 및 작업 후 완료 보고를 수행하여야 한다.

(2) 정비계획 대상과 범위
① **대상과 범위** : 기기와 장비가 포함된 선체, 의장품, 임대 장비 등
② **핵심장비와 중대 기능에 대한 점검이 필요한 대상** : 반드시 입출항 준비 또는 사용 전에 시운전 또는 정비를 시행하여야 한다.
③ **기록유지 관리가 필요한 대상** : 계속적으로 운전되지 않는 핵심정비기기는 점검 후 해당 기록을 갑판 및 기관 로그북에 기재한다.
④ 대상 항목 중 상태기반정비를 적용하여도 문제가 없는 기기와 항목은 대상 항목 선정 후 조정이 가능하다.

(3) 선체 관련 예방정비의 대상과 범위
① **선박검사** : 선박시설의 결함으로 인한 해양사고를 방지하고, 인명, 선박, 화물의 안전을 확보하기 위하여 각종 검사를 실시하고 선박 주요 시설에 대한 기준 적합 여부를 확인한다.
② **주기** : 선박의 종류별 장비점검 사항을 식별하고 점검주기를 확인한다.
③ **점검**
  ㉠ 선장의 경우 항해, 갑판, 선체가부 및 각종 탱크 점검의 전체적인 계획을 수립한다.
  ㉡ 1등 항해사를 중심으로 선박정비계획을 목록화하여 점검을 수행한다.
  ㉢ 선체외판(육안 점검 후 기록), 선박 평형수 탱크(분기별 1개소 이상 점검 수행)와 기타 시설 및 공간에 대하여 누설 혹은 유지보수를 실시한다.

④ 기록
  ㉠ 1등 항해사 : 전체 점검 실시 후 그 결과를 기록하여야 한다.
  ㉡ 벌크 선박의 경우 선급 검사시 선체점검기록에 대한 검사가 시행되므로 점검계획 및 현황을 별도로 정리하여 선박소유자 검사기록부로 활용한다.
  ㉢ 선급정기검사계획서의 작성 : 육상정비감독이 선급검사원과 협의하여 작성
  ㉣ 선장 : 선박정비계획에 따른 선체점검 후 Crack, Pitting, Buckling, Corrosion 등 이상 발견시 해당 도면에 표기하고 즉시 육상 정비조직에 보고하여야 한다.

02 정비지원

1 항차수리와 입거수리

(1) 항차수리

선박 운항 중 육상지원에 의해 시행되는 수리로서 선박운항 중 자체정비가 불가능한 항목이나 긴급 고장 수리가 필요한 항목 등에 대하여 육상정비조직과 협력하여 진행한다.

(2) 입거수리

① 입거란 선박을 독에 넣어 독내의 물을 모두 배수하여 선체가 완전히 공기 중에 드러나게 하는 것을 말한다.
② **입거의 목적** : 선체, 기관, 기타 설비의 보수와 수리, 선저의 부착 생물 제거와 도장, 선박 안전법이 규정하는 검사 등을 받을 준비를 위하여 입거하게 된다. 또한 충돌, 좌초 등의 불의의 사고에 의한 긴급 수리를 위하여 입거를 하기도 한다. 운항중인 선박은 원칙적으로 정기 검사 및 중간 검사를 위하여 매 2~3년마다 선체를 입거하여 검사를 받아야 한다.

> 💡 **선박의 검사**
> 선박의 검사는 인명 및 재산의 안전과 해양 환경 보전을 위하여 선박안전법에 의하여 시행하는 정부 검사, 선박의 감항성 유지 및 해상 보험 업무상 필요한 선급 검사, 국제 협약에 의하여 시행되는 국제 협약 검사 등이 있다. 선박으로 하여금 감항성을 유지하고 인명과 재화의 안전 보장에 필요한 시설을 설치함으로써, 해상에 있어서의 모든 위험을 방지하기 위한 법으로서 정기검사, 제1종 중간검사, 제2종 중간검사, 임시 검사, 임시항행 검사, 제조 검사 등이 있다.
> 국제 해사기구에서 선박 및 인명의 안전과 해양환경 보호를 위하여 제정한 각종 협약을 국제 협약이라 하며 검사와 관련된 해상인명안전 협약, 국제만재흘수선 협약, 해상오염방지 협약 등이 있다. 선박의 안전성을 검증하고 화주 및 선박 보험회사에서 그 사실을 증명하기 위하여 전문 검사기관인 선급에 선박을 등록하고 해당 선급의 규칙에 따른 검사를 수행한다. 선급 검사에는 정기, 중간, 연차, 입거, 프로펠러축, 보일러 검사 등의 정기적인 검사 및 미시 검사, 제조 검사, 기관 계속 검사가 있다.

2 보상수리와 사고수리

(1) 보상수리
신조 선박에서 선박 건조과정에서 발생한 결함에 대한 수리 또는 제조사가 장비나 시스템을 납품하면서 발생하는 결함에 대하여 행하는 수리를 말한다.

(2) 사고수리
사고수리란 선박 운항 중 사고에 대하여 시행되는 수리를 말한다. 보험사와 계약 내용에 따라 보상되는 수리도 있고 보상되지 아니한 경우도 있다.

03 정비 현황 관리 및 모니터링

1 정비결과에 대한 관리

(1) 부적합 사항에 대한 식별
① **부적합 사항** : 해사안전법 시행규칙에서 정한 안전관리체제의 내용이 적절하게 수립·시행되고 있지 아니한 사항
② **중부적합 사항** : 안전관리체제 심사 중 확인된 인명·선박의 안전 또는 해양환경에 중대한 위험을 야기할 수 있는 것으로서 즉각적인 시정조치가 요구되는 사항과 해사안전법상 정한 안전관리체제의 요건을 효과적이고 조직적으로 수행하지 못하는 사항
③ 선장은 부적합 사항이 발생될 경우 업무의 종류에 따라 수리 과정에 책임사관을 입회시키고 수리절차를 감독하도록 하여야 한다.
④ 선장은 선박운항 및 감항성에 영향을 미치는 중대한 수리사항에 대하여 수시로 업무진행 상태 현황을 확인하고, 필요한 경우 조기에 필요한 조치를 하여야 한다.

(2) 안전관리
선장은 선박의 안전을 위하여 외부 작업책임자가 승선한 경우 수리사항, 수리절차, 수리 중 주의사항과 작업 안전에 대해 설명하고 안전수칙을 선원들에게 교육하고 기록한다.

(3) 결과 확인
선장은 직접 또는 책임사관으로 하여금 수리결과를 확인하도록 하고 이를 관리한다.

2 정비기록부

(1) 정비기록부의 의의 : 선박의 감항성을 담보하기 위하여 선박의 주요 설비에 대한 점검주기 및 점검방법을 기록한 것을 정비기록부라고 한다.

(2) 정비작업의 범위 : 선박의 정비작업은 특정 시설 또는 장비가 설계된 기능을 지속할 수 있도록 유지하거나 수리하는 작업의 조합이라고 할 수 있다.
  ① **수리 정비 또는 사후 정비** : 기기가 고장난 후 수리작업을 즉시 수행하는 것
  ② **예방 정비** : 장비 또는 기기의 통계적, 설계적 수명에 따라 계획적으로 시행되는 정비
  ③ **상태 정비** : 담당 책임사관이 장비 또는 기기의 운전 상태를 관찰, 감독하면서 정비를 시행하는 것

(3) 정비이력관리
  ① 선박의 예방정비 및 사고 또는 고장 수리의 상세 내용의 기록
  ② 선장은 정비의 시행결과를 기록부에 기록하고 유관 육상정비조직에 통보한다.
  ③ **육상정비조직의 관리** : 장비 및 설비, 시스템 정비이력, 자재재고상태 등
  ④ 특히 선종별 표준화할 수 없는 기기 및 시스템에 대한 점검과 계측결과 기록은 국제협약, 국내법, 선급강선규칙, 제조사의 기술지침에 기초하도록 관리되어야 한다.
  ⑤ 정비기록부는 갑판, 항해, 통신, 기기, 기관 및 축계 등 모든 정비사항을 포함하며 필요시 관련 도면, 스케치 등을 첨부하여 관리한다.

실전예상문제

01 아래 〈보기〉의 구조물로 구성된 항해기기로 옳은 것은?

> 보기
> 볼(bowl), 컴퍼스 카드, 부실(float), 켑(cap), 피벗(pivot)

① 자기 컴퍼스(Magnetic Compass)
② 자이로 컴퍼스(Gyro Compass)
③ 레이더(RADAR, Radio Detecting and Ranging)
④ 자동레이더 플로팅 장치(ARPA)

해설 자기 컴퍼스(Magnetic Compass)
① 자석을 사용하여 지구(地球) 자장(磁場)의 방향을 측정하는 컴퍼스로서 선박의 침로(針路) 결정용의 항해 계기의 일종으로서 조타실내 또는 컴퍼스 갑판에 설치된다.
② 구조 : 볼(bowl), 컴퍼스 카드, 부실(float), 켑(cap), 피벗(pivot) 등

02 아래 〈보기〉에서 설명하는 항해기기는?

> 보기
> • 지구 상의 북쪽을 향하도록 하는 장치로서 마그네틱 컴퍼스에서 나타나는 자차 및 편차가 없고 지북력이 강하다.
> • 방위를 간단히 전기 신호로 바꿀 수 있으므로 여러 개의 리피터 컴퍼스(repeater compass)를 동작시킬 수 있다.

① 자기 컴퍼스(Magnetic Compass)
② 자이로 컴퍼스(Gyro Compass)
③ 레이더(RADAR, Radio Detecting and Ranging)
④ 자동레이더 플로팅 장치(ARPA)

해설 자이로 컴퍼스(Gyro Compass)
자이로스코프를 이용하여 지구 상의 북쪽을 향하도록 하는 장치로서 마그네틱 컴퍼스에서 나타나는 자차 및 편차가 없고 지북력이 강하다. 자이로 컴퍼스는 방위를 간단히 전기 신호로 바꿀 수 있으므로 여러 개의 리피터 컴퍼스(repeater compass)를 동작시킬 수 있다.

03 음향 측심기(Echo Sounder)에 대한 다음 설명 중 옳은 것은?

① 초음파를 이용해 바다의 깊이를 재는 기계
② 선박의 속력이나 수심을 재는 기기
③ 선박에서 사용하는 종이해도 대신 컴퓨터로 해도 정보와 주변 정보를 표시하는 장치이다.
④ 지구 상의 북쪽을 향하도록 하는 장치

해설 음향 측심기(Echo Sounder)
① 초음파를 이용해 바다의 깊이를 재는 기계. 바다 밑으로 쏜 초음파가 바닥에 반사되어 오기까지의 시간을 측정하여 바다의 깊이를 계산한다.
② 초음파를 이용하여 바다의 깊이를 재기 위해서는 먼저 초음파를 바다 밑으로 발사한 후, 바닥에 반사되어 돌아오기까지의 시간을 측정한다. 이 시간은 배와 바닥 사이를 왕복하는 데 걸린 시간이므로 1/2을 곱한 후, 초음파의 속력을 곱하면 바닥까지의 거리를 알 수 있다. 초음파는 바다에서 1초에 약 1500m를 움직인다.

정답 01. ① 02. ② 03. ①

04 레이더의 False Echoes 중 그 설명이 옳지 않은 것은?

① Indirect Echo : 선박의 구조물, 즉 전부마스트, 연돌 등에 의해 스캐너에서 반사된 레이더 전파가 차단되어 레이더 화면상에서 물표를 탐지할 수 없게 되는 것
② Multiple Echo : 선박과 가까이 있는 선박간 다중반사에 의한 수신에 의해 같은 방위에 등거리로 여러개의 점으로 물표가 표시된다.
③ Side Echo : 선박의 근접거리에 있는 물표가 수신이득률이 높아 Side Lope에 의해 반사 수신된 잔파가 표시된다.
④ Radar to Radar Interference : 주위 항해 선박과 같은 주파수대의 레이더를 사용함으로 인해 전파간섭에 의해 레이더에 여러개의 나선형의 점들이 나타난다.

해설
- 맹목구간(blind sector) : 선박의 구조물, 즉 전부마스트, 연돌 등에 의해 스캐너에서 반사된 레이더 전파가 차단되어 레이더 화면상에서 물표를 탐지할 수 없는 구간
- Indirect Echo : 선박에 설비된 물체에 반사되어 수신된 경우 다른 위치에 물표가 있는 것처럼 display한다.

05 선박의 주기관으로서 갖춰야 할 조건으로 옳지 않은 것은?

① 무게와 부피가 작아야 한다.
② 연료의 소모량이 적어야 하고, 값싼 연료가 사용되어야 한다.
③ 역회전 및 저속 운전의 위험성이 없어야 한다.
④ 구조가 간단하여 조작하기 쉬워야 한다.

해설 선박 주기관의 조건
① 배의 좁은 장소에 설치되므로 무게와 부피가 작아야 하며, 취급, 운전, 보수 등이 용이해야 한다.
② 고장이 적고 안전해야 한다.
③ 연료의 소모량이 적어야 하고, 값싼 연료가 사용되어야 한다.
④ 역회전 및 저속 운전이 가능해야 한다.
⑤ 구조가 간단하여 조작하기 쉬워야 한다.
⑥ 진동이 적고 검사 및 수리가 용이해야 한다.

06 해수로부터 청수를 얻어내는 장치의 명칭으로 옳은 것은?

① 터보형 펌프
② 조수기
③ 유청정기
④ 보조보일러

해설 조수기
선박에서 청수는 생활용수뿐만 아니라 보일러, 드럼 및 각종 기기의 냉각수로 꼭 필요하므로 청수탱크를 두어 청수를 저장해 둔다. 선박에서 청수는 육상으로부터 급수하거나 해수에서 염분 등을 제거하여 얻는다. 조수기는 해수로부터 청수를 얻어내는 장치로서, 이를 통하여 청수탱크의 용량을 줄일 수 있으므로 그만큼 적재화물량을 증가시킬 수 있다.

07 다음 〈보기〉가 설명하는 선체의 구조물은?

보기
- 선체(船體)의 중심선을 따라 배밑을 선수(船首)에서 선미(船尾)까지 꿰뚫은 부재이다.
- 선체의 세로강도를 맡은 중요한 부분이다.

① 용골
② 늑골
③ 선수재
④ 보

해설
② 늑골 : 선박에서 선체의 옆과 밑에서 가해지는 수압과 화물의 내압을 견디는 동시에 갑판에서의 하중에 대해서 기둥으로서 작용하도록 만들어진 것
③ 선수재 : 선수재는 선미재와 함께 선체의 양단에 위치하며, 선수 구성재 중에서 중요한 골재가 된다.
④ 보(Beam) : 보는 축에 직각 방향의 힘을 받아 주로 휨에 의하여 하중을 지탱하는 것이 특징이고, 선박에서는 갑판 아랫면에 배치되어 선측 외판에 있는 늑골(frame)과 같은 역할을 한다.

08 선박의 길이를 나타내는 다음 〈보기〉의 설명에 해당하는 명칭은?

> 보기
> ① 선박의 선수 최선단에서 선미 최후단까지의 수평 거리
> ② 부두 접안 및 입거 등 선박조종에 사용되는 길이

① 전장(LOA, Length Over All)
② 수선간장(LBP, Length Between Perpendiculars)
③ 수선장(LWL, Water Line Length)
④ 등록장(registered Length)

해설 ② **수선간장(LBP, Length Between Perpendiculars)**
선수 수선(Fore Perpendicular; FP)과 선미 수선(After Perpendicular; AP) 간의 수평거리
③ **수선장(LWL, Water Line Length)**
계획만재흘수선상 선체가 물에 잠겨 있는 상태에서 수선(水線)의 수평거리
④ **등록장(registered Length)**
상갑판 beam상의 선수재 전면으로부터 선미재(rudder post) 후면까지의 수평거리

09 배의 중앙에서 측정한 만재흘수선에서 상갑판 위까지의 수직거리. 즉, 배의 깊이에서 흘수 부분을 뺀 길이의 명칭으로 옳은 것은?

① 건현(free board)
② 흘수(draft)
③ 트림(trim)
④ 선박의 깊이(Depth)

해설 **건현(free board)** : 배의 중앙에서 측정한 만재흘수선에서 상갑판 위까지의 수직거리. 즉, 배의 깊이에서 흘수 부분을 뺀 길이가 된다. 이것이 크면 예비부력이 커져 배의 안정성이 커진다.

10 배의 용적 톤수 중 "총톤수에서 선원실이나 기관실 등을 빼고, 직접 화물·여객을 위해 쓰이는 장소의 용적"을 무엇이라고 하는가?

① 총톤수(G.T, Gross Tonnage)
② 순톤수(N.T, Net Tonnage)
③ 배수톤수
④ 재화중량톤수

해설 **순톤수(N.T, Net Tonnage)**
㉠ 순톤수는 총톤수에서 선원실이나 기관실 등을 빼고, 직접 화물·여객을 위해 쓰이는 장소의 용적으로서, 등록톤수(registered tonnage)라고도 한다.
㉡ 이 톤수는 배에 부과되는 여러 과세산정(課稅算定)의 기준이 되는 톤수이다.

11 경하배수톤수에 대한 설명 중 옳지 않은 것은?

① 선박이 하기만재흘수선까지 잠긴 상태에서의 배수톤수를 말한다.
② 일반적으로 선박이 건조된 직후에 보일러 그 부속 파이프 등에만 청수가 들어 있고, 그 밖의 것은 전혀 실리지 않은 상태의 배수량을 말한다.
③ 일반적으로 만재배수량의 30~40% 정도이다.
④ 만재배수톤수(full load displacement)에서 경하배수톤수를 빼면 재화중량톤수가 된다.

해설 **경하배수톤수**
선박 자체의 중량을 의미하는 것으로, 이를 경하상태(輕荷狀態, light condition)에서의 흘수에 대한 배수톤수, 즉 경하배수톤수라고 말한다. 일반적으로 선박이 건조된 직후에 보일러 그 부속 파이프 등에만 청수가 들어 있고, 그 밖의 것은 전혀 실리지 않은 상태의 배수량을 말한다. 이는 만재배수량의 30~40% 정도이다. 만재배수톤수(full load displacement)에서 경하배수톤수를 빼면 재화중량톤수가 된다.

12 다음 중 "어떤 선박이 물에 떠있을 때 선박 정중앙부의 수면이 닿은 위치에서 선박의 가장 밑바닥부분까지의 수직거리를 나타내는 것"으로 옳은 것은?

① 수선장(LWL, Water Line Length)
② 수선간장(LBP, Length Between Perpendiculars)
③ 흘수(draft)
④ 트림(trim)

해설 **흘수(draft)**
어떤 선박이 물에 떠있을 때 선박 정중앙부의 수면이 닿은 위치에서 선박의 가장 밑바닥부분까지의 수직거리를 나타내는 것이다. 흘수 측정방법에 따라 용골흘수 · 형흘수 등으로 구분한다.

13 다음 〈보기〉의 트림(trim)에 대한 설명 중 옳은 것은?

보기
타가 수중 깊이 침하하기 때문에 타의 효과가 향상되고, 배의 중심이 후방으로 이동하므로 선체 후부의 안전성이 증가된다.

① 선수트림(trim by the head)
② 선미트림(trim by the stern)
③ 등흘수(even keel)
④ 초기트림(normal trim)

해설 **선미트림(trim by the stern)** : 선미흘수가 큰 경우이며 선미트림일 경우에는 선수부가 수면으로부터 높아지므로 선수에 부딪혀 발생하는 파랑의 피해(deck wetness)를 완화시킬 수 있다. 타가 수중 깊이 침하하기 때문에 타의 효과가 향상되고, 배의 중심이 후방으로 이동하므로 선체 후부의 안전성이 증가된다.

14 선박의 복원성과 관련된 다음 설명 중 옳지 않은 것은?

① 무게 중심(G, center of gravity) : 중력의 중심에 해당하는 점으로 선체의 전체 중량이 한 점에 모여 있다고 보는 가상의 점을 말한다.
② 메타센터(M, metacenter) : 배가 똑바로 떠 있을 때 부력의 작용선과 경사된 때 부력의 작용선이 만나는 점을 메타센터(metacenter, M)라고 한다.
③ 부심(B, center of buoyancy) : 선체의 전체 부력이 한 점에 작용한다고 생각할 수 있는 가상의 점. 부심은 수면하의 선체 용적의 기하학적 중심(中心)을 말한다.
④ G의 위치가 M점보다 아래에 있게 되면 선체의 경사를 더 심하게 하는 방향의 모멘트가 형성된다. 복원성이 낮아 전복 위험성이 크다.

해설 **안정 평형(GM⁺, M > G)** : G의 위치가 M점의 아래에 위치하게 되는 경우로 이 때는 선체에 미치는 중력과 부력이 선체의 경사를 제거하는 방향의 모멘트를 형성하게 된다. 따라서 GM > 0인 조건에서는 선체가 경사하더라도 항상 복원력을 갖게 되는 안정된 상태로 볼 수 있다.

15 호깅(hogging)과 새깅(sagging)에 대한 다음 설명 중 옳지 않은 것은?

① 호깅(hogging)은 선체 중앙부의 흘수가 선수미 양단보다 작아서 생기는 선체의 휨을 말한다. 물에 떠 있는 선체에는 중력과 부력이 작용한다.
② 호깅(hogging)은 중앙부가 가볍고 선수미부가 무거운 선박에 파장이 선체길이와 동일한 파의 마루가 선체중앙에 파의 골이 선수미부에 왔을 때, 호깅은 최대가 된다.
③ 새깅(sagging)은 중력과 부력의 부분적 불균등에 따라 선체 중앙부의 흘수가 선수미 양단보다 깊게 되어 생기는 선체의 휨을 말한다.
④ 새깅(sagging)은 중앙부가 무겁고 선수미부가 가벼운 선박에 파장이 선체길이와 동일한 파의 골이 선체중앙에 파의 마루가 선수미부에 왔을 때, 새깅은 최소가 된다.

해설 **새깅(sagging)** 은 중앙부가 무겁고 선수미부가 가벼운 선박에 파장이 선체길이와 동일한 파의 골이 선체중앙에 파의 마루가 선수미부에 왔을 때, 새깅은 최대가 된다.

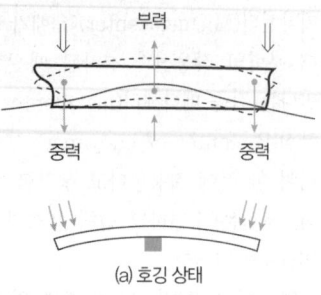

(a) 호깅 상태

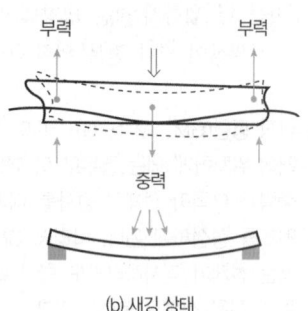

(b) 새깅 상태

16 선박의 충돌시 비상조치로서 옳지 않은 것은?

① 충돌회피 동작 실패시에는 가능한 선박의 속력을 줄인다.
② 감속을 위해 후진기관을 사용한 경우에도 충돌시에는 즉시 기관을 정지한다.
③ 선박 충돌시 자선과 상대선의 선수방위, 선위를 확인하여 차후 원인규명에 사용한다.
④ 파공에 의한 침수시 배수를 위해 수밀문을 개방시킨다.

해설 **선박의 충돌시 비상조치**
① 충돌회피 동작 실패시에는 가능한 선박의 속력을 줄인다.
② 감속을 위해 후진기관을 사용한 경우에도 충돌시에는 즉시 기관을 정지한다.
③ 선박 충돌시 자선과 상대선의 선수방위, 선위를 확인하여 차후 원인규명에 사용한다.
④ 파공에 의한 침수시 구역제한을 위해 수밀문을 작동시킨다.
⑤ 침몰의 위험이 없는 경우 선명, 선적항, 출발항 및 도착항에 관련 정보를 상호 교환한다.
⑥ 침몰의 위험이 있는 경우 인명을 우선적으로 대피시키고, 가능하다면 천수(淺水) 수역에 배가 걸리도록 한다.

17 선박의 파공 침수시 침수량 계산의 요소가 아닌 것은?

① 유량계수
② 파공면적(m^2)
③ 파공부로부터 갑판 상면까지의 높이
④ 해수유입시간(sec)

해설 **침수량 계산**

$$Q = CA\sqrt{2gh}\,\rho \times t$$

C : 유량계수(약 0.6 ~ 0.98)
A : 파공면적(m^2)
g : 중력가속도(9.8m/sec)
h : 파공부로부터 수면까지의 높이
ρ : 해수비중
t : 해수유입시간(sec)

18 선박의 육상 정비감독의 업무 중 옳지 않은 것은?

① 선박정비감독은 해당 선박의 정비 및 보수에 대한 육상 책임자이다.
② 필요한 경우 선박정비계획의 검토 및 보완과 해당 선박의 수리, 자재, 검사, 기술 지원요청을 접수하여 대응조치하고, 그 결과를 확인 및 검증한다.
③ 담당 선박의 선체, 기기의 현황 및 운전상태를 확인하고 정비와 보수 진행상태를 감독한다.
④ 운항정보의 수집 및 안전성을 검토하고, 추가적인 사고 예방 및 대책을 수립한다.

해설 ④는 운항감독의 업무이다.

19 선장의 정비와 관련된 업무 사항으로 옳은 것은?

① 선박정비사항(선체, 기기의 정비 및 보수 계획 및 집행 현황, 운전상태)을 기록하고 해운기업의 육상책임자에게 통보
② 육해상 인력동원, 제3의 서비스기사 확보, 선박의 운항상태 등의 제반 여건의 확보 및 업무를 집행할 의무가 있다.
③ 담당 기기의 점검을 주기적으로 실시하고, 문제점 발견시 기관장에게 보고하고 자재보유현황을 최신화할 책임이 있다.
④ 육상 수리지원이 필요한 경우 수리신청서 제출과 그 진행 현황 및 결과를 확인하여야 한다.

정답 16. ④ 17. ③ 18. ④ 19. ①

해설 ②,④ 기관장
③ 담당 책임사관

20 선박의 안전운항과 환경보호를 담보하고 선체와 설비의 사고를 방지하기 위하여 주기적으로 시행하는 점검과 정비를 무엇이라고 하는가?

① 핵심정비 ② 예방정비
③ 선박검사 ④ 입거수리

해설 예방 정비
① 예방 정비의 의의 : 선박의 안전운항과 환경보호를 담보하고 선체와 설비의 사고를 방지하기 위하여 주기적으로 시행하는 점검과 정비를 의미한다.
② 선박에 적용되는 국내외 법규 및 협약과 각종 지침에 따른 선박예방정비계획에 기반하여 정비작업을 수행한다.
③ 선박예방정비계획으로 분류된 항목은 수시점검 항목과 상태기반정비(운전 시간이 적은 기기 및 일반적인 정비사항)를 수행한다.
④ 예방정비계획의 수립 : 기관장 책임하에 정비, 점검의 만기 일자를 구체적으로 관리하여야 한다.

21 다음 〈보기〉가 설명하는 명칭은?

보기
신조 선박에서 선박 건조과정에서 발생한 결함에 대한 수리 또는 제조사가 장비나 시스템을 납품하면서 발생하는 결함에 대하여 행하는 수리를 말한다.

① 항차수리 ② 입거수리
③ 보상수리 ④ 사고수리

해설 • 항차수리 : 선박 운항 중 육상지원에 의해 시행되는 수리로서 선박운항 중 자체정비가 불가능한 항목이나 긴급고장 수리가 필요한 항목 등에 대하여 육상정비조직과 협력하여 진행한다.

• 사고수리 : 선박 운항 중 사고에 대하여 시행되는 수리를 말한다. 보험사와 계약 내용에 따라 보상되는 수리도 있고 보상되지 아니한 경우도 있다.
• 입거수리 : 입거란 선박을 독에 넣어 독내의 물을 모두 배수하여 선체가 완전히 공기 중에 드러나게 하는 것을 말한다. 선체, 기관, 기타 설비의 보수와 수리, 선저의 부착 생물 제거와 도장, 선박안전법이 규정하는 검사 등을 받을 준비를 위하여 입거하게 된다.

22 선박의 정비 결과에 대한 관리 중 다음 〈보기〉가 설명하는 식별 내용으로 옳은 것은?

보기
안전관리체제 심사 중 확인된 인명·선박의 안전 또는 해양환경에 중대한 위험을 야기할 수 있는 것으로서 즉각적인 시정조치가 요구되는 사항과 해사안전법상 정한 안전관리체제의 요건을 효과적이고 조직적으로 수행하지 못하는 사항

① 부적합 사항 ② 경부적합 사항
③ 중부적합 사항 ④ 최대부적합 사항

해설 부적합 사항에 대한 식별
① 부적합 사항 : 해사안전법 시행규칙에서 정한 안전관리체제의 내용이 적절하게 수립·시행되고 있지 아니한 사항
② 중부적합 사항 : 안전관리체제 심사 중 확인된 인명·선박의 안전 또는 해양환경에 중대한 위험을 야기할 수 있는 것으로서 즉각적인 시정조치가 요구되는 사항과 해사안전법상 정한 안전관리체제의 요건을 효과적이고 조직적으로 수행하지 못하는 사항

20. ② 21. ③ 22. ③

23 다음 〈보기〉의 내용이 설명하는 선박 항해 기기의 명칭으로 옳은 것은?

> 〈보기〉
> - 상대 벡터(상대적인 침로와 속력)를 표시하므로, 최근접점(Closest point of approach; CPA)을 쉽게 구할 수가 있어서 물체와의 근접상태를 미리 파악할 수 있다.
> - [국제해상인명안전협약 1974] 1984년 9월 1일 이후 건조된 10,000톤 이상의 모든 선박에 건조시부터 설치하도록 의무화되었다.
> - 모든 물표에 대한 자동 플로팅 정보를 화면 상에 숫자 및 그래픽으로 보여줌으로써 곧바로 상대선박들의 정확한 움직임을 파악할 수 있게 해준다.

① 자기 컴퍼스(Magnetic Compass)
② 자이로 컴퍼스(Gyro Compass)
③ 자동레이더 플로팅 장치(ARPA)
④ 전자해도표시 정보시스템(ECDIS)

해설 자동레이더 플로팅 장치(ARPA)
종래의 레이더 기능에, 여러 첨단 전자장치의 기능들을 추가하여 내장된 CPU의 계산 기능으로 물표의 정보들을 통합하여 항해사에게 제공해주는 장치이다.

24 다음 〈보기〉가 설명하는 항해 기기는?

> 〈보기〉
> - 일정 범위의 설비를 장착한 선박의 선명 · 침로 · 선속 · 위치 등의 항행정보를 자동으로 표시해주는 장비를 말한다. 간단한 문자통신을 하는데 사용할 수도 있다.
> - 국제해사기구(IMO)에서는 1997년 7월에 이 기기의 성능 기준안을 마련하여, 1999년 9월에 이 기기의 탑재요건에 관한 사항을 SOLAS 개정안 제5장 제19규칙 제 1.5항에 삽입하고, 2002년 7월 1일부터 단계적으로 선박에 탑재하고 있다. 이에 따라 모든 여객선, 국제 항해에 종사하는 300톤 이상의 모든 선박, 국제 항해에 종사하지 않는 500톤 이상의 화물선은 AIS를 탑재하고 있다.

① GPS(Global Positioning System)
② 선박자동식별장치
 (AIS, Automatic Identification System)
③ 해상조난 및 안전시스템
 (GMDSS, Global Maritime Distress and Safety System)
④ 선속계(Speed Log)

해설 선박자동식별장치(AIS, Automatic Identification System)
대양에서부터 연안 항로까지 선박의 통항을 관리하여 안전 항행을 확보하기 위한 장치로서 처음에는 항공기용으로 개발되었으나 선박용으로 자동식별장치를 개발하여 선박에 적용하고 있다.

25 다음 〈보기〉가 설명하는 선박 구조의 명칭은?

> 〈보기〉
> 선박에서 선체의 옆과 밑에서 가해지는 수압과 화물의 내압을 견디는 동시에 갑판에서의 하중에 대해서 기둥으로서 작용하도록 만들어진 것. 선체의 좌우 선측을 구성하는 뼈대로서 용골에 직각으로 배치되고 갑판보와 늑판에 양 끝이 연결되어 선체의 횡강도의 주체가 된다.

① 용골 ② 늑골
③ 보 ④ 외판

해설 늑골(frame)
선체의 횡강도를 보강하기 위한 부재로, 선체의 좌우 선측을 구성하는 뼈대이다.
선측에는 화물의 하역이나 사람의 승하선을 위한 문이나 내부의 채광과 통풍을 위한 현창, 갑판상의 물을 배출하기 위한 배수공, 선내에서 사용하고 난 후의 물이나 오물을 배출하기 위한 오수관 등의 크고 작은 구멍을 뚫게 되는데, 이 경우 구멍 때문에 선측 구조의 강도가 저하되지 않도록 적절히 보강해야 한다.

정답 23. ③ 24. ② 25. ②

26 선박의 톤수와 관련된 다음 설명 중 옳지 않은 것은?

① 총톤수는 측정갑판의 아랫부분 용적에 측정 갑판보다 위의 밀폐된 장소(항해, 추진, 위생 등에 필요한 공간 제외)의 용적을 합한 것이다.
② 순톤수는 총톤수에서 선원실이나 기관실 등을 빼고, 직접 화물·여객을 위해 쓰이는 장소의 용적을 말한다.
③ 경하배수톤수는 선박 자체의 중량을 의미하는 것으로, 이를 경하상태(輕荷狀態, light condition)에서의 흘수에 대한 배수톤수, 즉 경하배수톤수라고 말한다.
④ 재화중량톤수란 선박의 적재 가능한 최대의 무게를 나타내는 톤수로 항해에 필요한 연료유, 기타 선용품 등을 제외한 중량을 말한다.

해설 재화중량톤수는 적재화물뿐만 아니라 항해에 필요한 연료유, 기타 선용품 등을 포함한다.

27 배수량에 대한 다음 설명 중 옳지 않은 것은?

① 배가 물에 뜬 상태에서 배 하부의 배제된 물의 중량을 배수량이라고 한다.
② 배수용적은 m^3로 표시하고, 이것에 1.025(바닷물의 비중)를 곱하면 배수톤수가 얻어진다.
③ 배수량은 화물의 적재 여부와 관계없이 일정한 톤수로 표현된다.
④ 군함의 톤수는 배수량이 사용된다.

해설 배수량은 화물을 적재한 정도에 따라서 많아지기도 하고 적어지기도 한다. 정확히 말하면 흘수(吃水)가 얼마일 때 배수량이 몇 t이라고 할 필요가 있다. 그러나 배수량이 몇 t이라고 하면, 그 배의 만재흘수(滿載吃水: 안전상 허용된 최대의 흘수)에 해당하는 배수량을 가리킨다.

28 흘수(draft)와 트림(trim)에 대한 다음 설명 중 옳은 것은?

① 흘수란 어떤 선박이 물에 떠있을 때 선박 정중앙부의 수면이 닿은 위치에서 선박의 선저 상면까지의 수직거리를 나타내는 것이다.
② 선박이 길이 방향으로 일정 각도로 기울어진 것을 트림이라 한다.
③ 만재흘수 표시에 사용되는 것은 용골흘수(龍骨吃水, keel draft)이다.
④ 용골흘수(龍骨吃水, keel draft)는 선체의 중앙에서 용골(龍骨, keel)의 상면을 통하는 수평선인 기선(基線, base line)부터 만재흘수선까지의 수직거리로 나타내는 흘수를 말한다.

해설 ① 흘수란 어떤 선박이 물에 떠있을 때 선박 정중앙부의 수면이 닿은 위치에서 선박의 가장 밑바닥부분까지의 수직거리를 나타내는 것이다.
③④ 형흘수(型吃水, moulded draft) : 선체의 중앙에서 용골(龍骨, keel)의 상면을 통하는 수평선인 기선(基線, base line)부터 만재흘수선까지의 수직거리로 나타내는 흘수. 만재흘수 표시에 사용된다.

29 선박 복원성과 관련된 다음 설명 중 옳은 것은?

① 메타센터(M, metacenter) : 배가 똑바로 떠 있을 때 부력의 작용선과 경사된 때 부력의 작용선이 만나는 점을 말한다.
② 무게 중심(G, center of gravity) : 선체의 전체 부력이 한 점에 작용한다고 생각할 수 있는 가상의 점. 부심은 수면하의 선체 용적의 기하학적 중심(中心)을 말한다.
③ 선박의 G의 위치가 M점의 아래에 위치하게 되는 경우 불안정 평형(GM⁻, M < G) 상태이다.
④ G의 위치가 M점에 오게 되는 경우 선체에 미치는 중력과 부력이 한 작용선상에 놓이게 되어 모멘트가 형성된다.

해설 ② 무게 중심(G, center of gravity) : 중력의 중심에 해당하는 점으로 선체의 전체 중량이 한 점에 모여 있다고 보는 가상의 점을 말한다.
③ 안정 평형(GM⁺, M > G) : G의 위치가 M점의 아래에 위치하게 되는 경우
④ 중립 평형(GM⁰, M = G) : G의 위치가 M점에 오게 되는 경우로 선체에 미치는 중력과 부력이 한 작용선상에 놓이게 되어 모멘트가 형성되지 않는다.

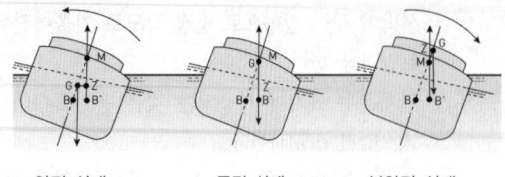

안정 상태　　중립 상태　　불안정 상태

30 선박의 파공 침수 시 조치로 옳지 않은 것은?

① 침수 소요시간 및 침수량의 계산
② 침수 대응 시간을 파악한다.
③ 선박 내 모든 기기의 작동을 정지시킨다.
④ 벨러스트 펌프 등에 의한 배수를 통해 배수가 가능한지 여부를 파악한다.

해설 일단 배수펌프 및 가용한 기타 설비를 작동시킨다. 필요시 수밀문을 작동시킨다.

31 선박 정비감독에 대한 다음 설명 중 옳지 않은 것은?

① 선박정비감독은 해당 선박의 정비 및 보수에 대한 해상 책임자이다.
② 필요한 경우 선박정비계획의 검토 및 보완과 해당 선박의 수리, 자재, 검사, 기술 지원요청을 접수하여 대응조치하고, 그 결과를 확인 및 검증한다.
③ 담당 선박의 선체, 기기의 현황 및 운전상태를 확인하고 정비와 보수 진행상태를 감독한다.
④ 선박 자산관리에 따른 제반 업무를 수행하고, 각종 청구서에 대한 보급계획 및 재고를 확인한다.

해설 선박정비감독은 해당 선박의 정비 및 보수에 대한 육상 책임자이다.

32 ( )은 선박예방정비계획에 따른 주기적 점검 및 각종 내외부 심사 및 검사에 선원들의 대응능력 향상을 위해 운항중 확인된 결함 사항을 관리하고 이에 따른 자체정비를 수행하여야 한다. 빈칸에 알맞은 정비주체는?

① 선장
② 기관장
③ 선박정비감독자
④ 1등 항해사

해설 선장은 기관장과 협의하여 선장의 책임으로 선박예방정비계획에 따른 주기적 점검 및 각종 내외부 심사 및 검사에 선원들의 대응능력 향상을 위해 운항중 확인된 결함 사항을 관리하고 이에 따른 자체정비를 수행하여야 한다.

선박안전관리사 2급·3급 시험대비

과 선택 목
산업안전관리

제1장 안전의 의의
제2장 재해의 구분
제3장 사고이론
제4장 안전검사
제5장 안전성 사전평가 및 관리계획
제6장 재해조사 및 예방
제7장 재해통계와 재해비용
제8장 안전점검
제9장 안전진단

제10장 안전활동 및 무재해운동
제11장 안전심리와 사고
제12장 산업안전교육
제13장 생산성과 안전성
제14장 안전표지
제15장 방호장치
제16장 보호구
제17장 작업기준
제18장 인간과 기계의 시스템

CHAPTER 1 안전의 의의

1 안전의 개념

① **안전** : 허용한도를 넘지 않는다고 판단되는 위험, 시스템 특성 중 하나(로렌스)
② **시스템상 안전** : 수용할 수 있을 정도의 최소한의 사고와 손실은 예견한 상태
③ **안전관리** : 재해로부터 인간의 생명과 재산을 보호하기 위한 계획적이고 체계적인 모든 활동
　㉠ 생산성 향상과 재해로부터의 손실을 최소화하기 위해 행하는 것
　㉡ 재해의 원인과 결과를 규명하고 재해방지를 위한 제반 계통 지식적인 지식체계의 관리
　㉢ 재해가 발생하지 않는 상태를 유지하기 위한 활동

> 💡 **안전과 관련된 정의**
> 1. **Webster 사전** : 안전은 상해, 손실, 감원, 위해 또는 위험에 노출되는 것으로부터의 자유이며 이 자유를 위한 보관, 보호, 또는 guard와 안전보호장치 등 질병의 예방에 필요한 기술 또는 지식
> 2. **J.H Harvey의 3E** : 사고를 방지하고 안전을 도모하기 위한 교육(education), 기술(engineering), 독려(enforce-ment)
> 3. **H.W. Heinrich** : 안전은 사고예방을 말하며, 사고예방은 물리적 환경과 인간 및 기계의 관계를 통제하는 과학인 동시에 예술이다.

2 안전관리 및 안전관리의 효과

① **안전관리의 의의**
　안전관리란 기업이 정해진 법에 의하여 재해나 사고의 방지를 위하여 취하는 조치나 활동으로서 생산성 향상과 손실의 최소화를 위하여 사고가 발생하지 않은 상태를 유지하기 위한 활동을 말한다.
② **안전관리의 구분**
　㉠ 설비관리 : 설계·설치·사용의 각 단계에서 일관성 있는 안전관리
　㉡ 작업관리 : 정리정돈·안전점검·안전작업을 사업장이 일체가 되어 통일적으로 실시하는 안전관리
③ **안전관리의 생산성 측면에서의 효과**
　㉠ 생산율 향상
　㉡ 근로자의 사기 진작
　㉢ 비용(경비) 절감
　㉣ 기업이윤의 증대
　㉤ 기업과 근로자간 신뢰성 증대

④ 안전 생산 작업의 추진 단계

안전추진단계	단계별 추진 목적
기초단계	**안전보건의 기초 확립** ① 안전의식 고양 ② 안전지식 확립 ③ 안전제일 의식 제도화
1단계	**생산과 안전의 일원화** ① 작업자의 안전화 ② 환경의 안전화 ③ 설비의 안전화
2단계	**안전보건의 확보** ① 작업방법의 개선 ② 이상 발견시 조치 기준 정립 ③ 작업의 표준화 ④ 점검·교육·지도 및 TBM(작업직전의 미팅)
3단계	안전한 생산 작업

3 관련법령

① **OHSA기준 알 권리의 법** : 고용주는 위험요소를 근로자에게 알리고, 위험사항에 대하여 사전에 안전교육을 실시하도록 한다.
② **SARA – Ⅲ법** : 유독 화학물질의 방출시 관계기관에 보고하고, 위험요소에 대하여 사전에 지역주민에게 알리도록 한다.
③ **산업안전보건법** : 산업 안전 및 보건에 관한 기준을 확립하고 그 책임의 소재를 명확하게 하여 산업재해를 예방하고 쾌적한 작업환경을 조성함으로써 노무를 제공하는 사람의 안전 및 보건을 유지·증진함을 목적으로 한다.
④ **위험물안전관리법** : 위험물의 저장·취급 및 운반과 이에 따른 안전관리에 관한 사항을 규정함으로써 위험물로 인한 위해를 방지하여 공공의 안전을 확보함을 목적으로 한다.
⑤ **제조물책임법** : 제조물의 결함으로 발생한 손해에 대한 제조업자 등의 손해배상책임을 규정함으로써 피해자 보호를 도모하고 국민생활의 안전 향상과 국민경제의 건전한 발전에 이바지함을 목적으로 한다.

CHAPTER 2 재해의 구분

1 재해의 구분

(1) 재해의 의의
① 이상적인 자연현상(자연재해) 또는 인위적인 사고(인재)가 원인이 되어 발생하는 사회적·경제적 피해
② 사고의 최종적인 결과로서 인명의 상해나 재산상의 손실
※ 상해 : 사람이 물질 또는 그 작업방법 등에 의해 부상이나 질병, 사망 등을 초래하는 것

(2) 재해의 분류(인명의 상해를 가져오는가 또는 재산상의 손해를 유발하는가)
① 상해 : 인명 피해만을 초래한 경우
② 손실 : 물적 피해만을 초래한 경우
③ 무상해사고 : 인적 및 물적 피해는 없지만, 피해에 근접할 정도의 불안전한 행동

(3) 재해발생 장소에 따른 분류
공장재해, 광산재해, 교통재해, 해상재해, 도시화재, 도시오염 등

2 재해예방의 책임자 역할

(1) 사업주의 역할
① 작업장이나 기계, 기구 등을 안전상태로 유지
② 안전교육(훈련과 지도)의 실시
③ 발생한 재해의 보고
④ 업무상 재해인 경우 재해보상

> 💡 산업안전보건법상 사업주의 의무
>
> 제5조(사업주 등의 의무)
> 1. 이 법과 이 법에 따른 명령으로 정하는 산업재해 예방을 위한 기준
> 2. 근로자의 신체적 피로와 정신적 스트레스 등을 줄일 수 있는 쾌적한 작업환경의 조성 및 근로조건 개선
> 3. 해당 사업장의 안전 및 보건에 관한 정보를 근로자에게 제공

(2) 감독자의 역할

산업안전보건법상 관리감독자 : 사업주는 사업장의 생산과 관련되는 업무와 그 소속 직원을 직접 지휘·감독하는 직위에 있는 사람에게 산업 안전 및 보건에 관한 업무로서 대통령령으로 정하는 업무를 수행하도록 하여야 한다.

> 💡 **대통령령 제15조(관리감독자의 업무 등)**
> 1. 사업장 내 법 제16조제1항에 따른 관리감독자(이하 "관리감독자"라 한다)가 지휘·감독하는 작업(이하 이 조에서 "해당작업"이라 한다)과 관련된 기계·기구 또는 설비의 안전·보건 점검 및 이상 유무의 확인
> 2. 관리감독자에게 소속된 근로자의 작업복·보호구 및 방호장치의 점검과 그 착용·사용에 관한 교육·지도
> 3. 해당작업에서 발생한 산업재해에 관한 보고 및 이에 대한 응급조치
> 4. 해당작업의 작업장 정리·정돈 및 통로 확보에 대한 확인·감독
> 5. 사업장의 다음 각 목의 어느 하나에 해당하는 사람의 지도·조언에 대한 협조
>   ① 안전관리자
>   ② 보건관리자
>   ③ 안전보건관리담당자
>   ④ 산업보건의
> 6. 법 제36조에 따라 실시되는 위험성평가에 관한 다음 각 목의 업무
>   가. 유해·위험요인의 파악에 대한 참여
>   나. 개선조치의 시행에 대한 참여
> 7. 그 밖에 해당작업의 안전 및 보건에 관한 사항으로서 고용노동부령으로 정하는 사항

(3) 근로자의 역할(산업안전보건법 제6조)

근로자는 이 법과 이 법에 따른 명령으로 정하는 산업재해 예방을 위한 기준을 지켜야 하며, 사업주 또는 「근로기준법」 제101조에 따른 근로감독관, 공단 등 관계인이 실시하는 산업재해 예방에 관한 조치에 따라야 한다.

CHAPTER 3 사고이론

1 사고의 의의

① **사고(accident)** : 우연하고 돌발적인 사건이나 고의성이 없는 불안전한 행동이나 조건이 선행됨으로써 일의 능률성을 떨어뜨리고 인명 및 재산상의 손실을 가져올 수 있는 것

② **사고의 본질적 특성**
  ㉠ 사고발생 시간의 불예측성 : 사고 발생 시각을 예측하는 것은 불가능하다.
  ㉡ 사고발생 우연성 중의 법칙성 : 사고는 우연하게 발생하지만 어떤 경우에는 과학적 법칙성 내에서 발생한다.
  ㉢ 사고발생 필연성 중의 우연성 : 우연성은 시간의 추이, 사고의 경향, 사고의 개연성 또는 사고의 현상 속에서 발견할 수 있다.
  ㉣ 사고의 재현 불가능성 : 기왕의 사고를 동일한 조건과 동일한 상황을 원상태로 재현할 수는 없다.

> 💡 인적사고와 물적사고
>
> **1. 인적사고**
> (1) 사람의 동작에 의한 사고
>   ① 전도(顚倒 – 넘어짐, 미끄러짐 등)
>   ② 추락(墜落 – 떨어짐)
>   ③ 충돌(衝突 – 맞부딪침)
>   ④ 협착(狹窄 – 틈새에 끼임, 말려들음)
>   ⑤ 창자(創刺 – 깬다, 찔린다, 베인다)
>   ⑥ 염전(捻轉 – 엇갈림)
> (2) 물건의 운동에 의한 사고
>   ① 격돌(激突 – 비래물, 회전체)
>   ② 이물(異物 – 눈, 귀, 코)
>   ③ 압중(押重 – 낙하물, 중량물)
>   ④ 역차(轢車 – 차에 깔림)
>   ⑤ 진동(振動 – 진동체)
> (3) 접촉 흡수에 의한 사고
>   ① 감전(感電)
>   ② 독극물 접촉, 질식, 익수
>   ③ 고온, 저온접촉
>   ④ 이상기압
>   ⑤ 복사선, 방사선 흡수
>   ⑥ 음향 흡수

2. 물적사고
   (1) 물적사고는 결과로서 생산설비시설 등의 파괴, 소괴(燒壞), 오손(汚損) 등의 손실을 초래하여 생산정지라는 큰 경제적 손실을 초래한다.
   (2) 물적사고의 분류
      ① 폭발, ② 화재, ③ 파괴, ④ 분출(噴出), ⑤ 누설, ⑥ 절단, ⑦ 비산, ⑧ 낙하, ⑨ 붕괴, ⑩ 도괴(倒壞), ⑪ 부식, ⑫ 탈선, ⑬ 누전, ⑭ 정전, ⑮ 기타

(산업안전대사전, 2004. 5. 10., 최상복)

2 사고연쇄반응이론

(1) 하인리히의 사고연쇄반응이론(도미노이론)

하인리히의 도미노 이론이란 사고의 원인이 어떻게 연쇄적 반응을 일으키는가를 도미노를 통해서 설명하는 것이다. 즉, 5개의 도미노를 일렬로 세워 놓고 어느 한쪽 끝을 쓰러뜨리면 연쇄적으로, 그리고 순서적으로 쓰러진다는 것이다. 이러한 5개의 도미노가 포함하는 것은 다음과 같다.

① **간접원인**
   [제1단계] 환경과 내력 : 인간의 실수는 작업환경이나 선천적인 기질(내력)에 의해서 일어난다.
   [제2단계] 인간적 결함 : 불안전한 행동 또는 상태는 인간의 개인적 잘못에 의해서 일어난다.

② **직접원인(사고예방의 중추적 원인)**
   [제3단계] 재해는 인간의 불안전한 행동 또는 불안전한 기계의 상태에 노출되므로 일어난다.(인적, 물적 원인)

③ **사고**
   [제4단계] 산업재해는 사고나 우연성으로부터 발생한다.

④ **재해**
   [제5단계] 사고나 우연성은 상해나 손상으로 이어진다.

이러한 도미노 이론은 도미노 하나가 연쇄적으로 넘어지려고 할 때, 어느 한 도미노를 없애면 연쇄성이 중단된다는 것이다. 따라서 재해나 상해가 발생하기 이전에 작업주위의 불안전한 상태나 인간의 불안전한 행동요소를 제거하면 예방할 수 있다는 것이다.

(산업안전대사전, 2004. 5. 10., 최상복)

> 💡 **하인리히의 재해발생비율**
> 1(중상) : 29(경상) : 300(무재해사고, 고장 포함)의 법칙
>
> 💡 **ILO의 통계분석에 따른 재해발생비율**
> 1 : 20 : 200

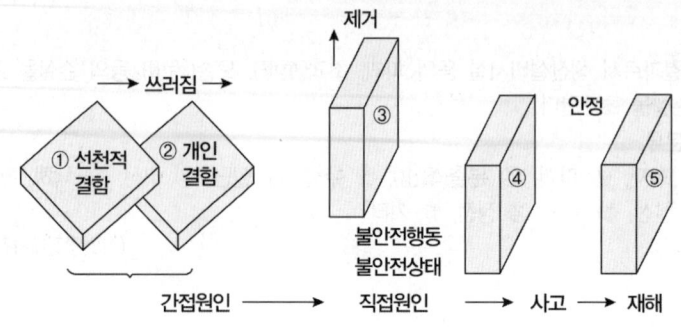

[하인리히 도미노 이론]

(2) 프랑크 버드 주니어의 사고연쇄반응이론(신 도미노이론)

① 버드(Frank E. Bird. Jr., 1921~2007)는 하인리히의 도미노 이론(Heinrich's Law)을 변형한 이론을 제안하였다. 이 모델에 의하면 재해는 근본적으로 관리의 문제이고 사고 전에는 항상 사고가 발생할 전조(직접원인)가 나타난다고 보고 있다.

② 직접원인은 사고 발생시 어느 정도 그 원인을 쉽게 알 수 있는 것으로, 하인리히의 불안전 상태나 불안전행동 등이 이에 해당된다.

③ 버드의 이론에서는 사고의 발생원인 중 불안전한 상태나 불안전한 행동을 사고의 직접원인으로 보지만, 이러한 원인이 나타나게 한 기본 원인에 보다 초점을 두고 있다.

④ 중상과 경상, 재산상 손실만 가져오는 사고, 그리고 '앗차 사고(위험순간, near miss)'가 '1 : 10 : 30 : 600'의 비율로 발생한다고 하였다.

※ 앗차사고 : 작업 현장의 불안전 조건이나 작업자의 불안전한 행동에 기인하여 재해가 발생할 뻔한 사례. 즉 재해가 발생되지 않은 사례를 말함

(지형 공간정보체계 용어사전, 2016. 1. 3., 이강원, 손호웅)

> 💡 **버드의 신 도미노이론의 개별요인**
>
> 1. **제1단계(통제의 부족, 관리의 부족)**
>   (1) 효율적 손실통제를 위한 필수적 요소
>   ① 종합안전계획수립을 위한 기초 분야(사고조사, 시설점검, 직업위험분석, 의사소통, 감독자 훈련, 고용과 선발, 관리자 직무활동분야)
>   ② 표준작업기준(직무활동의 준거 기준)
>   ③ 관리업무의 평가
>   ④ 종합안전계획의 개선, 보완 또는 수정
>
> 2. **제2단계(기본요인)**
>   사고의 징후에만 집착하지 말고 근원적 원인을 발견해야 한다.
>
> 3. **제3단계(직접원인, 징후)**
>   관리자가 시스템 속에 내재된 위험을 발견하고 대비책을 강구해야 한다(직접원인은 관리부재에서 기원한 것이지 하인리히의 불안전한 행동이나 상태에만 기인한 것은 아니다.).
>
> 4. **제4단계(사고-접촉)**
>   사고를 인체 또는 물체가 안전한계를 넘는 에너지원과 접촉하거나, 정상적인 신체의 기능을 저해하는 유해물질과 접촉하는 것으로 설명한다.

5. 제5단계(상해 또는 손실)
   상해(직업병 포함)란 위험에 노출됐을 때 나타나는 정신적·육체적·심리적인 영향과 외부상해 및 질병을 모두 포함하는 개념이다.

(3) 애드워드 애덤스의 사고연쇄반응이론(도미노이론)

① **사고의 직접원인** : 불안전한 행동 특성(전술적 에러와 작전상 에러)
② **전술적 에러** : 종업원의 행동과 작업 중의 과오
   작전상 에러 : 전술적 에러의 원인으로 경영층 또는 감독자에 의해 저질러진 행동

(4) 웨버의 사고연쇄반응이론

① **작전적 에러의 징후** : 불안전한 행동이나 상태와 사고 및 상해까지도 징후에 포함
② **운영상의 에러** : 왜 불안전한 행동이나 상태가 용납되는가. 감독과 경영 중에서 어느 쪽이 사고방지에 대한 안전지식을 갖고 있는가

(5) 휴의 재해요인 이론

① **재해요인 이론**
   연쇄적 이론에 의해서 재해가 발생한다는 종전 이론을 수정하여 어느 한 요인이 불비하더라도 재해는 발생할 수 있고, 다른 요인들과 복합되어서도 재해는 발생할 수 있다는 이론

② **재해요인**
   ㉠ **심리적 요인** : 작업자의 심리적 불안(새로운 작업기술의 도입 또는 재교육 등)이 재해의 원인일 수 있다.
   ㉡ 기계적 요인 : 자동화 기계 등의 시스템체계의 문제점으로 인한 재해의 발생
      (예) 안전보호장치 미흡, 프로세스 제어 이상, 비상정지장치 고장 등)
   ㉢ 환경적 요인 : 직무환경적 요인에 의해 재해가 발생할 수 있다.
      (예) 조명, 환기시설 미흡, 작업장의 온습도, 피로, 전자파 장해 등)
   ㉣ 기술적 요인 : 기계설계의 오류나 안전장치의 미부착 등 기술적 문제점으로 인한 재해의 발생
      (예) 동작순서의 복잡성, 기계속도의 증가, 작업자의 능력과 기계간의 부조화 등)
   ㉤ 인위적 요인 : 작업자의 미흡한 인간적 능력 등으로 인한 재해의 발생
      (예) 무리한 행동, 보호구 미착용, 지시명령 위반, 부적절한 태도 등)

CHAPTER 4 안전검사

1 안전검사의 의의

안전검사(산업안전보건법)란 유해하거나 위험한 기계·기구·설비로서 안전검사대상기계등의 안전에 관한 성능이 고용노동부장관이 정하여 고시하는 검사기준에 맞는지에 대하여 고용노동부장관 또는 안전검사기관이 실시하는 검사

2 안전검사의 대상

> 💡 산업안전보건법 시행령 제78조(안전검사대상기계등)
> ① 법 제93조제1항 전단에서 "대통령령으로 정하는 것"이란 다음 각 호의 어느 하나에 해당하는 것을 말한다.
> 1. 프레스(동력에 의해 구동되는 압입능력 3톤 이상)
> 2. 전단기(동력에 의해 구동되는 압입능력 3톤 이상)
> 3. 크레인(정격 하중이 2톤 미만인 것은 제외한다)
> 4. 리프트(적재하중 0.5톤 이상, 단, 이삿짐운반용 리프트는 0.1톤 이상)
> 5. 압력용기
> 6. 곤돌라(동력구동)
> 7. 국소 배기장치(이동식은 제외한다)
> 8. 원심기(산업용만 해당한다)
> 9. 롤러기(밀폐형 구조는 제외한다)
> 10. 사출성형기[형 체결력(型 締結力) 294킬로뉴턴(KN) 미만은 제외한다]
> 11. 고소작업대(「자동차관리법」 제3조제3호 또는 제4호에 따른 화물자동차 또는 특수자동차에 탑재한 고소작업대로 한정한다)
> 12. 컨베이어
> 13. 산업용 로봇
> 14. 혼합기
> 15. 파쇄기 또는 분쇄기

3 안전검사의 종류

(1) 검사의 분류

① 안전검사
② 자율검사프로그램

(2) 검사방법에 의한 분류

① **육안검사** : 검사부분을 청결히 한 후 만져보고 흔들림, 조임, 균열 등을 확인
② **타진검사** : 검사대상을 두들겨 보아 그 소리로서 상태를 진단하는 검사
③ **검사기기검사** : 검사장비를 이용한 검사
④ **시험검사** : 미리 조사, 연구하여 정해놓은 요구사항에 합치하는지를 재료, 기기(component) 등 또는 현재 사용되고 있는 것들을 조사하여 결정하기 위하여 실시하는 검사

(3) 검사 후 확인사항

① 대상 기계 등의 내외면의 변형 유무
② 부식 유무와 그 정도
③ 마모상태
④ 손상 유무
⑤ 기능의 정상적 작동상태

4 검사계획 및 검사결과의 보고

(1) 검사계획서 포함 내용

① 검사대상
② 검사실시 및 기간
③ 검사기관
④ 검사원

(2) 검사결과의 처리

① **사용중지 표지의 부착** : 기계·기구·설비 등에 이상 또는 위험이 있다고 판정될 때
② **재가동 금지** : 사용중지된 기계·기구·설비 등은 사용중지된 사유가 제거된 후가 아니면 재가동할 수 없다.
③ **재가동** : 사용중지된 기계·기구·설비 등을 재가동하고자 할 때는 당해 기계·기구·설비 등을 검사한 검사기관에 재검사 후 보고하여 위험이 없음을 확인한 후 가동하여야 한다.

(3) 검사완료시 보고 사항

① **사업주에 대한 보고**
   ㉠ 검사 체크 리스트
   ㉡ 검사결과에 대한 개선대책
   ㉢ 개선에 필요한 소요 경비
   ㉣ 개선책임자

② **지방고용관서장에 대한 보고**
   ㉠ 검사일시
   ㉡ 안전검사기관
   ㉢ 검사결과
   ㉣ 검사결과 개선계획
   ㉤ 검사 체크 리스트 사본

5 기계 및 재료의 검사

(1) 파괴검사법

생산제품의 검사에 있어서 제품이 파괴됨으로써 검사가 수행될 때 이러한 검사를 파괴검사라 한다. 재료 시험 중 인장 시험, 압축 시험, 굽힘 시험, 비틀림 시험, 층밀리기 시험, 충격 시험, 크리프 시험, 피로 시험 등은 특정한 목적 이외에서 여기에 속한다. 이 밖에 내마모성, 내약품성, 내열성, 내아크성, 접착 강도 시험 등도 포함된다.

① **인장검사** : 시험편의 양끝을 시험기에 고정하고, 시험편 축의 양쪽 방향으로 인장력을 작용시켜서 재료의 변형에 대한 여러 가지 저항성의 크기를 측정·검사하는 시험

② **굽힘검사** : 주로 기계적 힘을 가하여 소성가공성을 조사하기 위하여 행하는 검사로서 검사편을 내측반경에서 규정의 각도가 될 때까지 굽혀 만곡부 외측의 표면의 신장 또는 파열의 발생 유무를 조사하는 방법

③ **견고도(경도)검사** : 금속 등 재료의 비교 경도(比較硬度)를 결정하는 시험. 경도 시험기를 사용하여, 시험편 또는 제품의 표면에 일정한 하중으로 일정 모양의 경질 압자를 압입하든가 또는 일정한 높이에서 해머를 낙하시키는 등의 방법으로 경도를 측정하는 시험이다. 재료의 압입저항, 반발저항, 마모저항 등을 측정하기 위한 시험으로, 인장시험과 함께 재료의 기계적 시험법으로 널리 사용된다.

④ **크리프검사** : 외력이 일정하게 유지되어 있을 때, 시간이 흐름에 따라 재료가 변형하는 현상을 검사

⑤ **내구검사** : 재료의 강도검사

(2) 비파괴검사법

공업재료 또는 제품을 파괴시키지 않고 내부의 상태를 검사하는 방법을 말한다. 그 방법으로는 방사선투과검사, 초음파 탐상법, 자기 탐상법, 전자유도 검사법 등이 있다. 일반적으로 공업재료 등의 소재(素材)는 전체에 걸쳐서 질이 균일하고 완전무결한 것은 아니다. 그래서 그것이 사용하는데 요구되는 조건을 충분히 만족하는지 검사해서 결함을 발견할 필요가 있다.

통상 비파괴검사방법은 X선, γ선, 초음파, 열, 전기, 자기(磁氣), 침투(浸透) 등의 물리적 에너지를 이용한 것에 한정되어 있다. (산업안전대사전, 2004. 5. 10., 최상복)

① **육안검사**

육안검사의 대상이 되는 것으로 재료의 표면결함(파열, 용접의 언더커트, 치수오차) 등이 있다.

② **초음파검사**

비파괴검사의 초음파검사는 가청음역을 넘는 음파(sound wave), 보통 0.5~15Mc의 주파수인 초음파를 피 검사물에 보내어 내부의 결함 또는 균일하지 못한 층의 존재에 의한 초음파의 진행혼란에 의해서 결함을 검출하는 방법이다.

㉠ **투과법** : 초음파를 금속 또는 비금속의 피검사재 속에 넣어 그 투과되는 상태로 결함의 유무를 알 수 있다.

㉡ **펄스 반사법** : 시험체 내(內)로 초음파 펄스를 송신하여, 내부 또는 저면에서의 반사파를 탐지하여 내부의 결함이나 재질 등을 조사하는 방법. 현재 사용되고 있는 대부분의 초음파탐상 방법은 이 방법이다.

ⓒ 공진법 : 시험재중에 초음파를 보내 시험재와 공진하는 주파수 f를 구하여 흠집 또는 두께 등을 아는 방법
ⓔ 수적탐상법 : 검사면에 오목, 볼록모양이 있을 때 발진자, 수진자가 검사면에 밀착하지 않고 공기층이 생겨 초음파가 통과하지 않는 성질을 이용하여 피검사물을 기름이나 물 속에 넣어 검사하는 방법

③ 자기검사

자성재료의 표면 및 내부 결함의 탐상시험에 이용된다. 피검사물을 자화(磁化)시키면 표면 또는 표면에 가까운 홈에 의해서 생기는 누설 자속(magnetic)을, 자분(magnetic powder) 또는 검사 코일에 의해서 흠집을 검출하는 방법이다. 이 방법은 육안검사로는 보이지 않는 미미한 흠집을 검출할 수 있다.

④ 방사선 투과검사

방사선을 시험체에 조사하여 얻은 투과사진 상의 불연속을 관찰하여 규격 등에 의한 기준에 따라 합격 여부를 판정하는 방법이다.

⑤ 누설검사

누설검사는 비파괴검사에 속하며 탱크, 용기 등의 기밀(airtight), 수밀(watertight), 유밀(oiltight)을 검사하는 목적에서 실시된다. 가장 보편적인 것은 정수압(hydrostatic pressure), 공기압에 의한 방법이며, 내압시험과 동일한 방법이다.

(산업안전대사전, 2004. 5. 10., 최상복)

6 안전검사 대상별 검사기간(산업안전보건법)

시행규칙 제126조(안전검사의 주기와 합격표시 및 표시방법) ① 법 제93조제3항에 따른 안전검사대상기계등의 안전검사 주기는 다음 각 호와 같다.

1. 크레인(이동식 크레인은 제외한다), 리프트(이삿짐운반용 리프트는 제외한다) 및 곤돌라: 사업장에 설치가 끝난 날부터 3년 이내에 최초 안전검사를 실시하되, 그 이후부터 2년마다(건설현장에서 사용하는 것은 최초로 설치한 날부터 6개월마다)
2. 이동식 크레인, 이삿짐운반용 리프트 및 고소작업대:「자동차관리법」제8조에 따른 신규등록 이후 3년 이내에 최초 안전검사를 실시하되, 그 이후부터 2년마다 실시한다.
3. 프레스, 전단기, 압력용기, 국소 배기장치, 원심기, 롤러기, 사출성형기, 컨베이어, 산업용 로봇, 혼합기, 파쇄기 또는 분쇄기 : 사업장에 설치가 끝난 날부터 3년 이내에 최초 안전검사를 실시하되, 그 이후부터 2년마다(공정안전보고서를 제출하여 확인을 받은 압력용기는 4년마다)

CHAPTER 5 안전성 사전평가 및 관리계획

1 안전성 사전평가의 의의

① **W.D. Rowe 안전성 사전평가** : 위험성을 확인, 평가한 후 그 위험성을 사회적으로 허용된 정도까지 감소 또는 배제하는 것
② **안전성 평가** : 설비나 공법 등에 대해서 시행 중에 나타날 위험에 대하여 설계 또는 계획단계에서 평가를 행하고 그 평가에 따른 대책을 강구하는 것
③ **안전성 평가항목**
  ㉠ 정성적 평가항목 : 사고예상질문법, 체크리스트, 고장형태 및 영향분석, 작업자실수분석, 위험과 운전성분석 등
  ㉡ 정량적 평가항목 : 결함수분석, 사건수분석, 원인결과분석 등

> 💡 **산업재해의 발생 원인**
> 설비·공법 등의 계획, 설계단계에서 안전측면에 대한 충분한 사전 검토가 없는 경우 재해가 발생할 가능성이 높다. 새로운 설비나 공법을 받아들일 때에는 사전에 그 위험성을 체크하고, 필요한 제반조치를 강구해 둔다면 재해를 미연에 방지할 수 있다.

2 안전성 사전평가의 계획

(1) 안전성 사전평가의 6단계 절차

① 제1단계 : 관계자료의 정비 검토
② 제2단계 : 정성적 평가(서술적 정보 ㄱ. 입지조건 ㄴ. 공장내 배치 ㄷ. 소방설비 ㄹ. 공정 등)
③ 제3단계 : 정량적 평가
  (직접적 정보 ㄱ. 취급물질 ㄴ. 화학설비 등 ㄷ. 안전대책 수립 ㄹ. 재해사례분석 등)
④ 제4단계 : 안전대책 강구
⑤ 제5단계 : 재해정보에 따른 재평가
⑥ 제6단계 : F.T.A 재평가안전성평가

※ FT의 작성 : FT(Fault Tree)를 작성하려면 먼저 해석하려고 하는 재해(정상 사상 또는 목표 사상이라 한다)를 최상단에 기록하고 아래 단에 그 재해의 직접원인이 되는 기계 등의 불량상태나 작업자의 에러(결함사상이라 한다)를 정렬해 기록하고 정상 사상과의 사이를 게이트로 연결한다.

FTA[fault tree analysis] (산업안전대사전, 2004. 5. 10., 최상복)

💡 재해사례연구 진행 단계
전제조건 : 재해 상황의 파악
1단계 : 사실의 확인
2단계 : 문제점 발견
3단계 : 근본 문제점 결정
4단계 : 대책수립

💡 F.T.A에 의한 재해사례 연구순서
1단계 : 톱사상의 설정
2단계 : 재해 원인 규명
3단계 : F.T도의 작성
4단계 : 개선계획의 작성

💡 위험관리에 관한 전통적 처리기술
① **회피(Terminate)** : 리스크가 존재하는 업무(사업)을 시행하지 않는 것
② **처리(Treat)** : 리스크 수준을 감소시키기 위한 통제(공학적, 행정적)를 체계적으로 적용
③ **전이(Transfer)** : 보험가입 등을 통해 리스크를 다른 기관에 이전시키는 것
④ **경감(Tolerate)** : 조직이 감당(회피, 처리, 이전)하기 어려운 리스크는 사고발생빈도와 손해영향의 심각도를 경감시키는 것
⑤ **수용(Acceptance)** : 특정 리스크를 사업주가 스스로 부담하는 것(준비금, 자가보험 등)

3 안전관리계획

① **안전관리계획** : 산업재해를 방지하기 위하여 사업장에서 안전관리를 계획적으로 행하기 위하여 일정한 기간 동안 작성한 계획(산업재해방지활동의 구체적 프로그램)
② 산업안전보건법상 사업주의 산업재해방지를 위한 자율적 활동 촉진 촉구
③ **안전관리계획의 전달** : 사업장 모든 근로자에게 안전수준에 맞춘 관리계획을 충분히 이해 가능하도록 그 내용을 표현해야 한다.

4 안전관리계획 수립에 필요한 요건

① 경영자는 안전에 대한 기본방침을 근로자에게 명확하게 전달하여야 한다.
② 안전계획상 안전수준 향상을 저해하는 것이 무엇인가에 대하여 충분히 숙지하여야 한다. 일반적으로 "안전작업표준"으로부터 행동이 이탈될 때 재해문제가 발생한다.
③ 과거실적에 집착하여 진화·발전된 사업장 현상에 만족하는 태도를 지양하여야 한다.

5 안전관리계획 수립순서

(1) 정보수집과 정보 사항의 검토

1) 정보에 대한 검토 사항
안전관리계획 작성시 정보의 정확한 분석과 목적 달성을 위한 구체적 필요사항을 나열하고 개선해야 할 수단과 방법을 정확하게 검토하여야 한다.
① 산업재해의 증감 추세 파악
② 재해발생 유형
③ 재해발생의 원인
④ 재해가 빈번히 발생하는 장소 또는 기계설비 파악

(2) 중점항목의 설정

(3) 안전관리계획의 추진

1) 장기계획
안전관리계획의 효과적 활동을 위해서는 기업의 경영방침 및 장기경영방침과 병행하여 연결시키는 것이 중요하다.
① **지침** : 5개년 안전보건활동의 기본이념
② **목표** : 수량적 목표(재해감소목표 : 재해율)와 대책목표(실시목표)의 제시
③ **장기방침** : 과거 발생한 자기회사의 재해요인을 종합적으로 검토한 후 개선방향을 수립하고 기본노선을 정립한다.
④ **중점시책** : 장기계획을 완성하기 위한 전사적인 구체적 시책
⑤ **실시계획** : 중점시책을 실행할 시기와 연도별 계획을 수립한다.

2) 단기계획
장기계획을 추진하기 위하여 연도별로 계획한 구체적인 안을 단기계획이라고 한다.
단기계획은 현장특성이나 실정에 적합하도록 실시계획을 수립해야 한다.

CHAPTER 6 재해조사 및 예방

선택과목 산업안전관리

1 재해발생원인

산업재해 발생은 사업장에서 우발적으로 일어나는 경우가 많은데 재해발생원인을 두가지로 나눠볼 때 첫째, 작업활동에 따른 인간적 결함인 경우 둘째, 기계, 설비 및 장치 등 물리적 결함이 주요 원인이라고 할 수 있다.

(1) 관리적 원인

1) 기술적 원인
① 건물, 기계, 장치 등의 설계불량
② 구조재료의 불량 또는 부적합
③ 생산방법의 부적합
④ 점검, 정비, 보존 등의 불량

2) 교육적 원인
① 안전지식의 부족
② 안전수칙에 대한 이해 부족
③ 경험, 훈련 등의 부족
④ 작업방법에 대한 교육의 불충분
⑤ 유해하고 위험한 작업에 대한 교육 부족

3) 작업관리상 원인
① 안전관리조직의 비조직화
② 안전관리수칙의 비제정
③ 작업준비의 불충분
④ 인원배치의 부적합
⑤ 작업지시의 부적합

(2) 직접적 원인

1) 인적 원인(불안전한 행동)
① 위험장소에 접근
② 안전장치의 기능 제거
③ 복장보호구의 부적절한 사용
④ 기계·기구의 잘못된 사용
⑤ 운전중인 기계장치의 손질(수리, 용접, 청소 등)
⑥ 불안전한 속도조작
⑦ 위험물취급 주의 위반
⑧ 불안전한 상태의 방치
⑨ 불안전한 자세와 동작
⑩ 그 외의 인적원인으로 분류될 수 있는 것

2) 물적 원인(불안전한 상태)

① 물질자체의 결함(조잡, 불량 등)
② 안전방호장치 불량
③ 안전보호구의 결함
④ 기계 등의 배치 및 장소의 부적합(배열 잘못, 공간 협소, 통로미확보 등)
⑤ 작업환경의 결함(조명, 온도, 습도, 배기 등)
⑥ 생산공정의 결함(위험발생시 조치 미비, 안전장치의 미비, 잘못된 공정 순서 등)
⑦ 경계표시, 설비의 결함
⑧ 그 외의 물적원인으로 분류될 수 있는 것

(3) 가해물질에 의한 원인

가해물질	가해물질의 종류
동력기계	① 원동기(전동기, 발전기, 수차 등) ② 동력전달장치 ③ 목재가공용 기계(전기 톱 등) ④ 건설기계(트랙터, 굴진기 등) ⑤ 일반동력기계(선반, 프레스, 혼합기, 분쇄기 등)
운반기계	① 동력크레인(크레인, 엘리베이터, 리프트, 곤돌라, 윈치 등) ② 동력운반기(트럭, 컨베이어 등) ③ 승용차량
장치	① 압력용기(보일러, 가열기, 압축공기 등) ② 화학설비 ③ 용접장치 ④ 노(전기로, 고로, 전열로 등) ⑤ 전기설비 ⑥ 용구(사다리, 로프 등) ⑦ 인력기계공구 ⑧ 장치(냉동설비, 집진장치 등)
가설건축 구조물	비계, 지붕, 작업상 통로, 구조물 등
재료	① 위험유해물질(폭발성물질, 인화성물질, 가연성물질 등) ② 재료(금속재료, 목재 등)
적재물	컨테이너 상자, 드럼통, 포장물 등
환경	지반, 암석, 입목, 고온, 기타 이상 환경
기타 원인	병균이나 세균 등

2 재해조사

(1) 재해조사의 목적

① 재해조사의 목적은 동종재해를 두 번 다시 반복하지 않도록 재해의 원인이 되었던 불안전한 상태와 불안전한 행동을 발견하고, 이것을 다시 분석 검토해서 적정한 방지대책을 수립하는데 있다.

② 재해조사는 조사 자체가 목적이 될 수 없고 재해의 원인을 파악하는 것이 중요하다.
③ **재해조사의 실시 단계**
  ㉠ 재해의 원인을 작업 전 과정의 모든 면에서 조사한다.
  ㉡ 발견한 재해의 원인을 철저히 분석하고 검토한다.

(2) 조사내용 및 방법

① 재해발생과정
② 재해원인
③ 피해상황
④ 사후대책

> 💡 **재해조사시 방법**
> ① 재해 발생직후 조사합니다.
> ② 현장의 물리적 흔적 즉 물적 증거를 수집합니다.
> ③ 재해현장은 사진을 촬영하여 보관하고 기록합니다.
> ④ 목격자, 현장책임자등 많은 사람들에게 사고시의 상황을 듣습니다.
> ⑤ 재해피해자로부터 재해직전의 상황을 청취합니다.
> ⑥ 판단하기 어려운 특수재해나 중대재해는 전문가에게 조사를 의뢰합니다.
>
> 💡 **재해조사시 유의해야 할 사항**
> ① 사실을 수집합니다. 이유는 차후에 확인합니다.
> ② 목격자 등이 증언하는 사실이외의 추측의 말은 참고로만 합니다.
> ③ 조사는 신속하게 하고 긴급조치하여 2차 재해의 방지를 도모합니다.
> ④ 사람, 기계 설비 양면의 재해요인을 도출합니다.
> ⑤ 객관적인 입장에서 공정하게 조사하며 조사는 2인 이상이 합니다.
> ⑥ 책임추궁보다는 재발방지를 우선하는 태도를 가집니다.
> ⑦ 피해자에 대한 구급조치를 우선합니다.
> ⑧ 2차 재해의 예방과 위험성에 대한 보호구를 착용합니다.

(3) 상해의 발생형태에 따른 분류

① **추락** : 사람이 기계, 기구, 장비, 구조물 등에서 떨어지는 것
② **전도** : 사람이 바닥 등의 장애물 등에 걸려 넘어지거나 물, 이물질 등 환경적 요인으로 미끄러지는 경우
③ **충돌** : 사람이 특정 물체에 부딪치는 것
④ **낙하 및 비래** : 물건이 떨어지거나 날아와서 부딪치는 것
⑤ **협착** : 특정 물체에 끼워진 상태 또는 말려든 상태
⑥ **감전**
⑦ **폭발**
⑧ **파열** : 용기 또는 장치가 물리적 압력에 의해 터진 경우
⑨ **화재**
⑩ **무리한 동작** : 무거운 물건을 들거나, 무리한 자세 또는 동작으로 신체에 상해가 온 경우

⑪ **이상온도 접촉**
⑫ **유해물질 접촉** : 유해물질의 접촉을 통해 중독 또는 질식하는 경우
⑬ **붕괴 및 도괴** : 적재물, 비계, 구조물 등이 무너진 경우

(4) 상해의 종류

상해(傷害)란 사람의 신체적 기능에 상·장해를 주는 일을 말하며(질병 포함). 보호법익은 사람의 신체의 완전성이다.
① **골절** : 뼈가 부러지는 것
② **동상(凍傷)**
③ **부종(浮腫, Edema)** : 조직 내에 림프액 등의 액체가 고여서 체액이 과잉 존재하게 되고, 이로 인해 그 부위가 붓는 것
④ **자상(刺傷)** : 칼날 등 날카로운 물건에 찔린 것
⑤ **좌상(挫傷)** : 외부로부터 둔중한 충격을 받아서, 피부 표면에는 손상이 없으나 내부의 조직이나 내장이 다치는 일
⑥ **절상(折傷)** : 신체부위가 절단된 것
⑦ **중독** : 생체가 음식물이나 약물, 가스 등의 독성에 의하여 기능 장애를 일으키는 일
⑧ **질식(窒息)** : 숨통이 막히거나 산소가 부족하여 숨을 쉴 수 없게 됨
⑨ **창상(創傷)** : 외력에 의한 신체손상으로 피부 또는 다른 조직이 끊기거나 또는 이와 같은 조직 일부에 결손이 생기는 것
⑩ **화상(火傷)**
⑪ **뇌진탕**
⑫ **익사**
⑬ **피부병**
⑭ **청력장해** : 청력이 감퇴되거나 난청이 되는 상태
⑮ **시력장해**

(5) 산업재해조사표

사업주는 사망 또는 3일 이상의 휴업이 필요한 산업재해 발생 시 발생한 날로부터 1개월 이내에 지방고용노동관서(산재예방지도과)에 산업재해 조사표를 작성·제출해야 한다.

<건설업 작성예시> 산업재해 조사표

※ 뒤쪽의 작성 요령을 읽고, 아래의 각 항목에 적거나 해당항목의 [ ]란에 [√]표시를 합니다. (앞쪽)

I. 사업장 정보

①산재관리번호 (사업개시번호)	12345678901 (10987654321)	사업자등록번호	1234567890
②사업장명	ㄷㄹ○○건설㈜	③근로자 수	○○명
④업종	단독 및 연립주택 건설업	소재지	(우편번호)○○시 ○○구 ○○동 50번길
⑤재해자가 사내 수급인 소속인 경우(건설업 제외)	원도급인 사업장명 사업장 산재관리번호 (사업개시번호)	⑥재해자가 파견 근로자인 경우	파견사업주 사업장명 사업장 산재관리번호 (사업개시번호)
건설업만 기재	⑦원수급 사업장명 ⑧원수급 사업장 산재관리번호(사업개시번호)	공사현장 명	△△시 △△동 공동주택 신축공사
	⑨공사종류 건축공사	공정률 3% 공사금액 1,490 백만원	

※ 아래 항목은 재해자별로 각각 작성하되, 같은 재해로 재해자가 여러 명이 발생된 경우 별도 서식에 추가로 적습니다.

II. 재해 정보

성 명	E○○○	주민등록번호 (외국인 등록번호)	600000-5000000	성별	[√]남 [ ]여
국 적	[ ]내국인 [√]외국인 [국적: 한국계중국인] ⑩체류자격: E-9			⑪직업	철근공
입사일	20△△ 년 5 월 13 일	⑫같은 종류업무 근속기간			2 년 5 월
⑬고용형태	[ ]상용 [ ]임시 [√]일용 [ ]무급가족종사자 [ ]자영업자 [ ]그 밖의 사항 [ ]				
⑭근무형태	[√]정상 [ ]2교대 [ ]3교대 [ ]4교대 [ ]시간제 [ ]그 밖의 사항 [ ]				
⑮상해종류 (질병명)	골절 및 기타손상	⑯상해부위 (질병부위)	목 및 몸통	⑰휴업예상일수	휴업 [180] 일
				사망 여부	[ ] 사망

III. 재해발생 개요 및 원인

⑱재해발생 개요	발생일시	[20△△]년 [5]월 [13]일 [수]요일 [06]시 [40]분
	어디서	△△시 △△구 △△동 111-12 지상6층 규모의 공동주택 신축공사중 지상 2층 옹벽 철근배근 현장에서
	누가	재해자(E○○○○)는 철근반장 및 동료작업자 5명과 함께 철근자재가 인양(카고크레인 활용)되기를 2층 상부에서 대기 중이었으며
	무엇을	철근 인양 후 인양로프를 해체하기 위해 목재를 이용하여 받침목 설치를 준비 중에 있음
	어떻게	재해자는 자재반입용 개구부(L:0.4m×1.1m, H:3.2m) 근체에서 받침목을 설치하던 중 개구부를 통하여 1층 바닥으로 떨어지는 재해 발생
	왜	지상 2층 바닥 자재반입용 개구부 덮개가 미 설치된 상태에서 철근을 내려놓을 받침목 설치를 하던 중 개구부로 떨어짐
⑲재해발생 원인	○ 근로자가 추락할 위험이 있는 장소는 덮개 등의 방호조치를 하여야 하나 미 설치 ○ 근로자가 추락할 위험이 있는 작업장소에서는 적정한 안전대 및 안전모를 착용하여야 하나 미 실시	

IV. ⑳재발방지 계획

○ 자재반입용 개구부 등 근로자가 추락할 위험이 있는 장소에는 덮개 등의 방호조치를 충분한 강도로 뒤집히거나 떨어지지 않도록 튼튼한 구조로 설치하고, 잘 알아 볼 수 있도록 표시
○ 추락할 위험이 있는 높이 2m 이상의 장소에서 작업을 할 때에는 작업여건에 적절한 안전대와 안전모 등 보호구를 착용하고, 안전대 부착 설비를 설치하여 안전대를 걸고 작업하도록 함

작성일 20△△년 5 월 20 일   작성자 성명 김○○   작성자 전화번호 010-1234-5678

사업주 이○○ (서명 또는 인)
근로자대표(재해자) 박○○ (서명 또는 인)

고용노동부   (지)청장 귀하

재해 분류자 기입란
(사업장에서는 적지 않습니다)

| 발생형태 | ☐☐☐ | 기인물 | ☐☐☐☐ |
| 작업지역·공정 | ☐☐☐ | 작업내용 | ☐☐☐ |

(6) 재해조사항목

① 발생년월일, 시간, 장소
② 피해자 성명, 성별, 연령, 경험
③ 피해자의 작업, 직종
④ 피해자가 입은 상해(질병)의 정도, 부위, 성질
⑤ 사고유형
⑥ **기인물** : 재해가 일어난 근원이 되었던 기계, 장치 또는 기타 물건 또는 환경 등
⑦ 가해물
⑧ 피해자의 불안전한 행동
⑨ 피해자의 불안전한 인적 요소
⑩ 기인물의 불안전한 상태
⑪ 관리적 요소의 결함
⑫ 기타 필요 사항

> **기인물결함(起因物缺陷)**
> 기계, 장치 그밖에 물건이나 환경 등이 재해를 발생하는 직접적인 원인이 되고 있는 것으로 정상상태가 아닌 이상, 결함이 있는 상태를 말한다. 이것을 대별하면 기계, 장치, 공구 등 그 자체가 가지고 있는 결함에 기인 하는 것, 안전방호장치의 결함에 의한 것, 재료나 반제품의 주변배치가 불량한 것, 작업환경에 결함이 있는 것 등이다.
> (실무노동용어사전, 2014.)

(7) 산업재해 구분

① 산업재해 정도의 구분

㉠ 사망
㉡ 중상해 : 부상으로 인하여 14주 이상의 노동손실을 가져온 상해 정도
㉢ 경상해 : 부상으로 1일 이상 14일 미만의 노동손실을 가져온 상해(찰과상, 타박상 등 응급조치로도 치료가 가능한 상해)
㉣ 경미상해 : 부상으로 8시간 이하의 휴무 또는 작업에 종사하면서 치료를 받는 상해(미끄러짐, 넘어짐, 비래, 흡입 등)

② 재해정도의 ILO 구분(우리나라도 적용)

산업재해정도를 부상 결과로 생긴 노동기능의 저하 정도에 따라 구분

㉠ 사망 : 사고로 인한 생명 상실(행방불명사 : 발생일로부터 3개월 경과 후 사망 인정)
   * 노동손실일 7,500일 인정
㉡ 영구 노동 불능 상해 : 부상 결과로 노동기능을 완전히 상실한 부상
   * 신체장해등급 1~3급 : 노동손실일 7,500일 인정
㉢ 영구 부분 노동 불능 상해 : 부상 결과로 신체의 일부 부분에 노동기능이 상실된 부상
   ※ 위 ㉠㉡㉢의 경우 휴업일수는 손실일수에 가산하지 않는다.
㉣ 일시 부분 노동 불능 상해 : 일정기간 정규노동에 종사할 수는 없으나 일시적으로 가벼운 노동에 종사가 가능한 부상(휴업일수 = 노동불능 손실일수 × 300/365)

⑩ 응급조치 상해 : 부상을 입기는 했으나 치료 후 정상작업이 가능한 상해

> 💡 **산업재해보상법상 급여 지급 내역**
>
> 1. **요양급여** : 전액 지급(부상 또는 질병이 3일 이내의 요양으로 치유될 수 있으면 요양급여를 지급하지 아니한다.)
> 2. **휴업급여** : 1일당 지급액은 평균임금의 100분의 70에 상당하는 금액. (다만, 취업하지 못한 기간이 3일 이내이면 지급하지 아니한다.)
> 3. **장해급여** : 장해등급에 따라 장해보상연금(1~7급), 장해보상일시금(1~14급) 지급
> 4. **유족급여** : 유족보상연금(평균임금×365의 47%) 또는 유족보상일시금(평균임금의 1,300일분)으로 지급
> 5. **상병보상연금** : 요양급여를 받는 근로자가 요양을 시작한 지 2년이 지난 날 이후
>   ① 그 부상이나 질병이 치유되지 않고,
>   ② 그 부상이나 질병에 따른 중증요양상태 정도가 제1급부터 제3급까지에 해당하며,
>   ③ 요양으로 인해 취업하지 못하는 상태가 계속되는 경우에는 휴업급여 대신 → 중증요양상태 제1급은 평균임금의 329일분, 제2급은 평균임금의 291일분, 제3급은 평균임금의 257일분의 상병보상연금으로 지급
> 6. **장의비** : 평균임금의 120일분 지급

3 재해예방의 4원칙

(1) 예방가능의 원칙

① 인재는 예방하고자 한다면 원칙적으로 예방이 가능하다.
② 재해예방(미연방지)은 재해의 발생원과 위험성물질의 적정관리가 필요하다.
③ 안전관리는 사전대책에 중점을 두고 있다.

(2) 손실우연의 원칙

① 손실(경제적 손실, 인적손실)은 사고발생 당시의 사고대상의 조건에 따라 달라진다.
② 사고발생당시의 조건에 우연성이 게재되어 사고가 확대되기도, 감소되기도 한다.
③ 재해는 사고와 손실로 연계되어 있는바 이는 사고에 대하여 손실우연의 원칙이 존재한다.

(3) 원인계기(연계)의 원칙

① 손실과 사고의 관계는 우연적이지만 사고와 원인관계는 필연적이다.
② 사고의 원인관계는 과학적 규명이 가능하다.
③ 재해원인은 직접원인(1차원인 : 물적원인, 인적원인)과 간접원인으로 구분할 수 있다.

(4) 대책선정의 원칙

위 세가지 원칙이 중요한 사고원인이라면 이 세가지 원인에 대한 방지대책으로 기술적 대책(Engineering), 교육적 대책(Education), 규제적 대책(Enforcement)을 안전대책의 3E라고 칭하며, 재해방지 대책의 중심기둥으로 인식하고 있다. 3E의 안전대책은 상호보완적으로 실천되어야 하고, 특히 관리적 대책은 엄격한 제도적 규칙을 제정하여 시행되어야 한다.

① **기술적 대책(공학적 대책)** : 기계장치 또는 공정의 설계나 공장의 건설 등을 함에 있어서 잠재하는 위험성을 잘 검토하여 발생가능성 있는 위험을 예측하고, 위험방지 대책을 사전에 기술적으로 해결할 수 있는 방법까지 포함시킬 필요가 있다. 이러한 위험성을 사전에 예측하기 위해서는 다양한 데이터 수집 및 위험물성의 측정, 안전설계에 필요한 자료를 수집하는 것이 중요하다.

② **교육적 대책** : 산업계는 물론 학교와 같은 조직적인 교육기관에서 안전교육과 훈련을 실시하는 것이 중요하다. 이에 더하여 회사나 공장의 기술자에게도 업무내용에 부합하는 안전기술 및 관리방법을 교육해 주어야 한다.

③ **관리적 대책** : 법률적 규제, 학회 등의 안전권장 기준과 같은 안전지침이나 공업규격 및 공장 내에서의 작업기준 등이 대책이 될 수 있다. 재해방지는 노동자에게는 자기자신의 문제지만 경영자에게는 기업경영의 당연한 의무라고 봐야 한다.

💡 사고발생의 간접원인

(1) 2차원인(1~4)
1. 기술적 요인 : 설비, 장치, 기계, 기구, 건물 등의 설계·공사 점검, 보건 등 기술상의 미비에 의한 것으로 기술적 결함(기계장치의 배치나 공장의 정비 등)을 포함한다.
2. 교육적 원인 : 안전에 관한 지식과 경험의 부족에서 기인한 것으로 작업과정의 위험성, 수행방법에 대한 무지, 이해부족, 경시, 훈련미숙, 나쁜 습관, 경험미숙 등이 원인이다.
3. 신체적 요인 : 신체적 결함(수면부족, 난청, 현기증 등)이 원인이다.
4. 정신적 원인 : 정신적인 동요(태만, 반항, 불만 등)나 성격상 결함(초조, 긴장, 편협성 등) 및 지능적 결함이 원인이다.

(2) 기초원인(5~7)
5. 관리적 원인 : 최고관리자의 안전에 대한 책임감의 부족으로 인한 작업기준의 불명확함, 점검의 제도적 결함, 인사문제, 근로의욕의 침체 등이 원인이다.
6. 학교, 교육적 원인 : 교육기관에서 실시하는 안전교육이 완전하지 않은 것이 원인이다.
7. 사회적 또는 역사적 원인 : 안전법규, 행정기구 미비, 사회적 합의 미성숙, 산업발달의 역사적 경과 과정에서 그 원인을 찾는다.

💡 산업재해발생의 기본원인 4M

구분	내용
Man(인간)	직장의 인간관계, 안전의식 등
Machine(기계설비)	인간공학적인 안전배려
Media(매체)	작업조건, 작업방법
Management(관리)	안전관리조직, 안전규정, 점검, 감독, 교육 등

💡 4M의 재해발생 단계별 메카니즘

제1단계 : 안전관리 결함
제2단계 : 인간적, 설비적, 환경적, 관리적 요인
제3단계 : 불안전한 행동, 불안전한 상태
제4단계 : 사고의 발생
제5단계 : 재해

> 💡 재해조사 수행 순서
> 1. 5W1H 원칙에 따른 사실 확인
> 2. 불안전 상태와 불안전 행동에 해당하는 직접 원인 파악
> 3. 4M 모델에 따른 기본 원인 파악
> 4. 근본적 문제점 결정

4 하인리히의 사고예방대책 5단계

[하인리히 재해예방 5단계]

제1단계	조직 (안전관리조직)	① 경영자의 안전목표 설정 ③ 안전관리조직 책임부여 ⑤ 안전관리규정 제정	② 안전관리조직 편성 ④ 조직을 통한 안전활동
제2단계	사실발견 (현상파악)	① 안전사고 및 활동기록 검토 ③ 안전점검 및 안전진단 ⑤ 관찰 및 보고서 연구 ⑦ 근로자의 건의 및 여론조사	② 작업분석 및 불안전요소 발견 ④ 사고조사 ⑥ 안전토의 및 회의
제3단계	분석평가	① 불안전 요소 분석 ③ 사고보고서 분석 ⑤ 인적/물적 환경조건 분석 ⑦ 안전수칙 및 안전기준 분석	② 현장조사 결과 분석 ④ 작업공정 분석 ⑥ 교육/훈련 분석
제4단계	시정책 선정 (대책선정)	① 인사 및 배치조정 ③ 기술교육 및 훈련개선 ⑤ 규정 및 수칙개선	② 기술적 개선 ④ 안전관리 행정업무 개선 ⑥ 확인 및 통제체제 개선
제5단계	시정책 적용 (목표달성)	① 3E의 적용(기술적/교육적/관리적 대책 실시) ② 목표설정 실시 ③ 결과의 재평가 및 개선	
3E	engineering, education, enforcement(기술, 교육, 관리) + environment(환경, 4E 때 추가)		
3S	standardization, specialization, simplification(표준화, 전문화, 단순화) + synthesization(종합화, 4S 때 추가)		

〈출처 : https://gamsung-gongdoll.tistory.com/16〉

5 안전관리조직

(1) 조직의 목적

안전관리조직은 기업의 안전을 확보하고, 책임있는 안전활동을 전개하며, 조직적인 사고예방활동을 추진함으로써 모든 위험요소의 제거, 기술수준의 향상 및 재해를 예방·감소시킴으로서 예방비용을 절감시키는데 그 목적이 있다.

① 안전관리조직의 기구는 조직 구성원에게 안전관리직무를 보장하고 책임을 부여하는 관리규정을 정해야 한다.
② 조직 구성시 구성원 전원이 참여하여야 하며, 각 계층간에 조직의 기능을 충분히 발휘할 수 있는 구조를 갖추어야 한다.

(2) 조직의 의무(업무)

1) 정부의 의무

① 산업 안전 및 보건 정책의 수립 및 집행
② 산업재해 예방 지원 및 지도
③ 「근로기준법」제76조의2에 따른 직장 내 괴롭힘 예방을 위한 조치기준 마련, 지도 및 지원
④ 사업주의 자율적인 산업 안전 및 보건 경영체제 확립을 위한 지원
⑤ 산업 안전 및 보건에 관한 의식을 북돋우기 위한 홍보·교육 등 안전문화 확산 추진
⑥ 산업 안전 및 보건에 관한 기술의 연구·개발 및 시설의 설치·운영
⑦ 산업재해에 관한 조사 및 통계의 유지·관리
⑧ 산업 안전 및 보건 관련 단체 등에 대한 지원 및 지도·감독
⑨ 그 밖에 노무를 제공하는 사람의 안전 및 건강의 보호·증진

2) 사업주의 의무

① 이 법과 이 법에 따른 명령으로 정하는 산업재해 예방을 위한 기준 준수
② 근로자의 신체적 피로와 정신적 스트레스 등을 줄일 수 있는 쾌적한 작업환경의 조성 및 근로조건 개선
③ 해당 사업장의 안전 및 보건에 관한 정보를 근로자에게 제공

3) 근로자의 의무

근로자는 이 법과 이 법에 따른 명령으로 정하는 산업재해 예방을 위한 기준을 지켜야 하며, 사업주 또는 「근로기준법」제101조에 따른 근로감독관, 공단 등 관계인이 실시하는 산업재해 예방에 관한 조치에 따라야 한다.

4) 안전보건관리책임자의 의무(상시 근로자 100인 이상 사업장)

사업주는 사업장을 실질적으로 총괄하여 관리하는 사람에게 해당 사업장의 다음 각 호의 업무를 총괄하여 관리하도록 하여야 한다.
① 사업장의 산업재해 예방계획의 수립에 관한 사항
② 안전보건관리규정의 작성 및 변경에 관한 사항
③ 안전보건교육에 관한 사항
④ 작업환경측정 등 작업환경의 점검 및 개선에 관한 사항
⑤ 근로자의 건강진단 등 건강관리에 관한 사항
⑥ 산업재해의 원인 조사 및 재발 방지대책 수립에 관한 사항
⑦ 산업재해에 관한 통계의 기록 및 유지에 관한 사항
⑧ 안전장치 및 보호구 구입 시 적격품 여부 확인에 관한 사항
⑨ 그 밖에 근로자의 유해·위험 방지조치에 관한 사항으로서 고용노동부령으로 정하는 사항

5) 안전관리자의 업무(상시 근로자 50인 이상)

① 법 제24조제1항에 따른 산업안전보건위원회(이하 "산업안전보건위원회"라 한다) 또는 법 제75조제1항에 따른 안전 및 보건에 관한 노사협의체(이하 "노사협의체"라 한다)에서 심의·의결한 업무와 해당 사업장의 법 제25조제1항에 따른 안전보건관리규정(이하 "안전보건관리규정"이라 한다) 및 취업규칙에서 정한 업무

② 위험성평가에 관한 보좌 및 지도·조언
③ 안전인증대상기계등(이하 "안전인증대상기계등"이라 한다)과 법 제89조제1항 각 호 외의 부분 본문에 따른 자율안전확인대상기계등(이하 "자율안전확인대상기계등"이라 한다) 구입 시 적격품의 선정에 관한 보좌 및 지도·조언
④ 해당 사업장 안전교육계획의 수립 및 안전교육 실시에 관한 보좌 및 지도·조언
⑤ 사업장 순회점검, 지도 및 조치 건의
⑥ 산업재해 발생의 원인 조사·분석 및 재발 방지를 위한 기술적 보좌 및 지도·조언
⑦ 산업재해에 관한 통계의 유지·관리·분석을 위한 보좌 및 지도·조언
⑧ 법 또는 법에 따른 명령으로 정한 안전에 관한 사항의 이행에 관한 보좌 및 지도·조언
⑨ 업무 수행 내용의 기록·유지
⑩ 그 밖에 안전에 관한 사항으로서 고용노동부장관이 정하는 사항
※ 안전관리자는 제1항 각 호에 따른 업무를 수행할 때에는 보건관리자와 협력해야 한다.

6) 안전보건관리담당자의 의무(50인 이상 사업장)
① 안전보건교육 실시에 관한 보좌 및 지도·조언
② 위험성평가에 관한 보좌 및 지도·조언
③ 작업환경측정 및 개선에 관한 보좌 및 지도·조언
④ 각종 건강진단에 관한 보좌 및 지도·조언
⑤ 산업재해 발생의 원인 조사, 산업재해 통계의 기록 및 유지를 위한 보좌 및 지도·조언
⑥ 산업 안전·보건과 관련된 안전장치 및 보호구 구입 시 적격품 선정에 관한 보좌 및 지도·조언

💡 산업안전보건위원회
① **구성과 운영**
사업주는 사업장의 안전 및 보건에 관한 중요 사항을 심의·의결하기 위하여 사업장에 근로자위원과 사용자위원이 같은 수로 구성되는 산업안전보건위원회를 구성·운영하여야 한다.
② **심의·의결**
사업주는 다음 각 호의 사항에 대해서는 제1항에 따른 산업안전보건위원회(이하 "산업안전보건위원회"라 한다)의 심의·의결을 거쳐야 한다.
1. 제15조제1항제1호부터 제5호까지 및 제7호에 관한 사항
2. 제15조제1항제6호에 따른 사항 중 중대재해에 관한 사항
3. 유해하거나 위험한 기계·기구·설비를 도입한 경우 안전 및 보건 관련 조치에 관한 사항
4. 그 밖에 해당 사업장 근로자의 안전 및 보건을 유지·증진시키기 위하여 필요한 사항

> **제15조(안전보건관리책임자)** ① 사업주는 사업장을 실질적으로 총괄하여 관리하는 사람에게 해당 사업장의 다음 각 호의 업무를 총괄하여 관리하도록 하여야 한다.
> 1. 사업장의 산업재해 예방계획의 수립에 관한 사항
> 2. 제25조 및 제26조에 따른 안전보건관리규정의 작성 및 변경에 관한 사항
> 3. 제29조에 따른 안전보건교육에 관한 사항
> 4. 작업환경측정 등 작업환경의 점검 및 개선에 관한 사항
> 5. 제129조부터 제132조까지에 따른 근로자의 건강진단 등 건강관리에 관한 사항
> 6. 산업재해의 원인 조사 및 재발 방지대책 수립에 관한 사항
> 7. 산업재해에 관한 통계의 기록 및 유지에 관한 사항

> 8. 안전장치 및 보호구 구입 시 적격품 여부 확인에 관한 사항
> 9. 그 밖에 근로자의 유해·위험 방지조치에 관한 사항으로서 고용노동부령으로 정하는 사항

시행규칙 제37조(위험성평가 실시내용 및 결과의 기록·보존) ① 사업주가 법 제36조제3항에 따라 위험성평가의 결과와 조치사항을 기록·보존할 때에는 다음 각 호의 사항이 포함되어야 한다.
1. 위험성평가 대상의 유해·위험요인
2. 위험성 결정의 내용
3. 위험성 결정에 따른 조치의 내용
4. 그 밖에 위험성평가의 실시내용을 확인하기 위하여 필요한 사항으로서 고용노동부장관이 정하여 고시하는 사항

② 사업주는 제1항에 따른 자료를 3년간 보존해야 한다.

(3) 안전관리조직의 형태 및 장·단점

1) 직계형(라인형)
① 계선식 조직으로 100인 미만 사업체에 적용
② 안전문제의 계획에서 실시까지 생산라인을 따라 전달·감독되는 방식
③ 장점 : 안전지시와 조치가 빠르고 철저하게 전달된다.
④ 단점 : 전문적인 지식과 기술의 부족으로 직장 실태에 알맞은 즉각적인 대응이 어렵다.

2) 참모형(스태프형)
① 500~1,000명인 사업체에 적용
② 회사 내에 별도의 안전활동 전담부서를 두는 방식
③ 장점 : 안전에 관한 전문지식, 기술개발이 용이하고, 경영자에게 지도, 조언, 자문을 할 수 있으며, 사업장 실정에 맞게 안전의 표준화를 달성할 수 있다.
④ 단점 : 생산부서와 마찰 가능성이 있으며, 생산부서에는 안전에 대한 책임이 없다.

3) 계선참모형(라인스태프형)
① 직계형과 참모형의 혼합형으로 1,000 이상 업체에 적용되는 형태
② 안전보건을 담당하는 전문참모진을 두고, 생산라인에는 그 부서의 장에게 생산라인의 안전관리조직을 통해 안전지침이 시행되도록 한다.
③ 장점
  ㉠ 안전에 대한 지시 및 기술축적이 가능하고 안전지시 및 전달이 신속정확하다.
  ㉡ 안전활동은 생산과 분리되지 않고 유기적이며 조직원 전원을 안전활동에 참여시킬 수 있다.
  ㉢ 참모진의 안전계획과는 별도로 생산라인 자체의 자율안전관리 활동이 가능하다.
④ 단점 : 명령계통과 지도 및 권고적 참여가 혼동될 수 있으며, 소규모 사업장에 적용하기는 어렵다.

CHAPTER 7 재해통계와 재해비용

선택과목 산업안전관리

1 재해통계

(1) 재해통계 작성의 목적
① 조직의 안전관리수준의 평가와 재해정보의 파악
② 재해요인의 분포 파악
③ 통계를 통해 대상집단의 경향과 특성을 수량적 총괄적으로 설명
④ 통계정보를 활용하여 동종재해 및 유사재해의 재발 방지를 위한 대책 강구

(2) 재해통계 작성시 고려사항
① 통계의 활용목적에 맞는 내용을 쉽게 이해될 수 있도록 작성한다.
② 통계는 구체적으로 표시되어야 한다.
③ 통계는 안전활동을 위한 기초자료일뿐이다.
④ 통계를 기반으로 안전조건이나 상태를 추측하지 말아야 한다.
⑤ 통계 자체보다는 통계에 나타난 경향과 성질의 활용을 중시하여야 한다.
⑥ 이용이나 활용하지 않는 통계는 고려하지 않는다.

(3) 재해통계의 활용
① 설비상의 결함을 개선 또는 시정하기 위하여 활용
② 근로책임과 관리책임에 의한 결함은 관리자 수준향상을 위하여 활용

(4) 산업재해통계로부터 얻을 수 있는 정보
① 최근 사업장의 안전성
② 해당 사업장과 동종사업장 또는 업종평균 성적과의 비교
③ 과거의 실적과 현상을 통계정보와 비교하여 경향성(추세) 확인
④ 안전성적과 다른 사업성적과의 관련성 확인
⑤ 빈도가 높은 재해의 종류 확인
⑥ 재해에 의한 손실의 규모 파악
⑦ 안전성적을 향상시키기 위한 대책이나 조치의 강구 필요성

2 사고원인분석방법

(1) 개별적 원인 분석
① 개개의 재해를 개별적으로 하나하나 분석하여 상세하게 원인을 분석하는 방법
② 특수재해 또는 재해건수가 적은 사업장 또는 개별재해 특유의 조사항목을 사용할 필요가 있는 경우

(2) 통계적 원인 분석

파레토도	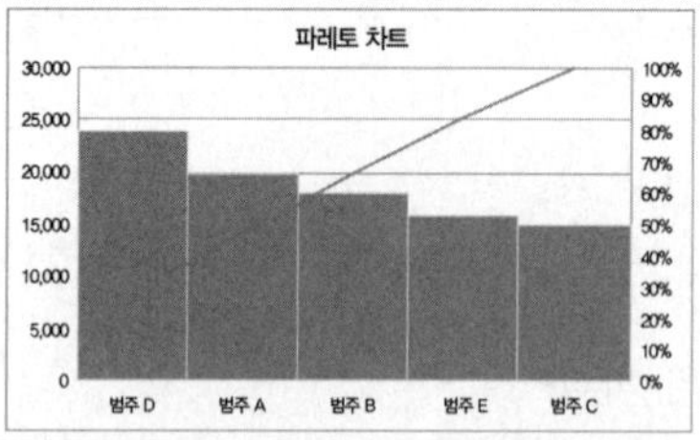 (파레토 차트 그래프)	• 사고유형, 기인물 등 분리항목을 큰 값에서 작은 값 순서로 도표화 • 문제나 목표의 이해에 편리
특성요인도	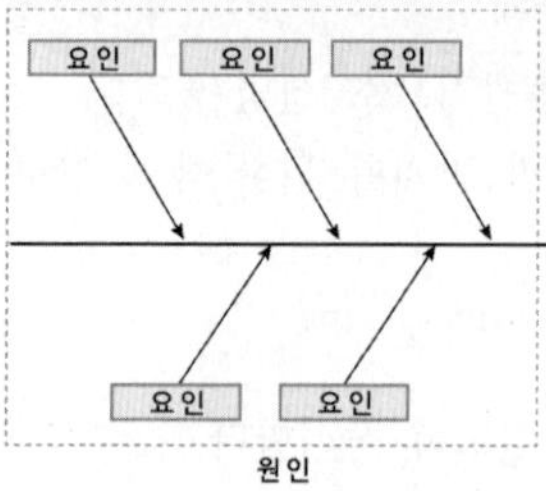 (특성요인도 그림)	• 특성과 요인관계를 어골상으로 도표화 • 원인과 결과를 연계하여 상호관계 파악
클로즈분석	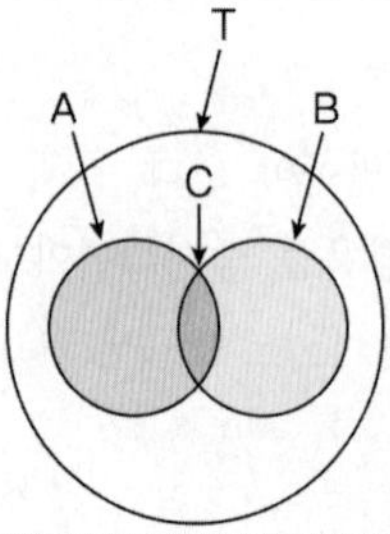 (벤다이어그램)	• 두 개 이상의 문제관계 분석 • 데이터를 집계하고 표로 표시하여 요인별 결과 내역을 교차
관리도	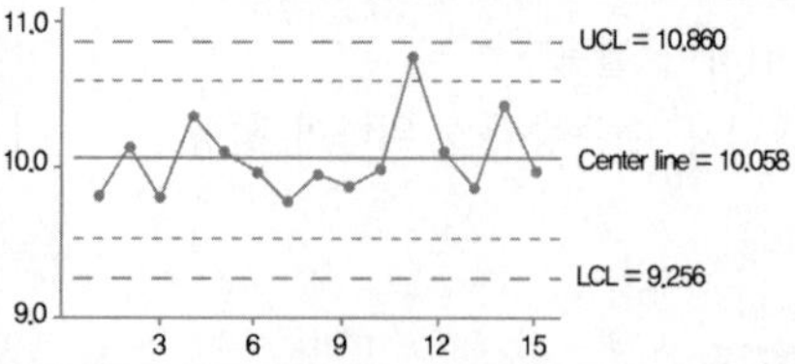 (관리도 그래프 UCL = 10,860 Center line = 10,058 LCL = 9,256)	• 재해 발생 건수 등의 추이에 대한 한계선 설정 • 관리상한선, 중심선, 관리하한선으로 구성

〈출처 : https://gamsung-gongdoll.tistory.com/16〉

3 재해율

산업재해의 발생빈도와 재해강도를 나타내는 재해통계의 지표이다. 일반적으로 도수율, 강도율, 연천인율 등을 총칭한다. 이 가운데 도수율과 연천인율을 재해발생율이라고도 한다. 재해율은 전체 근로자 중 재해 근로자의 비중을 나타낸다. 재해자수 중 사망자수에는 요양중의 사망자수도 포함된다.

$$재해율 = (재해자수/근로자수) \times 100$$

(1) **연천인율** : 년간 평균 1,000인당 몇 명의 사상자 수가 발생했는가를 나타내는 비율

$$연천인율 = (연간재해자수/연평균\ 근로자수) \times 1,000$$

(2) **도수율(FR, frequency rate of injury)** : 재해의 발생빈도를 나타낸 것으로 연 근로시간 100만 시간당 재해의 발생건수를 말한다. 연 근로자 시간수가 불명확한 경우 년 2,400시간을 적용한다.(연근로자시간수 = 근로자수×8시간×25일×12개월)

$$연천인율과\ 도수율의\ 환산 : 연천인율 = 도수율 \times 2.4$$

$$도수율(FR) = (재해발생건수/연근로자\ 시간수) \times 1,000,000$$

도수율과 강도율과의 관계
환산도수율(F) = (도수율/10) = (100,000/1,000,000) × 도수율
환산강도율(S) = 강도율 × 100 = (100,000/1,000) × 강도율
재해 1건당 근로손실일수 = 환산강도율(S)/환산도수율(F)

(3) **강도율(SR, severity rate of injury)** : 재해의 경·중 정도를 측정하기 위한 척도로서, 근로시간 1,000시간당 재해에 의해 상실된 근로 손실일수를 말한다.

$$강도율(SR) = (근로손실일수/연근로시간수) \times 1,000$$

(4) **평균 강도율** : 재해 1건당 평균손실일수

$$평균강도율 = (강도율/도수율) \times 1,000$$

(5) **안전활동율** : 미국의 브래크(R. P. Blake)가 제안. 안전활동률은 안전관리 활동의 결과를 정량적으로 판단하는 기준

$$안전활동율 = 안전활동건수/(근로시간수 \times 평균근로자수) \times 1,000,000$$

(6) **도수강도치** : 특정 그룹의 위험도를 비교하는 수단으로 사용

$$도수강도치(FSI) = \sqrt{F \times S} = \sqrt{도수율 \times 강도율}$$

(7) **생산량에 따른 주행거리당 재해발생률**

$$생산량\ 100톤일\ 경우\ 재해발생률 = (재해건수/생산톤수) \times 100$$
$$주행거리\ 10^4 km당\ 재해발생률 = (사고건수/주행거리) \times 100$$

연천인율	근로자 1,000명당 1년간 발생하는 재해자 수	(연간 재해자 수 × 1,000) / 연평균 근로자 수
도수율 (빈도율, FR)	연간 근로시간 합계 100만 시간당 재해발생건 수	(재해발생건 수 × 100만) / 연간 총 근로시간 수 *연천인율 = 도수율 × 2.4
강도율(SR)	근로시간 1,000시간마다 재해로 잃어버린 근로손실일 수	(근로손실일 수 × 1,000) / 연간 총 근로시간 수 *평균강도율 = (강도율 × 1,000) / 도수율
환산강도율(S)	10만 시간(평생근로)당 근로손실일 수	(강도율 × 평생근로시간 10만) / 1,000 = 강도율 × 100
환산도수율(F)	10만 시간(평생근로)당 재해발생건 수	(도수율 × 평생근로시간 10만) / 100만 = 도수율 × 0.1
사고사망만인율		(사망사고자수/상시근로자수) × 1만
상시근로자수		(연간국내공사실적액 × 노무비율) / (건설업월평균임금 × 12)
종합재해지수(FSI)	재해빈도의 다수와 상해정도의 강약을 나타내는 성적지표 어떤 집단의 안전성적을 비교하는 수단	$\sqrt{도수율 \times 강도율}$ > 미국의 경우 $\sqrt{도수율 \times 강도율 \div 1{,}000}$
safe-T-score	안전에 관한 중대성 차이를 비교 과거와 현재의 안전성적 비교	$\dfrac{(현재\ FR - 과거\ FR)}{\sqrt{100만 \times 과거\ FR \div 현재\ 근로총시간수}}$ • +2 이상 : 과거보다 심각하게 나빠짐 • 사이 : 과거에 비해 심각한 차이 없음 • -2 이하 : 과거보다 좋아짐
안전활동률	안전활동의 결과 정량적으로 표시	100만 × 안전활동건수 / (근로시간수 × 평균근로자 수)

https://gamsung-gongdoll.tistory.com/16

4 재해비용

산업재해에 의해 발생하는 손실을 경제적인 측면에서 계상한 비용을 말한다. 이러한 비용은 직접손실(직접코스트)과 간접비용(간접코스트)으로 구분할 수 있다.

(1) 하인리히 방식

업무상의 재해로 인하여 인적상해를 입었을 경우 발생하는 손실비용을 말한다. 하인리히는 총 손실비용=직접비+간접비로 보았으며, 이때 직접비 : 간접비 = 1 : 4로 보았다.

직접비에는 요양보상비, 휴업보상비, 장해보상비, 유족보상비, 장례비가 포함되며, 간접비로는 재산손실과 생산중단으로 인하여 기업이 입은 손실을 말한다. 이러한 간접비로는 다음과 같은 손실비가 포함된다.

1) 간접비

① **임금손실** : 작업대기, 복구정리 등 본인 및 제 3자에 관한 것을 포함한 손실.
② **물적손실** : 기계, 공구, 재료, 시설의 복구에 소비된 시간손실 및 재산손실.
③ **생산손실** : 생산감소, 생산중단, 판매감소 등에 의한 손실.
④ **특수손실** : 근로자의 신규채용, 교육훈련비, 섭외비 등에 의한 손실.
⑤ **기타손실** : 병상 위문금, 여비 및 통신비, 입원중의 잡비 등. 이러한 간접비의 산출이 어려울 때는 직접비의 4배로 추정하여 사용할 수 있다.

(산업안전대사전, 2004. 5. 10., 최상복)

(2) 시몬즈 방식 재해비용

Rollin H, Simonds는 미시간대학 교수이며 재해코스트 산정방식을 고안해 낸 사람이다. 이 시몬즈 방식은 재해 1건에 대한 코스트가 아니고, 1년간을 통해서 발생한 재해 전체의 총계를 개산(概算)해서 구하려고 하는 것이다. 코스트 전체를 보험 코스트와 비보험 코스트로 나눈다.

① **보험 코스트** : 재해보상비에 해당하는 것만이 아니고, 회사가 지불하는 연간 보험료 그것을 보험 코스트로 한다. 환부금이 있으면 그것을 제한다.
② **비보험 코스트** : 재해를 다음 4종으로 나눈다.
  ㉠ 1종 : 휴업재해
  ㉡ 2종 : 불휴(不休)이지만 여러 번 통원을 필요로 하는 것
  ㉢ 3종 : 1회의 응급처치로 끝나는 미미한 상해
  ㉣ 4종 : 물적 손해 20$ 이상(상해의 유무에 불구하고)의 사고
③ 각 분류에 들어가는 재해사고 20~50건 정도를 수집해서 그 비보험 코스트에 대해서 준비 조사를 하고, 그 평균치를 각종 1건 당의 비보험 코스트로 해서 실제 발생한 재해사고의 건수를 곱해서 그것을 합계하는데 따라, 비보험 코스트의 총계를 구하고, 여기에 보험료를 합계해서 재해 코스트로 한다.
④ **준비 조사에서 계산에 들어가는 항목** : 피해자·동료·감독자의 임금손실, 대체자 훈련 코스트, 본인 복귀후의 생산손실 등

$$\text{재해 코스트} = \text{산재보험코스트} + A \times \text{휴업상해건수} \\ + B \times \text{통원장애건수} \\ + C \times \text{구급수당건수} \\ + D \times \text{무상해사고건수}$$

A, B, C, D의 개념 : 장해 정도에 따른 비보험 코스트의 평균치

⑤ 비보험 코스트 항목
  ㉠ 제3자가 작업을 중지한 시간에 대해 지불한 임금손실
  ㉡ 재해로 손상을 받은 재료 및 설비수선비, 교체비, 철거 순손실비
  ㉢ 산재보상이 되지 않는 부상자의 비노동 시간에 지불된 임금
  ㉣ 재해에 의한 시간외 근로에 대한 특별지불임금
  ㉤ 신입작업자의 교육훈련비(부상자 대체 신입 근로자)
  ㉥ 산재가 부담하지 않은 회사의료비용 부담금
  ㉦ 재해조사 또는 산재관계사무에 필요한 감독자 및 관계근로자가 소모한 시간비용
  ㉧ 부상자의 직장 복귀 후 생산감소에 따른 임금비용

(산업안전대사전, 2004. 5. 10., 최상복)

5 재해의 분류

① **휴업상해** : 영구 일부노동 불능, 일시 전노동 불능
② **통원상해** : 일시 일부노동 불능, 통원치료를 필요로 하는 상해
③ **응급조치상해** : 8시간 미만 휴업 의료조치 상해
④ **무상해사고** : 의료조치를 필요로 하지 않는 상해사고

6 우리나라 재해코스트 산정 방식(주로 하인리히 방식을 따른다)

① **직접손비** : 법정보상액과 회사취업규칙상 보상비
② **간접손비** : 재산손실, 생산중단 등으로 입은 기업손실
③ **인적손비**
  ㉠ 본인의 인적손비 : 사고당일 본인이 일하지 못한 시간손실, 휴업기간 중의 근로시간 손실
  ㉡ 제3자의 인적손비 : 사고당일 구조, 복구, 정리 등에 제3자가 소요한 근로시간 손실
④ **물적손비** : 기계, 기구, 공구, 건물설비 등의 손실
⑤ **생산손비** : 생산감소, 생산중단, 판매감소 등으로 인한 손실
⑥ **특수손비** : 신입근로자 교육훈련비, 섭외비 등

> 재해 코스트 = 직접손비 + 간접손비
> 간접손비 계산이 어려운 경우 : 직접손비의 4배 산정

7 법정보상 외의 코스트

① **법정보상 외 코스트** : 법정보상금 외의 회사규정에 따라 추가로 지불되는 비용으로 민사재판에 따라 지불되거나 재판판결에 따라 지불되기도 하는 비용
② **코스트 인자(factor)** = (위험초래 코스트 × 1,000)/전근로시간
  재해손실계수 = (재해손실/전근로시간) × 1,000
③ **보험손실비** = 위험초래 코스트/보험료

CHAPTER 8 안전점검

선택과목 산업안전관리

1 안전점검의 의의

① 안전점검은 안전을 확보하기 위해서 실태를 파악해, 설비의 불안전상태나 사람의 불안전행위에서 생기는 결함을 발견하여 안전대책의 상태를 확인하는 행동이다.
② 기계설비는 설계, 제작, 운전, 보전, 수리 등의 각 과정에서 인간의 착각 등에 의한 위험요인이 잠재하거나 또는 운전도중의 기계설비나 작업환경도 항상 변화하고 있는 상황에서 보아, 이것들을 체크하는 안전점검은, 선취안전으로서 효과적인 안전활동의 하나이다.
③ 안전점검은 관리·감독자, 안전담당자 및 안전관리자가 주체가 되어서 실시된다. 이 중에서 안전관리자의 안전점검은 법령에 의해 의무화되어 있는 점검이며, 이와 합쳐서 라인 각 계층에 의한 안전점검의 실시상황이나 누락되어 있는 개소의 발견 등 점검을 해서 안전점검제도, 방법의 개선 등에 노력한다.
④ 안전점검의 시기는 정기점검, 임시점검, 수시점검, 특별점검이 있다.

(산업안전대사전, 2004. 5. 10., 최상복)

💡 일상점검

작업시작전 및 사용하기 전에 또는 작업중에 실시하는 점검을 일상점검이라 한다. 주로 설치위치, 부착상태, 오손상태, 전압·전류·압력 등의 판독, 접합부분의 이상, 가열상태 등에 대해서 외관점검, 작동점검, 기능점검을 실시하여 이상의 유무를 확인하는 것을 말한다. 일상점검은 담당 작업자, 또는 안전담당자가 실시하며, 그 부문의 작업 직장의 장은 점검에 입회하거나 또는 그 결과를 확인한다. 이상이 발견되었을 때는 즉시 정비하여 안전을 확인한 뒤에 운전하여야 한다.

💡 정기점검

정기점검은 1개월, 6개월, 1년 또는 2년 등 일정한 기간을 정해서 외관검사, 기능점검 및 각 부분을 분해해서 정밀검사를 실시하여 이상발견에 노력하는 것을 말한다. 정기검사는 산업안전보건법에 의해 프레스 및 절단기, 크레인, 리프트, 곤돌라, 승강기, 원심기, 아세틸렌 용접장치 또는 가스집합용접장치, 보일러, 압력용기, 화학설비 또는 그 부속설비, 건조설비 및 그 부속설비, 국소배기장치 등 특정기계·설비 등에 대해서 일정한 기간마다 실시하도록 의무화되어 있는 자체검사가 있다. 자체검사에 있어서 검사항목은 각각의 기계설비별로 구체적으로 제시되어 있다. 또 일정한 기간을 초과하여 사용하지 않는 경우에는 당해 설비에 대한 자체검사를 실시할 필요는 없지만, 그 설비를 다시 사용할 때는 같은 항목에 대한 검사를 실시하도록 되어 있다.
자체검사 및 사용을 다시 시작할 때 실시한 검사결과는 기록하여 보존해 두도록 되어 있다. 기록사항은 다음과 같다. (1) 검사연월일, (2) 검사방법, (3) 검사부분, (4) 검사결과, (5) 검사자의 서명, (6) 검사결과에 따른 조치의 개요.

(산업안전대사전, 2004. 5. 10., 최상복)

2 안전점검의 순서

① 실태파악 → ② 결함의 발견 → ③ 대책의 결정 → ④ 대책의 실시

3 안전점검의 대상과 점검항목

(1) 안전점검의 대상

1) 전반적 또는 작업방법에 관한 것
   ① **안전관리조직 · 체제** : 체제, 조직, 관리의 실태
   ② **안전활동** : 계획 · 내용 추진상황
   ③ **안전교육** : 법정 및 일반교육의 계획 및 실시상황
   ④ **안전점검** : 제도실시상황, 체크리스트 활용

2) 설비에 관한 것
   ① **작업환경** : 습도, 환기 등의 일반환경, 위험유해환경의 관리
   ② **안전장치** : 법규에 대한 적합, 목적에 대한 일치, 성능의 유지, 관리상황
   ③ **정리정돈** : 표준화, 실시상황
   ④ **운반설비** : 표준화, M/H절감, 성능과 취급관리, 표지 · 표시
   ⑤ **위험물 · 방화관리** : 위험물의 표지 · 표시, 분류, 저장, 보관, 자위소방대의 편성과 훈련, 소화기기의 정비상황 등

4 안전점검기준

(1) 안전 검사 체크리스트의 중요성

① 안전 검사 체크리스트는 작업을 수행하기 전에 모든 안전 요소를 확인하고, 예방 조치를 강조하는 중요한 도구이다.
② 작업장이나 환경에서 잠재적인 위험 요소를 사전에 파악하고 제거할 수 있도록 도와준다.
③ 안전 검사 체크리스트를 만들고 준수하는 것은 사고와 부상을 방지하여 작업장의 안전성과 생산성을 향상시킬 수 있다.

(2) 안전 검사 체크리스트의 구성 요소

① **작업 환경** : 작업할 공간에 대한 검사를 수행한다. 이는 작업 공간이 깨끗하고 정리되어 있는지 충분한 조명과 환기 시스템이 있는지 확인하는 것
② **작업 장비** : 사용할 작업 장비가 안전하고 작동 상태인지 확인한다. 이는 작업 장비의 전원, 누설 유체, 마모 부품 등을 조사하는 것

③ **개인 보호 장비(PPE)** : 작업자가 필요한 개인 보호 장비가 제공되고 사용되는지 확인한다. 이는 안전 모자, 안경, 장갑 등의 사용 여부를 포함한다.
④ **작업 절차** : 안전한 작업을 위해 따라야 할 절차와 지침을 확인한다. 이는 사용자 매뉴얼, 작업 순서 및 안전 규정 등을 검토하는 것을 의미
⑤ **위험 요소** : 작업하는 동안 발생할 수 있는 잠재적인 위험 요소를 식별한다. 이는 화학 물질, 미끄러운 표면, 높은 고도 등을 포함
⑥ **긴급 대비** : 사고나 긴급 상황에 대비하여 대응 계획을 수립한다. 이는 화재 대피 경로, 화상 치료키트, 응급 연락처 등을 포함
⑦ **임무 수행** : 작업을 시작하기 전에 전체 체크리스트를 검토하고 모든 요소가 확인되었는지 확인

(3) 안전 검사 체크리스트 작성 요령

① **전문가 의견** : 해당 작업 분야의 전문가들과 의논하여 체크리스트의 내용을 검토하고 수정
② **실제 시험** : 체크리스트를 작성하고 테스트한다. 작업을 실제로 수행하면서 체크리스트의 유효성을 검증할 수 있다.
③ **업데이트** : 체크리스트를 주기적으로 업데이트한다. 작업 과정이나 장비가 변경될 경우, 체크리스트도 함께 수정되어야 한다.
④ **합의** : 작업 환경에서 작업자들과 합의하여 체크리스트를 적용한다. 구성원들의 의견을 수렴하고 각자의 개인 보호 장비와 절차를 이해할 수 있도록 해야 한다.

5 안전점검의 실시

(1) 점검자

1) 관리감독자

① 기계·기구 또는 설비의 안전·보건 점검 및 이상 유무의 확인
② 소속된 근로자의 작업복·보호구 및 방호장치의 점검과 그 착용·사용에 관한 교육·지도
③ 해당작업의 작업장 정리·정돈 및 통로 확보에 대한 확인·감독
④ 공장설비의 배열에 대한 적합성 여부 판단

> 💡 **산업안전보건법 시행규칙 [별표 3] 관리감독자의 작업장 안전관리**
> 가. 안전·보건관리에 관한 계획의 수립 및 시행에 관한 사항
> 나. 기계·기구 및 설비의 방호조치에 관한 사항
> 다. 유해·위험기계등에 대한 자율검사프로그램에 의한 검사 또는 안전검사에 관한 사항
> 라. 근로자의 안전수칙 준수에 관한 사항
> 마. 위험물질의 보관 및 출입 제한에 관한 사항
> 바. 중대재해 및 중대산업사고 발생, 급박한 산업재해 발생의 위험이 있는 경우 작업중지에 관한 사항
> 사. 안전표지·안전수칙의 종류 및 게시에 관한 사항과 그 밖에 안전관리에 관한 사항

2) 안전관리자

① 안전보건관리책임자의 업무 중에서 사업장의 안전에 관한 기술적인 사항에 대하여 사업주 또는 안전보건관리책임자를 보좌하고 관리감독자 및 안전담당자에 대하여 지도와 조언을 하는 사람이다.
② 방호장치, 보호구 등의 점검 및 정비
③ 건설물 및 설비, 작업방법에 대한 위험성 점검

(2) 점검방법

1) 외관점검

기기의 적정한 배치, 설치상태, 결함 여부 등에 대한 다음 사항에 대한 점검
① 장치구조
② 오염상태
③ 부식 및 손모
④ 균열과 깨어짐
⑤ 액누출, 가스누출
⑥ 볼트·너트의 여유, 탈락, 파손, 조임상태
⑦ 윤활유
⑧ 이상음

2) 기능점검

기계·기구·장비 등을 간단하게 조작하여 기능의 양부를 확인하는 점검

3) 작동점검

안전장치나 누전차단장치 등을 작동순서에 따라 작동시켜서 작동상황의 양부를 점검

4) 종합점검

정해진 점검기준에 따라 측정·검사하고, 일정한 조건하에서 운전시험을 실시하여 점검대상물의 종합적인 기능상태를 확인하는 점검

(3) 안전점검시 유의사항

① 안전점검은 형식, 내용에 변화를 주어 몇 가지 점검방법을 병용한다.
② 점검자의 능력을 감안해서 거기에 대응한 점검을 실시한다.
③ 과거 재해발생개소는 그 원인이 완전히 배제되어 있는지 확인한다.
④ 불량개소가 발견되었을 때는 다른 동종 설비에 대해서도 점검한다.
⑤ 발견된 불량개소는 원인을 조사해 즉시 필요한 대책을 강구한다.
⑥ 경미한 사실이라도 중대사고로 이어지는 일이 있기 때문에 지나쳐버리지 않도록 유의한다.
⑦ 안전점검은 안전수준의 향상을 목적으로 한다는 것을 염두에 두고, 결점을 지적하거나 관찰하는 태도는 삼가도록 한다.

(산업안전대사전, 2004. 5. 10., 최상복)

CHAPTER 9 안전진단

1 안전진단의 의의

① 재해의 잠재적 위험성, 안전관리상의 문제점을 발견해 산업재해방지에 도움이 되게 하는 것을 목적으로 실시하는 것

② 안전진단은 안전관련 물적, 인적인 잠재 위험성을 발견하고 이에 대한 개선대책을 수립하는 것이 목적이지만, 객관적이고 표준적인 안전진단이 필요하다.

③ 안전점검이 자체인력에 의한 평가활동인 반면 안전진단은 전문가 또는 외부전문가에 의한 안전상태에 대한 평가활동이다.

④ **안전진단 대상과 진단의 목적**
　㉠ 안전진단 대상 : 기계설비, 공기구, 작업방법, 작업환경, 근로자의 안전활동, 근무태도, 생활태도 등
　㉡ 안전진단의 목적 : 안전진단 대상의 잠재적 위험성을 발견하여 적절하고 신속한 조치를 취하고 기계·기구 등이 완전한 기능발휘가 되도록 하여 안전에 대한 효율적인 관리가 되도록 한다.

> 💡 안전진단 항목
> 1. 최고책임자의 안전방침 및 지침
> 2. 안전관리조직
> 3. 안전관리계획
> 4. 안전관리업무
> 5. 교육훈련
> 6. 생산시설 기재관리
> 7. 생산조건의 안전화
> 8. 생산현장에 있어 안전활동상황

⑤ **안전진단시 유의사항**
　㉠ 객관적이고 비판적인 태도
　㉡ 물적 시설의 실태로부터 안전교육실태, 안전교육내용의 적합성, 근로자등의 안전의식 및 경영자의 안전에 대한 열의 등을 세밀하고 폭넓게 관찰한다.
　㉢ 고정관념을 버리고 진지한 태도를 견지하며 중립적 입장에서 진단에 임한다.

2 안전진단의 시기

① 안전성적이 좋지 않을 때
② 새로운 안전대책 수립이 필요한 경우
③ 타사의 안전성적과 자사의 대책을 상대적으로 비교하고자 할 때
④ 사업장 확충이나 유사 동종업종을 신설하고자 할 때 안전관리 담당자들의 기존 안전활동이 적절한지 판단할 필요가 있을 때

3 안전진단의 실시

① **전체파악 진단** : 사고 재해에 대한 과거 통계기록에 따라 재해발생 특징을 파악하고 계획실시의 결과와 피드백 사항으로 구분하여 전반적인 추이를 추적한다.

> 💡 검토대상 통계 기록
> ㉠ 재해조사기록
> ㉡ 재해도수율
> ㉢ 재해강도율
> ㉣ 안전활동률
> ㉤ 안전계획실시 평가분석

② 안전관리 실태 진단

CHAPTER 10 안전활동 및 무재해운동

1 안전보건관리규정

안전관리규정이란 업종, 사용하는 기계설비, 생산공정 등의 실태에 대응해서 관리조직을 설정하고 산업재해방지 시책을 추진하기 위해 각 사업장에서 구체적인 체제와 방법을 정한 것을 말한다.

💡 **산업안전보건법상 안전보건관리규정에 포함되어야 할 사항**
① 안전 및 보건에 관한 관리조직과 그 직무에 관한 사항
② 안전보건교육에 관한 사항
③ 작업장의 안전 및 보건 관리에 관한 사항
④ 사고 조사 및 대책 수립에 관한 사항
⑤ 그 밖에 안전 및 보건에 관한 사항

💡 **안전관리규정에 포함되어야 할 내용**
① 안전관리의 목적
② 안전관리체제
③ 안전관리자 등의 선임
④ 안전보건관리위원회의 개최
⑤ 안전작업순서 등의 설정
⑥ 안전교육, 훈련 등
⑦ 안전점검
⑧ 기계설비 등의 위험방지
⑨ 작업수행에 따르는 위험의 방지
⑩ 재해 등에 대한 조치
⑪ 재해조사
⑫ 안전자료의 작성 등
⑬ 안전표창 등을 포함시킬 필요가 있다.

2 안전보건관리규정의 세부 내용

산업안전보건법 시행규칙 [별표 3]

안전보건관리규정의 세부 내용(제25조제2항 관련)

1. **총칙**
    가. 안전보건관리규정 작성의 목적 및 적용 범위에 관한 사항
    나. 사업주 및 근로자의 재해 예방 책임 및 의무 등에 관한 사항
    다. 하도급 사업장에 대한 안전·보건관리에 관한 사항
2. **안전·보건 관리조직과 그 직무**
    가. 안전·보건 관리조직의 구성방법, 소속, 업무 분장 등에 관한 사항
    나. 안전보건관리책임자(안전보건총괄책임자), 안전관리자, 보건관리자, 관리감독자의 직무 및 선임에 관한 사항
    다. 산업안전보건위원회의 설치·운영에 관한 사항
    라. 명예산업안전감독관의 직무 및 활동에 관한 사항
    마. 작업지휘자 배치 등에 관한 사항
3. **안전·보건교육**
    가. 근로자 및 관리감독자의 안전·보건교육에 관한 사항
    나. 교육계획의 수립 및 기록 등에 관한 사항
4. **작업장 안전관리**
    가. 안전·보건관리에 관한 계획의 수립 및 시행에 관한 사항
    나. 기계·기구 및 설비의 방호조치에 관한 사항
    다. 유해·위험기계등에 대한 자율검사프로그램에 의한 검사 또는 안전검사에 관한 사항
    라. 근로자의 안전수칙 준수에 관한 사항
    마. 위험물질의 보관 및 출입 제한에 관한 사항
    바. 중대재해 및 중대산업사고 발생, 급박한 산업재해 발생의 위험이 있는 경우 작업중지에 관한 사항
    사. 안전표지·안전수칙의 종류 및 게시에 관한 사항과 그 밖에 안전관리에 관한 사항
5. **작업장 보건관리**
    가. 근로자 건강진단, 작업환경측정의 실시 및 조치절차 등에 관한 사항
    나. 유해물질의 취급에 관한 사항
    다. 보호구의 지급 등에 관한 사항
    라. 질병자의 근로 금지 및 취업 제한 등에 관한 사항
    마. 보건표지·보건수칙의 종류 및 게시에 관한 사항과 그 밖에 보건관리에 관한 사항
6. **사고 조사 및 대책 수립**
    가. 산업재해 및 중대산업사고의 발생 시 처리 절차 및 긴급조치에 관한 사항
    나. 산업재해 및 중대산업사고의 발생원인에 대한 조사 및 분석, 대책 수립에 관한 사항
    다. 산업재해 및 중대산업사고 발생의 기록·관리 등에 관한 사항
7. **위험성평가에 관한 사항**
    가. 위험성평가의 실시 시기 및 방법, 절차에 관한 사항
    나. 위험성 감소대책 수립 및 시행에 관한 사항
8. **보칙**
    가. 무재해운동 참여, 안전·보건 관련 제안 및 포상·징계 등 산업재해 예방을 위하여 필요하다고 판단하는 사항
    나. 안전·보건 관련 문서의 보존에 관한 사항
    다. 그 밖의 사항
       사업장의 규모·업종 등에 적합하게 작성하며, 필요한 사항을 추가하거나 그 사업장에 관련되지 않는 사항은 제외할 수 있다.

3 안전관리규정의 사업장 활용

① 안전관리규정의 배포(작업자 전원)
② 안전관리규정의 교육
③ 작업자들의 능동적이고 적극적인 안전관리규정의 실행
④ 안전관리규정의 정기적 검토 및 수정

4 무재해운동(출처 : 한국산업안전공단 무재해운동 추진기법)

(1) 무재해운동의 개념

① **무재해** : 근로자가 상해를 입을 소지가 있는 위험요소가 없는 상태

> 💡 무재해운동에서의 재해범위
> ㉠ 사업장의 근로자가 업무로 인한 사망 또는 4일 이상의 요양을 요하는 질병 또는 부상에 이환된(걸린) 경우
> ㉡ 500만원 이상의 물적 손실이 발생한 경우(산업사고)
> ㉢ 직업병으로 판명된 경우

② **무재해운동** : 인간존중의 이념을 바탕으로 경영자, 관리감독자, 근로자 등 사업장의 전원이 적극적으로 참여하여 작업현장의 안전과 보건을 선취하여 일체의 산업재해를 근절하며 인간중심의 밝고 활기찬 직장풍토를 조성하는 것
③ **노동부의 무재해 운동에 대한 정의** : 사업주와 근로자가 다 같이 참여하여 자율적인 산업재해예방 운동을 전개함으로써 재해예방의식을 고취하고 나아가 산업재해를 근절하기 위한 운동

> 💡 무재해에 해당하는 경우(사고 미 산정 사항)
> 1. 업무수행 중의 사고 중 천재지변 또는 돌발적인 사고로 인한 구조행위 또는 긴급 피난 중 발생한 사고
> 2. 출, 퇴근 도중에 발생한 재해
> 3. 운동경기 등 각종 행사 중 발생한 재해
> 4. 사고 중 천재지변 또는 돌발적인 사고 우려가 많은 장소에서 사회통념상 인정되는 업무수행 중 발생한 사고
> 5. 제3자의 행위에 의한 업무상 재해
> 6. 업무상 질병에 대한 구체적인 인정기준 중 뇌혈관질환 또는 심장질환에 의한 재해
> 7. 업무시간 외에 발생한 재해(사업주가 제공한 사업장 내의 시설물에서 발생한 재해 또는 작업개시전의 작업준비 및 작업종료 후 정리정돈과정에서 발생한 재해는 제외)
> 8. 도로에서 발생한 사업장 밖의 교통사고, 출장 및 외부기관으로 위탁교육 중 발생한 사고, 회식중의 사고, 전염병

(2) 무재해운동의 3원칙

① **무의 원칙** : 모든 잠재위험 요인을 사전에 발견 및 해결하여 근원적으로 산업재해를 없앤다.
② **선취의 원칙(안전제일의 원칙)** : 직장의 위험 요인을 행동하기 전에 발견, 파악, 해결하여 재해를 예방하거나 방지하는 것

③ **참여의 원칙** : 작업에 따르는 잠재적인 위험요인을 발견, 해결하기 위하여 전원이 협력하여 문제해결 운동을 실천한다.

(3) 무재해운동의 3기둥과 추진체제

1) 무재해운동의 3기둥(3요소)

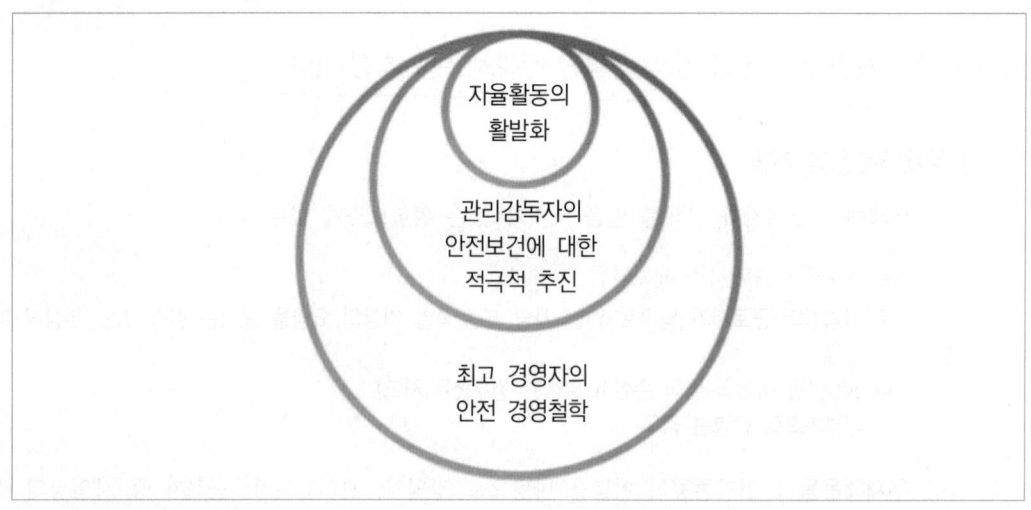

① **최고경영자의 안전경영철학**

무재해운동을 추진하고 정착하기 위해서는 최고경영자의 무재해, 무질병 추구 경영자세가 중요하다.

일하는 한 사람 한 사람이 소중하고, 한 사람이라도 다치게 하지 않겠다는 인간존중의 경영철학에서 무재해 운동은 출발하는 것이다.

② **관리감독자의 안전보건에 대한 적극적 추진**

직원 가까이에서 한사람 한사람을 철저하게 지원하기 위해서는 함께 생산활동을 하는 관리감독자의 역할이 크다.

그렇기 때문에 무재해운동을 추진하는 데는 '내 직원은 누구 하나 다치게 하지 않겠다'는 관리감독자들의 강한 결의와 실천이 필수적이다.

③ **자율안전보건활동의 활발화**

일하는 한 사람 한 사람이 '나는 부상당하지 않겠다, 동료 중에서 부상자를 내지 않겠다. 그러기 위해서는 이렇게 해보자'라는 실천의지가 없으면 사업장의 무재해는 달성될 수 없다.

이렇듯 안전 보건을 자신의 문제이며 동시에 같은 동료의 문제로 진지하게 받아들여 무재해운동을 다함께 협동하여 자주적으로 추진해 가는 것이 필요하다.

2) **무재해운동의 추진 체제**

① 안전관리에 대한 규정 또는 지침이 정립되어 있어야 한다.
② 추진체제(주관부서)를 가지고 있어야 한다.
③ 무재해 소집단(5~6인)이 편성되어야 한다.

(4) 무재해시간의 산정방법(예 1일 8시간 근무와 잔업시간이 있을 경우)

1일 무재해시간수 = (근로자수 × 1일 8시간 근무/일) + (잔업자의 잔업시간)
* 1일 잔업자의 잔업시간 산정방법 : 1일 잔업자수 × 잔업시간

무재해일수 산정방법(휴업한 일수를 제외한 실근무일수)
- 휴일에 단 1명의 근로자라도 근무한 경우 기간에 포함
- 하루 3교대 작업이라도 1일로 계산

(5) 무재해운동의 추진방법(무재해 실천 4단계)

① 제1단계(인식 단계) : 최고경영자의 안전·보건에 대한 확고한 경영방침 설정
② 제2단계(준비 단계) : 무재해운동의 추진도 작성 및 추진체제 구축
③ 제3단계(개시 및 시행 단계) : 개시 선포식(전체 종업원 참석) 및 무재해운동의 적극 추진
④ 제4단계(목표달성 및 시상) : 무재해 목표달성 보고 및 시상(무재해 달성장 수여)

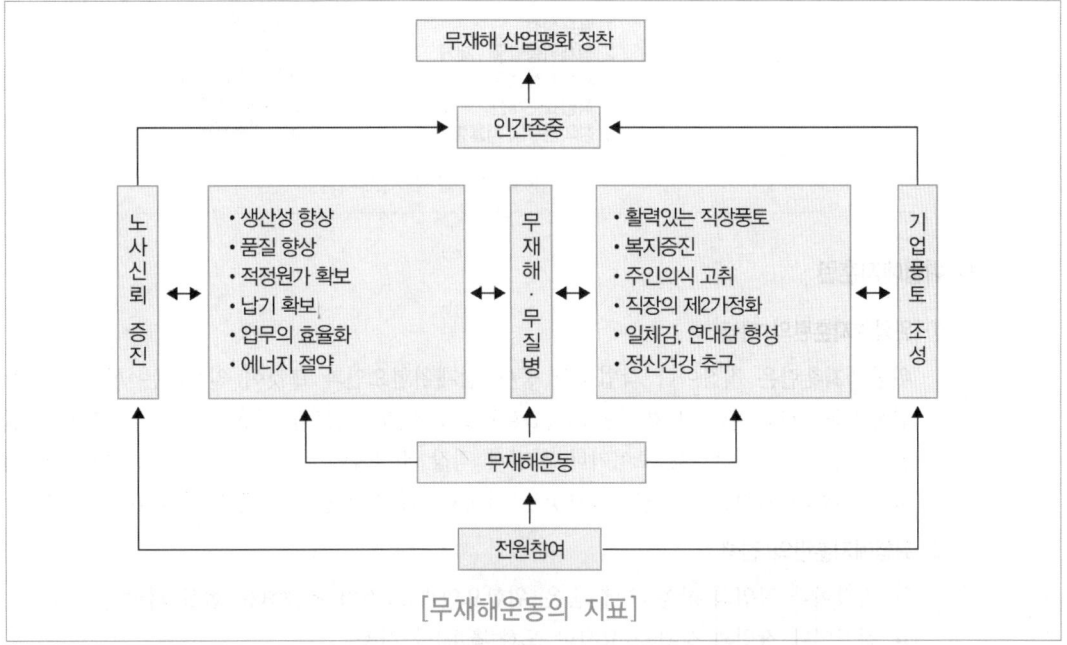

[무재해운동의 지표]

(6) 무재해운동의 실천기법

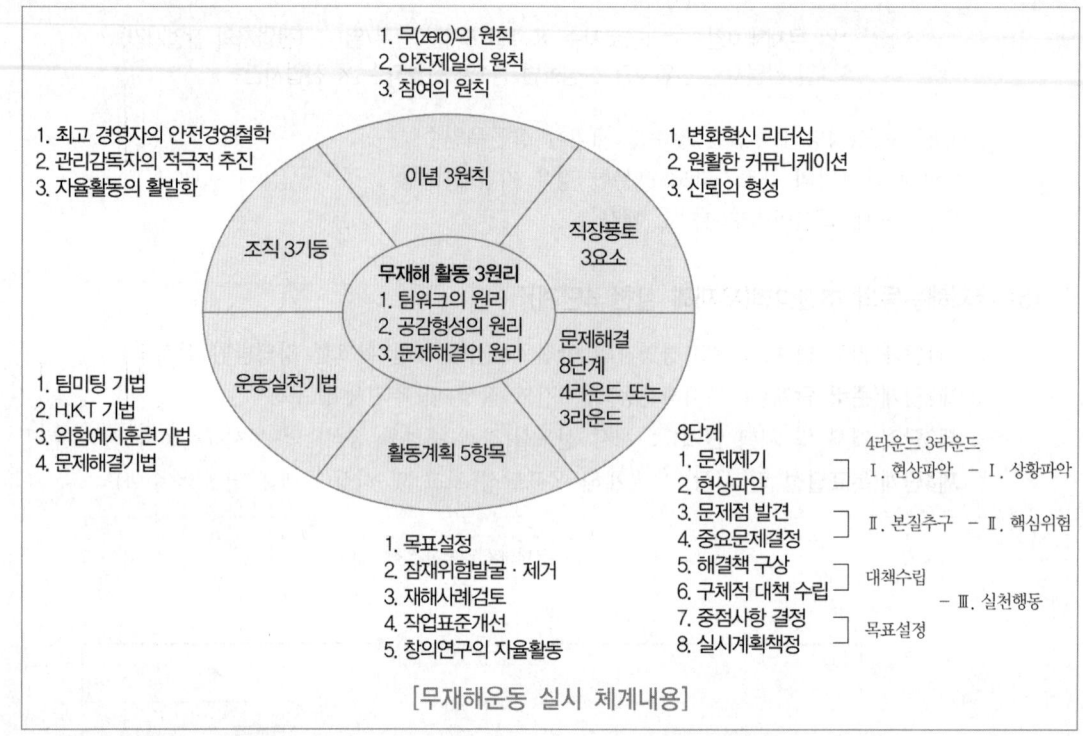

[무재해운동 실시 체계내용]

1) 위험예지훈련

① 위험예지훈련의 개념

위험예지훈련은 직장이나 작업상황 중에 잠재위험요인과 그것이 일으키는 현상을 직장이나 작업상황을 그린 일러스트레이션(illustration : 삽화) 시트를 사용하고, 또 현장에서 실제 작업을 하게 하거나, 작업해 보이거나 하면서 직장 소그룹에서 대화하고, 서로 생각하여 서로 이해해서 위험의 포인트나 중점실시사항을 지적확인해서 행동하기 전에 해결하는 훈련이다.

② 위험예지훈련의 진행

㉠ 직장이나 작업의 상황 속에 숨은 위험요인과 그것이 초래하는 현상 파악
㉡ 직장이나 작업의 상황을 묘사한 도해(圖解)를 사용
㉢ 직장에서 현물(現物)로 작업을 시키거나 시범을 보임
㉣ 직장 소집단에서 다함께 대화하고 생각하며 합의
㉤ 위험의 포인트나 중점 실시항목을 지적확인 제창
㉥ 행동하기 전에 해결하는 훈련이며 이것을 습관화하기 위하여 매일 훈련하는 것

> 💡 **위험요인**
> 산업재해나 사고의 원인이 되는 불안전 행동과 불안전 상태(유해 · 위험물을 포함)

2) 안전선취를 위한 위험예지훈련

무재해운동에서 실시하는 위험예지훈련은 직장의 안전을 전원이 빨리, 올바르게 선취하는 훈련이다. 이는 위험에 대한 개별훈련인 동시에 팀워크훈련이다.

① 감수성(센스)훈련　　② 집중력훈련　　③ 문제해결훈련

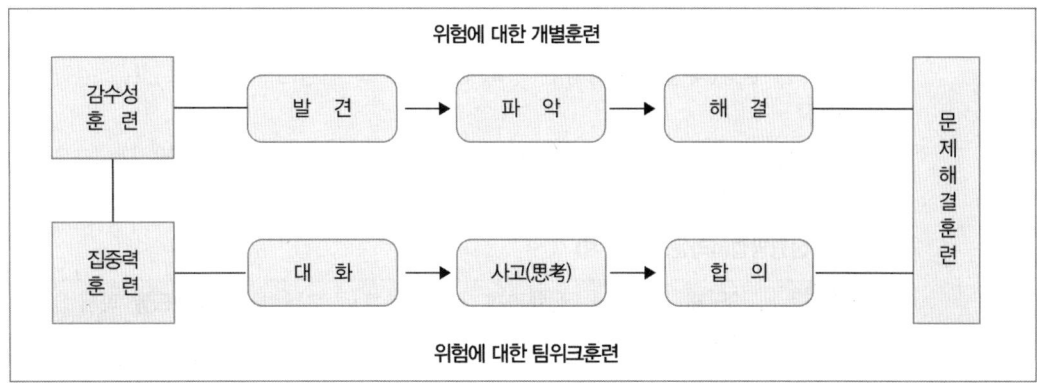

3) 기초 4라운드 진행방법

[4라운드법의 진행방법]

준비	멤버가 많을 때에는 서브팀 편성	멤버 4~6명 역할분담(리더, 서기, 발표자, 강평, 보고서 담당) 실습용지 배포
도입(시작)	전원기립 리더(서브리더) 인사	정렬, 구령, 건강확인 등
1R	현상파악 어떤 위험이 잠재하고 있는가?	(도해의 배포) 위험요인과 초래되는 현상(5~7개) 「~해서 ~ㄴ다.」「~ 때문에 ㄴ다」
2R	본질추구 이것이 위험의 포인트다!	* 문제라고 생각되는 항목에 ○표, 위험의 포인트에 ◎표 * 표 2항목 정도(합의요약), 밑줄, 위험의 포인트(지적확인) * 「~해서 ~ㄴ다. 좋아!」
3R	대책수립 당신이라면 어떻게 하겠는가?	◎표 항목에 대한 구체적이고 실천 가능한 대책, 2~3항목4R
4R	목표설정 우리들은 이렇게 하자!	* 4R : (1) 중심실시항목(합의요약) 　1개 밑줄 * 4R : (2) 팀의 행동목표 → 지적확인 「~을 ~하여 ~하자, 좋아!」
확인		* 원포인트 지적확인 연습(3회) 「○○, 좋아!」 * 터치 앤드 콜 「○○팀, 무재해로 나가자, 좋아!」
강평		* 발표자, 1~4R 순서대로 읽어나간다. * 상대팀의 발표 → 강평(Comment)

(소요시간) 실기 : 1~2R...15분, 3~4R...15분, 합계 30분 이내
보고서 : 위험예지훈련보고서 용지 사용

4) TBM(tool box meeting, 즉시즉응법)

TBM은 현장에서 그 당시의 장소 상황에 즉응하여 실시하는 위험예지활동이다.

① **TBM의 내용**
   ㉠ TBM은 통상 작업시작 전 5~15분 정도의 시간으로 진행된다. 작업 후 짧은 시간 동안 진행되는 미팅도 TBM의 하나이다.
   ㉡ TBM은 현장(직장) 내 적당한 장소에서 소규모 인원(5~7명)들로 작은 원을 만들어 이루어진다.
   ㉢ TBM은 직장 또는 작업의 상황에 잠재된 위험을 참여자 모두가 말하는 가운데 스스로 생각하고, 납득하고, 합의하는 과정이다.

② **TBM의 진행방법(4라운드 8단계)**

라운드	8단계	진행과제	라운드별 과제
1R	1단계	문제제기	사실을 파악한다 → 어디에 위험이 있는가?
	2단계	현상파악	
2R	3단계	문제점 발견	근원을 찾는다 → 이 위험이 요점이다.
	4단계	중요문제 결정	
3R	5단계	해결책 구상	대책을 수립한다 → 당신은 어떻게 하겠는가?
	6단계	구체적 방안 수립	
4R	7단계	중점사항 결정	행동계획을 결정한다 → 우리들은 이렇게 한다.
	8단계	실시계획 책정	

③ **TBM 5단계(단시간 미팅 즉시즉응훈련)**

단계	진행과정	진행과제
제1단계	도입	정렬, 인사, 건강확인, 체조, 목표제창, 안전연설
제2단계	점검정비	복장, 보호구, 공구, 기기, 재료 등의 점검 및 정비
제3단계	작업지시	전달사항, 작업지시, 5W1H, 지적확인, 복창 WHY 왜 그것이 필요한가? WHAT 그 목적은 무엇인가? WHERE 어디서 하는 것이 좋은가? WHEN 언제 하는 것이 좋은가? WHO 누가 가장 적격인가? HOW 어떤 방법이 좋은가?
제4단계	위험예지	설정해 놓은 도해를 가지고 "원포인트 위험예지훈련" 실시 <table><tr><td>1R</td><td>현상파악</td><td>구두로 문제점 제기</td></tr><tr><td>2R</td><td>본질추구</td><td>중요위험, 원포인트 → 지적확인</td></tr><tr><td>3R</td><td>대책수립</td><td>중점실시항, 원포인트</td></tr><tr><td>4R</td><td>목표설정</td><td>일제제창</td></tr></table>※ 원포인트 : 2R, 3R, 4R 모두를 원포인트로 요약하여 실시
제5단계	확인	① 원포인트 확인연습 ② 터치 엔드 콜 ③ 마무리

5) 브레인 스토밍(Brain Storming)

① 브레인 스토밍의 의의
- ㉠ 오스본(A. F. Osborn)이 고안한 것으로 두뇌선풍, 두뇌폭풍(Brain+Storm)이라고도 한다.
- ㉡ 일정한 테마에 관하여 회의형식을 채택하고, 구성원의 자유발언을 통한 아이디어의 제시를 요구하여 발상을 찾아내려는 방법
- ㉢ 지적확인 : 작업자가 안전작업의 이행을 결의하면서 대뇌의 긴장도를 높이고 의식수준을 제고하여 작업행동상의 과오를 최소화하려는 기법

② 브레인 스토밍 4원칙
미래예측기법으로도 활용되며, 참여자들의 잠재력을 단시간 내에 표출시켜서 위험요인 제거
- ㉠ 아이디어에 대한 비판(좋다 혹은 나쁘다) 금지
- ㉡ 자유분방 : 편안한 마음으로 자유롭게 이견 표명
- ㉢ 대량발언 : 가능한 여러 사람이 많은 의견을 발표하도록 한다.
- ㉣ 수정발언 : 타인의 아이디어를 수정하거나 첨언하여도 좋다.

6) ECR(과오원인제거) 제안제도

① ECR(Error Cause Removal) 개념
직접 작업을 하는 작업자 자신이 자신의 부주의 외에 제반 오류의 원인을 제안함으로써 개선을 유도한다. ECR 제안제도는 자기작업에 오류를 범하지 않도록 스스로 그 원인을 제안하고 개선의견을 제출하는 것

② **제안 내용** : 자기 일을 결함없이 하는데 방해가 되는 실수나 오류의 원인을 제안한다. 그 실수 원에 대하여 개선책이 있다면 개선안도 첨가한다.

③ **제안수용절차** : 감독자(또는 무재해 담당자)에게 제안하여 감독자와 함께 실수 원인과 제거대책을 검토한 후 개선대책 담당부서에 회송하고 구체적인 행동을 실행한다.(대략 2주간 경과)

7) STOP(Safety Training Observation Program)

숙련된 관찰자는 처음 관찰하기를 결심하고 다음 불안전한 행위를 효과적으로 관찰하기 위하여 정지한다. 그리고 불안전한 행위가 발견되면 그것을 멈추도록 조치하고 그 관찰 및 조치 내용을 보고한다.
숙련된 관찰 기술을 사용함으로서 불안전한 행위를 관찰하여 상해사고를 방지하는 목적을 달성할 수 있다.

[관찰사이클]

결심 → 정지 → 관찰 → 조치 → 보고

① **결심** : 어떤 작업을 행하든지간에 먼저 안전을 우선으로 할 것을 결심한다. 안전을 제일로 하기로 결심하는 것은 안전의식의 적극적 자세를 취하는 것과 같다.
② **정지** : 행동을 취하기 전에 일단 완전히 정지한다. 즉 실제로 행동을 취하기 전에 정지한 채로 주위상황을 완전히 파악한 후 자신이 어떤 일을 하려고 하는지 확인한다.
③ **관찰** : 이제 자신 또는 다른 사람을 다치게 할지도 모르는 위험한 행위와 위험한 상황이 정말 존재하는지를 관찰한다.(관찰은 매우 중요한 단계이다.)

CHAPTER 11 안전심리와 사고

1 심리검사

(1) 심리검사의 의의
심리검사(心理檢査)는 사람들의 행동(사고, 감정, 행위)을 표본추출을 통해 얻어진 결과를 표준화시켜 비교하는 체계적 과정이다.

(2) 직업 심리검사
고용노동부 직업심리검사는 개인의 능력과 흥미, 성격 등 다양한 심리적 특성을 객관적으로 측정하여 자신에 대한 이해를 돕고 개인의 특성에 보다 적합한 진로분야를 선택할 수 있도록 해준다.

(3) 심리검사의 산업적 활용
① 채용시 부적당한 지원자 발견에 대한 지원
② 교육훈련경비의 절감
③ 기업 내 인재를 발견하는데 지원
④ 산업재해 및 교통사고 방지 지원
⑤ 채용 및 승진시 객관적 지표 제공
⑥ 종업원 인사상담시 평가 자료 제공
⑦ 관리감독자에 대한 부하직원의 정보 제공에 도움

> **YG성격검사 프로필 유형**
> 1. A형[평균형] : 조화적, 적응적
> 2. B형[우편형] : 정서불안적, 활동적, 외향적
> 3. C형[좌편형] : 안전소극형
> 4. D형[우하형] : 안정, 적응, 적극형
> 5. E형[좌하형] : 불안정, 부적응, 수동형

2 적성배치

(1) 적성배치의 의의
① 근로자 개개인의 육체적 기능(체격, 운동기능), 생리적 기능(기교성=재주꾼, 특정직무에 대한 흥미) 및 성격에 적합한 직장작업에 배치하는 것을 말한다.
② 적성 검사의 결과에 따라 사람을 선발하여 적절한 직무에 배치하는 일

(2) 적성배치의 기본방침(적성배치의 원칙)
적성배치란 직업과 관련하여 개인의 능력과 기업의 요구조건을 일치시키는 과정으로 고려되어야 할 기본사항은 다음과 같다.
① 적성검사로 개인 능력 평가
② 직무평가로 자격수준 결정
③ 주관적 감정요소 배제
④ 인사관리 기준 원칙 준수
⑤ 직무 영향 환경 요소 검토

(3) 적성배치와 사고예방
① 인간의 불안전행동의 원인
  ㉠ 적응훈련의 미숙
  ㉡ 적성배치 부적합
  ㉢ 적성관리의 미흡 등
② **사고예방** : 인간의 적성과 일치하는 업무에 배치하는 것이 인간의 불안전행동을 제어할 수 있다.

3 매슬로우의 욕구단계이론

(1) 욕구단계이론의 개념
① 인간의 욕구는 위계적으로 조직되어 있으며 하위 단계의 욕구 충족이 상위 계층 욕구의 발현을 위한 조건이 된다는 매슬로우(Maslow)의 동기 이론
② **욕구단계**
  ㉠ 어떤 욕구는 다른 욕구보다 우선권을 가진다는 것인데, 이러한 욕구의 위계적 계층은 고정되어 있다기보다는 상대적으로 나타나는 것으로서 하위 계층의 욕구가 어느 정도 충족되면 상위 계층의 욕구가 나타난다.
  ㉡ **결핍욕구** : 욕구 피라미드의 하단에 위치한 4개 층은 가장 근본적이고 핵심적인 욕구로 구체적으로는 생리적 욕구, 안전의 욕구, 애정과 소속의 욕구, 그리고 존중의 욕구이다.
  ㉢ 기본적인 욕구가 충족되고 나서야 사람들은 부차적인 혹은 상위 단계의 욕구에 대해 강한 열망을 가지게 된다.
  ㉣ 이러한 현상을 설명하기 위해 매슬로우는 기본적인 욕구 충족을 넘어서 지속적인 성장을 위해 노력하는 사람들의 동기를 상위 동기(메타 동기, metamotivation)라는 용어로 설명했다.

(2) 매슬로우의 욕구 5단계

① **생리적 욕구** : 음식, 물, 성, 수면, 항상성, 배설, 호흡 등과 같이 인간의 생존에 필요한 본능적인 신체적 기능에 대한 욕구
② **안전에 대한 욕구** : 안전의 욕구는 두려움이나 혼란스러움이 아닌 평상심과 질서를 유지하고자 하는 욕구로, 안전의 위협을 느낀 사람들은 불확실한 것보다는 확실한 것, 낯선 것보다는 익숙한 것, 안정적인 것을 선호하는 경향을 보인다.

> 💡 안전과 안정의 욕구는 다음과 같은 영역을 포함한다.
> ㉠ 개인적인 안정
> ㉡ 재정적인 안정
> ㉢ 건강과 안녕
> ㉣ 사고나 병으로부터의 안전망

③ **애정과 소속의 욕구** : 사회적인 상호작용을 통해 전반적으로 원활한 인간관계를 유지하고자 하는 욕구를 말한다. 많은 사람들은 사랑과 소속의 욕구가 결핍되었을 때 외로움이나 사회적 고통을 느끼며, 스트레스나 임상적인 우울증 등에 취약해진다.
④ **존경과 긍지에 대한 욕구(존중의 욕구)** : 존중은 타인으로부터 수용되고자 하고 가치 있는 존재가 되고자 하는 인간의 전형적인 욕구를 나타낸다. 사람들은 종종 어떤 훌륭한 일을 하거나 무엇을 잘함으로써 타인의 인정을 얻고자 한다. 이러한 활동은 사람들에게 자신이 가치 있다고 느끼거나 자신이 무언가에 기여하고 있다는 느낌을 갖게 해 준다.
⑤ **자아실현의 욕구** : 각 개인의 타고난 능력 혹은 성장 잠재력을 실행하려는 욕구라 할 수 있다. 자아 실현 욕구는 자신의 역량이 최고로 발휘되기를 바라며 창조적인 경지까지 자신을 성장시켜 자신을 완성함으로써 잠재력의 전부를 실현하려는 욕구이다.

> 💡 **앨더퍼의 ERG 이론**
> 매슬로우의 이론에서 나타나는 문제점과 한계를 극복하고 보완하고자 하는 시도에서 클레이튼 앨더퍼(Clayton P. Alderfer)는 매슬로우의 욕구 단계 이론을 토대로 개인의 욕구 동기를 3단계로 축약하여 제시했다. 매슬로우의 5단계 욕구를 이루는 핵심 요소를 공통되는 부분을 중심으로 묶어 존재 욕구(existence needs), 관계 욕구(relatedness needs), 성장 욕구(growth needs)의 3단계(ERG)로 축소한 것이다.

〈출처 : 손영우(연세대학교 심리학과)〉

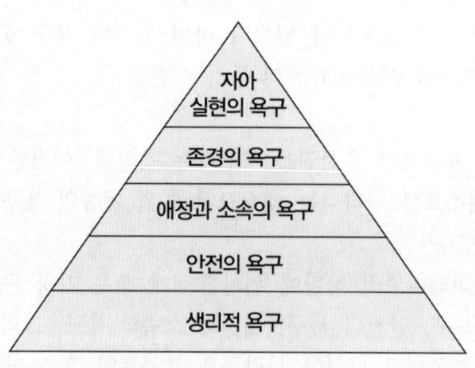

[매슬로우의 욕구피라미드]

4 맥그리거의 X, Y이론

(1) 의의
인간 본성에 대한 가정을 XY 두 가지로 대별해 각기 특성에 따른 관리전략을 처방한 맥그리거(D. M. McGregor)의 동기부여 이론을 말한다.

(2) X이론의 인간해석과 관리처방
① **인간해석** : X이론은 인간이 본래 게으르고 일을 싫어하며, 야망과 책임감이 없고, 변화를 싫어하며, 본래 자기 중심적이고, 금전적 보상이나 제재 등 외재적 유인에 반응한다고 가정한다.
② **관리처방** : 조직구성원들에게 동기를 부여하기 위해서는 금전적 보상이나 제재를 유인으로 사용하고 강제와 위협, 철저한 감독과 통제를 강화하는 관리전략을 채택해야 한다는 것이다.

(3) Y이론의 인간해석과 관리처방
① **인간해석** : 인간이 본성적으로 일을 즐기고 책임 있는 일을 맡기를 원하며, 문제 해결에 창의력을 발휘하고, 자율적 규제를 할 수 있으며, 자아실현 욕구 등 고급 욕구의 충족에 의해 동기가 유발된다고 가정한다.
② **관리처방** : 인간의 잠재력이 능동적으로 발휘될 수 있는 관리전략을 처방한다.

(4) Z이론 세가지
① **런드스테트(Sven Lundstedt)의 Z이론** : 자유방임형의 관리 방식
② **롤리스(David Lawless)의 Z이론** : 고정적·획일적 관리전략에 대응하는 상황적 접근 방법
③ **오우치(William G. Ouchi)의 Z이론** : 영·미의 개인주의적 문화와 대비되는 동양의 집단문화, 구체적으로 일본문화의 배경 속에 구축된 조직관리를 묘사하고 있다. 일본조직(Z형)의 특징으로는 종신고용제, 조직구성원에 대한 느린 평가, 비전문성에 기초한 모집과 배치, 비공식적 통제, 집단적 의사결정과 집단적 책임, 직원에 대한 전인격적 관심 등을 들 수 있다.

5 Herzbreg의 동기이론

(1) 위생욕구(유지욕구)
직무 불만족을 유발하는 주요한 위생 요인에는 회사 정책과 관리, 감독, 상사와의 관계, 작업 조건, 급여, 동료와의 관계, 개인 생활, 부하 직원과의 관계, 지위, 안정성 등의 요인이 있는 것

(2) 동기욕구(만족욕구)
직무 만족을 유발하는 주요한 동기 요인으로 성취, 인정, 일 자체, 책임, 승진, 그리고 성장을 제시

6 McClelland의 성취동기이론

① **의의**

개인 및 사회의 발전은 성취 욕구와 밀접한 상관 관계를 갖는다는 맥클레랜드(D. McClelland)의 동기 부여 이론을 말한다.

② **성취욕구가 높은 사람의 특징**

높은 성취 동기의 사람들로 구성된 조직이나 사회의 경제 발전이 빠르며 성취 동기가 높은 사람들은 좀더 훌륭한 경영자로서 성공한다고 주장한다.

③ 개인의 욕구 중에서 습득된 욕구들을 성취 욕구(need for achievement)·소속 욕구(need for affiliation)·권력 욕구(need for power)로 분류하고, 성취 욕구·기업적 활동량·특정 문화에서의 경제 성장은 높은 관련성이 있다고 주장했다.

(행정학사전, 2009. 1. 15., 이종수)

7 주의와 부주의

(1) 주의의 특성

① 특정한 대상으로 범위를 명확히 해서 이를 선택하여 집중하는 것
② 주의의 세가지 특성
  ㉠ 선택성 : 사람의 경우 한번에 많은 종류의 자극을 지각하거나 수용하기 곤란하기 때문에 소수의 특정한 것에 한정하여 선택하는 능력이 있다.
  ㉡ 방향성 : 공간적으로 볼 때 시선의 초점이 맞추어진 곳은 잘 인지할 수 있지만 시선으로부터 벗어난 부분은 무시하기 쉽다.
  ㉢ 변동성 : 주의에는 리듬이 있어서 언제나 일정한 수준을 유지할 수 없다. 보통의 조건에서 단일의 변화하지 않는 자극을 명료하게 의식하고 있을 수 있는 시간은 기껏해야 수 초에 불과하다. 따라서 본인은 주의하려고 노력해도 실제로는 의식하지 못하는 순간이 반드시 존재하게 된다.

(2) 주의력 수준과 설비상태에 따른 사업장의 상태

① 주의력 수준 > 설비상태의 불안정 : 안전 상태
② 주의력 수준 < 설비상태의 불안정 : 불안전 상태(사고발생의 가능성)

(3) 부주의의 개념

정신은 있으며 어떤 물적인 면에 집중하지 않는 것, 또는 그렇게 하는 심리적인 능력을 가지고 있지 못한 상태

(4) 부주의의 원인

① 의식의 단절
② 의식의 우회 : 작업 도중 다른 것들에 정신을 팔린 경우
③ 의식수준의 저하 : 심신의 피로, 몽롱한 머리상태, 단조로운 작업을 하는 경우

④ 의식의 혼란 : 외적 자극에 의한 의식의 분산
⑤ 의식의 과잉 : 돌발사태 또는 긴급사태 발생시 주의의 일점 집중현상

8 의식수준의 5단계

① **제0단계** : 전혀 의식이 없는 상태
② **제1단계** : 의식이 뚜렷하지 않은 상태(졸음, 피로가중시, 단조로운 작업시)
③ **제2단계** : 정신이 안정되어 있기는 하지만 긴장이 풀린 상태
④ **제3단계** : 주의력이 강한 집중상태(지속시간 : 15분~30분 정도)
⑤ **제4단계** : 의식상태가 극단적으로 높아진 상태로서 흥분상태 또는 당황하고 있는 상태

9 재해빈발성

(1) 재해빈발자에 관한 이론과 유형

① **재해빈발자** : 사업장의 작업자 중에는 경험, 연령에 관계없이 연간 4~10회 정도 산업재해를 일으키는 사람이 있다. 이렇게 재해를 일으키기 쉬운 경향을 가진 사람을 재해 빈발자라고 한다.
② **재해빈발자에 관한 이론**
　㉠ 기회설 : 작업 자체에 위험성이 많은 경우
　㉡ 암시설 : 재해경험으로 대응능력이 열화된 경우
　㉢ 재해빈발경향자설 : 소질적 결함자가 있는 경우
③ **재해빈발자의 유형**

유형	특성
미숙성 빈발자	기능미숙, 환경 부적응자
상황성 빈발자	작업의 어려움, 기계설비의 결함, 환경상 주의력 집중 곤란, 심신의 근심
습관성 빈발자	재해경험에 의한 두려움 및 신경과민, 슬럼프 상태
소질성 빈발자	개인의 특수성격 소유자

(2) 재해빈발의 특성(재해빈발자의 태도 판정)

① 지능이 낮고, 주의력 산만, 정신집중 부족
② 괴팍하고 성급한 성격
③ 공격적이며 본능적인 욕구 추구
④ 그릇된 인생관, 가치관 소유
⑤ 피해망상, 원한 소유
⑥ 책임회피, 불평·불만 소유
⑦ 타인의 조그마한 실수는 혹독한 비판
⑧ 모든 일에 근심, 걱정, 불안
⑨ 남의 눈치만 보며 무기력 함
⑩ 술, 중독성 약의 빈번한 복용

⑪ 무모하고 격렬하며 통찰력 부족
⑫ 자신의 능력한계를 잘 모름

(3) 재해빈발자의 교정방법

① **사고를 잘 내는 성격의 소유자(관리적 대책)** : 직무배치 전 적성검사를 실시하여 개인의 결함을 확인 후 배치
② **교육·훈련 및 지도방법의 미숙자(교육적 대책)** : 계획적이고 적절한 개별지도 실시, 태도교육에 집중을 두고 교육훈련 실시
③ **기술적 대책** : 복잡하고 어려운 작업투입 억제
④ **심리적 대책** : 개별면담 실시

> 💡 무사고자의 특성
> (1) 내성적이며 겸손하다.　　　　　　(2) 온건하고 감정을 통제하는 성격
> (3) 적극적인 생활 자세　　　　　　　(4) 정신적인 욕구 추구
> (5) 상황판단이 명확하고 추진력 소유　(6) 책임감이 강하고 적극적인 사고방식
> (7) 타인의 잘못에 관용　　　　　　　(8) 의욕, 집착력이 강함
> (9) 조직 전체의 이해를 우선 함

10 착오, 실수, 착시

(1) 착오 : 위치, 순서, 패턴, 형상, 기억의 착오 등 외부적 요인에 의해 일어난다.

① **인지과정의 착오** : 생리적·심리적 능력부족을 원인으로 정보량 저장의 한계, 반복작업시 감각차단현상, 정서불안정 등에 의해 발생
② **판단과정의 착오** : 능력부족, 정보부족, 합리화, 환경조건의 불비 등으로 발생
③ **조치과정의 착오** : 잘못된 정보의 입수, 합리적 조치의 미숙 등으로 발생

(2) 실수 및 과오

① **실수** : 의도하지 않은 결과를 일으키는 인간의 행위
② **실수 및 과오의 원인**
　㉠ 능력부족 : 적성, 지식, 기술, 인간관계 등의 문제
　㉡ 주의부족 : 개성·감정의 불안정, 습관성 등
　㉢ 환경조건 부적당 : 표준불량, 규칙불량, 의사소통불량, 작업조건불량 등

(3) 착시

① **착시의 개념** : 착시는 외계 사물의 크기·형태·빛깔 등의 객관적인 성질과 눈으로 본 성질 사이에 차이가 있는 경우의 시각을 가리키는데 이와 같은 차이는 항상 존재하므로 보통은 양자의 차이가 특히 큰 경우를 말한다.
② **착시현상** : 안전사고의 원인이 될 수 있으므로, 산업현장에서는 착시현상을 고려한 안전대책 마련이 필요하다.

11 생체리듬

(1) 생체리듬의 종류 및 특징

① **육체적 리듬(Physical cycle)** : 육체적으로 건전한 활동기 11.5일, 휴식기 11.5일
  ㉠ 주기 : 23일
  ㉡ 관련 활동성 : 식욕, 소화력, 활동력, 스테미나 및 지구력 등

② **지성적 리듬(intellectual cycle)** : 사고능력 고양기 16.5일, 저조기 16.5일
  ㉠ 주기 : 33일
  ㉡ 관련 활동성 : 상상력, 사고력, 기억력, 의지력, 판단력, 비판능력 등

③ **감정적 리듬(sensitivity · Emotional cycle)** : 감정적으로 예민기 14일, 둔감기 14일
  ㉠ 주기 : 28일
  ㉡ 관련 활동성 : 정서적 희노애락, 주의력, 창조력, 예감 및 통찰력 등

(2) 바이오리듬상 위험일

① PSI 3개의 각각 다른 리듬은 안정기와 불안정기를 반복하면서 사인곡선을 그려 나간다. 이때 +에서 −지점으로 또는 −지점에서 +지점으로 변화되는 점을 영(zero) 또는 위험일이라고 한다.
② 위험일은 1달 기준 6일 정도 발생한다.
③ **위험일의 위험성** : 위험일에는 평소에 비하여 뇌졸중 5.4배, 심장질환 발작 5.1배, 자살 6.8배 더 많이 발생하는 것으로 보고되고 있다.

> 💡 **사고발생률과 시간대**
> 1. 24시간 기준 사고발생률 최대 시간대 : 03시~05시
> 2. 주간일 기준 사고발생률 최대 시간대 : 오전 10시~11시, 오후 15시~16시

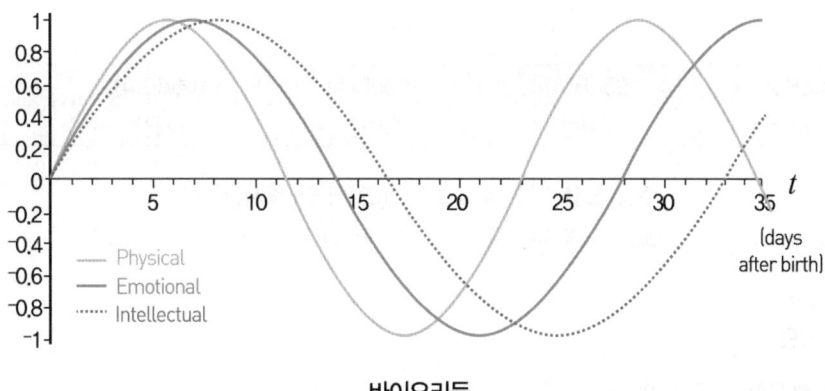

바이오리듬
P(23일), E · S(28일), I(33일) 주기

12 작업조건

(1) 작업조건의 개념
작업 조건으로는 작업을 실시하는 시각, 작업의 지속 시간, 휴식, 휴일, 교체 등 시간에 관한 요소와 작업을 함에 있어서의 작업 자세, 사용하는 공구, 강도 등의 요소와 근로환경조건이 있다.

(2) 조명
① **빛의 강도** : 빛의 밝기 정도. 특별히 감지기에 도달한 광자 또는 빛의 파동의 숫자를 뜻하며 빛 강도라고도 한다.
② **반사광** : 물체에 도달한 빛이 반사되어 되돌아가는 광선
③ 빛의 원천이 작업에 영향을 준다.(例 수은등 : 색채중심작업에 부적당)

💡 조도 : 조도(illuminance)란 단위면적당 주어지는 빛의 양을 말한다.

작업구분	기준	작업구분	기준
초정밀작업	750lux 이상	보통작업	150lux 이상
정밀작업	300lux 이상	그 밖의 작업	75lux 이상

$$조도 = 광도/거리^2$$

(3) 소음
① 80dB 이상의 작업장에서 장기간 작업할 경우 청각손상 가능
② 100~125dB 이상의 작업장에서는 일시적인 귀머거리가 될 수 있다.
③ 150dB 이상에서는 잠시만 노출되도 영구적인 귀머거리가 될 수 있다.
④ **실내소음의 안전한계** : 40dB 이하
⑤ 1971년 미국연방정부가 정한 근로자에게 허용가능한 최대 소음기준

[1일 노출시간 소음강도]

90dB(A)	95dB(A)	100dB(A)	105dB(A)	110dB(A)
8시간	4시간	2시간	1시간	0.5시간

소음 노출 지수 = 노출시간(C)/허용노출시간(T)
소음 노출 지수(%) = $C_1/T_1 + C_2/T_2 + \cdots\cdots C_n/T_n$

(4) 온도와 습도
① **가장 쾌적한 온도** : 22.8 ~ 25℃
② **가장 쾌적한 습도** : 25 ~ 50%

선택 산업안전관리

작업강도

작업의 강도를 생리학적 입장에서 에너지 소비량으로 분류하면 객관적이고 편리해서 대체로 이 방법이 사용되고 있다. 에너지 소비량으로 본 작업강도의 분류는, 각 직종에서 주된 작업의 에너지 대사율(RMR)에 의해 예전에는 표에 나타난 것처럼 경(輕)·중(中)·강(强)·중(重)·격(激)의 5단계로 나누었으나, 요즘에는 작업의 기계화에 따라 RMR 7 이상의 격노작(激勞作)에 종사하는 사람이 거의 없게 되었으므로 4단계로 나누고 있다.

$$RMR = \frac{(작업시\ 소비에너지) - (안정시\ 소비에너지)}{기초대사시\ 소비에너지}$$

노작강도(勞作強度)		주작업의 RMR
종전의 분류	근대의 분류	
경노작(輕勞作)	가벼운 노작	0.0~0.9
중노작(中勞作)	보통 노작	1.0~1.9
강노작(强勞作)	좀 힘든 노작	2.0~3.9
중노작(重勞作)	힘든 노작	4.0~6.9
격노작(激勞作)	-	7.0 이상

(체육학대사전, 2000. 2. 25., 이태신)

[작업별 세부작업]

경작업(輕作業)	사무작업, 정밀작업, 감시작업
중작업(中作業)	앉은 작업
중작업(重作業)	손 또는 발작업의 동작 작업으로 속도가 적은 것
강작업(强作業)	일반적인 전신작업
격작업(激作業)	근육 사용정도가 강한 전신 작업(현재 거의 없음)

CHAPTER 12 산업안전교육

1 안전교육의 의의

① 사업주가 당해 근로자에게 실시하는 안전에 관한 교육으로 통계적으로 산업재해의 발생이 미숙련자에게 많아 이들에 대한 안전교육이 중요하다.

② **안전교육의 종류**
  ㉠ 일반적 교육 : 신입사원에 대한 공정의 특성·금지사항·작업방법상의 주의점을 주입시키는 교육
  ㉡ 보충교육 : 특수한 작업장에 배치할 때 작업장의 특수성에 대하여 교육

③ **안전교육의 3단계**
  ㉠ 제1단계(안전지식의 교육) : 사업장 설비조건에 대한 정상 상태, 안전한 조작방법 등
  ㉡ 제2단계(안전기능의 교육) : 교육대상자가 반복적 훈련을 통해 습득하는 것으로 교육 내용은 교육담당자에 의해 구체적인 생산과정에서 추출하고 작업동작에서 불량점 시점을 반복하며 그 요령을 체득함으로써 숙련성을 증가시키는 교육이다.
  ㉢ 제3단계(안전태도의 교육) : 사업장에서 안전을 대하는 근로자의 태도로서 재해 발생시 제3단계 교육의 결함이나 불충분이 약 20% 정도이다.

> **안전교육의 단계별 과정 중 태도교육의 내용**
> ① 작업동작 및 표준작업방법의 습관화
> ② 공구·보호구 등의 관리 및 취급태도의 확립
> ③ 작업 전후 점검 및 검사요령의 정확화 및 습관화
> ④ 작업지시·전달 등의 언어·태도의 정확화 및 습관화

2 안전교육계획

(1) 안전교육계획 수립시 고려사항

① 필요한 정보를 수집한다.
② 현장의 의견을 충분히 반영한다.
③ 안전교육 시행체계와의 관련을 고려한다.
④ 법규정에 의한 교육에만 한정하지 않는다.
⑤ 교육과정 내용에 대한 지도안을 작성한다.
⑥ 교재 준비
⑦ 강사진 선정

(2) 교육내용 결정시 고려사항

① **교육대상 선정** : 신규채용자, 작업내용 변경자, 위험작업 종사자, 관리·감독자, 일반근로자
② **교육사항**

신규채용자	1. 기계·기구의 위험성과 작업순서 및 동선 2. 작업개시 전 점검사항 및 정리정돈과 청소 3. 사고발생시 긴급조치 요령 4. 산업보건 및 직업병 예방에 관한 사항 등
작업내용변경자	신규채용자와 동등한 수준의 교육 실시
위험작업종사자	위험·유해 작업종사자에 대한 각각의 교육내용 진행
일반근로자	1. 산업안전 및 사고예방 교육 2. 건강증진 및 질병 예방에 관한 교육 3. 산업보건 및 직업병 예방에 관한 교육 4. 유해·위험 작업환경 관리에 관한 교육 5. 산업안전보건법 및 일반관리에 관한 교육 6. 산업재해보상법 제도 교육
관리·감독자	1. 작업공정의 유해·위험과 재해 예방대책에 관한 사항 2. 표준 안전작업방법 및 지도 요령에 관한 사항 3. 관리감독자의 역할과 임무에 관한 사항 4. 일반근로자 교육사항 중 3,4,5 사항 5. 안전·보건 점검지도요령과 사고조사 분석 요령
교육내용 필수 사항	1. 안전태도 정상화를 위한 생활환경 및 안전장비의 구축 2. 재해방지상 금지된 작업의 위험상태 판단 및 금지표시 3. 작업의 안전한 구체적 방법 중 바른순서 및 적극적 작업완수방법을 정상화하는 것

CHAPTER 13 생산성과 안전성

1 재해방지 및 생산방식

① **재해방지** : 기업집단이 목적으로 하는 생산작업을 방해할 수 있는 사건을 제거해서 기업이 의도한 표준을 유지해 가는 것
② **재해방지와 생산성** : 재해발생으로 인해 방해되어 오던 것을 제거하고 그 결과로 재해는 감소하고 생산성은 상승하게 된다.
③ **생산방식과 안전성** : 생산방식이 달라짐에 따라 생산성이 달라지고 작업자들 역시 재해위험성에 노출되는 것을 감소시킬 수 있다. 또한 재해의 빈도를 나타내는 도수율도 낮아진다.

2 물건취급과 운반재해

① **물건취급과 운반재해** : 재해발생은 물건의 취급과 운반의 거리 및 시간에 비례해서 커진다. 수작업에 의한 물건 취급 및 운반을 기계화함으로써 재해발생을 감소시킬 수 있다.
② 거리와 시간의 단축 및 사람이 물건과 접촉할 수 있는 기회를 감소시키면 재해발생률도 감소할 것이다.

CHAPTER 14 안전표지

선택과목 산업안전관리

1 안전표지의 사용목적

안전표지는 유해한 기계기구나 자재의 위험성을 표시하여 경고함으로써 작업자에게 예상되는 재해를 방지하기 위한 것이다.

2 안전표지의 정의와 사업주 의무

① **안전표지** : 안전표지란 사업장의 위험시설이나 위험장소, 위험물질에 대한 경고, 비상시의 지시나 안내사항 또는 안전의식을 고취하기 위한 사항 등을 표시한 그림, 기호, 글자를 포함한 형체를 말한다.
② **사업주의 안전표지 설치 · 부착**

> 💡 산업안전보건법 제37조(안전보건표지의 설치 · 부착)
> ① 사업주는 유해하거나 위험한 장소 · 시설 · 물질에 대한 경고, 비상시에 대처하기 위한 지시 · 안내 또는 그 밖에 근로자의 안전 및 보건 의식을 고취하기 위한 사항 등을 그림, 기호 및 글자 등으로 나타낸 표지(이하 이 조에서 "안전보건표지"라 한다)를 근로자가 쉽게 알아 볼 수 있도록 설치하거나 붙여야 한다.

> 💡 산업안전보건법 시행규칙 제38조(안전보건표지의 종류 · 형태 · 색채 및 용도 등)
> ① 법 제37조제2항에 따른 안전보건표지의 종류와 형태는 별표 6과 같고, 그 용도, 설치 · 부착 장소, 형태 및 색채는 별표 7과 같다.
> ② 안전보건표지의 표시를 명확히 하기 위하여 필요한 경우에는 그 안전보건표지의 주위에 표시사항을 글자로 덧붙여 적을 수 있다. 이 경우 글자는 흰색 바탕에 검은색 한글고딕체로 표기해야 한다.
> ③ 안전보건표지에 사용되는 색채의 색도기준 및 용도는 별표 8과 같고, 사업주는 사업장에 설치하거나 부착한 안전보건표지의 색도기준이 유지되도록 관리해야 한다.
> ④ 안전보건표지에 관하여 법 또는 법에 따른 명령에서 규정하지 않은 사항으로서 다른 법 또는 다른 법에 따른 명령에서 규정한 사항이 있으면 그 부분에 대해서는 그 법 또는 명령을 적용한다.

- 산업안전보건법 시행규칙 [별표 8]

안전보건표지의 색도기준 및 용도(제38조제3항 관련)

색채	색도기준	용도	사용례
빨간색	7.5R 4/14	금지	정지신호, 소화설비 및 그 장소, 유해행위의 금지
		경고	화학물질 취급장소에서의 유해·위험 경고
노란색	5Y 8.5/12	경고	화학물질 취급장소에서의 유해·위험경고 이외의 위험경고, 주의표지 또는 기계방호물
파란색	2.5PB 4/10	지시	특정 행위의 지시 및 사실의 고지
녹색	2.5G 4/10	안내	비상구 및 피난소, 사람 또는 차량의 통행표지
흰색	N9.5		파란색 또는 녹색에 대한 보조색
검은색	N0.5		문자 및 빨간색 또는 노란색에 대한 보조색

참고
1. 허용 오차 범위 H = ±2, V = ±0.3, C = ±1(H는 색상, V는 명도, C는 채도를 말한다)
2. 위의 색도기준은 한국산업규격(KS)에 따른 색의 3속성에 의한 표시방법(KSA 0062 기술표준원 고시 제2008-0759)에 따른다.

3 안전표찰(녹십자표지)의 부착

① 작업복 또는 보호의의 우측 어깨
② 안전모의 좌우면
③ 안전완장

■ 산업안전보건법 시행규칙 [별표 6]

안전보건표지의 종류와 형태(제38조제1항 관련)

1. 금지표지	101 출입금지	102 보행금지	103 차량통행금지	104 사용금지	105 탑승금지	106 금연
	107 화기금지	108 물체이동금지	2. 경고표지	201 인화성물질 경고	202 산화성물질 경고	203 폭발성물질 경고	204 급성독성물질 경고
205 부식성물질 경고	206 방사성물질 경고	207 고압전기 경고	208 매달린 물체 경고	209 낙하물 경고	210 고온 경고	211 저온 경고
212 몸균형 상실 경고	213 레이저광선 경고	214 발암성·변이원성·생식독성·전신독성·호흡기 과민성 물질 경고	215 위험장소 경고	3. 지시표지	301 보안경 착용	302 방독마스크 착용
303 방진마스크 착용	304 보안면 착용	305 안전모 착용	306 귀마개 착용	307 안전화 착용	308 안전장갑 착용	309 안전복 착용

4. 안내표지		401 녹십자표지	402 응급구호표지	403 들것	404 세안장치	405 비상용기구	406 비상구
	407 좌측비상구	408 우측비상구					
5. 관계자외 출입금지			501 허가대상물질 작업장		502 석면취급/해체 작업장		503 금지대상물질의 취급 실험실 등
			관계자외 출입금지 (허가물질 명칭) 제조/사용/보관 중 보호구/보호복 착용 흡연 및 음식물 섭취 금지		관계자외 출입금지 석면 취급/해체 중 보호구/보호복 착용 흡연 및 음식물 섭취 금지		관계자외 출입금지 발암물질 취급 중 보호구/보호복 착용 흡연 및 음식물 섭취 금지
6. 문자추가시 예시문			• 내 자신의 건강과 복지를 위하여 안전을 늘 생각한다. • 내 가정의 행복과 화목을 위하여 안전을 늘 생각한다. • 내 자신의 실수로써 동료를 해치지 않도록 안전을 늘 생각한다. • 내 자신이 일으킨 사고로 인한 회사의 재산과 손실을 방지하기 위하여 안전을 늘 생각한다. • 내 자신의 방심과 불안전한 행동이 조국의 번영에 장애가 되지 않도록 하기 위하여 안전을 늘 생각한다.				

CHAPTER 15 방호장치

1 방호장치의 정의

① **방호장치** : 위험 기계 기구의 위험 장소 또는 부위에 근로자가 통상적인 방법으로 접근하지 못하도록 하는 제한 조치를 가리킨다.
② 작업자에게 상해를 입힐 우려가 있는 부분에 보호를 목적으로 일시적 또는 영구적으로 설치하는 기계적·물리적 안전장치
③ 방호장치는 임의적인 것으로 설치해서는 안되며 그 성능이 정확해야 한다.

2 방호장치의 4대 일반원칙

① **작업방해의 제거**
   방호장치로 인한 작업방해를 제거하는 것이다. 만약 방호장치로 인하여 작업에 방해가 된다면 작업자들은 해당 방호장치를 제거 또는 정지시키는 등의 무효화를 시키는 행동을 하게 된다. 즉, 작업자들의 작업 편의성을 최대한 낮추지 않으면서 적절한 방호장치를 설치하고 운영하여야 한다.
② **작업점의 방호**
   작업점을 정확히 방호해야 한다. 방호장치는 기본적으로 작업자를 보호하기 위한 것이다. 작업자와 위험점이 교차될 수 있는 부분을 확실하게 방호하여야 한다.
③ **외관상의 안전화**
   방호장치의 외관상 안전화이다. 방호장치 자체적으로 날카로운 부분이 있는 등 외관상에 위험이 있거나 불완전한 설치로 인해 작업자에게 오히려 불안감을 주게 되면 오히려 사고발생의 원인을 제공할 수 있다.
④ **기계특성의 성능보장**
   기계특성에 적합한 방호성능을 보장해야 한다. 방호장치가 당해 기계 특성에 적합하지 않으면 제대로 된 방호를 할 수 없고 성능도 다 활용하지 못하게 된다.

3 작업점(point of operation)의 방호

① **작업점 사고 위험물** : 성형기, 전단기, 선반, 목공기계 등
② **작업점 방호조치 방법**
   ㉠ 작업점에 작업자의 신체접촉 금지(안전커버 등의 설치)
   ㉡ 조작시 위험부위에 접근금지 조치(원격조작이나 조작장치를 안전거리 밖에 설치)
   ㉢ 안전거리에서 기계조작(광선식 안전장치 : 신체 일부가 위험점에 접근시 자동정지)
   ㉣ 작업점에 손을 넣을 필요가 없는 조작법

4 방호장치 선정시 고려사항

① **방호의 정도** : 위험을 방지하는 것인지, 예지하는 것인지를 고려
② **방호의 적용범위** : 기계 성능에 따라 적합한 것을 선정하여야 한다.
③ **정비/보수/유지의 적정성**
④ **장치의 신뢰도** : 방호장치는 가능한 구조가 간단하면서 방호능력이 확실해야 한다.
⑤ **비용의 적정성**
⑥ **작업의 편의성** : 방호장치가 작업에 방해를 주지 않도록 하여야 한다.

5 방호장치의 유형

(1) 위험장소를 방호하는 방호장치

① **격리형** : 재해자가 작업점에 접촉하여 재해가 발생하지 않도록 기계설비 외부에 차단벽이나 망을 설치하는 것(방호울, 덮개, 프레스가드형 등)
② **위치제한형** : 작업자의 신체부위가 위험한계 구역에 있지 않고 안전거리를 유지할 수 있도록 하는 것(프레스의 양수조작식)
③ **접근거부형** : 작업자의 신체부위가 위험한계 구역에 접근 시, 신체부위를 안전한 곳으로 되돌리는 것(프레스의 손쳐내기식, 수인식 등)
④ **접근반응형** : 작업자가 위험한계 구역으로 들어오면 이를 감지하여 기계를 즉시 정지 또는 전원을 차단하는 방호장치(프레스의 광전자식 방호장치)

(2) 위험원을 방호하는 방호장치

① **감지형** : 이상온도·압력, 과부하 등 기계 이상상황 발생 시, 안전상태 또는 정상상태로 조정시키는 것(안전밸브, 파열판 등)
② **포집형** : 위험원이 외부로 비산되지 않도록 포집하는 방식으로 유해위험물질이 작업자에게 노출되지 않도록 바깥으로 빼내는 것(국소배기장치나 연삭기의 칩 포집장치)

6 방호장치의 안전화

① **본질 안전화** : 제품 자체에 대하여 본질적인 안전대책을 세우는 것
② **이중안전장치(Fail Safe)** : 고장시 작동정지가 되도록 하는 안전장치
③ **Fool Proof** : 취급, 조작자의 부주의와 잘못에 의한 사고발생 방지장치
④ **용장(冗長)설계** : 설계시 강도, 용량 등에 여유를 주거나, 백업 기능을 주어 고장이 나더라도 중대사고로 발전하지 않도록 하는 방법
⑤ **Tamper Proof** : 고의로 방호장치 등을 해체하지 못하도록 하는 안전장치
⑥ **Interlock** : 기계 각 부분의 작동이 정상적으로 작동하는 조건이 만족되지 못하는 경우에 기계적, 유·공압적 등의 방법에 의해 자동적으로 그 기계를 작동할 수 없도록 하는 기구

CHAPTER 16 보호구

1 보호구의 정의

보호구란 각종 위험요인으로부터 근로자를 보호하기 위한 보조기구로서 작업자의 신체 일부 또는 전체에 착용되도록 하여야 하며, 사용목적에 적합하여야 한다.

2 보호구가 갖추어야 할 구비조건

① 착용이 간편할 것
② 작업에 방해를 주지 않을 것
③ 유해, 위험요소에 대한 방호가 확실할 것
④ 재료의 품질이 양호할 것
⑤ 외관상 보기가 좋을 것
⑥ 구조 및 표면가공이 양호할 것

3 안전 보호구 종류와 사용법

(1) 안전모

① 물체의 떨어짐, 날아옴, 부딪힘으로부터 근로자 머리를 보호
② 외부로부터의 충격을 완화하여 근로자의 머리를 보호
③ 전기작업 시에는 감전 재해를 예방
④ **종류별 보호위험**
  ㉠ **A종** : 떨어지거나 날아오는 물체에 맞을 위험을 방지 또는 경감함
  ㉡ **AB종** : 떨어지거나 날아오는 물체에 맞거나 높은 곳에서 떨어짐에 의한 위험을 방지 또는 경감함
  ㉢ **AE종** : 떨어지거나 날아오는 물체에 맞을 위험을 방지 또는 경감하고 머리 부위 감전 위험을 방지함
  ㉣ **ABE종** : 떨어지거나 날아오는 물체에 맞거나 높은 곳에서 떨어짐에 의한 위험을 방지 또는 경감하고 머리 부위 감전 위험을 방지 함

(2) 안전화

① **가죽제 안전화** : 떨어지는 물체에 맞거나 부딪히거나 날카로운 물체에 찔리지 않도록 발을 보호
② **절연장화** : 고압 감전 방지와 방수를 겸함
③ **고무제 안전화** : 떨어지는 물체에 맞거나 부딪히거나 날카로운 물체에 찔리지 않도록 발을 보호하고 내수성과 내화학성을 갖춤
④ **절연화** : 떨어지는 물체에 맞거나 부딪히거나 날카로운 물체에 찔리지 않도록 발을 보호하고 저압 감전을 방지함
⑤ **정전기 안전화** : 떨어지는 물체에 맞거나 부딪히거나 날카로운 물체에 찔리지 않도록 발을 보호하고 정전기의 인체 대전을 방지함
⑥ **발등 안전화** : 떨어지는 물체에 맞거나 날카로운 물체에 찔리지 않도록 발과 발등 보호

(3) 안전대

안전대는 높은 곳에서 작업하는 근로자의 떨어짐을 방지하기 위한 것으로 현장에는 반드시 안전대 걸이를 설치해야 함(작업대상 : 높이 2m 이상의 추락위험이 있는 작업)

① **벨트식** : U자걸이 전용 1개걸이 전용 : 벨트, 안전그네 지탱벨트는 나일론, 폴리에스테르
② **안전그네식** : 안전블록, 추락방지대 : 비닐론 등의 합성 섬유

> 💡 **안전대 설치가 필요한 추락위험이 있는 작업 장소**
> 1. 작업발판이 없거나 있어도 난간대가 없는 장소의 작업
> 2. 난간대로부터 상체를 내밀어 작업하는 경우
> 3. 작업발판과 구조체 사이의 거리가 30cm 이상의 장소로 수평방호시설이 없는 경우
>
> 〈출처 : https://jukgak.tistory.com/306〉

> 💡 **수공구 설계 원칙**
> 1. 인간의 상지에 적합하도록 함
> 2. 손목을 꺾지 말고 손잡이를 꺾어야 함
> 3. 수공구가 무겁지 않도록 설계
> 4. 양손잡이를 모두 고려한 설계
> 5. 가능한 한 수동 공구 대신 동력 공구를 사용
> 6. 손잡이 길이는 95% 남성의 손과 폭을 기준
> 7. 손바닥 부위에 압박을 주는 형태 지양
> 8. 손잡이의 직경은 사용 용도에 맞춤
> 9. 손에 맞는 장갑 착용
> 10. 손잡이 재질은 미끄러지지 않는 비전도성으로 열과 땀에 강해야 함

CHAPTER 17 | 작업기준

1 작업기준의 정의

산업재해의 발생을 방지하기 위해 위험물의 조작, 위험한 장소에서의 작업, 위험한 기계나 설비를 취급하는 작업, 기타 기계, 설비, 공구 등을 취급할 때의 작업에 대한 기준이다. 기계, 설비에 따라 다르기 때문에, 자기 기업의 작업조건에 대응해서 적합한 작업기준을 정하고, 그 기준에 따라서 근로자를 작업시키도록 하는 것이 안전대책에 필요하다.

2 작업기준의 목적 : 안전의 효과 상승

① 안전한 장치 운전
② 작업자의 안전한 작업 진행
③ 생산활동 각 계층의 책임과 권한의 한계 설정
④ 제조담당책임자의 적절한 명령, 지시, 지도, 감독
⑤ 작업상태의 정확한 진단을 통해 작업의 간소화 및 개선 도모
⑥ 작업자의 작업훈련 내용과 방법의 올바른 숙지
⑦ 회사의 기술확보 및 우수한 기술의 획득
⑧ 작업현장에서 작업내용의 확실한 전달
⑨ 작업기준의 기준화를 통해 신제품 생산 능력의 빠른 확보
⑩ 생산관리, 품질관리, 원가관리 등의 기초적 관리방법 확보

3 작업기준의 내용

① 작업기준의 적용 범위
② 사용 원재료, 부품
③ 사용설비, 기구, 장치 등
④ 작업방법과 작업조건
⑤ 작업상 안전관계 주의사항
⑥ 작업시간
⑦ 사고 및 이상 발생시 조사
⑧ 작업원 단위
⑨ 사용설비 및 기구의 보전

⑩ 작업관리 항목과 그 방법
⑪ 작업인원 및 작업자격
⑫ 제조공정의 순서

4 작업기준의 작성

(1) 작업기준의 작성자 및 작성형식
① 작업지시서 등은 기술부문 보다는 제조부문에서 작성하고 있으며 실제의 작성은 직장이나 조장이 맡고 있다.
② **작업기준의 작업형식 고려 사항**
  ㉠ 작업기준 중 중요한 기술조건만을 기술기준으로 주고, 별도로 책임과 권한을 나타낸 작업기준을 주는 방식
  ㉡ 장치별 작업기준을 작성한 후 각 장치에 맞는 기술기준을 첨부하는 방식
  ㉢ 단위조작별로 작업기준을 작성하고 제품별로 달라지는 제품별 작업기준을 주는 방법
  ㉣ 공동작업기준을 공통으로 적용하고 제품별 작업기준을 별도로 제시하는 방법
  ㉤ 준수되어야 할 사항이 기술적으로 증명된 경우에는 그 요인만을 작업지도서로 주고, 경험상 권장할 만한 항목은 별도로 주는 방식

(2) 작업방법

현상 스케치법	현재 진행되고 있는 작업방법 그대로를 정리기준서로 만드는 방법
중점시행방법	① 공정별 중요한 특성 또는 문제가 있는 경우 공정해석을 행하고 중요한 요인에서 기준화를 추진하는 방법 ② 제품의 중요특성에 대하여 중요한 공정에 공정해석을 행하고 기준화를 추진하는 방법
이론적 방법	현장을 중심으로 한 각 부문이 협력하여 중심적 공정을 선정하고 공정분석을 통해 이론적으로 작업기준을 작성하는 방법으로 신제품 양산공정 신설 등 새로운 작업을 진행할 경우 표준화를 추진하는 기회로서 활용하는 방법
일상관리방법	일상적 공정관리에서 관리도가 이상하게 되거나 예상치 못한 사고의 발생 등의 경우에 그러한 이상이나 사고의 재발방지를 위해 작업기준을 개정해 가는 방법

(3) 작성순서

① 작업기준화를 위한 추진조직 결성
② 작성방법 및 서식 결정
③ 현장조사와 공정분석 실시
④ 원안 작성
⑤ 예비시행기간과 그 활용
⑥ 사용결과를 검토하여 개정작업 행한 후 승인 획득
⑦ 원부의 작성과 최종승인 및 등록

💡 현장조사와 공정분석 과정
1. 공정조사와 분석
2. 공정의 요인을 특성요인도로 조사
3. 과거의 자료를 현대적 기법으로 할 것
4. 산정된 요인의 계량화 연구
5. 필요시 공장실험 시행
6. 구체적 작업방법을 결정

CHAPTER 18 인간과 기계의 시스템

선택과목 산업안전관리

1 인간-기계 시스템 개요

① 인간-기계 시스템이란 주어진 입력으로부터 원하는 결과를 얻기 위하여 인간과 기계가 상호작용하는 유기적 결합이다. 인간은 작업을 하기 위해 도구나 기계 등을 이용하는데 작업중 인간은 실수를, 기계는 고장을 일으킨다. 이러한 실수나 고장으로 인해 사고가 발생한다.
② 인간 조작자와 기계의 기능들이 연동되는 시스템이다. 한 사람 이상의 인간과 하나 이상의 물리적 부품이 조합하여 주어진 입력으로부터 원하는 출력을 생성하기 위해 연동되는 시스템(상호작용을 하는 것)이다.

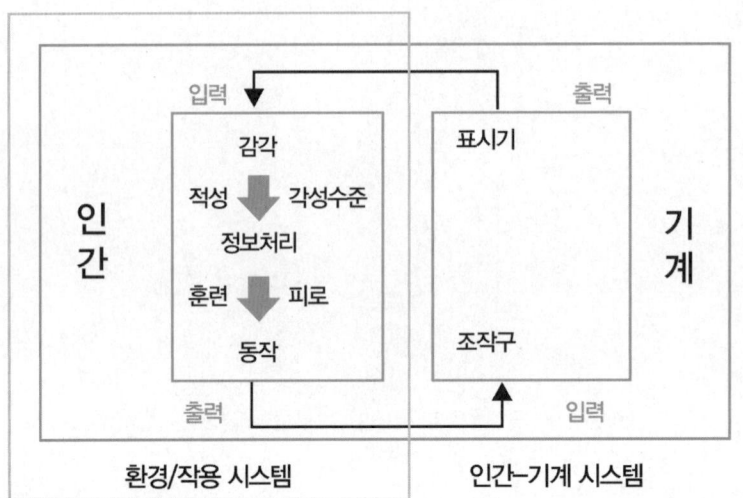

2 인간, 기계, 환경

(1) 인간, 기계, 환경

안전하게 작업하기 위한 과정	인간	기계	환경
인간이 작업을 하기 위해서는 도구나 기계 등을 이용합니다.	인간-기계(Man-Machine) 시스템		
작업중 인간이나 기계는 실수(고장)를 하고 사고로 이어질 수 있습니다.	Human Error	욕조곡선	
사고를 줄이기 위해 먼저 원인을 알고 이를 개선해야 합니다.	FTA, FMEA, HAZOP, 위험성 평가, 안전활동		
인간은 쾌적한 환경에서 적정 강도의 작업을 하고 휴식을 취해야 합니다.	R.M.R 휴식시간		온도, 습도, 조도 등
그리고 안전을 위해 인간특성에 맞는 시설도 필요합니다.	인체측정	양립성 조절식·극단치·평균치설계	작업공간 설계 공간배치
인간은 지식, 기능, 태도교육을 통해 실수를 줄이고, 기계는 고장을 최소화 해야 합니다.	지식·교육·태도교육	안전설계	안전하고 쾌적한 환경 조성

(2) 인간-기계 통합시스템 기능

구분		인간	기계
우수기능		① 저에너지 자극 ② 복잡 다양한 자극형태 식별 ③ 예기치 못한 사건 감지 ④ 다량의 정보 장기 보관 ⑤ 귀납적 추리(원인→결과) ⑥ 과부하에서 중요일에 전념 ⑦ 임기응변, 융통성, 주관적, 독창력	① 미세 저자극(X선, 초음파) 감지 ② 모니터 기능 ③ 드물게 발생하는 사상 감지 ④ 암호화 정보 대량, 신속 보관 ⑤ 연역적 추리(결과→원인) ⑥ 과부하에서 효율적 작용 ⑦ 정량, 중량, 장시간, 반복, 동시 작업
주요 기능	감지(Sensing)	시각, 청각, 후각, 촉각 등 감각기관	전자, 사진, 기계적 감지기능
	저장(Information storage)	기억 학습내용	펀치카드, 자기테이프 등 물리적 기구에 보관
	정보처리 및 의사결정	심리적 : 회상, 인식, 정리 정보처리 : 0.5초(인간의 처리능력 한계)	
	행동기능	물리적 : 물체의 취급, 조종장치 작동 등 통신행위 : 음성	통신행위 : 신호, 기록 등

(3) 인간-기계 통합시스템 운영

분류	수동시스템	기계화시스템(반자동)	자동화시스템
내용	• 인간 자신이 동력원 • 보조기구에 힘을 가하여 작업	• 동력은 기계 • 표시장치로 확인 후 조정장치로 조정	• 인간개입이 전혀 또는 거의 불필요 • 장비가 감지, 의사결정, 행동 기능의 모두를 수행
적용	• 연필을 사용, 가위로 재단, 삽질, 못질	• 자동차 운전, 전기드릴 작업	• 산업용 로봇

(4) 설계원칙 및 평가방법

구분	시스템	사용자
설계원칙	• 양립성 • 중요성, 사용빈도·순서, 기능에 따라 배치 • 인체 특성에 적합 • 인간의 기계적 성능에 부합되도록 설계	• 사용자의 작업에 적합 • 사용자에 맞는 기능이나 내용을 제공 • 작업 실행에 대한 피드백 제공 • 정보의 디스플레이가 사용자에게 적당히 구성 • 인간공학적 측면을 고려
평가방법	• 시스템 개발과 연관된 평가 　- 의도된 대로 작동되는가를 입증 • 인간 요소적 평가 　- 인간 성능 관련 속성들의 적절함 확인	• 사용자가 직접 사용하고 평가 • 설문조사, 구문기록법, 실험평가법

(5) 인간-기계시스템 설계과정 6단계

제1단계	목표 및 성능명세결정
제2단계	시스템의 정의
제3단계	기본 설계
제4단계	인터페이스 설계
제5단계	촉진물, 보조물 설계
제6단계	시험 및 평가

실전예상문제

01 안전관리에 대한 다음 설명 중 옳지 않은 것은?

① 안전관리란 생산성 향상과 재해로부터의 손실을 최소화하기 위해 행하는 것
② 재해의 원인과 결과를 규명하고 재해방지를 위한 제반 계통 지식적인 지식체계의 관리
③ 재해가 발생하지 않는 상태를 유지하기 위한 활동
④ 안전관리 활동은 경비의 추가적 집행이 불가피하므로 기업이윤의 감소를 감수해야 한다.

[해설] 안전관리란 생산성 향상과 재해의 최소화를 통해 기업이윤의 증가를 기대할 수 있다.

02 "재해"와 관련된 다음 설명 중 옳지 않은 것은?

① 재해란 사고의 최종적인 결과로서 인명의 상해나 재산상의 손실을 말한다.
② 상해 : 인명 피해만을 초래한 경우
③ 손실 : 물적 피해만을 초래한 경우
④ 무상해 사고 : 상해는 없지만 물적 피해를 발생시킨 사고

[해설] 무상해 사고 : 인적 및 물적 피해는 없지만, 피해에 근접할 정도의 불안전한 행동

03 산업안전보건법상 "관리감독자"의 업무 내용으로 옳지 않은 것은?

① 작업과 관련된 기계·기구 또는 설비의 안전·보건 점검 및 이상 유무의 확인
② 관리감독자에게 소속된 근로자의 작업복·보호구 및 방호장치의 점검과 그 착용·사용에 관한 교육·지도
③ 산업재해 예방에 대한 기준 수립
④ 해당작업에서 발생한 산업재해에 관한 보고 및 이에 대한 응급조치

[해설] ③은 사업주의 업무내용이다.

> **대통령령 제15조(관리감독자의 업무 등)**
> 1. 사업장 내 법 제16조제1항에 따른 관리감독자(이하 "관리감독자"라 한다)가 지휘·감독하는 작업(이하 이 조에서 "해당작업"이라 한다)과 관련된 기계·기구 또는 설비의 안전·보건 점검 및 이상 유무의 확인
> 2. 관리감독자에게 소속된 근로자의 작업복·보호구 및 방호장치의 점검과 그 착용·사용에 관한 교육·지도
> 3. 해당작업에서 발생한 산업재해에 관한 보고 및 이에 대한 응급조치
> 4. 해당작업의 작업장 정리·정돈 및 통로 확보에 대한 확인·감독
> 5. 사업장의 다음 각 목의 어느 하나에 해당하는 사람의 지도·조언에 대한 협조
>   ① 안전관리자
>   ② 보건관리자
>   ③ 안전보건관리담당자
>   ④ 산업보건의
> 6. 법 제36조에 따라 실시되는 위험성평가에 관한 다음 각 목의 업무
>   가. 유해·위험요인의 파악에 대한 참여
>   나. 개선조치의 시행에 대한 참여
> 7. 그 밖에 해당작업의 안전 및 보건에 관한 사항으로서 고용노동부령으로 정하는 사항

04 하인리히의 사고연쇄반응이론(도미노이론) 중 사고예방의 중추적 원인으로 직접원인에 해당하는 제3단계에 해당하는 것은?

① 인간의 실수는 작업환경이나 선천적인 기질(내력)에 의해서 일어난다.
② 불안전한 행동 또는 상태는 인간의 개인적 잘못에 의해서 일어난다.
③ 재해는 인간의 불안전한 행동 또는 불안전한 기계의 상태에 노출되므로 일어난다.
④ 산업재해는 사고나 우연성으로부터 발생한다.

해설 하인리히의 사고연쇄반응이론(도미노이론)
하인리히의 도미노 이론이란 사고의 원인이 어떻게 연쇄적 반응을 일으키는가를 도미노를 통해서 설명하는 것이다. 즉, 5개의 도미노를 일렬로 세워 놓고 어느 한쪽 끝을 쓰러뜨리면 연쇄적으로, 그리고 순서적으로 쓰러진다는 것이다. 이러한 5개의 도미노가 포함하는 것은 다음과 같다.
• 간접원인
[제1단계] 환경과 내력 : 인간의 실수는 작업환경이나 선천적인 기질(내력)에 의해서 일어난다.
[제2단계] 인간적 결함 : 불안전한 행동 또는 상태는 인간의 개인적 잘못에 의해서 일어난다.
• 직접원인(사고예방의 중추적 원인)
[제3단계] 재해는 인간의 불안전한 행동 또는 불안전한 기계의 상태에 노출되므로 일어난다.(인적, 물적 원인)
• 사고
[제4단계] 산업재해는 사고나 우연성으로부터 발생한다.
• 재해
[제5단계] 사고나 우연성은 상해나 손상으로 이어진다.

05 다음 재해발생과 관련된 이론 중 옳지 않은 것은?

① 하인리히의 재해발생비율은 1(중상) : 29(경상) : 300(무재해사고, 고장 포함)의 법칙이다.
② 버드의 신도미노이론은 중상과 경상, 재산상 손실만 가져오는 사고, 그리고 '앗차 사고(위험순간, near miss)'가 '1 : 10 : 30 : 600'의 비율로 발생한다고 하였다.

③ 애드워드 애덤스의 사고연쇄반응이론(도미노이론)에서 전술적 에러의 원인으로 경영층 또는 감독자에 의해 저질러진 행동이라고 했다.
④ 휴의 재해요인이론에서 어느 한 요인이 불비하더라도 재해는 발생할 수 있고, 다른 요인들과 복합되어서도 재해는 발생할 수 있다고 한다.

해설 애드워드 애덤스의 사고연쇄반응이론(도미노이론)
① 사고의 직접원인 : 불안전한 행동 특성(전술적 에러, 작전상 에러)
② 전술적 에러 : 종업원의 행동과 작업 중의 과오 작전상 에러 : 전술적 에러의 원인으로 경영층 또는 감독자에 의해 저질러진 행동

06 산업안전보건법상 "크레인(이동식 크레인 제외)"의 안전검사 주기는 사업장에 설치가 끝난 날부터 몇 년 이내에 최초 안전검사를 실시해야 하는가?

① 6개월 ② 1년
③ 2년 ④ 3년

해설 크레인(이동식 크레인은 제외한다), 리프트(이삿짐 운반용 리프트는 제외한다) 및 곤돌라 : 사업장에 설치가 끝난 날부터 3년 이내에 최초 안전검사를 실시하되, 그 이후부터 2년마다(건설현장에서 사용하는 것은 최초로 설치한 날부터 6개월마다)

07 안전성 사전평가의 계획 6단계 절차 중 옳지 않은 것은?

① 제2단계 : 정성적 평가
② 제3단계 : 정량적 평가
③ 제4단계 : 관계자료의 정비
④ 제5단계 : 재해정보에 따른 재평가

해설 안전성 사전평가의 6단계 절차
1) 제1단계 : 관계자료의 정비 검토
2) 제2단계 : 정성적 평가
 (서술적 정보 ㄱ. 입지조건 ㄴ. 공장내 배치 ㄷ. 소방설비 ㄹ. 공정 등)
3) 제3단계 : 정량적 평가
 (직접적 정보 ㄱ. 취급물질 ㄴ. 화학설비 등 ㄷ. 안전대책 수립 ㄹ. 재해사례분석 등)

정답 04. ③ 05. ③ 06. ④ 07. ③

4) 제4단계 : 안전대책 강구
5) 제5단계 : 재해정보에 따른 재평가
6) 제6단계 : F.T.A 재평가안전성평가

08 다음 재해예방의 4원칙에 대한 설명 중 옳지 않은 것은?

① 예방가능의 원칙 : 인재는 예방하고자 한다면 원칙적으로 예방이 가능하다.
② 손실우연의 원칙 : 사고발생 당시의 조건에 우연성이 게재되어 사고가 확대되기도, 감소되기도 한다.
③ 원인계기(연계)의 원칙 : 손실과 사고의 관계는 우연적이어서 사고의 원인관계는 과학적 규명이 가능한 것은 아니다.
④ 대책선정의 원칙 : 방지대책으로 기술적 대책(Engineering), 교육적 대책(Education), 규제적 대책(Enforcement)을 안전대책의 3E라고 칭하며, 재해방지 대책의 중심 기둥으로 인식하고 있다.

[해설] 원인계기(연계)의 원칙
  ① 손실과 사고의 관계는 우연적이지만 사고와 원인관계는 필연적이다.
  ② 사고의 원인관계는 과학적 규명이 가능하다.
  ③ 재해원인은 직접원인(1차원인 : 물적원인, 인적원인)과 간접원인으로 구분할 수 있다.

09 4M의 재해발생 단계별 메카니즘에 대한 설명 중 옳지 않은 것은?

① 제1단계 : 안전관리 결함
② 제2단계 : 인간적, 설비적, 환경적, 관리적 요인
③ 제3단계 : 근본적 문제점 결정
④ 제4단계 : 사고의 발생

[해설] 4M의 재해발생 단계별 메카니즘
  ① 제1단계 : 안전관리 결함
  ② 제2단계 : 인간적, 설비적, 환경적, 관리적 요인
  ③ 제3단계 : 불안전한 행동, 불안전한 상태
  ④ 제4단계 : 사고의 발생
  ⑤ 제5단계 : 재해

10 다음에서 설명하는 "하인리히 재해예방 5단계"의 내용 중 옳지 않은 것은?

① 제1단계 : 안전관리조직 편성
② 제2단계 : 작업공정분석
③ 제3단계 : 현장조사 결과 분석
④ 제4단계 : 확인 및 통제체제 개선

[해설] • 제3단계 : 분석평가(2단계 확인내용에 대한 분석과정)
  • 제2단계 : 사실발견(현상파악)
    - 안전사고 및 활동기록 검토
    - 작업분석 및 불안전요소 발견
    - 안전점검 및 안전진단
    - 사고조사
    - 관찰 및 보고서 연구
    - 안전 토의 및 회의
    - 근로자의 건의 및 여론조사

11 재해예방에서 "3E" 과정에 포함되지 않는 것은?

① 환경(environment)
② 기술(engineering)
③ 교육(education)
④ 관리(enforcement)

[해설] 환경(environment)은 "4E" 때 추가되는 것이다.

12 안전관리조직을 구성할 때 다음 〈보기〉에서 설명하는 조직 유형으로 옳은 것은?

> 보기
> • 계선식 조직으로 100인 미만 사업체에 적용
> • 안전문제의 계획에서 실시까지 생산라인을 따라 전달·감독되는 방식

① 직계형
② 참모형
③ 계선참모형
④ 계통형

[해설] 안전관리조직 직계형
  ① 계선식 조직으로 100인 미만 사업체에 적용
  ② 안전문제의 계획에서 실시까지 생산라인을 따

08. ③ 09. ③ 10. ② 11. ① 12. ①

라 전달·감독되는 방식
③ 장점 : 안전지시와 조치가 빠르고 철저하게 전달된다.
④ 단점 : 전문적인 지식과 기술의 부족으로 직장 실태에 알맞은 즉각적인 대응이 어렵다.

13 산업재해 통계로부터 얻을 수 있는 정보의 내용 중 옳지 않은 것은?

① 최근 사업장의 안전성
② 해당 사업장과 동종사업장 또는 업종평균 성적과의 비교
③ 빈도가 높은 재해의 종류 확인
④ 동종재해 및 유사재해의 재발 방지를 위한 대책 강구

해설 산업재해통계로부터 얻을 수 있는 정보
① 최근 사업장의 안전성
② 해당 사업장과 동종사업장 또는 업종평균 성적과의 비교
③ 과거의 실적과 현상을 통계정보와 비교하여 경향성(추세) 확인
④ 안전성과 다른 사업성적과의 관련성 확인
⑤ 빈도가 높은 재해의 종류 확인
⑥ 재해에 의한 손실의 규모 파악

14 통계적 사고 원인 분석법에 대한 다음 설명 중 옳지 않은 것은?

① 파레토도 : 사고유형, 기인물 등 분리항목을 큰 값에서 작은 값 순서로 도표화
② 특성요인도 : 특성과 요인관계를 어골상으로 도표화
③ 클로즈도 : 두 개 이상의 문제관계를 분석. 데이터를 집계하고 표로 표시하여 요인별 결과내역을 교차시키는 방법
④ 관리도 : 재해발생 건수 등의 추이에 대해 도표화하여 미래 재해발생 건수를 예측하는 방법

해설 관리도 : 재해발생 건수 등의 추이에 대한 한계선을 설정하여 관리 상한선, 중심선, 관리 하한선으로 구성

15 1,000명의 근로자가 근무하고 있는 공장에서 6건의 재해가 발생했다. 도수율은?(단, 1일 8시간, 월 25일 근무한다.)

① 1
② 1.5
③ 2
④ 2.5

해설 도수율(FR) = (재해발생건수6/연근로자 시간수240만) × 1,000,000 = 2.5
연근로자시간수 = 근로자수1,000 × 8시간 × 25일 × 12개월 = 2,400,000시간

16 1년간 연근로시간이 144,000시간인 공장에서 6건의 휴업재해가 발생하여 219일의 휴업일수를 기록했다. 강도율은 얼마인가?(단, 연간 근로일수는 300일이다.)

① 1.15
② 1.25
③ 1.35
④ 1.55

해설 강도율(SR) = (근로손실일수180/연근로시간수 144,000) × 1,000 = 1.25
근로손실일수 = 219일 × (300/365) = 180일

17 하인리히 재해비용 산출시 간접비용에 해당되는 것은?

① 시설복구비
② 유족보상비
③ 휴업보상비
④ 장례비

해설 간접비
① 임금손실 : 작업대기, 복구정리 등 본인 및 제3자에 관한 것을 포함한 손실비.
② 물적손실 : 기계, 공구, 재료, 시설의 복구에 소비된 시간손실 및 재산손실.
③ 생산손실 : 생산감소, 생산중단, 판매감소 등에 의한 손실.
④ 특수손실 : 근로자의 신규채용, 교육훈련비, 섭외비 등에 의한 손실.
⑤ 기타손실 : 병상 위문금, 여비 및 통신비, 입원 중의 잡비 등. 이러한 간접비의 산출이 어려울 때는 직접비의 4배로 추정하여 사용할 수 있다.

18. 시몬즈 방식에서 재해비용 산출식 중 산재보험코스트 외에 산출식에 포함되는 내용이 아닌 것은?
① 회사 지불 보험료 ② 통원장애건수
③ 휴업상해건수 ④ 무상해사고건수

해설
재해 코스트 = 산재보험코스트 + A × 휴업상해건수
             + B × 통원장애건수
             + C × 구급수당건수
             + D × 무상해사고건수

19. 재해코스트를 계산할 때 간접손비 계산이 어려울 경우 직접손비의 ( )를 산정한다. 빈칸의 내용으로 옳은 것은?
① 1.5배 ② 2배
③ 4배 ④ 5배

20. 다음 중 "안전 검사 체크리스트의 구성 요소"에 포함되지 않는 것은?
① 작업환경 ② 작업절차
③ 긴급대비 ④ 실제시험

해설 안전 검사 체크리스트의 구성 요소
① 작업 환경
② 작업 장비
③ 개인 보호 장비(PPE)
④ 작업 절차
⑤ 위험 요소
⑥ 긴급 대비
⑦ 임무 수행

21. 다음 중 "안전진단 항목"에 포함되지 않는 것은?
① 기계설비 ② 안전관리조직
③ 안전관리업무 ④ 생산조건의 안전화

해설 기계설비는 안전진단의 대상이다.

안전진단 항목
1. 최고책임자의 안전방침 및 지침
2. 안전관리조직
3. 안전관리계획
4. 안전관리업무
5. 교육훈련
6. 생산시설 기재관리
7. 생산조건의 안전화
8. 생산현장에 있어 안전활동상황

22. 다음 중 무재해운동의 재해범위에 해당하지 않는 것은?
① 50인 이상의 사업장에서 업무로 인한 5인 이상의 부상자가 발생한 경우
② 사업장의 근로자가 업무로 인한 사망 또는 4일 이상의 요양을 요하는 질병 또는 부상에 이환된 경우
③ 500만원 이상의 물적 손실이 발생한 경우(산업사고)
④ 직업병으로 판명된 경우

해설 무재해운동에서의 재해범위
① 사업장의 근로자가 업무로 인한 사망 또는 4일 이상의 요양을 요하는 질병 또는 부상에 이환된 경우
② 500만원 이상의 물적 손실이 발생한 경우(산업사고)
③ 직업병으로 판명된 경우

23. 무재해운동의 3원칙에 해당하지 않는 것은?
① 위험가능성 인정의 원칙
② 안전제일의 원칙(선취의 원칙)
③ 무의 원칙
④ 참여의 원칙

해설 무재해운동의 3원칙
① 무의 원칙 : 모든 잠재위험 요인을 사전에 발견하여 해결하여 근원적으로 산업재해를 없앤다.
② 선취의 원칙(안전제일의 원칙) : 직장의 위험요인을 행동하기 전에 발견·파악·해결하여

재해를 예방하거나 방지하는 것
③ 참여의 원칙 : 작업에 따르는 잠재적인 위험요인을 발견·해결하기 위하여 전원이 협력하여 문제해결 운동을 실천한다.

24 브레인 스토밍(Brain Storming)에 대한 다음 설명 중 옳지 않은 것은?

① 일정한 테마에 관하여 회의형식을 채택하고, 구성원의 자유발언을 통한 아이디어의 제시를 요구하여 발상을 찾아내려는 방법
② 지적확인 기법을 사용한다.
③ 미래예측기법으로도 활용되며, 참여자들의 잠재력을 단시간 내에 표출시켜서 위험요인을 제거하는 방법
④ 구성원들은 자유롭게 발언을 하되 타인의 아이디어를 수정하거나 첨언해서는 안된다.

해설 브레인 스토밍 4원칙
미래예측기법으로도 활용되며, 참여자들의 잠재력을 단시간 내에 표출시켜서 위험요인 제거
㉠ 아이디어에 대한 비판(좋다 혹은 나쁘다)금지
㉡ 자유분방 : 편안한 마음으로 자유롭게 이견 표명
㉢ 대량발언 : 가능한 여러 사람이 많은 의견을 발표하도록 한다.
㉣ 수정발언 : 타인의 아이디어를 수정하거나 첨언하여도 좋다.

25 무재해 실천방법 중 STOP(Safety Training Observation Program)에 대한 다음 설명으로 옳지 않은 것은?

① 숙련된 관찰자는 처음 관찰하기를 결심하고 다음 불안전한 행위를 효과적으로 관찰하기 위하여 정지한다.
② 불안전한 행위가 발견되면 그것을 멈추도록 조치하고 그 관찰 및 조치 내용을 보고한다.
③ 관찰사이클은 "결심→정지→관찰→조치→보고"로 이루어진다.
④ 관찰자는 불안전한 행위를 발견한 경우 기능점검을 실시하고 정상적 기능이 확보되도록 조치한다.

해설 [관찰사이클]
결심 → 정지 → 관찰 → 조치 → 보고

① 결심 : 어떤 작업을 행하든지간에 먼저 안전을 우선으로 할 것을 결심한다. 안전을 제일로 하기로 결심하는 것은 안전의식의 적극적 자세를 취하는 것과 같다.
② 정지 : 행동을 취하기 전에 일단 완전히 정지한다. 즉 실제로 행동을 취하기 전에 정지한 체로 주위상황을 완전히 파악한 후 자신이 어떤 일을 하려고 하는지 확인한다.
③ 관찰 : 이제 자신 또는 다른 사람을 다치게 할지도 모르는 위험한 행위와 위험한 상황이 정말 존재하는지를 관찰한다.(관찰은 매우 중요한 단계이다.)

26 ( )란 직업과 관련하여 개인의 능력과 기업의 요구조건을 일치시키는 과정이다. 빈칸에 알맞은 내용은?

① 심리검사 ② 적성배치
③ 안전평가 ④ 직무평가

해설 적성배치의 기본방침(적성배치의 원칙)
적성배치란 직업과 관련하여 개인의 능력과 기업의 요구조건을 일치시키는 과정으로 고려되어야 할 기본사항은 다음과 같다.
① 적성검사로 개인 능력 평가
② 직무평가로 자격수준 결정
③ 주관적 감정요소 배제
④ 인사관리 기준 원칙 준수
⑤ 직무 영향 환경 요소 검토

27 매슬로우의 욕구 5단계 이론 중 "안전의 욕구"는 몇 단계에 해당하는가?

① 제1단계
② 제2단계
③ 제3단계
④ 제4단계

정답 24. ④ 25. ④ 26. ② 27. ②

해설 매슬로우의 욕구피라미드

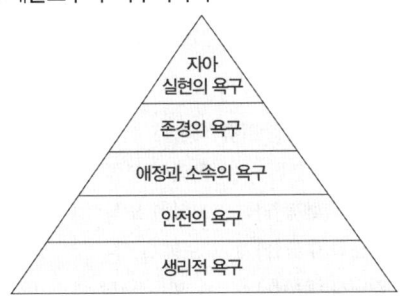

28. 맥그리거(D. M. McGregor)의 X이론 인간해석과 관련된 내용으로 옳지 않은 것은?

① 인간은 본래 게으르고 일을 싫어한다.
② 인간은 야망은 크지만 그것을 이루는 과정의 책임감이 없고 변화를 싫어한다.
③ 인간은 본래 자기 중심적이다.
④ 인간은 금전적 보상이나 외재적 유인에 반응한다고 전제한다.

해설 X이론의 인간해석과 관리처방
① 인간해석 : X이론은 인간이 본래 게으르고 일을 싫어하며, 야망과 책임감이 없고, 변화를 싫어하며, 본래 자기 중심적이고, 금전적 보상이나 제재 등 외재적 유인에 반응한다고 가정한다.
② 관리처방 : 조직구성원들에게 동기를 부여하기 위해서는 금전적 보상이나 제재를 유인으로 사용하고 강제와 위협, 철저한 감독과 통제를 강화하는 관리전략을 채택해야 한다는 것이다.

29. 다음은 '주의'와 '부주의'에 대한 설명이다. 옳지 않은 것은?

① '주의'의 특성 중 '방향성'이란 공간적으로 볼 때 시선의 초점이 맞추어진 곳은 잘 인지할 수 있지만 시선으로부터 벗어난 부분은 무시하기 쉽다.
② '주의'는 훈련을 통하여 언제나 일정수준을 유지할 수 있다.
③ 본인은 주의하려고 노력해도 실제로는 의식하지 못하는 순간이 반드시 존재하게 된다.
④ 사람의 경우 한번에 많은 종류의 자극을 지각하거나 수용하기 곤란하기 때문에 소수의 특정한 것에 한정하여 선택하는 능력이 있다.

해설 주의의 세가지 특성
① 선택성 : 사람의 경우 한번에 많은 종류의 자극을 지각하거나 수용하기 곤란하기 때문에 소수의 특정한 것에 한정하여 선택하는 능력이 있다.
② 방향성 : 공간적으로 볼 때 시선의 초점이 맞추어진 곳은 잘 인지할 수 있지만 시선으로부터 벗어난 부분은 무시하기 쉽다.
③ 변동성 : 주의에는 리듬이 있어서 언제나 일정한 수준을 유지할 수 없다. 보통의 조건에서 단일의 변화하지 않는 자극을 명료하게 의식하고 있을 수 있는 시간은 기껏해야 수초에 불과하다. 따라서 본인은 주의하려고 노력해도 실제로는 의식하지 못하는 순간이 반드시 존재하게 된다.

30. 다음 중 '부주의'의 원인으로 볼 수 없는 것은?

① 외적 자극의 변동성   ② 의식의 우회
③ 의식의 혼란   ④ 의식의 과잉

해설 부주의의 원인
① 의식의 단절
② 의식의 우회 : 작업 도중 다른 것들에 정신을 팔린 경우
③ 의식수준의 저하 : 심신의 피로, 몽롱한 머리상태, 단조로운 작업을 하는 경우
④ 의식의 혼란 : 외적 자극에 의한 의식의 분산
⑤ 의식의 과잉 : 돌발사태 또는 긴급사태 발생시 주의의 일점 집중현상

31. 다음에 설명하는 재해빈발자의 태도 특성으로 옳지 않은 것은?

① 그릇된 인생관, 가치관 소유
② 공격적이며 본능적인 욕구 추구
③ 적극적인 생활 자세
④ 통찰력 부족

해설 무사고자의 특성
① 내성적이며 겸손하다.
② 온건하고 감정을 통제하는 성격
③ 적극적인 생활 자세
④ 정신적인 욕구 추구
⑤ 상황판단이 명확하고 추진력 소유

⑥ 책임감이 강하고 적극적인 사고방식
⑦ 타인의 잘못에 관용
⑧ 의욕, 집착력이 강함
⑨ 조직 전체의 이해를 우선 함

32 24시간 기준 사고발생률 최대 시간대로 옳은 것은?

① 오전 10시~11시   ② 오후 15시~16시
③ 오후 18시~20시   ④ 오전 03시~05시

해설 24시간 기준 사고발생률 최대 시간대 : 03시~05시

33 작업장에서 "보통작업"을 수행할 경우 올바른 "조도" 하한 기준은?

① 75lux 이상   ② 150lux 이상
③ 300lux 이상   ④ 750lux 이상

해설

작업구분	기준	작업구분	기준
초정밀작업	750lux 이상	보통작업	150lux 이상
정밀작업	300lux 이상	그 밖의 작업	75lux 이상

34 강노작(强勞作)은 일반적인 전신작업을 할 경우인데 RMR(작업강도) 수치로 옳은 것은?

① 1.0 ~ 1.9   ② 2.0 ~ 3.9
③ 4.0 ~ 6.9   ④ 7.0 이상

해설 [작업강도]
작업의 강도를 생리학적 입장에서 에너지 소비량으로 분류하면 객관적이고 편리해서 대체로 이 방법이 사용되고 있다. 에너지 소비량으로 본 작업강도의 분류는, 각 직종에서 주된 작업의 에너지 대사율(RMR)에 의해 예전에는 표에 나타난 것처럼 경(輕)·중(中)·강(强)·중(重)·격(激)의 5단계로 나누었으나, 요즘에는 작업의 기계화에 따라 RMR 7 이상의 격노작(激勞作)에 종사하는 사람이 거의 없게 되었으므로 4단계로 나누고 있다.

$$RMR = \frac{(작업\ 시\ 소비에너지) - (안정\ 시\ 소비에너지)}{기초대사시\ 소비에너지}$$

[작업강도]

노작강도(勞作强度)		주작업의 RMR
종전의 분류	근대의 분류	
경노작(輕勞作)	가벼운 노작	0.0~0.9
중노작(中勞作)	보통 노작	1.0~1.9
강노작(强勞作)	좀 힘든 노작	2.0~3.9
중노작(重勞作)	힘든 노작	4.0~6.9
격노작(激勞作)	–	7.0 이상

(체육학대사전, 2000. 2. 25., 이태신)

[작업별 세부작업]

경작업(輕作業)	사무작업, 정밀작업, 감시작업
중작업(中作業)	앉은 작업
중작업(重作業)	손 또는 발작업의 동작 작업으로 속도가 적은 것
강작업(强作業)	일반적인 전신작업
격작업(激作業)	근육 사용정도가 강한 전신 작업 (현재 거의 없음)

35 안전교육의 단계별 과정 중 태도교육의 내용으로 옳지 않은 것은?

① 작업동작 및 표준작업방법의 습관화
② 공구·보호구 등의 관리 및 취급태도의 확립
③ 작업 전후 점검 및 검사요령의 정확화 및 습관화
④ 구체적인 생산과정에서 추출하고 작업동작에서 불량점 시점을 반복하며 그 요령을 체득함으로써 숙련성을 증가

해설 안전교육의 단계별 과정 중 태도교육의 내용
① 작업동작 및 표준작업방법의 습관화
② 공구·보호구 등의 관리 및 취급태도의 확립
③ 작업 전후 점검 및 검사요령의 정확화 및 습관화
④ 작업지시·전달 등의 언어·태도의 정확화 및 습관화

36 산업안전보건법상 안전표지의 설치 및 부착의무가 부여된 자로서 옳은 것은?

① 사업주 ② 안전보건관리책임자
③ 안전관리자 ④ 관리감독자

해설 산업안전보건법 제37조(안전보건표지의 설치·부착) ① 사업주는 유해하거나 위험한 장소·시설·물질에 대한 경고, 비상시에 대처하기 위한 지시·안내 또는 그 밖에 근로자의 안전 및 보건 의식을 고취하기 위한 사항 등을 그림, 기호 및 글자 등으로 나타낸 표지(이하 이 조에서 "안전보건표지"라 한다)를 근로자가 쉽게 알아 볼 수 있도록 설치하거나 붙여야 한다.

37 다음 안전표지가 경고하는 내용으로 옳은 것은?

① 낙하물 경고 ② 고압전기 경고
③ 위험장소 경고 ④ 고온 경고

38 방호장치의 4대 일반원칙의 내용으로 옳지 않은 것은?

① 작업방해의 제거 ② 작업장소의 방호
③ 외관상의 안전화 ④ 기계특성의 성능보장

해설 방호장치의 4대 일반원칙
① 작업방해의 제거 : 방호장치로 인한 작업방해를 제거하는 것이다.
② 작업점의 방호 : 작업자와 위험점이 교차될 수 있는 부분을 확실하게 방호하여야 한다.
③ 외관상의 안전화 : 방호장치의 외관상 안전화이다. 방호장치 자체적으로 날카로운 부분이 있는 등으로 외관상에 위험이 있거나 불완전한 설치로 인해 작업자에게 오히려 불안감을 주게 되면 오히려 사고발생의 원인을 제공할 수 있다.
④ 기계특성의 성능보장 : 기계특성에 적합한 방호성능을 보장해야 한다.

39 보호구가 갖추어야 할 구비 조건으로 옳지 않은 것은?

① 외관상 보기가 좋을 것
② 작업에 방해를 주지 않을 것
③ 구조 및 표면가공이 우수할 것
④ 유해·위험요소에 대한 방호가 확실할 것

해설 보호구가 갖추어야 할 구비조건
① 착용이 간편할 것
② 작업에 방해를 주지 않을 것
③ 유해·위험요소에 대한 방호가 확실할 것
④ 재료의 품질이 양호할 것
⑤ 외관상 보기가 좋을 것
⑥ 구조 및 표면가공이 양호할 것

40 인간-기계 통합시스템 기능에 대한 다음 설명 중 옳지 않은 것은?

① 임기응변은 인간의 우수기능이다.
② 예기치 못한 사건을 감지하는 것은 인간의 우수기능이다.
③ 저에너지에도 자극을 하는 것은 인간의 우수기능이다.
④ 과부하에서 효율적 적용을 할 수 있는 것은 인간의 우수기능이다.

해설 인간-기계 통합시스템 기능

구분	인간	기계
우수기능	① 저에너지 자극 ② 복잡 다양한 자극 형태 식별 ③ 예기치 못한 사건 감지 ④ 다량의 정보 장기 보관 ⑤ 귀납적 추리 (원인 → 결과) ⑥ 과부하에서 중요 일에 전념 ⑦ 임기응변, 융통성, 주관적, 독창력	① 미세 저자극(X선, 초음파) 감지 ② 모니터 기능 ③ 드물게 발생하는 사상 감지 ④ 암호화 정보 대량, 신속 보관 ⑤ 연역적 추리 (결과 → 원인) ⑥ 과부하에서 효율적 작용 ⑦ 정량, 중량, 장시간, 반복, 동시 작업

구분		인간	기계
주요 기능	감지 (Sensing)	시각, 청각, 후각, 촉각 등 감각기관	전자, 사진, 기계적 감지기능
	저장 (Information storage)	기억 학습내용	펀치카드, 자기테이프 등 물리적 기구에 보관
	정보처리 및 의사결정	심리적 : 회상, 인식, 정리 정보처리 : 0.5초 (인간의 처리능력 한계)	
	행동기능	물리적 : 물체의 취급, 조종장치 작동 등 통신행위 : 음성	통신행위 : 신호, 기록 등

41 안전관리 활동을 통해서 얻을 수 있는 긍정적인 효과가 아닌 것은?

① 근로자의 사기 진작 ② 생산성 향상
③ 손실비용 증가 ④ 신뢰성 유지 및 확보

해설 안전관리란 기업이 정해진 법에 의하여 재해나 사고의 방지를 위하여 취하는 조치나 활동으로서 생산성 향상과 손실의 최소화를 위하여 사고가 발생하지 않은 상태를 유지하기 위한 활동을 말한다.

42 재해의 통계적 원인분석 방법에 해당하지 않는 것은?

① 파레토도 ② 특성요인도
③ 소시오메트리도 ④ 클로즈분석도

해설 소시오메트리(sociometry)는 집단 내의 선택, 의사소통 및 상호작용 패턴에 관한 자료를 수집하고 분석하는 방법 혹은 집단구성원 간의 호감과 반감을 조사하여 그 빈도와 강도에 따라 집단구조를 이해하는 척도를 말한다.

[재해의 통계적 원인분석 방법]
① 파레토도 : 불량, 결점, 고장 등의 발생건수, 또는 손실금액을 항목별로 나누어 발생빈도의 순으로 나열하고 누적합도 표시한 그림.
② 특성요인도 : 품질 특성과 요인 사이의 관계를 나타내는 그림으로, 어골형(魚骨形)의 도형이 사용된다.

④ 클로즈분석도 : 2개 이상의 관계를 분석하는데 이용되며 요인별 결과내역을 교차한 그림을 사용하여 분석한다. 벤다이어그램을 사용하여 교집합을 분석하면 두 독립사건에 대한 중복되는 재해원인을 판단할 수 있다.

※ 관리도 : 어떤 일련의 표본에서 얻은 특성치(特性値)의 경시적(經時的)인 변화를, 통계학적으로 설정된 관리한계(허용한계)선 control limits 및 중심선과 더불어 기입한 그래프를 관리도(管理圖)라고 일컫는다.

43 산업재해발생의 기본 원인 4M에 해당하지 않는 것은?

① Man ② Method
③ Machine ④ Media

해설 산업재해발생의 기본원인 4M

구분	내용
Man(인간)	직장의 인간관계, 안전의식 등
Machine(기계설비)	인간공학적인 안전배려
Media(매체)	작업조건, 작업방법
Management(관리)	안전관리조직, 안전규정, 점검, 감독, 교육 등

44 인간-기계시스템 설계과정 6단계를 순서대로 옳게 나열한 것은?

ㄱ. 시스템 정의
ㄴ. 목표 및 성능명세 결정
ㄷ. 기본설계
ㄹ. 인터페이스 설계
ㅁ. 촉진물, 보조물 설계
ㅂ. 시험 및 평가

① ㄱ → ㄴ → ㄷ → ㄹ → ㅁ → ㅂ
② ㄱ → ㄴ → ㄹ → ㄷ → ㅁ → ㅂ
③ ㄱ → ㄷ → ㄴ → ㅁ → ㄹ → ㅂ
④ ㄴ → ㄱ → ㄷ → ㄹ → ㅁ → ㅂ

정답 41. ③ 42. ③ 43. ② 44. ④

해설 인간-기계시스템 설계과정 6단계

제1단계	목표 및 성능명세결정
제2단계	시스템의 정의
제3단계	기본설계
제4단계	인터페이스 설계
제5단계	촉진물, 보조물 설계
제6단계	시험 및 평가

45 암실 내에서 정지된 작은 빛을 응시하고 있으면 그 빛이 움직이는 것처럼 보이는 것을 자동운동이라고 한다. 자동운동이 생기기 쉬운 조건으로 옳은 것은?

① 광점이 클 것
② 광의 강도가 작을 것
③ 광의 눈부심과 조도가 클 것
④ 대상이 복잡할 것

해설 • 자동운동 : 어두운 곳에서 소광점을 응시 광점이 움직이는 것처럼 보이는 현상
• 자동운동 발생되는 조건 : 광점이 작을 것, 시야의 다른 부분이 어두울 것, 대상이 단순할 것, 빛의 강도가 작을 것

46 시몬즈(Simonds)의 재해손실비 평가방법에 관한 내용이다. ( )에 들어갈 것으로 옳은 것은?

• 총 재해비용 = 산재보험비용 + (ㄱ)비용
• (ㄱ)비용 = 휴업상해건수 × A
  + (ㄴ)건수 × B
  + (ㄷ)건수 × C
  + 무상해사고건수 × D

(여기서, A, B, C, D는 장해 정도별 비보험비용의 평균치임)

① ㄱ: 비보험, ㄴ: 입원상해, ㄷ: 유족상해
② ㄱ: 간접, ㄴ: 입원상해, ㄷ: 비응급조치
③ ㄱ: 비보험, ㄴ: 통원상해, ㄷ: 응급조치
④ ㄱ: 간접, ㄴ: 통원상해, ㄷ: 중상해

해설 시몬즈 방식 재해비용
시몬즈방식은 재해 1건에 대한 코스트가 아니고, 1년 간을 통해서 발생한 재해 전체의 총계를 개산(槪算)해서 구하려고 하는 것이다. 코스트 전체를 보험 코스트와 비보험 코스트로 나눈다.

재해 코스트 = 산재보험코스트 + A × 휴업상해건수
+ B × 통원상해건수
+ C × 구급수당
(응급조치)건수
+ D × 무상해사고건수

47 매슬로우(Maslow)의 동기부여이론(욕구5단계이론)에 관한 내용으로 옳지 않은 것은?

① 제1단계: 생리적 욕구(생명유지의 기본적 욕구)
② 제2단계: 도전 욕구(새로운 것에 대한 도전 욕구)
③ 제3단계: 사회적 욕구(소속감과 애정 욕구)
④ 제4단계: 존경 욕구(인정받으려는 욕구)

해설 매슬로우의 욕구피라미드

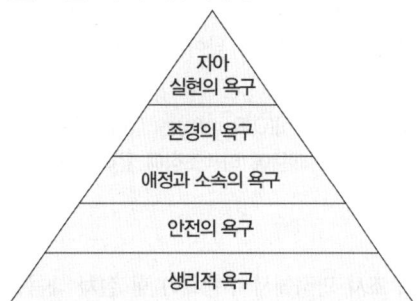

48 안전교육의 단계별 과정 중 태도교육의 내용이 아닌 것은?

① 작업동작 및 표준작업방법의 습관화
② 공구·보호구 등의 관리 및 취급태도의 확립
③ 작업 전후 점검 및 검사요령의 정확화 및 습관화
④ 작업에 필요한 안전규정 숙지

해설 안전교육의 3단계
① 제1단계(안전지식의 교육) : 사업장 설비조건에 대한 정상 상태, 안전한 조작방법 등
② 제2단계(안전기능의 교육) : 교육대상자가 반복적 훈련을 통해 습득하는 것으로 교육 내용은 교육담당자에 의해 구체적인 생산과정에서 추출하고 작업동작에서 불량점 시점을 반복하며

45. ② 46. ③ 47. ② 48. ④

그 요령을 체득함으로써 숙련성을 증가시키는 교육이다.
③ 제3단계(안전태도의 교육) : 사업장에서 안전을 대하는 근로자의 태도로서 재해 발생시 제3단계 교육의 결함이나 불충분이 약 20% 정도이다.

49 인간-기계 시스템에서 표시장치(display)와 조종장치(control)의 설계에 관한 내용으로 옳지 않은 것은?

① 작업자의 즉각적 행동이 필요한 경우에 청각적 표시장치가 시각적 표시장치보다 유리하다.
② 330m 이상 정도의 장거리에 신호를 전달하고자 할 때는 청각 신호의 주파수를 1,000Hz 이하로 하는 것이 좋다.
③ 광삼현상으로 인해 음각(검은 바탕의 흰 글씨)의 글자 획폭(stroke width)은 양각(흰 바탕의 검은 글씨)보다 작은 값이 권장된다.
④ 조종-반응 비(C/R 비)가 작을수록 조종장치와 표시장치의 민감도가 낮아져 미세조종에 유리하다.

해설 조종-반응 비(C/R ratio)는 값이 클수록 민감도가 떨어지기 때문에 미세조정에 유리하다.

50 재해 조사 과정에서 수행해야 할 절차 내용을 순서대로 옳게 나열한 것은?

> ㄱ. 근본적 문제점 결정
> ㄴ. 4M 모델에 따른 기본 원인 파악
> ㄷ. 5W1H 원칙에 따른 사실 확인
> ㄹ. 불안전 상태와 불안전 행동에 해당하는 직접 원인 파악

① ㄱ → ㄴ → ㄷ → ㄹ   ② ㄴ → ㄱ → ㄷ → ㄹ
③ ㄷ → ㄴ → ㄹ → ㄱ   ④ ㄷ → ㄹ → ㄴ → ㄱ

해설 재해조사 수행 순서
1. 5W1H 원칙에 따른 사실 확인
2. 불안전 상태와 불안전 행동에 해당하는 직접 원인 파악
3. 4M 모델에 따른 기본 원인 파악
4. 근본적 문제점 결정

51 산업재해 연구에 관한 내용으로 옳은 것을 모두 고른 것은?

> ㄱ. 시몬즈(Simonds)는 평균치법을 적용해 재해손실비용을 산출하였다.
> ㄴ. 하인리히(Heinrich)는 재해손실비용의 직접비와 간접비 비율을 약 1 : 4로 제시하였다.
> ㄷ. 버드(Bird)는 1건의 중상이 발생할 때 10건의 경상, 300건의 아차사고가 발생한다고 하였다.

① ㄱ   ② ㄷ
③ ㄱ, ㄴ   ④ ㄴ, ㄷ

해설 버드이론
중상과 경상, 재산상 손실만 가져오는 사고, 그리고 '앗차 사고(위험순간, near miss)'가 '1 : 10 : 30 : 600'의 비율로 발생한다고 하였다.

52 2,500명의 근로자가 근무하는 사업장의 재해율(천인율)은 1.6, 도수율은 0.8, 강도율은 1.2이었다. 이 사업장의 연간 재해발생건수와 근로손실일수로 옳은 것은? (단, 1일 8시간, 연간 250일 근무하는 것으로 가정한다.)

① 재해발생건수: 4건, 근로손실일수: 4,000일
② 재해발생건수: 4건, 근로손실일수: 6,000일
③ 재해발생건수: 6건, 근로손실일수: 6,000일
④ 재해발생건수: 6건, 근로손실일수: 8,000일

해설 연천인율 : 년간 평균 1,000인당 몇 명의 사상자 수가 발생했는가를 나타내는 비율
연천인율 = (연간재해자수/연평균 근로자수2,500) × 1,000 = 1.6
도수율(FR) = (재해발생건수/(연근로자 시간수 2,000×2,500)) × 1,000,000 = 0.8
∴ 재해발생건수 = 4건
강도율(SR) = (근로손실일수/(연근로시간수 2,000×2,500)) × 1,000 = 1.2
∴ 6,000일

정답 49. ④ 50. ④ 51. ③ 52. ②

53 다음에서 설명하고 있는 위험성평가 기법은?

- 초기 개발 단계에서 시스템 고유의 위험성을 파악하고 예상되는 재해의 위험수준을 결정한다.
- 시스템 내의 위험요소가 어떤 위험 상태에 있는가를 평가하는 정성적인 기법이다.

① PHA ② FMEA
③ MORT ④ THERP

해설
- FMEA(Failure Mode and Effect Analysis) : 시스템 안전분석에 이용되는 전형적인 정성(定性)적·귀납(歸納)적 분석방법으로, 시스템에 영향을 미치는 전체 요소의 고장을 형태별로 분석하여 시스템 또는 서브시스템이 가동 중에 기기나 부품의 고장에 의해서 재해나 사고를 일으키게 할 우려가 있는가를 해석하는 방법이다.
- MORT(management oversight and risk tree) : MORT로 이름 붙여진 해석 트리(tree)를 중심으로 FTA와 똑같은 이론수법을 사용해서 관리, 설계, 생산, 보전 등 넓은 범위에 걸쳐서 안전성을 확보하려고 하는 수법
- FTA(fault tree analysis) : FTA(결함수법, 결함관련수법, 고장의 목(木)해석법 등으로 해석된다)는 다른 많은 시스템 해석수법이 재해원인에서 출발하여 재해현상에 도달하고, 소위 귀납적 해석방법인데 대해 반대로 정상(頂上)사상으로 불리는 재해현상에서 기본사상이라 하는 재해원인을 향해서 연역적인 해석을 실시
- THERP(technique for human error rate prediction) : 시스템에 있어서 인간의 과오(휴먼 에러)를 정량적으로 평가하기 위해 1963년 Swain들에 의해서 개발된 기법이며, 인간의 에러(error)율 추정(推定)법 등 5개 step으로 되어 있다.
- ETA(event tree analysis) : 사상(事象)의 안전도를 사용해서 시스템의 안전도를 표시하는 시스템 모델의 하나이며, 귀납적이기는 하지만 정량적인 해석수법이다. 종래 간과되기 쉬운 재해의 확대요인의 분석 등에 적합하다.
- ETA의 작성은 통상 좌로부터 우로 진행되며, 요소 또는 사상(事象)을 표시하는 절점(panel point)에 있어서 성공사상은 위쪽으로, 실패사상은 아래쪽으로 분기(分岐)된다. 분기(分岐)마다 발생확률(안전도와 불안전도)이 표시되며, 최후로 각각의 곱한 합계로 해서 시스템의 안전도가 계산된다.

54 시스템 안전성 확보를 위한 방법이 아닌 것은?

① 위험상태 존재의 최소화
② 중복설계(redundancy)의 배제
③ 안전장치의 채용
④ 경보장치의 채택

해설 중복설계가 안전성 확보에 도움이 된다.

55 안전성평가 종류 중 기술개발의 종합평가(technology assessment)에서 단계별 내용으로 옳지 않은 것은?

① 1단계: 생산성 및 보전성
② 2단계: 실현가능성
③ 3단계: 안전성 및 위험성
④ 4단계: 경제성

해설 안전성 평가 순서
1단계 : 기초자료의 수집
2단계 : 자료의 검토 및 실현 가능성
3단계 : 위험도 평가
4단계 : 안전대책의 검토 및 경제성 평가
5단계 : 확인결과의 수치화 및 종합평가

56 안전관리 조직에 관한 내용으로 옳지 않은 것은?

① 라인스태프형은 명령 계통과 조언·권고적 참여가 혼돈되기 쉬운 단점이 있다.
② 라인형은 1,000명 이상의 대규모 사업장에 주로 활용된다.
③ 라인형은 안전에 대한 지시 및 전달이 비교적 신속하다.
④ 스태프형은 권한 다툼이나 조정 때문에 라인형 보다 통제수속이 복잡하며 시간과 노력이 더 소모된다.

해설 직계형(라인형)
① 계선식 조직으로 100인 미만 사업체에 적용
② 안전문제의 계획에서 실시까지 생산라인을 따라 전달·감독되는 방식
③ 장점 : 안전지시와 조치가 빠르고 철저하게 전달된다.
④ 단점 : 전문적인 지식과 기술의 부족으로 직장 실태에 알맞은 즉각적인 대응이 어렵다.

57 다음 ( )에 들어갈 것으로 옳은 것은?

> ( )는 330건의 사고가 발생하는 가운데 중상 또는 사망 1건, 경상 29건, 무상해 사고 300건의 비율로 재해가 발생한다는 법칙을 주장하였다.

① 버드(F. Bird)
② 아담스(E. Adams)
③ 시몬즈(R. Simonds)
④ 하인리히(H. Heinrich)

해설 하인리히 법칙
하인리히의 법칙(Heinrich's law) 또는 1:29:300의 법칙은 어떤 대형 사고가 발생하기 전에는 같은 원인으로 수십 차례의 경미한 사고와 수백 번의 징후가 반드시 나타남을 뜻하는 통계적 법칙이다.

58 보호구 안전인증 고시에서 정하고 있는 추락 및 감전 위험방지용 안전모의 성능기준에 관한 내용 중 안전모의 시험성능기준 항목이 아닌 것은?

① 내관통성   ② 충격흡수성
③ 내약품성   ④ 내수성

해설 안전모의 시험성능 기준
① 내관통성
② 충격흡수성
③ 내전압성
④ 내수성 시험
⑤ 난연성 시험

59 "미끄러운 기름이 흘러있는 복도 위를 걷다가 미끄러지면서 넘어져 기계에 머리를 부딪쳐서 다쳤다." 이러한 재해상황에 관한 내용으로 옳은 것은?

① 가해물: 복도, 기인물: 기름, 사고유형: 추락
② 가해물: 기름, 기인물: 복도, 사고유형: 끼임
③ 가해물: 기계, 기인물: 기름, 사고유형: 전도
④ 가해물: 기름, 기인물: 기계, 사고유형: 화재

해설
- 가해물 : 산업재해는 물건과 사람과의 충돌현상 또는 에너지를 가진 것에 접촉됨으로써 일어나는 현상이다. 이때 사람에게 직접충돌하거나 접촉으로 위해를 입힌 물건을 가해물이라고 한다.
- 기인물 : 기인물은 재해의 원인이 된 것
- 전도 : 재해발생형태별 분류방법에 있어서 사람이 바닥 등의 장애물 등에 걸려 넘어지거나 물, 이물질 등 환경적 요인으로 미끄러지는 경우

60 다음은 위험성평가 기법인 MORT에 관한 설명이다. ( )에 들어갈 것으로 옳은 것은?

> MORT는 ( )와(과) 동일한 논리방법을 사용하여 관리, 설계, 생산 및 보전 등의 넓은 범위에 걸친 안전 확보를 위하여 활용하는 기법으로 원자력 산업 등에 이용된다.

① HAZOP   ② FTA
③ PHA   ④ FMEA

해설
- MORT(management oversight and risk tree) : MORT로 이름 붙여진 해석 트리(tree)를 중심으로 FTA와 똑같은 이론수법을 사용해서 관리, 설계, 생산, 보전 등 넓은 범위에 걸쳐서 안전성을 확보하려고 하는 수법
- FTA(fault tree analysis) : FTA(결함수법, 결함관련수법, 고장의 목(木)해석법 등으로 해석된다)는 다른 많은 시스템 해석수법이 재해원인에서 출발하여 재해현상에 도달하고, 소위 귀납적 해석방법인데 대해 반대로 정상(頂上)사상으로 불리는 재해현상에서 기본사상이라 하는 재해원인을 향해서 연역적인 해석을 실시

정답 57. ④ 58. ③ 59. ③ 60. ②

61. 브레인스토밍 기법에 관한 내용으로 옳은 것을 모두 고른 것은?

ㄱ. 타인의 아이디어를 비판하지 않을 것
ㄴ. 자유로운 분위기를 조성할 것
ㄷ. 타인의 아이디어에 내 아이디어를 덧붙여 아이디어를 제시하는 것은 금지할 것
ㄹ. 다수의 아이디어를 낼 수 있도록 할 것

① ㄱ, ㄴ ② ㄴ, ㄷ
③ ㄱ, ㄴ, ㄹ ④ ㄱ, ㄷ, ㄹ

해설 브레인스토밍 4원칙
미래예측기법으로도 활용되며, 참여자들의 잠재력을 단시간 내에 표출시켜서 위험요인 제거
㉠ 아이디어에 대한 비판(좋다 혹은 나쁘다) 금지
㉡ 자유분방 : 편안한 마음으로 자유롭게 이견 표명
㉢ 대량발언 : 가능한 여러 사람이 많은 의견을 발표하도록 한다.
㉣ 수정발언 : 타인의 아이디어를 수정하거나 첨언하여도 좋다.

62. 산업안전보건기준에 관한 규칙의 일부이다. ( )에 들어갈 내용으로 옳은 것은?

제8조(조도) 사업주는 근로자가 상시 작업하는 장소의 작업면 조도(照度)를 다음 각 호의 기준에 맞도록 하여야 한다. 다만, 갱내(坑內) 작업장과 감광재료(感光材料)를 취급하는 작업장은 그러하지 아니하다.

1. 초정밀작업: (ㄱ)럭스(lux) 이상
2. 정밀작업: (ㄴ)럭스(lux) 이상

① ㄱ: 600, ㄴ: 300 ② ㄱ: 650, ㄴ: 250
③ ㄱ: 700, ㄴ: 200 ④ ㄱ: 750, ㄴ: 300

해설

작업구분	기준	작업구분	기준
초정밀작업	750lux 이상	보통작업	150lux 이상
정밀작업	300lux 이상	그 밖의 작업	75lux 이상

63. 500명의 근로자가 근무하는 사업장에서 연간 30건의 재해가 발생하여 35명의 재해자로 인해 120일의 근로손실일수가 발생한 경우, 이 사업장의 재해통계(도수율, 강도율)로 옳은 것은? (단, 1일 8시간, 연 300일 근무하는 것으로 가정한다.)

① 도수율: 0.25, 강도율: 0.1
② 도수율: 2.1, 강도율: 0.1
③ 도수율: 25, 강도율: 1.0
④ 도수율: 25, 강도율: 0.1

해설 도수율(FR) = (재해발생건수30/연근로자 시간수 1,200,000) × 1,000,000 = 25
연근로자시간수 = 500×8×300 = 1,200,000
강도율(SR) = (근로손실일수120/연근로시간수 1,200,000) × 1,000 = 0.1

64. 수공구 설계원칙에 관한 설명으로 옳은 것을 모두 고른 것은?

ㄱ. 손에 맞는 장갑을 착용한다.
ㄴ. 손잡이를 꺾지 말고 손목을 꺾는다.
ㄷ. 손잡이 접촉면적을 작게 하여 힘을 집중시킨다.
ㄹ. 가능한 수동공구가 아닌 동력공구를 사용한다.
ㅁ. 양손잡이를 모두 고려한 설계를 한다.

① ㄱ, ㄴ, ㄷ ② ㄱ, ㄹ, ㅁ
③ ㄴ, ㄷ, ㄹ ④ ㄴ, ㄹ, ㅁ

해설 수공구 설계 원칙
1. 인간의 상지에 적합하도록 함
2. 손목을 꺾지 말고 손잡이를 꺾어야 함
3. 수공구가 무겁지 않도록 설계
4. 양손잡이를 모두 고려한 설계
5. 가능한 한 수동 공구 대신 동력 공구를 사용
6. 손잡이 길이는 95% 남성의 손과 폭을 기준
7. 손바닥 부위에 압박을 주는 형태 지양
8. 손잡이의 직경은 사용 용도에 맞춤
9. 손에 맞는 장갑 착용
10. 손잡이 재질은 미끄러지지 않는 비전도성으로 열과 땀에 강해야 함

65 위험예지훈련 4라운드를 순서대로 바르게 나열한 것은?

> ㄱ. 이것이 위험요점이다.
> ㄴ. 우리는 이렇게 한다.
> ㄷ. 당신이라면 어떻게 할 것인가?
> ㄹ. 어떤 위험이 잠재하고 있는가?

① ㄱ - ㄹ - ㄷ - ㄴ
② ㄷ - ㄹ - ㄱ - ㄴ
③ ㄹ - ㄱ - ㄷ - ㄴ
④ ㄹ - ㄷ - ㄱ - ㄴ

해설 [4라운드법의 진행방법]

준비	멤버가 많을 때에는 서브팀 편성	멤버 4~6명 역할분담(리더, 서기, 발표자, 강평, 보고서 담당) 실습용지 배포
도입 (시작)	전원기립 리더(서브리더) 인사	정렬, 구령, 건강확인 등
1R	현상파악 어떤 위험이 잠재하고 있는가?	(도해의 배포) 위험요인과 초래되는 현상(5~7개) 「~해서 ~ㄴ다.」 「~ 때문에 ㄴ다.」
2R	본질추구 이것이 위험의 포인트다!	• 문제라고 생각되는 항목에 ○표, 위험의 포인트에 ◎표 • 표 2항목 정도(합의요약), 밑줄, 위험의 포인트(지적확인) • 「~해서 ~ㄴ다. 좋아!」
3R	대책수립 당신이라면 어떻게 하겠는가?	◎표 항목에 대한 구체적이고 실천 가능한 대책, 2~3항목4R
4R	목표설정 우리들은 이렇게 하자!	• 4R : (1) 중심실시항목(합의요약) 1개 밑줄 • 4R : (2) 팀의 행동목표 → 지적확인「~을 ~하여 ~하자, 좋아!」
확인		• 원포인트 지적확인 연습(3회)「○○, 좋아!」 • 터치 앤드 콜「○○팀, 무재해로 나가자, 좋아!」
강평		• 발표자, 1~4R 순서대로 읽어나간다. • 상대팀의 발표 → 강평(Comment)

66 재해조사방법에 관한 설명으로 옳지 않은 것은?

① 피해자에 대한 조사자의 기본적 태도는 동정적이고 피해자의 입장을 이해해야한다.
② 목격자 등이 증언하는 사실 이외의 추측의 말은 참고로만 한다.
③ 사고의 재발방지보다 책임소재 파악을 우선하는 기본적 태도를 갖는다.
④ 재해조사는 재해발생 직후 현장을 보존하며 신속하게 수행한다.

해설

💡 재해조사시 방법
① 재해 발생직후 조사합니다.
② 현장의 물리적 흔적 즉 물적 증거를 수집합니다.
③ 재해현장은 사진을 촬영하여 보관하고 기록합니다.
④ 목격자, 현장책임자등 많은 사람들에게 사고시의 상황을 듣습니다.
⑤ 재해피해자로부터 재해직전의 상황을 청취합니다.
⑥ 판단하기 어려운 특수재해나 중대재해는 전문가에게 조사를 의뢰합니다.

💡 재해조사시 유의해야 할 사항
① 사실을 수집합니다. 이유는 차후에 확인합니다.
② 목격자 등이 증언하는 사실이외의 추측의 말은 참고로만 합니다.
③ 조사는 신속하게 하고 긴급조치하여 2차 재해의 방지를 도모합니다.
④ 사람, 기계 설비 양면의 재해요인을 도출합니다.
⑤ 객관적인 입장에서 공정하게 조사하며 조사는 2인 이상이 합니다.
⑥ 책임추궁보다는 재발방지를 우선하는 태도를 가집니다.
⑦ 피해자에 대한 구급조치를 우선합니다.
⑧ 2차 재해의 예방과 위험성에 대한 보호구를 착용합니다.

67 하인리히(Heinrich)의 도미노(Domino)이론에서 사고의 직접원인이 아닌 것은?

① 불안전한 자세 및 위치
② 권한 없이 행한 조작
③ 불량한 정리정돈
④ 부적절한 태도

정답 65. ③ 66. ③ 67. ④

해설 하인리히의 도미노 이론에서 직접 원인은 일어난 결과에 대한 직접적인 원인을 의미한다.
하지만 간접 원인은 결과를 일으키는 직접적인 원인에 대한 원인을 의미한다.

68 위험성평가 실시 주체에 관한 설명으로 옳은 것은?

① 사업주는 위험성평가 시 해당 작업장의 근로자를 참여시켜야 한다.
② 안전보건관리책임자는 유해·위험요인을 파악하고 그 결과에 따라 개선조치를 시행한다.
③ 관리감독자는 위험성평가 실시에 대하여 안전보건관리책임자를 보좌하고 지도·조언한다.
④ 안전보건관리책임자는 주체가 되어 도급사업주와 함께 각자의 역할을 분담하여 위험성 평가를 실시한다.

해설 ① 언제나 참여하는 것은 아니고 참여시켜야 하는 경우가 있다.
② 개선조치의 시행의무는 사업주에게 있다.
④ **사업장 위험평가에 대한 지침 제5조(위험성평가 실시주체)** ① 사업주는 스스로 사업장의 유해·위험요인을 파악하고 이를 평가하여 관리 개선하는 등 위험성평가를 실시하여야 한다.
② 법 제63조에 따른 작업의 일부 또는 전부를 도급에 의하여 행하는 사업의 경우는 도급을 준 도급인(이하 "도급사업주"라 한다)과 도급을 받은 수급인(이하 "수급사업주"라 한다)은 각각 제1항에 따른 위험성평가를 실시하여야 한다.

69 산업안전보건법령상 사업주가 위험성평가 실시내용 및 결과를 기록·보존할 때 포함되어야 할 사항을 모두 고른 것은?

ㄱ. 산업안전보건관리비의 산출내역과 변경관리
ㄴ. 위험성 결정의 내용
ㄷ. 위험성평가 제외 대상 공종의 작업계획 및 회의내용
ㄹ. 위험성평가 대상의 유해·위험요인
ㅁ. 위험성평가의 실시내용을 확인하기 위하여 필요한 사항으로서 고용노동부장관이 정하여 고시하는 사항

① ㄱ, ㄴ, ㄷ
② ㄱ, ㄷ, ㄹ
③ ㄴ, ㄷ, ㄹ
④ ㄴ, ㄹ, ㅁ

해설 **시행규칙 제37조(위험성평가 실시내용 및 결과의 기록·보존)** ① 사업주가 법 제36조제3항에 따라 위험성평가의 결과와 조치사항을 기록·보존할 때에는 다음 각 호의 사항이 포함되어야 한다.
1. 위험성평가 대상의 유해·위험요인
2. 위험성 결정의 내용
3. 위험성 결정에 따른 조치의 내용
4. 그 밖에 위험성평가의 실시내용을 확인하기 위하여 필요한 사항으로서 고용노동부장관이 정하여 고시하는 사항
② 사업주는 제1항에 따른 자료를 3년간 보존해야 한다.

70 다음에 적용된 본질적 안전 설계의 개념으로 옳은 것은?

ㄱ. 극성이 정해져 있는 전원 커넥터를 극성이 다르게 삽입되지 않도록 설계
ㄴ. 전기히터가 넘어지면 저절로 꺼지도록 설계

① ㄱ: Fool Proof, ㄴ: Fail Safe
② ㄱ: Fool Proof, ㄴ: Fool Proof
③ ㄱ: Fail Safe, ㄴ: Fool Proof
④ ㄱ: Fail Safe, ㄴ: Fail Safe

해설 • 이중안전장치(Fail Safe) : 고장시 작동정지가 되도록 하는 안전장치
• Fool Proof : 취급, 조작자의 부주의와 잘못에 의한 사고발생 방지 장치

71 작업공간 배치의 기본 원칙에 관한 설명으로 옳지 않은 것은?

① 자주 사용하는 요소일수록 사용하기 편리한 지점에 배치한다.
② 사용 및 조작 순서를 고려하여 배치한다.
③ 동일한 요소들은 기억과 탐색이 쉽도록 일관된 지점에 배치한다.
④ 기능적으로 관련성이 높은 요소들은 분산 배치한다.

해설 기능적으로 관련성이 높은 요소들은 집중 배치한다.

72 하인리히(H.W.Heinrich)의 재해코스트 산정 시 간접비에 해당하는 것을 모두 고른 것은?

ㄱ. 휴업보상비	ㄴ. 장해보상비
ㄷ. 재산손실	ㄹ. 유족보상비
ㅁ. 생산감소	

① ㄱ, ㄴ ② ㄱ, ㅁ
③ ㄴ, ㄹ ④ ㄷ, ㅁ

해설 하인리히 코스트 계산방식에서 총재해코스트는 직접비 더하기 간접비로 구성되며, 간접비는 약 직접비에 네 배가 된다. 즉 총재해코스트는 직접비의 다섯배라 할 수 있다. 직접비는 재해로 인해 받게 되는 산재보상금으로 법령으로 지급되는 산재 보상비이다.

💡 **직접비**
첫째, 휴업급여, 평균임금의 70%
둘째, 장애급여, 산업장해등급 1에서 14등급에 대한 급여
셋째, 요양급여, 병원에 지급하는 요양비 전액
넷째, 유족급여, 평균임금의 1300일분
다섯째, 장의비, 평균임금의 120일분
그외 유족특별급여, 장애특별급여, 직업재활급여등이 있다.

💡 **간접비**
직접비를 제외한 모든 비용으로 인적손실, 물적손실, 생산손실, 특수손실 그밖의 손실 등을 포함한다.

73 1칸델라(cd)의 점광원으로부터 2m 떨어진 곳의 조도는 얼마인가?

① 0.25lux ② 0.5lux
③ 1lux ④ 2lux

해설 조도 = 광원/거리² = 1/2² = 0.25

74 다음에서 설명하고 있는 인간실수 유형은?

- 상황이나 목표의 해석은 제대로 하였으나 의도와는 다른 행동을 하는 경우에 발생하는 오류이다.
- 행동 결과에 대한 피드백이 있으면, 목표와 결과의 불일치가 쉽게 발견된다.
- 주의산만, 주의결핍에 의해 발생할 수 있으며, 잘못된 디자인이 원인이기도 하다.

① 작위오류(commission error)
② 착오(mistake)
③ 실수(slip)
④ 시간오류(timing error)

해설 실수 및 과오
① 실수 : 의도하지 않은 결과를 일으키는 인간의 행위
② 실수 및 과오의 원인
  ㉠ 능력부족 : 적성, 지식, 기술, 인간관계 등의 문제
  ㉡ 주의부족 : 개성·감정의 불안정, 습관성 등
  ㉢ 환경조건 부적당 : 표준불량, 규칙불량, 의사소통불량, 작업조건불량 등

75 작업장에서 근로자가 1일 8시간 작업하는 동안 90dB(A)에서 4시간, 95dB(A)에서 4시간 소음에 노출되었다. 아래 허용노출시간표를 활용한 소음노출지수는 얼마인가?

1일 노출시간	소음강도
8시간	90dB(A)
4시간	95dB(A)
2시간	100dB(A)
1시간	105dB(A)
0.5시간	110dB(A)

① 0.8 ② 0.9
③ 1.0 ④ 1.5

해설 소음 노출 지수 = 노출시간(C)/허용노출시간(T)
소음 노출 지수(%) = $C_1/T_1 + C_2/T_2 + \cdots\cdots C_n/T_n$
= 4/8 + 4/4 = 1.5

76 사업장 위험성평가에 관한 지침에 명시하고 있는 "유해·위험요인이 부상 또는 질병으로 이어질 수 있는 가능성(빈도)과 중대성(강도)을 조합한 것"을 정의하는 용어는?

① 유해·위험요인
② 위험성 결정
③ 위험성
④ 위험성 추정

해설 지침 제3조(정의) "위험성"이란 유해·위험요인이 사망, 부상 또는 질병으로 이어질 수 있는 가능성과 중대성 등을 고려한 위험의 정도를 말한다.

77 위험성평가(risk assessment)를 실시하는 절차를 순서대로 옳게 나열한 것은?

ㄱ. 위험성 감소대책의 수립 및 실행
ㄴ. 파악된 유해·위험요인별 위험성의 추정
ㄷ. 근로자의 작업과 관계되는 유해·위험요인의 파악
ㄹ. 추정한 위험성이 허용 가능한 위험성인지 여부의 결정
ㅁ. 평가대상의 선정 등 사전준비

① ㄷ → ㄴ → ㄹ → ㅁ → ㄱ
② ㄷ → ㅁ → ㄴ → ㄱ → ㄹ
③ ㄷ → ㅁ → ㄴ → ㄹ → ㄱ
④ ㅁ → ㄷ → ㄴ → ㄹ → ㄱ

해설 위험성 평가 절차
① 평가대상의 선정 등 사전준비
② 근로자의 작업과 관계되는 유해·위험요인의 파악
③ 파악된 유해·위험요인별 위험성의 추정
④ 추정한 위험성이 허용 가능한 위험성인지 여부의 결정
⑤ 위험성 감소대책의 수립 및 실행

78 위험성 평가 시 유해위험요인의 발굴을 위해 4M 기법을 활용한다. 다음 중 인적(Man) 항목이 아닌 것은?

① 작업자세
② 개인 보호구 미착용
③ 휴먼에러
④ 관리조직의 결함 및 건강관리의 불량

해설 산업재해발생의 기본원인 4M

구분	내용
Man(인간)	직장의 인간관계, 안전의식 등
Machine(기계설비)	인간공학적인 안전배려
Media(매체)	작업조건, 작업방법
Management(관리)	안전관리조직, 안전규정, 점검, 감독, 교육 등

79 국내 어느 사업장의 전년도 도수율은 3, 강도율은 27이었다. 이 사업장의 종합재해지수(FSI)는 얼마인가?

① 5
② 6
③ 7
④ 9

해설 도수강도치(FSI) = $\sqrt{F \times S}$
= $\sqrt{도수율 3 \times 강도율 27}$ = 9

80 다음과 같은 특징을 가지고 있는 위험성평가 기법은?

- 재해나 사고가 일어나는 것을 확률적인 수치로 평가하는 것이 가능하다.
- 어떤 기능이 고장 또는 실패할 경우 그 이후 다른 부분에 어떤 결과를 초래하는 지를 분석하는 귀납적 방법이다.

① 위험과 운전분석(HAZOP)
② 고장 형태에 따른 영향분석(FMEA)
③ 예비위험분석(PHA)
④ 사건수분석(ETA)

해설

위험성 분석기법	주요 내용
HAZOP	1. 공장 설비 프로세스에 존재하는 해저드(hazards) 및 운용 상의 문제점(operability problems)을 찾아내는 정성적 분석 기법 2. HAZOP 분석은 위험요소 식별단계에서 시스템의 원래 의도한 설계와 차이가 있는 변이(deviations)를 일련의 가이드워드(guidewords)를 활용하여 체계적으로 식별해 낸다.
FTA 결함수법	1. 시스템에 내재되어 있는 위험인자를 파악하고 위험성을 계산하기 위한 하향식방식의 분석법 2. 시스템을 구성하고 있는 부품의 고장과 인적 과실 및 외부사건이 논리적으로 조합되어 특정한 사고를 불러 일으키는지를 가시적으로 모델링하여 분석하는 방법
ETA 사건수 분석	1. FTA와는 반대되는 상향식 방식을 이용하여 시작 사건으로부터 나올 수 있는 결과를 의사결정나무를 이용하여 분석하는 상향식 분석 방법 2. 여러개의 안전장치가 준비된 시스템의 위험성을 파악하기 위하여 이용된다. 3. 장점 : 여러 사건이 복잡하게 얽혀 있는 등의 경우 발생하는 결과를 파악할 수 있다. 안전성 평가기법으로 위험요소의 식별단계에서 시나리오를 구성하는 기법으로 유용하다.
FMEA	1. 부품의 고장이 어떻게 전체 시스템에 영향을 미치는 지를 분석하고, 적절한 대처방법이 마련되어 있는 지를 분석하는 방법 2. 주로 물리적인 부품으로 구성되어 있는 시스템의 위험성 분석에 유용하다.

💡 **지침-단어 요소**

(1) No : 설계의도에 부적합함
(2) Less : 정량적(quantitative) 감소
(3) More : 정량적 증가
(4) Part of : 정성적(qualitative) 감소
(5) As well as : 정성적 증가
(6) Reverse : 설계의도(intent)와 반대현상
(7) Other than : 완전한 대체(substitution)의 필요 등으로 표시된다.

(산업안전대사전, 2004. 5. 10., 최상복)

💡 **HAZOP(위험요소 및 운전성 검토, Hazard & Operability Review)분석**

1. HAZOP기법은 제조공정의 위험성을 파악하여 평가하고 위험하지는 않지만 설계된 생산능력을 저해할 소지나 운전상의 문제점을 파악하기 위하여 개발되었다.
2. HAZOP기법은 공정의 설계와 운전에 관련된 상세한 자료가 필요하다. 따라서 HAZOP의 적용은 대부분 상세 설계 기간이나 설계가 완료된 단계에서 수행되는 것이 보통이다.
3. HAZOP평가에서 중요한 것은 원하지 않는 결과를 야기할 수 있는 공정설계 목적으로부터의 이탈에 따른 위험성과 운전상의 문제점을 확인하기 위한 평가 팀의 창의적이고 체계적인 접근이다.
4. HAZOP기법의 목적은 원하지 않는 결과를 초래할 수 있는 공정상의 문제여부를 확인하기 위해 체계적인 방법으로 공정이나 운전방법을 면밀히 검토하고자 함이다.
5. 5명 내지 7명의 각 분야별 전문가와 안전기사로 구성된 팀원들이 상상력을 동원하여 지침-단어(guide-word)로서 위험요소를 점검한다.

선박안전관리사 2급·3급 시험대비

부록
최신기출 복원문제

01. 2023년 선박관계법규 기출복원문제
02. 2023년 해사안전관리론 기출복원문제
03. 2023년 해사안전경영론 기출복원문제
04. 2023년 선박자원관리론 기출복원문제
05. 2024년 선박관계법규 기출복원문제
06. 2024년 해사안전관리론 기출복원문제
07. 2024년 해사안전경영론 기출복원문제
08. 2024년 선박자원관리론 기출복원문제

CHAPTER 1 — 2023년 선박관계법규 기출복원문제

01 선원법상 선박소유자는 계속근로기간이 1년 이상인 선원이 퇴직하는 경우 계속근로기간 1년 이상에 대하여 승선평균임금의 며칠에 상당하는 금액을 퇴직금으로 지급하여야 하는가?

① 10일 ② 20일
③ 30일 ④ 60일

해설 ③ 계속근로기간이 1년 이상인 선원이 퇴직하는 경우에는 승선평균임금의 30일분에 상당하는 금액, 계속근로기간이 6개월 이상 1년 미만인 선원에게 승선평균임금의 20일분에 상당하는 금액을 퇴직금으로 지급하여야 한다.

02 다음 중 선박안전법상 임시검사의 실시사유에 해당하지 않는 것은?

① 선박시설에 대하여 개조 또는 수리를 행하고자 하는 경우
② 선박의 용도를 변경하고자 하는 경우
③ 선박의 무선설비를 새로이 설치하거나 이를 변경하고자 하는 경우
④ 만재흘수선의 변경선박검사증서에 기재된 내용을 변경하고자 하는 경우(선박소유자의 성명과 주소, 선박명 및 선적항의 변경 등 선박시설의 변경이 수반되지 아니하는 경미한 사항의 변경도 포함한다)

해설 ④ 선박소유자의 성명과 주소, 선박명 및 선적항의 변경 등 선박시설의 변경이 수반되지 아니하는 경미한 사항의 변경인 경우에는 임시검사 실시사유에 해당하지 않는다.

💡 임시검사 실시사유
① 선박시설에 대하여 개조 또는 수리를 행하고자 하는 경우
② 선박검사증서에 기재된 내용을 변경하고자 하는 경우[다만, 선박소유자의 성명과 주소, 선박명 및 선적항의 변경 등 선박시설의 변경이 수반되지 아니하는 경미한 사항의 변경인 경우에는 그러하지 아니하다.]
③ 선박의 용도를 변경하고자 하는 경우
④ 선박의 무선설비를 새로이 설치하거나 이를 변경하고자 하는 경우
⑤ 해양사고 등으로 선박의 감항성 또는 인명안전의 유지에 영향을 미칠 우려가 있는 선박시설의 변경이 발생한 경우
⑥ 해양수산부장관이 선박시설의 보완 또는 수리가 필요하다고 인정하여 임시검사의 내용 및 시기를 지정한 경우
⑦ 만재흘수선의 변경 등

03 다음 중 선박의 입항 및 출항 등에 관한 법률상 폐기물 투기가 금지되는 수면은 무역항의 수상구역 밖의 몇 킬로미터 이내인가?

① 10킬로미터 이내
② 20킬로미터 이내
③ 25킬로미터 이내
④ 50킬로미터 이내

해설 ① 누구든지 무역항의 수상구역 등이나 무역항의 수상구역 밖 10킬로미터 이내의 수면에 선박의 안전운항을 해칠 우려가 있는 흙·돌·나무·어구(漁具) 등 폐기물을 버려서는 아니 된다.

정답 01. ③ 02. ④ 03. ①

04 다음 중 선원법상 선박소유자가 선원근로계약을 해지하려는 경우 (1) 예고기간 (2) 미준수 시 지급해야 할 임금의 종류 및 지급일수로 옳은 것은?

	예고기간	미준수 시 임금의 종류 및 지급일수
①	30일 이상	승선평균임금 / 30일 이상
②	30일 이상	통상임금 / 30일 이상
③	45일 이상	승선평균임금 / 45일 이상
④	45일 이상	통상임금 / 45일 이상

해설 ② 선박소유자는 선원근로계약을 해지하려면 30일 이상의 예고기간을 두고 서면으로 그 선원에게 알려야 하며, 알리지 아니하였을 때에는 30일분 이상의 통상임금을 지급하여야 한다.

05 다음 중 해양사고의 조사 및 심판에 관한 법률상 심판의 기본원칙에 해당하지 않는 것은?
① 공개주의　　② 서면주의
③ 증거심판주의　　④ 자유심증주의

해설 ② 해양안전심판원의 심판은 구술변론주의를 원칙으로 하며, 예외적으로 불출석, 약식심판 등은 서면으로 한다.

💡 심판의 기본원칙
① 공개주의 : 심판의 대심과 재결은 공개된 심판정에서 한다.
② 자유심증주의 : 증거의 증명력은 심판관의 자유로운 판단에 따른다.
③ 증거심판주의 : 사실의 인정은 심판기일에 조사한 증거에 의하여야 한다.
④ 구술변론주의 : 예외적으로 불출석, 약식심판 등은 서면으로 한다.

06 다음 중 선박직원법상 해기사 면허를 취득하기 위해서는 해기사 시험에 합격한 날부터 몇 년이 경과하지 않아야 하는가?
① 1년　　② 2년
③ 3년　　④ 5년

해설 ③ 해기사 면허는 해기사 시험에 합격하고, 그 합격한 날부터 3년이 지나지 아니하여야 한다.

07 다음 중 선박안전법상 총톤수가 몇 톤 미만인 선박의 경우에 중간검사의 생략이 가능한가?
① 1톤 미만인 선박　　② 2톤 미만인 선박
③ 3톤 미만인 선박　　④ 5톤 미만인 선박

해설 중간검사 생략대상
① 총톤수 2톤 미만인 선박
② 추진기관 또는 돛대가 설치되지 아니한 선박으로서 평수구역 안에서만 운항하는 선박. 다만, 다음의 선박은 제외한다.
　1. 13명 이상의 여객운송에 사용되는 선박
　2. 기름 또는 폐기물 등을 산적하여 운송하는 선박
　3. 위험물을 산적하여 운송하는 선박
③ 추진기관 또는 돛대가 설치되지 아니한 선박으로서 연해구역을 운항하는 선박 중 여객이나 화물의 운송에 사용되지 아니하는 선박

08 다음 중 선박의 입항 및 출항 등에 관한 법률상 무역항의 수상구역 등에서 불꽃이나 열이 발생하는 용접 등의 방법으로 수리하려는 경우에 관리청의 허가를 받아야 하는 선박은?
① 총톤수 10톤 이상　　② 총톤수 20톤 이상
③ 총톤수 30톤 이상　　④ 총톤수 40톤 이상

해설 ② 무역항의 수상구역 등에서 위험물운송선박과 총톤수 20톤 이상의 선박(기관실, 연료탱크, 그 밖에 위험구역에서 수리작업을 하는 경우)을 불꽃이나 열이 발생하는 용접 등의 방법으로 수리하려는 경우 선장은 관리청의 허가를 받아야 한다.

09 다음 중 해양사고의 조사 및 심판에 관한 법률상 조사관의 직무에 해당하지 않는 것은?
① 재결　　② 재결의 집행
③ 심판의 청구　　④ 해양사고의 조사

해설 ① 재결은 심판관, 심판부에서 행하는 것이고, 조사관은 재결의 집행업무를 한다.

04. ② 05. ② 06. ③ 07. ② 08. ② 09. ①

> 💡 **조사관의 직무**
> 해양사고의 조사, 심판의 청구, 재결의 집행, 해양사고 통계의 종합·분석, 해양사고 사건의 현장검증, 해양사고에 대한 국제공조, 해양사고 법규자료의 수집에 관한 사항

10 다음 중 해운법상 내항 정기 또는 부정기 여객운송사업의 면허를 받기 위해서는 총톤수 합계가 몇 톤 이상의 여객선을 보유하여야 하는가?

① 100톤 이상 ② 200톤 이상
③ 300톤 이상 ④ 500톤 이상

[해설] 해운법상 해상여객운송사업의 면허기준 중 내항 정기(부정기) 여객운송사업의 여객선 보유량 기준은 여객선의 총톤수 합계가 100톤 이상일 것이다.
[해상여객운송사업의 여객선 보유량기준(해운법 시행규칙 별표 2)]

사업의 종류	여객선 보유량
내항 정기(부정기) 여객운송사업	여객선의 총톤수 합계가 100톤 이상일 것 다만, 수면비행선박의 경우에는 해당 선박의 총톤수 합계가 30톤 이상 또는 최대승선인원 합계가 30명 이상이어야 한다.
외항 정기(부정기) 여객운송사업	총톤수 500톤(속도가 30노트 이상의 선박인 경우에는 국제총톤수 200톤) 이상의 여객선 1척 이상일 것
순항 여객운송사업	총톤수 2천톤 이상의 선박이 1척 이상일 것
복합 해상여객운송사업	총톤수 2천톤 이상의 선박이 1척 이상일 것

11 다음 중 선원법상 국제항해에 종사하는 항해선 중 해사노동적합증서와 해사노동적합선언서의 적용대상 선박은?

① 총톤수 100톤 이상 선박
② 총톤수 200톤 이상 선박
③ 총톤수 300톤 이상 선박
④ 총톤수 500톤 이상 선박

[해설] 해사노동적합증서와 해사노동적합선언서의 적용대상 선박
① 총톤수 500톤 이상의 국제항해에 종사하는 항해선,
② 총톤수 500톤 이상의 항해선으로서 다른 나라 안의 항 사이를 항해하는 선박,
③ ①②의 선박 외의 선박소유자가 요청하는 선박

12 다음 중 해사안전기본법 및 해상교통안전법상 거대선 등의 선박이 교통안전 특정해역을 항행하려는 경우 해양경찰서장이 항행안전의 확보를 위해 필요하다고 인정하면 명할 수 있는 항행안전 확보조치에 해당하지 않는 것은?

① 항로의 변경
② 속력의 제한
③ 유도선의 사용
④ 제한된 시계의 경우 선박의 항행 제한

[해설] ③ 유도선의 사용이 아니고 안내선의 사용이다.

> 💡 **거대선 등의 항행안전확보 조치**
> 해양경찰서장은 다음의 사항을 명할 수 있다.
> • 통항시각의 변경
> • 항로의 변경
> • 제한된 시계의 경우 선박의 항행 제한
> • 속력의 제한
> • 안내선의 사용
> • 그 밖에 해양수산부령으로 정하는 사항

13 다음 중 선원법상 선박소유자가 고용하고 있는 총승선 선원 수에서 확보해야 할 예비원의 비율로 옳은 것은?

① 3% ② 5%
③ 10% ④ 15%

[해설] ③ 선박소유자는 고용하고 있는 총승선 선원 수의 10퍼센트 이상의 예비원을 확보하여야 하며, 예비원에게 통상임금의 70퍼센트를 임금으로 지급하여야 한다.

정답 10. ① 11. ④ 12. ③ 13. ③

14 다음 중 해사안전기본법 및 해상교통안전법상 유조선이 유조선통항금지해역을 항행할 수 있는 예외적 사유에 해당하지 않는 것은?

① 응급환자가 생긴 경우
② 인명이나 선박을 구조하여야 하는 경우
③ 기상상황의 악화로 선박의 안전에 현저한 위험이 발생할 우려가 있는 경우
④ 항만을 입항·출항하는 경우. 이 경우 유조선통항금지해역의 안쪽 해역에서부터 항구까지의 거리가 가장 가까운 항로를 이용하여야 한다.

해설 ④ 항만을 입항·출항하는 경우. 이 경우 유조선통항금지해역의 바깥쪽 해역에서부터 항구까지의 거리가 가장 가까운 항로를 이용하여야 한다.

15 다음 중 해사안전기본법 및 해상교통안전법상 선박의 안전관리체제의 수립대상에 해당하지 않는 것은?

① 해상여객운송사업에 종사하는 선박
② 국내에서 항행하는 총톤수 500톤 이상의 준설선
③ 해상화물운송사업에 종사하는 선박으로서 총톤수 500톤 이상의 선박
④ 국제항해에 종사하는 총톤수 500톤 이상의 어획물운반선과 이동식 해상구조물

해설 ② 국제항해에 종사하는 총톤수 500톤 이상의 준설선이다.

💡 선박의 안전관리체제의 수립대상
1. 해상여객운송사업에 종사하는 선박
2. 해상화물운송사업에 종사하는 선박으로서 총톤수 500톤 이상의 선박[기선과 밀착된 상태로 결합된 부선 포함]
3. 국제항해에 종사하는 총톤수 500톤 이상의 어획물운반선과 이동식 해상구조물
4. 수면비행선박
5. 해상화물운송사업에 종사하는 선박으로서 총톤수 100톤 이상 500톤 미만의 유류·가스류 및 화학제품류를 운송하는 선박(기선과 밀착된 상태로 결합된 부선을 포함)
6. 평수구역 밖을 운항하는 선박으로서 일정 총톤수나 길이 이상의 부선이나 구조물을 끌거나 미는 선박

7. 국제항해에 종사하는 총톤수 500톤 이상의 준설선

16 다음 중 국제항해선박 및 항만시설의 보안에 관한 법률상 특별선박보안심사의 실시사유에 해당하지 않는 것은?

① 국제항해선박이 보안사건으로 외국의 항만당국에 의하여 출항정지 또는 입항거부를 당하거나 외국의 항만으로부터 추방된 때
② 외국의 항만당국이 보안관리체제의 중대한 결함을 지적하여 통보한 때
③ 국제선박보안증서의 유효기간이 지난 국제항해선박을 국제선박보안증서가 교부되기 전에 국제항해에 이용하려는 때
④ 그 밖에 국제항해선박 보안관리체제의 중대한 결함에 대한 신뢰할 만한 신고가 있는 등 해양수산부장관이 국제항해선박의 보안관리체제에 대하여 보안심사가 필요하다고 인정하는 때

해설 ③은 임시선박보안심사의 실시사유이다. 특별선박보안심사의 실시사유는 ①②④ 3가지 경우이다.

💡 임시선박보안심사 실시사유
• 새로 건조된 선박을 국제선박보안증서가 교부되기 전에 국제항해에 이용하려는 때
• 국제선박보안증서의 유효기간이 지난 국제항해선박을 국제선박보안증서가 교부되기 전에 국제항해에 이용하려는 때
• 외국 국제항해선박의 국적이 대한민국으로 변경된 때
• 국제항해선박소유자가 변경된 때

17 선박톤수 측정에 관한 국제협약(TONNAGE)상 다음 설명에 해당하는 것은?

측정 갑판의 아랫부분 용적에 측정 갑판보다 위의 밀폐된 모든 폐위장소 용적을 합한 것

① 총톤수
② 순톤수
③ 배수 톤수
④ 재화 중량 톤수

해설
① 총톤수는 측정 갑판의 아랫부분 용적에 측정 갑판보다 위의 밀폐된 모든 폐위장소 용적을 합한 것으로 선박의 전체 크기에 대한 측정값을 말한다.
② 순톤수는 총톤수에서 선원실, 기관실, 갑판, 창고, 밸러스트 탱크 등을 제외한 용적으로 선박에서 화물을 적재하기 위한 유효한 용적을 말한다.
③ 배수 톤수는 선박이 화물, 연료, 식량 등을 적재하지 않은 상태의 톤수를 말한다.
④ 재화 중량 톤수는 선박이 적재할 수 있는 최대의 무게를 나타내는 톤수이다.

18 다음 중 해상에서의 인명 안전을 위한 국제협약(SOLAS) 기술규정 제2-2장 제3규칙에서 규정하고 있는 선박의 방화구역에 관한 설명으로 틀린 것은?

① A급, B급, C급의 3개 종류의 구획으로 구분한다.
② 방화 및 방열의 정도는 A급 > B급 > C급 순이다.
③ A급 구획의 경우에는 강 또는 기타 이와 동등한 재료로 건조하여야 한다.
④ C급 구획의 경우에는 불연성 재료로 건조되며, 제조 및 조립시 사용되는 재료 또한 불연성이어야 한다.

해설 ④ B급 구획에 대한 설명이다. C급 구획은 불연성 재료로 건조된 구획으로서 연기 및 화염통과에 관한 요건과 온도상승의 제한요건에 적합하지 않아도 된다.

[선박의 방화구역]
선박의 방화구역은 A, B, C 3개 종류의 구획으로 구분하며, 방화나 방열의 정도는 A > B > C 순이다.

A급 구획	다음 기준에 적합한 격벽 또는 갑판으로 형성된 구획 ① 강 또는 기타 이와 동등한 재료로 건조하여야 한다. ② 적절히 보강된 것 ③ 일정 시간 내 평균온도가 최초온도보다 140℃ 초과상승하지 않고, 어느 한점에서의 온도가 최초온도보다 180℃ 초과상승하지 않는 방열
B급 구획	다음 기준에 적합한 격벽, 갑판, 천정 또는 내장판으로 형성된 구획 ① 승인된 불연성 재료로 건조되며, 제조 및 조립시 사용되는 재료 또한 불연성이어야 함 ② 일정 시간 내 평균온도가 최초온도보다 140℃ 초과상승하지 않고, 어느 한점에서의 온도가 최초온도보다 225℃ 초과 상승하지 않는 방열
C급 구획	승인된 불연성 재료로 건조된 구획으로서 연기 및 화염통과에 관한 요건과 온도상승의 제한요건에 적합하지 않아도 됨

19 다음 중 MARPOL 부속서 5에 의해 음식찌꺼기를 배출하는 경우 육지로부터 몇 해리 이상 떨어진 곳에서 가능한가?

① 10해리 이상 떨어진 곳
② 12해리 이상 떨어진 곳
③ 15해리 이상 떨어진 곳
④ 20해리 이상 떨어진 곳

해설 ② 음식찌꺼기 및 종이제품 등은 육지로부터 12해리 이상 떨어진 곳, 부유성의 던니지, 라이닝 및 포장물질은 육지로부터 25해리 이상 떨어진 곳에서 배출이 가능하다.

20 다음 중 해상에서의 인명 안전을 위한 국제협약(SOLAS) 기술규정 제5장 제22규칙에서 규정하고 있는 항해선교의 시야확보에 관련하여 다음 ( )에 순서대로 들어갈 내용으로 옳은 것은?

선수의 전방으로 선박의 조종 위치에서부터 정 선수를 기준으로 좌우 10도까지의 해면의 시야는 선박 길이의 ( )배 또는 ( )m 중 작은 수의 거리까지 가려져서는 아니 된다.

① 2, 300
② 2, 500
③ 3, 300
④ 3, 500

해설 국제협약(SOLAS) 기술규정 제5장 제22규칙에서 규정하고 있는 항해선교의 시야확보는 선수의 전

정답 18. ④ 19. ② 20. ②

방으로 선박의 조종 위치에서부터 정선수를 기준으로 좌우 10도까지의 해면의 시야는 선박 길이의 2배 또는 500m 중 작은 수의 거리까지 가려져서는 아니 된다.

21 다음 중 MARPOL 부속서 1에 의하여 탱커 외 선박(총톤수 400톤 이상)의 기름배출이 가능한 경우가 아닌 것은?

① 선박이 특별해역 외에서 항행 중일 것
② 가장 가까운 육지로부터의 거리가 50해리를 넘을 것
③ 유출액 중의 유분이 희석되지 아니하고 15ppm을 넘지 않을 것
④ 기름배출감시제어장치·유수분리장치·기름여과장치 또는 기타의 장치를 작동시키고 있을 것

해설 ②는 탱커의 기름배출이 가능한 경우이다. ①③④는 탱커 외 선박(총톤수 400톤 이상)의 기름배출이 가능한 경우이다.

> 탱커 외 선박(총톤수 400톤 이상)의 기름배출이 가능한 경우
> • 선박이 특별해역 내에 있지 않을 것
> • 선박이 항행 중일 것
> • 유출액 중의 유분이 희석되지 아니하고 15ppm을 넘지 않을 것
> • 기름배출감시제어장치·유수분리장치·기름여과장치 또는 기타의 장치를 작동시키고 있을 것

22 다음 중 MARPOL 부속서 6에 의한 국제대기오염방지증서의 발행과 적용대상은?

① 총톤수 100톤 이상 선박
② 총톤수 300톤 이상 선박
③ 총톤수 400톤 이상 선박
④ 총톤수 500톤 이상 선박

해설 ③ 국제대기오염방지증서의 발행과 적용대상은 총톤수 400톤 이상 선박으로서, 증서의 유효기간은 5년을 넘지 않는 범위에서 주관청이 정하는 기간이다.

23 해상에서의 인명 안전을 위한 국제협약(SOLAS) 규정상 다음 ( )에 순서대로 들어갈 내용으로 옳은 것은?

> 총선원의 ( )% 이상 훈련에 불참 또는 교체 시에는 선박출항 후 ( )시간 이내 비상훈련을 실시하여야 한다.

① 10, 24
② 15, 48
③ 25, 24
④ 30, 48

해설 ③ 총선원의 25% 이상 훈련에 불참 또는 교체시에는 선박출항 후 24시간 이내 비상훈련을 실시하여야 한다.

24 다음 중 국제 만재흘수선 협약(LoadLines)에 규정된 만재흘수선 S가 의미하는 것은?

① 하기 만재흘수선
② 동기 만재흘수선
③ 하기담수 만재흘수선
④ 열대담수 만재흘수선

해설 선박만재흘수선기준(해양수산부고시 제2015-85호 별표 3)
T : 열대만재흘수선
S : 하기만재흘수선
W : 동기만재흘수선
WNA : 동기북대서양만재흘수선
TF : 열대담수만재흘수선
F : 하기담수만재흘수선

25 다음 중 MARPOL 부속서 2에 의해 유해액체물질을 해양에 배출하는 경우에 자항선이 유지해야 하는 속력은?

① 3놋트 이상
② 5놋트 이상
③ 7놋트 이상
④ 10놋트 이상

해설 다음의 경우에는 유해액체물질을 해양에 배출이 가능하다.
• 자항선의 경우는 7놋트 이상, 비자항선의 경우는 4놋트 이상의 속력으로 항행 중일 것
• 배출방법 및 설비가 주관청의 승인을 받아야 한다.
• 가장 가까운 육지로부터 12해리 이상 떨어지고 수심 25미터 이상의 장소에서 배출한다.

21. ② 22. ③ 23. ③ 24. ① 25. ③

CHAPTER 2 | 2023년 해사안전관리론 기출복원문제

01 다음 중 Heinrich의 사고원인 도미노이론 각 단계 중 "3단계"에 해당하는 것은?

① 인간의 결함
② 불안전 행동 및 기계적·물리적 불안정 상태
③ 사회환경내력
④ 사고

해설 Heinrich 도미노 이론(산업안전대사전)

> 사회환경내력 → 인간의 결함 → 불안전 행동 및 기계적·물리적 위험상태 → 사고 → 상해, 재산손실

사고나 우연성은 상해나 손상으로 이어진다. 이러한 도미노 이론은 도미노 하나가 연쇄적으로 넘어지려고 할 때, 어느 한 도미노를 없애면 연쇄성이 중단된다는 것이다. 따라서 재해나 상해가 발생하기 이전에 작업주위의 불안전한 상태나 인간의 불안전한 행동요소를 제거하면 예방할 수 있다는 것이다.

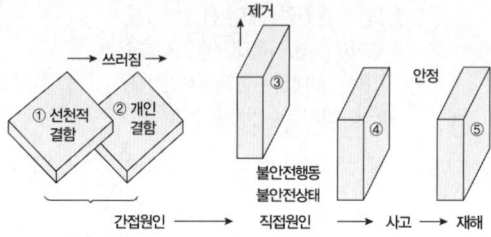

02 다음 중 해사안전법에 따른 인증심사 시 부적합사항과 관련된 설명 중 옳지 않은 것은?

① 안전관리체제 내용이 적절하게 수립·시행되고 있지 않은 사항
② 중부적합사항·경부적합사항·관찰사항으로 분류된다.
③ 해양환경에 중대한 위험을 일으킬 수 있는 사항은 중부적합 사항이다.
④ 중부적합 사항 외의 부적합사항이 경부적합사항이다.

해설 부적합 사항 : 중부적합사항·경부적합사항
관찰사항 : 어떤 조치가 취해지지 않으면 향후 부적합사항으로 될 수 있다.

[인증심사 중부적합사항 예시]

구분	중부적합사항
1. 해상에서의 안전 및 환경 보호에 관한 기본 방침	가. 선박의 안전운항, 안전한 작업환경 제공 등 안전관리 목표와 그 목표를 달성하기 위한 방침의 미설정 나. 가.에서 설정한 안전관리 방침의 미시행·미유지 및 안전관리 방침의 시행·유지 여부 미확인 다. 선박·인원 및 환경에 대하여 식별된 모든 위험에 대한 평가 미실시 및 관련 절차 미수립 라. 안전관리대행업체의 경우 선박소유자, 선박, 선원 등의 관리주체 간 협조가 되지 않는 객관적인 증거가 확인된 경우
2. 선박소유자의 책임 및 권한에 관한 사항	가. 육·해상 종사원의 책임과 권한, 상호관계의 미규정 나. 안전관리(책임)자의 임무수행에 필요한 자원 및 육상지원의 미제공 또는 불충분한 제공 다. 시행령 [별표 3]에 따른 안전관리(책임)자의 인원수 미충족 라. 안전관리체제에 대한 선박소유자의 이행의지, 이해도가 부족한 객관적인 증거가 확인된 경우
3. 안전관리책임자의 선임 및 임무에 관한 사항	가. 시행령 [별표 3]에 따른 안전관리(책임)자의 자격기준 미충족 나. 안전관리(책임)자가 선박의 안전운항 및 오염방지활동을 감시하지 않은 경우 다. 선박의 안전운항 및 오염방지에 필요한 자원과 육상지원이 적절하게 제공되는지 여부를 확인하지 않은 경우 라. 안전관리체제의 수립·시행과 관련하여 그 책임과 임무에 대하여 숙지하지 못한 경우

정답 01. ② 02. ②

4. 선장의 책임 및 권한에 관한 사항	가. 선장의 최우선적인 결정권한과 책임 미규정 나. 선장이 가.의 최우선적인 결정권한에 대해 모르거나 실제적으로 행사하지 않은 경우 다. 선장의 최우선적인 결정권한이 회사로부터 침해된 객관적인 증거가 확인된 경우 라. 기상상황을 고려하지 않은 항로설정 및 선박운항 마. 과적·과승 바. 선박안전경영시스템(SMS)에 대한 선장 검토 미시행		6. 선상운용계획에 관한 사항	가. 상급사관이 안전관리책임자(DP)를 인지하지 못하거나, 연락수단을 알고 있지 못하고, 실제로 연락이 되지 않는 경우 나. 비상대응을 포함한 인명안전 및 해양환경오염과 직결되는 SMS에 관련된 문건이 통용언어 또는 선원이 이해하지 못하는 언어로 된 경우 다. 담당자가 특별보호관리대상 승객에 대한 관리절차를 모르거나 그 절차를 이행하지 않은 경우(여객선에 한함) 라. 자체운항통제기준을 설정하지 않거나 설정한 기준을 준수하지 않은 경우 마. 자체 운항통제기준에 적합하다 하더라도 해·기상 상황을 고려하여 선박의 항행 지속 가능 여부를 종합적으로 판단하지 아니하고 항행을 계속하여 인명이나 선박의 안전에 중대한 위험을 초래한 경우
5. 인력의 배치 및 운영에 관한 사항	가. 선장이 해상종사원을 지휘할 수 있는 적절한 자격을 보유하지 않은 경우 나. 해상종사원이 국내·외 관련 법규에 따른 해당자격증을 소지하지 않은 경우 다. 안전관리체제 지원에 필요한 교육·훈련절차의 미수립 또는 관련 종사원이 훈련을 이행하지 않은 경우 라. 담당자가 연료유 등 선박에서 사용하는 유류의 취급절차를 모르거나 취급절차를 이행하지 않은 경우 마. 담당자가 비상통신기기(GMDSS 장비)의 운용을 못하는 경우 바. 담당자가 레이더 작동 방법을 모르거나, 작동 방법을 알고 있다하더라도 본선의 충돌 가능성 여부를 판단하지 못하는 경우 사. 특수작업(밀폐 장소/높은 장소/화기작업 등)에 종사하는 자가 안전절차를 모르거나 안전절차를 이행하지 않은 경우 아. 신규 및 새로운 직무를 맡은 전입직원에 대한 출항 전 필수지침의 미제공 자. 해상종사원이 SMS와 관련된 업무수행 시 효과적으로 의사소통을 못하며, 통용어로 정한 언어를 이행하지 못하는 경우 차. 선박의 안전운항을 위하여 필수적으로 승선해야할 해상종사원이 협약 또는 국내법령에서 정한 수준에 따라 배승되지 않은 경우 카. 해당 직무에 대한 선원의 지식이 현저히 부족한 경우		7. 비상대책의 수립에 관한 사항	가. 비상대응을 위한 연습 및 훈련절차의 미수립 또는 관련 종사원의 해당 훈련 미이행 나. 관련 종사원이 소화·퇴선 등의 비상대응 훈련에 익숙하지 아니하거나 비상대응훈련을 실시하지 않은 경우 다. 비상예인절차 미수립 또는 관련 종사원이 그 절차를 이해하지 못하는 경우(외항선에 한함) 라. 유조선 또는 화학제품운반선 등의 선원이 유증기 제거작업 및 화물창 청소 절차를 이해하지 못하거나 관련 절차에 따라 해당 작업을 이행하지 않을 경우
			8. 사고, 위험상황 및 안전관리체제의 결함에 관한 보고와 분석에 관한 사항	가. 선장이나 선사가 해양사고 발생사실을 지방청이나 해양안전경비서에 통보하지 않은 경우 나. 이전 PSC(항만국통제) 검사로부터 같은 결함사항이 반복 지적된 경우 다. 발생된 해양사고 및 부적합사항에 대한 재발방지 절차를 수립하지 않은 경우 라. 정당한 사유없이 해양안전심판원의 안전관리체제 이행 개선을 위한 재결처분(권고, 명령)을 따르지 않은 경우

9. 선박의 정비에 관한 사항	가. 중대설비·시스템 및 예비설비에 대한 점검이 SMS의 일상정비 업무에 포함되어 있지 않거나 점검이 제대로 시행되지 않는 경우 나. 정비절차가 강제규칙 및 규정의 요건을 만족하지 못하거나, 정비절차대로 시행하지 못하여 관련사고·사건 등이 발생한 경우나 정비 미흡으로 같은 종류의 사건·사고가 재발한 경우	
10. 문서 및 자료관리에 관한 사항	안전경영 문서·협약 증서 등 법정 증서가 없거나 유효하지 않은 경우	
11. 안전관리체제에 대한 선박소유자의 확인·검토 및 평가	가. 경영검토가 시행되지 않은 경우 나. 내부심사가 시행되지 않은 경우(별표 11 제2호를 적용받는 선박에 대하여는 매월 방선이 이루어지지 않은 경우. 단 주무심사관이 불가피하다고 인정한 경우 2개월 내에 1회를 실시하여야 한다) 다. 안전관리체제와 관련하여 사업장의 업무를 위임받은 자들에 대한 사업장의 주기적 검증이 이루어지지 않은 경우	

[비고]
이 표에 따라 중부적합사항을 식별하고자 할 때에는 규칙 [별표 11] 제1호부터 제3호의 선박에 적용되는 내용을 고려하여야 한다.

03 다음은 FSA에 따른 위험성 분석 및 평가 기법 중 무엇에 해당하는가?

> 새로운 시스템을 설계할 때 운영상의 문제점을 파악하기 위한 방법으로 주로 위험요소 식별단계에서 사용되는 정성적 분석방법이다.

① HAZOP ② FTA
③ ETA   ④ FMEA

해설 FSA 위험성 분석 및 평가 도구

위험성 분석기법	주요 내용
HAZOP	1. 공장 설비 프로세스에 존재하는 해저드(hazards) 및 운용 상의 문제점(operability problems)을 찾아내는 정성적 분석 기법 2. HAZOP 분석은 위험요소 식별단계에서 시스템의 원래 의도한 설계와 차이가 있는 변이(deviations)를 일련의 가이드워드(guidewords)를 활용하여 체계적으로 식별해 낸다.
FTA	1. 시스템에 내재되어 있는 위험인자를 파악하고 위험성을 계산하기 위한 하향식방식의 분석법 2. 시스템을 구성하고 있는 부품의 고장과 인적 과실 및 외부사건이 논리적으로 조합되어 특정한 사고를 불러 일으키는지를 가시적으로 모델링하여 분석하는 방법
ETA	1. FTA와는 반대되는 상향식 방식을 이용하여 시작 사건으로부터 나올 수 있는 결과를 의사결정나무를 이용하여 분석하는 방법 2. 여러개의 안전장치가 준비된 시스템의 위험성을 파악하기 위하여 이용된다. 3. 장점 : 여러 사건이 복잡하게 얽혀 있는 등의 경우 발생하는 결과를 파악할 수 있다. 안전성 평가기법으로 위험요소의 식별단계에서 시나리오를 구성하는 기법으로 유용하다.
FMEA	1. 부품의 고장이 어떻게 전체 시스템에 영향을 미치는 지를 분석하고, 적절한 대처방법이 마련되어 있는 지를 분석하는 방법 2. 주로 물리적인 부품으로 구성되어 있는 시스템의 위험성 분석에 유용하다.
Brain storming	1. 잠재적 고장모드, 위험요소, 위험요소 결정을 위한 기준, 위험요소의 처리 등 대안에 관한 것들을 식별하기 위해 전문가들의 자유로운 대화속에서 방법을 구한다. 2. 다른 위험성 평가방법과 함께 사용할 수 있고, 특별한 데이터가 없거나 새로운 해결책이 필요한 기술에 대한 위험요소를 식별하는데 유용하다. 3. 상대적으로 대처방법을 빠르게 구성하기가 쉽다.

04 다음 중 항만국통제(PSC)와 관련된 설명으로 옳지 않은 것은?

① 자국의 관할 수역으로 진입하는 외국선박에 대한 해당 항만국의 점검절차이다.
② 기국통제의 예외적 사항이다.
③ 항만국은 국제기준 미달 선박에 대해 결함사항의 시정을 요구할 수 있다.
④ 중대한 결함 발견시 출항정지 외에 직접 시정조치를 취할 수 있다.

정답 03. ① 04. ④

해설 시정을 요구할 수는 있으나 직접 시정조치를 행하지는 않는다.
[항만국통제(PSC)]
항만국통제는 항만국이 자국의 항구에 기항한 외국 선박에 대하여 선박 안전기준, 선원의 자격 및 근로조건, 선원의 운항능력 등 제반 안전문제에 대하여 검사를 시행하여 국제법 및 국내법상의 기준에 미달하는 선박에 대해서는 필요한 집행조치를 취함으로써 인명의 안전, 선박 및 그 화물의 안전 그리고 해양환경의 보호를 확보하고자 하는 제도이다.

05 다음 중 항만국통제(PSC) 실시에 따른 유효증서 확인에 있어, 선박·장비의 상태가 증서 기술 내용과 다르다고 믿을 만한 "명백한 증거(Clear Ground)"로 볼 수 없는 것은?

① 관련 협약에서 요구하는 주요한 장비나 장치가 없을 때
② 선박 서류의 유효기간이 지났을 때
③ 잘못된 조난 신호가 발령되었으나 적절한 취소절차가 없을 때
④ 선박이 기준미달선으로 보인다는 정보가 담긴 보고나 불만사항을 조사한 후 사실임을 확인하였을 때

해설 ④ 선박이 기준 미달선으로 보인다는 정보가 담긴 보고나 불만사항이 접수되었을 때
명백한 증거(보다 자세한 점검을 시행하는 근거)
① 관련 협약에서 요구하는 주요한 장비나 장치가 없을 때
② 선박 서류의 유효기간이 지났을 때
③ 관련협약과 IMO항만국 절차서가 요구하는 문서가 선내에 없거나, 불완전하거나, 유지관리가 되어 있지 않거나, 되어 있더라도 부실할 때
④ 선체나 구조물이 심각하게 노후화되었거나 선체구조, 수밀 및 풍우밀 상태가 위험하다고 보이는 결함이 있을 때
⑤ 통제관의 관찰과 전체적인 인상을 통해 안전, 오염방지 또는 항해장비에 중대한 결함이 있다고 보일 때
⑥ 선장이나 선원이 선박의 안전과 오염방지에 관한 선내 필수장비의 작동에 서툴거나 그러한 작동을 수행한 적이 없다는 증거나 정보가 있을 때
⑦ 주요 선원간 또는 선내 다른 사람들과의 대화가 곤란하다는 징조가 있을 때
⑧ 잘못된 조난 신호가 발령되었으나 적절한 취소 절차가 없을 때
⑨ 선박이 기준 미달선으로 보인다는 정보가 담긴 보고나 불만사항이 접수되었을 때

06 다음 ( )에 들어갈 단어로 순서대로 옳은 것은?

> 하인리히는 330건의 사고가 발생하는 가운데 중상 또는 사망 ( )건, 경상 ( )건, 무상해 사고 ( )건의 비율로 재해가 발생한다는 법칙을 주장하였다.

① 2, 28, 300 ② 2, 29, 299
③ 1, 29, 300 ④ 1, 30, 299

해설 하인리히 법칙은 어떤 상황에서든 문제되는 현상이나 오류를 초기에 신속히 발견해 대처해야 한다는 것을 의미함과 동시에 초기에 신속히 대처하지 못할 경우 큰 문제로 번질 수 있다는 것을 경고한다.

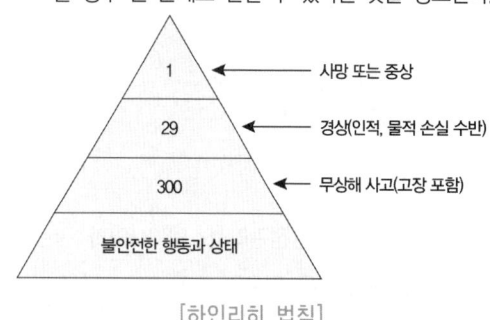

[하인리히 법칙]

07 다음 중 국제안전관리규약(ISM Code)상 인증심사의 종류에 해당하지 않는 것은?

① 최초인증심사 ② 갱신인증심사
③ 중간인증심사 ④ 국제협약인증심사

해설 인증심사의 종류
㉠ 최초인증심사 : 최초로 선박 및 사업장의 안전관리체제의 수립·시행에 관한 사항을 확인하기 위하여 처음으로 하는 심사(문서심사 포함)
㉡ 갱신인증심사 : 매 5년마다 선박안전관리증서 또는 안전관리적합증서의 유효기간이 끝난 때에 하는 심사

ⓒ 중간인증심사 : 최초인증심사와 갱신인증심사 사이 또는 갱신인증심사와 갱신인증심사 사이에 행하는 심사로서 사업장은 매 1년마다 실시하므로 연차심사라고도 한다. 단, 선박은 2.5년마다 실시한다.
ⓔ 임시인증심사 : 새로운 종류의 선박을 추가하거나 신설한 사업장이 있거나, 개조 등으로 선종이 변경되거나 신규로 도입한 선박이 있을 때 실시하는 심사
ⓕ 수시인증심사 : 위 4개의 심사 외에 선박의 해양사고 및 외국항에서의 항행정지 예방 등을 위하여 해양수산부령으로 정하는 경우에 사업장 또는 선박에 대하여 실시하는 심사

08 다음 중 선박안전법상 선박검사에 해당하지 않는 것은?
① 최초검사
② 정기검사
③ 임시항해검사
④ 국제협약검사

해설 [선박검사법 제2장 선박의 검사]
제7조 건조검사
제8조 정기검사
제9조 중간검사
제10조 임시검사
제11조 임시항해검사
제12조 국제협약검사

09 다음 중 선박안전관리시스템(SMS)과 관련한 설명으로 옳지 않은 것은?
① ISO 9002를 원용한다.
② 선박과 선사의 안전관리 체계 기술문서 보유의무가 핵심이다.
③ 선박과 선사는 동일한 안전관리 체계 기술문서를 보유하여야 한다.
④ 선사는 안전관리적합증서(DOC), 선박은 안전관리증서(SMC)를 각각 갖추어야 한다.

해설 선박과 선사의 안전관리증서의 내용은 각각 다르다.

10 다음 중 해사안전법상 해양사고 발생 시 신고와 관련한 내용으로 옳지 않은 것은?
① 선장이나 선박소유자는 사고사실과 조치한 내용을 해양경찰서장이나 지방해양수산청장에게 신고하여야 한다.
② 지방해양수산청장이 신고를 받은 경우 지체 없이 해양수산부장관에게 통보하여야 한다.
③ 해양사고를 당한 자는 자선 또는 타선에 항행안전에 미치는 위험을 방지하기 위하여 필요한 조치를 취하여야 한다.
④ 신고를 받은 해양경찰서장은 구역을 정해 해당 구역에 대한 다른 선박의 사용을 금지시킬 수 있다.

해설 지방해양수산청장은 제1항에 따른 신고를 받으면 지체 없이 그 사실을 해양경찰서장에게 통보하여야 한다.

💡 해사안전법 제43조(해양사고가 일어난 경우의 조치)
① 선장이나 선박소유자는 해양사고가 일어나 선박이 위험하게 되거나 다른 선박의 항행안전에 위험을 줄 우려가 있는 경우에는 위험을 방지하기 위하여 신속하게 필요한 조치를 취하고, 해양사고의 발생 사실과 조치 사실을 지체 없이 해양경찰서장이나 지방해양수산청장에게 신고하여야 한다.
② 지방해양수산청장은 제1항에 따른 신고를 받으면 지체 없이 그 사실을 해양경찰서장에게 통보하여야 한다.
③ 해양경찰서장은 선장이나 선박소유자가 제1항에 따라 신고한 조치 사실을 적절한 수단을 사용하여 확인하고, 조치를 취하지 아니하였거나 취한 조치가 적당하지 아니하다고 인정하는 경우에는 그 선박의 선장이나 선박소유자에게 해양사고를 신속하게 수습하고 해상교통의 안전을 확보하기 위하여 필요한 조치를 취할 것을 명하여야 한다.
④ 해양경찰서장은 해양사고가 일어나 선박이 위험하게 되거나 다른 선박의 항행안전에 위험을 줄 우려가 있는 경우 필요하면 구역을 정하여 다른 선박에 대하여 선박의 이동·항행 제한 또는 조업중지를 명할 수 있다.

11 다음 중 선원법상 선박 운항에 관한 해양항만 관청 보고사유에 해당하지 않는 것은?

① 선박의 충돌·침몰·멸실·화재·좌초, 기관의 손상 및 그 밖의 해양사고가 발생한 경우
② 인명이나 선박의 구조에 종사한 경우
③ 미리 정하여진 항로를 변경한 경우
④ 항해 중 다른 선박의 조난을 무선통신으로 안 경우

해설 선원법 제21조(선박 운항에 관한 보고) 선장은 다음 각 호의 어느 하나에 해당하는 경우에는 해양수산부령으로 정하는 바에 따라 지체 없이 그 사실을 해양항만관청에 보고하여야 한다.
1. 선박의 충돌·침몰·멸실·화재·좌초, 기관의 손상 및 그 밖의 해양사고가 발생한 경우
2. 항해 중 다른 선박의 조난을 안 경우(무선통신으로 알게 된 경우는 제외한다)
3. 인명이나 선박의 구조에 종사한 경우
4. 선박에 있는 사람이 사망하거나 행방불명된 경우
5. 미리 정하여진 항로를 변경한 경우
6. 선박이 억류되거나 포획된 경우
7. 그 밖에 선박에서 중대한 사고가 일어난 경우

12 다음 중 선박안전법상 총톤수 500톤 이상의 선박에게 교부하여야 하는 국제협약검사증서에 해당하지 않는 것은?

① 화물선안전무선증서
② 화물선안전구조증서
③ 화물선안전설비증서
④ 여객선안전증서

해설 선박안전법 제23조(국제협약검사증서의 서식 등)
① 법 제12조제2항에 따른 국제협약검사증서는 다음 각 호와 같다.
1. 여객선(원자력여객선은 제외한다) : 별지 제10호서식의 여객선안전증서
2. 원자력여객선 : 별지 제11호서식의 원자력여객선안전증서
3. 총톤수 300톤 이상 500톤 미만의 화물선 : 별지 제12호서식의 화물선안전무선증서

4. 총톤수 500톤 이상의 화물선
가. 별지 제12호서식의 화물선안전무선증서
나. 별지 제13호서식의 화물선안전구조증서
다. 별지 제14호서식의 화물선안전설비증서
라. 별지 제14호의2서식의 화물선안전증서
※ 기타 증서 : 원자력화물선안전증서, 국제액화가스산적운송적합증서, 국제위험화학품산적운송적합증서, 위험물운송적합증서, 국제만재흘수선증서(여객선이나 화물선으로서 선박길이가 24미터 이상인 선박)

13 다음 그림은 어떤 구명설비의 보관장소를 표시하고 있는가?

① 구조정
② 구명줄붙이 구명부환
③ 대빗진수장치용 구명뗏목
④ 구명조끼

해설 [별표 13] 구명설비의 보관장소를 나타내는 표시 (제127조제3항 관련)

항목	표시	비고
1. 구명정		1. 크기는 가로 15센티미터, 세로 15센티미터로 할 것 2. 녹색바탕에 흰색으로 표시할 것
2. 구조정		제1호의 비고 1. 및 2. 참조
3. 구명뗏목		제1호의 비고 1. 및 2. 참조

항목	표시	비고
4. 대빗진수 장치용구명 뗏목		제1호의 비고 1. 및 2. 참조
5. 탑승용 사다리		제1호의 비고 1. 및 2. 참조
6. 강하식 탑승장치		제1호의 비고 1. 및 2. 참조
7. 구명부환		제1호의 비고 1. 및 2. 참조
8. 구명줄붙이 구명부환		제1호의 비고 1. 및 2. 참조

14 다음 중 선박 충돌시 취해야 할 초기대응으로 옳지 않은 것은?

① 즉시기관을 정지하고 비상경보를 울린다.
② 선장은 선교로 올라가 선박을 직접 지휘해야 한다.
③ 즉시 후진 등을 통해 사고부위를 확인해야 한다.
④ 선박이 조종불능상태일 경우 야간이면 조종불능(NUC)임을 표시해야 한다.

해설 **선박 충돌시 초기대응실무**
㉠ 당직 항해사 : 항해 당직 중 충돌사고가 발생하면 기관을 정지하고, 비상경보를 발령한 후 선장에게 즉시 보고
㉡ 선장
   - 선교로 올라가 선박을 직접 지휘하고 상대선과 교신을 유지하며 충돌상태를 확인한다.
   - 필요시 최소속력으로 두 척의 손상부위가 연결되도록 하여 침수와 화물유출을 방지한다.
   - 모든 승선 인원을 파악하고, 개인별 주요 대응업무를 확인한다.

- 선박이 조종불능상태인 경우 : 야간의 경우 마스트등을 끄고 상하 수직으로 홍등 두 개를 조종불능임을 표시한다. 필요한 경우 갑판에 조명을 켠다.

15 다음 중 해양사고 발생의 주된 원인은?

① 인적과실   ② 기관고장
③ 천재지변   ④ 황천

16 다음 중 선외 추락자 구조방법으로 옳지 않은 것은?

① 추락자 구조신호로 장음 2회의 기적을 울린다.
② 적절한 인명구조 조선법을 시행한다.
③ 추락자를 시야 속에 두기 위해 감시원을 배치한다.
④ 기관을 stand-by 상태로 준비한다.

해설 **추락자 구조를 위한 초동조치**
㉠ 추락자 발견자는 추락자 근처에 구명부환을 던지고 "사람이 빠졌다"고 소리친다.
㉡ 선교 항해당직자의 초인 조치 : 윙브릿지의 긴급이탈장치를 당겨 구명부환과 함께 묶인 자기발연부신호(주간에 구명부환의 위치를 알려주는 조난신호장비로, 물에 들어가면 자동으로 오렌지색 연기를 낸다) 및 자기점화등을 투하한다.
㉢ <u>추락자 구조신호 : 장음 3회의 기적을 울림</u>
㉣ 상황에 맞는 인명구조 조선법을 시행한다.
㉤ 즉시 선장과 상황실에 알린다.
㉥ 풍향과 풍속을 관측한다.
㉦ 추락자를 시야 속에 두기 위해 감시원을 배치한다.
㉧ 착색제나 자기발연부신호 등을 투하한다.
㉨ 구조장비를 준비한다.
㉩ 선교, 갑판, 구명정 사이의 통신을 위해 휴대용 VHF(워키-토키)를 지급한다.

17 다음 중 통과통항권과 관련한 설명으로 옳지 않은 것은?

① 국제항행용 해협에서 적용된다.
② 항공기의 상공비행은 허용되지 않는다.
③ 통과통항중인 선박은 오염방지 의무를 부담한다.
④ 해협연안국은 통과통항권을 방해하거나 정지할 수 없다.

해설 **통과통항권**
모든 선박·항공기가 국제해협에서 갖는 권리(해양법에 관한 국제연합협약 제38조제1항)로 통과 통항이라는 것은 선박의 항행 및 항공기의 상공 비행의 자유가 계속적 그리고 신속한 통과를 위해서만 행사되는 것을 말한다. (해양법에 관한 국제연합협약 제38조제2항)

18 다음 중 "해양사고의 조사 및 심판에 관한 법률"상 조사관의 직무에 해당하지 않는 것은?

① 해양사고의 조사 ② 심판의 청구
③ 재결 ④ 재결의 집행

해설 재결은 심판관 또는 심판부의 직무이다.
[조사관의 직무]
수석조사관과 조사관은 해양사고의 조사, 심판의 청구, 재결의 집행, 그 밖에 대통령령으로 정하는 사무를 담당한다.

> 대통령령으로 정하는 조사관의 사무
> 제17조의3(조사관의 사무) 법 제17조에서 "대통령령으로 정하는 사무"란 다음 각 호의 사무를 말한다.
> 1. 해양사고 통계의 종합·분석
> 2. 해양사고 사건의 현장검증
> 3. 해양사고에 대한 국제공조
> 4. 해양사고 법규자료의 수집에 관한 사항

19 다음 중 군도 항로대 통항과 관련한 설명으로 옳지 않은 것은?

① 유엔해양법협약(UNCLOS)에 기초하여 인정된다.
② 군도 항로대를 통항 중인 선박과 항공기는 통항 중 통항로의 입-출구지점까지 일련의 축선 어느 쪽으로나 20해리 이상을 벗어날 수 없다.
③ 선박과 항공기는 통과통항과 유사한 통항권을 가진다.
④ 군도국가는 적합 항로대와 항공로를 지정할 수 있다.

해설 **필리핀 군도 항로 통항**
1. 필리핀 군도에서 임의적인 국제 통행을 방지
2. 외국 선박과 항공기가 군도수역과 인접 영해를 통과하고 상공을 지속적이고 신속하게 통과하는 데 적합한 항로와 항공로를 지정하는 좌표를 제공
3. 외국선박이나 항공기는 지정된 군도 해도에서 25해리 이상 벗어나 통항할 수 없고, 신속한 통항 외에 정선 등 다른 행위가 허용되지 않는다.

20 다음 중 선박 등록과 관련된 내용으로 옳지 않은 것은?

① 선적항을 관할하는 지방해양수산청에 등록한다.
② 선박원부라는 공부에 선박관련 사항을 기재하는 방식이다.
③ 어선은 소유자 주소지의 시·군·구에 등록한다.
④ 어선은 어선원부에 등록한다.

해설 **선박의 등록**
① 선박등록은 등기 후 선적항을 관할하는 해운관청에 비치된 선박원부(船舶原簿)에 일정한 사항을 기재하는 것으로 행정적 감독을 목적으로 하는 것이다. 등록이 되면 해운관청은 선박국적증서를 교부하여야 한다.
② 선박법상 등기·등록 : 선적항을 관할하는 지방해양수산청 선박원부에 기재한다.
③ 어선법상 등기·등록 : 어선 또는 선박의 소유자는 선적항을 관할하는 시장·군수·구청장에게 등록한다.
④ 선박의 등록은 국적취득의 효력발생요건이며 선박의 현황을 공시하는 효과가 있다. 선박의 등기는 선박에 관한 소유권, 저당권, 임차권 등의 권리의 공시를 목적으로 한다.

> 대통령령으로 정하는 조사관의 사무
> 제17조의3(조사관의 사무) 법 제17조에서 "대통령령으로 정하는 사무"란 다음 각 호의 사무를 말한다.
> 1. 해양사고 통계의 종합·분석
> 2. 해양사고 사건의 현장검증
> 3. 해양사고에 대한 국제공조
> 4. 해양사고 법규자료의 수집에 관한 사항

17. ② 18. ③ 19. ② 20. ③

CHAPTER 3 | 2023년 해사안전경영론 기출복원문제

01 휴먼에러(Human Error)에 관한 다음 설명 중 옳지 않은 것은?

① 휴먼에러 발생원인은 여러 가지 요인에 의해 야기되며, 주로 인적오류를 일으키는 요인들이다.
② 행동형성 요인은 외적요인과 내적요인으로 구분된다.
③ 작업과 직무특성은 행동형성 요인 중 내적요인이다.
④ 작업시간과 휴식시간은 행동형성 요인 중 외적요인이다.

해설 ③ 작업과 직무특성은 행동형성 요인 중 외적요인에 해당한다.

> 💡 휴먼에러 발생요인
> • 외적요인 : 환경특성, 작업시간과 휴식시간, 인원배치와 관리, 보수와 복지, 작업과 직무특성, 공간적 설비배치, 설비종류
> • 내적요인 : 개인의 능력과 기술력, 지식수준, 개성 및 지능, 감정, 스트레스, 건강상태, 경력, 피로

02 다음 중 "중대시민재해"에 대한 설명으로 옳지 않은 것은?

① 특정 원료 또는 제조물, 공중이용시설 또는 공중교통수단의 설계, 제조, 설치, 관리상의 결함을 원인으로 하여 발생한 재해이다.
② 사망자가 1명 이상 발생한 재해이다.
③ 동일한 사고로 3개월 이상 치료가 필요한 부상자가 10명 이상 발생한 재해이다.
④ 동일한 원인으로 3개월 이상 치료가 필요한 질병자가 10명 이상 발생한 재해이다.

해설 ③ 동일한 사고로 2개월 이상 치료가 필요한 부상자가 10명 이상 발생한 재해이다.

※ 중대재해 처벌 등에 관한 법률상 중대시민재해는 특정 원료 또는 제조물, 공중이용시설 또는 공중교통수단의 설계, 제조, 설치, 관리상의 결함을 원인으로 하여 발생한 재해로서 다음의 어느 하나에 해당하는 결과를 야기한 재해를 말한다. 다만, 중대산업재해에 해당하는 재해는 제외한다.
• 사망자가 1명 이상 발생
• 동일한 사고로 2개월 이상 치료가 필요한 부상자가 10명 이상 발생
• 동일한 원인으로 3개월 이상 치료가 필요한 질병자가 10명 이상 발생

03 다음 중 ILO 직업안전 및 보건협약(C155)에 대한 설명으로 옳지 않은 것은?

① 협약은 공공부문을 포함한 모든 근로자들과 모든 경제활동에 적용된다.
② 협약비준 회원국은 근로자 및 사용자 단체와 협의하여 산업안전 등에 관한 국가정책을 수립하고 정기적으로 재검토하여야 한다.
③ 기업은 필요한 경우 적절한 응급조치를 포함하여 긴급사태 및 사고에 대한 조치를 규정하도록 요구하여야 한다.
④ 협약비준 회원국은 어업 등 그 성질상 특수문제가 발생하는 특정 경제활동부문에 대해서는 협약의 일부 또는 전부의 적용을 제외할 수 있으나, 해상운송의 경우에는 전부 적용하여야 한다.

해설 ④ ILO 직업안전 및 보건협약(C155)은 공공부문을 포함한 모든 근로자들과 모든 경제활동에 적용된다. 그러나 협약비준 회원국은 근로자 및 사용자 단체와 협의하여 해상운송 또는 어업 등 그 성질상 특수문제가 발생하는 특정 경제활동부문에 대해서는 협약의 일부 또는 전부의 적용을 제외할 수 있다.

정답 01. ③ 02. ③ 03. ④

04 다음 중 안전보건경영시스템(ISO 45001)에 대한 설명으로 옳지 않은 것은?

① 직장 내 근로자의 안전과 보건을 위한 안전보건목표를 설정하고 이를 달성하기 위한 경영시스템을 갖추고 있는지를 제3자가 국제기준에 의거하여 심사·인증하는 제도이다.
② 그 적용을 위한 가장 중요한 개념은 PDCA 사이클로 볼 수 있다.
③ P는 계획(Plan)에 해당하여 목표를 설정하고 목표달성을 위한 구체적인 표준지침을 작성하는 과정으로 가장 중요한 절차이다.
④ A는 시행(Act)에 해당하여 계획된 대로 프로세스를 실행하는 것을 의미한다.

해설 ④ A는 행동(Act)에 해당하여 평가단계에서 나타난 결과를 바탕으로 의도된 결과를 달성하기 위해 안전보건성과를 지속적으로 개선하기 위한 조치를 말한다.
PDCA 사이클은 P(Plan : 계획) ⇨ D(Do : 실행) ⇨ C(Check : 확인) ⇨ A(Act : 행동)의 순서로 이루어지며, 위험성 평가는 PDCA 사이클에 따라 반복하여야 한다.

05 다음 중 안전보건관리 시스템의 계획시 고려사항에 해당하지 않는 것은?

① 이행시 예상비용
② 관리방안과 예방책
③ 전체 구성원들의 합의
④ 조직의 안전보건관리 성과지표 달성 정도

해설 안전보건관리 시스템의 계획시 고려사항은 ②③④ 외 목표달성방법, 안전보건관리 목표가 필요하다.

06 기계의 위험점에 관한 다음의 설명에 해당하는 것은?

회전하는 물체나 튀어나온 회전부위에 의해 장갑, 작업복 등이 말려들어가는 위험점

① 절단점
② 끼임점
③ 회전물림점
④ 회전말림점

해설 ④ 회전말림점에 대한 설명이다.
① 절단점은 회전운동을 하는 돌출부에서 발생하여 절단되는 위험점이다.
② 끼임점은 고정부와 회전운동을 하는 동작부 사이의 위치에서 끼이는 위험점을 말한다.
③ 회전물림점은 롤러나 톱니바퀴 등 반대방향의 두 회전체에 물려 들어가는 위험점을 말한다.

07 다음 중 특수작업관리 시 밀폐공간과 관련한 설명으로 옳지 않은 것은?

① 산소농도가 16% 미만인 공간
② 탄산가스 농도 1.5% 이상인 공간
③ 황화수소 농도 10ppm 이상인 공간
④ 일산화탄소 농도 30ppm 이상인 공간

해설 ① 산소농도가 18% 미만인 공간이 밀폐공간이다.

💡 밀폐구역
① 산소농도가 18% 미만인 공간
② 탄산가스 농도가 1.5% 이상인 공간
③ 황화수소 농도가 10ppm 이상인 공간
④ 일산화탄소 농도가 30ppm 이상인 공간
⑤ 기타 유해가스의 경우, 작업환경측정 노출기준에 따라 측정하여 초과되는 공간
⑥ 자연 통풍이 순조롭지 않고 출입이 제한된 공간

08 안전보건관리 시스템 계획방식에 관한 다음 설명 중 옳지 않은 것은?

① 탑다운(Top-down)방식은 조직의 이사회 등 상위그룹을 통하여 안전보건관리 시스템 계획을 설정하는 전통적인 방법이다.
② 바텀업(Bottom-up)방식은 현장에서 중대한 위험에 노출된 구성원들이 안전보건관리 시스템 계획을 설정하고, 상위 그룹에 승인 및 조정을 거치는 방법이다.
③ 해상과 같은 특수한 상황에서는 바텀업(Bottom-up)방식이 적절할 수 있다.
④ 바텀업(Bottom-up)방식은 시스템 설계는 간단하지만, 현장의 의견이 반영되기 곤란하다.

해설 ④ 바텀업(Bottom-up)은 참여 구성원의 적극적인 노력이 없다면 설계에 시간이 오래 소요될 수 있다. 탑다운(Top-down)방식은 시스템 설계는 간단하지만, 현장의 의견이 반영되기 곤란하다.

💡 **안전보건관리 시스템 계획방식**
- 탑다운(Top-down)방식 : 조직의 이사회 등 상위그룹을 통하여 안전보건관리 시스템 계획을 설정하는 전통적인 방법이다. 따라서 시스템의 설계는 간단하지만, 현장의 의견이 반영되기 곤란하다.
- 바텀업(Bottom-up)방식 : 현장에서 중대한 위험에 노출된 구성원들이 안전보건관리 시스템 계획을 설정하고, 상위 그룹에 승인 및 조정을 거치는 방법이다. 따라서 현장의 의견이 정확하게 반영될 수 있지만, 구성원의 적극적인 참여가 없다면 시스템의 설계에 시간이 오래 소요될 수 있다. 또한 해상과 같은 특수한 상황에서는 바텀업(Bottom-up)이 적절할 수 있다.

09 위험성평가의 실시시기에 관한 다음 설명 중 옳지 않은 것은?
① 위험성평가는 최초평가, 수시평가, 정기평가의 3종류로 구분하여 실시한다.
② 최초평가, 수시평가, 정기평가는 사정에 따라 일부 작업만을 대상으로 한다.
③ 수시평가는 추가적인 유해·위험요인이 생기는 경우에 해당 유해·위험요인에 대한 수시 위험성평가를 실시한다.
④ 중대산업사고 또는 산업재해 발생에 해당하는 경우, 재해발생 작업을 대상으로 그 작업을 재개하기 전에 수시평가를 실시하여야 한다.

해설 ② 위험성평가는 최초평가, 수시평가, 정기평가 3종류로 구분하여 실시하고, 이 경우 최초평가와 정기평가는 전체 작업을 대상으로 한다. 수시평가는 추가적인 유해·위험요인이 생기는 경우에 해당 유해·위험요인에 대한 수시 위험성평가를 실시한다.

💡 **수시평가**
사업주는 다음의 어느 하나에 해당하여 추가적인 유해·위험요인이 생기는 경우에는 해당 유해·위험요인에 대한 수시 위험성평가를 실시하여야 한다. 다만, 제5호에 해당하는 경우에는 재해발생 작업을 대상으로 작업을 재개하기 전에 실시하여야 한다.
1. 사업장 건물의 설치·이전·변경 또는 해체
2. 기계·기구, 설비, 원재료 등의 신규 도입 또는 변경
3. 건설물, 기계·기구, 설비 등의 정비 또는 보수 (주기적·반복적 작업으로서 이미 위험성평가를 실시한 경우에는 제외)
4. 작업방법 또는 작업절차의 신규 도입 또는 변경
5. 중대산업사고 또는 산업재해(휴업 이상의 요양을 요하는 경우에 한정한다) 발생
6. 그 밖에 사업주가 필요하다고 판단한 경우

10 다음의 위험성평가 기법 중 정량적 기법에 해당하지 않는 것은?
① 결함수 분석(FTA)
② 사건수 분석(ETA)
③ 직업안전분석(JSA)
④ 원인·결과 분석(CCA)

해설 ③ 직업안전분석(JSA)은 정성적 기법에 해당한다.
- 정량적 기법 : 결함수 분석(FTA), 사건수 분석(ETA), 원인·결과 분석(CCA)
- 정성적 기법 : 위험과 운전분석(HAZOP), 직업안전분석(JSA), 체크리스트방법(Check list), 사고예상질문(What-if), 이상위험도 분석(FMECA), 예비위험분석(PHA)

11 다음 중 위험성평가의 실시에 있어 해당 작업에 종사하는 근로자가 참여하여야 하는 경우에 해당하지 않는 것은?
① 해당 사업장의 유해·위험요인을 파악하는 경우
② 위험성 감소대책을 수립하여 실행하는 경우
③ 안전·보건관리자가 선임되어 있지 않은 경우
④ 유해·위험요인의 위험성이 허용 가능한 수준인지 여부를 결정하는 경우

[해설] ③ 위험성평가의 실시에 있어 해당 작업에 종사하는 근로자가 참여하여야 하는 경우에 해당하지 아니한다.

💡 **사업장 위험성평가에 관한 지침 제6조 [고용노동부고시]**

사업주는 위험성평가를 실시할 때 다음에 해당하는 경우 해당 작업에 종사하는 근로자를 참여시켜야 한다.
1. 유해·위험요인의 위험성 수준을 판단하는 기준을 마련하고, 유해·위험요인별로 허용 가능한 위험성 수준을 정하거나 변경하는 경우
2. 해당 사업장의 유해·위험요인을 파악하는 경우
3. 유해·위험요인의 위험성이 허용 가능한 수준인지 여부를 결정하는 경우
4. 위험성 감소대책을 수립하여 실행하는 경우
5. 위험성 감소대책 실행 여부를 확인하는 경우

13 위험성평가에 관한 다음 설명 중 틀린 것은?

① 위험성 평가는 PDCA 사이클에 따라 반복하여야 한다.
② 위험성 평가는 최초평가, 수시평가 및 정기평가로 구분한다.
③ 위험성평가에서 위험성의 측정은 위험성의 중대성(강도)으로 측정한다.
④ 위험성 추정이란 유해·위험요인별로 부상 또는 질병으로 이어질 수 있는 위험성의 크기를 추정 및 산출하는 것을 말한다.

[해설] ③ 위험성평가에서 위험성의 측정은 위험성의 가능성(빈도)과 중대성(강도)을 조합하여 측정하는 방식에 의한다.

12 위험성평가에서의 PDCA 사이클에 관한 다음 설명 중 옳지 않은 것은?

① 계획(Plan) 단계는 목표를 설정하고 목표달성을 위한 구체적인 계획작성과정으로 위험성평가 절차 중 가장 중요한 절차이다.
② 실행(Do) 단계는 계획 단계에서 수립된 안전관리계획에 따른 이행단계를 의미하며, 실행결과에 대한 효율성 등을 검증하는 절차는 포함되지 아니한다.
③ 평가(Check) 단계에서는 실행결과를 목표와 비교하여 달성가능성, 계획실행성 등을 점검한다.
④ 행동(Act) 단계에서는 평가단계에서 나타난 결과를 바탕으로 의도된 결과를 달성하기 위해 안전보건성과를 지속적으로 개선하기 위한 조치를 말한다.

[해설] ② 실행(Do)은 계획된 대로 프로세스를 실행하는 과정으로서 실행결과에 대한 효율성 등을 검증하는 절차를 포함한다.

14 직계식 조직에 관한 다음 설명 중 옳지 않은 것은?

① 최상위에서 최하위에 이르는 모든 직위가 단일 명령권한의 라인으로 연결된 조직이다.
② 직계식 조직은 종적 의사소통에 한계가 있다.
③ 직계식 조직은 상위자 1인에게 과중한 책임이 발생할 수 있다.
④ 직계식 조직은 책임과 권한의 귀속이 명확하고, 조직의 명령계통이 단순하다.

[해설] ② 직계식 조직은 최상위에서 최하위에 이르는 모든 직위가 단일 명령권한의 라인으로 연결된 조직이다. 책임과 권한의 귀속이 명확하고, 조직의 명령계통이 단순하여 일관성이 있어서 경영 전체의 질서유지에 유리하다. 그러나 횡적(수평적) 의사소통에 한계가 있고, 상위자 1인에게 과중한 책임이 발생할 수 있다. 종적 의사소통에 한계가 있는 것은 직능식 조직이다.

15 다음 그림 중 기업조직과 개인 목표 충돌과 관련하여 가장 성공적으로 일치한 상태를 나타낸 것은?
(Degree of Attainment : 달성정도, Organization Goals : 조직목표, Management Goals : 관리자 목표, Subordinate Goals : 부하직원 목표)

①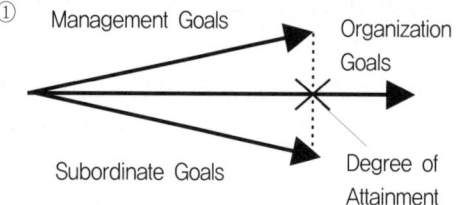

②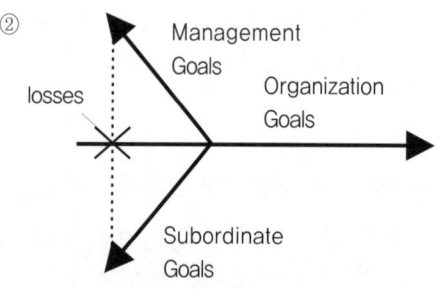

③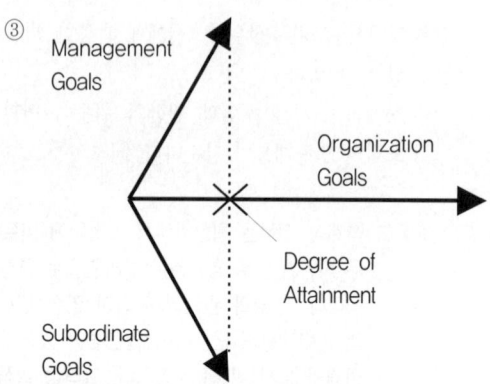

④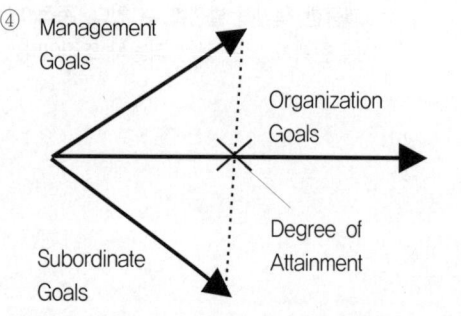

해설 기업조직과 개인 목표 충돌의 유형에 관한 그림이다.
① 성공적인 일치관계 ② 조직성과 없음 ③ 조직성과, 달성정도 낮음 ④ 조직성과, 달성정도 중간을 표현한다.

16 다음 중 집단의 개념적 요소와 관련한 설명으로 틀린 것은?

① 2차 집단은 직접적이고 영구적이다.
② 소수의 인원으로 구성되며, 최소한 2인 이상으로 구성되는 사회적 집합체이다.
③ 외집단은 적대의식이나 이질감을 갖는 타인 집단이다.
④ 이익사회는 의지나 선택에 의해 후천적으로 결성된 집단으로, 인간관계가 수단적이며 일시적인 집단이다.

해설 ① 집단의 접촉방식에 따른 분류로서 1차 집단은 직접적이고 영구적이며 친밀한 관계이지만, 2차 집단은 간접적이고 형식적, 사무적인 접촉방식을 가진다.

17 다음 중 집단갈등과 관련한 설명으로 틀린 것은?

① 갈등이란 개인이나 집단이 함께 일을 수행하는데 애로를 겪는 상태로서 정상적인 활동이 방해되거나 파괴되는 상태를 말한다.
② 2 이상의 집단이 목표달성을 위하여 상대방에게 서로 의존하는 상호의존성은 집단갈등의 원인이다.
③ 조직 개편으로 인한 조직구조의 변경은 갈등을 더욱 촉진하므로 지양해야 한다.
④ 관리자들의 의사소통방식에 따라 모호성, 긴장감, 위기감을 발생시킬 수 있으며, 이는 조직구성원 간의 갈등을 촉진할 수 있다.

해설 ③ 적절한 조직구조의 변경은 집단 구성원 간의 상호 교류를 통한 친밀한 인간관계를 유지할 수 있으므로 갈등의 해소방안이 될 수 있다. 갈등의 해결방법으로서 직접 대면, 상위 목표의 설정, 조직구조의 변경, 자원의 확충 등이 있다.

2023년 선박자원관리론 기출복원문제

01 다음 중 휴먼 에러(Human Error)의 분류와 관련하여 옳지 않은 것은?

① 스웨인(Swain)은 행위 차원에서 분류방식을 도입하였다.
② 스웨인에 따르면 작위오류, 누락오류, 순서오류, 시간오류, 불필요한 수행오류로 분류된다.
③ 리즌(Reason)은 원인 차원에서의 분류방식을 도입하였다.
④ 리즌에 따르면 실수나 건망증은 착오의 유형에 해당한다.

해설 실수나 건망증은 비의도적 행동 유형에 속하며 착오는 의도적 유형에 해당한다.

Human Error
[Swain식 분류]
① 작위오류(commission error) : 수행해야 할 작업을 부정확하게 수행하는 오류
② 누락오류(Ommission error) : 수행해야 할 작업을 빠트리는 오류
③ 순서오류(Sequence error) : 수행해야 할 작업의 순서를 틀리게 수행하는 오류
④ 시간오류(time error) : 수행해야 할 작업을 정해진 시간 안에 완수하지 못하는 오류
⑤ 불필요한 수행오류(Extraneous error) : 작업 완수에 불필요한 작업을 수행하는 오류

[Reason식 분류]
① 비의도적 행동(무의식적 상황, 숙련기반 에러) : 실수(slips), 건망증(lapse)
② 의도적 행동
  ㉠ 착오(규칙기반 착오, 친숙한 상황)
  ㉡ 지식기반 착오(생소하고 특수한 상황)
  ㉢ 고의적 위반(Violation)

02 다음 중 버드(Bird)의 도미노 이론과 관련된 설명으로 옳지 않은 것은?

① 사고발생과 관련한 연쇄성을 주장하였다.
② 재해발생의 근본적 원인을 작업자의 불안전한 행동으로 보았다.
③ 5단계로 구분하였다.
④ 2단계 기본원인의 4M은 Man, Machine, Media, Management이다.

해설 버드는 재해발생의 근본 원인을 경영자의 관리소홀로 보았다.

버드의 사고발생 5단계
1단계 – 제어부족(관리부재)
2단계 – (기본 원인) 개인적 결함(4M – Man, Machine, Media, Management)
3단계 – (직접적 원인) 불안전한 상태 또는 행동
4단계 – 사고
5단계 – 재난

03 다음 중 시간제약 요인과 관련한 내용으로 옳지 않은 것은?

① 모든 사람에게 시간은 평등하게 주어지나 시간은 제한적이다.
② 시간은 무형의 자원이다.
③ 자투리 시간을 최대한 활용할 필요가 있다.
④ 시간의 흐름을 느끼는 정도는 대부분의 사람이 유사하다.

해설 시간의 흐름을 느끼는 정도는 개인별로 상이하다.
[시간 제약의 요인]
  ① 시간의 특성 및 제약 요인 : 시간은 무형의 자원으로서 공평성, 자동소멸성, 비저장성, 비소유성

01. ④ 02. ② 03. ④

② 물리적인 시간은 불변이지만 심리적 시간은 가변적이다.
③ 시간의 제약성과 업무 : 자신에게 주어진 과업과 시간관리 및 시간의 활용, 시간의 제약성을 전제로한 업무 우선순위의 결정 및 실행이 중요

04 다음 설명이 가리키는 리더십 유형은?

> 업무중심적 방식과 인간중심적 방식이 조합된 형태로, 직원들이 기업의 의사결정 과정과 업무통제 과정에 참여하는 민주적 리더십 성격이다.

① 권위적 리더십 ② 온정적 리더십
③ 참여적 리더십 ④ 서번트 리더십

해설 ① 카리스마(권위적) 리더십 : 지도자의 개인적인 매력과 수완으로 구성원들로 하여금 동조감을 불러일으키는 것이 특징이다.
② 온정적 리더십 : 조직 관계를 대등한 인격자 상호간의 계약에 의한 권리·의무 관계로 보지 않고, 사용자의 온정에 따른 노동자 보호와, 이에 보답하고자 노동자가 더욱 노력하는 협조관계로 보는 것이며, 합리적인 계약 관계 대신에 서로의 정감(情感)에 호소하는 리더십
③ 참여적 리더십 : 업무중심의 방식과 사람중심의 방식을 조합한 형태로, 직원들이 기업의 의사결정과정과 업무통제 과정에 참여하는 민주적 리더십이다.
④ 서번트 리더십 : 지도자가 먼저 팀원들의 이익을 생각하고 그들을 돕는 방법으로 지도력을 표현한다. 인간존중을 근본으로 하고 구성원의 잠재력에 주목. 이는 교육, 병원 등 비영리단체에서 적용된다.

05 다음 기획(Planning)의 평가 기준이 아닌 것은?

① 완결성 ② 충분성
③ 미래성 ④ 선명성

해설 기획의 평가 기준

평가 항목	평가 내용
완결성	조직이 가용할 수 있는 자원과 전략이 모두 반영되고 있는가?
선명성	수행 업무의 내용 및 주체와 완료 시점이 분명하게 나타나고 있는가?
충분성	1. 제안된 업무들이 조직의 전략적 목표를 충분히 달성하게 하는가? 2. 목표 달성에 충분히 대응하지 못하는 업무들에 대하여 어떤 변화가 기획되고 이행되어야 하는가?
현시성	1. 활동 계획은 현재의 업무를 반영하고 있는가? 2. 활동 계획은 미래의 문제점들에 대한 요인들을 예측하고 있는가?
유연성	1. 활동 계획은 예견되지 못한 변화들에 반응하기에 충분한가? 2. 전략목표가 수정되거나 확대되는 경우 기획의 보완 및 반영할 수 있는가?

06 다음 중 선상에서의 인간의 한계와 관련한 설명 중 옳지 않은 것은?

① 원인으로는 피로, 자기만족, 오해 등이 있다.
② 수면과 휴식이 극복 방안으로 고려될 수 있다.
③ 선박의 경우 인체 시간과 일치하는 수면이 가능하다.
④ 휴식은 수면과 달리 신체적 활동 중단 또는 업무 변경 등을 통해서도 가능하다.

해설 선박의 경우 당직교대, 국제적 시간차 등으로 생체 시간과 수면을 일치시키기 어렵다.

07 다음은 아이젠하워의 시간관리 메트릭스를 나타낸 것이다. A~D 중 최우선으로 진행해야 하는 과업은?

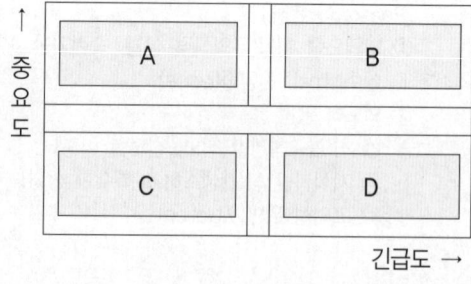

① A ② B
③ C ④ D

정답 04. ③ 05. ③ 06. ③ 07. ②

해설

[아이젠하워 매트릭스]

중요도 축:
- ② 긴급하지는 않지만, 중요한 일
  Decide
  Schedule a time to do it
  언제 할 지 결정하라
- ① 긴급하고 중요한 일
  Do
  Do it now
  지금 당장 하라
- ④ 긴급하지도 중요하지도 않은 일
  Delete
  Eliminate it
  언제 할 지 결정하라
- ③ 긴급하지만 중요하지는 않은 일
  Delegate
  who can do it for you
  지금 당장 하라

긴급도

---

08 다음 중 시간제약의 야기 요소에 해당하지 않는 것은?

① 업무 소요 시간을 실제보다 적게 잡음
② 업무수행을 서두름
③ 동시에 많은 일을 하려고 함
④ 업무에 대해 심사숙고함

해설 시간제약의 야기 요소
㉠ 업무소요시간의 부적절한 측정
㉡ 업무수행을 위한 서두름 : 적절한 업무수행 속도의 설정이 필요
㉢ 동시 다발적 업무처리 : 개별 업무당 소요되는 시간 소요량 확보에 실패할 수 있으므로 업무의 우선순위를 결정해서 적정한 소요시간의 배분이 중요
㉣ 업무 늑장 : 필요한 시간(기간) 내 업무 수행이 필요함에도 해당 업무 수행 시기를 늦춤으로 인해 효율적인 업무처리가 불가능해 진다.
㉤ 불필요한 업무 수행 : 중요한 업무는 소홀히 하는 반면 긴급하거나 중요한 일이 아님에도 시간을 투입하여 결과적으로 시간을 허비하게 된다.

---

09 다음 중 우선순위 결정 방법으로 보기 어려운 것은?

① 시간관리 메트릭스
② 단순 결정법
③ 명목 또는 대표집단 방법
④ 최소비용 결정 방법

해설 우선순위의 결정 방법
① 시간관리 메트릭스 : 일의 중요성과 긴급성이라는 두가지 요소를 결합하여 4개의 영역으로 구분하여 일의 우선순위를 구분하는 방법
② 단순 결정법(점수법) : 도출된 문제에 대하여 의사결정 집단에게 설문지를 주고 답하게 하여 점수를 집계하여 일의 순위를 정하는 방법
③ 명목 또는 대표집단 방법 : 대표집단을 구성하고 문제목록 및 결정기준을 작성한 후 토론을 통해 일의 우선순위를 정하는 방법

---

10 다음 중 합리적 의사결정 모형 과정에 해당하지 않는 것은?

① 비용 최소화
② 문제 정의와 진단, 상황의 인식 및 재평가
③ 정보수집 분석, 목표의 수립
④ 대안의 비교와 평가

해설 의사결정 모형(의사결정의 7단계)
① 문제의 정의 및 상황인식
② 정보 수집과 분석 및 목표의 수립
③ 대안의 탐색 및 확인
④ 대안의 비교 평가
⑤ 대안의 선택
⑥ 최종 결정과 이행

---

11 다음에 해당하는 의사결정 기법은?

토론이 아닌, 전문적인 의견을 설문을 통해 전하고 이를 다시 수정한 설문을 통해 의견을 받는 반복수정을 거쳐 최종결정을 내리는 방법

① 지명 반론자법
② 델파이법
③ 브레인 스토밍
④ 명목집단법

[해설] **의사결정 기법**
① 지명 반론자법(악마의 주장법, Devil's Advocate Method) : 집단을 둘로 나누어 한 집단이 제시한 의견에 대해서 반론자로 지정된 집단의 반론을 듣고 토론을 벌여 본래의 안을 수정하고 보완하는 일련의 과정을 거친 후 최종 대안을 도출하는 방법이다.
② 델파이 기법(Delphi Method, Delphi technique) : 설문을 반복하며 전문가들의 의견을 수렴하는 기법으로, 미래예측과 문제 해결 등에 활용된다. 전문가들의 의견수렴을 위하여 개발된 기법으로, 대표적인 미래예측 방법이다. 특정 주제에 대하여 전문가 집단을 대상으로 설문을 반복적으로 실시하고 이를 통하여 합의를 도출하는 방식으로 진행된다는 점에서 '전문가합의법'이라고도 부른다.
③ 브레인 스토밍(Brain Storming) : 자유로운 토론을 통해 다양한 사고를 자극하여 사고의 연쇄반응을 이끌어 내어 독창적인 아이디어를 찾아내는 집단적 사고 창출법이다.
④ 명목집단법(Normal Group Technique) : 여러 대안들을 토론이나 비평 없이 자유롭게 서면으로 제시하여 그 중 하나를 선택하는 집단의사결정 기법이다. 여러 대안들을 마련하고 그중 하나를 선택하는 데 초점을 두는 구조화된 집단의사결정 기법이다. 집단의사결정임에도 불구하고 의사결정이 진행되는 동안 팀원들 간의 토론이나 비평이 허용되지 않기 때문에 '명목'이라는 용어가 사용되었다.

12 다음 중 문제해결 기법에 해당하지 않는 것은?
① 상황분석   ② 결정분석
③ 효익분석   ④ 문제분석

[해설] **문제 해결 기법**
① 상황분석(SA, Situation Analysis) : 문제 주변에 현재 무슨일이 일어났는지 파악하고 어떤 것에 우선순위를 둘 것인지를 분석하는 것
② 결정분석(DA, Decision Analysis) : 수행해야 할 조치 중 최적의 안을 찾아서 결정하는 것
③ 문제분석(PA, Problem Analysis) : 일의 진행 과정에서 그렇게 진행하게 된 이유와 원인이 무엇인지 구체적으로 분석하고 검증하는 것

13 다음 중 개인의 역량으로 보기 어려운 것은?
① 전문적 기술   ② 태도 및 가치관
③ 동기   ④ 사회적 지위

[해설] **개인역량의 평가 지표**
㉠ 전문적 기술 : 특정 업무를 수행하는데 필요한 수행능력으로 훈련을 통해 습득된다.
㉡ 전문적 지식 : 교육을 통해 습득되는 특정 업무나 분야에 대해 가지고 있는 정보량
㉢ 태도 및 가치관 : 업무를 대하는 자세와 특정 대상에 대하여 가지는 평가의 근본적 관점
㉣ 동기 : 업무 달성에 대한 개인의 내적 욕구

14 다음 중 레이더 영상의 방해 현상에 해당하지 않는 것은?
① 해면 반사   ② 눈과 비
③ 맹목구간   ④ 조류(鳥類, bird)

[해설] **Radar False Echoes**
㉠ Indirect Echo : 선박에 설비된 물체에 반사되어 수신된 경우 다른 위치에 물표가 있는 것처럼 display한다.
㉡ Multiple Echo : 선박과 가까이 있는 선박간 다중반사에 의한 수신에 의해 같은 방위에 등거리로 여러개의 점으로 물표가 표시된다.
㉢ Side Echo : 선박의 근접거리에 있는 물표가 수신이득률이 높아 Side Lope에 의해 반사 수신된 잔파가 표시된다.
㉣ Radar to Radar Interference : 주위 항행 선박과 같은 주파수대의 레이더를 사용함으로 인해 전파간섭에 의해 레이더에 여러개의 나선형의 점들이 나타난다.
㉤ 맹목구간(blind sector) : 선박의 구조물, 즉 전부마스트, 연돌 등에 의해 스캐너에서 반사된 레이더 전파가 차단되어 레이더 화면상에서 물표를 탐지할 수 없는 구간이다.

15 다음 중 선박의 길이와 관련한 "수선장(LWL)"의 정의로 옳은 것은?

① 선체에 고정적으로 붙어 있는 모든 돌출물을 포함한 선수의 최전단으로부터 선미의 최후단까지의 수평거리
② 계획 만재흘수선상의 선수재 전면과 타주의 후면에 각각 수선을 세워 양 수선 사이의 수평거리
③ 계획 만재흘수선상 물에 잠긴 선체의 선수재 전면으로부터 선미재 후단까지의 수평거리
④ 상갑판 보의 선수재 전면으로부터 선미재 후면까지의 수평거리

해설 수선장(LWL, Water Line Length)
계획만재흘수선상 선체가 물에 잠겨 있는 상태에서 수선(水線)의 수평거리를 말하며, 통상 전장보다 약간 짧음. 배의 저항, 추진력 계산에 사용
① 전장(LOA, Length Over All)
② 수선간장(LBP, Length Between Perpendiculars)
④ 등록장(registered Length)

16 다음 중 선박 충돌시 비상조치에 대한 설명으로 옳지 않은 것은?

① 파공에 의한 침수시 구역제한을 위해 수밀문을 작동시킨다.
② 충돌회피 동작 실패시 신속한 추가회피를 위해 전속까지 가속한다.
③ 침몰위험이 있다면 인명을 우선적으로 대피시킨다.
④ 충돌 즉시 자선과 상대선의 선수방위 등을 확인하여 차후 원인규명에 사용하여야 한다.

해설 충돌회피 동작 실패시 신속한 추가회피를 위해 선박의 속력을 줄인다.

17 다음 중 선박 파공에 의한 침수량(유입량) 결정 인자가 아닌 것은?

① 파공면적
② 유량계수
③ 선저에서 파공면적까지 높이
④ 해수유입시간

해설 침수량 계산

$$Q = CA\sqrt{2gh}\,\rho \times t$$

C : 유량계수(약 0.6 ~ 0.98)
A : 파공면적(m^2)
g : 중력가속도(9.8m/sec)
h : 파공부로부터 수면까지의 높이
ρ : 해수비중
t : 해수유입시간(sec)

18 다음 중 선박정비와 관련한 내용으로 옳지 않은 것은?

① 선급강선규칙에 의거, 5년 정기검사 기간 이내에 2회의 입거 검사를 시행한다.
② 선박의 입거수리는 조선소에 입거(상가)하여 시행하는 수리를 말한다.
③ 보상수리는 선박 건조 후 이루어지는 보증수리 유형이다.
④ 신조선박에 대한 조선소 측 하자로 인한 수리 및 제품하자는 신조선 취항 후 보통 1년까지 보증수리를 받을 수 있다.

해설 보상수리
신조 선박에서 선박 건조과정에서 발생한 결함에 대한 수리 또는 제조사가 장비나 시스템을 납품하면서 발생하는 결함에 대하여 행하는 수리를 말한다.

CHAPTER 5 · 2024년 선박관계법규 기출복원문제

01 다음 중 선박의 입항 및 출항 등에 관한 법률상 '정박'의 정의로 옳은 것은?

① 선박이 해상에서 닻을 바다 밑바닥에 내려놓고 운항을 멈추는 것
② 선박이 해상에서 일시적으로 운항을 멈추는 것
③ 선박을 다른 시설에 붙들어 매어 놓는 것
④ 선박이 운항을 중지하고 정박하거나 계류하는 것

해설 ① "정박"(碇泊)이란 선박이 해상에서 닻을 바다 밑바닥에 내려놓고 운항을 멈추는 것을 말한다.
② "정류"(停留)란 선박이 해상에서 일시적으로 운항을 멈추는 것을 말한다.
③ "계류"란 선박을 다른 시설에 붙들어 매어 놓는 것을 말한다.
④ "계선"(繫船)이란 선박이 운항을 중지하고 정박하거나 계류하는 것을 말한다.

02 다음 중 선박의 입항 및 출항 등에 관한 법률상 수상구역 밖 몇 킬로미터까지 폐기물 투하가 금지되는가?

① 10킬로미터 이내 ② 20킬로미터 이내
③ 50킬로미터 이내 ④ 100킬로미터 이내

해설 ① 누구든지 무역항의 수상구역 등이나 무역항의 수상구역 밖 10킬로미터 이내의 수면에 선박의 안전운항을 해칠 우려가 있는 흙·돌·나무·어구 등 폐기물을 버려서는 아니 된다(제38조 제1항).

03 다음 중 선원법상 규정된 선원의 휴식시간(1일 기준)으로 옳은 것은?

① 6시간 이상 ② 8시간 이상
③ 10시간 이상 ④ 12시간 이상

해설 ③ 선박소유자는 선원에게 임의의 24시간에 10시간 이상의 휴식시간과 임의의 1주간에 77시간 이상의 휴식시간을 주어야 한다. 이 경우 임의의 24시간에 대한 10시간 이상의 휴식시간은 한 차례만 분할할 수 있으며, 분할된 휴식시간 중 하나는 최소 6시간 이상 연속되어야 하고 연속적인 휴식시간 사이의 간격은 14시간을 초과하여서는 아니 된다(제60조 제3항).

04 선원법상 선박소유자는 계속근로기간이 1년 이상인 선원이 퇴직하는 경우 계속근로기간 1년에 대하여 승선평균임금의 며칠에 상당하는 금액을 퇴직금으로 지급하여야 하는가?

① 10일 ② 20일
③ 30일 ④ 60일

해설 ③ 선박소유자는 계속근로기간이 1년 이상인 선원이 퇴직하는 경우에는 계속근로기간 1년에 대하여 승선평균임금의 30일분에 상당하는 금액을 퇴직금으로 지급하는 제도를 마련하여야 한다(제55조 제1항).

05 다음 중 선원법상 선박소유자가 고용하고 있는 총 승선 선원 수에서 확보해야 할 예비원의 비율로 옳은 것은?

① 5% ② 7%
③ 8% ④ 10%

해설 ④ 선박소유자는 고용하고 있는 총승선 선원 수의 10퍼센트 이상의 예비원을 확보하여야 하며, 예비원에게 통상임금의 70퍼센트를 임금으로 지급하여야 한다(제67조 제1항).

정답 01. ① 02. ① 03. ③ 04. ③ 05. ④

06 다음 중 선원의 쟁의행위에 대한 설명으로 옳지 않은 것은?

① 선원법에서 선원의 근로관계 관련 쟁의행위에 대해 규정하고 있다.
② 선박이 외국 항에 있는 경우 쟁의행위를 할 수 없다.
③ 여객선이 승객을 태우고 항해 중인 경우 쟁의행위를 할 수 없다.
④ 쟁의행위는 원칙적으로 허용되지 않으며, 해양수산부장관의 허가를 받는 경우에는 가능하다.

해설 ④ 선원법상 쟁의행위는 원칙적으로 허용되며, 예외적으로 제한사유를 규정하고 있다(제25조).
　　②③ 선원은 다음의 어느 하나에 해당하는 경우에는 선원근로관계에 관한 쟁의행위를 하여서는 아니 된다(제25조).

1. 선박이 외국 항에 있는 경우
2. 여객선이 승객을 태우고 항해 중인 경우
3. 위험물 운송을 전용으로 하는 선박이 항해 중인 경우로서 위험물의 종류별로 해양수산부령으로 정하는 경우
4. 제9조에 따라 선장 등이 선박의 조종을 지휘하여 항해 중인 경우
5. 어선이 어장에서 어구를 내릴 때부터 냉동처리 등을 마칠 때까지의 일련의 어획작업 중인 경우
6. 그 밖에 선원근로관계에 관한 쟁의행위로 인명이나 선박의 안전에 현저한 위해를 줄 우려가 있는 경우

07 다음 중 선원법상 의사의 승무대상 선박요건으로 옳은 것은?

① 3일 이상의 국내항해에 종사하는 선박으로서 최대 승선인원이 50명 이상인 선박
② 3일 이상의 국제항해에 종사하는 선박으로서 최대 승선인원이 50명 이상인 선박
③ 3일 이상의 국내항해에 종사하는 선박으로서 최대 승선인원이 100명 이상인 선박
④ 3일 이상의 국제항해에 종사하는 선박으로서 최대 승선인원이 100명 이상인 선박

해설 ④ 다음의 어느 하나에 해당하는 선박의 선박소유자는 그 선박에 의사를 승무시켜야 한다(제84조).

1. 3일 이상의 국제항해에 종사하는 선박으로서 최대 승선인원이 100명 이상인 선박(어선은 제외한다)
2. 해양수산부령으로 정하는 모선식(母船式) 어업에 종사하는 어선
   [총톤수 5천톤 이상의 어선으로서 승선인원이 200인 이상의 어선]

08 다음 중 선원법상 국제항해 종사 항해선 중 해사노동적합증서와 해사노동적합선언서의 적용 대상이 되는 선박은?

① 총톤수 100톤 선박　② 총톤수 200톤 선박
③ 총톤수 300톤 선박　④ 총톤수 500톤 선박

해설 ④ 다음의 어느 하나에 해당하는 선박(어선은 제외한다)에 대하여 해사노동적합증서와 해사노동적합선언서의 규정을 적용한다(제135조).

1. 총톤수 500톤 이상의 국제항해에 종사하는 항해선
2. 총톤수 500톤 이상의 항해선으로서 다른 나라 안의 항 사이를 항해하는 선박
3. 제1호 및 제2호에 해당하는 선박 외의 선박 소유자가 요청하는 선박

09 다음 중 선원법상 해사노동적합증서와 해사노동적합선언서와 관련한 인증검사에 해당하지 않는 것은?

① 최초인증검사　② 갱신인증검사
③ 중간인증검사　④ 특별인증검사

해설 ④ 선박의 선박소유자는 해사노동적합증서를 발급받으려는 경우에는 다음의 구분에 따른 인증검사를 받아야 한다(제137조 제1항).

1. 최초인증검사: 이 법과 해사노동협약의 기준을 충족하는지 확인하기 위한 최초 검사
2. 갱신인증검사: 해사노동적합증서의 유효기간이 끝났을 때에 하는 검사
3. 중간인증검사: 최초인증검사와 갱신인증검사 사이 또는 갱신인증검사와 갱신인증검사 사이에 해양수산부령으로 정하는 시기에 하는 검사

10 다음 중 선박직원법상 해기사 시험합격일로부터 몇 년이 경과하지 않아야 해기사 면허를 받을 수 있는가?

① 1년
② 2년
③ 3년
④ 5년

해설 ③ 해양수산부장관은 다음의 요건을 갖춘 사람이 해기사 면허증 발급일을 기준으로 결격사유에 해당하지 아니하는 경우 면허를 한다(제5조 제1항).

1. 해양수산부장관이 시행하는 해기사 시험에 합격하고, 그 합격한 날부터 <u>3년이 지나지 아니할 것</u>
2. 등급별 면허의 승무경력 또는 「수상레저안전법」에 따른 조종면허 등 승무경력으로 볼 수 있는 것으로서 대통령령으로 정하는 자격·경력이 있을 것
3. 「선원법」에 따라 승무에 적당한 건강상태가 확인될 것
4. 등급별 면허에 필요한 교육·훈련을 이수할 것
5. 통신사 면허의 경우에는 「전파법」에 따른 무선종사자의 자격이 있을 것

11 다음 중 선박안전법상 국제협약검사에 해당하지 않는 것은?

① 최초검사
② 정기검사
③ 연차검사
④ 특별검사

해설 ④ 국제협약검사의 종류는 다음과 같다(규칙 제24조).

1. 최초검사 : 최초로 국제항해에 사용하는 경우 받게 되는 검사
2. 정기검사 : 국제협약검사증서의 유효기간이 끝난 경우 받게 되는 검사
3. 중간검사 : 국제협약검사증서의 두 번째 검사기준일 또는 세 번째 검사기준일 전후의 3개월 이내에 받게 되는 검사
4. 연차검사 : 국제협약검사증서의 매 검사기준일 전후의 3개월 이내(중간검사를 받는 연도의 검사기준일은 제외한다)에 받게 되는 검사
5. 임시검사 : 국제항해에 취항하는 선박으로서 선박시설의 개조 또는 수리 및 만재흘수선의 변경사유가 발생하여 받게 되는 검사

12 다음 중 선박안전법상 선박위치 발신장치의 설치가 필요한 선박에 해당하지 않는 것은?

① 총톤수 2톤 이상의 여객선
② 총톤수 50톤 이상의 유조선
③ 여객선이 아닌 선박으로서 국제항해에 취항하는 총톤수 300톤의 선박
④ 여객선이 아닌 선박으로서 국제항해에 취항하지 아니하는 총톤수 400톤의 선박

해설 ④ 선박위치발신장치 설치 대상선박은 다음의 선박을 말한다. 다만, 호소·하천에서만 항해하는 선박은 제외한다(규칙 제73조).

1. 총톤수 2톤 이상의 여객선, 유선
2. 여객선이 아닌 선박으로서 국제항해에 취항하는 총톤수 300톤 이상의 선박
3. <u>여객선이 아닌 선박으로서 국제항해에 취항하지 아니하는 총톤수 500톤 이상의 선박</u>
4. 연해구역 이상을 항해하는 총톤수 50톤 이상의 예선, 유조선 및 위험물산적운송선

13 다음 중 선박안전법상 항만국 통제에 의한 적합대상 국제협약에 해당하지 않는 것은?

① 해상에서의 인명안전을 위한 국제협약(SOLAS)
② 「만재흘수선에 관한 국제협약」(LOADLINES)
③ 선박으로부터의 오염방지를 위한 국제협약(MARPOL)
④ 해사노동협약(MLC)

해설 ④ 항만국통제에 의한 적합대상의 선박안전에 관한 국제협약은 다음의 협약을 말한다(영 제16조).

1. <u>「해상에서의 인명안전을 위한 국제협약」(SOLAS)</u>
2. <u>「만재흘수선에 관한 국제협약」(LOADLINES)</u>
3. 「국제 해상충돌 예방규칙 협약」(COLREG)
4. 「선박톤수 측정에 관한 국제협약」(TONNAGE)
5. 「상선의 최저기준에 관한 국제협약」(ILO 147)
6. <u>「선박으로부터의 오염방지를 위한 국제협약」(MARPOL)</u>
7. 「선원의 훈련·자격증명 및 당직근무에 관한 국제협약」(STCW)

정답 10. ③ 11. ④ 12. ④ 13. ④

14 다음 중 해양사고의 조사 및 심판에 관한 법률상 징계의 종류에 해당하지 않는 것은?

① 면허취소　② 면허정지
③ 업무정지　④ 견책

해설 ② 징계의 종류는 면허의 취소, 업무정지, 견책으로 한다(제6조).

15 다음 중 해운법상 해양수산부장관의 여객운송사업자에 대한 여객선의 운항명령의 사유에 해당하지 않는 것은?

① 선령 20년 이상인 선박을 다른 선박으로 대체운항이 필요한 경우
② 보조항로사업자가 없게 된 경우
③ 운항 여객선 주변 해역에서 재해 등 긴급한 상황이 발생한 경우
④ 여객선이 운항되지 아니하는 도서주민의 해상교통로 확보를 위하여 그 주변을 운항하는 여객선으로 하여금 해당 도서를 경유하여 운항하게 할 필요가 있는 경우

해설 ① 해양수산부장관은 다음의 어느 하나에 해당하는 경우에는 일정한 기간을 정하여 여객운송사업자에게 여객선의 운항을 명할 수 있다(제16조).
1. 선정된 보조항로사업자가 없게 된 경우
2. 운항 여객선 주변 해역에서 재해 등 긴급한 상황이 발생한 경우
3. 여객선이 운항되지 아니하는 도서주민의 해상교통로 확보를 위하여 그 주변을 운항하는 여객선으로 하여금 해당 도서를 경유하여 운항하게 할 필요가 있는 경우

16 다음 중 해사안전기본법 및 해상교통안전법상 다음 내용에 대한 정의에 해당하는 것은?

> 선박의 항행안전을 확보하기 위하여 한쪽 방향으로만 항행할 수 있도록 되어 있는 일정한 범위의 수역

① 통항로　② 분리대
③ 연안통항대　④ 일방로

해설 ① 통항로에 대한 정의이다.
② 분리선 또는 분리대란 서로 다른 방향으로 진행하는 통항로를 나누는 선 또는 일정한 폭의 수역을 말한다.
③ 연안통항대란 통항분리수역의 육지 쪽 경계선과 해안 사이의 수역을 말한다.

17 다음 중 해사안전기본법 및 해상교통안전법상 항로상 금지행위 위반자에 대한 조치를 명할 수 있는 자는?

① 해양수산부장관　② 해양경찰청장
③ 해양경찰서장　④ 지방해양수산청장

해설 ③ 해양경찰서장은 선박의 방치, 어망 등 어구의 설치나 투기 등 금지행위를 위반한 자에게 방치된 선박의 이동·인양 또는 어망 등 어구의 제거를 명할 수 있다(제33조 제2항).

18 다음 중 해사안전기본법 및 해상교통안전법상 해사안전기본계획은 몇 년마다 수립하여야 하는가?

① 매년　② 3년
③ 5년　④ 10년

해설 ③ 해양수산부장관은 해사안전 증진을 위한 국가해사안전기본계획을 5년 단위로 수립하여야 한다. 다만, 기본계획 중 항행환경개선에 관한 계획은 10년 단위로 수립할 수 있다(제7조 제1항).

19 다음 중 국제항해선박 및 항만시설의 보안에 관한 법률상 총괄보안책임자에 대한 설명으로 옳지 않은 것은?

① 관련 전문지식 등 자격요건을 갖추어야 한다.
② 국제항해선박소유자가 총괄보안책임자를 지정한 때에는 7일 이내에 해양수산부장관에게 통보하여야 한다.
③ 선박의 종류 또는 선박의 척수에 따라 필요하다고 인정되는 때에는 2인 이상의 총괄보안책임자를 지정할 수 있다.
④ 소속 선박의 선원 중에서 직무관련 경험 및 전문지식 등 자격요건을 갖춘 자를 지정하여야 한다.

해설 ④ 국제항해선박소유자는 그가 소유하거나 관리·운영하는 전체 국제항해선박의 보안업무를 총괄적으로 수행하게 하기 위하여 소속 선원 외의 자 중에서 해양수산부령으로 정하는 전문지식 등 자격요건을 갖춘 자를 총괄보안책임자로 지정하여야 한다(제7조 제1항).

20 다음 중 해상에서의 인명 안전을 위한 국제협약(SOLAS)에 따르면 운송여객이 몇 인 초과시 해당 선박을 여객선으로 정의하는가?

① 10인   ② 12인
③ 14인   ④ 15인

해설 ② 여객선은 13인 이상 여객으로 운송되는 선박 즉, 운송여객이 12인을 초과하는 경우 여객선으로 본다.

21 해상에서의 인명 안전을 위한 국제협약(SOLAS)과 관련하여 다음 (   )에 순서대로 들어갈 내용으로 옳은 것은?

> 총선원의 (   )% 이상 훈련에 불참 또는 교체 시에는 선박출항 후 (   )시간 이내 비상훈련을 실시하여야 한다.

① 10, 24   ② 15, 48
③ 25, 24   ④ 25, 48

해설 ③ 총선원의 25% 이상 훈련에 불참 또는 교체시에는 선박출항 후 24시간 이내 비상훈련을 실시하여야 한다.

22 다음 중 선박으로부터의 오염방지를 위한 국제협약(MARPOL) 부속서 1에 의해 탱커의 기름배출이 가능한 경우가 아닌 것은?

① 특별해역 외에서 항행 중일 것
② 가장 가까운 육지로부터 탱커까지의 거리가 50해리를 초과할 것
③ 해역 내 배출되는 기름총량이 개별화물 총량의 30,000분의 1 이하일 것(1979.12.31 이후 인도 선박에 한함)
④ 유분의 순간배출율이 1해리당 40리터를 넘지 않을 것

해설 기름에 의한 오염방지를 위한 규칙(부속서 1)
㉠ 탱커가 특별해역 내에 있지 않을 것
㉡ 가장 가까운 육지로부터 탱커까지의 거리가 50해리를 넘을 것
㉢ 탱커가 항행 중일 것
㉣ 유분의 순간배출율이 1해리당 30리터를 넘지 않을 것
㉤ 해역 내 배출되는 기름총량이 다음의 경우에 해당될 것
  ⓐ 현존탱커(1979.12.31 이전 인도) : 개별화물 총량의 15,000분의 1 이하
  ⓑ 신조탱커(1979.12.31 이후 인도) : 개별화물 총량의 30,000분의 1 이하
㉥ 기름배출감시 제어장치 및 슬롭탱크설비를 작동시키고 있을 것

23 다음 중 선박으로부터의 오염방지를 위한 국제협약(MARPOL) 부속서 1과 관련된 문서로 옳은 것은?

① NLS   ② IGPP
③ Oil Record Book   ④ IAPP

해설 ③ 기름에 의한 오염방지를 위한 규칙(부속서 1)은 기름취급내역을 기록한 기름기록부(Oil Record Book)와 관련이 있다.

① NLS : 유해액체물질에 의한 해양오염 방지증서 부속서 2(산적 액체유해물질)
② IGPP : 국제폐기물오염방지증서 부속서5(폐기물)
④ IAPP : 국제대기오염방지증서 부속서6(대기오염물질)

24 다음 중 국제 만재흘수선 협약(LOADLINES)에 규정된 만재흘수선 S가 의미하는 것은?

① 열대담수만재흘수선
② 하기담수만재흘수선
③ 하기만재흘수선
④ 동기만재흘수선

해설 ③ S는 하기만재흘수선을 의미한다.

T : 열대만재흘수선
S : 하기만재흘수선
W : 동기만재흘수선
TF : 열대담수만재흘수선
F : 하기담수만재흘수선

25 다음 설명이 가리키는 톤수는?

> 총톤수에서 선원실, 밸러스트 탱크, 갑판 창고, 기관실 등을 제외한 용적

① 총톤수
② 순톤수
③ 배수톤수
④ 재화중량톤수

해설 ② 순톤수에 대한 설명이다.
① 총톤수는 선박의 전체 크기에 대한 측정값으로서 측정갑판의 아랫부분 용적에, 측정갑판보다 위의 밀폐된 모든 폐위장소의 용적을 합한 것이다. 관세, 등록세, 계선료, 도선료 등의 산정기준이 되며 선박 국적 증서에 기재된다.
③ 배수톤수는 선박이 화물, 연료, 청수, 식량 등을 적재하지 않은 상태의 경하 배수톤수와 선박이 만재흘수선까지 화물, 연료 등을 적재한 상태의 만재 배수톤수가 있다.
④ 재화 중량톤수는 선박이 적재할 수 있는 최대의 무게를 나타내는 톤수로서 적재 화물뿐만 아니라 항해에 필요한 연료유 기타 선용품 등을 포함한다. 상선 매매와 용선료 산정기준으로 사용된다.

CHAPTER 6

2024년 해사안전관리론 기출복원문제

01 다음 내용이 가리키는 것은?

> 외국선박의 구조·설비·화물운송방법 및 선원의 선박운항 지식 등이 다음 각 국제협약에 적합한지 여부를 확인하고 필요 조치를 취하는 것

① PSC
② SOLAS
③ ISM Code
④ ISPS Code

해설 항만국통제(PSC, port state control)란 항만국이 자국의 관할권 내에 있는 외국적 선박에 대해 선원 및 선박의 안전과 해양환경 보호의 목적으로, 해당 선박이 국제협약기준에 따른 시설을 갖추고 운항능력을 확보하였는지 점검하고 그 결과에 따라 필요 시 선박의 운항을 통제하는 등의 조치를 취하는 제도이다.
② SOLAS : 해상안전협약, 선박의 안전과 관련된 선박의 구조, 복원성, 구명설비, 소화설비 및 무선설비 등의 항해장비 등에 대한 사항을 규정
③ ISM Code : 국제안전관리규약, 국제해사기구(IMO), 해운선사 및 선박의 안전관리 조직·절차 등에 대한 국제적 통일기준에 관한 규약이다.
④ ISPS Code : 국제선박 및 항만시설보안규칙

02 다음 중 항만국통제(PSC)와 관련한 설명으로 옳지 않은 것은?

① 자국의 관할 수역으로 진입하는 외국 선박에 대한 해당 항만국의 점검 절차이다.
② 결함 발견 시 출항 정지 외에 직접 시정조치를 취할 수 있다.
③ 국제법적 근거로는 UNCLOS를 들 수 있다.
④ SOLAS 등의 국제협약에 적합한지 여부를 확인하는 절차이다.

해설 선박안전법 제68조(항만국 통제) 출항정지 명령
해양수산부장관은 제1항에 따른 항만국통제 결과 선박의 구조·설비·화물운송방법 및 선원의 선박 운항지식 등과 관련된 결함으로 인하여 해당 선박 및 승선자에게 현저한 위험을 초래할 우려가 있다고 판단되는 때에는 출항정지를 명할 수 있다.
※ 즉 직접적인 시정조치를 할 수는 없다.

> 💡 **UN해양법협약(UNCLOS)**
> 바다와 그 부산 자원을 개발·이용·조사하려는 나라의 권리와 책임, 바다 생태계의 보전, 해양과 관련된 기술의 개발 및 이전, 해양과 관련된 분쟁의 조정 절차 등을 320개의 조항에 걸쳐 규정하고 있다. 세계 각국 해양법의 기준이 되는 협약이기에 흔히 국제 해양법이라고도 불린다.
> ① 항만국통제에 대한 근거 규정
> ② 기국정부의 이행의무·연안국의 권한
> ③ 항만국은 자국항만에 입항하는 외국선박이 구제협약의 기준을 위반하여 오염물질을 배출하는지 여부를 조사할 수 있고, 소송 제기도 할 수 있다.
> ④ 선박의 감함성이 국제협약 기준에 미달하는 경우 출항을 통제하며, 필요시 인근 항만으로 이동을 허락한다.

03 다음 중 항만국통제(PSC) 실시에 따른 유효증서 확인에 있어, 선박·장비의 상태가 증서 기술 내용과 다르다고 믿을 만한 "명백한 증거(Clear Grounds)"로 볼 수 없는 것은?

① 관련 협약에서 요구하는 주요한 장비나 장치가 없을 때
② 주요 선원들이 서로 또는 선내 다른 사람들과 대화가 곤란하다는 징조가 있을 때
③ 잘못된 조난신호가 발령되었으나 적절한 취소절차가 없었을 때
④ 선박 외관상 결함이 없을 때

정답 01. ① 02. ② 03. ④

해설 **명백한 증거(보다 자세한 점검을 시행하는 근거)**
① 관련 협약에서 요구하는 주요한 장비나 장치가 없을 때
② 선박 서류의 유효기간이 지났을 때
③ 관련협약과 IMO항만국 절차서가 요구하는 문서가 선내에 없거나, 불완전하거나, 유지관리가 되어 있지 않거나, 되어 있더라도 부실할 때
④ 선체나 구조물이 심각하게 노후화되었거나 선체구조, 수밀 및 풍우밀 상태가 위험하다고 보이는 결함이 있을 때
⑤ 통제관의 관찰과 전체적인 인상을 통해 안전, 오염방지 또는 항해장비에 중대한 결함이 있다고 보일 때
⑥ 선장이나 선원이 선박이 안전과 오염방지에 관한 선내 필수장비의 작동에 서툴거나 그러한 작동을 수행한 적이 없다는 증거나 정보가 있을 때
⑦ 주요 선원간 또는 선내 다른 사람들과의 대화가 곤란하다는 징조가 있을 때
⑧ 잘못된 조난 신호가 발령되었으나 적절한 취소절차가 없을 때
⑨ 선박이 기준 미달선으로 보인다는 정보가 담긴 보고나 불만사항이 접수되었을 때

04 항만국통제와 관련하여 다음 내용이 가리키는 것은?

> 기국국기 게양선박에 증서발급 및 필요한 법정 업무를 수행하도록 기국정부로부터 권한을 위임받은 기관보통 25-21-120

① RO
② Inspection
③ Detention
④ PSCO

해설 ① RO : 공인단체
② Inspection : 점검(임검)
③ Detention : 출항정지
④ PSCO : 항만국통제관(Port State Control Officer)

05 다음 중 「선박안전법」에 규정된 항만국통제(PSC)의 적합성 근거협약에 해당되지 않는 것은?

① SOLAS
② COLREG
③ MLC
④ STCW

해설 MLC(해사노동협약, Maritime Labour Convention, 2006)는 국제노동기구(ILO)가 2006년 채택한 선원 근로 및 생활 기준을 통합한 국제협약으로, 선원의 권리와 근로환경을 국제적으로 통일·보장하는 것이 목적

💡 **선박안전법 시행령 제16조(항만국통제의 시행)**
① 법 제68조제1항에서 "대통령령으로 정하는 선박안전에 관한 국제협약"이란 다음 각 호의 협약을 말한다.
1. 「해상에서의 인명안전을 위한 국제협약」 : SOLAS
2. 「만재흘수선에 관한 국제협약」 : LL
3. 「국제 해상충돌 예방규칙 협약」 : COLREG
4. 「선박톤수 측정에 관한 국제협약」 : ICTM International Convention on Tonnage Measurement of Ships
5. 「상선의 최저기준에 관한 국제협약」 : ILO 협약 147호(상선에 있어서 선원의 최저 근로기준 및 설비에 관한 협약)
6. 「선박으로부터의 오염방지를 위한 국제협약」 : MARPOL 협약
7. 「선원의 훈련·자격증명 및 당직근무에 관한 국제협약」 : STCW Standards of Training, Certification and Watchkeeping for Seafarers

06 다음 중 항만국통제(PSC)와 관련한 설명으로 올바르지 않은 것은?

① 승선경력·관련교육 등 특정자격을 갖추어야 한다.
② 상세 점검을 위한 명백한 근거 확인 시 즉시 선장에게 통보한다.
③ 선원 불만사항 접수에 따라 점검 시행 시 정보출처 공유는 금지된다.
④ 제복착용 등으로 신원확인이 가능할 경우 선장 또는 선원에게 통제관 신분증을 제시하지 않아도 된다.

해설 신원확인을 위해서는 통제관 신분증을 반드시 제시하여야 한다.

04. ① 05. ③ 06. ④

07 다음 중 항만국통제 시 국제 만재흘수선 협약(LL)에 따른 수검사항으로 볼 수 없는 것은?

① 선박의 구조, 복원성, 구명설비
② 증서상 허용범위 적재 여부
③ 만재흘수선 위치
④ 불합리한 개조 여부

해설 ① 해상인명안전협약(SOLAS)
선박의 안전과 관련된 선박의 구조, 복원성, 구명설비, 소화설비 및 무선설비 등의 항해장비 등에 대한 사항을 규정
[만재흘수선협약(LL)]
① 항만국통제 : 협약증서 소지 여부에 한정
② 증서상의 허용범위를 초과한 적재 여부
③ 만재흘수선 여부가 증서와 일치하는지 여부
④ 선박의 불합리한 개조 여부

08 다음 중 항만국통제 초기 점검과 관련한 설명으로 틀린 것은?

① 국제협약 관련증서·서류의 유효성을 확인한다.
② 선박, 설비 및 승무원의 전반적 상태를 확인한다.
③ 전자 증서로 제시될 경우 상세 점검이 필요하다.
④ 모든 증서가 유효하고 전반적으로 외관상 결함이 없다면 점검보고서 작성 후 점검을 종료한다.

해설 ③ 전자증서로 제시되더라도 요건을 갖춘 경우 초기점검의 대상이 된다.
초기점검 : 협약증서 및 서류의 유효확인 여부와 선박과 설비 및 전반적인 상태를 점검

09 다음 중 항만국통제에 따른 출항정지 조치에 대한 이의신청과 관련한 설명으로 틀린 것은?

① 출항정지 조치에 대한 이의가 가능하다.
② 항만당국에 대해 제기하여야 한다.
③ 항만당국에 대한 이의신청이 받아들여지지 않을 경우 Tokyo MOU 사무국에 재심을 신청할 수 있다.
④ 이의신청을 한 경우 기존 출항정지 조치는 결과 판정 시까지 연기된다.

해설 법령상 이의신청시 출항정지의 효력에는 영향이 없다.

10 다음 중 Heinrich의 사고원인 도미노이론 각 단계 중 "3단계"에 해당하는 것은?

① 사회환경 내력
② 인간의 결함
③ 불안전 행동 및 기계적, 물리적 위험상태
④ 사고

해설 하인리히 사고발생 5단계
1단계 : 유전적 요인과 사회 환경적 요인
2단계 : 개인적 결함
3단계 : 불안전한 행동 및 불안전한 상태
4단계 : 사고
5단계 : 재해

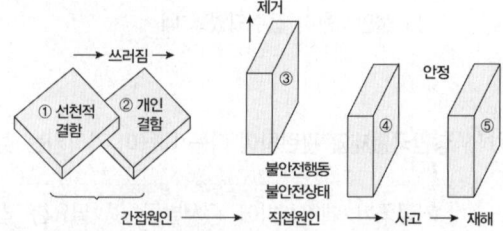

11 다음 ( )에 들어갈 단어로 옳은 것은?

하인리히는 330건의 사고가 발생하는 가운데 중상 또는 사망 1건, 경상 ( )건, 무상해사고 300건의 비율로 재해가 발생한다는 법칙을 주장하였다.

① 27 ② 29
③ 31 ④ 33

해설 하인리히 법칙
하인리히 법칙은 1:29:300의 비율로 표현되며, 1건의 중대한 사고가 발생하기 전에는 29건의 경미한 사고와 300건의 잠재적 징후가 있었다는 통계적 경향을 의미

12 다음은 해양사고 발생과정과 관련한 '스위스 치즈 모델'을 나타낸 것이다. ( )에 알맞은 것은?

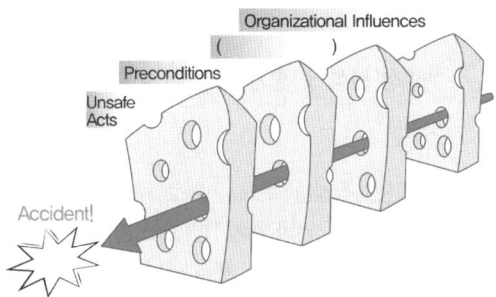

① Unsafe Supervision
② Product
③ Unusual act
④ Management

해설 **스위스 치즈 모델**
㉠ 스위스 치즈 모델은 어떠한 사고가 하나의 원인으로만 발생하는 것이 아니라 조직적인 요인, 시스템적인 요인, 환경적인 요인 등 다양한 요인이 복합적으로 작용하여 일어날 수 있음을 설명한다.
㉡ 이 모델은 사고 발생의 복잡성을 이해하는 데 유용할 뿐만 아니라, 각 단계에서 발생할 수 있는 잠재적 결함을 파악하고, 사고 예방을 위한 방안을 제시하는 것에도 활용이 가능하다.
㉢ 치즈 슬라이스는 사고 위험을 대비하는 안전 장치를 의미하며, 치즈 구멍은 안전 장치의 불완전성으로 인해 존재하는 사고 발생의 잠재적 결함을 나타낸다.
㉣ 전체 시스템 중 한 부분에서 위험 요소가 발생했다 하더라도 다른 안전 장치가 이를 보완하게 되면 사고를 예방할 수 있으나, 치즈의 구멍이 겹치는 것처럼 모든 장치에서 동일한 결함이 발생한 경우에는 대형 사고로 이어지게 되는 것이다.

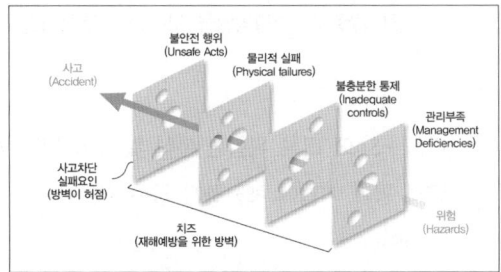

스위스 치즈 모델(Swiss cheese Model)의 개념도

[스위스 치즈 모델의 5단계]
1단계 : Organization Influences(잘못된 조직문화)
2단계 : Unsafe Supervision(불안전한 관리감독)
3단계 : Preconditions(선행조건)
4단계 : Unsafe Act(불안전한 행위)
5단계 : Accident(사고)

13 다음 중 IMO가 채택한 FSA(Formal Safety Assessment)에 대한 설명으로 틀린 것은?

① 위험도를 측정하는 공식이다.
② 사고빈도(Probability) 요소를 고려한다.
③ 영향도(Consequences) 요소를 고려한다.
④ 영향도를 사고빈도로 나누어 위험도를 산출한다.

해설 위험도 = 사고빈도 × 영향도

14 위험성 분석 및 평가 기법 중 다음 설명에 해당하는 것은?

> 시스템에 내재되어 있는 위험 인자를 파악하고 위험성을 계산하기 위한 하향식(Top-down) 방식의 분석법

① HAZOP   ② FTA
③ ETA   ④ FMEA

해설 [FTA(Fault Tree Analysis, 결함수분석)]
1. 시스템에 내재되 있는 위험인자를 파악하고 위험성을 계산하기 위한 하향식방식의 분석법
2. 시스템을 구성하고 있는 부품의 고장과 인적과실 및 외부사건이 논리적으로 조합되어 특정한 사고를 불러 일으키는지를 가시적으로 모델링하여 분석하는 방법

[HAZOP(Hazard and Operability Studies, 위험원인분석)]
1. 공장 설비 프로세스에 존재하는 해저드(hazards) 및 운용 상의 문제점(operability problems)을 찾아내는 정성적 분석 기법
2. HAZOP 분석은 위험요소 식별단계에서 시스템의 원래 의도한 설계와 차이가 있는 변이(deviations)를 일련의 가이드워드(guidewords)를 활용하여 체계적으로 식별해 낸다.

15 위험성 분석 및 평가 기법 중 다음 설명에 해당하는 것은?

> 상향식(Bottom-up)방식을 이용해서 시작 사건으로부터 나올 수 있는 결과를 의사결정 나무를 이용하여 분석하는 방법이다. 특히 여러 개의 안전장치가 마련되어 있는 시스템의 위험성을 파악하기 위해 많이 사용된다.

① PHA   ② CCA
③ ETA   ④ HAZOP

해설 ETA(Event Tree Analysis, 사건수분석)
  1. FTA와는 반대되는 상향식 방식을 이용하여 시작 사건으로부터 나올 수 있는 결과를 의사결정 나무를 이용하여 분석하는 방법
  2. 여러개의 안전장치가 준비된 시스템의 위험성을 파악하기 위하여 이용된다.
  3. 장점 : 여러 사건이 복잡하게 얽혀 있는 등의 경우 발생하는 결과를 파악할 수 있다.
     안전성 평가기법으로 위험요소의 식별단계에서 시나리오를 구성하는 기법으로 유용하다.
  CCA(Cause Consequence Analysis, 원인결과분석)
  잠재된 사고의 결과 및 사고의 근본적인 원인을 찾아내고 사고결과와 원인 사이의 상호 관계를 예측하여 위험성을 정량적으로 평가하는 방법

16 위험성 분석 및 평가 기법 중 다음 설명에 해당하는 것은?

> 각 부품, 시스템 혹은 프로세스가 계획된 설계를 만족하는 데 실패할 수 있는 경우를 식별하기 위한 방법

① HAZOP   ② FTA
③ ETA   ④ FMEA

해설 FMEA(Failure Modes and Effects Analysis, 이상 고장 위험도 분석)
  1. 부품의 고장이 어떻게 전체 시스템에 영향을 미치는 지를 분석하고, 적절한 대처방법이 마련되어 있는 지를 분석하는 방법
  2. 주로 물리적인 부품으로 구성되어 있는 시스템의 위험성 분석에 유용하다.

17 위험성 분석 및 평가 기법 중 다음 설명에 해당하는 것은?

> 특정한 작업을 주요 단계로 구분하여 각 단계별 유해위험 요인과 잠재적인 사고를 파악하고, 유해위험 요인과 사고를 제거, 최소화 및 예방하기 위한 대책을 개발하기 위해 작업을 연구하는 기법

① JSA   ② FTA
③ ETA   ④ FMEA

해설 JSA(Job Safety Analysis, 작업 위험성 평가)
  작업 단계를 세분화하여 각 단계별로 잠재적인 유해·위험요인을 분석하는 기법. 작업 환경과 장비, 작업자 간의 상호작용을 고려하여 안전한 작업 방식을 도출하는 데 초점을 맞춘다.

18 위험성 분석 및 평가 기법 중 다음 설명에 해당하는 것은?

> 브레인 스토밍의 한 형태로, 전문가의 그룹으로부터 의견 일치를 얻는 과정

① HAZOP   ② FTA
③ Delphi technique ④ FMEA

해설 Delphi technique(델파이 기법)
  기존 자료 부족으로 참고할 만한 자료가 없거나 미래의 불확실한 상황을 예측하고자 할 경우 또는 의견 폭주 시 해결방안을 모색하는 분석기법

19 다음 FSA에 따른 위험성 분석 및 평가 기법 중 정량적 평가 기법에 해당하지 않는 것은?

① JSA   ② FTA
③ ETA   ④ CCA

정답 15. ③   16. ④   17. ①   18. ③   19. ①

해설 위험성 분석 및 평가 도구
정성적 평가 기법 : Hazop, JSA, FMEA
정량적 평가 기법 : FTA, ETA, CCA

20 다음 중 기름유출 시 선장 및 선박소유자의 조치사항으로 적합하지 않은 것은?
① 즉시 해양경찰청에 신고한다.
② 적정한 방제계획을 수립한다.
③ 유출 기름이 확산되지 않도록 유출 방지 및 배출 기름 제거를 위한 방제조치를 취해야 한다.
④ 해양경찰청의 요청과 지시사항에 적극 협조한다.

해설 방제계획은 사고 발생 전 예비적으로 고려될 사항이다.

21 다음 중 국제안전관리규약(ISM Code)상 인증심사의 종류에 해당하지 않는 것은?
① 최초인증심사   ② 국제협약인증심사
③ 중간인증심사   ④ 갱신인증심사

해설 국제안전관리규약(ISM Code)상 인증심사의 종류
① 최초인증심사   ② 갱신인증심사
③ 중간인증심사   ④ 임시인증심사
⑤ 수시인증심사

22 다음 중 「선박안전법」상 선박검사에 해당하지 않는 것은?
① 국제협약검사   ② 정기검사
③ 임시항해검사   ④ 최초심사

해설 [선박안전법상 선박검사]
① 건조검사
② 정기검사
③ 중간검사
④ 임시검사
⑤ 임시항해검사
⑥ 국제협약검사

23 다음 중 해양사고 발생의 가장 주된 원인은?
① 천재지변   ② 기관고장
③ 인적 과실   ④ 황천

24 다음 중 영해 및 접속수역과 관련한 설명으로 옳지 않은 것은?
① 영해는 기선에서 12해리까지의 수역에 해당한다.
② 영해를 항행하는 외국선박은 통과통항권을 갖는다.
③ 접속수역은 기선에서 24해리까지의 수역에 해당한다.
④ 우리나라는 접속수역에서 관세, 재정, 출입국 관리, 보건·위생 관련한 권한 행사가 가능하다.

해설 영해를 항행하는 외국선박은 무해통항권을 갖는다.

25 다음 중 「해양사고의 조사 및 심판에 관한 법률」상 조사관의 직무에 해당하지 않는 것은?
① 해양사고 조사   ② 심판청구
③ 재결집행   ④ 재결

해설 재결권은 심판관과 심판부의 권리이다.
법 제17조(조사관의 직무) 수석조사관과 조사관은 해양사고의 조사, 심판의 청구, 재결의 집행, 그 밖에 대통령령으로 정하는 사무를 담당한다.
시행령 제17조의3(조사관의 사무) 법 제17조에서 "대통령령으로 정하는 사무"란 다음 각 호의 사무를 말한다.
1. 해양사고 통계의 종합·분석
2. 해양사고 사건의 현장검증
3. 해양사고에 대한 국제공조
4. 해양사고 법규자료의 수집에 관한 사항

20. ② 21. ② 22. ④ 23. ③ 24. ② 25. ④

CHAPTER 7 | 2024년 해사안전경영론 기출복원문제

01 다음 중 "중대시민재해"에 대한 설명으로 옳지 않은 것은?

① 특정 원료 또는 제조물, 공중이용시설 또는 공중교통수단의 설계, 제조, 설치, 관리상의 결함을 원인으로 하여 발생한 재해이다.
② 사망자가 1명 이상 발생한 재해이다.
③ 동일한 사고로 3개월 이상 치료가 필요한 부상자가 10명 이상 발생한 재해이다.
④ 동일한 원인으로 3개월 이상 치료가 필요한 질병자가 10명 이상 발생한 재해이다.

해설 ③ 동일한 사고로 2개월 이상 치료가 필요한 부상자가 10명 이상 발생한 재해이다.

※ 중대재해 처벌 등에 관한 법률상 중대시민재해는 특정 원료 또는 제조물, 공중이용시설 또는 공중교통수단의 설계, 제조, 설치, 관리상의 결함을 원인으로 하여 발생한 재해로서 다음의 어느 하나에 해당하는 결과를 야기한 재해를 말한다.
  • 사망자가 1명 이상 발생
  • 동일한 사고로 2개월 이상 치료가 필요한 부상자가 10명 이상 발생
  • 동일한 원인으로 3개월 이상 치료가 필요한 질병자가 10명 이상 발생

02 다음 중 "중대산업재해"에 대한 설명으로 옳지 않은 것은?

① 중대재해 처벌 등에 관한 법률에 규정되어 있다.
② 사망자가 1명 이상 발생한 재해이다.
③ 동일한 사고로 6개월 이상 치료가 필요한 부상자가 2명 이상 발생한 재해이다.
④ 동일한 유해요인으로 급성중독 등 대통령령으로 정하는 직업성 질병자가 1년 이내에 10명 이상 발생한 재해이다.

해설 ④ 동일한 유해요인으로 급성중독 등 대통령령으로 정하는 직업성 질병자가 1년 이내에 3명 이상 발생한 재해이다.

03 다음 중 ILO 직업안전 및 보건협약(C155)에 대한 설명으로 옳지 않은 것은?

① 해당 기업뿐만 아니라 국가차원의 조치도 규정하고 있다.
② 협약의 후속이행으로 우리나라에서는 산업안전보건법이 관련법으로 제정되었다.
③ 공공부문을 포함한 모든 근로자들과 모든 경제활동에 적용된다.
④ 협약비준 회원국은 어업 등 그 성질상 특수문제가 발생하는 특정 경제활동부문에 대해서는 협약의 일부 또는 전부의 적용을 제외할 수 있으나, 해상운송의 경우에는 전부 적용하여야 한다.

해설 ④ ILO 직업안전 및 보건협약(C155)은 공공부문을 포함한 모든 근로자들과 모든 경제활동에 적용된다. 그러나 협약비준 회원국은 근로자 및 사용자 단체와 협의하여 해상운송 또는 어업 등 그 성질상 특수문제가 발생하는 특정 경제활동부문에 대해서는 협약의 일부 또는 전부의 적용을 제외할 수 있다.

정답 01. ③ 02. ④ 03. ④

04 다음 중 안전보건경영시스템(ISO 45001)에 대한 설명으로 옳지 않은 것은?

① 직장 내 근로자의 안전과 보건을 위한 안전보건목표를 설정하고 이를 달성하기 위한 경영시스템을 갖추고 있는지를 제3자가 국제기준에 의거하여 심사·인증하는 제도이다.
② 그 적용을 위한 가장 중요한 개념은 PDCA 사이클로 볼 수 있다.
③ A는 실행(Act)에 해당하여 계획된 대로 프로세스를 실행하는 것을 의미한다.
④ C는 확인(Check)에 해당한다.

해설 ③ A는 행동(Act)에 해당하여 평가단계에서 나타난 결과를 바탕으로 의도된 결과를 달성하기 위해 안전보건성과를 지속적으로 개선하기 위한 조치를 말한다. 계획된 대로 프로세스를 실행하는 과정은 D(Do : 실행)를 의미한다.

💡 PDCA 사이클
P(Plan : 계획) ⇨ D(Do : 실행) ⇨ C(Check : 확인) ⇨ A(Act : 행동)

05 다음 중 하인리히(H.W.Heinrich)의 사고연쇄반응이론(도미노이론) 각 단계 중 "1단계"에 해당하는 것은?

① 사회적 환경
② 개인적 결함
③ 불안전한 행동 및 기계적, 물리적 위험상태
④ 사고

해설

💡 하인리히(H.W.Heinrich)의 사고연쇄반응이론(도미노이론)
· 1단계 : 사회적 환경과 유전적 요소
· 2단계 : 개인적 결함
· 3단계 : 불안전한 행동 및 불안전한 상태
· 4단계 : 사고
· 5단계 : 재해

06 다음 중 위험성 평가와 관련한 설명으로 옳지 않은 것은?

① PDCA 사이클에 따라 반복하여야 한다.
② 최초, 수시 및 정기평가로 구분한다.
③ 위험성 측정은 중대성(강도)으로 나타낸다.
④ 위험성 추정이란 유해·위험요인이 사망, 부상 또는 질병으로 이어질 수 있는 위험성의 크기를 추정 및 산출하는 것을 말한다.

해설 ③ 위험성의 추정방식은 위험 가능성과 중대성을 조합한 빈도·강도법이 주로 이용된다.

07 위험성 분석 및 평가기법 중 다음의 설명에 해당하는 것은?

> 시스템에 내재되어 있는 위험 인자를 파악하고 위험성을 계산하기 위한 하향식(Top-down)방식의 분석법

① HAZOP
② ETA
③ FTA
④ FMECA

해설 ③ 결함수 분석(FTA)에 대한 설명이다.

08 위험성 분석 및 평가기법 중 다음의 설명에 해당하는 것은?

> 상향식(Bottom-up)방식을 이용해서 시작 사건으로부터 나올 수 있는 결과를 의사결정 나무를 이용하여 분석하는 방법으로 특히 여러 개의 안전장치가 마련되어 있는 시스템의 위험성을 파악하기 위해 많이 사용됨

① PHA
② ETA
③ CCA
④ HAZOP

해설 ② 사건수 분석(ETA)에 대한 설명이다.

09 위험성 분석 및 평가기법 중 다음의 설명에 해당하는 것은?

> 부품, 장치, 설비 및 시스템의 고장 또는 기능상실의 형태에 따른 원인과 영향을 체계적으로 분류하고 필요한 조치를 수립하는 절차

① PHA ② FMECA
③ CCA ④ HAZOP

해설 ② 이상위험도 분석(FMECA)에 대한 설명이다.

10 위험성 분석 및 평가기법 중 다음의 설명에 해당하는 것은?

> 기존의 위험평가 또는 과거의 고장의 결과 및 경험에 의해 발전되어 온 위험 또는 통제 실패의 목록

① Check list ② ETA
③ FTA ④ FMECA

해설 ① 체크리스트방법(Check list)에 대한 설명이다.

11 다음의 위험성평가 기법 중 정량적 기법에 해당하지 않는 것은?

① 결함수 분석(FTA)
② 사건수 분석(ETA)
③ 직업안전분석(JSA)
④ 원인 · 결과 분석(CCA)

해설 ③ 직업안전분석(JSA)은 정성적 기법에 해당한다.
• 정량적 기법 : 결함수 분석(FTA), 사건수 분석(ETA), 원인 · 결과 분석(CCA)
• 정성적 기법 : 위험과 운전분석(HAZOP), 직업안전분석(JSA), 체크리스트방법(Check list), 사고예상질문(What-if), 이상위험도 분석(FMECA), 예비위험분석(PHA)

12 다음 중 위험성평가의 실시에 있어 해당 작업에 종사하는 근로자가 참여하여야 하는 경우에 해당하지 않는 것은?

① 안전 · 보건관리자가 선임되어 있지 않은 경우
② 사업주가 위험성 감소대책을 수립하여 실행하는 경우
③ 위험성평가 결과 위험성 감소대책 실행 여부를 확인하는 경우
④ 관리감독자가 해당 사업장의 유해 · 위험요인을 파악하는 경우

해설 ① 위험성평가의 실시에 있어 해당 작업에 종사하는 근로자가 참여하여야 하는 경우에 해당하지 아니한다.

> 💡 사업장 위험성평가에 관한 지침 제6조 [고용노동부고시]
> 사업주는 위험성평가를 실시할 때 다음에 해당하는 경우 해당 작업에 종사하는 근로자를 참여시켜야 한다.
> 1. 유해 · 위험요인의 위험성 수준을 판단하는 기준을 마련하고, 유해 · 위험요인별로 허용 가능한 위험성 수준을 정하거나 변경하는 경우
> 2. 해당 사업장의 유해 · 위험요인을 파악하는 경우
> 3. 유해 · 위험요인의 위험성이 허용 가능한 수준인지 여부를 결정하는 경우
> 4. 위험성 감소대책을 수립하여 실행하는 경우
> 5. 위험성 감소대책 실행 여부를 확인하는 경우

13 위험성평가의 실시시기에 관한 다음 설명 중 옳지 않은 것은?

① 위험성평가는 최초평가, 수시평가, 정기평가의 3종류로 구분하여 실시한다.
② 정기평가는 필요시 일부 작업을 대상으로 진행할 수 있다.
③ 수시평가는 사정에 따라 일부 작업만을 대상으로 할 수 있다.
④ 중대산업사고 또는 산업재해 발생에 해당하는 경우, 재해발생 작업을 대상으로 그 작업을 재개하기 전에 수시평가를 실시하여야 한다.

해설 ② 위험성평가는 최초평가, 수시평가, 정기평가 3종류로 구분하여 실시하고, 이 경우 최초평가와 정기평가는 전체 작업을 대상으로 한다. 수시평가는 사정에 따라 일부 작업만을 대상으로 할 수 있다. 즉, 수시평가는 추가적인 유해·위험요인이 생기는 경우에 해당 유해·위험요인에 대한 수시 위험성평가를 실시한다.

💡 **수시평가**

사업주는 다음의 어느 하나에 해당하여 추가적인 유해·위험요인이 생기는 경우에는 해당 유해·위험요인에 대한 수시 위험성평가를 실시하여야 한다. 다만, 제5호에 해당하는 경우에는 재해발생 작업을 대상으로 작업을 재개하기 전에 실시하여야 한다.
1. 사업장 건설물의 설치·이전·변경 또는 해체
2. 기계·기구, 설비, 원재료 등의 신규 도입 또는 변경
3. 건설물, 기계·기구, 설비 등의 정비 또는 보수(주기적·반복적 작업으로서 이미 위험성평가를 실시한 경우에는 제외)
4. 작업방법 또는 작업절차의 신규 도입 또는 변경
5. 중대산업사고 또는 산업재해(휴업 이상의 요양을 요하는 경우에 한정한다) 발생
6. 그 밖에 사업주가 필요하다고 판단한 경우

14 위험성 평가에서의 PDCA 사이클에 관한 다음 설명 중 옳지 않은 것은?

① 위험성 평가의 순서를 의미한다.
② 실행(Do) 단계는 계획 단계에서 수립된 안전관리 계획에 따른 이행단계를 의미하며, 실행결과에 대한 효율성 등을 검증하는 절차는 포함되지 아니 한다.
③ 평가(Check) 단계에서는 실행결과를 목표와 비교하여 달성가능성, 계획실행성 등을 점검한다.
④ 행동(Act) 단계에서는 평가단계에서 나타난 결과를 바탕으로 의도된 결과를 달성하기 위해 안전보건성과를 지속적으로 개선하기 위한 조치를 말한다.

해설 ② 실행(Do)은 계획된 대로 프로세스를 실행하는 과정으로서 실행결과에 대한 효율성 등을 검증하는 절차를 포함한다.

15 다음 중 위험성평가에서의 PDCA 사이클에 관한 설명으로 옳지 않은 것은?

① P는 제안(Proposal)을 의미한다.
② D는 실행(Do)을 의미한다.
③ C는 평가(Check)를 의미한다.
④ A는 개선(Act)을 의미한다.

해설 ① P는 계획(Plan)을 의미한다.
PDCA 사이클은 P(Plan : 계획) ⇨ D(Do : 실행) ⇨ C(Check : 확인) ⇨ A(Act : 행동, 개선)의 순서로 이루어지며, 위험성 평가는 PDCA 사이클에 따라 반복하여야 한다.

16 다음 중 위험성평가 실시주체에 해당하지 않는 것은?

① 사업주   ② 도급인
③ 수급인   ④ 선박소유자

해설 ④ 선박소유자는 위험성평가의 실시주체로 볼 수 없다.
위험성평가 실시 주체는 사업주이다. 단, 산업안전보건법에 따른 작업의 일부 또는 전부를 도급에 의하여 행하는 사업의 경우는 도급을 준 도급사업주와 도급을 받은 수급사업주는 각각 위험성평가를 실시하여야 한다.

17 다음 중 안전보건관리 시스템의 계획시 고려사항에 해당하지 않는 것은?

① 이행시 예상비용
② 안전보건관리 목표
③ 목표달성방법
④ 조직의 안전보건관리 성과지표 달성 정도

해설 안전보건관리 시스템의 계획시 고려사항은 ②③④ 외 관리방안과 예방책, 전체 구성원들의 합의가 필요하다.

18 안전보건관리 시스템 계획방식에 관한 다음 설명 중 옳지 않은 것은?

① 탑다운(Top-down)방식과 바텀업(Bottom-up)방식이 있다.
② 바텀업(Bottom-up)방식은 현장에서 중대한 위험에 노출된 구성원들이 안전보건관리 시스템 계획을 설정하고, 상위 그룹에 승인 및 조정을 거치는 방법이다.
③ 바텀업(Bottom-up)방식은 시스템 설계가 간단하다.
④ 해상과 같은 특수한 상황에서는 바텀업(Bottom-up)방식이 적절할 수 있다.

해설 ③ 바텀업(Bottom-up)은 참여 구성원의 적극적인 노력이 없다면 설계에 시간이 오래 소요될 수 있다. 탑다운(Top-down)방식은 시스템 설계는 간단하지만, 현장의 의견이 반영되기 곤란하다.

> **안전보건관리 시스템 계획방식**
> - **탑다운(Top-down)방식** : 조직의 이사회 등 상위그룹을 통하여 안전보건관리 시스템 계획을 설정하는 전통적인 방법이다. 따라서 시스템의 설계는 간단하지만, 현장의 의견이 반영되기 곤란하다.
> - **바텀업(Bottom-up)방식** : 현장에서 중대한 위험에 노출된 구성원이 안전보건관리 시스템 계획을 설정하고, 상위 그룹에 승인 및 조정을 거치는 방법이다. 따라서 현장의 의견이 정확하게 반영될 수 있지만, 구성원의 적극적인 참여가 없다면 시스템의 설계에 시간이 오래 소요될 수 있다. 또한 해상과 같은 특수한 상황에서는 바텀업(Bottom-up)이 적절할 수 있다.

19 다음 그림 중 기업조직과 개인 목표 충돌과 관련하여 조직성과가 없는 경우를 나타낸 것은? (Degree of Attainment : 달성정도, Organization Goals : 조직목표, Management Goals : 관리자 목표, Subordinate Goals : 부하직원 목표)

①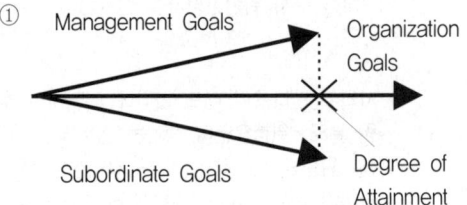

②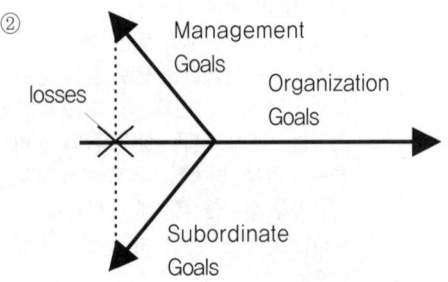

③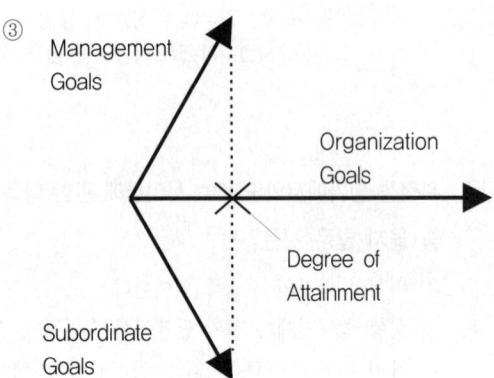

④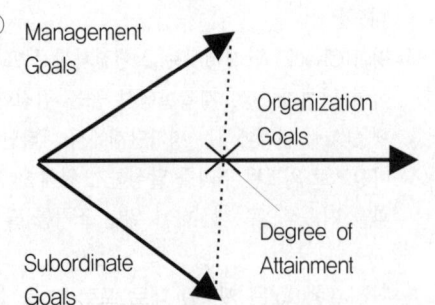

해설 기업조직과 개인 목표 충돌의 유형에 관한 그림이다.
① 성공적인 일치관계 ② 조직성과 없음 ③ 조직성과, 달성정도 낮음 ④ 조직성과, 달성정도 중간을 표현한다.

20 다음 중 집단의 개념적 요소와 관련한 설명으로 틀린 것은?

① 소수의 인원으로 구성되며, 최소한 2인 이상으로 구성되는 사회적 집합체이다.
② 이익사회는 의지나 선택에 의해 후천적으로 결정된 집단이다.
③ 내집단은 구성원간 공동체 의식이 강하다.
④ 2차 집단은 직접적이고 영구적이다.

해설 ④ 집단의 접촉방식에 따른 분류로서 1차 집단은 직접적이고 영구적이며 친밀한 관계이지만, 2차 집단은 간접적이고 형식적, 사무적인 접촉방식을 가진다.

21 다음 중 집단갈등과 관련한 설명으로 틀린 것은?

① 갈등이란 개인이나 집단이 함께 일을 수행하는데 애로를 겪는 상태로서 정상적인 활동이 방해되거나 파괴되는 상태를 말한다.
② 집단갈등의 원인으로는 상호의존성, 의사소통 부재 등이 있다.
③ 조직 개편으로 인한 조직구조의 변경은 갈등을 더욱 촉진하므로 지양해야 한다.
④ 구성원의 이질화 등으로 갈등이 촉진된다.

해설 ③ 적절한 조직구조의 변경은 집단 구성원 간의 상호 교류를 통한 친밀한 인간관계를 유지할 수 있으므로 갈등의 해소방안이 될 수 있다. 갈등의 해결방법으로서 직접 대면, 상위 목표의 설정, 조직구조의 변경, 자원의 확충 등이 있다.

22 휴먼에러(Human Error)에 관한 다음 설명 중 옳지 않은 것은?

① 휴먼에러의 발생원인은 주로 인적오류를 일으키는 요인들이다.
② 인간의 행동에 영향을 끼치는 원인요인들을 수행도 영향인자(PSF)라 한다.
③ 작업과 직무특성은 행동형성 요인 중 내적요인이다.
④ 행동형성 요인은 외적요인과 내적요인으로 구분된다.

해설 ③ 작업과 직무특성은 행동형성 요인 중 외적요인에 해당한다.

💡 휴먼에러 발생요인
- 외적요인 : 환경특성, 작업시간과 휴식시간, 인원배치와 관리, 보수와 복지, 작업과 직무특성, 공간적 설비배치, 설비종류
- 내적요인 : 개인의 능력과 기술력, 지식수준, 개성 및 지능, 감정, 스트레스, 건강상태, 경력, 피로

23 다음 중 휴먼에러(Human Error)의 분류와 관련하여 옳지 않은 것은?

① 리즌(Reason)은 원인 차원에서의 분류방식을 도입하였다.
② 리즌에 따르면 실수나 건망증은 착오의 유형에 해당한다.
③ 스웨인(Swain)은 행위 차원에서의 분류방식을 도입하였다.
④ 스웨인에 따르면 작위오류, 누락오류, 순서오류, 시간오류, 불필요한 수행오류로 분류된다.

해설 ② 리즌에 따르면 실수나 건망증은 비의도적 행동에 해당하며, 착오는 의도적 행동에 해당한다.

💡 리즌(Reason)의 분류
- 비의도적 행동(무의식적 상황) : 실수, 건망증
- 의도적 행동 : 착오, 고의

20. ④ 21. ③ 22. ③ 23. ②

24 다음 중 버드(Bird)의 도미노 이론과 관련하여 옳지 않은 것은?

① 사고발생과 관련한 연쇄성을 주장하였다.
② 5단계로 구분된다.
③ 직접원인은 4단계에 해당한다.
④ 2단계 기본원인의 4M은 Man, Media, Machine, Management이다.

해설 ③ 직접 원인은 3단계에 해당한다.

> 💡 버드(Bird)의 도미노 이론 – 연쇄단계
> - 1단계 : 제어부족(관리부재)
> - 2단계 : 기본원인 – 4M(Man, Media, Machine, Management)
> - 3단계 : 직접원인(불안전한 행동 및 불안전한 상태)
> - 4단계 : 사고
> - 5단계 : 재해

25 다음에 해당하는 의사결정 기법은?

> 토론이 아닌 전문적인 의견을 설문을 통해 전하고, 이를 다시 수정한 설문을 통해 의견을 받는 반복수정을 거쳐 최종결정을 내리는 방법

① 지명 반론자법　② 명목집단법
③ 브레인 스토밍　④ 델파이법

해설 ④ 델파이법에 대한 설명이다.
① **지명 반론자법** : 집단을 둘로 나누어 한 집단이 제시한 의견에 반론자로 지정된 집단의 의견을 듣고 토론을 통해 본래의 안을 수정·보완하는 일련의 과정을 거친 이후 최종 대안을 도출하는 방법
② **명목집단법** : 참석자들로 하여금 서로 대화에 의한 의사소통을 금지하고, 서면으로 의견을 개진하게 하는 방법으로서 참석자들의 솔직한 의견을 도출할 수 있다.
③ **브레인 스토밍** : 다수가 하나의 문제에 대하여 다양한 아이디어를 무작위 개진하여 그 중에서 최선의 대안을 찾아내는 방법

정답 24. ③　25. ④

2024년 선박자원관리론 기출복원문제

01 다음 중 휴먼 에러(Human Error)의 분류와 관련하여 옳지 않은 것은?

① 스웨인(Swain)은 행위 차원에서의 분류방식을 도입하였다.
② 스웨인에 따르면 작위오류, 누락오류, 순서오류, 시간오류, 불필요한 수행오류로 분류된다.
③ 리즌(Reason)에 따르면 실수나 건망증은 의도적 행동의 유형에 해당한다.
④ 리즌은 원인 차원에서의 분류방식을 도입하였다.

해설 인적 오류(Human Error)
  1. Swain식 분류
    ① 작위오류(commission error) : 수행해야 할 작업을 부정확하게 수행하는 오류
    ② 누락오류(Ommission error) : 수행해야 할 작업을 빠트리는 오류
    ③ 순서오류(Sequence error) : 수행해야 할 작업의 순서를 틀리게 수행하는 오류
    ④ 시간오류(time error) : 수행해야 할 작업을 정해진 시간 안에 완수하지 못하는 오류
    ⑤ 불필요한 수행오류(Extraneous error) : 작업 완수에 불필요한 작업을 수행하는 오류
  2. Reason식 분류
    ① 비의도적 행동(무의식적 상황, 숙련기반 에러)) : 실수(slips), 건망증(lapse)
    ② 의도적 행동
      ㉠ 착오(규칙기반 착오, 친숙한 상황)
      ㉡ 지식기반 착오(생소하고 특수한 상황)
      ㉢ 고의적 위반(Violation)

02 다음 중 버드(Bird)의 도미노 이론과 관련한 설명으로 옳지 않은 것은?

① 사고발생과 관련한 연쇄성을 주장하였다.
② 재해발생의 근본적 원인을 작업자의 불안전한 행동으로 보았다.
③ 5단계로 구분한다.
④ 2단계 기본원인의 4M은 Man, Machine, Media, Management이다.

해설 버드(Bird)의 신도미노 이론
  "1 : 10 : 30 : 600"이라고도 한다. 버드(Frank E. Bird. Jr., 1921~2007)는 하인리히의 도미노 이론(Heinrich's Law)을 변형한 이론을 제안하였다. 이 모델에 의하면 재해는 근본적으로 관리의 문제이고 사고 전에는 항상 사고가 발생할 전조(직접원인)가 나타난다고 보고 있다. 직접원인은 사고 발생시 어느 정도 그 원인을 쉽게 알 수 있는 것으로, 하인리히의 불안전 상태나 불안전행동 등이 이에 해당된다. 버드의 이론에서는 사고의 발생원인 중 불안전한 상태나 불안전한 행동을 사고의 직접원인으로 보지만, 이러한 원인이 나타나게 한 기본원인에 보다 초점을 두고 있다. 버드도 하인리히와 같이 사고 데이터를 분석하였는데, 중상과 경상, 재산상 손실만 가져오는 사고, 그리고 '앗차 사고(near miss)'가 '1 : 10 : 30 : 600'의 비율로 발생한다고 하였다. 버드는 재해발생의 근본 원인을 경영자의 관리소홀로 보았다.

💡 버드의 사고발생 5단계
(1) 1단계 – 제어부족(관리부재)
(2) 2단계 – (기본 원인) 개인적 결함(4M, Man, Machine, Media, Management)
(3) 3단계 – (직접적 원인) 불안전한 상태 또는 행동
(4) 4단계 – 사고
(5) 5단계 – 재난

03 다음 중 하인리히(Heinrich)의 사고원인 도미노 이론 각 단계 중 "4단계"에 해당하는 것은?

① 사회환경 내역
② 불안전 행동 및 기계적, 물리적 위험상태
③ 인간의 결함
④ 사고

해설 하인리히 사고원인 도미노이론 5단계
　　1단계 : 유전적 요인과 사회 환경적 요인
　　2단계 : 개인적 결함
　　3단계 : 불안전한 행동 및 불안전한 상태
　　4단계 : 사고
　　5단계 : 재해

04 다음 중 리더의 자질과 관련한 설명으로 올바르지 않은 것은?

① 리더의 자질은 조직 내 업무활동에 대한 성패를 좌우하는 중요한 요소이다.
② 리더는 긍정적 자세와 높은 자존감을 가져야 한다.
③ 평상시에는 민주적 리더십이 바람직하다.
④ 위기시에도 절차를 고려한 단계적 리더십이 이상적이다.

해설 위기 시에는 즉각적인 상황에 대처하기 위한 권위적 리더십이 유효하다.

05 다음 설명이 가리키는 리더십 유형은?

> 개별 직원을 한 명의 직원으로서가 아니라, 온전한 한 명의 개인으로 취급하여 각자에게 가장 잘 맞는 것을 할 수 있도록 각 개인의 재능과 지식 수준을 고려하는 리더십

① 권위적 리더십　　② 온정적 리더십
③ 변혁적 리더십　　④ 서번트 리더십

해설 [변혁적 리더십]
　　팀의 구성원들에게 혁신적인 상황을 제시하고 그와 관련된 팀의 목표를 재정립한다. 이는 비즈니스 또는 새로운 기술을 도입하는 과정에서 각 개인의 재능과 지식수준을 고려하여 적용하는 리더십이다.

[서번트 리더십]
지도자가 먼저 팀원들의 이익을 생각하고 그들을 돕는 방법으로 지도력을 표현한다. 인간존중을 근본으로 하고 구성원의 잠재력에 주목. 이는 교육, 병원 등 비영리단체에서 적용된다.

[카리스마(권위적) 리더십]
지도자의 개인적인 매력과 수완으로 구성원들로 하여금 동조감을 불러일으키는 것이 특징이다.

[온정적 리더십]
조직 관계를 대등한 인격자 상호간의 계약에 의한 권리·의무 관계로 보지 않고, 사용자의 온정에 따른 노동자 보호와, 이에 보답하고자 노동자가 더욱 노력하는 협조관계로 보는 것이며, 합리적인 계약관계 대신에 서로의 정감(情感)에 호소하는 리더십

06 다음 중 선교에서의 업무배정에 해당하지 않는 것은?

① 안전운항설비 관리　　② 당직 근무
③ 하역설비 관리　　　　④ 기관정비

해설 항만하역은 상시적으로 있는 것이 아니라 선박의 기항에서만 가능하다.
　　항해사는 당직 근무 중 주로 선교(브리지, Bridge, Wheel house)에서 여러 항해통신장비를 적절히 활용하여 선박을 계획된 항로로 안전하게 운항한다.

07 다음 중 기획(Planning)의 평가 기준이 아닌 것은?

① 완결성　　② 충분성
③ 유연성　　④ 미래성

해설 기획의 평가기준
• 완결성 : 조직이 가용할 수 있는 자원과 전략이 모두 반영되고 있는가?
• 선명성 : 수행 업무의 내용 및 주체와 완료 시점이 분명하게 나타나고 있는가?
• 충분성 : 제안된 업무들이 조직의 전략적 목표를 충분히 달성하게 하는가?
• 현시성 : 활동 계획은 현재의 업무를 반영하고 있으며, 미래의 문제점들에 대한 요인들을 예측하고 있는가?
• 유연성 : 활동 계획은 예견되지 못한 변화들에 반응하기에 충분한가?

정답　03. ④　04. ④　05. ③　06. ③　07. ④

08 다음 중 선상에서의 인간의 한계와 관련한 설명으로 옳지 않은 것은?

① 원인으로는 피로, 자기만족, 오해 등이 있다.
② 선박의 경우 인체 시간과 일치하는 수면이 가능하다.
③ 수면과 휴식이 극복방안으로 고려될 수 있다.
④ 휴식은 수면과 달리 신체적 활동 중단 또는 업무 변경 등을 통해서도 가능하다.

해설 선박의 경우 국제적 시차나 당직 교대 등으로 인체 시간과 일치하는 수면이 불가능하다.

09 다음 중 시간제약 야기 요소에 해당하지 않는 것은?

① 업무 소요 시간을 실제보다 적게 잡음
② 업무에 대한 심사숙고함
③ 동시에 많은 일을 하려고 함
④ 업무수행을 서두름

해설 시간 제약의 야기 요소
  ㉠ 업무소요시간의 부적절한 측정
  ㉡ 업무수행을 위한 서두름 : 적절한 업무수행 속도의 설정이 필요
  ㉢ 업무수행을 위한 서두름 : 개별 업무당 소요되는 시간 소요량 확보에 실패할 수 있으므로 업무의 우선순위를 결정해서 적정한 소요시간의 배분이 중요
  ㉣ 업무 늑장 : 필요한 시간(기간) 내 업무 수행이 필요함에도 해당 업무 수행 시기를 늦춤으로 인해 효율적인 업무처리가 불가능해 진다.
  ㉤ 불필요한 업무 수행 : 중요한 업무는 소홀히 하는 반면 긴급하거나 중요한 일이 아님에도 시간을 투입하여 결과적으로 시간을 허비하게 된다.

10 다음 중 우선순위 결정방법으로 보기 어려운 것은?

① 시간관리 매트릭스
② 단순 결정방법
③ 명목 또는 대표집단 방법
④ 최소비용 결정방법

해설 우선순위의 결정 방법
  ① 시간관리 메트릭스 : 일의 중요성과 긴급성이라는 두가지 요소를 결합하여 4개의 영역으로 구분하여 일의 우선순위를 구분하는 방법
  ② 단순 결정법(점수법) : 도출된 문제에 대하여 의사결정 집단에게 설문지를 주고 답하게 하여 점수를 집계하여 일의 순위를 정하는 방법
  ③ 명목 또는 대표집단 방법 : 대표집단을 구성하고 문제목록 및 결정기준을 작성한 후 토론을 통해 일의 우선순위를 정하는 방법

11 다음 중 업무량 과다의 결과로 보기 어려운 것은?

① 업무 수행능력 저하 ② 주의 집중력 하락
③ 업무몰입도 향상 ④ 업무 실수 야기

해설 업무량 과부하의 영향과 대책
  ㉠ 인지력 저하, 집중력 감소, 노력의 증가 및 실수의 빈발
  ㉡ 스트레스 증가 및 중요한 일을 소홀히 하는 경향 발생
  ㉢ 대책
    ⓐ 개인에게 부과되는 작업수와 작업량을 줄이고, 작업시간은 늘려준다.
    ⓑ 적절한 사전계획을 수립하고 조직 내 다른 구성원에게 업무를 위임시킨다.
    ⓒ 중요성이 낮은 작업은 하지 않거나 연기하고, 미리 작업을 수행한다.

12 다음이 가리키는 것은?

> 장시간에 걸쳐진 정신적, 육체적인 노동의 결과로 지치고 탈진되어 에너지가 고갈된 느낌

① 스트레스 ② 부상
③ 피로 ④ 번아웃

해설 [피로의 개념]
의학상으로 피로란 지치고 탈진되며 에너지가 고갈된 느낌을 말한다. 사전적 의미로는 심한 신체적, 정신적 활동 후 탈진하여 기능을 상실한 상태로 정의되고, 일반적으로는 일상적인 활동 후 회복이 일어나지 않아, 비정상적으로 기운이 없는 상태를 의미한다.

[번아웃(burnout)]
어떠한 활동이 끝난 후 심신이 지친 상태. 과도한 훈련에 의하거나 경기가 원하는 대로 풀리지 않아 쌓인 스트레스를 해결하지 못하여 심리적·생리적으로 지친 상태이다.

13 다음에 해당하는 의사결정 기법은?

> 다수가 한 가지의 문제를 놓고 다양한 아이디어를 부작위 개진하여 그 중에서 최선의 대안을 찾아내는 방법

① 지명 반론자법 ② 델파이법
③ 브레인 스토밍법 ④ 명목집단법

해설 의사결정 기법
① 델파이 기법 : 설문을 반복하며 전문가들의 의견을 수렴하는 기법으로, 미래 예측과 문제 해결 등에 활용된다. 전문가들의 의견수렴을 위하여 개발된 기법으로, 대표적인 미래 예측 방법이다. 특정 주제에 대하여 전문가 집단을 대상으로 설문을 반복적으로 실시하고 이를 통하여 합의를 도출하는 방식으로 진행된다는 점에서 '전문가합의법'이라고도 부른다.
② 지명 반론자법(악마의 주장법, Devil's Advocate Method) : 집단을 둘로 나누어 한 집단이 제시한 의견에 대해서 반론자로 지명된 집단의 반론을 듣고 토론을 벌여 본래의 안을 수정하고 보완하는 일련의 과정을 거친 후 최종 대안을 도출하는 방법이다.
③ 브레인 스토밍(Brain Storming) : 자유로운 토론을 통해 다양한 사고를 자극하여 사고의 연쇄반응을 이끌어 내고 독창적인 아이디어를 찾아내는 집단적 사고 창출법.
  • 역브레인스토밍 : 문제의 해결을 위해 긍정적인 아이디어를 생각하는 브레인스토밍과 반대로, 아이디어가 가지는 약점들을 최대한 생각해 보는 역발상적인 기법이다.
④ 명목집단법(Normal Group Technique) : 여러 대안들을 토론이나 비평 없이 자유롭게 서면으로 제시하여 그 중 하나를 선택하는 집단의사결정 기법. 여러 대안들을 마련하고 그중 하나를 선택하는 데 초점을 두는 구조화된 집단의 사결정 기법이다. 집단의사결정임에도 불구하고 의사결정이 진행되는 동안 팀원들 간의 토론이나 비평이 허용되지 않기 때문에 '명목'이라는 용어가 사용되었다.

14 다음 중 문제해결 기법에 해당하지 않는 것은?

① 상황분석 ② 결정분석
③ 문제분석 ④ 효익분석

해설 문제해결기법
1. 상황분석(SA, Situation Analysis) : 문제 주변에 현재 무슨 일이 일어났는지 파악하고 어떤 것에 우선순위를 둘 것인지를 분석하는 것
2. 결정분석(DA, Decision Analysis) : 수행해야 할 조치 중 최적의 안을 찾아서 결정하는 것
3. 문제분석(PA, Problem Analysis) : 일의 진행과정에서 그렇게 진행하게 된 이유와 원인이 무엇인지 구체적으로 분석하고 검증하는 것

15 다음 중 X밴드 레이더와 S밴드 레이더에 대한 설명으로 올바르지 않은 것은?

① X밴드 레이더의 파장은 3.2cm, 주파수는 9,375MHz이다.
② X밴드 레이더는 작은 물체도 쉽게 탐지한다.
③ X밴드 레이더는 먼 거리 탐지가 가능한 반면에, S밴드 레이더는 근거리 탐지에 용이하다.
④ S밴드 레이더는 맹목구간이 좁은 편이다.

해설

항목	X밴드 레이더	S밴드 레이더
사용파장	3.2cm	10cm
주파수	9375MHz	3000MHz
물체크기	작은 물체까지 감지	작은 물체 감지 어려움
탐지거리	근거리	원거리까지 가능
맹목구간	넓음	좁음

정답 13. ③ 14. ④ 15. ③

16 다음 중 총톤수와 순톤수에 대한 설명으로 올바르지 않은 것은?

① 총톤수는 측정 갑판의 아랫부분 용적에 측정 갑판보다 위의 밀폐된 모든 폐위장소(화애, 추진, 위생 등에 필요한 공간을 제외한다)의 용적을 합한 것이다.
② 총톤수는 관세 등의 산정 기준이 된다.
③ 순톤수는 총톤수에서 선원실, 밸러스트 탱크, 갑판창고, 기관실 등을 제외한 용적이다.
④ 선박 국적증서에는 순톤수를 기재한다.

해설 1. 총톤수(G.T, Gross Tonnage)
① 총톤수는 상선에서 널리 사용되는 톤수인데 배 안의 사방 주위가 모두 둘러싸인 전체용적에서 상갑판상에 있는 특정장소의 용적을 뺀 것을 톤수로 표시한 것이다.
② 총톤수는 측정 갑판의 아랫부분 용적에 측정 갑판보다 위의 밀폐된 장소(항해, 추진, 위생등에 필요한 공간 제외)의 용적을 합한 것이다.
③ <u>관세, 등록세, 계선료, 도선료 등의 산정 기준이며 선박 국적 증서에 기재된 톤수이다.</u>
2. 순톤수(N.T, Net Tonnage)
① 순톤수는 총톤수에서 선원실이나 밸러스트 탱크, 갑판창고, 기관실 등을 빼고, 직접 화물·여객을 위해 쓰이는 장소의 용적으로서, 등록톤수(registered tonnage)라고도 한다.
② 이 톤수는 배에 부과되는 여러 과세산정(課稅算定)의 기준이 되는 톤수이다.

17 다음 중 건현과 관련한 설명으로 옳지 않은 것은?

① 예비부력 기준을 위한 측정요소이다.
② 물에 잠긴 선체의 깊이를 가리킨다.
③ 물에 잠기지 않은 선체의 높이를 말한다.
④ 구제만재흘수선 협약(LL)에 따르면 A/B형 선박 간 차이가 있다.

해설 [건현(free board)]
배의 중앙에서 측정한 만재흘수선에서 상갑판 위까지의 수직거리. 즉, 배의 깊이에서 흘수 부분을 뺀 길이가 된다. 이것이 크면 예비부력이 커져 배의 안정성이 커진다.

[흘수(draft)]
어떤 선박이 물에 떠있을 때 선박 정중앙부의 수면이 닿은 위치에서 선박의 가장 밑바닥 부분까지의 수직거리를 나타내는 것이다.

18 다음 그림에서 "1, 5"가 가리키는 것은?

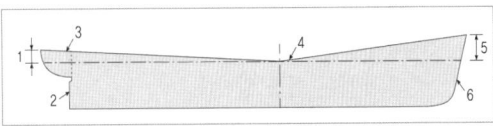

① 빌지 ② 현호
③ 용골 ④ 캠버

해설 현호(弦弧, Sheer)
선수에서 선미에 이르는 상갑판의 곡선을 말한다. 일반적으로 선수현호 높이는 선미현호 높이의 2배 정도다. 현호는 능파성을 향상시키고, 예비 부력을 준다. 또, 선박의 미관을 좋게 하기 위한 것이다.

1-선미현호, 2-선미, 3-선미돌출부, 4-상갑판, 5-선수현호, 6-선수

19 다음 내용이 가리키는 것은?

선체의 폭이 가장 넓은 부분에서 외판의 외면부터 맞은편 외판의 외면까지의 수평거리

① 전폭 ② 형폭
③ 깊이 ④ 전장

해설 ① 전폭 : 선체의 가장 넓은 부분(보통 midship 위치)에서, 선체 한쪽 외판의 가장 바깥쪽 면으로부터 반대쪽 외판의 가장 바깥쪽까지의 수평거리를 의미한다.
② 형폭 : 선체의 가장 넓은 부분(보통 midship 위치)에서, 선체 한쪽 외판의 내면으로부터 반대쪽 외판의 내면까지의 수평거리이다. 선도(lines)에 표시되는 폭이다.
③ 깊이(형심) : 선체 중앙에 용골의 상면(Base Line)으로부터 건현갑판(또는 상갑판 보)의 현측 상면까지의 수직거리. 강선구조 규정이나 선박 만재흘수선 규정 등에서 사용

16. ④ 17. ② 18. ② 19. ①

④ 전장 : 선박의 선수 최선단에서 선미 최후단까지의 수평 거리.

20 다음 중 복원성과 관련한 설명으로 옳지 않은 것은?

① 선박이 물 위에 떠 있는 상태에서 외부로부터 힘을 받아 경사하려고 할 때의 저항 또는 경사한 상태에서 그 외력을 제거하였을 때 원상태로 돌아오려고 하는 힘을 말한다.
② 메타센터(M)란 배가 똑바로 떠 있을 때 부심을 통과하는 부력의 작용선과 경사된 때 부력의 작용선이 만나는 점을 가리키며, 무게 중심(G)은 선체의 전체 중량이 한 점에 모여 있다고 생각할 수 있는 가상의 점을 말한다.
③ GM이 0, 즉 M=G일 경우 선박은 중립상태가 된다.
④ GM이 (−), 즉 M<G일 경우 선박 안정상태로 복원성이 좋다.

[해설] **선박 복원성 양호도와 안정성판단**
① 안정 평형(GM⁺, M > G) : G의 위치가 M점의 아래에 위치하게 되는 경우로 이 때는 선체에 미치는 중력과 부력이 선체의 경사를 제거하는 방향의 모멘트를 형성하게 된다. 따라서 GM > 0인 조건에서는 선체가 경사하더라도 항상 복원력을 갖게 되는 안정된 상태로 볼 수 있다.
② 중립 평형(GM⁰, M = G) : G의 위치가 M점에 오게 되는 경우로 선체에 미치는 중력과 부력이 한 작용선상에 놓이게 되어 모멘트가 형성되지 않는다. 따라서 선박은 경사된 상태에서 평형에 들어가게 되므로 위험한 상황에 처하게 된다.
③ 불안정 평형(GM⁻, M < G) : G의 위치가 M점보다 위에 있게 되어 선체의 경사를 더 심하게 하는 방향의 모멘트가 형성된다. 복원성이 낮아 전복 위험성이 크다.

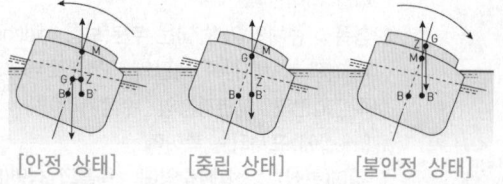

[안정 상태]   [중립 상태]   [불안정 상태]

21 다음 중 선박의 길이와 관련한 "등록장(register length)"의 정의로 옳은 것은?

① 선체에 고정적으로 붙어 있는 모든 돌출물을 포함한 선수의 최전단으로부터 선미의 최후단까지의 수평거리
② 계획 만재흘수선상의 선수재 전면과 타주의 후면에 각각 수선을 세워 이 양 수선 사이의 수평거리
③ 계획 만재흘수선상의 물에 잠긴 선체의 선수재 전면으로부터 선미 후단까지의 수평거리
④ 상갑판 보의 선수재 전면으로부터 선미재 후면까지의 수평거리

[해설] **등록장(registered Length)**
상갑판 beam상의 선수재 전면으로부터 선미재(rudder post) 후면까지의 수평거리. 통상 수선간장보다 약간 길며, 선박원부에 등록되는 길이의 기준이 된다. 선박국적증서에 기입되는 것이 특징이다.
① 전장
② 수선간장
③ 수선장

22 다음 중 위험성평가와 관련한 설명으로 옳지 않은 것은?

① PDCA 사이클에 따라 반복하여야 한다.
② 최초, 수시 및 정기평가로 구분한다.
③ 위험성 추정이란 유해·위험요인별로 부상 또는 질병으로 이어질 수 있는 위험성의 크기를 추정 및 산출하는 것을 말한다.
④ 위험성의 측정은 중대성(강도)으로 나타난다.

[해설] 위험성 = 가능성(빈도) × 중대성(강도)

💡 **선박위험성평가 PDCA 단계**
• Plan(계획) : 위험요인 파악, 목표 설정, 자원 파악 등 평가 계획을 수립합니다.
• Do(실행) : 계획에 따라 위험성 추정, 평가, 안전대책 실행 등 실제 작업을 진행합니다.
• Check(점검) : 실행 결과를 분석해 목표 달성 여부와 개선 필요성을 점검합니다.
• Act(개선) : 성공적인 개선 사항을 적용하고, 결과를 바탕으로 다음 평가를 준비합니다.

23 다음 중 「선원법」상 "상륙금지" 징계기간은 정박 중 최대 며칠인가?

① 7일
② 10일
③ 15일
④ 30일

해설 선원법 제22조에서는 징계의 종류를 훈계, 상륙금지, 하선으로 정하고 있으며, 특히 상륙금지는 정박 중에 10일 이내로 함을 정하고 있다.

24 도선사용 사다리 설치시 국제해사기구(IMO)에서 권고한 수면 위 높이(m)는?

① 1.0 ~ 1.5
② 1.5 ~ 2.0
③ 2.0 ~ 2.5
④ 2.5 ~ 3.0

해설 국제해사기구에서는 1.5 ~ 2.0m 설치를 권고하고 있다.

25 다음 중 「산업안전보건법」에 규정된 안전관리자의 업무에 해당하지 않는 것은?

① 사업장 순회점검, 지도 및 조치 건의
② 업무 수행 내용의 기록·유지
③ 위험성평가에 관한 보좌 및 지도·조언
④ 유해위험물질 관리

해설 유해위험물질 관리 : 보건관리자

💡 산업안전보건법 시행령 제18조 (안전관리자의 업무 등)
① 안전관리자의 업무는 다음 각 호와 같다.
1. 법 제24조제1항에 따른 산업안전보건위원회(이하 "산업안전보건위원회"라 한다) 또는 법 제75조제1항에 따른 안전 및 보건에 관한 노사협의체(이하 "노사협의체"라 한다)에서 심의·의결한 업무와 해당 사업장의 법 제25조제1항에 따른 안전보건관리규정(이하 "안전보건관리규정"이라 한다) 및 취업규칙에서 정한 업무
2. 법 제36조에 따른 위험성평가에 관한 보좌 및 지도·조언
3. 법 제84조제1항에 따른 안전인증대상기계등(이하 "안전인증대상기계등"이라 한다)과 법 제89조제1항 각 호 외의 부분 본문에 따른 자율안전확인대상기계등(이하 "자율안전확인대상기계등"이라 한다) 구입 시 적격품의 선정에 관한 보좌 및 지도·조언
4. 해당 사업장 안전교육계획의 수립 및 안전교육 실시에 관한 보좌 및 지도·조언
5. 사업장 순회점검, 지도 및 조치 건의
6. 산업재해 발생의 원인 조사·분석 및 재발 방지를 위한 기술적 보좌 및 지도·조언
7. 산업재해에 관한 통계의 유지·관리·분석을 위한 보좌 및 지도·조언
8. 법 또는 법에 따른 명령으로 정한 안전에 관한 사항의 이행에 관한 보좌 및 지도·조언
9. 업무 수행 내용의 기록·유지
10. 그 밖에 안전에 관한 사항으로서 고용노동부장관이 정하는 사항

"꿈은
날짜와 함께 적으면 목표가 되고,
목표를 잘게 나누면 계획이 되며,
계획을 실행에 옮기면 꿈은 실현된다."

당신의 합격메이커 에듀피디